天然气地面工艺技术

主　编　郑　欣
副主编　刘银春　薛　岗　杨　光
主　审　王遇冬　王登海

中国石化出版社

内 容 提 要

随着我国天然气工业的快速发展,天然气地面工艺技术水平有了很大提高,天然气利用领域也在迅速拓展。本书包括天然气集输、处理、LNG 和 CNG 生产与储运、天然气利用等地面建设环节的工艺技术,涵盖了天然气工业的源头集气、中间处理和后端外输利用的全过程;在编写过程中,注重工程实际,注重把工艺技术与生产过程结合起来,侧重介绍了地面工程各环节的典型实例,全面反映了我国天然气地面工程的近况和成就。

本书内容翔实、全面,重点突出,可作为从事天然气地面工艺技术、科研管理和生产运行等人员的参考书,也可作为石油院校相关专业参考教材。

图书在版编目(CIP)数据

天然气地面工艺技术 / 郑欣主编 . —北京:
中国石化出版社,2019.7
ISBN 978-7-5114-5356-3

Ⅰ . ①天… Ⅱ . ①郑… Ⅲ . ①天然气工程-地面工程
Ⅳ . ①TE37

中国版本图书馆 CIP 数据核字(2019)第 128985 号

中国石化出版社出版发行
地址:北京市朝阳区吉市口路 9 号
邮编:100020 电话:(010)59964500
发行部电话:(010)59964526
http://www.sinopec-press.com
E-mail:press@sinopec.com
北京柏力行彩印有限公司印刷
全国各地新华书店经销
*
787×1092 毫米 16 开本 31.25 印张 790 千字
2019 年 7 月第 1 版 2019 年 7 月第 1 次印刷
定价:158.00 元

《天然气地面工艺技术》
编 委 会

前言

近几十年来，随着我国天然气工业的快速发展，天然气地面工艺技术水平有了很大提高，天然气利用领域也在迅速拓展。为适应这一大好形势，我们特编写此书。

本书编写人员都是长期从事天然气地面工程设计、研究的技术人员，故在本书编写过程中，注重工程实际，注重把工艺技术与生产过程结合起来，而且还侧重介绍了地面工程各环节的典型实例，全面反映了我国天然气地面工程的近况和成就。

全书共分十章，包括基本知识、天然气集气、天然气脱硫脱碳、脱水、凝液回收、硫黄回收、尾气处理、天然气输送、地下储气库、液化天然气（LNG）的生产与储运技术、压缩天然气（CNG）的生产与储运技术、天然气利用、天然气地面工艺相关的仪表及自动控制的SCADA系统、安全仪表系统、火气系统、天然气计量及实流标定、天然气地面工艺相关的防腐与绝热、天然气地面工艺相关的HSE内容，各工艺过程的典型实例等。内容翔实、全面，重点突出，可作为从事天然气地面工艺技术、科研管理和生产运行等人员的参考书，也可作为石油院校相关专业参考教材。

本书由西安长庆科技工程有限责任公司（长庆石油勘察设计研究院）一线研究人员编写。全书由郑欣统稿，并参与第一、二、三、四、五、七章编写，杨光负责第一章的编写，刘银春负责第二章的编写，张文超负责第三章的编写，苏海平和李东升负责第四章的编写，邱鹏负责第五章的编写，王婷负责第六章的编写，王勃负责第七章的编写，任晓峰负责第八章的编写，罗慧娟负责第九章的编写，薛岗负责第十章的编写，张志浩、李卫、张祥光、曾继磊、赵一农、乔光辉也参与了本书的编写。王遇冬、王登海对全书进行了审核，对全书的最后完成起到了至关重要的作用。另外，在本书的编写过程中还得到长庆气田采气一厂江伟平，采气六厂李勇，苏里格南作业分公司杨恒远，西安长庆科技工程有限责任公司韦玮等人员的大力支持，在此对他们一并表示衷心的感谢。

本书的出版得到中国石油天然气股份有限公司重大科研项目《长庆油田 5000 万吨持续高效稳产关键技术研究与应用》课题 13：油气田稳产地面工艺技术优化与站场橇装化研究(课题号 2016E-0513)的资助。

由于编写人员水平有限，书中难免有不妥之处，敬请各位专家、同行和广大读者批评指正。

目录

第一章 基本知识

广义的天然气泛指自然界存在的一切气体，它包括大气圈、水圈、生物圈、岩石圈以及地幔和地核中所有自然过程形成的气体。狭义的天然气是从资源利用角度出发，专指岩石圈、特定的水圈中蕴藏的，以气态烃为主的可燃气体，以及对人类生产、生活有重要经济价值的非烃气体。例如，具有较高商业品位的 CO_2、H_2S、He 等气体。目前世界上大规模开发并为人们广泛利用的可燃气体是成因与原油相同，与原油共生或单独存在的可燃气体。本书以下提及的天然气主要是指这种狭义的可燃气体。

第一节 天然气工业发展现状及展望

一、石油、原油及天然气的含义

根据 1983 年第 11 届世界石油大会对石油、原油和天然气的定义，石油(Petroleum)是指在地下储集层中以气相、液相和固相天然存在的，通常以烃类为主并含有非烃类的复杂混合物。原油(Crude oil，简称 Oil)是指在地下储集层中以液相天然存在的，并在常温和常压下仍为液相的那部分石油。天然气(Natural gas，简称 Gas)则是指在地下储集层中以气相天然存在的，并且在常温和常压下仍为气相(或有若干凝液析出)，或在地下储集层中溶解在原油内，在常温和常压下从原油中分离出来时又呈气相的那部分石油。

因此，石油是原油和天然气的总称。由于我国以往习惯上将原油称为石油，故目前国内也常采用"石油天然气"这样的提法来指原油和天然气。但在与国际交往中，则必须将石油、原油和天然气三者的含义严格区分。例如，中国石油天然气集团公司的英文译名是 China National Petroleum Corporation(CNPC)；上海石油天然气有限公司的英文译名是 Shanghai Petroleum Co.，Ltd；《Oil & Gas Journal》期刊(美国)的中文译名是《油气杂志》等。

二、天然气资源、产量及消费情况

在世界能源结构中，未来能源供应和消费将向多元化、清洁化、高效化方向发展。天然气作为清洁能源，其贡献比例已从 1971 年的 16.1% 上升到 2017 年的 24%，并继续保持增长趋势。预计天然气在 2030 年前后将超越煤炭、2040 年将超越石油，成为向非化石能源发展路途上最主要的能源，进入"天然气时代"。

截至 2016 年年底，全球天然气探明储量为 $186.6 \times 10^{12} m^3$，比 2015 年增加了 $1.2 \times 10^{12} m^3(0.6\%)$，该储备足以保证全球多于 50 年(52.5 年)的生产需要。全球油气资源格局不变，仍主要集中在中东、西半球、东欧及苏联地区。前五强仍然是伊朗、俄罗斯、卡塔尔、美国、沙特阿拉伯，五国总储量为 $107.2 \times 10^{12} m^3$，占全球储量的 57.4%，详见表 1-1。2017 年，全球天然气探明储量为 $193.5 \times 10^{12} m^3$。

表 1-1 　2016 年底世界天然气探明储量统计表

项目	1996 年底/×10¹²m³	2006 年底/×10¹²m³	2015 年底/×10¹²m³	2016 年底			
				×10¹²m³	×10¹²ft³	占全部的份额	储产比
英国	4.7	6	8.7	8.7	**307.7**	4.7%	11.6
加拿大	1.9	1.6	2.2	2.2	**76.7**	1.2%	14.3
墨西哥	1.8	0.4	0.2	0.2	**8.6**	0.1%	5.2
北美洲总计	**8.5**	**8**	**11.1**	**11.1**	**393.0**	**6.0%**	**11.7**
阿根廷	0.6	0.4	0.4	0.4	**12.4**	0.2%	9.2
玻利维亚	0.1	0.7	0.3	0.3	**9.9**	0.2%	14.2
巴西	0.2	0.3	0.4	0.4	**13.1**	0.2%	15.8
哥伦比亚	0.2	0.1	0.1	0.1	**4.4**	0.1%	11.9
秘鲁	0.2	0.3	0.4	0.4	**14.1**	0.2%	28.5
特立尼达和多巴哥	0.5	0.5	0.3	0.3	**10.6**	0.2%	8.7
委内瑞拉	4.1	4.7	5.7	5.7	**201.3**	3.1%	166.3
其他中南美洲国家	0.1	0.1	0.1	0.1	**2.2**	◆	26.7
中南美洲总计	**6**	**7.2**	**7.7**	**7.6**	**268.0**	**4.1%**	**42.9**
阿塞拜疆	n/a	0.9	1.1	1.1	**40.6**	0.6%	65.8
丹麦	0.1	0.1	↑	↑	**0.5**	◆	2.9
德国	0.2	0.1	↑	↑	**1.2**	◆	5.3
意大利	0.3	0.1	↑	↑	**1.2**	◆	6.6
哈萨克斯坦	n/a	1.3	1.0	1.0	**34.0**	0.5%	48.3
荷兰	1.6	1.2	0.7	0.7	**24.6**	0.4%	17.4
挪威	1.5	2.3	1.9	1.8	**62.3**	0.9%	15.1
波兰	0.1	0.1	0.1	0.1	**3.2**	◆	23.0
罗马尼亚	0.4	0.6	0.1	0.1	**3.9**	0.1%	12.0
俄罗斯	30.9	31.2	32.3	32.3	**1139.6**	17.3%	56.7
土库曼斯坦	n/a	2.3	17.5	17.5	**617.3**	9.4%	261.7
乌克兰	n/a	0.7	0.6	0.6	**20.9**	0.3%	33.2
英国	0.8	0.4	0.2	0.2	**7.3**	0.1%	5.0
乌兹别克斯坦	n/a	1.2	1.1	1.1	**38.3**	0.6%	17.3
其他欧洲及欧亚大陆国家	0.2	0.2	0.2	0.2	**7.2**	0.1%	23.2
欧洲及欧亚大陆总计	**39.8**	**42.8**	**56.8**	**56.7**	**2002.0**	**30.4%**	**56.3**
巴林	0.1	0.1	0.2	0.2	**5.8**	0.1%	10.5
伊朗	23.0	26.9	33.5	33.5	**1183**	18.0%	165.5
伊拉克	3.4	3.2	3.7	3.7	**130.5**	2.0%	◆
以色列	↑	↑	0.2	0.2	**5.5**	0.1%	16.8
科威特	1.5	1.8	1.8	1.8	**63.0**	1.0%	104.2
阿曼	0.6	1.0	0.7	0.7	**24.9**	0.4%	19.9
卡塔尔	8.5	25.5	24.3	24.3	**858.1**	13.0%	134.1
沙特阿拉伯	5.7	7.1	8.4	8.4	**297.6**	4.5%	77.0
叙利亚	0.2	0.3	0.3	0.3	**10.1**	0.2%	79.1
阿联酋	5.8	6.4	6.1	6.1	**215.1**	3.3%	98.5
也门	0.3	0.3	0.3	0.3	**9.4**	0.1%	365.8
其他中东国家	↑	↑	↑	↑	**0.2**	◆	52.6
中东国家总计	**49.2**	**72.6**	**79.4**	**79.4**	**2803.2**	**42.5%**	**124.5**
阿尔及利亚	3.7	4.5	4.5	4.5	**159.1**	2.4%	49.3
埃及	0.8	2.0	1.8	1.8	**65.2**	1.0%	44.1

项　　目	1996 年底/×10¹²m³	2006 年底/×10¹²m³	2015 年底/×10¹²m³	2016 年底			
				×10¹²m³	×10¹²ft³	占全部的份额	储产比
利比亚	1.3	1.4	1.5	1.5	**53.1**	0.8%	149.2
尼日利亚	3.5	5.2	5.3	5.3	**186.6**	2.8%	117.7
其他非洲国家	0.8	1.2	1.1	1.1	**39.3**	0.6%	54.9
非洲总计	**10.2**	**14.4**	**14.2**	**14.3**	**503.3**	**7.6%**	**68.4**
澳大利亚	1.3	2.3	3.5	3.5	**122.6**	1.9%	38.1
孟加拉国	0.3	0.4	0.2	0.2	**7.3**	0.1%	7.5
文莱	0.4	0.3	0.3	0.3	**9.7**	0.1%	24.6
中国	1.2	1.7	4.8	5.4	**189.5**	2.9%	38.8
印度	0.6	1.1	1.3	1.2	**43.3**	0.7%	44.4
印度尼西亚	2.0	2.6	2.8	2.9	**101.2**	1.5%	41.1
马来西亚	2.4	2.5	1.2	1.2	**41.3**	0.6%	15.8
缅甸	0.3	0.5	0.5	1.2	**42.0**	0.6%	63.0
巴基斯坦	0.6	0.8	0.5	0.5	**16.0**	0.2%	10.9
巴布亚新几内亚	↑	↑	0.1	0.2	**7.4**	0.1%	20.1
泰国	0.2	0.3	0.2	0.2	**7.3**	0.1%	5.4
越南	0.2	0.2	0.6	0.6	**21.8**	0.3%	57.6
其他亚太地区国家	0.4	0.4	0.3	0.3	**9.8**	0.1%	13.7
亚太地区总计	**9.9**	**13.2**	**16.2**	**17.5**	**619.3**	**9.4%**	**30.2**
世界总计	**123.5**	**158.2**	**185.4**	**186.6**	**6588.8**	**100.0%**	**52.5**
其中：经合组织	14.7	14.9	17.9	17.8	**629.1**	9.5%	13.9
非经合组织	108.9	143.3	167.5	168.8	**5959.7**	90.5%	74.3
欧盟	3.6	2.8	1.3	1.3	**45.3**	0.7%	10.8
独联体	30.9	37.6	53.6	53.6	**1891.8**	28.7%	70.1

注：1ft³ ≈ 0.028m³。

截至 2016 年年底，全球天然总产量为 35516×10⁸m³，与 2015 年数据相比，产量微升 0.3%，详见表 1-2。2017 年，全球天然气产量为 36804×10⁸m³，增长约 4%。

表 1-2　2016 年底世界天然产量统计表

单位：×10⁹m³	2006	2007	2008	2009	2010	2011	2012	2013	2014	2015	年增长率			份额 2016
											2016	2016	2015-15	
美国	524.0	545.6	570.8	584.0	603.6	648.5	680.5	685.4	733.1	766.2	**749.2**	-2.5%	4.1%	21.1%
加拿大	171.7	165.5	159.3	147.6	144.5	144.4	141.1	141.4	147.2	149.1	**152.0**	1.7%	-1.3%	4.3%
墨西哥	57.3	53.6	53.4	59.3	57.6	58.3	57.2	58.2	57.1	54.1	**47.2**	-13.0%	0.3%	1.3%
北美洲总计	**753**	**764.6**	**783.5**	**790.9**	**805.7**	**851.2**	**878.9**	**885**	**937.3**	**969.4**	**948.4**	**-2.4%**	**2.8%**	**26.7%**
阿根廷	46.1	44.8	44.1	41.4	40.1	38.8	37.7	35.5	35.5	36.5	**38.3**	4.6%	-2.2%	1.1%
玻利维亚	12.9	13.8	14.3	12.3	14.2	15.6	17.8	20.3	21.0	20.3	**19.7**	-3.0%	5.3%	0.6%
巴西	11.2	11.2	14.0	11.9	14.6	16.7	19.3	21.3	22.7	23.1	**23.5**	1.2%	7.8%	0.7%
哥伦比亚	7.0	7.5	9.1	10.5	11.3	11.0	12.0	12.6	11.8	11.1	**10.4**	-6.6%	5.2%	0.3%
秘鲁	1.8	2.7	3.5	3.5	7.2	11.4	11.9	12.4	12.9	12.5	**14.0**	11.7%	23.5%	0.4%
特立尼达和多巴哥	40.1	42.2	42.0	43.6	44.8	43.1	42.7	42.8	42.1	39.6	**34.5**	-13.2%	1.8%	1.0%
委内瑞拉	31.5	36.2	32.8	31.0	30.6	27.6	29.5	28.4	28.6	32.4	**34.3**	5.5%	1.7%	1.0%

| 单位：×10⁹m³ | 2006 | 2007 | 2008 | 2009 | 2010 | 2011 | 2012 | 2013 | 2014 | 2015 | 年增长率 | | | 份额 |
											2016	2016	2015-15	2016
其他中南美洲国家	3.6	3.6	3.5	3.4	3.4	2.8	2.7	2.4	2.3	2.5	**2.4**	−4.6%	−2.7%	0.1%
中南美洲总计	154.1	162.1	163	157.8	166.2	166.9	173.4	175.6	176.9	178	**177.0**	−0.8%	2.4%	5.0%
阿塞拜疆	6.1	9.8	14.8	14.8	15.1	14.8	15.6	16.2	17.6	17.9	**17.5**	−3.0%	13.2%	0.5%
丹麦	10.4	9.2	10.0	8.4	8.2	6.6	5.7	4.8	4.6	4.6	**4.5**	−2.2%	−7.9%	0.1%
德国	15.6	14.3	13.0	12.2	10.6	10.0	9.0	8.2	7.7	7.2	**6.6**	−8.2%	−7.6%	0.2%
意大利	10.1	8.8	8.4	7.3	7.6	7.7	7.8	7.0	6.5	6.2	**5.3**	−14.8%	−5.7%	0.1%
哈萨克斯坦	13.4	13.8	16.1	16.5	17.6	17.3	17.2	18.4	18.7	19.0	**19.9**	4.5%	4.0%	0.6%
荷兰	61.5	60.5	66.5	62.7	70.5	64.1	63.8	68.6	57.9	43.3	**40.2**	−7.6%	−3.6%	1.1%
挪威	88.7	90.3	100.1	104.4	107.3	101.3	114.7	108.7	108.8	117.2	**116.6**	−0.7%	3.2%	3.3%
波兰	4.3	4.3	4.1	4.1	4.1	4.3	4.3	4.2	4.1	4.1	**3.9**	−3.8%	−0.5%	0.1%
罗马尼亚	10.6	10.3	10.0	9.9	9.6	9.6	10.0	9.6	9.7	9.8	**9.2**	−6.5%	−1.0%	0.3%
俄罗斯	595.2	592.0	601.7	527.7	588.9	607.0	592.3	604.7	581.7	575.1	**579.4**	0.5%	−0.1%	16.3%
土库曼斯坦	60.4	65.4	66.1	36.4	42.4	59.5	62.3	62.3	67.1	69.6	**66.8**	−4.3%	2.0%	1.9%
乌克兰	18.7	18.7	19.0	19.3	18.5	18.7	18.6	19.3	18.2	17.9	**17.8**	−1.1%	−0.3%	0.5%
英国	80.0	72.1	69.6	59.7	57.1	45.2	38.9	36.5	36.8	39.6	**41.0**	3.3%	−7.7%	1.2%
乌兹别克斯坦	56.6	58.2	57.8	55.6	54.4	57.0	56.9	56.9	57.3	57.7	**62.8**	8.4%	0.7%	1.8%
其他欧洲及欧亚大陆国家	10.7	10.0	9.4	92	9.3	9.2	8.3	7.2	6.4	6.2	**8.7**	40.3%	−4.8%	0.2%
欧洲及欧亚大陆总计	1042.2	1037.8	1066.7	947.9	1021.1	1032.5	1025.5	1032.7	1003.2	995.4	**1000.1**	0.2%	−0.3%	28.2%
巴林	11.3	11.8	12.7	12.8	13.1	13.3	13.7	14.7	15.5	15.5	**15.5**	−0.8%	3.8%	0.4%
伊朗	111.5	124.9	130.8	143.7	152.4	159.9	166.2	166.8	185.8	189.4	**202.4**	6.6%	6.4%	5.7%
伊拉克	1.5	1.5	1.9	1.1	1.3	0.9	0.6	1.2	0.9	1.0	**1.1**	12.6%	−3.6%	◆
科威特	12.4	11.3	12.7	11.5	11.7	13.5	15.5	16.3	15.0	16.9	**17.1**	1.0%	3.2%	0.5%
阿曼	25.8	26.1	26.0	27.0	29.3	30.9	32.2	34.8	33.3	34.7	**35.4**	1.7%	4.6%	1.0%
卡塔尔	50.7	63.2	77.0	89.3	131.2	145.3	157.0	177.6	174.1	178.5	**181.2**	1.3%	14.6%	5.1%
沙特阿拉伯	73.5	74.4	80.4	78.5	87.7	92.3	99.3	100.0	102.4	104.4	**109.4**	4.4%	3.9%	3.1%
叙利亚	5.6	5.4	5.3	5.9	8.1	7.1	5.8	4.8	4.4	4.1	**3.6**	−11.6%	−3.0%	0.1%
阿联酋	48.8	50.3	50.2	48.8	51.3	52.3	54.3	54.6	54.2	60.2	**61.9**	2.5%	2.3%	1.7%
也门	—	—	—	0.7	6.0	9.0	7.3	9.9	9.3	2.7	**0.7**	−73.4%	—	◆
其他中东国家	2.6	3.0	3.6	2.9	3.4	4.4	2.7	6.5	7.7	8.4	**9.4**	11.9%	16.0%	0.3%
中东国家总计	343.6	371.9	400.7	422.2	495.4	528.8	554.7	587.2	602.6	615.9	**637%**	3.3%	6.7%	18.0%
阿尔及利亚	84.5	84.8	85.8	79.6	80.4	82.7	81.5	82.4	83.3	84.6	**91.3**	7.6%	−0.4%	2.6%
埃及	54.7	55.7	59.0	62.7	61.3	61.4	60.9	56.1	48.8	44.3	**41.8**	−5.7%	0.4%	1.2%
利比亚	13.2	15.3	15.9	15.9	16.8	7.9	11.1	11.6	11.3	11.8	**10.1**	−14.7%	0.4%	0.3%
尼日利亚	29.6	36.9	36.2	26.0	37.3	40.6	43.3	31.2	45	50.1	**44.9**	−10.6%	7.2%	1.3%
其他非洲国家	10.6	10.7	15.1	15.5	17.4	16.8	17.6	20.0	18.6	19.3	**20.2**	4.5%	6.9%	0.6%
非洲总计	192.6	203.4	212.0	199.7	213.2	209.4	214.4	206.3	207.1	210.0	**208.3**	−1.1%	1.7%	5.9%
澳大利亚	39.2	41.2	40.4	45.9	50.4	53.2	56.9	59	63.7	72.6	**91.2**	25.20%	7.0%	2.6%
孟加拉国	14.9	15.9	17.0	19.5	20.0	20.3	22.2	22.8	23.9	26.9	**27.5**	2.2%	6.9%	0.8%
文莱	12.6	12.3	12.2	11.4	12.3	12.8	12.6	12.2	11.9	11.6	**11.2**	−3.8%	−0.3%	0.3%
中国	60.6	71.6	83.1	88.2	99.1	109	111.8	122.2	131.6	136.1	**138.4**	1.4%	10.3%	3.9%
印度	29.3	30.1	30.5	37.6	49.3	44.5	38.9	32.1	30.5	29.3	**27.6**	−6.0%	−0.1%	0.8%
印度尼西亚	74.3	71.5	73.7	76.9	85.7	81.5	77.1	76.5	75.3	75	**69.7**	−7.4%	◆	2.0%
马来西亚	62.7	61.5	63.8	61.1	56.2	62.2	61.5	67.3	68.4	71.2	**73.8**	3.4%	1.1%	2.1%
缅甸	12.6	13.5	12.4	11.6	12.4	12.8	12.7	13.1	16.8	19.6	**18.9**	−3.9%	4.8%	0.5%

单位：×10⁹m³	2006	2007	2008	2009	2010	2011	2012	2013	2014	2015	年增长率			份额 2016
											2016	2016	2015-15	
巴基斯坦	39.9	40.5	41.4	41.6	42.3	42.3	43.8	42.6	41.9	42.0	**41.5**	-1.3%	0.7%	1.2%
泰国	24	25.7	28.5	30.6	35.8	36.6	41	41.3	41.6	39.3	**38.6**	-2.2%	5.3%	1.1%
越南	7.0	7.1	7.5	8.0	9.4	8.5	9.4	9.4	10.2	10.7	**10.7**	0.2%	5.2%	0.3%
其他亚太地区国家	14.2	16.8	17.8	18.1	17.6	17.8	17.5	18.1	23.1	27.6	**30.8**	11.3%	9.6%	0.9%
亚太地区总计	391.3	407.8	428.3	450.3	490.6	501.4	505.4	517	538.8	561.9	**579.9**	2.9%	4.1%	16.3%
世界总计	2876.7	2947.5	3054.2	2968.8	3192.2	3290.2	3352.5	3403.9	3465.9	3530.6	**3551.8**	0.3%	2.4%	100.0%
其中：经合组织	1081.3	1084.3	1115.1	1114.1	1140.9	1162.8	1197.2	1202	1247.6	1284.5	**1281.6**	-0.5%	1.9%	36.1%
非经合组织	1795.5	1863.2	1939.1	1854.8	2051.3	2127.4	2155.1	2201.9	2218.3	2246.1	**2270.0**	0.8%	2.8%	63.9%
欧盟	201.9	188.1	189.8	172.2	175.8	155.3	146.6	144.8	132.5	119.8	**118.2**	-1.6%	-5.5%	3.3%
苏联	750.6	758.2	775.6	670.4	737.1	774.7	763	778.1	760.9	757.6	**764.3**	0.6%	0.4%	21.5%

注："一"表示不增长；"◆"表示低于 0.05%。

截至 2016 年年底，全球天然气剩余可采储量、天然气产量、天然气消费量排名前十的国家如图 1-1 所示。

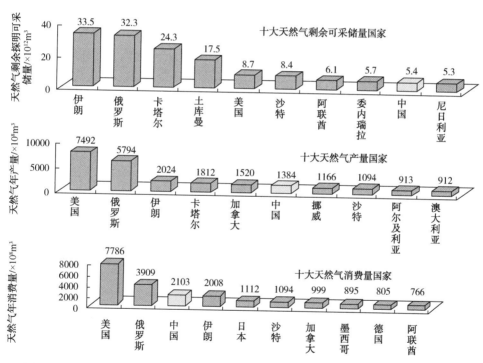

图 1-1　全球天然气剩余可采储量、天然气产量、天然气消费量排名前十国家柱状图

2017 年全球天然气产量 $3.6400×10^{12}m^3$，比 2007 年的 $2.9475×10^{12}m^3$ 增长了 23.49%。随着中东地区北方-南帕斯气田开发提速、亚太地区天然气开发加速和北美地区页岩气产量持续高速增长，使中东、亚太和北美的天然气产量分别贡献了全球天然气产量增长量的 41.2%、31.1% 和 24.6%。

2017 年天然气消费量增长了 $350×10^8m^3$，增幅为 5.3%，而 2010～2016 年，增幅仅 3.6%。天然气消费排名前三的分别是中国、韩国和印度。日本的天然气需求 2016 年减少了

$100 \times 10^8 m^3$，2017年基本与上年持平，这与该国核电站重启有关，但更主要的原因是能效提高和节约能源。印尼和泰国的天然气产量下降，消费量也随之下降，但新LNG出口项目可能改变其未来发展趋势。澳大利亚的天然气消费量也出现下降，但LNG出口量大增。

三、我国天然气工业发展现状

（一）天然气资源情况

我国天然气的开发、利用虽然起步很早，但因受各种条件影响，长期以来一直未能形成完整、系统的工业体系。早期的天然气开发和利用主要在四川，近几十年来，随着我国国民经济的迅速发展，在天然气资源的勘探与开发上取得了丰硕成果，先后在陆上的新疆、陕西、内蒙古、川渝、青海等地区发现大型气田。此外，海上天然气资源也十分丰富，南海、东海及渤海的崖城13-1、东方1-1、平湖、春晓、锦20-2等大型气田或凝析气田也已陆续开发建设。中国石油龙王庙气田、中国石化元坝气田和中国海油荔湾气田相继投产，国内天然气新增产能保持稳步增长，为国内天然气供应提供了强有力的保障。自2000年以来，全国常规天然气产量持续快速增长，由2000年的$280 \times 10^8 m^3$增长至2014年的$950 \times 10^8 m^3$，年均增长$48 \times 10^8 m^3$。2014~2017年，中国常规天然气产量基本保持在$950 \times 10^8 m^3$左右，2017年产量为$1002 \times 10^8 m^3$，占天然气总产量的67.2%，是天然气产量的主体。

致密气、煤层气和页岩气等非常规天然气开发相继取得突破，产量接续能力快速增长，步入快速发展期，已成为天然气产量增长的新主力。较之于2016年，2017年全国非常规天然气产量增长14%，达到$398 \times 10^8 m^3$，占天然气总产量的28.6%。2005年致密气产量取得突破，2012年其产量超过$300 \times 10^8 m^3$，2015年产量达到$350 \times 10^8 m^3$后趋于稳定，2017年产量为$343 \times 10^8 m^3$，占天然气总产量的23.7%。2006年煤层气开发取得突破后，受多方面因素的影响产量增长相对较慢，2017年产量为$45 \times 10^8 m^3$，占天然气总产量的3.0%。2013年页岩气开发取得突破后产量快速增长，2017年产量已达到$90 \times 10^8 m^3$，占天然气总产量的6.0%。如图1-2所示。

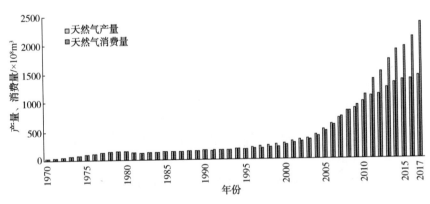

图1-2 1970~2017年中国天然气产量与消费量对比图

此外，我国的非常规天然气资源（如煤层气、页岩气和天然气水合物等，俗称可燃冰）也十分丰富。我国煤层埋深2000m以浅的煤层气总资源量为$36.81 \times 10^{12} m^3$，其中埋深1500m以浅的煤层气可采资源量为$10.87 \times 10^{12} m^3$，范围包括中国东部、中部、西部、南方和青藏5个大区，鄂尔多斯、沁水、准噶尔、滇东黔西、二连、吐哈、塔里木、天山和海拉尔等42个含气盆地(群)、121个含气区带。不仅如此，我国煤层气资源在区域分布、埋藏深度上也有利于规划开发。"西气东输""陕京"输气管道经过沁水盆地和鄂尔多斯盆地东缘多个煤层气富集区，这就为煤层气的开发提供了输送条件。2009年9月山西沁水盆地煤层气田樊庄区块产能建设($6×10^8 m^3/a$)和煤层气中央处理厂一期工程(总规模为$30×10^8 m^3/a$，其中一期$10×10^8 m^3/a$)的投产，以及郑庄区块产能建设(总规模为$17×10^8 m^3/a$，其中一期$9×10^8 m^3/a$)和中央处理厂二期工程($10×10^8 m^3/a$)的相继建设，标志着我国煤层气的开发利用已进入了大发展时期。在沁水盆地和鄂尔多斯盆地东缘建成两大煤层气产业化基地，已有产区稳产增产，新建产区增加储量、扩大产能，配套完善基础设施，实现产量快速增长。根据我国《煤层气(煤矿瓦斯)开发利用"十三五"规划》，"十三五"期间，新增煤层气探明地质储量$4200×10^8 m^3/a$，建成2～3个煤层气产业化基地。2020年，煤层气(煤矿瓦斯)抽采量达到$240×10^8 m^3/a$，其中地面煤层气产量$100×10^8 m^3/a$，利用率90%以上；煤矿瓦斯抽采$140×10^8 m^3/a$，利用率50%以上。因此，煤层气将是我国常规天然气的重要补充。

除煤层气外，页岩气、天然气水合物等都可能成为天然气的接替资源。

我国页岩气的主要产区集中在四川盆地周围的四川、重庆、云南区域内，目前页岩气重点产能区域为涪陵、长宁、威远、昭通、富顺-永川五个页岩气勘探开发区。2017年，重庆涪陵页岩气田累计探明储量$6008×10^8 m^3$，产量$60.04×10^8 m^3$，产能$100×10^8 m^3$，成为全球除北美之外最大的页岩气田；长宁与威远勘探开发区整体被评为长宁-威远国家级页岩气示范区，2017年产量$24.73×10^8 m^3$；滇黔北昭通国家级页岩气示范区，2017年产量$5×10^8 m^3$。根据我国《页岩气发展规划(2016—2020年)》，到2020年，完善成熟3500m以浅海相页岩气勘探开发技术，突破3500m以深海相页岩气、陆相和海陆过渡相页岩气勘探开发技术；力争实现页岩气产量$300×10^8 m^3$。到2030年，海相、陆相及海陆过渡相页岩气开发均获得突破，新发现一批大型页岩气田，并实现规模有效开发，实现页岩气产量$(800～1000)×10^8 m^3$。

2017年5月18日，我国在南海北部神狐海域进行天然气水合物试采获得成功。采气点位于1266m深海底以下的203～277m的海床中，连续8天稳定产气共$12×10^4 m^3$，试采单日的最高气产量达到$3.5×10^4 m^3$，甲烷含量达99.5%，标志着我国成为全球首个成功实现在海域天然气水合物试开采中获得连续稳定产气的国家，也实现了难度最大的泥质粉砂型天然气水合物安全可控开采。目前，我国探明的天然气水合物主要分布在南海和青藏高原，海域和陆地预测远景资源量分别可达$744×10^8 t$和$350×10^8 t$油当量，若天然气水合物开采技术实现规模化应用，将显著优化我国的能源结构。

(二)天然气管网建设情况

1963年四川巴渝输气管道的建成，拉开了中国天然气管道工程发展的序幕。截至2017年底，我国长输天然气管道总里程达到$7.7×10^4 km$。其中，中国石油天然气股份有限公司(简称中国石油)所属管道占比约69%、中国石油化工股份有限公司(简称中国石化)占比约8%、中国海洋石油总公司(简称中国海油)占比约7%、其他公司占比约16%，形成了以陕京一线、陕京二线、陕京三线、陕京四线、西气东输一线、西气东输二线、西气东输三线、川气东送等为主干线，以中靖线、冀宁线、淮武线、兰银线、中贵线等为联络线的国家基干管网，基本形成连通海外、覆盖全国、横跨东西、纵贯南北、区域管网紧密跟进的油气骨干管网布局。干线管网总输气能力超过$2800×10^8 m^3/a$。

2017年，我国新建成天然气管道主要包括中俄东线天然气管道试验段、陕京四线天然气管道(简称陕京四线)、西气东输三线天然气管道(简称西三线)中卫—靖边联络线,以及如东—海门—崇明岛、长沙—浏阳、兰州—定西等天然气管道,长度超过 2000km。我国进口天然气管道陆续开通,国家基干管网基本形成,部分区域性天然气管网逐步完善,非常规天然气管道蓬勃发展,"西气东输、北气南下、海气登陆、就近外供"的供气格局已经形成,互联互通相关工作正在全面开展。

2017 年底全球有地下储气库 715 座,其中北美占 37%、欧洲占 28%、独联体占 30%,总工作气量为 $3930 \times 10^8 \, m^3$,其中北美占 67%、欧洲占 20%、独联体占 6%。中国为 11 座,详见表 1-3。

表 1-3 2016 年底我国已投运储气库统计表

地下储气库	位置	工作气最大能力/ $\times 10^8 \, m^3$	垫气/ $\times 10^8 \, m^3$	总能力/ $\times 10^8 \, m^3$	峰值抽出率 ($\times 10^6 \, m^3/d$)
大港群(板桥)/Dagang cluster(Banqiao)	大港油田	30.3	39.3	69.6	34
京 58 储气库/Jing 58 Group	华北油田	7.5	7.9	15.4	6
板南储气库/Bannan	大港油田	4.3	5.8	10.1	4
文 96 储气库/Wen 96	中原油田	2.9	3.0	5.9	5
刘庄储气库/Liuzhuang	淮安金湖县	2.5	2.1	4.6	2
金坛储气库/Jintan	江苏油田	17.1	9.3	26.4	15
双 6 储气库/Shuang6	辽河油田	16.0	25.3	41.3	15
苏桥储气库/Suqiao	华北油田	23.3	44.1	67.4	21
呼图壁储气库/Hutubi	新疆油田	45.0	62.0	107.0	28
相国寺储气库/Xiangguosi	川渝气田	22.8	19.8	42.6	14
陕 224 储气库/Shaan 224	长庆气田	5.0	5.4	10.4	4
总计		176.7	224.0	400.7	148

随着我国国民经济的迅速发展和人民生活的不断提高以及能源结构调整,未来对清洁能源天然气的需求将大幅提高,供需矛盾也将进一步加大,我国逐年猛增的天然气产量仍不能满足国内需求,还需从国外进口天然气。

2017 年,我国在相关环保政策和"煤改气"工程的拉动下,天然气需求旺盛;加之非居民用天然气价格下调,企业用气积极性提高,天然气生产持续快速增长。天然气产量 $1480.3 \times 10^8 \, m^3$,比上年增长 8.2%,与 2012 年相比,产量增加 $374.3 \times 10^8 \, m^3$,年均增长 6.0%。2017 年,天然气进口 $946.3 \times 10^8 \, m^3$,比上年增长 26.9%;进口量与国内产量之比由 2012 年的 0.4:1 扩大到 0.6:1。天然气进口持续快速增长。2017 年,国内天然气消费量 $2373 \times 10^8 \, m^3$,同比增长 15.3%。

为此,近年来我国一方面在沿海一带建设若干液化天然气(LNG)接收终端,从东南亚、中东和澳大利亚进口液化天然气;另一方面从国外引入管道天然气,从中亚土库曼斯坦等国通过管道将天然气输送至我国境内,再由西气东输二线管道向沿线和珠江三角洲、长江三角洲供气;中缅天然气管道从 2010 年开始建设,已在 2013 年 9 月全线贯通,开始向我国西南地区沿线供气,设计总气量 $120 \times 10^8 \, m^3$。中俄东线天然气管道项目是迄今为止中俄两国最大的合作项目,也是世界上最大的能源合作项目之一,全长 3371km,设计输量 $380 \times 10^8 \, m^3/a$,是世界单管输量最大的长输天然气管道工程。预计 2019 年 10 月北段投产,2020 年底全线贯通。

四、我国天然气工业展望

天然气是优质高效、绿色清洁的低碳能源。加快天然气开发利用，促进其协调稳定发展，是我国稳定推进能源生产和消费革命，构建清洁低碳、安全高效能源体系的重要路径。加快天然气开发利用，是实现人民对美好生活向往的有机组成部分，更是打赢蓝天保卫战和打好污染防治攻坚战的必然要求。2017年国内消费爆发式增长，天然气主体能源地位进一步确立。2017~2018年采暖季局部地区供应紧张，也暴露出当前产供储销体系不健全、产业链体制机制改革步调不一致等突出问题。在决胜全面建成小康社会的关键时期，落实党中央、国务院关于深化石油天然气体制改革的决策部署和加快天然气产供储销体系建设的任务要求，着力解决天然气发展不平衡不充分不协调的问题，确保天然气供需基本平衡，民生用气有力保障，市场规律得到充分尊重，天然气产业健康有序可持续发展。

（一）我国天然气行业迎来新时代背景下的快速发展期

1. 我国政府高度重视天然气稳定协调发展

国家发展改革委、国家能源局牵头，会同自然资源部、生态环境部、财务部、住房城乡建设部、交通运输部等有关部委，努力把天然气生产供储销体系建设作为一项重点工作抓好；各部门、地方和企业以人民为中心，将保障天然气稳定供应作为重要的民生工程、政治工程，积极谋划、稳妥推进。各部门通过部际联席会议机制和周例会机制，推进财税政策、项目审批等相关扶持政策的出台，高效协调并采取有力举措，推进保供项目快速落地。

2. 全社会逐渐形成大力发展天然气的共识

一是经过多年发展，天然气低碳高效、安全可靠的特性已经成为广泛共识，其清洁能源的定位深入人心。天然气发展事关国计民生，清洁取暖更寄托了人民对绿水青山的向往，加快天然气开发利用已成为中国推进能源发展转型的重要组成部分。各级政府的高度关注引发社会与媒体的深入聚焦，纷纷看好天然气产业的未来发展趋势。二是在体制改革、考核倒逼、政策支持等引导下，产业链各环节活力逐步释放，支撑我国天然气快速发展。

3. 国际上具有我国天然气快速发展的市场环境

相对宽松的国际LNG市场环境助力中国天然气快速发展。国际LNG市场迅猛发展，很大程度上突破了传统管道输气的局限，推动了天然气在世界范围内不同市场间的高效流通。截至2017年年底，全世界已投产LNG项目34个，共102条生产线，总生产能力$355×10^8 t/a$。预计到2020年，规划在建LNG目共计15个，主要分布在非洲、北美、欧洲和亚太地区，规划产能共计约$9270×10^4 t/a$。随着澳大利亚、俄罗斯和美国LNG在建液化项目逐步投产，预计到2020年世界新增LNG供应将超过$1×10^8 t/a$。需求方面，中国、韩国、印度等传统亚洲LNG进口大国及欧洲，预计未来几年需求旺盛，巴基斯坦、菲律宾、孟加拉国等新兴市场需求增长较快。总体来看，到2020年国际LNG市场整体供应相对宽松，但仍将呈现个别地区季节性供应紧张的特点。

（二）构建中国天然气协调稳定发展的产供储销体系

构建天然气协调稳定发展的产供储销体系，主要包括加快国内勘探开发、健全海外多元供应、建立多层次天然气储备体系、加快天然气基础设施建设和管网互联互通、精准预测市场需求和建立预警机制、建立完善的天然气供应分级应急预案、建立健全天然气需求侧管理和调峰机制、建立天然气发展综合协调机制、理顺天然气价格、加快体制改革步伐等。天然气产供储销体系的建立不可能一蹴而就、一劳永逸，这是一项系统工程，机制作用的发挥也是渐进式的，需要各地方、各部门及油气企业间的通力合作。

1. 加快形成勘探开发有序进入、充分竞争的市场机制

严格执行区块退出，全面实行区块竞争性出让。大力推进央地合资合作，留税于当地，互惠互利，共同发展。加快研究制定难动用、边际储量的竞争性出让机制，多措并举盘活储量存量。加强国有油气企业保障能力考核，企业应服务于国家能源战略，适当降低勘探开发活动的经济指标约束，切实增加有效供应。例如，探索按6%左右的内部收益率标准来推进致密气、页岩气、煤层气等非常规天然气投资项目落地实施。同时，针对四川盆地、鄂尔多斯和新疆地区主要上产区，形成增储上产专项行动方案。统筹平衡天然气开发与环境保护的关系，避免出现"消费侧要求扩大天然气消费，供应侧勘探开发活动处处受限"的困境。

2. 健全天然气多元化海外供应体系

海陆并进不断优化中国天然气进口结构和布局，加快推进天然气进口国家地区多元化、运输方式多样化、进口通道多元化和合同模式多样化，积极有序推进进口主体多元化。保障进口，坚持进口贸易和海外投资并重。进口贸易方面，长约和现货两手抓，在增加天然气稳定供应的同时充分发挥现货资源的市场化调峰作用。海外投资方面，突出效益发展，支持企业投资海外天然气上游勘探开发，增强进口天然气资源的掌控能力。加强与重点天然气出口国多边合作，明确国际合作重点项目，加快推进。

3. 加强储气能力建设，建立多层次储备体系

建立以地下储气库和沿海 LNG 接收站储罐为主，重点地区内陆集约、规模化 LNG 储罐应急为辅，管网互联互通为支撑的多层次储气调峰系统。供气企业到 2020 年应拥有不低于其年合同销售量 10% 的储气能力。城镇燃气企业到 2020 年形成不低于其年用气量 5% 的储气能力，同时相应地修订《城镇燃气管理条例》《城镇燃气设计规范》等。地方政府到 2020 年至少形成不低于保障本行政区域 3 天日均消费量的储气能力。作为临时性过渡措施，储气能力不达标的，要通过签订可中断供气合同等方式落实调峰能力。各省级人民政府负责统筹推进地方政府和城镇燃气企业储气能力建设，储气设施要集约规模化运营，避免"遍地开花"。加强储气能力建设情况的跟踪调度，对推进不力、违法失信等行为实行约谈问责和联合惩戒。

4. 完善天然气基础设施建设和互联互通推进机制

加快规划内管道、LNG 接收站等项目建设，专项推进管道互联互通。加强基础设施建设各级规划间，以及基础设施建设规划与国土空间、城乡建设、用地用海、林地占用等规划以及生态保护红线的衔接，特别是要保障项目用地用海需求。落实简政放权精神，简化优化前置性要件审批，积极推行并联审批、前置改后置等方式，缩短项目合规建设手续办理和审批周期。短中期以保障京津冀及周边和汾渭平原天然气安全供应为目标，尽快制定环渤海 LNG 储运体系实施方案。LNG 接收站集约布局、规模发展，鼓励多元主体建设，鼓励站址和岸线资源共用共享；优先考虑现有 LNG 接收站周边和条件较好、前期工作相对成熟的港区进行扩建和新建。加强站线统筹规划，形成覆盖沿海主要消费区域，与国家主干管网互联互通且向内陆进一步辐射的外输管道。中长期加快完善全国性主干管网，形成对接全国天然气主要消费区和生产区，关键节点和关键线路双向输送，进口和国产气充分连通，多气源、跨区域互济调峰、协同保障的管网体系。对天然气基础设施和互联互通重大工程开展专项督察督办。

5. 建立天然气发展综合协调机制

强化供用气双方契约精神，推动供用气企业全面签订合同，鼓励签订中长期合同。"煤改气"坚持"以气定改"，在落实气源前提下有规划地推进，突出京津冀及周边等重点区域，保重点的同时循序渐进。建立完善天然气领域信用体系，对相关合同违约及保供不利的地方和企业，根据情形纳入失信名单，对严重违法失信行为实施联合惩戒。将页岩气、煤层气财政补贴政策延续到"十四五"时期，对致密气新井开发利用量给予财政补贴支持。研究对地下储气库建设的垫底气采购支出给予中央财政补贴，对重点地区应急储气设施建设给予中央预算内投资补助支持。在第三方机构评估论证基础上，研究液化天然气接收站项目进口环节增值税返还政策按实际接卸量执行。积极发展沿海、内河小型 LNG 船舶运输，推动出台LNG 罐箱多式联运等方面的相关法规政策、标准规范。

6. 建立健全天然气需求侧管理，细化预警、调峰和应急机制

统筹考虑经济发展、城镇化进程、能源结构调整、价格政策等多种因素，精准预测天然气需求，尤其要做好冬季取暖期分结构需求预测。建立天然气供需预警机制，及时对苗头性、倾向性、潜在性的供需问题做出预测预警，健全通报和反馈机制，确保供需衔接。坚持天然气合理、高效利用，新增天然气量优先用于城镇居民和大气污染严重地区的生活和冬季取暖散煤替代，重点支持京津冀及周边地区和汾渭平原，实现"增气减煤"。研究出台调峰用户管理办法，建立健全分级调峰用户制度，按照"确保安全、提前告知、充分沟通、稳妥推进"的原则适时启动实施。各地方人民政府要切实承担起民生用气的保供主体责任，县级以上人民政府、上游供气企业和城镇燃气企业要严格按照"压非保民"原则做好分级保供预案和用户调峰方案。建立天然气保供成本合理分摊机制，相应应急支出由保供不力的相关责任方全额承担，参与保供的第三方企业可获得合理收益。

7. 理顺天然气价格机制

落实好居民和非居民门站价格水平并轨政策，合理疏导居民用气销售价格。鼓励城镇燃气企业建立上下游气价联动机制，鼓励有条件的地区先行放开大型用户终端销售价格。鼓励和支持供气企业和天然气用户协商建立调峰价格机制。减少供气层级，加强配气环节监管，切实降低过高的省内管道运输价格和配气价格。鼓励用户自主选择资源方和供气路径、形式，大力发展区域及用户双气源、多气源供应。落实地方主体责任，对低收入群体、北方地区农村"煤改气"居民家庭等给予补贴，确保低收入群体生活水平不因价格改革而降低。加强天然气价格监督检查，查处价格违法行为。中央财政要充分利用大气污染防治等资金渠道加大支持力度，保障改革措施平稳实施。有序推进天然气现货市场建设，建成由期货交易平台和若干个区域现货交易平台组成的，覆盖环渤海、华南、华中、川渝等天然气主力消费区，统一开放、竞争有序的天然气市场体系。复制原油期货的成功经验，依托环渤海 LNG储运体系建设，先行先试探索推出天然气期货。

8. 加快天然气体制改革步伐

贯彻落实中共中央国务院《关于深化石油天然气体制改革的若干意见》，推动改革任务落地见效。深化油气勘查开采管理，切实加强国内资源勘探开发力度，尽快出台天然气管网体制改革方案，明确市场预期，鼓励企业投资管网建设。督促企业落实天然气管网等基础设施向第三方市场主体公平开放。加快放开储气地质构造的使用权，配套完善油气、盐业等矿业权的租赁、转让、废弃核销机制以及已开发油气田、盐矿的作价评估机制。鼓励油气、盐业企业利用枯竭油气藏、盐腔（含老腔及新建）与其他主体合作建设地下储气库。

第二节 天然气性质

一、天然气分类

天然气的分类方法目前尚不统一，各国都有自己的习惯分法。常见的分法如下。

(一) 按产状分类

可分为游离气和溶解气。游离气即气藏气，溶解气即油溶气和气溶气、固态水合物气以及致密岩石中的气等。

(二) 按经济价值分类

可分为常规天然气和非常规天然气。常规天然气指在目前技术经济条件下可以进行工业开采的天然气，主要指油田伴生气(也称油田气、油藏气)、气藏气和凝析气。非常规天然气指煤层气(煤层甲烷气)、页岩气、水溶气、致密岩石中的气及固态水合物气等。

(三) 按来源分类

可分为与油有关的气(包括油田伴生气、气顶气)和与煤有关的气；天然沼气即由微生物作用产生的气；深源气即来自地幔挥发性物质的气；化合物气即指地球形成时残留地壳中的气，如陆上冻土带和深海海底等的固态水合物气等。

(四) 按烃类组成分类

按烃类组成分类可分为干气和湿气、贫气和富气。对于由气井井口采出的，或由油气田矿场分离器分出的天然气而言，其划分方法如下。

1. 干气

在储集层中呈气态，采出后一般在地面设备和管线的温度、压力下中不析出液烃的天然气。按 C_5 界定法是指每立方米(指 20℃，101.325kPa 参比条件下的体积，下同)气中 C_5^+ 以上液烃含量按液态计小于 $13.5cm^3$ 的天然气。

2. 湿气

在储集层中呈气态，采出后一般在地面设备和管线的温度、压力下有液烃析出的天然气。按 C_5 界定法是指每立方米气中 C_5^+ 以上烃液含量按液态计大于 $13.5cm^3$ 的天然气。

3. 贫气

每立方米气中丙烷及以上烃类(C_3^+)含量按液态计小于 $100cm^3$ 的天然气。

4. 富气

每立方米气中丙烷及以上烃类(C_3^+)含量按液态计大于 $100cm^3$ 的天然气。

通常，人们还习惯将脱水(脱除水蒸气)前的天然气称为湿气，脱水后水露点降低符合输送要求的天然气称为干气；将回收天然气凝液前的天然气称为富气，回收天然气凝液后的天然气称为贫气。此外，也有人将干气与贫气、湿气与富气相提并论。由此可见，它们之间的划分并不是十分严格的。因此，本书以下提到的贫气与干气、富气与湿气也没有严格的区别。

（五）按矿藏特点分类

1. 纯气藏天然气(气藏气)

在开采的任何阶段，储集层流体均呈气态，但随组成不同，采到地面后在分离器或管线中则可能有少量液烃析出。

2. 凝析气藏天然气(凝析气)

储集层流体在原始状态下呈气态，但开采到一定阶段，随储集层压力下降，流体状态进入露点线内的反凝析区，部分烃类在储集层及井筒中呈液态(凝析油)析出。

3. 油田伴生气(伴生气)

在储集层中与原油共存，采油过程中与原油同时被采出，经油气分离后所得的天然气。

（六）按硫化氢、二氧化碳含量分类

1. 净气(甜气)

通常也称无硫天然气，指硫化氢和二氧化碳等含量甚微或不含有，不需脱除即可符合输送要求或达到商品气有关质量要求的天然气。

2. 酸气

通常也称含硫天然气，指硫化氢和二氧化碳等含量超过有关质量要求，需经脱除才能符合输送要求或成为商品气的天然气。

二、天然气组成

天然气是指自然生成，以烃类为主的可燃气体。大多数天然气的主要成分是烃类，此外还含有少量非烃类。天然气中的烃类基本上是烷烃，通常以甲烷为主，还有乙烷、丙烷、丁烷、戊烷以及少量的己烷以上烃类(C_6^+)。在 C_6^+ 中有时还含有极少量的环烷烃(如甲基环戊烷、环己烷)及芳香烃(如苯、甲苯)。天然气中的非烃类气体，一般为少量的氮气、氢气、氧气、二氧化碳、硫化氢、水蒸气以及微量的惰性气体如氦、氩、氖等。

当然，天然气的组成并非固定不变，不仅不同地区油、气藏中采出的天然气组成差别很大，甚至同一油、气藏的不同生产井采出的天然气组成也会有区别。

国外一些气田的气藏气和油田伴生气的组成分别见表1-4及表1-5，我国主要气田和凝析气田的天然气组成见表1-6。

表1-4　国外一些气田的天然气组成　　　　　　　　　　%(体积分数)

国名	产地	甲烷	乙烷	丙烷	丁烷	戊烷	C_6^+	CO_2	N_2	H_2S
美国	Louisiana	92.18	3.33	1.48	0.79	0.25	0.05	0.9	1.02	
	Texas	57.69	6.24	4.46	2.44	0.56	0.11	6	7.5	15
加拿大	Alberta	64.4	1.2	0.7	0.8	0.3	0.7	4.8	0.7	26.3
委内瑞拉	San Joaquin	76.7	9.79	6.69	3.26	0.94	0.72	1.9		
荷　兰	Goningen	81.4	2.9	0.37	0.14	0.04	0.05	0.8	14.26	
英　国	Leman	95	2.76	0.49	0.2	0.06	0.14	0.04	1.3	
法　国	Lacq	69.4	2.9	0.9	0.6	0.3	0.4	10		15.5
俄罗斯	ДаЩаВСКОе	98.9	0.3					0.2		
	СараТОВСКОе	94.7	1.8	0.2	0.1			0.2		
	ЩебеИЙНСКОе	93.6	4	0.6	0.7	0.25	0.15	0.1	0.6	

国名	产地	甲烷	乙烷	丙烷	丁烷	戊烷	C_6^+	CO_2	N_2	H_2S
俄罗斯	OpeHбyprCKoe	84.86	3.86	1.52	0.68	0.4	0.18	0.58	6.3	1.65
	AcTpaxaHCKoe	52.83	2.12	0.82	0.53	0.51[①]		13.96	0.4	25.37
哈萨克斯坦	KapaчaraHaKCKoe	82.3	5.24	2.07	0.74	0.31	0.15	5.3	0.85	3.07

表 1-5　一些国家油田伴生气的组成　　　　　　　%（体积分数）

国名	甲烷	乙烷	丙烷	丁烷	戊烷	C_6^+	CO_2	N_2	H_2S
印度尼西亚	71.89	5.64	2.57	1.44	2.5	1.09	14.51	0.35	0.01
沙特阿拉伯	51	18.5	11.5	4.4	1.2	0.9	9.7	0.5	2.2
科威特	78.2	12.6	5.1	0.6	0.6	0.2	1.6		0.1
阿联酋	55.66	16.63	11.65	5.41	2.81	1	5.5	0.55	0.79
伊 朗	74.9	13	7.2	3.1	1.1	0.4	0.3		
利比亚	66.8	19.4	9.1	3.5	1.52				
卡塔尔	55.49	13.29	9.69	5.63	3.82	1	7.02	11.2	2.93
阿尔及利亚	83.44	7	2.1	0.87	0.36		0.21	5.83	

表 1-6　我国部分气田的天然气组成　　　　　　　%（体积分数）

区域	气田名称	甲烷	乙烷	丙烷	异丁烷	正丁烷	异戊烷	正戊烷	CO_2	N_2	H_2S	其他
川渝	兴隆场	96.74	1.07	0.32	0.07	0.09	0.075	0.075	0.045	1.54	—	—
	磨溪	96.48	0.19	—	—	—	—	—	0.546	1.02	1.767	—
	中坝1	91.0	5.8	1.59	0.13	0.35	0.1	0.28	0.47	0.19	—	—
	中坝2	84.84	2.05	0.47	0.281	0.102	0.102	—	4.13	1.71	6.32	—
	卧龙河1	93.72	0.88	0.21	0.05	—	—	—	0.54	0.49	4.0	—
	卧龙河2	95.97	0.55	0.10	0.01	0.02	0.02	0.02	0.35	1.3	1.52	—
	大天池	95.97	1.23	0.23	0.004	0.006	—	—	1.71	1.87	0.13~0.26	—
	罗家寨	83.23	0.07	0.02	—	—	—	—	5.65	0.70	10.08	有机硫 87mg/m³
	铁山坡	73.09	0.03	0.01	—	—	—	—	8.65	1.05	17.15	有机硫 530.6mg/m³
	渡口河	74.11	0.05	0.03	—	—	—	—	8.07	0.66	17.06	有机硫 320mg/m³
	金秋	90.5	6.05	1.52	0.282	0.291	0.097	0.341	0.40	0.39	—	—
	抚顺	98.0	0.41	—	—	—	—	—	1.59	—	0.0025	—
塔里木	牙哈	83.5	8.72	2.13	0.80	0.29	0.15	0.11	0.74	3.50	—	—
	克拉2	97.95	0.55	0.04	0.01	0.01	0.01	0.01	0.72	0.60	—	—
	英买7	86.02	6.06	1.11	0.29	0.43	0.19	0.19	0.22	3.04	—	—
	迪那2	88.37	7.18	1.54	0.30	0.32	0.13	0.09	0.32	0.91	—	—
	塔中1	79.60	3.14	1.65	0.56	1.01	0.57	0.65	1.67	6.14	0.34	—
长庆	苏里格	92.54	4.50	0.93	0.12	0.16	0.07	0.03	0.77	0.76	—	—
	子-米	94.68	2.81	0.39	0.06	0.06	0.02	0.01	1.50	0.40	—	—
	长北	93.11	2.99	0.42	0.07	0.08	0.04	0.02	1.81	0.28	—	—
	靖边	94.64	3.01	0.46	0.06	0.08	0.03	0.02	0.7	0.89	—	—

区域	气田名称	甲烷	乙烷	丙烷	异丁烷	正丁烷	异戊烷	正戊烷	CO_2	N_2	H_2S	其他
吉林	长岭	92.20	2.64	0.29	0.02	0.02	—	—	0.95	3.88	—	登娄库组
		58.71	4.69	0.11	—	—	—	—	35.10	4.69	—	营城组
大庆	徐深	93.14	2.249	0.372	0.075	0.06	0.021	0.004	1.96	1.743	—	—
青海	涩北	99.624	0.099	0.022	—	—	—	—	—	0.179	—	—
陕西	韩城煤层气	98.23	0.049	—	—	—	—	—	0.07	1.65	—	—
山西	沁水煤层气	96.17	0.05	—	—	—	—	—	0.07	3.71	—	—

此外，天然气中还可能含有以胶溶态粒子形态存在的沥青质，以及可能含有极微量的元素汞及汞化物。

世界上也有少数的天然气中含有大量的非烃类气体，甚至其主要成分是非烃类气体。例如，我国河北省赵兰庄、加拿大艾伯塔省 Bearberry 及美国南得克萨斯气田的天然气中，硫化氢含量均高达 90% 以上。我国广东沙头圩气田天然气中二氧化碳含量高达 99.6%。美国北达科他州内松气田天然气中氮含量高达 97.4%，亚利桑那州平塔丘气田天然气中氦含量高达 9.8%。

三、天然气组分分析与测定

1. 执行标准

天然气取样操作需要执行 GB/T 13609《天然气取样导则》(等效采用《天然气取样导则》ISO 10715)，也可参考美国气体加工者协会标准 GPA 2166《气相色谱法分析天然气样品的取样方法》。

2. 注意事项

(1) 可直接在现场采样分析或间接用取样容器将样品取回实验室分析。样品分为定时、瞬时或一段时间内的平均样。需确定采用何种适用的取样容器以及置换方式(如封液置换、汞置换、活塞容器抽汲、抽空容器、吹扫容器取样等)。

(2) 取样量既要考虑一次分析的需要，也要考虑分析失误重新分析或保留样品备查的需要。

(3) 取样用具材料的选择主要考虑安全、适用与方便，保证在取样过程或取入容器后，样品与材料不发生化学反应、不吸附，以免样品失去原有的代表性。

(4) 取样点的选择必须符合以下要求：位于管道的离阻力件(如孔板、弯头)较远的高台地段，而不是低洼地段；气源处于流动状态，取样探头深入到管道内径的 1/3 处；不能在凝析气井的井口直接取气样，应在稳定条件下取平衡油、气样品分析，再按油气组合成井流组分。

(5) 取样应按操作易燃、易爆、带压、含毒气体的安全采样规定取样。

3. 组成分析与测定

自 20 世纪 60 年代以来，全世界普遍选用气相色谱法作为分析天然气这种含有多组成气体样品的标准方法。对于 C_5 以上烃类组成浓度较高的富天然气或油田伴生气，为获得较准确的发热量、相对密度和压缩因子等数据，一般需将烃类组成延伸分析至 C_8、C_{10} 甚至 C_{16} 以上。天然气中较高碳数烃组成对烃露点影响很大，例如，在一天然气样品中加入体积分数为 0.28×10^{-6} 的 C_{16} 烃时，其烃露点上升 40℃，故应进行延伸的碳数组成分析。

天然气组成主要包括烃类、H_2S、CO_2、总硫和有机硫、水分、汞和粉尘等，其相关分析测试方法和标准见表1-7。

表1-7　天然气中各组成的分析测试参照标准

序号	测量内容	参　照　标　准
1	天然气的主要组成	《天然气的组成分析 气相色谱法》GB/T 13610 《气相色谱法分析天然气的标准试验方法》ASTM D1945
2	C_5 以上烃类组成	《天然气中丁烷至十六烷烃烃类测定气相色谱法》GB/T 17281 《天然气 延伸分析 气相色谱法》ISO 6975
3	天然气中的 H_2S	《天然气中硫化氢含量的测定 层析法》DB35/T 1584
4	天然气中的 CO_2	《天然气中二氧化碳含量的测定 氢氧化钡法》SY/T 7506
5	天然气中总硫	《天然气 硫化物测定 第1部分：导论》ISO 6326.1 《天然气 硫化物测定 第3部分：电位法测 H_2S、RSH、COS》ISO 6326.3 《天然气 硫化物测定 第5部分：林根纳燃烧法》ISO 6326.5
6	天然气中有机硫化合物	《气体分析 天然气中硫化合物的测定（气相色谱法）》ISO 6326.2
7	天然气中水含量	《气体中微量水分的测定 第1部分：电解法》GB/T 5832.1 《气体中微量水分的测定 第2部分：露点法》GB/T 5832.2 《气体中微量水分的测定 第3部分：光腔衰荡光谱法》GB/T 5832.3 《天然气中水含量的测定卡尔费休-库仑法》GB/T 18619.1 《用卡尔费休法测定天然气中的水》ISO 10101
8	天然气中汞	《天然气中汞含量的测定 第1部分：碘化学吸附取样法》GB/T 16781.1 《天然气中汞含量的测定 第2部分：金-铂合金汞齐化取样法》CB/T 16781.2 《天然气 汞的测定 第1部分：碘化学吸附法进行汞的采样》ISO 6978.1 《天然气 汞的测定 第2部分：用碘/铂合金混合法采样汞》ISO 6978.2
9	天然气中粉尘	《作业场所空气中粉尘测定》GBZ/T 192
10	天然气密度相对密度和发热量	《天然气 发热量、密度、相对密度和沃泊指数的计算方法》GB/T 11062 《天然气 热值、密度和相对密度及化合物沃泊指数的计算》ISO 6976

4. 标准气的制备与利用

为保证天然气组成分析数据具有可追溯性，应采用标准物质作为量值传递的中间媒介，即采用已知组成浓度与待测天然气的组成成分及浓度相似的标准气作为外标物，对各组成进行定量。天然气中含硫化合物由于稳定性差，在检测分析时必须按有关标准规定的配制方法进行现配和标定，然后才能使用。天然气中惰性气体标准气可选用通用的相关气体标准气。

（1）制备方法

标准气配制方法有称重法、静态容积法、测压法与饱和法等，其中称重法以质量为基础，无须准确测定气体的温度、压力及压缩因子。我国最高水平的有证标准物质制备时，必须采用称重法。

（2）注意事项

① 标准气系一种计量器具，必须选用有中华人民共和国制造计量器具许可证（CMC）标志的标准物质，与天然气分析有关的标准气见表1-8。

表1-8　天然气分析用气体标准物质

一级气体标准物质		
序号	认证编号	气体标准物质名称
519	GBW 06305	甲烷中丙烷、异丁烷、正丁烷气体标准物质 8L
520	GBW 06306	甲烷中乙烷气体标准物质 4L
521	GBW 06307	甲烷中丙烷气体标准物质 4L
522	GBW 06308	甲烷中二氧化碳气体标准物质 4L

二级气体标准物质		
序号	认证编号	气体标准物质名称
141	GBW（E）060094	甲烷中氦、氢混合气体标准物质
142	GBW（E）060095	甲烷中氧、氮混合气体标准物质
143	GBW（E）060096	甲烷中二氧化碳气体标准物质
144	GBW（E）060097	氮中甲烷气体标准物质
147	GBW（E）060130	氮中硫化氢气体标准物质
148	GBW（E）060131	甲烷中硫化氢气体标准物质
149	GBW（E）060132	氮中二氧化硫气体标准物质
380	GBW（E）080111	甲烷中乙烷、丙烷、正异丁烷、正异戊烷气体标准物质

② 我国标准物质分为一类标准物质（GBW）和二类标准物质（GBWE），一般工作场所可选用二类标准物质，对实验认证、主法认证、产品评介和仲裁可选用一级标准物质。

③ 使用烃类标准气应注意达到烃露点后对标准气组成的稳定性造成的影响，因此要密切注意和记录标准气的存放温度和压力变化。

四、天然气危险危害性

无硫天然气是易燃、易爆、低毒性的气体混合物。当含有 H_2S 时，则其毒性随 H_2S 浓度增加而增高。如果发生泄漏和事故时自然排放，就会引起人体急性中毒。

1. 天然气火灾爆炸危险性

天然气及其产品是易燃、易爆的混合物，其火灾危险性高。其中，液化石油气、天然气凝液、液化天然气等属于甲$_A$类，天然气、天然汽油（稳定轻烃）等属于甲$_B$类，副产品硫黄属于乙$_B$类。

由于天然气或其产品的蒸气与空气组成的混合气体爆炸极限范围较宽，爆炸下限值较低，因而爆炸危险性也较大。因此，天然气生产过程的原料气和产品均属于易燃、易爆物质。

2. 天然气毒害性

目前国内开采的不同油气田天然气组成差别较大，但其主要组分为甲烷，尤其是干天然气（贫气）中的甲烷含量一般均高达90%以上。甲烷属单纯窒息性气体，高浓度时因缺氧窒息而引起中毒，空气中甲烷浓度达到25%~30%时出现头昏、呼吸加速、运动失调。含硫天然气中通常均含有一定浓度的 H_2S。H_2S 为无色、剧毒气体，具有臭鸡蛋气味，是强烈的神经毒物,对黏膜亦有明显的刺激作用。H₂S对人体的影响主要为急性中毒和慢性损害。

天然气的危险危害性及防治措施详见本书第十章。

五、天然气贸易计量方式

天然气作为商品进行贸易交接必须计量。天然气的计量方式有能量(发热量)计量和体积计量两种,国际上普遍采用的以能量计量为主,体积计量为辅的计量方式。我国是为数不多的仍在使用天然气体积计量和计价的国家之一。

1. 体积计量

体积计量是天然气各种流量计量的基础。天然气的体积具有压缩性,随温度、压力条件而变。为了便于比较和计算,须把不同压力、温度下的天然气体积折算成相同压力、温度下的体积。或者说,均以此相同压力、温度下的体积单位(工程上通常是 $1m^3$)作为天然气体积的计量单位,此压力、温度条件称为标准参比条件,简称体积参比条件或参比条件,以往则称为标准状态条件。

(1) 体积计量的参比条件

目前,国内外采用的体积参比条件并不统一。一种是采用 0℃ 和 101.325kPa 作为天然气体积计量的参比条件,在此条件计量的 $1m^3$ 天然气体积称为 1 标准立方米,简称 1 标方。我国以往习惯写成 $1Nm^3$,由于"N"现为力的单位"牛顿"的符号,故 1 标方目前均应写为 $1m^3$。另一种是采用 20℃ 或 15.6℃(60°F)和 101.325kPa 作为天然气体积计量的参比条件。其中,我国天然气工业的气体体积计量参比条件采用 20℃,英、美等国则多采用 15.6℃。为与前一种参比条件区别,我国以往称为基准状态,而将此条件下计量的 $1m^3$ 称为 1 基准立方米,简称 1 基方或 1 方,通常也写成 $1m^3$。英、美等国有时则写成 $1Std\ m^3$ 或 $1m^3$。

由于天然气采用这三种参比条件计量的体积单位我国目前均写为 $1m^3$,为便于区别,故本书在需要说明之处将参比条件采用 0℃ 和 101.325kPa 计量的体积单位写成"$m^3(0℃)$",参比条件采用 20℃ 及 101.325kPa 计量的体积单位写成"m^3",而参比条件采用 15.6℃ 及 101.325kPa 计量的体积单位则写成"$m^3(15.6℃)$"或"$m^3(15℃)$"。必要时,在体积单位之前或后注明其参比条件。

(2) 国内采用的天然气体积计量参比条件

目前,国内天然气生产、经营管理及使用部门采用的天然气体积计量参比条件也不统一,因此,在计量商品天然气体积以及采用与体积有关的性质(例如密度、发热量、硫化氢含量等)时要特别注意其体积参比条件。

中国石油天然气集团公司采用的天然气体积单位"m^3"为 20℃、101.325kPa 条件下的体积。例如,在《天然气》(GB 17820—2018)和《车用压缩天然气》(GB 18047—2017)中注明所采用的标准参比条件均为 20℃、101.325kPa。

我国城镇燃气(包括天然气)设计、经营管理部门通常采用 0℃、101.325kPa 为体积计量参比条件。例如,在《城镇燃气设计规范》(GB 50028—2006)中注明燃气体积流量计量条件为 0℃、101.325kPa。

此外,在《城镇燃气分类和基本特性》(GB/T 13611—2018)中则采用 15℃ 及 101.325kPa 为体积参比条件。

随着我国天然气工业的迅速发展,目前国内已有越来越多的城镇采用天然气作为民用燃料。对于民用(居民及商业)用户,通常采用隔膜式或罗茨式气表计量天然气体积流量。此时的体积计量条件则为用户气表安装处的大气温度与压力，一般不再进行温度、压力校正。

由此可见，我国天然气生产、经营管理及使用部门的天然气体积计量的参比条件是不同的。此外，凡涉及天然气体积的一些性质（例如密度、体积发热量等）均有同样情况存在，在引用时请务必注意。

2. 能量计量

能量计量和计价是国际天然气贸易和世界上大多数国家采用的天然气交接及计量收费方式，近年来我国越来越多的城镇已经实现天然气多元化供应，其气源包括管道天然气和煤层气、压缩天然气和液化天然气等，这些不同来源的天然气其发热量则有较大差别。目前，我国已经启动能量计算工作，并已出台相关政策，将加快建立热值计量体系。

例如，北京目前来自长庆气区的管道天然气低位发热量约为35.0MJ/m³，来自华北油田的管道天然气低位发热量约为36.3 MJ/m³，而今后来自国外进口的液化天然气低位发热量则为37~40MJ/m³。但是，多年来我国天然气贸易交接一直按体积计量，并未考虑发热量因素，显然有欠公平合理。目前，我国只有中国海洋石油公司由崖城13-1气田输往香港中华电力公司(中国)的天然气，以及进口液化天然气和管道气等国际贸易项目按能量计量与计价进行交接与结算，而欧美等国普遍采用天然气的发热量作为贸易交接的与结算的计量单位。这种计量方法对贸易双方都公平合理，代表天然气贸易交接计量的发展方向。因此，采用能量(发热量)计量与计价是今后我国天然气贸易应该认真考虑的方式。

（1）天然气能量计量

天然气能量计量是体积计量或质量计量的延伸，可通过体积计量、质量计量与单位流量天然气的发热量乘积计算获得。与体积计量、质量计量方式相比，能量计量更能科学体现天然气作为燃料的商品价值。天然气的发热量可通过直接燃烧法测量，也可通过分析气体组分计算而得。对于规模较大的计量站，需配套安装在线气相色谱仪实时测量天然气发热量；对于规模较小的计量站，可采用离线气相色谱分析方法计算发热量，再根据对应气源的种类及气源发热量的稳定性，选择固定赋值或可变赋值的方法确定对应计量站天然气的发热量。

（2）能量计量界面

根据国际标准化组织（ISO）发布的《ISO 15112：2007 Natural Gas - Determination of Energy》(以下简称 ISO 15112)，我国制定了国家标准"GB/T 22723—2008《天然气能量的测定》"（以下简称 GB/T 22723—2008）。如图 1-3 所示，该标准认为天然气从产出到终用户共有 6 个可能的能量测定界面(计量站)。由于这个天然气计量交接链及其界面是从 ISO 15112

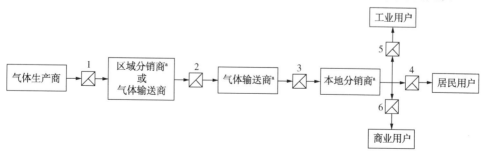

图 1-3 生产商—终用户能量测定的可能界面图

注：1.1~6 表示界面，下同；

2. ª 表示如果存在

移植过来的，主要反映的是欧美国家天然气供应链及其计量交接模式，在交接环节和交易方式上与当前我国天然气供应和计量交接有一些差别。

我国的天然气供应链较为复杂。在天然气供应侧，既有国产气，也有进口气；在输配环节，有跨省输气管道、省内输气管网和城市配气公司。国产气除通过省内或区域输气管道销售给大工业用户(包括工业燃料和化肥、化工、发电用气等)和城市燃气公司外，也通过跨省输气公司直供工业用户和在省门站销售给省级管输公司。而省级管输公司或直接销售给大工业用户，或销售给城市燃气公司，后者经其配气管网销售给工业、居民和其他终用户。

这样，我国天然气计量交接界面实际上至少有9个(图1-4)。虽然现在我国天然气产业链还是上中游一体化运营，一些管道系统中的界面1、2只是内部交接计量，不存在贸易交接结算，无须进行能量计量，但按照国家深化油气体制改革目标，输气管道正推进第三方公平进入并最终要实行独立经营，图1-4中9个计量交接界面都将是能量计量和交易结算的界面。

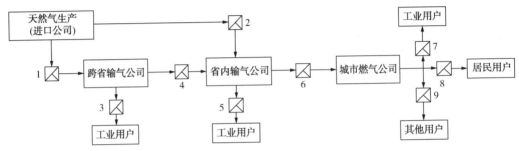

图1-4　我国天然气计量界面图

(3) 能量计量方法

天然气能量计量方法有直接法和间接法两种。目前国际上常用的是间接法，即在计量界面分别测定天然气的发热量和体积流量，两者的乘积即天然气总能量。GB/T 22723—2008规定，能量测定采用以时间变化为基础的间接测定法，即能量值等于1个计算时间(如小时、天、周、月等)内气体流量与高位发热量的乘积。

依据GB/T 22723—2008推荐，在图1-4中的1~6界面，可采用天然气在线组成分析计算天然气单位发热量和流量测量来获取天然气能量。而在7~9界面，仅计量天然气流量，采用发热量赋值的办法来计算天然气能量。这样，城市燃气终端用户仍采用流量表计量天然气用量，由城市燃气公司根据接收的平均天然气发热量，或通过发热量赋值折算成能量，按天然气能量价格收取用户的天然气费用。

但是，如果城市燃气公司的配气管网是多气源供气，采用发热量赋值可能产生较大能量计量误差。在这种情况下，可采用额定天然气发热量的办法，即规定城市燃气公司销售的天然气发热量必须等于和大于某一额定值，如38.0 MJ/m³。如天然气发热量不足，则通过掺混液化石油气(LPG)予以提升。这样既简单易行，又可避免天然气计量价格产生波动。

(4) 能量计量单位的选择

目前，全球天然气能量计量单位主要有英热单位 Btu(1Btu = 1054.35J)、色姆(英国煤气计量中的煤气热质单位，单位符号为 therm，1 therm = 0.105448×10⁹J)、卡(cal，1 cal = 4.19 J)、焦耳(J)、千瓦时(kW·h)等。其中，英热单位、千瓦时、焦耳三种能量单位使用的国家或地区最多也最常见，而色姆主要在英国应用，日本和中国台湾地区则用卡计量。在我国法定计量单位中，没有英热单位、色姆和卡。这样，我国天然气能量计量单位只有在焦耳和千瓦时中选择。历史上，在我国物理学教科书中，能量单位有两个，即卡与焦耳。卡从1990年起不再是我国法定计量单位。并且，国务院《关于在我国统一实行法定计量单位的命令》规定，能量、功和热的计量单位用焦耳。同时，强制性国家标准GB 17820中，明确天然气发热量的单位为MJ／m^3。

实践中，我国进口LNG的能量计量单位是MMBtu($1MMBtu = 1.054 \times 10^6 kJ$)，但进口落地后的能量单位随即转换为焦耳，气化后按元／吉焦($1GJ = 10^9 J$)计价销售。例如，广东深圳进口LNG气化后到天然气用户门站销售价格以元／吉焦为基准，然后再按每吉焦折算24.1063m^3天然气，以与国内的体积计量计价对接。

可见，无论从法制、国家标准和社会认知，还是市场应用实践，焦耳更适宜作为我国天然气能量计量单位。

第三节　天然气的相态特性

相态就是物质的状态(或简称相，也叫物态)，即指一个宏观物理系统所具有的一组状态。一个相态中的物质拥有单纯的化学组成和物理特性(例如密度等)。最常见的物质状态有固态、液态和气态，俗称物质三态。

组成已知的天然气，在不同温度、压力条件下其相态也不相同，即有时是气相或液相，有时则是处于平衡共存的两相(例如气液、液固或气固两相)甚至是平衡共存的更多的相(例如气液固三相)。

天然气的相态特性(相特性)是指某组成已知的天然气在不同温度、压力条件下所存在的相态及其特性，即其是呈气相、液相、气液两相或更多的相及其有关特性。

在天然气生产与利用过程中，经常需要了解组成已知的天然气在一定压力、温度下所存在的相态(经常是气液两相)及其特性，例如其在该压力和温度条件下存在不同相的相图(相态图、相平衡状态图)。同样，还经常需要进行相平衡计算，从而确定组成已知的天然气在该压力、温度下平衡共存各相的量和组成，以及预测其热力学性质。

天然气主要是由烃类以及少量非烃类组成的混合物，其组成各不相同。目前，对其相图描述及相平衡计算大多采用有关软件中热力学模型由计算机完成。但是，对于某些关键相图(例如，高压凝析气井的井流物)，最好是由实验测出其在较窄压力、温度范围内的数据，再通过热力学性质预测和适当描述相结合，将其延伸到更宽的压力、温度范围，从而完成相图的绘制。

由于天然气中的水蒸气冷凝后会在体系中出现水相，天然气中的二氧化碳在低温下还会形成固体，因此，在天然气生产与利用过程中主要涉及有烃类体系、烃-水体系和烃-二氧化碳体系的相特性。

一、烃类体系相特性

天然气尤其是不同储集层流体或井流物在其所处温度、压力条件下的相图，对于天然气生产过程是非常重要的。现以储集层流体为例说明其应用如下。

储集层和从其采出的流体类型决定于储集层压力、温度在流体相图上的相对位置。图1-5表示了五种不同储集层情况。点 *A*、*B*、*C*、*D*、*E* 分别表示储集层或油气井井筒底部的原始条件，而 *A'*、*B'*、*C'*、*D'*、*E'* 则分别表示井口条件。因此，*AA'*、*BB'*、*CC'*、*DD'*、*EE'*

表示的是在开采过程中流体的压力、温度变化情况。

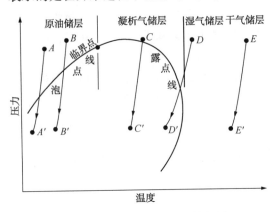

图 1-5 典型的储集层流体相图

储集层 A 或 B 的流体压力、温度条件均在临界点左侧温度较低的液相区，其采出的流体称为原油。AA′表示的是低气油比的普通原油开采过程。当流体压力、温度按 AA′线变化低于泡点线后就进入两相区，因而会有气体从原油中逸出。但是，也会有个别的原油的 A′点仍高于泡点线，因而就没有气体逸出。

BB′线表示的是高气油比的原油开采过程。当流体压力、温度按 BB′线变化进入两相区后，将有较多的气体逸出。

CC′表示的是反凝析流体的开采过程，采出的流体称为凝析气。开采过程中如果储集层压力沿 CC′降至露点线以下时，在储集层中就会有液烃析出，一些有价值的较重烃类将会存留在储集层中而无法采出。因此，有的凝析气田常采用注气的方法来保持储集层压力。

DD′线表示的是湿天然气（富天然气）的开采过程。D 点是位于临界冷凝温度右侧的气体或密相流体。流体在开采过程中由于压力、温度降低进入露点线后即会有液烃析出。因此，往往不好判断这种储集层是属于凝析气储集层或湿天然气储集层。

EE′线表示的是干天然气（贫天然气）的开采过程。即使当其采出到地面后，也没有液体析出。

应该指出的是，图 1-5 只是用来表示储集层流体分类的示意图。实际上，除了 A′、B′、C′、D′、E′表示的井口温度大致相同外，储集层压力、温度则取决于储集层深度，故 A、B、C、D、E 点的位置就会不同。此外，由于各种储集层流体的组成差别较大，因而其相图形状、临界点位置及其与开采时流体压力、温度变化曲线的相对位置也不相同。

由此可知，储集层流体或井流物相特性在天然气工业中具有非常重要的意义，而取得准确、可靠的流体试样和组成分析数据，则是应用相特性的关键。虽然目前可以利用有关软件中的热力学模型由计算机完成相图绘制，但前提是必须正确描述流体中少量重烃类（例如 C_7^+）的特性。因为，相包络线对流体组成是十分敏感的，而这些少量重烃的特性描述则对露点线的位置影响很大。

二、烃-水体系相特性

自储集层采出的天然气和采用湿法脱除酸性组分后的天然气中一般都含有饱和水蒸气，或者也称含有饱和水，通常简称含水，其含量则简称为天然气水含量。此外，又将天然气中呈液相存在的水称为液态水或游离水。此游离水或是随天然气一起采出的地层水，或是在开采、集输和处理过程中析出的冷凝水。

此外，自储集层随天然气一起采出的液烃或凝析油（凝液），以及在天然气脱水前析出的液烃或凝析油，通常也被液态水所饱和，即含有溶解水。

通常只有游离水才是有害的，因而工程上常以露点温度来表示天然气中的水含量。水在天然气中的溶解度是随压力升高或温度降低而减小，因而对天然气进行压缩或冷却处理时要特别注意预测其中的水分含量，因为游离水的存在有以下四个方面的危害：

① 局部积累将降低输气量。

② 增加不必要的动力消耗。

③ 与 CO_2 和(或) H_2S 混合生成酸液，加剧管线腐蚀。H_2S 会引起电化学腐蚀、氢鼓泡、氢脆、硫化物应力腐蚀等。

④ 可能在较高压力和较低温度下生成天然气水合物，导致集气管线或其他设备堵塞。

因此，预测天然气及其凝液中的水含量和水合物的形成条件是非常重要的。

(一) 天然气水含量

1. 影响天然气水含量的因素

天然气的水含量取决其于压力、温度和组成。组成已知的天然气，压力越高，温度越低，其水含量越低。压力、温度一定时，天然气的相对分子质量越大(即天然气中乙烷及更重烃类含量越多)，其水含量越低。压力增加，组成的影响增大，特别是天然气中含有 CO_2、H_2S 时其影响尤为重要。

通常由气井采出的天然气多为高压，为了充分利用其压力能，减少集输与处理过程生产设施的尺寸和占地面积，一般都在较高压力下运行。另一方面，根据生产需要，在集输与处理过程中天然气的温度又会降低(例如，采、集管线埋地敷设、采用节流制冷或冷剂制冷进行低温分离等)，因而就有冷凝水析出。

预测天然气水含量的方法有图解法、热力学模型法和实验法三种：

① 图解法，其中有一类图用于不含酸性组分的贫天然气，即采用基于实验数据的图来查取天然气的水含量，另一类图则用于含酸性组分的天然气。

② 热力学模型法，即采用有关热力学模型进行精确的三相(气相、富水相和富烃液相)平衡计算来确定各组分(包括水)在三相中的含量。

实际上，准确预测含硫天然气的水含量是一件十分复杂的事情，即使由最完善的状态方程所求得的结果，其准确性也值得怀疑。因此，在大多数情况下最好还是通过实验数据验证预测的数值。

纯 CO_2、H_2S 气体的水含量远高于甲烷或无硫天然气，并且随压力、温度不同其相对值也有明显变化。当天然气中含 CO_2 和/或 H_2S 大于5%，压力高于4.8MPa(绝)时，则需校正 CO_2、H_2S 对其水含量的影响。CO_2、H_2S 含量和压力越高，这种校正尤为重要。

2. 天然气水露点/水含量测定

天然气中水露点/水含量的测定方法很多，从计量学原理看可分为绝对法和相对法两类；从测定方法看可分为化学分析法和仪器测定法两类；从仪器安装方式看又可分为在线和非在线两类。天然气水露点/水含量的主要测定方法见表1-9。表中：①电容法、电导法、压电法、红外法、光学法等为在线分析，其中，电容法、电导法、光学法系将传感器直接安装在管道上，压电法、红外法系将气样通过取样管线引入安装在现场的仪器中，目前这些方法我国尚无标准可依；②电解法、冷却镜面凝析湿度计法(简称冷却镜面法)等为非在线分析，国内已制定有国家或行业标准，其标准号见表1-9。我国《天然气》(GB 17820—2018)和《车用压缩天然气》(GB 18047—2017)等标准均规定其水露点指标的测定方法为《天然气水露点的测定 冷却镜面凝析湿度计法》(GB/T 17283—2014)。

表 1-9　天然气中水露点/水含量的主要测定方法

测定水含量的绝对法	称量法（ISO/DIS 11541）
	Karl-Fischer 法（GB/T 18619.1；ISO 10101）
	电解法（SY/T 7507）
	红外法
测定水含量的相对法	色谱法
	湿度计法：电容法、压电法、电导法、光学法
测定水露点的绝对法	冷却镜面法（GB/T 17283；ISO 6327）

天然气水含量/水露点的测量误差除了取决于试样和测定方法本身的准确度外，还与所测定的天然气中有无干扰物质（例如，固体杂质、油污、雾状液滴、甲醇等）有关。

（二）天然气水合物

在水的冰点以上和一定压力下，水和天然气中某些小分子气体可以形成外形像冰，但晶体结构与冰不同的固体水合物。水合物的密度一般在 $0.8 \sim 1.0 g/cm^3$，因而轻于水，重于天然气所析出的凝液。除热膨胀和热传导性质外，其光谱性质、力学性质和传递性质与冰相似。在天然气和凝液中形成的水合物会堵塞管道、设备和仪器，抑制或中断流体的流动。

天然气水合物（Natual Gas Hydrate，NGH）是一种非化学计量型晶体，即水分子（主体分子）借氢键形成具有空间点阵结构（笼形空腔）的晶格，气体分子（客体分子）则在与水分子之间的范德华力作用下填充于点阵的空腔（晶穴）中。

目前公认的天然气水合物结构有结构Ⅰ型、结构Ⅱ型和结构 H 型三种，如图 1-6 所示。

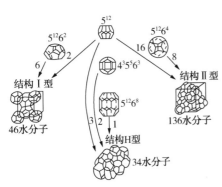

图 1-6　天然气水合物的三种单晶结构

客体分子尺寸是决定其能否形成水合物、形成何种结构的水合物，以及水合物的组成和稳定性的关键因素。

结构Ⅰ型水合物单晶是体心立方结构，天然气中相对分子质量较小的烃类分子 CH_4、C_2H_6 以及非烃类分子如 N_2、H_2S 和 CO_2 等可形成稳定的结构Ⅰ型水合物。

结构Ⅱ型水合物单晶是菱形（金刚石结构）立方结构，除可容纳 CH_4、C_2H_6 等小分子外，较大的晶穴还可容纳 C_3H_8、iC_4H_{10} 和 nC_4H_{10} 等相对分子质量较大的烃类分子。

比 nC_4H_{10} 更大的正构烷烃不会形成结构Ⅰ型和Ⅱ型水合物。然而，一些比戊烷更大的异构烷烃和环烷烃却能形成结构 H 型水合物。

天然气的组成决定了结构类型。实际上，结构类型并不影响水合物的外观、物性或因水合物产生的其他问题。然而，结构类型会对水合物的形成温度、压力有明显影响。结构Ⅱ型水合物远比结构Ⅰ型水合物稳定。

在一定压力下天然气中存在 H_2S 时可使水合物形成温度显著升高。CO_2 的影响通常则小得多，而且在一定压力下它会使烃类气体混合物的水合物形成温度降低。

影响水合物形成的条件首先要考虑的是：①气体或液体必须处于或低于其水露点，或在饱和条件下（注意，形成水合物时不必有液态水存在）；②温度；③压力；④组成。其次要考虑的是：①处于混合过程；②动力学因素；③晶体形成和聚结的实际场所，例如管子弯头、孔板、温度计套管或管垢等；④盐含量。

通常，当压力增加和/或温度降低至水合物形成条件时都会形成水合物。

在天然气生产与利用过程中，常常需要知道天然气水合物的形成条件。其中，采用较多的有相对密度法、平衡常数法、热力学模型法和实验法等。相对密度法、平衡常数法仅适用于无硫天然气的预测，而热力学模型法则还可用于含硫天然气的预测。

三、烃-二氧化碳体系相特性

为了保护在天然气处理过程低温系统中运行的机械和设备（例如透平膨胀机、脱甲烷塔），除需将天然气脱水外，还必须考虑除去气体中可能形成的其他半固态物或固态物。气体中存在的胺、甘醇和压缩机润滑油等都会在低温下使系统堵塞。

CO_2 也可在低温系统中形成固体。当天然气中含有较多的 CO_2 而且冷却至某一低温值时，就会出现固体 CO_2（干冰）。固体 CO_2 可使天然气处理过程低温系统尤其是透平膨胀机出口和脱甲烷塔顶部堵塞甚至损害，故一定要严防其形成。预测固体 CO_2 形成条件的方法有图解法和热力学模型法，前者用于近似估计，后者用于详细计算。

第四节　天然气产品质量要求

一、商品天然气质量要求

商品天然气气质标准一般包括发热量、硫化氢含量、总硫含量、二氧化碳含量和水露点五项技术指标。在这些指标中，除发热量外其他四项均为健康、安全和环境保护方面的指标。因此，商品天然气的气质标准是根据健康、安全、环境保护和经济效益等要求综合制定的。不同国家，甚至同一国家不同地区、不同用途的商品天然气质量要求均不相同，因此，不可能以一个标准来统一。此外，由于商品天然气多通过管道输往用户，又因用户不同，对气体的质量要求也不同。

通常，商品天然气的质量指标主要有以下几项。

（一）发热量（热值）

发热量是表示燃气（即气体燃料）质量的重要指标之一，可分为高位发热量（高热值）与低位发热量（低热值），单位为 kJ/m^3 或 MJ/m^3。不同种类的燃料气，其发热量差别很大。常用气体燃料低位发热量见表1-10。

表1-10　常用气体燃料的低位发热量（概略值）

燃气	液化石油气/ （MJ/kg）	天然气/ （MJ/m³）	催化油制气/ （MJ/m³）	炼焦煤气/ （MJ/m³）	混合人工气/ （MJ/m³）	矿井气/ （MJ/m³）
发热量	41.9	35.6	18.9	17.6	14.7	13.4

目前国内外天然气气质标准多采用高位发热量。天然气高位发热量直接反映天然气的使用价值（经济效益），该值可采用气相色谱分析数据计算，或用燃烧法直接测定。同一天然气的发热量值还与其体积参比条件有关，选用该值时务必注意。

燃气发热量也是用户正确选用燃烧设备或燃具时所必须考虑的一项重要指标。

（二）露点

天然气在一定压力下析出第一滴液体时的温度称为露点。露点有烃露点和水露点之分。析出第一滴水时的温度为水露点；析出第一滴液烃时的温度为烃露点。

水露点随压力下降而下降，天然气组成对其影响不大。烃露点与压力、组成的关系比较复杂，在高压下（例如 3MPa 左右或更高），烃露点随压力下降而升高，之后又随压力下降而下降。天然气中含有极少量重烃，就会使烃露点提高很多。

1. 烃露点

此项要求是用来防止在输气或配气管道中有液烃析出。析出的液烃聚集在管道低洼处，会减少管道流通截面。只要管道中不析出游离液烃，或游离液烃不滞留在管道中，烃露点要求就不十分重要。烃露点一般根据各国具体情况而定，有些国家规定了在一定压力下允许的天然气最高烃露点。一些组织和国家的烃露点控制要求见表 1-11。

表 1-11　一些组织和国家对烃露点的要求

地区或国家	烃露点的要求
ISO（国际标准化组织）	在交接温度压力下，不存在液相水和烃（见 ISO 13686：2013）
EASSE-Gas（欧洲气体能量交换合理化协会）	0.1~7MPa 下，烃露点 -2℃。2006 年 10 月 1 日实施
加拿大	在 5.4MPa 下，-10℃
意大利	在 6MPa 下，-10℃
德国	地温/操作压力
荷兰	压力高达 7MPa 时，-3℃
俄罗斯	温带地区：0℃；寒带地区：夏 -5℃，冬 -10℃
英国	夏：6.9MPa，10℃。冬：6.9MPa，-1℃

2. 水露点

此项要求是用来防止在输气或配气管道中有液态水（游离水）析出。液态水的存在会加速天然气中酸性组分（H_2S、CO_2）对钢材的腐蚀，还会形成固态天然气水合物，堵塞管道和设备。此外，液态水聚集在管道低洼处，也会减少管道的流通截面。冬季水会结冰，也会堵塞管道和设备。

水露点一般也是根据各国具体情况而定。在我国，要求商品天然气在交接点的压力条件下，其水露点应比最低环境温度低 5℃。有国家则是规定商品天然气中的水含量。

（三）硫含量

此项要求主要是用来控制天然气中硫化物的腐蚀性和对大气的污染，常用 H_2S 含量和总硫含量表示。

天然气中硫化物分为无机硫和有机硫。无机硫指硫化氢（H_2S），有机硫指二硫化碳（CS_2）、硫化羰（COS）、硫醇（CH_3SH、C_2H_5SH）、噻吩（C_4H_4S）、硫醚（CH_3SCH_3）等。天然气中的大部分硫化物为无机硫。

硫化氢及其燃烧产物二氧化硫，都具有强烈的刺鼻气味，对眼黏膜和呼吸道有损坏作用。空气中的硫化氢阈限值为 15mg/m³（10ppm），安全临界浓度为 30mg/m³（20ppm），危险临界浓度为 150mg/m³（100ppm）。SO_2 的阈限值为 5.4mg/m³（2ppm）。

硫化氢又是一种活性腐蚀剂。在高压、高温以及有液态水存在时，腐蚀作用会更加剧烈。硫化氢燃烧后生成二氧化硫和水，也会造成对燃具或燃烧设备的腐蚀。因此，一般要求民用天然气中的硫化氢含量不高于 $6\sim20$ mg/m³。除此之外，对天然气中的总硫含量也有一定要求，我国要求小于 350 mg/m³ 或更低。

（四）二氧化碳含量

二氧化碳也是天然气中的酸性组分，在有液态水存在时，对管道和设备也有腐蚀性。尤其当硫化氢、二氧化碳与水同时存在时，对钢材的腐蚀更加严重。此外，二氧化碳还是天然气中的不可燃组分。因此，一些国家规定了天然气中二氧化碳的含量（体积分数）不高于 $2\%\sim3\%$。

（五）机械杂质（固体颗粒）

在《天然气》（GB 17820—2018）中虽未规定商品天然气中机械杂质的具体指标，但明确指出"天然气中固体颗粒含量应不影响天然气的输送和利用"，这与国际标准化组织天然气技术委员会（ISO/TC 193）1998 年发布的《天然气质量指标》（ISO 13686）是一致的。固体颗粒的指标要求应符合《进入天然气长输管道的气体质量要求》（GB/T 37124—2018）。俄罗斯国家标准（ГОСТ 5542）则规定中的固体颗粒 ≤1mg/m³。

（六）氧含量

从我国西南油气田分公司天然气研究院十多年来对国内各油气田所产天然气的分析数据看，从未发现过井口天然气中含有氧。但四川、大庆等地区的用户均曾发现商品天然气中含有氧（在短期内），有时其含量还超过 2%（体积分数）。这部分氧的来源尚不甚清楚，估计是集输与处理等过程中混入天然气中的。由于氧会与天然气形成爆炸性气体混合物，而且在输配系统中氧也可能氧化天然气中的含硫加臭剂而形成腐蚀性更强的产物，故无论从安全或防腐的角度，应对此问题引起足够重视，及时开展调查研究。

国外对天然气中氧含量有规定的国家不多。例如，欧洲气体能量交换合理化协会（EASEE-gas）规定的"统一跨国输送的天然气气质"将确定氧含量 ≤0.01%（摩尔分数），德国的商品天然气标准规定氧含量不超过 1%（体积分数），俄罗斯国家标准（ГОСТ 5542）也规定不超过 1%（体积分数），但全俄行业标准 ГОСТ 51.40 则规定在温暖地区应不超过 0.5%（体积分数）。中国石油天然气集团公司企业标准《天然气长输管道气质要求》（Q/SY 30—2002）则规定输气管道中天然气中的氧含量应小于 0.5%（体积分数）。

表 1-12 国外商品天然气质量要求

国家	H_2S/（mg/m³）	总硫/（mg/m³）	CO_2/%	水露点/（℃/MPa）	高发热量/（MJ/m³）
英国	5	50	2.0	夏 4.4/6.9　冬 -9.4/6.9	38.84~42.85
加拿大	6	23	2.0	64mg/m³	36.5
	23	115		-10/操作压力	36
美国	5.7	22.9	3.0	110mg/m³	43.6~44.3
俄罗斯	7.0	16.0[①]	—	夏 -3/(-10)　冬 -5/(-20)[②]	32.5~36.1

① 硫醇。

② 括弧外为温带地区，括弧内为寒冷地区。

表 1-12 为国外商品天然气质量要求。表 1-13 则给出了欧洲气体能量交换合理化协会（EASEE-gas）的"统一跨国输送的天然气气质"。EASEE-gas 是由欧洲六家大型输气公司于 2002 年联合成立的一个组织。该组织在对 20 多个国家的 73 个天然气贸易交接点进行气质调查后于 2005 年提出一份"统一天然气气质"报告，对欧洲影响较大，并被正在修订的国际标准《ISO 13686：2013》作为一个新的资料性附录引用，即欧洲 H 类"统一跨国输送的天然气气质"资料。

表 1-13　欧洲 H 类天然气统一跨国输送气质指标

项　目	最小值	最大值	推荐执行日期
高沃泊指数/(MJ/m^3)	[48.96]	56.92	1/10/2010
相对密度/(m^3/m^3)	0.555	0.700	1/10/2010
总硫/(mg/m^3)	—	30	1/10/2006
硫化氢和羰基硫/(mg/m^3)	—	5	1/10/2006
硫醇/(mg/m^3)	—	6	1/10/2006
氧气/%（摩尔分数）	—	[0.01][①]	1/10/2010
二氧化碳/%（摩尔分数）	—	2.5	1/10/2010
水露点(7MPa，绝压)/℃	—	−8	见注[②]
烃露点(0.1~7MPa，绝压)/℃	—	−2	1/10/2006

① EASEE-gas 通过对天然气中氧含量的调查，将确定氧含量限定的最大值≤0.01%（摩尔分数）。

② 针对某些交接点可以不严格遵守公共商务准则（CBP）的规定，相关生产、销售和运输方可另行规定水露点，各方也应共同研究如何适应 CBP 规定的气质指标问题，以满足长期需要。对于其他交接点，此规定值可从 2006 年 10 月 1 日开始执行。

表 1-14 则是《天然气》（GB 17820—2018）中的商品天然气的质量指标。该标准于 2019 年 6 月开始实施。

表 1-14　我国商品天然气质量指标（GB 17820—2018）

项　目		一类	二类
高位发热量[a,b]/(MJ/m^3)	≥	34.0	31.4
总硫（以硫计）[a]/(mg/m^3)	≤	20	100
硫化氢[a]/(mg/m^3)	≤	6	20
二氧化碳摩尔分数/%	≤	3.0	4.0

注：[a] 本标准中使用的标准参比条件是 101.325 kPa，20℃。

[b] 高位发热量以干基计。

1. 在天然气交接点的压力和温度条件下，天然气中应不存在液态水和液态烃。

2. 进入长输管道的天然气应符合一类气的质量要求，并应符合《进入天然气长输管道的气体质量要求》（GB/T 37124—2018）。

3. 作为民用燃气的天然气，应具有可以察觉的臭味。民用燃气的加臭应符合 GB 50494 的规定作为燃气的天然气，应符合 GB/Z 33440 对于燃气互换性的要求。

由于 2018 年版标准中，总硫和硫化氢含量都有了很大的减少，考虑到我国大多数净化厂改造需要一定周期，制定了过渡期指标要求。在过渡期内，进入长输管道的天然气，对高位发热量、总硫、硫化氢和二氧化碳引入过渡期的要求，见表 1-15，其中，天然气贸易交接执行本标准 2012 版一类气的按质量指标 1 过渡，执行本标准 2012 版二类气的按质量指标 2 过渡，过渡期至 2020 年 12 月 31 日。

表 1-15 过渡期进入长输管道天然气的质量要求

项　目		质量指标 1[①]	质量指标 2[②]
高位发热量/(MJ/m³)	≥	36.0	31.4
总硫(以硫计)/(mg/m³)	≤	60	200
硫化氢/(mg/m³)	≤	6	20
二氧化碳摩尔分数/%	≤	2.0	3.0

① 质量指标 1 指本标准 2012 版的一类气。
② 质量指标 2 指本标准 2012 版的二类气。

如果只是为了符合管道输送要求，则经过处理后的天然气称之为管输天然气，简称管输气。《输气管道工程设计规范》(GB 50251—2015)对管输天然气的质量要求是：

① 应清除机械杂质；
② 水露点应比输送条件下最低环境温度低 5℃；
③ 烃露点应低于最低环境温度；
④ 气体中的硫化氢含量不应大于 20 mg/m³；
⑤ 二氧化碳含量不应大于 3%。

二、天然气主要产品及其质量要求

典型的天然气及其产品组分见表 1-16。

表 1-16 典型的天然气及其产品组分

名称 ＼ 组成	He 等	N_2	CO_2	H_2S	C_1	C_2	C_3	iC_4	nC_4	iC_5	nC_5	C_6	C_7^+
天然气	▲	▲	▲	▲	▲	▲	▲	▲	▲	▲	▲	▲	▲
惰性气体	▲	▲	▲										
酸性气体			▲	▲									
液化天然气		▲			▲	▲	▲	▲	▲				
天然气凝液						▲	▲	▲	▲	▲	▲	▲	▲
液化石油气						▲	▲	▲	▲				
天然汽油							▲	▲	▲	▲	▲	▲	▲
稳定凝析油								▲	▲	▲	▲	▲	▲

注："▲"表示纵轴该名称的天然气含有横轴该组成的物质。

（一）液化天然气

液化天然气(Liquefied natural gas，LNG)是由天然气液化制取的，以甲烷为主的液烃混合物。其摩尔组成约为 C_1 80%～95%；C_2 3%～10%；C_3 0～5%；C_4 0～3%；C_5^+ 微量。一般是在常压下将天然气冷冻到约 -162℃使其变为液体。

根据生产目的不同，液化天然气可以由油气田原料天然气，或由来自输气管道的商品天然气经处理、液化得到。

由于液化天然气的体积约为其气体体积的 1/625，故有利于输送和储存。随着液化天然气运输船及储罐制造技术的进步，将天然气液化几乎是目前跨越海洋运输天然气的主要方法，并广泛用于天然气的储存和民用燃气调峰。此外，LNG不仅可作为石油产品的清洁替代燃料，也可用来生产甲醇、氨及其他化工产品。LNG再气化时的蒸发相变焓(旧称蒸发潜热)(−161.5℃时约为511kJ/kg)还可供制冷、冷藏等行业使用。LNG的主要物理性质见表1−17。

表1−17　LNG的主要物理性质

气体相对密度 (空气=1)	沸点/℃ (常压下)	液态密度/(g/L) (沸点下)	高发热量/ (MJ/m³[①])	颜色
0.60~0.70	约−162	430~460	41.5~45.3	无色透明

① 101.325kPa，15.6℃状态下的气体体积。

(二) 天然气凝液

天然气凝液(Natural gas liquids，NGLs或NGL)也称为天然气液，简称凝液，我国习惯称为轻烃。NGL是指从天然气中回收到的液烃混合物，包括乙烷、丙烷、丁烷及戊烷以上烃类等，有时广义地说，从气井井场及天然气处理厂得到的凝析油均属天然气凝液。天然气凝液可直接作为产品，也可进一步分离出乙烷、丙烷、丁烷或丙、丁烷混合物和天然汽油等。天然气凝液及由其得到的乙烷、丙烷、丁烷等烃类是制取乙烯的主要原料。此外，丙烷、丁烷或丙、丁烷混合物不仅是发热量很高(约83.7~125.6MJ/m³)、输送及储存方便、硫含量低的民用燃料，还是汽车的清洁替代燃料，其质量指标见《车用液化石油气》(GB 19159—2003)的有关规定。

(三) 液化石油气

液化石油气(Liquefied Petroleum gas，LPG)也称为液化气，是指主要由碳三和碳四烃类组成并在常温和压力下处于液态的石油产品。我国液化石油气质量指标见表1−18。

表1−18　液化石油气技术要求和试验方法(GB 11174—2011)

项 目		质量指标			试验方法
		商品丙烷	商品丙丁烷混合物	商品丁烷	
密度(15℃)/(kg/m³)		报 告			SH/T 0221[a]
蒸气压(37.8℃)/kPa	不大于	1430	1380	485	GB/T 12576
组分[b] 　C₃烃类组分/%(体积分数)	不小于	95	—	—	
C₄及C₄以上烃类组分/%(体积分数)	不大于	2.5	—	—	
(C₃+C₄)烃类组分/%(体积分数)	不小于	—	95	95	SH/T 0230
C₅及C₅以上烃类组分/%(体积分数)	不大于	—	3.0	2.0	
残留物 　蒸发残留物/(mL/100mL)	不大于	0.05			SY/T 7509
油渍观察		通过[c]			
铜片腐蚀(40℃，1h)/级	不大于	1			SH/T 0232
总硫含量/(mg/m³)	不大于	343			SY/T 0222

项　　目		质量指标			试验方法
		商品丙烷	商品丙丁烷混合物	商品丁烷	
硫化氢(需满足下列要求之一)： 乙酸铅法 层析法/(mg/m³)	不大于	无 10			SH/T 0125 SH/T 0231
游离水		无			目测[d]

a. 密度也可用 GB/T 12576 方法计算，有争议时以 SH/T 0221 为仲裁方法。

b. 液化石油气中不允许人为加入除加臭剂以外的非烃类化合物。

c. 按 SY/T 7509 方法所述，每次以 0.1mL 的增量将 0.3mL 溶剂-残留物混合液滴到滤纸上，2min 后在日光下观察，无持久不退的油环为通过。

d. 有争议时，采用 SH/T 0221 的仪器及试验条件目测是否存在游离水。

（四）天然汽油

天然汽油也称为气体汽油或凝析汽油，是指天然气凝液经过稳定后得到的，以戊烷及更重烃类为主的液态石油产品。我国习惯上称为稳定轻烃，国外也将其称为稳定凝析油。我国将稳定轻烃按蒸气压范围分为两种牌号，其代号为 1 号和 2 号。1 号产品可作为石油化工原料；2 号产品可作为石油化工原料也可用作车用汽油调和原料。稳定轻烃技术要求和试验方法见表 1-19。

表 1-19　稳定轻烃技术要求和试验方法（GB 9053—2013）

项　　目		质量指标		实验方法
		1 号	2 号	
饱和蒸气压/kPa		74~200	夏[a]<74 冬[b]<88	GB/T 8017
馏程 　10%蒸发温度/℃ 　90%蒸发温度/℃ 　终馏点/℃ 　60℃蒸发率/%(体积分数)	不低于 不高于 不高于	— 135 190 实测	35 150 190 —	GB/T 6536
硫含量[c]/%	不大于	0.05	0.10	SH/T 0689
机械杂质及水分		无	无	目测[d]
铜片腐蚀/级	不大于	1	1	GB/T 5096
塞波特颜色号	不低于	+25	—	GB/T 3555

a. 夏季从 5 月 1 日至 10 月 31 日。

b. 冬季从 11 月 1 日至 4 月 30 日。

c. 硫含量允许采用 GB/T 17040 和 SH/T 0253 进行测定，但仲裁试验应采用 SH/T 0689。

d. 将试样注入 100mL 的玻璃量筒中观察，应当透明，没有悬浮与沉降的机械杂质及水分。

（五）压缩天然气

压缩天然气(Compressed natural gas，CNG)是指压缩至设定高压的天然气，其主要成分是甲烷。通常多以城镇燃气管网的商品天然气为原料气，经脱硫(如果需要)、脱水和压缩而成。由于它不仅抗爆性能(甲烷的研究法辛烷值约为 108，马达法辛烷值约为 140)和燃烧性能好，燃烧产物中的温室气体及其他有害物质含量很少，而且生产成本较低，因而是一种很有发展前途的汽车清洁替代燃料。目前，大多灌装在20~25MPa的气瓶中，除一部分送至城镇燃气管网未能到达的居民小区供作燃气外，主要作为汽车燃料，称为车用压缩天然气（Compressed natural gas for vehicle），其质量指标见表1-20。

表1-20 车用压缩天然气质量指标（GB 18047—2017）

项 目	技术指标
高位发热量[a]/（MJ/m³） ≥	31.4
总硫（以硫计）[a]/（mg/m³） ≤	100
硫化氢[a]/（mg/m³） ≤	15
二氧化碳/%（摩尔分数） ≤	3
氧气/%（摩尔分数） ≤	0.5
水[a]/（mg/m³）	在汽车驾驶的特定地理区域内，在压力不大于25MPa和环境温度不低于-13℃的条件下，水的质量浓度应不大于30mg/m³
水露点/℃	在汽车驾驶的特定地理区域内，在压力不大于25MPa和环境温度低于-13℃的条件下，水露点应比最低环境温度低5℃

a. 本标准中气体体积的标准参比条件是101.325kPa，20℃。

由于车用压缩天然气在气瓶中的储存压力很高，为防止因硫化氢分压高而产生腐蚀，故要求其硫化氢含量≤15mg/m³。

应该指出的是，上述各标准不仅规定了有关产品的质量指标，也同时规定了国内已有标准可依的测定方法，在进行商品贸易和质量仲裁时务必遵照执行。

至于其他如商品乙烷等，目前尚无国家提出的质量指标，中国石油天然气集团公司正在制定《天然气回收乙烷技术指标》，预计2020年实施。可参考"GPSA - Engineering Data Book（14th Ed）SI 2016"中，SECTION 2中FIG.2-3，见表1-21。

表1-21 美国乙烷产品质量标准

品名/组成	质量分数		
含乙烷原料	低限	高限	通常值
甲烷	1%	5%	1%
乙烷			
丙烷	剩余组分	剩余组分	剩余组分
丁烷及以上			
硫化氢	铜片腐蚀1级	50mg/kg	铜片腐蚀1级
二氧化碳	100mg/kg	3500mg/kg	500mg/kg
总硫	5mg/kg	200mg/kg	200mg/kg
氧	300mg/kg	—	—
水	75mg/kg	无游离水	无游离水
乙烷-丙烷混合物	低限	高限	通常值
甲烷	0.6%	1.0%	0.6%
乙烷	20%	80%	50%

品名/组成	质量分数		
丙烷	20%	80%	50%
丁烷及以上	0.2%	4.5%	4.5%
硫化氢	铜片腐蚀1级	铜片腐蚀1级	铜片腐蚀1级
二氧化碳	500mg/kg	3500mg/kg	500mg/kg
总硫	5mg/kg	143mg/kg	100mg/kg
氧	500mg/kg	1000mg/kg	1000mg/kg
水	10mg/kg	无游离水	50mg/kg
高纯乙烷	低等	高等	普通
甲烷	1.5%	2.5%	2.5%
乙烷	90%	96%	90%
丙烷	6%	15%	6%
丁烷及以上	0.5%	3%	2%
硫化氢	6mg/kg	10mg/kg	10mg/kg
二氧化碳	10mg/kg	5000mg/kg	10mg/kg
总硫	5mg/kg	70mg/kg	50mg/kg
氧	5mg/kg	5mg/kg	5mg/kg
水	13mg/kg	无游离水	76mg/kg

第五节　天然气的互换性

具有多种气源的城市，常常会遇到以下两种情况。一种情况是某一地区原来使用的燃气要由性质不同的另一种燃气所代替；另一种情况是在主气源产生紧急事故，或在用气高峰时由于主气源不足，需要在供气系统中混入性质与原有燃气不同的其他燃气。不论发生哪一种情况，都会使用户使用的燃气性质发生改变，从而对燃具的适应性产生影响。

当以组成 B 的天然气替代组成 A 的天然气用作城镇燃气时，若燃具不加改动仍能保持稳定燃烧，则表明天然气 A 和天然气 B 之间具有互换性。天然气的互换性和燃具的适应性是一个问题的两个方面。互换性好的天然气可以降低对燃具的适应性，反之亦然。但是，无论互换性还是适应性都是有一定限度的，为了保证在天然气组成发生变化时燃具仍能保持稳定燃烧，就必须规定天然气的互换性范围。

判别燃气互换性的方法甚多，各国均有其习惯方法。不论何种方法均认定沃泊指数（Wobbe）是判别互换性的主要参数。近 20 种互换性判别方法的主要差别反映在所选的第二个特性参数上，如 AGA（American Gas Association，美国天然气协会）指数、韦弗（Weaver）指数、燃烧势（CP）以及其他一些方法。国际燃气联盟（IGU）推荐采用沃泊指数（高华白数）和燃烧势（CP）或火焰速度指数（S）对燃气进行分类，我国在《城镇燃气分类和基本特性》（GB/T13611—2006）中采用的是沃泊指数和燃烧势。无论采用何种方法或何种特性参数，都是用来确定天然气的类别，并界定该类别天然气在与之适应的燃具上保持稳定燃烧和热负荷的变化范围。

需要指出的是,不同类别的燃气之间不能进行互换,同类别燃气之间有无可能互换也应进行计算分析和试验验证,因为上述两个特性参数仍不能概括互换性的全部内容。此外,互换性并不是可逆的,即 B 燃气可以替代 A 燃气,并不代表 A 燃气就一定可以替代换 B 燃气。

一、沃泊指数法

沃泊指数法是国际上判别燃气互换性最常用的方法。

沃泊指数(也称华白数)是表示燃气热负荷的特性数据。不同组成的燃气若具有相同(或相近)的沃泊指数,则可认为它们于相同燃烧压力下在燃具中有相同的热负荷。

沃泊指数是代表燃气特性的一个参数。沃泊指数(W)的定义为

$$W = H/\sqrt{d} \tag{1-1}$$

式中　W——沃泊指数,或称热负荷指数;

H——燃气发热量,kJ/m^3,各国习惯不同,有的取高位发热量,有的取低位发热量,《城镇燃气分类和基本特性》(GB/T 13611—2006)中采用高位发热量(由其计算到的华白数称为高华白数);

d——燃气相对密度(设空气的 $d=1$)。

假设两种燃气的发热量和相对密度均不同,但只要它们的沃泊指数相同,就能在同一燃气压力和在同一燃具或燃烧设备上获得同一热负荷。换句话说,沃泊指数是燃气互换性的一个判别指标。只要一种燃气与另一种燃气的沃泊指数相同,则此燃气对另一种燃气具有互换性。各国一般规定,在两种燃气互换时沃泊指数的允许变化率在 ±5%,最高不大于 ±10%。

二、燃烧势法

虽然沃泊指数是判别燃气互换性最常用的方法,但它仅是从热负荷角度来考虑互换性的,并未考虑稳定燃烧所涉及的其他因素,故近年来还提出其他判别燃气互换性的方法。各国采用的方法并不完全一致,《城镇燃气分类和基本特性》(GB/T 13611—2006)则规定,同时采用沃泊指数法和燃烧速度指数即燃烧势(CP)法,即两种燃气的沃泊指数和燃烧势两项指标都必须在允许范围内,二者之间才具有互换性。

燃烧势也称德布尔(Delbourg)指数,是反映内焰高度的指数,其计算公式为

$$CP = K \times [1.0H_2 + 0.6(C_mH_n + CO) + 0.3CH_4]/d^{1/2} \tag{1-2}$$

式中　　　　CP——燃烧势;

H_2、CO、CH_4—— 燃气中氢、一氧化碳、甲烷体积分数,%;

C_mH_n——燃气中除甲烷以外的碳氢化合物体积分数,%;

d——燃气相对密度(空气=1);

K——燃气中氧含量修正系数,$K = 1 + 0.0054O_2^2$;

O_2——燃气中氧体积分数,%。

由此可见,当城镇燃气具有多种天然气气源时,如果它们的组成不同其沃泊指数和燃烧势就会不同。此外,就是它们发热量类似,但沃泊指数和燃烧势也可能差别较大,不一定属于同一互换性范围,故必须将其进行分类,并依此定出与之适应的互换性范围,以保证天然气具有很好的使用效果。

例如,西气东输一线管道各气源中甲烷含量存在较大差异,从 86.98% 到 99.83%,但大部分气源的甲烷含量都大于 90%,基本稳定在 94% 左右,相对密度范围在 0.55~0.76,

基本控制在 0.67 左右，高位发热量控制在 38MJ/m³，沃泊指数控制在 49 MJ/m³ 左右。虽然西气东输一线管道个别气源的气质与其他气源差别较大，但考虑到这些气源的输气量较小，大部分气源的气质情况较为稳定，从总体来说，西气东输一线管道的气质情况较为平稳。

中国石油西南油气田分公司天然气研究院通过燃烧势法对西气东输一线管道沿线 18 个站点的气质互换性情况进行了判定，其结果见表 1-22（根据西气东输一线管道气质平均情况，选用纯甲烷作为基准气）。

表 1-22 燃烧势法判定结果

名称	沃泊指数变化率	燃烧势误差率	黄焰指数
允许值	±5%	-10~+10	≤210
计算值	-2.58%~2.03%	-2.55~1.29	137.97
结论	合适	合适	合适

第六节　天然气生产及利用特点

由前可知，天然气产业链由天然气生产和利用两部分组成。天然气生产包括天然气勘探、开发、开采（采气）、汇集（集气）、处理和管道输送（输气）等。天然气利用包括天然气燃料利用、发电反化工利用等领域。

近几十年来，随着经济发展和科技进步，给天然气生产带来巨大变化，其生产规模不断扩大，工艺技术更复杂、操作条件更苛刻、工艺系统危害更多，而愈来愈复杂的生产过程又对安全生产提出更高要求。因此，了解天然气生产过程特点，防止安全事故、环保事故发生就尤为重要。

一、天然气生产特点

天然气生产特点集中体现为三个方面：作业条件比较苛刻、原料气来源分散、如发生事故其危害性大且影响范围广。

（一）作业条件比较苛刻

由气井采出的天然气，经汇集和处理成为商品气，再通过管道输送到用户，其特点为如下。

（1）开采、集气和处理过程的介质具有易燃易爆特性。有的天然气在未经处理前常含有某些对安全生产不利的腐蚀性和有毒物质，例如 H_2S、CO_2、有机硫化物和地层水中的氯离子等。这些腐蚀性和有毒物质对设备和管线金属材料的腐蚀作用以及对人体的严重危害作用，使开采、集气与处理过程的生产设施和人身安全面临危害。

（2）天然气中含有饱和水，为 H_2S、CO_2 等酸性气体的腐蚀作用和水合物的形成提供了条件。天然气开采、集气和处理过程中由于温度降低或压力升高而会析出冷凝水，为 H_2S、CO_2 对金属材料的腐蚀提供条件，可能形成天然气水合物，堵塞设备和管线。

（3）天然气属于易燃、易爆物质。天然气是可燃气体混合物，生产过程中出现泄漏就可能引发燃烧事故。如果外界空气进入设备和管线内，或外泄的天然气在密闭或不通风的作业空间与空气形成一定比例（爆炸极限范围之内）的混合物，遇火就会发生爆炸。

（4）生产过程多为高压、高温或低温并且连续化。由气井采出的天然气多为高压，为了充分利用天然气的压力能，减少集气与处理过程生产设施的尺寸和占地面积，通常都在较高压力下运行。高压使得设备和管线内压爆炸事故的可能性和危害性加大。

采用低温法脱油脱水或回收天然气凝液时，低温也使得设备和管线内压爆炸事故的可能性和危害性加大。

（二）原料气来源分散

工程建设和生产运行管理地域范围大，不同生产设施之间在工作状态和参数上紧密相关。

（1）集气管网覆盖整个气田产气井，集气站场在管网上分散设置。处理过程的原料天然气来自气田集气管网。由于集气管网覆盖整个气田产气井，集气站场又在管网的有关点上分散设置，因而给工程建设和生产运行带来一定困难。

（2）不同生产过程之间紧密相关和相互影响，要求各过程间协调一致。天然气开采、集气与处理过程的工作对象为同一天然气物流，彼此通过集气管网紧密相连，故在工作参数、运行状态、安全生产等方面相互关联和影响。例如，集气管网能否正常运行和达到预期要求是实现处理过程正常运行和达到预期要求的必要条件。如果集气管网在生产运行中发生波动或事故，就会对处理过程产生不利影响。因此，对各个生产过程的协调一致有着较高的要求。

（三）事故危害性大，影响范围广

1. 事故危险危害性大

由于生产过程中的天然气压力高、气量大，一旦设备和管线爆破，将会对周围环境形成很强的冲击破坏作用。爆破时外泄的天然气遇火还会发生燃烧、爆炸等后续危险事故。而且，天然气的发热量较高，发生燃烧时的高温辐射作用较强，爆炸时的压力也较高。当含 H_2S 的天然气因事故外泄时，还会引起人体急性中毒事故。即使 H_2S 燃烧后生成的 SO_2，当其在空气中达到一定浓度时，也能引起人体急性中毒。

2. 事故影响范围广

设备、管线发生爆破事故时大量外泄的天然气以及其中含有的有毒物质将会迅速向周围扩散，使事故危害范围扩大。除使生产设施受到损害，生产人员人身受到伤害外，还可能危及邻近地区居民的公共安全和影响自然环境的保护。

二、天然气利用特点

天然气利用领域包括城市燃气、工业燃料、天然气发电、天然气化工等。其利用的主要特点如下。

1. 天然气是绿色、清洁能源

天然气是一种绿色、清洁的优质能源，燃烧时产生的 CO_2 少于其他化石产生的 CO_2，造成的温室效应较低，因而能从根本上改善环境质量。天然气燃烧造成的污染仅为石油的 1/40、煤炭的 1/800。

2. 天然气发热量高、经济性好

天然气发热量较高为 33.47~46.20MJ/m³，约是煤气的 2.5 倍，这样就可以减少输配设备和管道，节省材料，减少施工费用；而天然气价格比煤气便宜 34%~88%、比液化石油气便宜 38%~52%，比电力便宜 63%~80%，经济性更好。

3. 天然气广泛应用于发电、化工原料

天然气用于发电的效率高、建设成本低、建设速度快，以天然气为燃料的燃气轮机电厂的废物排放水平低于燃煤与燃油电厂。另外，燃气轮机启停能力强，耗水量少，占地省。天然气发电在环保和效能方面优于煤炭，基本不产生 SO_2，可减排 60% 的 CO_2，天然气发电的环境效益越来越被认可。

以天然气为原料的化工生产装置投资省、能耗低、占地少、人员少、环保性能好、营运成本低。天然气也是宝贵的化工原料，可以生产甲醇、氨、尿素和其他附加值很高的下游产品。此外，发展天然气工业，对机械、电子、冶金、建筑等行业的发展也有显著促进作用。

4. 天然气供气平稳、灵活性强

一般在天然气上游领域都建有大管径、高压力的输气管道及储气设施，能够满足高峰值的供气需求，供气相对稳定、可靠。同时，液态的天然气体积仅为气态时的 1/600，有利于运输和储存，能够为偏远、零散用户提供优质、稳定气源。

三、加强安全、环保管理，确保安全生产

正是由于上述特点，决定了包括天然气生产在内的石油行业必须加强安全管理，减少和控制建设项目和生产系统中的危险有害因素，确保人员健康、安全和企业财产安全。

天然气生产过程的安全包括生产设施安全、作业人员和邻近地区居民的人身安全这两个方面。其中，控制腐蚀以提高设备、管线在内压下工作的安全可靠性，避免埋地管线和管线穿跨越结构因自然环境条件发生变化或意外人力作用受到损坏，防止天然气燃烧和爆炸发生，防止含 H_2S 的天然气泄漏以及事故时的自然泄放造成人体急性中毒等，则是安全生产的重点。

为此，《石油天然气钻井、开发、储运防火防爆安全生产技术规程》（SY/T 5225—2012）和《石油天然气安全规程》（AQ 2012—2007）中都明确规定了石油天然气勘探、开发生产和油气管道储运的安全要求。该标准除在"4 一般规定"中提出一般管理要求、职业健康和劳动保护、风险管理、安全作业许可、硫化氢防护和应急管理等要求外，还在"5 陆上石油天然气开采"中对天然气生产安全提出明确要求。

参 考 文 献

[1] 王遇冬. 天然气处理原理与工艺[M]. 第三版. 北京：中国石化出版社，2016.

[2] 王遇冬. 天然气开发与利用[M]. 北京：中国石化出版社，2011.

[3] 徐文渊. 天然气利用手册[M]. 第二版. 北京：中国石化出版社，2006.

[4] 王开岳. 天然气净化工艺[M]. 北京：石油工业出版社，2005.

[5] 郭揆常. 矿场油气集输与处理[M]. 北京：中国石化出版社，2010..

[6] 刘祎. 天然气集输与安全. 北京[M]：中国石化出版社，2010..

[7] 汤林. 天然气集输工程手册[M]. 北京：石油工业出版社，2016.

[8] 杨光. 天然气工程概论[M]. 北京：中国石化出版社，2013.

[9] GPSA. Engineering Data Book. 14th Edution, Tulsa, Ok., 2016.

[10] 王震，等. 充分发挥天然气在我国现代能源体系构建中的主力作用——对《天然气发展"十三五"规划》的解读[J]. 天然气工业，2017，37（3）：1-8.

[11] 汤林. 油气田地面工程技术进展及发展方向[J]. 天然气与石油，2018，36（1）.1-12.

[12] 邹才能. 中国天然气发展态势及战略预判[J]. 天然气工业，2018，38（4）：1-11.

［13］贾爱林．中国天然气开发技术进展及展望［J］．天然气工业，2018，38(4)：77-86.

［14］朱庆忠，等．中国煤层气开发存在的问题及破解思路［J］．天然气工业，2018，38(4)：96-100.

［15］万义钊，等．南海神狐海域天然气水合物降压开采工程中储层的稳定性［J］．天然气工业，2018，38(4)：117-128.

［16］杨建红，等．中国天然气市场可持续发展分析［J］．天然气工业，2018，38(4)：144-151.

［17］郑得文，等．中国天然气调峰保供的策略与建议［J］．天然气工业，2018，38(4)：153-160.

［18］BP 世界能源展望(2017 版)全球专题，2017 年 6 月.

［19］BP 世界能源展望(2017 版)中国专题，2017 年 6 月.

［20］2017 版《BP 世界能源统计年鉴》中国专题，2017 年 6 月.

［21］2018 版《BP 世界能源统计年鉴》中国专题，2018 年 6 月.

［22］中国天然气发展报告［R］．北京：石油工业出版社，2018.

［23］王小强，等．我国长输天然气管道现状及发展趋势［J］．石油规划设计，2018，29(5)：1-6.

［24］王保群，等．浅析我国天然气能量计量必要性与可行性［J］．石油规划设计，2017，28(5)：1-4.

［25］王富平，等．我国如何实行天然气能量计量和计价［J］．天然气工业，2018，38(10)：128-134.

第二章 天然气集气

广义来说，天然气集输是指在油气田内，将油气井采出的天然气(包括油田伴生气、气藏气和凝析气)汇集、处理和输送的全过程。由于近年来天然气处理工艺技术发展很快，种类繁多，故目前多用天然气集输与处理来指全过程，如图2-1所示。而天然气集气是将气田各气井采出的天然气去处理厂(净化厂)集中处理之前必不可少的工艺过程，是天然气工业中一个非常重要的组成部分。本章主要介绍气藏气的集气工艺，在典型实例中对煤层气、油田伴生气的集气工艺进行举例说明。

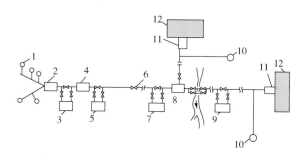

图 2-1　天然气集气、处理、输送过程示意图

1—气井井场；2—集气站；3—增压站；4—处理厂；5—输气首站；6—截断阀室；7—中间压气站；
8—分输站；9—终点压气站；10—储气库；11—末站(城镇门站)；12—城镇或工业区

集气系统是指气井采出的天然气经井场、集气站、增压站、截断阀室、清管站、集配气总站和集气管网至处理厂(净化厂)之间一系列工艺站场和管网的总称。它包括节流、分离、计量、增压、预处理和清管等采、集气工艺过程。天然气处理和天然气输送将分别在第三章和第四章中介绍。

第一节　系统构成

集气系统包括集气站场和集气管网。集气站场负责对原料天然气进行预处理，满足天然气处理厂原料气的气质要求，保障集气管网中的水力、热力流动性能，并取得气井生产动态数据。集气管网负责井口天然气的收集与输送。集气站场预处理一般有节流降压、分离、计量、加热、注入化学药剂、腐蚀控制、增压等过程。

集气系统采用何种站场布置、管网结构和集气工艺，应根据天然气气质、气井产量、压力、温度和气田构造形态、驱动类型、井网布置、开采年限、逐年产量、产品方案及自然条件等因素，以气田开发的整体经济效益为目标综合确定。

(一) 集气站场

集气站场一般包括井场、集气站、增压站、脱水站、阀室、集配气总站等。

1. 井场

井场是气井进行生产过程的场所，一般由井口装置及相关设备、阀门等组成，具有调控气井产量、生产压力，防止天然气形成水合物等功能。井场按所辖气井井口数量的多少，可分为单井井场和多井井场；按所辖气井的钻井轨迹，可分为直井井场和水平井井场。

2. 集气站

集气站是指对气田产天然气进行收集、调压、分离、计量等作业的场所。按所辖气井数的多少分为单井集气站和多井集气站；按气液分离温度的高低分为常温集气站和低温集气站。

3. 增压站

增压站是指对压力低于集气系统运行压力的天然气进行增压的场所，随着气田天然气不断开采，气井天然气压力逐渐降低，当降至低于集气系统压力而无法进入集气管网时，就需设置增压站；低压气田天然气不满足外输要求，初期就需设置增压站。

4. 脱水站

脱水站是指设置脱水设施脱除天然气中饱和水的场所，其目的是防止天然气形成水合物堵塞管道和设备，以及防止由于冷凝水析出而加剧天然气中 H_2S、CO_2 等对管道和设备的腐蚀。

5. 阀室

阀室是指集气管道每隔一定距离设置截断阀的场所，用以减少管道因意外事故而造成的影响。

6. 清管站

清管站是指为了清除管内凝聚物和沉淀物等以提高管道输送效率而设置清管设施的场所。

7. 集气总站

集气总站是指汇集多个集气站和多条集气管道来气的场所，主要是对天然气进行汇集及预处理，包括计量、分离、调压、安全截断和紧急放空等。

（二）集气管网

集气管网是指集气站场之间连接管道的总称，由不同管径、不同壁厚的金属或非金属管道构成的大面积网状管道结构。它覆盖气田区域内所有的气井，为气井产出的天然气提供通向各类站场并最终通向天然气处理厂的流通通道，是天然气集气系统中主要生产设施。按具体用途和输送条件的不同，集气系统的管道可分为以下四类。

1. 采气管道

自采气树至一级气液分离器的天然气管道称为采气管道，其作用是将单井或相邻的一组气井采出的天然气汇集到集气站。

采气管道所输送的是井口产出后未经气液分离的天然气，其中不同程度地含有液相水、重烃凝液、固体颗粒等杂质，还含有 H_2S、CO_2、Cl^- 等腐蚀性物质。为了缩小管道和设备的尺寸，节省钢材和利用压力能，整个采气过程又常常是在比较高的工作压力下进行。被输送介质的清洁程度差、压力高、腐蚀性强，管径相对较小和输送距离较短是采气管道工作的一般特点。

2. 集气支线

集气支线是指集气站（或单井站）到集气干线入口的管道，其作用是将在集气站（或单井站)经过预处理的天然气输送至集气干线。

集气支线所输送的是已在集气站(或单井站)经过初步气液分离的天然气,气质条件比采气管道好,通常工作压力也比采气管道低。但除非已在集气站或专门设置的脱水站对天然气进行干燥处理,天然气在一定的压力和温度下分离后仍处于被水饱和的湿状态。集气支线管径一般比采气管道大,输送距离则取决于集气站(或单井站)与集气干线的距离。

3. 集气干线

集气干线的作用是接纳各集气支线输送来的天然气,将它们最终汇集到天然气处理厂。

集气干线的气质条件、工作压力与集气支线基本一致,管径一般在集气管网中为最大。它可以是等直径的,也可以由不同管径的管段组合而成。变径设置时,随进气点数量的增多和流量的增加而加大其管径。

4. 采集气管道

目前,在许多含气面积不大,产量高、气质好的气田,常采用一级布站模式,即没有上述定义的采气管道、集气支线、集气干线,井口天然气通过采集气管道直接进入处理厂。

第二节　站场与管网

一、集气站场

1. 集气站

单井集气站一般位于井场,多井集气站的布置主要考虑气井产量、气井部署、集气规模、集气工艺、地形条件等的限制。由于采气管道一般采用气液混输工艺,管路的阻力较大,采气管道的最大长度同气体中夹带的液量(气液比),液体的黏度和密度,地形起伏,管道起点和终点之间的高程差有关。长庆靖边气田平均集气半径一般为5km,地形平坦还可适当延长,个别单井的集气半径达到7km以上;集气站辖井数量为4~16口,集气规模一般为$(10\sim40)\times10^4m^3/d$。长庆苏里格气田采用了井间串接工艺,并大规模采用水平井、丛式井开发,集气半径可达到10km以上,集气站辖井数量最终可达200~300口,集气规模为$(50\sim200)\times10^4m^3/d$。

2. 增压站

增压站的设置与气井井口压力、外输压力、压力级制、集气管网、气田面积和压缩机的特性有关。在气田开发井网布置的基础上,根据气田区域的天然气产量、井口压力以及下游压力要求来确定增压站的规模和位置。

常见的有井口增压、阀组增压、集气站增压、区域增压和集中增压方式,目前应用较多的是集气站增压和处理厂集中增压。

苏里格气田采用了两次增压模式,第一次在集气站增压,增压站与集气站合建,第二次为集中增压,增压站设置在处理厂内。

川渝气区先后在威远、兴隆场、付家庙、卧龙河等气田建设了增压站。已建的增压站大体可分两种类型:一种是在井场或集气站分散建设(如威远气田);另一种是在净化装置前集中建较大型增压站(如卧龙河气田)。

3. 脱水站

脱水站的设置与气田天然气气质特点有关,对于凝析气、不含腐蚀性物质的天然气或煤层气，可以不设置分散的脱水站，采用湿气输送；对于高含硫、高含二氧化碳等腐蚀性物质的天然气，须经脱水后采用干气输送。

脱水站的设置还应与天然气集气、处理系统统筹考虑，符合气田产能建设的总体要求。应充分利用原料气的压力能，压力高的天然气应集中脱水；压力低的天然气应根据供气压力及处理工艺需要，增压后再脱水。脱水站一般与集气站、增压站合建。

4. 阀室

为方便管道的检修，减小放空损失，降低管道发生事故后的危害，在集气管道上，每隔一定的距离要设置截断阀室。在集气干线所经地区，在有用户需要预留接口或有规划纳入该集气干线的气源时，则在该集气干线上选择适当的位置，设置预留阀室或阀井，以利于干线在运行条件下与新接支线连通。

线路截断阀室的间隔距离应根据管道所处地区的重要性和发生事故时可能产生灾害及其后果的严重程度确定；含硫天然气需根据管道地区等级和管道中潜在 H_2S 的释放量计算确定。当管道穿(跨)越河流或铁路干线时，在河流和铁路的两侧，一般应设置截断阀室。

5. 清管站

通常在集气管道的起点设置清管器发送站，终点设置清管器接收站。清管站尽可能与阀室、集气站、增压站和处理厂合建，也有单独设置的清管站。

6. 集气总站

集气总站位于集气干线的末端，负责接收各集气干线来气，并进行清管器的接收，原料气的气液分离、计量，干线的紧急放空和进站截断。集气干线采用气液混输工艺时，若管中液量大，应设置液塞捕集器。

目前，集气总站常常与处理厂合建，功能也与处理厂的预处理系统合并，达到简化工艺流程和节约投资的目的。

二、集气管网

(一) 集气支、干线的结构形式

1. 树枝状结构

(1) 特点

沿集气干线两侧分支引出若干集气支线，集气支线又可同样派生下一级的集气支线，各集气支线的末端与集气站或单井站相连，由此形成如图 2-2 所示的树枝状管线网络。灵活和便于扩展，是这类管网结构的特点。

(2) 适用场合

当气井在狭长的带状区域内分布时宜采用这种结构。沿产气区长轴方向布置集气干线后，两侧分枝的集气支线易于以距离最短的方式通向集气站(或单井站)，再通过采气管道与集气站所辖的各产气井相连接。但实际生产中完全采用树枝状集气管网的情况并不多，常与后面叙述的其他管网结构方式并用，特别是与放射状管网结构并用。长庆榆林气田长北合作区采用了这种结构。

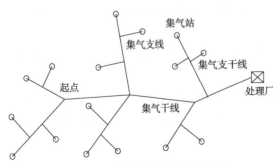

图 2-2　树枝状管网结构示意图

2. 放射状结构

（1）特点

从气田中心（处理厂）以向四周辐射的方式引出若干集气干线，再以同样的方式从这些管道的末端引出集气支线。按这种方法形成的，以主辐射点为中心的管线网络结构称为放射状管网结构，如图2-3所示。

（2）适用场合

适宜在气井相对集中，气井分布区域的长轴和短轴尺寸相近，气体处理可以在产气区的中心部位处设置时采用。单独依靠这种方式构成集气管网的情况不多，也是常常与树枝状结构并用。长庆靖边气田以这种管网结构为主。

3. 环状结构

（1）特点

集气干线在产气区域内首尾相连呈环状，环内和环外的集气站、单井站以距离最短的方式通过集气支线与环状集气干线连接，如图2-4所示。这种集气干线设置方式的特有优点是各进气点的进气压力差值不大，而且环管内各点处的流动可以在正、反两个方向进行。川渝气田采用此结构管网。

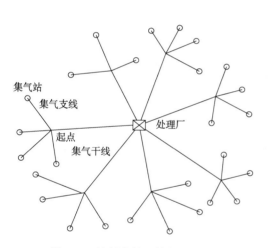

图2-3 放射状管网结构示意图

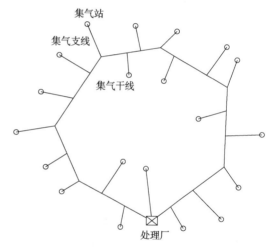

图2-4 环状管网结构示意图

（2）适用场合

当产气区域的面积大，但长轴和短轴方向的尺寸差异小，且产气井大多沿产气区域周边分布时，采用环状结构管网常常是有利的。它使环状干线上各进气点的压力差值降低，并提高了集气生产过程中向天然气处理厂连续供应原料气的可靠性。

4. 组合式结构

大部分集气管网采用包括树枝状、放射状和环状结构在内的组合结构形式，尤以前两种结构的组合应用最为常见，如长庆苏里格气田、长庆靖边气田采用了这种结构。

（二）采气管网的结构形式

采气管道数量比集气管道数量多，与集气管网一样，采气管网也可分为不同的进站结构，主要有单井直接进站、井丛进站、串接进站和阀组进站结构。

1. 直接进站结构

单井直接进站是目前在气田中应用最广泛的模式，是典型的放射状管网，长庆靖边气田采用了单井直接进站的多井集气模式，该模式可以简化井口工艺，其结构示意如图2-5所示。

2. 井丛进站结构

在开发部署时，通过钻定向井方式把相邻的几口气井集中布置在1座井场，然后把井口采出的天然气汇集后输往集气站。例如，长庆榆林气田长北合作区1座井场布置1~3口气井，长庆苏里格气田1座井场常常布置了3~18口气井，其结构也多为放射状，结构示意如图2-6所示。

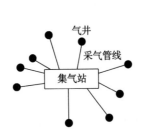 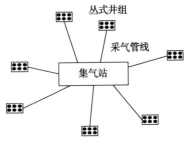

图2-5 单井直接进站结构示意图　　　　　图2-6 井丛进站结构示意图

3. 串接进站结构

串接进站是通过采气管线把相邻的几口气井(或井丛)采出的天然气(或煤层气)串接到采气干线汇合后集中进入集气站，是树枝状与放射状组合结构，目前长庆苏里格气田、山西煤层气田广泛采用了这种结构。串接进站的结构形式主要有以下四种。

(1) 井间串接

采气管线就近接入临近井场，气井顺序相连，根据气井的布置，采气干线按不同方位呈放射状进入集气站。根据辖井数的多少，一般建设5~12条采气干线，其结构示意如图2-7所示。

(2) 就近插入

根据气井的分布，按相对固定的方向，敷设采气干线，单井或井丛采气管线以最短的距离垂直就近接入临近的采气干线，其结构示意如图2-8所示。

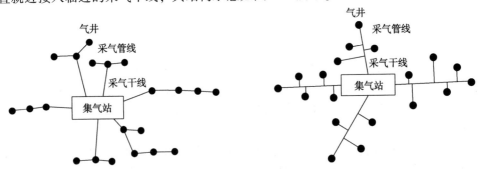

图2-7 井间串接进站结构示意图　　　　　图2-8 就近插入进站结构示意图

(3) "工、王"形串接

对于水平井整体开发区，井位布置均匀规律，为提高采气管网的适应性、灵活性，采用辐射-枝状组合式采气管网，采气管网由采气支线、采气支干线、采气干线三部分组成：单井、井丛采气管线进入水平采气支干线，水平采气支干线通过采气干线连接，采气干线直接进入集气站；采气干线的端点设置清管设施，定期对管道清管，提高输送效率。目前在长庆苏里格气田东三区水平井整体开发区中应用，其结构示意如图2-9所示。

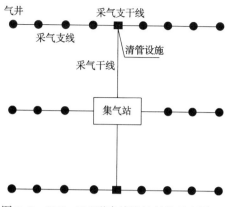

图2-9 "工、王"形串接进站结构示意图

（4）井丛串接

对于全丛式井开发的气田，把相邻的2~3个丛式井(基本井丛)单独敷设采气管线到距离较近的另外一个丛式井(区域井丛)后，统一汇集后再输送至集气站，是放射状的组合结构。该方式可在区域井丛设置清管系统对采气管道进行清管作业，目前在长庆苏里格南国际合作区中应用，其结构示意如图2-10所示。

4. 阀组进站结构

把相邻的几口单井(或井丛)采出的天然气(或煤层气)集中输送至附近阀组，在阀组对天然气进行汇集后再输送至集气站，是放射状的组合结构，目前在长庆苏里格气田和山西煤层气田中有所应用，其结构示意如图2-11所示。

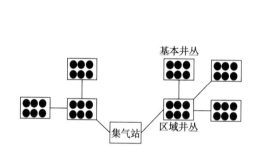

图2-10 井丛串接进站结构示意图

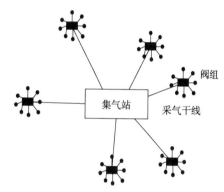

图2-11 阀组进站结构示意图

（三）集气管网的设置原则

1. 满足气田开发方案的要求

（1）以气田开发方案提供的产气数据为依据

产气区的地理位置、储层的层位和可采储量；开发井的井数、井位；井底和井口的压力和温度参数(包括井口的流动压力和流动温度)；各气井的井流物平均组成及产出量，以上数据是气田开发方案编制的依据，也是集气管网建设所需的基础数据。

（2）按气田开发方案确定集气管网的建设规模

开发方案根据气田的可采储量、天然气的市场需求和适宜的采气速度，对气田开发的生产规模、开采期、年度采气计划、各气井的日产量、最终的总采气量和采收率作了具体规定。集气管网的建设规模应与气田开发方案确定的生产规模相一致。

2. 与集气站场设置相协调

集气管网的设置与集气工艺技术的应用、集气生产流程的安排和集气站场的合理布置要求密切相关。采用不同的集气工艺和不同的集气站场设置方案会对集气管网设置提出不同的要求，会带来有利和不利的因素，影响到集气管网的总体布置和建设投资。通过优化组合集气管网和站场建设方案可将这两项工程建设的总投资额降到最低。

3. 天然气总体流向合理

天然气集气管网的最终输送目的地是天然气处理厂，但经处理后的商品天然气最终要输送到天然气用户区。集气管网内的天然气总体流向不但要与产气区到处理厂的方向相一致，还应与产气区到主要用户区的方向相一致。为此要把集气管网设置和天然气处理厂的选址结合起来，把处理厂选址在产气区与主要用户区之间的连线上或与这个连接尽可能接近的区域，并力求处理厂与产气区的距离最短。

4. 符合生产安全和环境保护要求

管网中集气干线和主要集气支线的走向与当地的地形、工程地质、公路交通条件相适应。避开大江、大河、湖泊等自然障碍区和不良工程地质段，管道尽可能沿现有公路敷设。远离城镇和其他居民密集区，不进入城镇规划区和其他工业规划区。

三、集气系统压力级制

集气管网的系统压力主要分两级：第一级是采气压力，第二级是集气压力。采气管道输送压力主要根据气井井口流动压力、温度、集气工艺、压力能的利用等条件确定。集气管道输送压力应满足集气干线的输送压力要求及下游天然气处理厂工艺的要求，对于需进行处理的天然气(如含硫含碳、含重烃天然气)，尚需考虑处理厂内部的压力损失。因此，集气系统压力级制的确定主要是根据天然气处理厂工艺、上游气田的供气压力及下游用户的要求，结合气田开发方案及集气工艺方案进行经济技术综合对比确定。

1. 压力级制类型

集气系统压力级制通常分为高压集气、中压集气和低压集气三种。

高压集气的压力在10MPa以上。以前多为井场装置至集气站的采气管道采用，随着高钢级钢管生产工艺的发展，目前已有整装气田从井口至处理厂的整个集气系统压力在10MPa以上。

中压集气的压力在4.0~10MPa，多为集气站至处理厂的集气管道采用。

低压集气的压力在4.0MPa以下。例如一些低渗透气田，井口压力下降很快，不能实现中压和高压集气时，一种为不增压输送，井口压力下降，不能进入输气管道，低压集气供给邻近用户；另一种为增压集气，使低压天然气进入较高压力级制的集气管道。

2. 压力级制设置方式

集气管网的压力应根据气藏压力、压力递减速度、天然气处理工艺和商品气外输首站压力等因素经技术经济综合对比确定。

① 对于较单一的气田，宜设一种压力级制的管网，例如川渝龙岗、塔里木迪那2气田等均采用了单一集气压力的集气管网。

② 对于气田内部存在不同气层压力且压力相差较大的情况，设一套管网不经济时，根据实际情况的需要可设置多种压力级制的管网与之相匹配。例如长庆榆林气田长北合作区为保证中央处理厂采用J-T阀节流的脱水脱油处理工艺所需的压力差，反推出集气管网的操作压力，并结合先、后投产井的流动压力，将集气管道设计压力确定为5.6~8.3MPa等多种压力级制。

③ 一个气田若有多个产层，各产层压力差别较大，设一套压力级制的管网不经济时，

可分设高、低压集气管网。

④ 应综合考虑气田开发后期增压开采方案的影响。

四、集气系统的适应性

集气系统的适应性包括根据气田开发方案的要求、满足气田在整个生产周期内的变化情况，以及满足下游用户的变化情况两方面。

气田开发通常是一个长周期的过程，集气系统既要满足气田开发初期的生产状况，又要满足气田开发后期井口压力、产量、温度等参数变化幅度较大的情况。因此集气系统的适应性应从气田的整个生产周期进行考虑，既要合理利用气田的压力能和资源，延缓气田增压采气的时间，又要结合气田后期增压开采的方案，从整个生产周期上考虑降低工程的综合投资及运行费用。由于气田开发方案与实际生产过程中存在偏差或不确定的因素，集气系统应考虑一定的富余量，通常集气系统的集气能力要达到方案配产的 1.2 倍。对于分期开发建设的气田，集气系统还应具有良好的可扩容性，即集气站、处理厂的部分公用设施以及集气干线等按一次性建设考虑，既可降低工程的一次性投资，又可避免重复建设。

集气系统同时还需要考虑下游用户的变化情况，如冬季用气量大、夏季用气量小，气田生产也将根据用户的用气情况进行调整。

第三节　集气工艺

一、气田分类及集气工艺模式

对气田的分类，目前并没有统一的标准。根据天然气气藏和气质的不同，气田分为非酸性气田、酸性气田、凝析气田、低渗气田、火山岩气田、煤层气田、页岩气田等 7 种类型。气田分类及主要特点见表 2-1。

表 2-1　气田分类

分类	主要特点
非酸性气田	天然气中 H_2S 和 CO_2 等含量甚微或不含有，对集气系统腐蚀性小。如塔里木克拉 2 气田、青海涩北气田、长庆榆林气田等
酸性气田	天然气中 H_2S 和 CO_2 等含量超过有关质量指标要求，需经脱除才能符合管输商品气的气质要求。酸性气田具有对集气系统腐蚀性强，天然气处理工艺复杂，投资和操作费用高等特点。如长庆靖边气田、川渝龙岗和罗家寨气田等
凝析气田	凝析气中含有戊烷以上的重烃较多，主要有衰竭式和循环注气两种开采方式。如塔里木牙哈凝析气田、英买凝析气田、迪那 2 气田等
低渗气田	一般具有生产压力低、单井产量低、递减速度快，稳产能力差、生产成本高等特点。如长庆苏里格气田和神木气田
火山岩气田	具有 CO_2 含量高，腐蚀性强、压力递减快、气井分布不均、单井产量变化大等特点。如吉林长深气田、大庆徐深气田等

分类	主要特点
煤层气田	以甲烷为主，含有微量其他烃类和非烃类；具有低压、低产、低渗、低饱和的"四低"特点；必须进行增压开采；采用先排水后采气工艺，初期产水量较大；采出时含尘量较高、粉尘颗粒细微
页岩气田	储层渗透率低，具有气层压力低、单井产量较低、采收率低、投入高、产量递减快、生产周期长的特点，开采使用的水力压裂储层改造技术需要消耗大量水资源

（一）按集气压力分类

根据气田地面工程建设特点，便于推行标准化建设，按集气压力可分为高压气田、中压气田、低压气田。

① 高压气田指集气压力≥10MPa 的气田，一般采用高压集气工艺。

② 中压气田指集气压力为 4.0~10MPa 的气田，一般采用多井集气、中压湿气集气、集中处理工艺。

③ 低压气田指集气压力≤4.0MPa 的气田，一般采用井下节流、井间串接、湿气集气、集中处理工艺。

（二）按井流物物性分类

按井流物物性分除纯气田外，还有凝析气田、高含 H_2S 气田。

① 凝析气田是指井产物在地层中高温高压条件下呈单一气相状态，当压力下降到露点线以下时，会出现反凝析现象的气田；一般采用气液混输、加热与注醇统筹优选、集中处理工艺；地层压力与露点压力的压差小，采用循环注气开发方式的凝析气田宜采用注气装置与处理装置合建。

② 高含 H_2S 气田是指井产物中 H_2S 含量大于或等于 5%（体积分数）的气田，一般采用多井集气、"碳钢+缓蚀剂"或采用双金属复合管防腐、集中处理工艺。

（三）按经济价值分类

按经济价值可分为常规天然气气田和非常规天然气气田，除致密气气田、煤层气田和页岩气田外，其他非常规天然气气田由于目前技术经济条件的限制尚未投入工业开采。

① 致密气气田是指渗透率小于或等于 0.1 毫达西（mD）的砂岩地层天然气气田，一般采用"井下节流，井口不加热、不注醇，中低压集气，带液计量，井间串接，常温分离，二级增压，集中处理"的总体工艺。

② 煤层气田是指一定（连续）的产气面积内各煤层气藏的总称，该产气面积是受单一或多种地质因素控制的地质单位；一般采用排水采气、井间串接、增压集气工艺。

③ 页岩气田是指天然气储存于富含有机质的低渗透率致密沉积岩中的气田，一般采用排液或排气采气、枝状+放射状组合管网、井间串接、气液混输工艺。

二、集气工艺

集气工艺一般包括分离、计量、水合物抑制、气液混输、增压、脱水等。

(一) 分离工艺

1. 分离工艺的选择

从气井中采出的天然气不可避免地会带有一部分液体(矿化水、凝析油等)和固体杂质(岩屑、砂粒等)，如果不进行分离，这些液体和固体杂质会对站场设备和集气管道带来严重的影响(磨损设备、堵塞管道)，很可能造成安全事故。因此，在部分井场、集气站和天然气处理厂都需要设置分离器，对天然气进行气-液、气-固的分离，以满足集气和外输的要求。当天然气组成中丙烷及更重的烃类组分较多时，宜进行天然气凝液的回收，并遵循以下原则：

① 每立方米天然气中戊烷及更重的烃类组分按液态计，小于10mL时，宜采用常温分离工艺；大于10mL时，应通过相态平衡工艺模拟计算和技术经济分析后，确定采用常温分离、常温多级分离或低温分离工艺。

② 每立方米天然气中的丙烷及更重的烃类组分按液态计，应通过相态平衡计算和技术经济分析后，小于100mL时，采用常温分离、常温多级分离或低温分离工艺；大于100mL时，采用常温多级分离或低温分离工艺。

下面对常温分离工艺和低温分离工艺进行介绍：

(1) 常温分离工艺

① 单井常温分离工艺

单井常温分离集气站通常设置在气井井场。气井采出的天然气在井场经加热、节流调压、分离，计量后进入集气管道。其井场集气工艺流程根据天然气、凝液和水含量的不同，集气工艺流程设备选择略有不同。工艺流程如图2-12和图2-13所示。

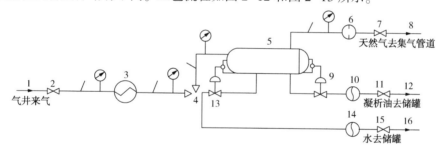

图2-12 常温单井集气工艺流程(一)

1—气井来气；2—天然气进站截断阀；3—加热炉；4—调压节流阀；5—油气水三相分离器；
6—孔板计量装置；7—天然气出站截断阀；8—天然气去集气管道；9—凝析油液位控制自动放液阀；
10—凝析油流量计；11—凝析油出站截断阀；12—凝析油去储罐；13—采出水液位控制自动排液阀；
14—采出水流量计；15—采出水出站截断阀；16—采出水去储罐

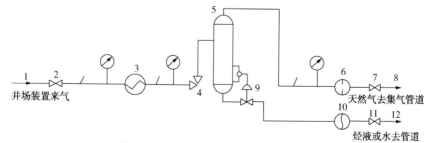

图2-13 常温单井集气工艺流程(二)

1—气井来气；2—天然气进站截断阀；3—加热炉；4—调压节流阀；5—气液两相分离器；6—孔板计量装置；
7、11—气、油或水出站截断阀；8—天然气集气管道；9—液位控制自动放液阀；10—流量计；12—液烃或水管道

单井常温分离集气工艺在井场进行分离除尘，呈单相流进入集气管道。适用于气田建设初期气井少、分散、压力不高、用户近、供气量小、不含硫(或甚微)的单井上使用。缺点是井口需有人值守、定员多、管理分散，采出液不便于集中处理等。对于距集气站远、采气管道长、采用加热仍不能防止水合物形成的边远井，这种集气方式仍是适宜的。如川渝蜀南气矿至今仍保留有这种集气流程。

② 多井常温分离工艺

多井常温分离集气工艺一般设置在集气站。以集气站为中心，所有气井的天然气处理均可集中于集气站内。井场一般仅设井口装置、水合物抑制剂及缓蚀剂注入设施；集气站内经加热、节流调压、分离，计量后进入集气管道。工艺流程如图 2-14 所示。

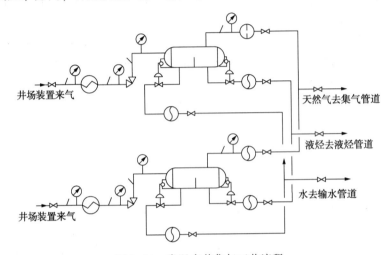

图 2-14　常温多井集气工艺流程

由于加热节流均在集气站内集中进行，井口无人值守、定期巡回检查。采用多井集气流程，天然气在井场未进行分离处理，直接进入采气管道。与单井集气工艺相比，具有设备和操作人员少、人员集中和便于管理等优点，如长庆靖边气田采用这种集气流程。

(2) 低温分离工艺

采用低温分离法的主要目的是回收凝液和控制集气站外输天然气水、烃露点。低温分离法一般适用于丙烷及以上组分含量较高的天然气。工艺流程如图 2-15 所示。

对于高压凝析气或湿天然气，采用低温分离工艺可同时分出凝液和饱和水，使天然气的水、烃露点符合管输要求，并防止凝液析出而影响管输能力。如果天然气压力较低(例如低压气田、油田伴生气、后期天然气压力衰减等)，无法采用节流膨胀制冷，则可考虑采用冷剂制冷。

2. 分离设备的选择

气液分离宜采用重力分离器。重力分离器形式选择应根据分离介质的液量及相数确定，液量较少，要求液体在分离器内的停留时间较短时，宜选用立式重力分离器；液量较多，要求液体在分离器内的停留时间较长时，宜选用卧式重力分离器；气、油、水同时存在，并需进行分离时，宜选用三相卧式分离器。

分离器宜设在集气站内，对于需要在井口进行多级节流降压的气井、产液量大的气井和距集气站较远的气井，宜设置在井场。连续计量的气井，每口井必须设 1 台计量分离器且兼作生产分离器之用；周期性计量的气井，计量分离器的数量应根据周期计量的气井数、气井

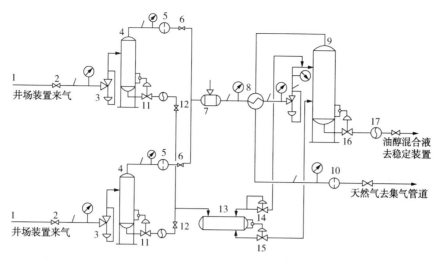

图 2-15 低温分离集气站工艺流程

1—气井来气；2—天然气进站截断阀；3—调压节流阀；4—高压分离器；5—孔板计量装置；6—截断阀；
7—抑制剂混合器；8—气/气换热器；9—低温分离器；10—孔板计量装置；11—液位调节阀；
12—截断阀；13—闪蒸分离器；14—压力调节阀；15—液位调节阀；16—液位调节阀；17—流量计

产量、计量周期和每次计量的持续时间确定。生产分离器的数量应根据气井产量及分离器处理能力确定。

（二）计量工艺

1. 气井产量计量

为了掌握各气井生产动态，一般要计量每口气井的产气量、产液量，常用以下计量方式：单井连续计量、多井轮换计量和车载移动式计量。

① 单井连续计量工艺通常在单井站设有两相或三相分离器，将油、气、水分离后分别进行计量。该工艺流程复杂，分离、计量设备多，投资高，常用于气田开发初期的试采井、距集气站较远气井的计量。对于产气量在气田起重要作用的气井，对气田的有代表性的气井，气藏边水、底水活跃的气井和产量不稳定的气井宜采用连续计量。

② 采用周期性多井轮换计量的气井，计量周期一般为 5~10 天；每次计量的持续时间不少于 24h，且当调整某路气井产量时应优先切换至该路计量。轮换计量仪表的配置应能覆盖每路气井的流量范围。

③ 致密气田、煤层气田、页岩气田由于单井产量低、井数多，一般在井场采用气液混合简易计量，了解各气井生产动态，同时采用移动分离计量工艺，配置车载式移动计量分离器定期对单井的气、液分别计量，计量后的气、液混合后再进入采气管道。该计量工艺简化了井场或集气站固定设施，节省大量投资。

2. 天然气计量

（1）计量分级

天然气气量计量可分为三级：一级计量为气田外输气的贸易交接计量；二级计量为气田内部集气过程的生产计量；三级计量为气田内部生产和生活计量。

（2）计量仪表类型

常用于天然气的计量仪表主要有差压式、速度式和容积式流量计。

① 差压式流量计

差压式流量计是基于伯努利原理和流体连续性方程设计制造的流量计，适用于稳定流。利用流体在压能作用下充满管道流动时，遇到管道的缩颈部件发生节流而产生差压，利用差压与流过的流体量之间的特定关系而测得流量的。差压式流量计具有简单、价廉、易于安装和维修、经久耐用、适应性宽、可操作性强等优点。它的缺点是测量范围较窄，当最大流量与最小流量之间太宽时，差压式流量计不能准确地测量流体流速。差压式流量计有标准型和非标准型，标准型差压式流量计主要包括标准孔板和标准喷嘴两种。

② 速度式流量计

速度式流量计是以直接或间接测量封闭管道中满管流流体流动速度而得到流体流量的流量计。如涡轮流量计、涡街流量计、旋进旋涡流量计和超声波流量计等。

③ 容积式流量计

容积式流量计是直接测量管道中满管流体流过的容积值来测量流体量的方法。从流体中吸收部分能量，利用机械测量元件把流体连续不断地分割成单个已知的体积，根据计量室逐次、重复地充满和排放该体积流体的次数来测量流体体积总量。吸收的能量用来克服测量元件和附件转动的摩擦力，在仪表入口和出口形成压力降。

天然气计量详见第八章第四节。

（三）防止水合物形成工艺

天然气水合物是在一定的温度和压力下，天然气和水形成的半稳定固态化合物，可以在0℃以上形成。天然气水合物的存在，会减小管道通过能力，增加输气压降，严重时还会堵塞阀门和管道，影响平稳供气。

天然气水合物的防止应针对其形成条件，消除形成的物质基础、改变形成物理条件以及抑制其生长发展，可采用脱水法，温度控制法，节流降压(井下节流和地面节流)法及注入抑制剂法等措施。

1. 脱水法

采用脱水法脱除天然气中的饱和水，是抑制水合物生成的最根本途径。该方法多用于含硫天然气，既可防止水合物生成，也可防止集气管道的腐蚀。

2. 温度控制法

对天然气加热，或者敷设平行于采集气管道的热水伴热管道，保证井口节流和采集气过程中天然气最低温度高于水合物形成温度3℃以上。通常在井口或集气站设置水套加热炉，工艺较为简单，站场操作管理方便且运行费用低。对于凝析气田，加热不仅可以防止天然气水合物生成，还可防止管输过程中凝析油的冻堵。

3. 节流降压法

天然气压力越高，水合物形成的温度也越高，即越易达到水合物生成条件；压力越低，水合物形成的温度也越低，即越不容易达到水合物生成条件，所以常常采用节流降压法来防止水合物的生成。节流降压根据节流的位置不同可分为井下节流和地面节流。

① 井下节流就是采用井下节流器在井筒对天然气节流降压，降低了采集气压力，改变了水合物形成的条件，降低了水合物形成的温度；同时充分利用地温加热，提高井口天然气温度，可减少加热炉的负荷或水合物抑制剂的注入量，甚至可取消加热炉或抑制剂注入系统，不仅降低运行成本，节能降耗效果也十分明显。

② 地面节流就在井场或集气站利用节流阀对天然气进行节流降压，一般在节流前需要加热或注入抑制剂。

4. 注入抑制剂法

注入抑制剂是目前主要使用的方法。它通过向天然气中注入抑制剂降低水合物生成温度而达到防止水合物生成的目的。根据作用机理的不同，抑制剂可分为热力学抑制剂、动力学抑制剂和防聚剂等。

（1）热力学抑制剂

热力学抑制剂是最早开发出来并受到广泛采用的一类抑制剂，其作用原理是因为抑制剂加入天然气中，改变了水分子之间的相互作用，从而降低了水蒸气分压，达到抑制水合物形成的目的。此类抑制剂分为两种：醇类（如甲醇、乙二醇）和电解质（如 $CaCl_2$）。目前，天然气水合物抑制剂广泛使用的主要是乙二醇和甲醇。

① 甲醇由于沸点较低，温度高时气相损失量大，宜用于温度较低、气量较小的场合，甲醇富液经蒸馏提浓后可循环使用。

② 乙二醇无毒，沸点较甲醇高，蒸发损失小，一般都可回收，再生后可重复使用，适用于处理气量较大的场所。乙二醇黏度较大，在有凝析油存在时，操作温度过低时会给乙二醇与凝析油的分离带来困难，增加了凝析油中的溶解损失和携带损失。

注入采集气管道的水合物抑制剂一部分与管道中的液态水相溶，另一部分挥发至气相，消耗于前一部分的水合物抑制剂，称为水合物抑制剂的液相用量。进入气相的水合物抑制剂不回收，因而又称气相损失量，水合物抑制剂的实际使用量为二者之和，天然气水合物形成温度降主要决定于水合物抑制剂的液相用量。

（2）动力学抑制剂

动力学抑制剂作用机理是通过显著降低水合物的成核速率，延缓乃至阻止临界晶核的生成、干扰水合物晶体的优先生长方向及影响水合物晶体定向稳定性等方式抑制水合物生成。与热力学抑制剂相比，动力学抑制剂具有用量少、效果好和易于操作等优点，使用成本也可降低50%以上，并可大大减小储存体积和注入容量。但动力学抑制剂的适用范围却很有限，只能用于水合物生成温度降不超过6~7℃的情况，当温度非常低或压力非常高时，就不能使用。

（3）防聚剂

防聚剂则是由一些聚合物和表面活性剂组成。加入浓度很低，但却能防止水合物晶粒的聚集，使水合物晶体成浆状输送而不堵塞管道，该类试剂尚处于试验中。

5. 井场防止水合物生成工艺

根据不同的水合物防止工艺，比较典型的井场流程有以下四种类型。

（1）加热防止生成水合物的流程

如图2-16所示，图中1为气井，2为采气树针形阀。天然气从针形阀出来后进入井场装置，首先通过加热炉3进行加热升温，然后经过第一级节流阀（气井产量调控节流阀）4进行气量调控和降压，天然气再次通过加热炉5进行加热升温，和第二级节流阀（气体输压调控节流阀）6进行降压以满足采气管道起点压力的要求。该工艺一般适用于单井产量高、地层原始压力高、压力递减慢的气田，川渝气区初期的大多气田采用了该流程。

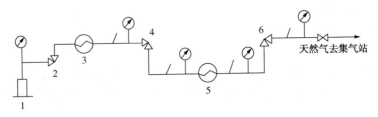

图 2-16　加热防止生成水合物的井场原理流程图

（2）注入抑制剂防止生成水合物的流程

如图 2-17 所示，流程图中的抑制剂注入器 1 替换了图 2-16 中的加热炉 3 和 5，流经注入器的天然气与抑制剂相混合，一部分饱和水被吸收下来，天然气的水露点随之降低。经过第一级节流阀(气井产量调控阀)进行气量控制和降压。再经第二级节流阀(气体输压调控阀)进行降压以满足采气管道起点压力的要求。该工艺一般适用于节流压降小、抑制剂注入量小的气田，川渝气区的中坝气田采用了该流程。

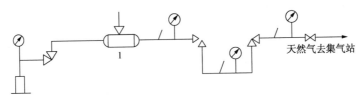

图 2-17　注入抑制剂防冻的井场装置原理流程图

（3）高压集气的井口工艺流程

天然气在井口不加热、不节流，注入水合物抑制剂，将井口高压天然气输送至集气站。气井天然气的气量控制和压力调节都在集气站完成，最大限度地简化了井口，实现了井口无人值守。

如图 2-18 所示，流程图中的 1 为高压井口装置，2 为可调式井口保护装置，3 为井口针形阀，自集气站来的注醇管道分别给采气管道和井筒注醇。该工艺一般适用于单井产量低、地层原始压力较高、压力递减较慢、集气半径较小的气田，长庆靖边气田、长庆榆林气田采用了该流程。

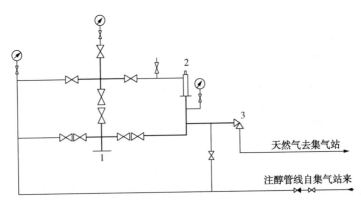

图 2-18　高压集气井口工艺原理流程图

（4）井下节流的中低压集气工艺流程

对于低压、低产和低渗气田来说，气井初期压力高，短期内迅速下降，气井绝大部分时间处于低压生产状态；井口温度低，含水量大，极易生成水合物；气井产气量低，不必进行气量调配；低成本开发是这类气田开发的必然选择。采用井下节流降压技术，充分利用地层的热能，实现初期和中后期压力的匹配，避免水合物的生成，也为气井串接提供了可能。

如图2-19所示，流程图中的1为井下节流装置，2简易井口装置，3为井口针形阀，4为井口高低压紧急关断阀，高低压紧急关断阀前为高压，后为中低压，5为流量计。该工艺一般适用于低渗透、致密气气田，长庆苏里格气田采用了该流程。

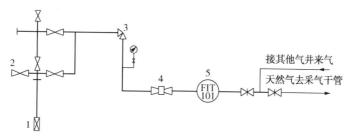

图2-19　井下节流的中低压集气工艺原理流程图

（四）气液分输工艺与气液混输工艺

气田传统的集气工艺是将天然气在井场或集气站分离后进行计量，然后天然气进入集气支线或集气干线输至天然气处理厂，或直接进入外输管道。气液分输集气系统设置的站场数量多，分离设备较多，分离后对气、液分别计量，井场或集气站流程较复杂，并增加分离后液体管输或车运投资及运行费用，给气田运行管理带来不便。气液分输工艺典型井场工艺流程如图2-20所示。

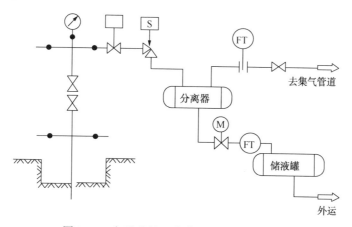

图2-20　气液分输工艺典型井场工艺流程图

随着天然气的开发转移至海洋和沙漠地区，对于凝析气田和低含硫气田普遍采用了气液混输工艺，如在塔里木克拉2气田、长庆长北气田已成功使用气液混输的集气工艺。

气液混输工艺是含液天然气不分离，直接进入集气支线或集气干线输至天然气处理厂，气体含液量较大时，在管道末端设置液塞捕集器，以维持下游处理设施正常运行。该工艺简化集气系统流程，井场流程简单，其主要工艺设施为井口节流阀及相关截断阀，无分离设备，不仅阀门数量少，而且减少了自控仪表和液体储运设施。对于气田来说，站场数量相对气液分输集气工艺的站场少，操作简便，管理方便，节省投资。气液混输工艺的井场工艺流程如图2-21所示。

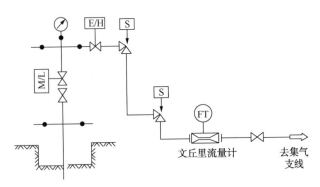

文丘里流量计　去集气
支线

图 2-21　气液混输工艺的井场工艺流程图

对于气液混输两相管路，流型变化多，具有流动不稳定性。若管路起伏较大，不仅显著地影响两相管路中的流型，而且使液相大量聚积在低洼处和上坡管路中，造成较大摩阻损失和滑脱损失。低洼处管道持液率高，清管器上坡运动过程中，清管器下游的液柱产生的压力高，在清管器上游需要较高的压力推动清管器，需要提高集气系统的设计压力，同时清管产生段塞流体积大。段塞流致使大量液体产生冲涌，气体压力波动，导致下游工艺设备稳定问题和分离器的分离效率下降，在集气管道末端需设置液塞捕集器。

因此地形起伏大的地区一般不适宜气液混输工艺。特别是地形起伏大的高含 H_2S 气田更不适宜气液混输工艺，一方面 H_2S 含量高，会提高水合物形成温度，低洼处管道积液使气体通过管道横截面减小，气体通过此处产生节流温降效应，降低气体温度，增加水合物形成的可能性；另一方面 H_2S 溶解于水中形成电解液，增强 H_2S 电化学腐蚀，加剧 H_2S 对管道的应力开裂腐蚀，腐蚀产物聚集在低洼处，再次减小低洼处的气体有效流通面积，此处气体流速增加，气体对管道冲蚀作用加剧，增加了管道的不安全因素。

气液分输、混输工艺对比见表 2-2。

表 2-2　气液分输、混输工艺对比表

项目 \ 方式	气液分输工艺	气液混输工艺
简述	在井场或集气站分离为气相和液相，气相采用管道输送，液相可另设管道输送，也可用罐车拉运至气田采出水处理厂集中处理	在井场或集气站气相和液相不分离，采用 1 条管道混合输送
优点	① 减少 CO_2 和 H_2S 对管道的电化学失重腐蚀，管道的安全性、可靠性较高； ② 管道内积液少，沿途压力损失减小，尤其在地形起伏地区，压损远小于两相流； ③ 清管时无段塞流进入下游站内设备，工艺设备相对简单	① 减少了气液分离器的投资和运行费用，综合投资省； ② 减少了生产管理人员及管理费用； ③ 站场流程简化，降低了操作风险； ④ 选用合理的管材，并适当加注缓蚀剂，增加管壁腐蚀裕量，可以有效地降低集气管道的系统风险
缺点	① 需井口或集气站设置分离设备，采出液罐等，站场流程复杂，占地面积大； ② 单井数量多，一次性投资及运费大大高于混输方式； ③ 各单井相对分散，污水拉运工作量大，管理不便，增加了生产管理人员及管理费用	① 管道沿程摩阻相对较大，管输效率低； ② CO_2 和 H_2S 对管道的电化学失重腐蚀比气液分输强； ③ 清管时有段塞流进入下游站内设备，工艺设备相对复杂

项目 \ 方式	气液分输工艺	气液混输工艺
适用条件	① 适宜于井间距离远，采气管道长的边远井； ② 采气管道高差较大，清管时巨大液量容易引起系统超压的工况，采用气液分输； ③ 单井产液量较大，液气比率较高，对下游水处理系统造成困难，宜采用气液分输	① 井间距较小，采、集气管道较短的集气管网； ② 凝析气田天然气中含有凝析油、气田水，对井、站上分离的液体处理、输送困难，宜采用气液混输； ③ 井场至集气站一般采用气液混输
应用实例	川渝龙门气田所辖单井井位分散，且各井开发时间不一致，采取气液分输、单井集气的工艺	新疆塔里木克拉 2 气田、英买力气田、迪那 2 气田，均采用气液混输工艺，即各单井天然气在井口节流、计量，各井汇合后的天然气由集气支线、干线将气液混输至中央处理厂。针对气液混输干线输送出现段塞流的情况，英买力气田、迪那 2 气田采用了液塞捕集器进行处理

（五）增压工艺

气田气井压力随着开发时间的延长而降低，在开发后期所采出的天然气将不能进入集气管网，故需增压提高天然气的压力。

不同气田的地质构造、储存压力也有很大的差异。提高低压产气区的集气压力，常常可以降低生产设施的规格和建设费用。尤其是低压产气区与高压产气区共用集气管网时，这种增压更为必要。

当需要对天然气中的凝液进行回收，而天然气自身的压力又不能满足在相应制冷温度下凝液回收的需要时，应对天然气进行增压。

增压工艺流程应根据气田集气系统工艺要求，满足增压站最基本的工艺过程，即分离、加压和冷却。为了适应压缩机的启动、停车、正常操作等生产上的要求以及事故停车的可能性，工艺流程还必须考虑天然气的"循环"、调压、计量、安全保护、放空等。此外，还应包括为了保证机组正常运转必不可少的辅助系统，如燃料气系统、自控系统、冷却系统、润滑系统、启动系统等。

1. 增压方法

气田天然气增压的方法一般有机械增压法和增压喉引射法两种。等熵增压法作为新型的增压方式已完成现场试验，具有较好的推广前景。

（1）机械增压法

机械增压法所使用的设备是天然气压缩机。压缩机在原动机的驱动下运转，将天然气引入压缩机，在压缩机转子或活塞的运转过程中，通过一定的机械能转换和热力变换过程，使天然气的压能增加，从而达到增压目的。

天然气机械增压法较多，常用的有往复式压缩、离心式压缩机、螺杆式压缩机等。压缩机选型见本章第四节。

（2）增压喉引射法

增压喉引射法是采用增压喉设备，利用高压天然气通过增压喉，以高速度喷出，并把在增压喉喷嘴前的低压气带走。即根据高压气引射低压气的原理，使低压气达到升压的目的。

其特点是不需外加能源，结构简单，喷嘴可更换调节，操作使用方便，但效率低，且需高、低压气层同时存在并同时开采才能使用。

（3）等熵增压法

等熵增压法使用的设备是等熵增压机。等熵增压机是一种利用高、低压气源同时作用于活塞，推动活塞产生往复运动，从而将腔内气体压入系统管网的一种近等熵过程的新型设备，其最大特点就是运行过程腔内气体压入管网的过程几乎没有机械能与气体内能的转化和摩擦力造成的压力能损失，最大限度地利用了高压气体的压力能，实现了"等熵增压"过程。

2. 增压方式和顺序

目前应用较多的增压方式是集气站增压和处理厂集中增压两种。

若采取处理厂集中增压方式，增压装置设在处理装置之前通常简称前增压，增压装置设在处理装置之后则简称后增压。采用何种增压方式，应根据处理厂内工艺装置设置要求经综合比较而定。

采用前增压时，脱油脱水装置运行压力较高，但设备尺寸相应较小，若经综合比较其总投资及凝析油收率后，具有经济优势则采用前增压方式，即增压装置在脱油脱水装置之前。

采用后增压方式，处理装置设备尺寸较大。但是，因天然气已经处理，故压缩机工作条件相对较好，可以提高其运行可靠性。因此，如有低压用户且其用气量较多时，选择后增压方式也是可行的。

（六）脱水工艺

水是天然气集气系统各个环节中最常见的杂质组分，分为游离水和饱和水。一般游离水通过分离设施可以脱除；饱和水可通过低温冷凝分离、固体干燥剂吸附和溶剂吸收等方法脱除，详见第三章第二节天然气脱水。

（七）清管工艺

通常，新建管道在投产初期会存在水以及施工遗留物，气液混输管道正常运行会产生腐蚀产物，因此需要在管道的起点设置清管器发送装置，在管道的终点设置清管器接收装置。清管器发送装置和清管器接收装置通常与管道的首末站合建，以便于管理和维护。

清管作业周期应根据管道内的凝析水量、腐蚀产物量、管输效率以及其他因素综合来确定。

第四节　主要设备

天然气集气工程主要工艺设备有：压缩机组、清管装置、气液分离器、加热炉、泵等。

随着技术的发展，新型的一体化集成装置大量研发，设置在井口和集气站内用于替代常规集气站或某些工艺单元。

一、压缩机组

（一）压缩机

1. 压缩机的分类

压缩机的种类很多，分类方法各异，按工作原理的不同分为三大类，即容积型、速度型和热力型压缩机。容积型压缩机常用的有往复式、螺杆式，速度型压缩机常用是离心式，热力型压缩机常用的有喷射器、等熵式。

2. 压缩机的特点

（1）往复式压缩机

往复式压缩机具有进出口压力范围较宽、流量可调节范围较大、压比大、压力适用范围广和效率高等优点。但其外形尺寸大、机体笨重，排气量受气缸直径的限制而较小，使其不易大型化，适用于小排量、高压或超高压条件，适用于流量不太大或工作压力很高的工况。往复式压缩机类型主要有整体式和分体式。

（2）离心式压缩机

离心式压缩机具有结构紧凑、尺寸小、质量轻；排气均匀、连续，无周期性脉动；转速高、排量大；工作平稳，振动小；使用期限长、运行可靠，易损件少；可以直接与高转速的驱动机连接，便于流量调节，易于实现自动控制等优点。但其压比较低，热效率较低，工作压力的提高受到一定限制，流量过小时会产生喘振，适用于大流量、压比稳定的工况。

（3）螺杆式压缩机

螺杆式压缩机具有机身轻，尺寸小，无往复运动机构，惯性力小，振动较小，流量均匀，流量不受排气压力影响，适用工况范围宽，效率高等优点，但其排量小，排气压力低，适用于低流量、低压力、含液的工况。

（4）喷射器

喷射器亦称增压喉，具有无须外加能源，结构简单，不存在运动部件，操作使用方便的优点。但效率低，且需高低压气源同时存在才能使用。虽然在国内外的天然气矿场增压均有应用，但不普遍。

（二）原动机

压缩机的驱动设备主要有燃气透平、燃气发动机和电动机三种。一般来说离心式压缩机采用燃气透平或电动机，往复式、螺杆式压缩机采用燃气发动机或电动机。

1. 燃气透平

燃气透平具有以下特点：

① 宜与离心式压缩机匹配。

② 热效率低，一般在30%左右，余热回收后，热效率较高，总热效率可达到80%左右。

③ 耗水量及耗润滑油量少。

④ 启动快、运行平稳可靠，维护量少。

⑤ 额定功率对海拔及温度较敏感。

⑥ 对燃料气气质要求苛刻。

2. 燃气发动机

燃气发动机具有以下特点：

① 宜与往复式、螺杆式压缩机匹配，也可以与离心式压缩机匹配。

② 热效率较高，一般可达到40%左右。

③ 转速较低，输出功率较低。

④ 对海拔及温度敏感性较燃气透平好。

⑤ 启动快、运行平稳可靠、维护量大。

3. 电动机

电动机具有以下特点：

① 可以与往复式、螺杆式、离心式压缩机匹配。

② 运行性能稳定，不受环境温度的影响。

③ 设备一次投资低、维护成本低、运行效率高。

④ 体积小，质量轻，操作、维修方便，噪声小。

⑤ 需要电源，电耗大，受当地供电条件、供电能力和供电可靠性限制。

⑥ 运行过程中不产生废气，有利于环境保护。

（三）压缩机选用的一般要求

1. 气质的影响

在一个装置的生产过程中，气体组成和性质往往会发生变化。因此，所选机组对气体组成应有较大的适应能力。一般应给出一定的组成变化范围，选用离心式压缩机时更应注意，否则将因气体相对分子质量和绝热指数等的显著变化，对压缩机的轴功率产生严重影响。

2. 压缩过程中凝液析出问题

天然气在压缩过程中可能有凝液析出，因此应注意凝液的分离和排除。对于活塞式压缩机，为了避免撞缸事故，压缩机的各级气缸余隙容积都应略大一些，凝液多时出口阀应放在气缸下部，防止凝液积聚。同时曲轴箱应注意适当的密封，以防液化后的气体渗漏到曲轴箱内，降低润滑油的闪点和黏度。

选用离心式压缩机时，轴密封油中可能漏入气体而被稀释，为此系统中应有脱气分离器。为提高脱气效率，脱气器上应配备有电或蒸气加热器以及搅拌器、抽气措施等。

3. 排气温度的限制

根据气体性质不同，压缩机排气温度如果超过某一界限就可能产生结焦、爆炸或发生强烈腐蚀现象。油气生产中采用的石油气体压缩机为了防止结焦，气体出口温度应小于 $90 \sim 110℃$。

4. 压缩机的排气量需求

压缩机的使用者总是根据最大的气量来选用压缩机，但在生产过程中会由于种种原因改变排气量，往复式压缩机的排气量调节范围一般为 $40\% \sim 100\%$，离心式压缩机的排气量调节范围一般为 $60\% \sim 100\%$。

5. 压缩机的出入口压力限制

（1）吸气压力

随着吸气压力的降低，活塞吸入的气体体积折算到标准状况下就降低。此外，当吸气压力降低，而排气压力不变时，压缩比升高，使容积系数下降，排气量降低。对于一般压缩机，这种影响要大一些。对于多级压缩机，由于压缩比升高分摊到了各级上，第一级的压缩比升高不多，因而对容积系数的影响要小一些，级数越多，影响也就越小。

（2）排气压力

如果吸气压力不变，而排气压力增加，则压缩比上升，容积系数减少；反之若排气压力下降，则容积系数增加。对单级压缩机，这种影响较明显，对多级压缩机，则影响较小。排气压力增加后，功率一般都是增加的。

（四）压缩机组选择

1. 压缩机选型原则

① 采用集中增压或分散增压及压缩机的型号和台数，应根据气田开发方案的要求和生产的具体需要进行技术经济比较后确定。

② 同一增压站内的压缩机组宜采用同一机型。

③ 驱动机应结合当地能源供给情况，进行技术经济比较后确定。

④ 必须适应变工况操作，自动化水平较高。

⑤ 对含 H_2S、CO_2 的天然气进行增压，其材质必须具有抗腐蚀能力。

⑥ 尽可能橇装化，利于现场整体安装和搬迁。

⑦ 满足气田天然气增压的特点及其对增压设备的特殊要求。机组安装的周围环境应满足油气田爆炸危险场所分区的要求，并以此确定驱动机的防爆等级或防火等级。

2. 驱动机选择原则

① 驱动机的转速应与被驱动压缩机转速相匹配，这样可省去变速箱的机械损失，并使结构简化。

② 活塞式压缩机的驱动机只适宜用电动机和燃气发动机，在电源得不到保证的地方，应尽量选用燃气发动机。辅助设备所需动力，应尽量考虑由主发动机驱动。

③ 驱动机的额定功率除考虑各种机械损耗外，一般应留有 5%～15% 的裕量，以备压缩机脉动载荷及工况波动影响之用。

④ 若要求用调节驱动机的转速来调节压缩机排气量时，则驱动机应保证压缩机能获得设计所需的各种转速。

⑤ 对于活塞式压缩机，中、小型一般选用笼型电动机，大型一般选用同步电动机。电源电压根据供电系统确定。

⑥ 二冲程发动机比四冲程发动机易于调节转速，维修费用低，更适合驱动压缩机；但四冲程发动机对燃料的适应范围更大，应根据实际需要做选择。

⑦ 选择天然气发动机时，若当地大气环境条件与天然气发动机设计环境条件有很大差异，须对自然吸气式发动机进行功率校正；涡轮增压后冷却式发动机是否需校正，应根据设备的具体情况确定。

⑧ 机组应有防火、防爆措施。

⑨ 采用燃气发动机时，发动机燃烧尾气应满足相关排放要求。

综上所述，用于气田集气增压的机组处理量小，压力波动幅度大，因此多采用往复式压缩机，原动机多采用燃气发动机和电动机。在距离电源比较近、电源可靠，电价低廉的地区宜优先选用电动机。

二、清管装置

1. 清管器

清管设备主要用途是清除管内积液和分隔介质，包括清管球、皮碗清管器、直板清管器、测径清管器、泡沫清管器、电子清管器。

（1）清管球

清管球是最简单可靠的清除积液和分隔介质的一种清管器，材料为耐腐蚀的氯丁橡胶，分空心球和实心球两种，结构上一般分为四种：

① 球形，DN100 以下为实心，DN100 以上为空心。

② 炮弹形，内层为泡沫，外层为聚氨酯包覆。

③ 盘形或蝶形。

④ 炮弹形(带铁刷)。

该清管器在管道内运行时要求具有一定的密封性，保持一定的内压，以调节清管球的直径，可通过充水调整清管球的过盈量，变形量大，通过性好，不易被卡，表面磨损均匀，磨损量小，可多次重复使用，但其清除块状物体的效果较差，不能携带检测仪器，不能作为它们的牵引工具。

（2）皮碗清管器

皮碗清管器由一个刚性骨架和前后两节或多节皮碗构成，按皮碗形状分为平面、锥面和球面三种。该清管器能够携带各种检测仪器和装置，方向性好；有多道密封，密封性能好；带有钢刷，清管效果好。清管器的形式和材料不同，清管的有效距离也不相同，皮碗材料为氯丁橡胶和丁腈橡胶时清管有效距离以 50~80km 为宜，皮碗材料为聚氨酯类橡胶时，清管有效距离以 80~200km 为宜。

（3）直板清管器

直板清管器的主体骨架和皮碗清管器基本相同，直板主要分为支撑板(导向板)和密封板，直板清管器最大的优点是可以双向运动，其清除管道杂物的能力比较强。

（4）测径清管器

测径清管器主要用来检测管道内部的几何形状，它通过一组传感器将管道内径的变化记录在主体内的记录器中，包括管道焊缝的焊透性情况、椭圆度以及不平度等。在智能清管之前，经常先发送测径清管器，确定管道内部状况，检测管道的通过能力。

（5）泡沫清管器

泡沫清管器主要由多孔的、柔软耐磨的聚氨酯泡沫制成，泡沫根据密度分为低密度、中密度和高密度。泡沫清管器可收缩性和柔性好，对管道、阀门等设备损伤小，通过能力强，堵塞可能性低，管道振动小，安全系数高，但只能一次性使用，运行距离较短，特别是当管道焊缝有毛刺等情况时，由于泡沫清管器强度低，容易被撕裂而影响密封性能。

（6）电子清管器

电子清管器及其配套仪器包含超低频电磁信号发射和接收系统。清管器运行时不断发出电磁信号，信号通过管壁和土层被地面仪器接收处理后报警显示。当清管器被管道内异物卡堵时，通过地面便携仪器可准确的确定其在管道内的位置。

2. 清管器收发装置

该装置是安装在管道两端用于发送和接收清管器，包括清管器收发球筒、清管阀等。

（1）清管器收发球筒

清管器接收、发送筒作为非定型设备，在设计、制造上应能满足操作压力、环境条件变化的需要。设备应能承受管道清管作业时清管器所产生的冲击载荷。所配备的快开盲板，应开闭灵活、方便，密封可靠无泄漏，且具有确保安全的自动联锁装置。

清管器接收和发送筒除满足正常输送情况下的清管作业外，还应考虑利用智能清管器对管道及管道壁厚进行检测。

（2）清管阀

清管阀是一种主要用于集气管道中清管的新型阀门，作清管器的发射和接收用。清管阀具备了传统的清管器收发球筒全部功能，可以发送和接收清管球或普通清管器。用清管阀代替清管装置，节省占地面积、操作简单。

清管阀根据用途不同，主要有标准型、旁通型和隔离型三种类型。

三、气液分离器

（一）重力分离器

重力分离器利用天然气和被分离物质的密度差实现分离，因其能适应较大的负荷波动，在集气系统中应用广泛。其按外形可分为卧式分离器和立式分离器，按功能可分为油气两相分离器和油气水三相分离器等。

1. 卧式重力分离器

这种分离器的主体为卧式圆筒体，气流从一端进入，另一端流出，具有处理能力较大、安装方便和单位处理量成本低等优点，适用于含液量大、停留时间长的工况。其结构形式如图 2-22 所示。

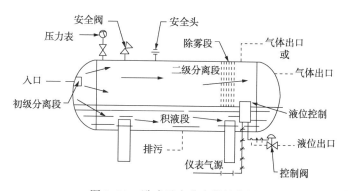

图 2-22　卧式重力分离器结构图

（1）初级分离段

即入口段，在气流入口处设挡板或内旋器，对气液进行一次分离。

（2）二级分离段

即沉降段，此段是气体与液滴实现重力分离的主体，液滴沉降时间和液滴大小是沉降段设计的最主要参数。在卧式重力分离器的沉降段内，气流水平流动与液滴运动的方向成 90°夹角，而在立式重力分离器的沉降段内，气流向上流动，液滴向下沉降，两者方向完全相反，因而卧式重力分离器对液滴下降的阻力小于立式重力分离器，通过计算可知卧式重力分离器的气体处理能力比同直径的立式重力分离器处理能力大。为了提高分离效率，通常设有波纹板等分离元件。

（3）除雾段

此段可设置在筒体内，也可设置在筒体上部紧接气流出口处。除雾段设置纤维、金属丝网或专用除雾芯子。

（4）液体储存段

即积液段，此段设计常需考虑液体必须在分离器内的停留时间，一般储存高度按 $D/2$ 考虑。

（5）泥沙储存段

此段在积液段下部，位于水平筒体的底部，由于泥沙等污物有 45°~60° 的休止角，排污

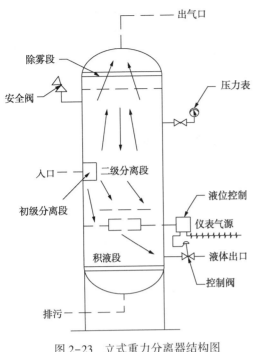

图 2-23 立式重力分离器结构图

比立式重力分离器困难，通常设有两个以上的排污口。

2. 立式重力分离器

这种分离器的主体为立式圆筒体，气流一般从筒体的中段进入，顶部为气流出口，底部为液体出口，也可分为初级分离段、二级分离段、积液段、除雾段。立式重力分离器占地面积小，易于清除筒体内污物，便于实现排污与液位自动控制，适用于含液量小、停留时间短的工况。其结构形式如图 2-23 所示。

3. 三相分离器

三相分离器与卧式两相分离器的结构和分离原理大致相同，油水气混合物由进口进入来料腔，经稳流器稳流后进入重力分离段，利用气体和油水密度差将气体分离出来，再经分离元件进一步将气体中夹带的油水分离。油水混合物进入污水腔，密度较小的油经溢流板进入油腔，从而达到油、水分离的目的。该分离器适用于油、气、水三相同时存在，且必须分离的工况，其结构形式如图 2-24 所示。

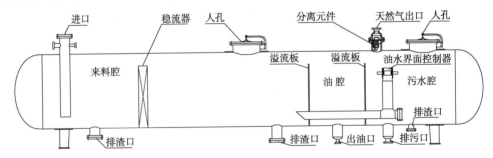

图 2-24 三相分离器结构图

（二）气液旋流分离器

气液混合物由切向入口进入旋流分离器后形成的旋流产生了比重力高出许多倍的离心力，由于气液相密度不同，所受的离心力差别很大，重力、离心力和浮力联合作用将气体和液体分离。液体沿径向被推向外侧，并向下由液体出口排出；而气体则运动到中心，并向上由气体出口排出。其结构形式如图 2-25 所示。

这种分离器与传统容器式分离器相比，具有结构紧凑、重量轻和投资节省等优点。在处理量相同的情况下，其结构尺寸相当于传统立式分离器的 1/2 左右，相当于传统卧式分离器 1/4 左右，是替代传统容器式分离器的新型分离装置。

（三）液塞捕集器

从气田采出的天然气中含有相当部分的水和液烃，在集气管道中呈气液两相流动，根据液量的多少和气液比，管道中可能形成段塞流。

液塞捕集器主要是对天然气集气管道中段塞流的液塞进行收集的设备，其原理是通过降低含液天然气的流动速度，使天然气与液体在入口段达到分层流动，然后利用气体和液体之间密度的差异，在重力的作用下使微小液滴沉降而进行分离。液塞捕集器主要包括容器型及多管型两种。容器型液塞捕集器适用于液塞体积小（如 100m³）、安装场地小的场合。多管式液塞捕集器适于液塞体积大、安装场地大的场合。常见结构形式如图 2-26 和图 2-27 所示。

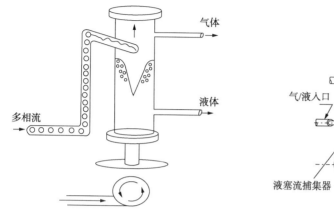

图 2-25　气液旋流分离器结构图

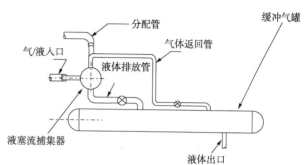

图 2-26　容器型液塞捕集器结构图

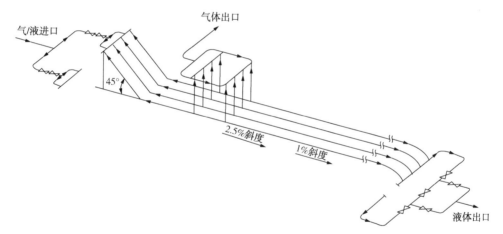

图 2-27　多管型液塞捕集器结构图

四、加热炉

加热炉根据加热方式可分为直接加热炉和间接加热炉。根据热载体可分为水套加热炉和合成剂加热炉。由于天然气压力较高，从操作运行的安全性及经济性来考虑，常规使用的加热炉为水套加热炉。目前真空加热炉也开始在一些工程中使用。

（一）水套加热炉

水套加热炉将锅炉与换热器合为一体，以水为换热介质，属间接加热型设备，可分为单井加热炉和多井加热炉。一般由炉体、烟火管、加热盘管组、阻火器、燃烧器、燃料气供气系统、烟囱等构成。其工作原理是燃料在布置于炉体下部的火筒内燃烧，热量通过火筒壁及烟管壁传给中间换热介质"水"，水作为传热介质吸收燃料气燃烧产生的热量后，再加热盘管内流动天然气。

（二）真空加热炉

真空加热炉为微负压运行，属于常压锅炉系列，运行压力为 -0.03~-0.01MPa。炉筒上设有直通式泄压阀以确保炉筒安全。其原理是利用燃烧器将燃料气充分燃烧，通过辐射、传导传递给炉筒内的中间介质"水"，水介质加热汽化产生蒸汽，蒸汽与低于其饱和温度的盘管壁面相接触时，就会释放汽化相变焓凝结成液滴而依附在壁面上。液滴聚结后再回到炉筒内的液相中，如此循环往复，气液两相交替转换，从而完成能量的转移和转换。液体相变换热的主要特点是液体温度基本保持不变，并在相对较小的温差下，达到较高强度的放热和吸热的目的。

五、泵

天然气集气系统中常用的泵主要有水合物抑制剂或缓蚀剂的注入泵、污水泵，另外还有利用天然气能量的自力式注入泵。

（一）计量泵

计量泵也称定量泵或比例泵，它属于往复式容积泵。计量泵可以计量输送介质。在天然气集气系统中，为防止水合物的产生通常需要定量加入水合物抑制剂，此项工作通常由计量泵来完成。根据计量泵液力端的结构形式，常将计量泵分成柱塞式、液压隔膜式、机械隔膜式和波纹管式四种。气田采用的计量泵通常为柱塞式和液压隔膜式两种。

1. 柱塞式计量泵

柱塞式计量泵与普通往复泵的结构基本一样，其液力端由液缸、柱塞、吸入阀、排出阀和密封填料等组成。其特点是：

① 价格较低。

② 流量大、压力高，流量在 10%~100% 范围内，计量精度可达 ±1%，出口压力变化时，流量几乎不变。

③ 能输送高黏度介质，不适于输送腐蚀性浆料及危险性化学品。

④ 轴封为填料密封，有泄漏，需周期性调节填料。填料与柱塞易磨损，需对填料环作压力冲洗和排放。

2. 液压隔膜式计量泵

液压隔膜式计量泵通常称隔膜计量泵，在柱塞前端装有一层隔膜，将液力端分隔成输液腔和液压腔。输液腔连接泵吸入阀和排出阀，液压腔内充满液压油，并与泵体上端的液压油箱相通。当柱塞前后移动时，通过液压油将压力传给隔膜并使之前后挠曲变形引起容积的变化，起到输送液体的作用及满足精确计量的要求。其特点是：

① 无动密封，无泄漏，有安全泄放装置，维护简单。

② 流量在 10%~100% 范围内，计量精度可达 ±10%，压力每升高 6.5MPa，流量下降 5%~10%。

③ 价格较高。

④ 适用于中等黏度的介质。

（二）自力式注入泵

从气藏中开采出的天然气，其压力通常都比较高，在节流过程中，天然气这部分压力能就白白损失。自力式注入泵就是利用这部分能量作动力，将水合物抑制剂经高压喷嘴雾化注入到井口或天然气管道中，与天然气气流均匀混合以抑制天然气中水合物的形成。而注醇装置并不消耗天然气，用过的天然气只是降低了0.1~0.6MPa的压力后进入管道。因而它客观上是一个不另外消耗能源的设备，"自力"含义即在于此。

以液压学原理、气动学、气体力学等为理论基础，采用气动转向阀、活塞式柱塞泵头，通过连接缸，使整个装置通过先导控制和滑阀换向的方法，利用系统天然气的压力能做功来完成醇液的吸注功能。

（三）离心泵

离心泵主要由叶轮、轴、泵壳、轴封及密封环等组成。一般离心泵启动前泵壳内要灌满液体，当原动机带动泵轴和叶轮旋转时，液体一方面随叶轮做圆周运动，另一方面在离心力的作用下自叶轮中心向外周抛出，液体从叶轮获得了压力能和速度能。当液体自叶轮抛出时，叶轮中心部分造成低压区，与吸入液面的压力形成压力差，于是液体不断被吸入，并以一定压力排出。

（四）往复泵

往复泵包括活塞泵和柱塞泵，适用于输送流量较小、压力较高的各种介质。往复泵由液力端和动力端组成。液力端直接输送液体把机械能转换成液体的压力能；动力端将原动机的能量传给液力端。

动力端由曲轴、连杆、十字头、轴承和机架等组成。液力端由液缸、活塞(或柱塞)、吸入阀、排出阀、填料函和缸盖等组成。

当曲轴以某一角度逆时针旋转时，活塞向右移动，液缸的容积增大，压力降低，被输送的液体在压力差的作用下进入到液缸。当曲轴转过180°以后活塞向左移动，液体被挤压，液缸内液体压力急剧增加，在这一压力作用下，吸入阀关闭而排出阀被打开，液缸内液体在压力差的作用下被排送到排出管路中去。当往复泵的曲轴以某一角度不停地旋转时，往复泵就不断地吸入和排出液体。

六、一体化集成装置

一体化集成装置是将容器、加热炉、机泵、塔器、自控仪表按一定功能要求集成安装在整体橇座上，实现某种功能的生产设施。该类型装置的研发和推广，有效地提高装置的集成度、技术水平、自动化程度、安全可靠性，降低建设造价和运行成本，节能环保，方便维护。

（一）天然气集气一体化集成装置

该装置将集气站中的气液分离器、分液罐、闪蒸罐、自用气分离器和清管阀等设备一体化集成，组合成橇，并配套智能控制系统，具有紧急截断、远程放空、气液分离、外输计量、自用气供给、采出液闪蒸、放空分液和自动排液等功能，可实现远程操作、动态监测、智能报警，满足气田数字化管理要求，适用于中低压、非酸性集气站场，可替代常规非增压集气站(图2-28、图2-29)。

装置特点如下：

① 设置异径电动三通阀，简化进站放空流程和生产流程的切换。

② 采用集成气液分离、放空分液、采出液闪蒸功能的新型集成分离闪蒸罐。

③ 将集气部分和分离部分分开布置，单独成橇，现场组装，方便拉运和现场安装。

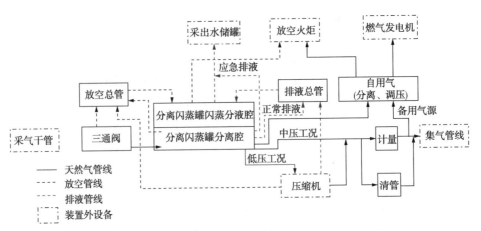

图 2-28 天然气集气一体化集成装置流程框图

图 2-29 $50 \times 10^4 \text{m}^3/\text{d}$ 天然气集气一体化集成装置

(二) 含硫天然气集气一体化集成装置

装置由分离器、孔板流量计、自用气系统、清管阀和相应的管路、阀门等组成,带有仪表接线箱和配电箱,将橇内采集的数据及控制信号接入集气站 PLC。装置具有气液分离、外输计量、清管、自用气供给、放空分液、远程放空和自动排液等功能,适用于中高压含硫气田集气站场(图 2-30、图 2-31)。

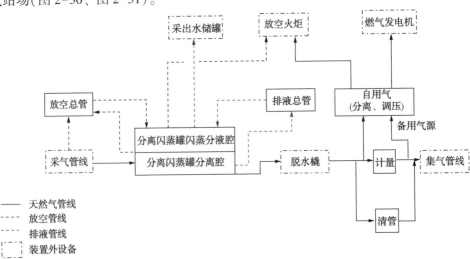

图 2-30 含硫天然气集气一体化集成装置流程框图

图 2-31 含硫天然气集气一体化集成装置

装置特点如下：

① 具有数字化管理、智能化操作的特点。通过远程终端控制系统，具备实时数据采集、分析和上传等功能，可对生产情况进行实时监测和日常管理，实现远程控制和现场无人值守。

② 采用具有气液分离、放空分液、采出液闪蒸功能的新型集成分离闪蒸罐，降低投资，减少占地。

③ 采用橇装设计，结构紧凑，安装和拉运方便。

④ 设有配电箱及仪表接线箱，为装置内电动阀及电伴热带供电，同时满足阀门、流量计和液位计等电缆集中接线的需要。

（三）天然气注醇一体化集成装置

装置由双头注醇泵、四头注醇泵和相应的管路和阀门等组成，并设有配电箱，具有气井注醇、注醇量计量、注缓蚀剂、流程切换、远程放空和远程停泵等功能，适用于中高压含硫气田集气场站注醇系统(图 2-32、图 2-33)。

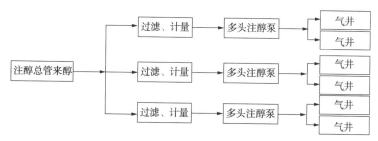

图 2-32 天然气注醇一体化集成装置流程框图

图 2-33 天然气注醇一体化集成装置

装置具有如下特点：

① 具有数字化管理、智能化操作的特点，通过远程终端控制系统，具备实时数据采集、分析和上传等功能，可对生产情况进行实时监测和日常管理，实现远程控制和现场无人值守。

② 采用橇装设计，结构紧凑，安装和拉运方便。

（四）气田凝析油稳定一体化集成装置

装置由凝析油稳定塔、凝析油换热器、空冷器、橇座和相应的管路、阀门及控制仪表等组成，适用于需要回收凝析油的气田站场，可替代常规的凝析油稳定单元(图 2-34、图 2-35)。

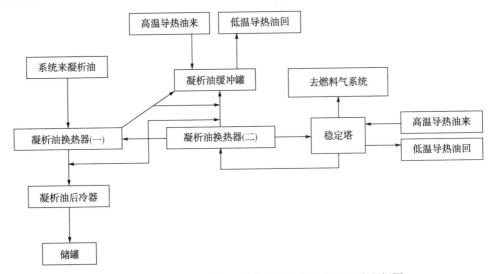

图 2-34　气田凝析油稳定一体化集成装置工艺流程流程框图

图 2-35　气田凝析油稳定一体化集成装置

装置具有如下特点：

① 将多个设备集成到一个橇座上，减少了占地面积，缩短了建设工期，方便搬迁或再次利用。

② 采用蒸馏工艺，通过多级换热，节省能耗，减少了 C_5 以上原油成分的损失，节约了资源，有利于环境保护。

③ 采用高效填料塔替代板式塔，提高了凝析油稳定效果；利用稳定塔自身的压力替代动力输送，节约了投资；回收稳定气作燃料气，提高了燃料气利用率，有利于环境保护。

④ 采用高效板式换热器，充分回收了稳定油的热量，降低了能量损耗。

（五）天然气三甘醇脱水一体化集成装置

装置采用甘醇化合物吸收法脱水工艺，实现脱水后的天然气水露点达到 GB 17820《天然气》商品天然气指标或工艺规定值。装置集成三甘醇吸收脱水、甘醇溶液再生、加热精馏、闪蒸、循环、换热、散放等功能，适用于天然气、煤层气、伴生气、煤制气、合成气等介质，可替代集气场站、处理厂、储气库、净化厂等厂站的脱水单元(图2-36、图2-37)。

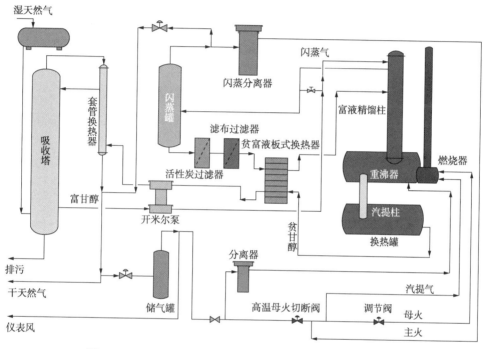

图 2-36　天然气三甘醇脱水一体化集成装置工艺流程示意图

图 2-37　天然气三甘醇脱水一体化集成装置

装置具有如下特点：

① 配套先进的控制系统，采用基地式、PLC/GCS 等先进的集成控制方案，通过装置的自动化、智能化、数字化，实现了无人值守运行。

② 采用完备可靠的高性能探测器、温控器等仪表，实现熄火保护、自动启停、紧急切断、负荷比例调节等功能，保证安全可靠、平稳运行。

③ 利用天然气压力能的气动循环泵或高效增压泵、自主开发的多级引射式燃烧器等低能耗产品以及采用合理的能量平衡利用技术，保证了装置的低成本和经济性。

（六）天然气分子筛脱水一体化集成装置

装置由原料气过滤分离器、聚结器、分子筛脱水塔、产品气粉尘过滤器、再生气加热炉、分离器和空冷器等组成，适用于水露点降要求大、需要深度脱水的天然气凝液回收（NGL）、天然气液化（LNG）、压缩天然气（CNG）等装置（图 2-38、图 2-39）。

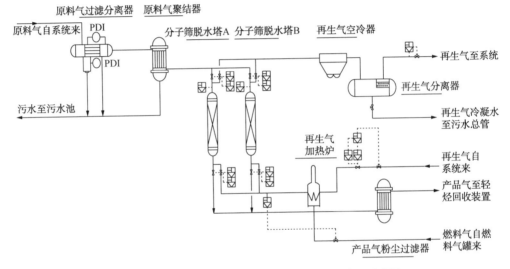

图 2-38　天然气分子筛脱水一体化集成装置流程示意图

图 2-39　天然气分子筛脱水一体化集成装置

装置具有如下特点：

① 分子筛吸附表面积大、吸附活性好、对水组分吸附容量高，使用寿命长。

② 压降低、控制流程简单，降低了现场操作与维护工作量。

③ 多功能一体化集成，占地面积减少。

（七）天然气液体脱硫一体化集成装置

天然气液体脱硫一体化集成装置主要由脱硫塔、循环泵、补液泵、硫化氢在线检测仪组成，具有液体脱硫、溶液循环利用、硫化氢在线检测、自动补液等功能。装置采用以三嗪溶液为脱硫剂，三嗪类化合物的水溶液与硫化氢发生不可逆化学反应，生成噻二嗪，从而达到脱除天然气中硫化氢的目的。实现脱硫后的天然气达到 GB 17820《天然气》商品天然气指标中硫化氢的限值要求或工艺规定值。所生成的脱硫产物均为水溶性液体，具有安全可靠、废脱硫剂易回收处理等优点。适用于气田中硫化氢含量小于或等于 1000mg/m³ 新建和已建井场、站场（图 2-40、图 2-41）。

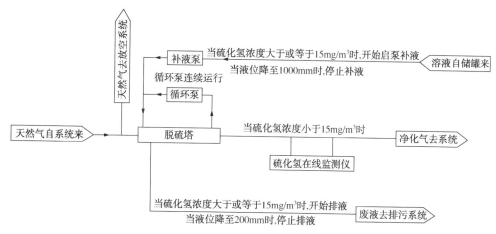

图 2-40　天然气液体脱硫一体化集成装置流程示意图

图 2-41　天然气液体脱硫一体化集成装置

装置具有如下功能特点：

① 配套先进的控制系统，装置了自动化、智能化、数字化管理，实现了无人值守运行。

② 硫化氢检测采用红外触摸式键盘设计，探测下限低、灵敏度高、抗干扰能力强、测

量精度高、漂移小、全系统防爆，安全可靠，操作方便、工况适应能力强。

③ 标准化、模块化、橇装化结构，减少了现场安装工程量、缩短了建设周期。

第五节　工程实例

我国气田按区域划分主要有川渝、塔里木、长庆、青海四大气区。由于各气区气田地质、气源条件、开发时期以及建设环境不同，分别形成了适合自身气区气田特点的主体工艺技术。我国煤层气气田开发利用经过 10 多年的探索与试验，在攻克相关技术难题后，已在山西沁水盆地煤层气气田得以规模开发；页岩气开发、伴生气利用也取得长足进展。

一、川渝气区

川渝气区天然气极为丰富，主要分布在重庆、蜀南、川中、川西北、川东北五大油气矿。2004 年川渝天然气产量达到了 $122 \times 10^8 m^3$，成为国内首个产量突破 $100 \times 10^8 m^3$ 的气区。近几年，罗家寨、普光、龙岗等气田的开发，更使川渝气区大型气田与日俱增，2017 年生产天然气 $210.2 \times 10^8 m^3$。

(一) 罗家寨气田

罗家寨气田位于四川省宣汉县及重庆市开县境内，地表高差变化较大，地面海拔一般为 $400 \sim 1000m$。该气田采用丛式井组开发，以斜井和水平井为主。

罗家寨气田开发总规模为 $900 \times 10^4 m^3/d$，设计生产井 14 口，集气、脱水站 2 座，集气末站 1 座，$900 \times 10^4 m^3/d$ 天然气净化厂 1 座。天然气中 H_2S 含量为 10.08%（体积分数），CO_2 含量为 7.50%（体积分数），COS 含量为 $264mg/m^3$，有机硫含量为 $308mg/m^3$。

罗家寨气田集气工艺可概括为"单井集气、加热节流、保温输送、采气混输、定期计量、综合抗硫、溶剂脱水、集中处理"。集气站至天然气净化厂之间集气管道采用干气输送工艺，井场至集气站脱水装置前采气管道采用加热保温湿气输送工艺。

1. 分离

在集气站内，对位于本站的气井设置测试分离器，对其他各井场来气设置气液分离器。为保证进入脱水装置的天然气的气质达到要求，采用了三级分离工艺，即卧式重力气液分离器+过滤分离器+精细分离器，为"粗+中+精"的设备配置模式。

各井场为丛式井组，一般为 $3 \sim 4$ 口井。为了对各井的产气量和产水量轮换计量，在井场设置测试分离器。

2. 计量

为获取气井产气和产水量，天然气进入测试分离器分离并进行计量，在分离器下部设置积液计量罐对液量进行计量。

3. 节流加热

对于罗家寨气田的气井，在100%产量工况下，由于产量大，井口温度高，所以不需要加热炉进行加热。在50%产量工况下，井口采气树进行一次节流后，需要加热炉进行加热，再节流。因此，罗家寨气田气井的节流加热工艺为"节流-加热-节流"。

对于滚子坪气田的气井，由于产量小，井口温度低，如果采用一级节流和一级加热工艺，加热炉的原料气出口温度较高，进入 CO_2 高腐蚀区，在100%和50%产量的工况下，都需要利用加热炉进行两次加热。因此，滚子坪气田气井的节流加热工艺为"加热-节流-加热-节流"。

4. 脱水

集气站采用三甘醇脱水工艺，满足含硫天然气干气集气的需要。

5. 缓蚀剂和水合物抑制剂加注工艺

井口设置缓蚀剂注入系统，连续加注缓蚀剂。根据气藏参数，在开工、恢复生产的过程中和50%工况下，需要加注水合物抑制剂。缓蚀剂注入泵与井口一一对应，缓蚀剂注入泵根据缓蚀剂的加注量进行选型，采用金属隔膜计量泵。

6. 防止元素硫形成及处理措施

高含硫气田生产过程中，由于天然气温度和压力的剧烈变化而产生硫元素溶解量的变化，可能会析出元素硫，堵塞管道和设备，加剧对管壁的腐蚀。

在井口节流后的压力、流速突变处，硫元素沉积可能性最大，即一般出现硫沉积的部位可能发生在井筒内、节流阀及分离器底部等位置。当发现元素硫沉积迹象时，可首先通过调整气井产量、降低生产压差预防硫元素的析出；同时注入硫溶剂以消除硫元素沉积。

硫溶剂采用泵注，在地面部分设置硫溶剂注入点；对于井筒内发生的元素硫沉积情况，则需考虑采用高压泵在停产情况向井筒加注，或采用井筒加热方式进行处理。

（二）普光气田

普光气田位于川东北宣汉县境内，建设规模 $105 \times 10^8 \mathrm{m}^3/\mathrm{a}$，为高含硫天然气，$H_2S$ 含量为 13%～18%（体积分数），CO_2 含量为 8%～10%（体积分数）。

1. 湿气输送

井口天然气先进入集气站，经加热、节流、计量后外输，采用"加热保温+注缓蚀剂"工艺，经集气支线进入集气干线，然后输往集气末站进行气液分离，生产污水输往污水处理站处理后回注地层，含饱和水的酸性天然气输往净化厂进行净化。采用湿气输送工艺，井站和管网设施简单，无生产分离器、集气站和管网无污水处理和集气设施、无水污染。正常生产情况下，系统局部可能产生少量的凝液，由天然气流直接携带至集气总站，液量多时进行清管作业。

2. 生产监控和数据采集

普光气田的整个 SCADA 系统共分成三部分：过程控制系统（PCS）、安全仪表系统（SIS）和中控室的中心数据处理系统。每个控制节点（站场和阀室）均分别设置两套子系统：过程控制系统（PCS）、安全仪表系统（SIS），作为一个单独的网络节点，挂在相同的光纤通信子网及5.8G 无线备用网络上，分别对应实时数据服务器和中心安全仪表系统上传和下载数据。

3. 管道防腐监测

主要使用取样口（W）、腐蚀挂片（CC）、电阻探针（ER）、电指纹（FSM）、管道智能检测等监测技术。

4. 系统腐蚀控制

（1）采用抗硫化物应力开裂材料

严格按照 NACE MRO 175/ISO 15156《石油和天然气工业在 H_2S 环境下油气生产使用的材料》标准进行选材，并控制好化学成分、硬度、抗拉强度，对焊接区应用适当的热处理，消除内应力。

（2）工艺控制

通过加热使天然气输送过程中气体温度保持在水合物形成温度之上、加入水合物抑制剂防止水合物形成；选择经济、合理的管径，确保管内气体流速达到 3m/s 以上。减少管道下部的积液，防止水合物堵塞管道，减少管道的腐蚀。

（3）缓蚀剂及相应的处理工艺

在系统最初启动之前，使用两个清管器之间一定量的油溶性缓蚀剂通过每条管道在管道内进行预涂膜，使缓蚀剂覆盖整个管道内表面，隔离酸气与管道内壁直接接触。在每口井的井口处进行连续加注缓蚀剂，为了加强效果，每月用油溶性缓蚀剂增加一次处理。

（4）管道外防腐

为保证管道长期安全运行，抑制土壤电化学腐蚀，对站外埋地集气干线管道采取涂层及阴极保护的联合保护技术。

5. 泄漏监测

集气站场、阀室设置固定式可燃气体检测、有毒气体检测，并将检测结果上传至站控室、中控室。阀室线路截断阀配置电子防爆管单元，监测管线压力、压降速率变化情况，从而判断管道是否发生泄漏。隧道中设置红外对射可燃气体探测器、在线激光泄漏检测仪和电化学式有毒气体探测器以探测甲烷及硫化氢浓度。

二、塔里木气区

塔里木气区位于塔里木盆地。该盆地是我国最大的含油气盆地，总面积 $56×10^4km^2$，盆地周边被天山、昆仑山和阿尔金山所环绕，中部是塔克拉玛干沙漠。

早在西气东输启动之时，气区投产克拉 2、牙哈等气田，建成了年产 $128×10^8m^3$ 的天然气产能，目前，塔里木气区已形成克拉 2、迪拉 2、英买力和牙哈、吉拉克、轮古、塔中 1号、塔中 6 号气田，形成"三大五中" 8 个大中型气田向西气东输管道系统供气的格局，2017 年向西气东输供气 $211.5×10^8m^3$。

（一）牙哈凝析气田

牙哈凝析气田位于新疆维吾尔自治区库车县境内，2000 年 10 月投产，是目前已开发的国内陆上第一个采用循环注气保持地层压力开采的整装凝析气田。牙哈凝析气田采用密闭集气，在集中处理站对凝析气和凝析油集中处理，干气集中压缩回注，液化石油气和凝析油等产品管输至火车站装车外运。

除站外阀组、井口设施和铁路装车站设在集中处理站站外，其余所有的工艺设施均布置在集中处理站内，是典型的放射状管网形式。

1. 集气工艺

牙哈凝析气田共有 5 个产能区块，分布在长 80km、宽 8km 的狭长地带上。凝析气具有"三高一低"的特点，即单井产量高、井口压力高、油气比高、井口温度低，既具有油田特征又具有气田特征。地面凝析油具有"三低两高"的特点，即低密度、低黏度、低含硫、高含蜡、高凝固点。

牙哈凝析气田采用了一级半布站方式，为高压 12~18MPa 常温集气工艺，采用"单井+阀组"组合进站方式，即在气区中部布置一座集中处理站，气井采出的凝析气在节流后可直接进入集中处理站的则直接进站，不然则采取在站外设置阀组并在集中处理站进行二次节流的方式。

凝析气在集中处理站内进行油气分离、计量，分离出的天然气经节流阀(J-T阀)节流制冷和低温分离回收凝析油后，干天然气去注气压缩机增压后回注地层。由入口油气分离器回收的凝析油经三级闪蒸和提馏稳定得到稳定轻烃(稳定凝析油)；由低温分离器回收到的凝析油经分馏得到液化石油气和稳定轻烃，这些产品通过管道输至铁路装车站外销。集中处理站设计处理凝析气 $320 \times 10^4 m^3/d$，凝析油产量为 $80 \times 10^4 t/a$，液化石油气产量为 $2.7 \times 10^4 t/a$。

牙哈凝析气水合物形成温度和凝析油析蜡温度比较高，在 30MPa 时水合物形成温度为 24.2℃，在 12 MPa 时为 19.7℃；凝析油析蜡温度为 16℃，最高为 22℃。由于井口出油温度较低，在集气过程中，部分井口集气管道中的井物流温度总要低于水合物形成温度或凝析油析蜡温度。采用在集中处理站内设置注醇泵，在井口注入乙二醇，以抑制水合物的生成；在井口设置清管设施，定期清扫管内的结蜡，解决凝析油析蜡问题。

2. 注气工艺

牙哈凝析气田采取了"循环注气、保压开采"的方式，注入干天然气保持地层压力，以提高凝析油采收率。集中处理站内设有一座注气站，注气量 $271 \times 10^4 m^3/d$，注气压缩机进口压力 7MPa，出口压力 52MPa，6 台机组并联运行，单台机组排气量为 $(45 \sim 55) \times 10^4 m^3/d$，是国内外首次使用这种大排量高压注气压缩机组的站场。

回注的天然气经阀组分配、计量后由注气管道回注至各注气井。注气管道采用放射状管网敷设至各注气井(由注气站向注气井分别建注气管道，后期作为采气管道)，最大注气半径为 7.5 km，注气管道总长度为 26.6km，材质为 API 5L X65。

(二) 克拉 2 气田

1998 年克拉 2 气田的发现，直接促成横贯我国东西的能源大动脉——西气东输管道工程的建设。克拉 2 气田年产气量连续多年保持 $100 \times 10^8 m^3$ 以上，是我国首个年产气量突破 $100 \times 10^8 m^3$ 的大气田。

1. 集气工艺

(1) 单井集气

克拉 2 气田呈长方形条状，含气面积不大，10 口生产井沿气田东西轴线均匀布置，东西最远井间距约 12km，南北最远井仅为 1.15km。因此，采用了单井集气工艺，集气干线尽量靠近单井敷设。

中央处理厂设于气田中部、气田内建东西两条集气干线，各单井由集气支线就近接入集气干线，形成枝状集气管网，简捷顺畅。集气干线为双管形式，一条干线发生事故，不影响另一条干线正常集气。集气支线进入干线处设有阀井，一条支线发生事故，不影响其余支线及干线的正常输气，提高了集气管网的安全可靠性。

(2) 气液混输

根据该气田开发方案，中后期可能出现地层水，预计全气田总产水量为 1000m³/d，集气管网将出现明显的两相流即气液混输。对不同工况进行模拟计算得知，清管时由集气管道排出的段塞最大，但正常运行时管内水气比不大，管道内持液量较低，排出的段塞也较小，仅为 8~9m³。因此，中央处理厂集气装置区设有 6 台预分离器，直径为 1600mm，长度为 9000mm，清管时在段塞到达之前，适当控制分离器中的液位，足可容纳该段段塞，从而保证清管时中央处理厂内其他装置的稳定运行。

因开发方案对气田产水预测的不确定性，在中央处理厂进厂处的集气装置区预留有其他液塞捕集器的接口及场地。

（3）水合物防止

在气田生产中前期，井口节流前流动压力为58MPa，流动温度为70～85℃，经节流至12.2～12.4MPa后，天然气温度为47～48℃，输送至中央处理厂的温度为45～46℃。在气田生产后期，井口天然气流动温度仍高达77℃左右，但井口保持定压开采，压力只有4.0MPa，不需节流，故在井口几乎无温降。因集气管道距离短，到中央处理厂仍可达73℃左右，均远远高于相应压力下的天然气水合物形成温度，因而在气田开采全过程的正常工况下不可能形成水合物。但是，考虑到气井投产及管网停产等非正常工况下有可能形成水合物，仍在井口设有注醇接头，配备了移动式注醇车。

（4）计量

为了解各气井生产动态，对每口气井的产气量、产液量进行计量。由于采用了单井集气流程，对每口井均可实现连续计量，采用文丘里流量计不分离直接进行气液计量。

（5）腐蚀控制

克拉2气田天然气中CO_2含量虽然仅为0.017%，但因气体压力和温度高，特别在开采中后期，井口节流前流动温度基本不变，随着井口节流压差减小，集气管网中气体温度反而会有所上升，可达70～85℃，故在中后期CO_2腐蚀会更加严重。另外，气田采出水为$CaCl_2$型，Cl^-含量高达100667mg/L水，HCO_3^-含量达800 mg/L水，更加剧了腐蚀速率。根据管道腐蚀模拟软件计算，在58MPa、73℃情况下，均匀腐蚀速率达3.4mm/a；在13MPa、80℃情况下，均匀腐蚀速率达0.31mm/a。CO_2及Cl^-腐蚀以点蚀或坑蚀为主，因预测具有不确定性，故腐蚀风险很大。

由于克拉2气田在我国商品天然气生产中占有举足轻重的特殊地位，根据气田开发经济效益情况，为了尽量提高安全供气的可靠性，最终确定集气管网选用22Cr双相不锈钢管材，从材质上解决了抗腐蚀问题。

（6）井场流程

该气田井场的主要功能为天然气节流降压、计量，设有水合物抑制剂、防蜡剂和阻垢剂的注入接口，还配备了外夹式测砂仪。井口装置安装了地下及地面两重安全紧急截断阀。井场无人值守，设有过程控制系统和ESD系统，由RTU实施数据监测与控制功能，并配备远程工业电视监视系统。

2. 集气系统特点

① 在气田开发中前期，充分利用气田压力能，集气系统运行压力为12.2～12.5MPa，气体不增压集气。

② 采用中高压集气、橇装移动注醇、文丘里流量计连续计量、气液混输的集气工艺。

③ 集气管网采用双相不锈钢管。

④ 整个气田建设SCADA系统和光纤传输系统，对生产全过程进行监控、管理、调度、操作及安全保护，设置了完善可靠的ESD系统。

（三）迪那2气田

迪那2凝析气田位于新疆阿克苏地区库车、轮台县境内，于2001年4月29日被发现，由迪那1、迪那2井区组成；气田2009年建成投产，到2015年年底气田核实年产凝析油、

液化石油气 $44.09 \times 10^4 t$，天然气 $46.12 \times 10^8 m^3$，是我国最大的凝析气田。

1. 集气工艺

迪那 2 气田是异常高压高温气田，为确保天然气进处理厂时有较高压力，气田采用长距离高压混输工艺。迪那 2 气田井场分布呈长条形，分布较散，经过经济对比采用单井集气较为经济。

2. 计量工艺

综合考虑投资及管理，由于单井连续计量所需设备多，投资高，管理难度大，而非连续计量中如果采用孔板计量则需撬装移动设备定期测试，受地形及气候条件限制较大，存在安全隐患，故采用单井非连续计量的"计量管道+清管站内轮换计量"方式。

3. 材质选择

迪那 2 气田天然气含 CO_2 和 Cl^- 等腐蚀气体和离子，还含有液态水。在高温高压环境中地面管道和设备易产生 CO_2 腐蚀；在高 Cl^- 含量下，容易出现点蚀和氯化物应力腐蚀；单井集气站场及进处理厂前管道采用 22Cr 双相不锈钢，单井集气支线采用双金属复合钢管，集气干线采用碳钢+防腐剂。

三、长庆气区

长庆气区所在的鄂尔多斯盆地位于我国中部，东起吕梁山，西抵贺兰山，南到秦岭北坡，北达阴山南麓，总面积 $37 \times 10^4 km^2$，横跨陕甘宁蒙晋 5 省（区），是我国第二大沉积盆地。在此进行天然气开发的主要有中国石油长庆油田分公司和中国石化华北油田公司，长庆油田分公司目前投入开发的气田包括靖边、苏里格、榆林、子洲米脂、神木等气田，统称为长庆气区；中国石化华北油气分公司开发大牛地气田在此一并进行介绍。

长庆气区具有低渗、低压、低丰度特征，为典型的岩性油气藏，隐蔽性、非均质性强，地质条件复杂，勘探开发难度大。截至 2018 年年底，净化厂 5 座、处理厂 12 座，设计净化（处理）能力 $516 \times 10^8 m^3/a$。气区建成 11 条外输管道，连同西气东输管道，成为中国陆上天然气管网枢纽中心，承担着向北京等十多个大中城市安全稳定供气的重任；2018 年天然气产量 $385.5 \times 10^8 m^3$，为国内最大的天然气生产基地。

（一）靖边气田

靖边气田地面建设模式可概括为"三多、三简、两小、四集中"。

1. "三多"

（1）多井高压常温集气

多井高压常温集气工艺是指多口气井高压天然气不经过加热和节流，直接通过采气管道去集气站，在集气站内节流降压、气液分离和计量，再经脱水后进入集气管网，然后输至净化厂。一座集气站一般可辖井 4~16 口。

（2）多井高压集中注醇

多井高压集中注醇工艺是在集气站设高压注醇泵通过与采气管道同沟敷设的注醇管道向井口和高压采气管道注入甲醇。

（3）多井加热

集气站内一台加热炉设有多组加热盘管，可同时对多口气井来气进行加热和节流。自动温度控制技术是一炉对多井加热节流的关键。一台多井加热炉可加热 4~8 口气井，大幅度减少了集气站的加热炉数量。

2.“三简”

(1)简化井口

采用高压集气工艺和集中注醇后,仅在井口安装高压自动安全保护装置,该装置在采气管道发生事故前后压差达到1~1.5MPa时自动关闭,故可有效防止事故的发生或灾害的扩大。

(2)简化计量

气田单井产量比较稳定,波动幅度较小,故采用间歇计量完全可以满足生产需要。因此,在集气站内设一台生产分离器用于混合生产,另设计量分离器用于单井计量。

(3)简化布站

采气管道和集气站的投资占集气系统建设总投资的60%以上,因此优化布站、简化集气管网可大幅度降低建设投资。靖边气田开发早期,在充分考虑集气半径、集气站规模、水合物抑制剂消耗等多目标因素的影响,应用管网优化软件,确定了最优集气半径在6km以内,集气站辖井数在4~16口之间,实现了优化布站。

3.“两小”

(1)小型橇装三甘醇脱水装置

采用小型橇装脱水装置降低了集气干线安全输气风险。橇装化三甘醇脱水装置集加热、脱水、溶剂再生、计量一体化,采用气动仪表实现自动化控制,溶剂循环泵为差压式柱塞泵,不需外接电源,适合靖边气田的特殊环境。

(2)小型天然气发电

靖边气田自然环境恶劣,气区面积大,为了降低投资,方便管理,在集气站采用小型天然气发电机供电方式。

4.“四集中”

(1)高碳硫比天然气集中净化

靖边气田净化厂采用了MDEA+DEA脱硫工艺,具有选择性吸收H_2S、能耗低、腐蚀轻微、溶剂损失少、稳定性好等优点。

(2)甲醇集中回收

靖边气田在净化厂附近配套建设了甲醇集中回收装置,将各集气站收集的含醇污水集中回收甲醇。甲醇回收处理工艺,首次利用了污水中含有的铁离子作为水质处理混凝剂的技术;开发了“单塔精馏”自动控制技术,处理后污水中甲醇含量小于0.02%(质量分数),降低了气田生产成本。

(3)工业污水集中处理

在净化厂建设了工业污水集中处理设施,回收甲醇后的污水和净化厂内工业污水混合后经过生化处理,沉淀、二级过滤,污水最后集中回注地层,达到了污水零排放,避免了工业污水对地面水环境的污染。

(4)SCADA集中监控

靖边气田的自动化数据采集和控制是满足生产要求的关键。控制系统采用三级递阶式控制管理模式:第一级为气田生产调度中心;第二级是各个系统控制中心;第三级是各系统的现场控制单元。

（二）榆林气田

榆林气田分为南区和长北合作区两部分。其中，榆林气田南区由中国石油长庆油田分公司自行开发建设；榆林气田长北合作区（也常称为长北气田）由中国石油天然气集团公司和壳牌中国勘探与生产有限公司（以下简称壳牌公司）合作开发。

1. 榆林气田南区

榆林气田高压天然气在井口不加热、不节流，注入水合物抑制剂将其输送至集气站。气井采出的天然气计量、调压均在集气站进行，因而简化了井口设施，实现了井口无人值守。

榆林气田天然气中基本不含 H_2S、CO_2，但含有少量重烃，故在集气站采用节流制冷的低温分离法脱油脱水，脱油脱水后的干气进入集气管网。集气站采用多井来气→加热节流→低温分离→聚结分离→计量→经集气管网去处理厂的工艺流程，其中，节流前先加热是为了控制节流后的温度满足低温分离要求。

2. 榆林气田长北合作区

榆林气田长北合作区采用丛式井气液混输集气工艺，井口装置设有加热、节流、计量、注醇和清管等功能，主要集气工艺技术可归纳为"单井集气、开工加热、中压集气、气液混输、井口计量、仪表保护、智能清管、低温分离、集中增压"。

（1）单井集气

采用一级布站，中间不设集气站，单井在井口经过节流、注醇和计量后通过集气管网直接去中央处理厂。

（2）开工加热、中压集气

投产初期气井放量生产，使井口压力在极短时间内（15 天左右）降至 10MPa 以下，设置移动式井口开工加热装置对气井采出的天然气加热，通过建立背压方法防止降压过大形成水合物及使用低温管材。在井口压力满足运行要求后，调配开工加热装置至其余投产气井。

（3）气液混输

长北合作区天然气的水气比为 $12m^3$ 水$/10^6m^3$ 气，油气比为 $6.8m^3$ 油$/10^6m^3$ 气。气井采出的天然气不分离，直接进入集气管网，在集气干线设有中间清管站，通过采用分段清管、中央处理厂设置带段塞捕集功能的预分离器等措施，可实现气液混输，满足气田正常运行。

（4）湿气计量、定期校核

由于该气田水气比与油气比均较小，因此在井口采用孔板计量装置直接进行湿气连续计量。但为了满足对气藏定期测试要求，设置了移动式测试分离器，定期对单井的产气量、产液量进行精确计量。

（5）加注缓蚀剂

由于天然气中 CO_2 含量为 1.8% 左右，存在轻度到中度的 CO_2 腐蚀，并且气田水中 Cl^- 浓度最高达到 21800mg/L，因此还存在一定程度的 Cl^- 腐蚀。由于集气管网选用了碳钢管材，为提高管道抗腐蚀性能，通过加注缓蚀剂，定期腐蚀监测，确保管道防腐效果。

（6）无人值守

井丛设置远程 RTU/PLC 及仪表保护（IPS）系统，完成井丛的自动控制与保护功能，无人值守。

（7）低温分离法脱油脱水

中央处理厂采用了低温分离法脱油脱水，满足商品天然气的质量要求。为充分利用压力能，初期利用来气压力能进行节流制冷，后期采用丙烷制冷。

（8）清管球集中回收

集气支线清管不设对应的清管器接收装置，而是将清管器进入主干线，随主干线清管器一起进入中央处理厂清管接收装置。主干线和部分支干线采用智能清管器，支线采用普通清管器。

（9）分段清管

由于长北合作区采用了气液混输工艺，北干线长约 43.4km，地形起伏较多，管道在生产过程中容易产生较大的积液，若该干线采用一次清管，将导致进入中央处理厂段塞流液量过大，故在北干线中间点增设清管站，实现北干线分段清管，减少清管形成的段塞量，从而取消专门的液塞捕集器，取而代之的是采用较大容积的常规气液分离器。

（10）其他技术

① 在开发及钻井方面，充分应用了壳牌公司水平井及双分支井钻井技术，极大地提高了单井产气量，大幅度地减少了钻井数量。采用井丛布井，在一个井丛布置 1~3 口水平井或双分支井，尽可能简化地面集气工艺和配套设施，减少地面建设工程量。

② 采用了 HAZID、HAZOP、IPF、SAFOP、FEA 等第三方风险评估分析系统。

③ 采用了"仪表保护为主，本体保护为辅"的双重安全保护技术，正常情况下依靠仪表检测和控制进行诸如报警、泄压和关断等保护，如仪表保护失败，再依靠安全泄放阀、爆破片等进行泄压保护。

（三）苏里格气田

苏里格气田天然气气质与榆林气田类似，但是单井产量更低，压力递减很快，具有低压、低渗、低丰度的特点。由于气井在高压阶段生产周期短，传统高压集气工艺难以适应长时间的低压生产工况，且投资大，能耗高。气田开发采用中低压集气工艺，可概括为"井下节流，井口不加热、不注醇，中低压集气，带液计量，井间串接，常温分离，二级增压，集中处理"，并形成了 8 项关键工艺技术；神木气田开发采用了苏里格气田相同的主体工艺技术。

1. 井下节流

井下节流是简化集气工艺、节能降耗的关键技术。井下节流充分利用地层热能，在节流降压的同时避免天然气温度大幅度下降，防止在井筒形成水合物，降低采气管道运行压力，提高气井携液能力，保护了储层。

2. 井间串接

通过采气管道把相邻气井或丛式井来气串接到采气干线后进入集气站。目前 1 条采气管道最多可串接 30 余口气井。缩短了采气管道长度，降低了管网投资，提高了采气管网对气田滚动开发的适应性。与采用单井直接进站工艺相比，平均单井采气管道长度可减少 36%，节约投资 32%。

3. 采气管道安全截断保护

在井口设置"自力式+远程"的多功能高低压紧急截断阀，当采气管道出现超高压或超低压的情况时，高低压紧急截断阀自动关闭，从而使气井与外界截断。超低压截断可防止管道和设备破损后天然气的大量流失而造成爆炸、火灾、中毒等事故。远程截断技术是苏里格气田实现数字化的关键技术。

4. 井口湿气带液计量

单井天然气进集气站前在采气干线内混合，要对单井产量进行计量，只能在井口进行。根据苏里格气田井数多、产量低、不确定性带水含油和生产压力下降快的特点，选用旋进旋涡流量计或简易孔板流量计对单井气量进行连续带液计量。

5. 中低压湿气输送

采气管道运行压力为 1.3~4.0MPa 时，井口不加热，管道不保温、不注醇，埋设于冰冻线以下即可确保在井口和采气管道内气体不形成水合物。

集气站采用了常温气液分离，将井口来气中的绝大部分凝液分出，饱和湿气经增压后进入集气支干线输送至处理厂。

6. 增压集气

根据苏里格气田集气系统的压力级制，在集气站、处理厂两地增压，降低了井口压力，延长了气井生产周期，提高了单井累计产气量。冬季气温较低时，井口天然气经井下节流至 1.3MPa，输往集气站增压后去处理厂；夏季气温较高时，停开集气站压缩机，井口压力提高至 4MPa 进行生产，从而节能降耗。

7. 气田数字化管理

将各单井的井口数据，采用无线通信方式传输到集气站，同时上传至总调度中心，实现数据监控、电子巡井、自动报警、远程开/关井等功能，达到精简组织机构、降低劳动强度、减少操作成本、保护草原环境、建设和谐气田的目的。

8. 生态环境保护

针对苏里格气田所处环境的生态环境脆弱，以"建一个气田，留一片绿色"为目标，按照"保护为主，恢复为辅"的原则，气田建设全过程推行清洁生产，保护生态环境。形成了包括泥浆池治理、管道水工保护、植被恢复、站场绿化等经济适用、切实有效的保护措施。

（四）苏里格气田国际合作区块

苏里格气田南区块是中国石油与道达尔公司共同开发的国际合作区。由于其采用"定压放产""大丛式井组""井间+区块接替"等方式开发，地面工艺有别于苏里格气田已建地面集气工艺模式。

区块采用了"井下节流、井丛集中注醇，中压集气，井口带液连续计量，移动计量分离测试，常温分离，两次增压，气液分输，集中处理"的集气工艺，并形成了 6 项关键工艺技术。

1. "井下节流+井丛集中注醇"为核心的中压集气工艺

根据开发方案，气井存在两种运行压力，前期通过井下节流器把井口压力降到 5.0MPa，约 4 年后井口压力降低到 2.5MPa。基本井丛通过采气支管输往区域井丛；区域井丛将周边 2~3 座基本井丛汇集后通采气干管输送至集气站，在集气站进行气液分离后，输往处理厂处理。集气站设置中、低压两套压力系统并行运行，5.0MPa 生产的气井，集气站不增压直接外输，2.5MPa 生产的气井，在集气站增压后外输。沿着采气支管同沟敷设注醇管道，通过注醇泵从区域井丛向各基本井丛注醇，使天然气在输送过程中不形成水合物，确保气田平稳运行。

相对于高压集气工艺，该工艺降低采气、注醇管道运行压力，降低注醇泵功率，减少甲醇注入量，运行成本低；相对于苏里格中低压集气工艺集气站前期不设置压缩机，后期区块增压规模仅为生产规模的 50%，减少了压缩机的装机量，管道中压运行，缩小管径，降低运行、管理成本低。

2. 采气井口双截断保护

在采气井口除设置苏里格气田已经广泛运用的高低压紧急截断阀之外，还在采气树上设置液压控制阀，两台截断阀均具有超压、失压自动截断的功能，也可以远程关闭，避免因井口超压而破坏下游管道和管道泄漏造成的事故。

3. 气井计量测试

采用了丛式气井的计量测试工艺，在井丛出口管道上设置气井测试阀；配置一定数量的三相计量测试车，该测试车可将天然气进行油、气、水三相分离，并分别计量，得到气井准确的生产数据。测试时将需要测试的气井采气树顶部的测试阀与测试车进口相连，测试车出口与井丛出口的测试阀相连，实现了气井不关井测试，测试时不影响其他气井的正常生产，提高了气井的生产时率和生产效率。

4. 数字化集气站

苏里格气田南区块采用了在苏里格气田已经推广运用的数字化集气站技术，采用了"实时动态检测技术、多级远程关断技术、远程自动排液技术、紧急安全放空技术、关键设备自启停技术、全程网络监视技术、智能安防监控技术、报表自动生成技术"等 8 项技术，实现控制中心对数字化集气站的集中监视和控制，控制中心实现"集中监视、事故报警、人工确认、远程操作、应急处理"；集气站实现"站场定期巡检、运行远程监控、事故紧急关断、故障人工排除"，提高了气田管理水平，适应大气田建设、大气田管理的需要。

5. 气液分输

根据预测，达产时区块每天采出水的水量约 $400 \sim 500 m^3$，由于产水量大，且集中分布在 4 座集气站内，通过与集气支线、干线同沟敷设的采出水输送管道，将采出水输送到处理厂进行处理。该工艺与汽车拉运相比运行费用低，运行管理方便，输送不受外部条件影响，减少车辆运输的安全风险等优点；与气液混输相比，减少管道的摩阻损失，降低了处理厂的压缩机功率，降低了能耗。

6. "湿气交接、干气分配"的特有贸易计量技术

本区块将与气田其他区块共用处理厂，所以需要进行湿天然气的贸易交接计量，计量、分配采用"分别计量原料气、比例分配商品气"原则进行。

（五）中石化大牛地气田

大牛地气田地处鄂尔多斯盆地东北边际，位于陕西省榆林市与内蒙古自治区伊金霍洛旗、乌审旗交界地区。气田属典型的低孔、低渗、致密的天然气藏，开发建产难度大。另外，单井产量低，压力递减速度快，稳产能力差。气田天然气组分中甲烷含量总体较高（<90% 以上），乙烷含量较低，各层产出气体中均含有少量氮气（<3%）和二氧化碳气体（<3%），含有一定量的水和少量的凝析油。

2003 年，对两套高压集气工艺进行了先导试验。一是高压进站、站内加热节流、低温分离、轮换计量外输、站内向井口集中注醇防止水合物的集气工艺；二是井口加热、节流低温分离、井口设注醇罐向管道内注醇的井口工艺。2005 年年底，大牛地气田正式开始了大规模的开发建产，建成了年产 $10 \times 10^8 m^3$ 天然气的能力，建成了外输首站、末站各一座，并通过陕京二线向北京供气。

经过 3 年的不断探索，气田的集气工艺形成了一套高压集气、站内加热节流、低温分离、轮换计量、旋流分离器二次脱水、外输首站及站内集中注醇的工艺流程，有效地利用了

地层能量进行天然气预处理，既节省了能源，又实现了环保。

1. 放射枝状组合集气管网

针对大牛地气田的地质特征，采用了单井集气工艺流程，采气管道采用了放射状管网，集气干线采用了枝状管网，这两种管网组合方式有利于单井生产数据的收集，同时还具有可调整性强的特点。

2. 利用地层能量节流调压脱水

采用低温节流制冷脱水，通过利用地层压力节流制冷脱水，无须外加冷源，既满足了外输气水露点的要求，也满足了对烃露点的要求，达到了经济、环保的效果。同时节流后压力控制在相同的水平，可以解决气田滚动开发带来的气井压力难以匹配的问题。

3. 轮换计量

为了及时掌握气井的生产动态，为气藏研究提供准确数据，保证大牛地气田的稳产，单井计量实现了一对一的计量，采用孔板流量计进行轮换计量，1 台计量分离器对应 8 口井计量，每口井计量时间不少于 24 h。

4. 旋流分离器二次脱水

2005 年，大牛地气田利用陕京二线向北京供气，陕京二线对进气条件要求比较高，水露点需要达到-15℃。由于使用的分离器一般为重力分离器，分离精度不高，导致部分已经冷凝出的小液滴不能够完全分离，外输气温度升高后液滴气化又回到气体中，造成外输气露点不达标。增加了旋流分离器后，该设备能把 6μm 以上液滴 99% 去除，使气田外输气指标达到了国家一类标准。

5. 小压差低温脱水

2007 年后，针对大牛地气田面临的增压生产的问题，为了延缓增压设备实施的时间，开展了小压差低温脱水工艺试验。所谓的天然气小压差低温脱水工艺就是通过一个小压差节流使天然气产生一个小温降，以此温降作为换热器冷端温差。选取足够大的换热器面积，使原料气在此小冷端温差下经换热产生足够大的温降，以满足天然气脱水的要求。

四、青海气区

青海气区位于柴达木盆地，是我国的大型陆相含油气盆地之一，含气面积 5.7×10⁴km²。涩北气田是青海气区的主力气田，是国内发现的第四大整装天然气气田，包括涩北一号气田、涩北二号气田和台南气田，建成产能超过 $100×10^8 m^3/a$。天然气中甲烷含量在 98% 以上，几乎不含 C_4 以上重烃，不含 H_2S，微含 N_2，是典型的非酸性气田。

(一) 涩北一号气田

1995 年开始试采，辖 5 座集气站和 1 座集气脱水总站。初期采用低温分离工艺，即井口注醇、高压集气、站内节流、低温分离、三甘醇脱水、加热外输。开发初期井口压力为 20~25MPa，通过站内节流、低温分离满足了水、烃露点要求，不需三甘醇脱水。这种低温分离工艺可很好适应气田开采初期气井压力高、产能规模小、压力递减速度慢等特点。但是，随着气田开采量加大，地层压力递减速度加快。2002 年，井口压力降至 8~15MPa，致使节流制冷效果降低，商品天然气中含水量超标，故又采用三甘醇装置二次脱水。

2003 年以后调整为常温分离工艺，即井口不注醇、高压集气、站内加热节流、三甘醇脱水。根据涩北一号气田水合物形成条件，在 6~15MPa 压力下水合物形成温度在 8~15℃，考虑水中矿化度影响，水合物形成温度在 7.5~12.5℃，由于单井采气管道采用 40mm 硬质聚氨酯泡沫保温，一般进站温度都大于该范围，所以不会在采气管道内形成水合物。井口取消了注甲醇装置；加热炉选用了负压式水套加热炉，加热温度为 60~70℃，确保节流后不形成水合物。

（二）涩北二号气田

2005 年开始开发，建有 4 座集气站和 1 座集气脱水总站。涩北二号气田采用了常温分离工艺，并在涩北一号气田的基础上对集气工艺进行了改进，实现了集气站无人值守、高低压两套集气管网、集中增压等工艺。涩北二号气田零、一、二、三开发层系单井采气管道强度按关井压力设计，其中零、一层系设计压力为 8MPa 和 10MPa，二、三层系单井采气管道设计压力为 14MPa。站内一级节流后高压集气系统设计压力等级为 7.5MPa；低压集气系统设计压力等级为 5.5MPa。在非增压期，高压集气管网可提供满足 6.4MPa 的外输压力，低压集气管网可提供满足 4.5MPa 的外输交气压力。当气藏压力衰减，不足以向下游用户提供高压气时，交气压力统一为 4.5MPa，将天然气送至集中增压站脱水后在 4.5MPa 下外输。

（三）台南气田

台南气田也采用了油套同采、多层同时开采的采气工艺，并率先实现了浅层、同层系气井串联采气，零、一开发层系的直井同时串联 3 口，二、三开发层系的直井同时串联 2 口，其他层系的直井和所有水平井均不采用串联。这是在涩北气田第一次采用气井天然气串联进站方式，为后续气田地面工程提供试验数据及经验。集气系统仍采用了常温分离，集气工艺概括为"单井辐射枝状组合式管网、多井来气进站、集气站加热节流、常温分离、多井轮换计量、高低压两套集气管网、集中脱水、集中增压"。在开发期内，将各层系采出的天然气在各个集气站节流至一种（开发后期两种）压力，通过集气支、干线输至集气站进行集中增压和集中脱水后输至涩北一号气田，统一调配外输。

（四）集气工艺

1. 单井计量

井口计量采用"旋进流量计+移动式计量分离器"方式，距离集气站较近的气井在站内完成单井计量。

2. 水合物抑制

集气系统的湿天然气在一定的压力、温度条件下会形成水合物。该气田主要采取两种防止在采气管道形成水合物的措施：一是对采气管道进行保温（保温采用 40mm 厚聚氨酯泡沫），并对井口进行保温，以单井分层、射孔单元、进站距离、集气半径进行分类核算，划分为光管进站、保温进站、保温加井口注醇等多层次水合物防止工艺；二是对部分压力和产量较低的单井实行 2~3 口单井串接进站，以改善采气管道的热力条件，从而防止水合物形成。另外，仍保留移动注醇车井口注醇流程的接口，以便采取临时解冻措施。

3. 天然气脱水

涩北气田天然气脱水采用三甘醇脱水工艺。以台南气田为例，稳产期内的集气能力为 1230.8×10^4m^3/d，采用三套 320×10^4m^3/d 和两套 160×10^4m^3/d 的脱水装置。

4. 天然气增压

台南气田有高、低压两套集气管网，气田外输压力为 5.3MPa，增压站与集气站合建。

在开发期内，不能满足外输压力要求的各层系气井天然气在各个集气站节流至同一压力(以压力衰减最快的层系为基准)，通过低压管网至增压站，对低压天然气进行集中增压；高压天然气充分利用地层能量暂不增压。

5. 自控系统

按"无人值守，站场巡检"模式进行建设，实行无人值守数字化集气。将各单井的井口数据，采用无线通信方式传输到集气站，与集气站各点数据同时经 RTU 远传至各气田区域控制中心，然后再上传至涩北气田总调度中心，实行三级 SCADA 网络控制系统，实现数据监控、自动报警等功能。

五、山西沁水盆地煤层气田

煤层气俗称"瓦斯"，是煤矿的伴生气体，也称为煤层甲烷气或非常规天然气。准确地讲，煤层气是指储存在煤层中，以吸附在煤基质颗粒表面为主、部分游离于煤孔隙中或溶解于煤层水中的以甲烷为主的烃类气体总称。

据统计，我国煤层气埋藏于 $300 \sim 1000m$ 的资源量约占总量的 29.05%，$1000 \sim 1500m$ 的煤层气占总量的 31.6%，$1500 \sim 2000m$ 的煤层气占总量的 39.35%。埋深 1500m 以下的适于开发的约占总资源量的 60%。可以说，21 世纪是煤层气大发展的时代，煤层气则是我国常规天然气最现实可靠的替代能源。"十二五"期间，重点开发沁水盆地和鄂尔多斯盆地东缘，建成煤层气产业化基地，已有产区稳产增产，新建产区增加储量、扩大产能，配套完善基础设施，实现产量快速增长。

(一) 煤层气与天然气的异同点

1. 相同点

煤层气主要由 95% 以上的甲烷组成，其他组分一般是 CO_2 或 N_2；而天然气成分主要也是甲烷，但其他组分变化较大。

此外，由于煤层气和天然气燃烧特性相近，故可相互置换或混输混用。

2. 不同点

① 煤层气基本不含 C_2 以上的重烃，而天然气一般含有含 C_2 以上的重烃。

② 煤层气主要是以大分子团的吸附状态存在于煤层中，而天然气主要是以游离状态存在于砂岩或灰岩中。

③ 生产方式、产量变化情况不同。煤层气是通过排水降低地层压力，使煤层气在煤层中解吸-扩散-流动采出地面，而天然气主要是靠自身压力采出。此外，煤层气初期产量低，但生产周期长，可达 20~30 年。

④ 煤层气是煤矿生产安全的主要威胁。同时，煤层气资源量又直接与采煤相关，采煤之前如不先采气，随着采煤过程煤层气就会排放到大气中。据有关统计，我国每年随采煤而减少的煤层气资源量在 $190 \times 10^8 m^3$ 以上，而天然气资源量受其他采矿活动影响较小，可以有计划地进行控制。

(二) 总工艺流程

煤层气气田具有低渗、低压、低产的特点。以沁水盆地煤层气为例，单井产量一般为 $2000 \sim 5000m^3$，井口压力在 $0.2 \sim 0.5MPa$、气质条件较好，甲烷含量在 96% 以上，乙烷和 CO_2 含量一般在 1% 以下，不含 C_3^+ 重烃和 H_2S。采用了"井口→采气管网→集气站→中央处理厂→外输"的总工艺流程,以及"排水采气、低压集气、井口计量、井间串接、常温分离、两地增压、集中处理"等适合于煤层气开发的地面工艺技术。

(三)采、集气和处理工艺

1. 排水采气

煤层气的开采就是先排水后采气的过程。煤层气的产出可分为三个过程:①排采初期煤层主要产水,同时也可能伴随有少量游离气、溶解气产出;②当煤层压力降至临界解吸压力以下时,煤层气迅速解吸,然后扩散到裂隙中,使气体的相对渗透率增加,水的相对渗透率减小,表现为气产量逐渐增大,水产量逐渐减小;③随着采出水量的增加、生产压差的进一步增大,煤层中含水饱和度相对降低,变为以产气为主,并逐渐达到产气高峰,水产量则相对稳定在一个较低的水平上。随着地层能量的衰竭,最后进入气产量缓慢下降阶段。

2. 低压集气

煤层气井口压力较低,一般在 0.2~0.5MPa。为充分利用其压力能,采用低压集气工艺,将采集气管道首末点压力损失控制在 0.15MPa 以内。采出的煤层气不需加热或注入水合物抑制剂,采气管道埋设于最大冻土层以下以防止形成水合物。

3. 单井简易计量

井口智能计量虽可比较准确掌握煤层气的产出规律,但因投资大,维护工作量高,不适合煤层气田的大规模开发。由于旋进流量计现场试验情况较好,且精度可以满足煤层气田单井计量需要,价格也较为便宜,故使用简易旋进流量计作为煤层气单井计量仪表。

4. 多井单管串接

多井单管串接是通过采气支线把相邻的几口单井采出的煤层气串接到采气干线,在采气干线中汇集后集中进入集气站。采用多井单管串接集气工艺,简化了采气管网系统,降低了投资和运行费用。以沁水盆地樊庄区块煤层气田为例,一般每条采气干线串接井数为 10~20口,每座集气站辖井数量不少于 80 口。

5. 采用复合材质管材

采气管线主要采用聚乙烯管(PE 管)和柔性复合管两种管材。这两种管材具有经济、实用的优点,而且具有与钢材同样的强度、刚度、柔韧性、抗冲击性、耐腐蚀性、耐磨性等性能。

集气支干线采用国内 ERW 制钢管,适合煤层气低压、气质条件好的特点,降低了投资,满足煤层气低成本、高效益开发的目标。

6. 集气站和中央处理厂两地增压

煤层气集气与处理系统中各点压力的确定是开发煤层气田的基础。为此,樊庄区块煤层气田采用先在集气站分散增压以降低管网投资,又在中央处理厂集中二次增压,以满足外输压力的要求。

集气站内增压使煤层气压力从 0.05~0.15MPa 增压到 1.2~1.4MPa 后去中央处理厂,进厂压力为 1.0MPa,二次增压后出厂压力为 5.7MPa。出厂的商品气经外输管道去沁水压气站由 5.0MPa 增压至 10MPa 后进入西气东输一线管道。

六、页岩气田

页岩气在中国主要分布在四川、重庆、贵州、湖北西部。截至 2014 年 12 月,页岩气勘探相继在重庆涪陵、彭水、云南昭通、贵州习水和陕西延安等地取得重大发现,获得三级探

明地质储量近 $5000 \times 10^8 m^3$，其中，中国石化在涪陵页岩气田探明储量 $3805.98 \times 10^8 m^3$。2015年8月，四川页岩气勘探获重大突破，经国土资源部审定，中国石油在四川威 202 井区、宁201 井区、YSlO8 井区共提交探明储量 $1635 \times 10^8 m^3$。

截至 2017 年年底，全国累计探明地质储量 $9168 \times 10^8 m^3$，2018 年 4 月已超过 $1 \times 10^{12} m^3$。

根据我国《能源发展战略行动计划（2014—2020 年）》，到 2020 年，我国天然气消费占一次能源的比例将超过 10%，页岩气产量力争超过 $300 \times 10^8 m^3$。

常规天然气产能总体比较稳定，但页岩气田不同区块的产能可能相差甚远，常规天然气田集气工艺不能直接用于页岩气田。要确定井场和站场工艺，需要根据页岩气井口压力和产量等参数，进行专门的工艺和设备选型计算。

1. 井场工艺

（1）计量

当采用水力压裂技术进行页岩气开采时，气井投产前期产水量大，一般需要对每口井的产水量、产气量和井口压力进行单独计量。采出水多采用体积法进行计量。为了防止水中所含气体影响计量精度，一般还需要设置消气器。单井井场产气量可采用单井计量；丛式井场多采用阀组进行轮换计量；对于带液页岩气，采用孔板流量计或旋进流量计测定井口产气量，计量后的气体输往集气阀组或集气站。

（2）初步分离

根据页岩气井口产水量考虑是否设置井口分离器，一般在动采区和采空区设置分离器，以防止冬季出现冻堵现象。若井口产气含液体较少，可不单独设置井口气液分离器。

（3）除砂

采用水力压裂技术开采页岩气，从井中采出的天然气一般含有泥砂和微小泥等多种固体杂质。为减少随气流通过井筒迁移到地面的固体杂质，井身结构设计要求高。虽然多数气田实施井下固砂、阻砂措施，仍不能完全消除固相颗粒。井口应设置除砂器或高效过滤器，避免固体杂质堵塞阀门及设备，磨损管道和计量仪表等。为方便管理和控制泥砂，井口还应设置专用的分离器阻断装置。页岩气生产初期，在井筒内容易出现三相流的相互冲击，而进料条件急剧变化也对除砂设备提出了高要求。

与常规天然气相比，页岩气除砂设备还需要具备处理量突变以及固体瞬时分离的特性，具备根据井流物调整脱砂材质和机械设计模式的功能，以满足不同页岩气田生产需求。英国Merpro 公司已经研发一套集分离、转移、在线洗砂和排砂等功能为一体的除砂处理系统。该系统配备 TORESCRUB 清洗设备，清洗后的砂粒能达到直接排砂的环保要求，在页岩气田现场有一定的应用前景。

（4）放空

为防止超压危险，需要对各井口、阀组以及排污池等考虑是否设置放空管。当井口分布密集时，一般考虑在集气阀组处集中放空，对于边远井需要考虑在井口处放空。分离出来的污水被输送到晾水坑或者排污池进行自然蒸发处理时，由于有气体逸出，需要设置放空管将气体引至安全处进行放空。

（5）预增压

对于分布偏远的页岩气井，其采气管道水力坡降大，需要预增压后再集气输送。对丛式井或井间串接布井的页岩气田，气井产能与压力的不同会引发气井间相互干扰。为不影响气井原产气量，建议采用喷射增压技术，该技术利用高压天然气的势能来提高低压天然气井的压力，实现节能升压。

2. 站场工艺

(1) 增压

当井场压力低于集气管网操作压力或采气管道压力损失过大时，为维持气体正常输送，需要合理选择增压工艺。增压工艺选择、压缩机组选型及基础优化是降低增压系统投资的关键。

由于页岩气压力和产能的不稳定，压缩机组工作点容易偏离设计工况点，造成负荷率过高及润滑油耗量加大。气井采气管道若在高压下设计，气田进入增压开采阶段时，原始的压缩机组不能很好地适用于后期生产条件，需要根据水力压降关系重新对不能满足生产需要的设备进行优化，并调整原增压流程的阻力元件。

(2) 水合物防止

页岩气井投产过程中，井筒内流体的温度一般高于该压力下水合物的形成温度；但投产前和停产后接近地面处井筒内温度可能低于水合物的形成温度，有水合物生成的危险。为了防止冻堵，一般采用向井筒泵注乙二醇或甲醇等水合物抑制剂，根据单井产量、井口温度及压力计算抑制剂注入量。在页岩气井开始投产时，采用橇装式移动注醇设备注入水合物抑制剂。页岩气新井井口压力过高时，井口加注泵及配套阀件选型会有一定困难。最新研究表明，微波技术对阻止水合物形成有一定效果，开展微波技术防治页岩气水合物研究具有长远意义。

(3) 脱水脱油

目前国内外应用最多的是三甘醇脱水法和低温分离法。页岩气井脱水系统中甘醇泵运转不稳定，三甘醇循环量的波动引起三甘醇与天然气不能充分接触。页岩气脱水量大时，需要设置过滤分离器作为三甘醇脱水系统的入口涤气器，但过滤分离器造价昂贵。当三甘醇溶液循环量比较大时，重沸器热负荷增加，在重沸器内三甘醇停留时间过短，降低了三甘醇再生浓度。在高含酸性气体的页岩气田中，三甘醇溶液容易发泡变质。

低温分离法一般采取丙烷制冷或者节流制冷。在页岩气开发初期，采用 J-T 阀节流制冷可充分利用管道内的压力，进入开发中后期，采用丙烷制冷进行脱水脱油。但丙烷制冷中一旦选择预冷换热器不当，容易导致解堵困难，该方法并不适用于含汞的页岩气田。对 J-T 阀节流制冷，为了避免出现水合物，在原料气被预冷之前需要注入抑制剂。

无论采取何种处理方法，都需要对增压后脱水和脱水后增压进行比选：脱水后增压使得脱水设备负荷和工艺管道直径增加；增压后脱水使得增压设备负荷和脱水装置操作压力增加。页岩气田需要根据天然气进站压力及设备运行参数等条件确定最佳脱水流程。

(4) 脱酸脱汞

国内部分页岩气田含 CO_2、H_2S 和汞等杂质，在水存在的条件下，酸性气体会加剧页岩气管道腐蚀，降低管道输送能力，汞将腐蚀铝制设备，引起天然气中毒及环境污染。井口出来的页岩气需要集中进行脱酸脱汞，以满足管输天然气质量标准。目前，多利用变压吸附法、膜分离法和化学吸收法等脱除页岩气中酸性气体。对于气体组分复杂的页岩气，需要根据原料气温度、压力、酸性气体含量和重烃含量等选择脱酸方法的组合方式。新型的气体分离技术如变压吸附法、膜分离法等具有无污染、自动化程度高的特点，并且页岩气净化装置已实现橇装化，在页岩气田正逐渐推广。美国 UOP 和 ABB 等公司研制的橇装式膜组合分离

装置已经用于 CO_2 工业化初步脱除。

国外已成功研制了工业化脱汞装置，多以活性炭作为载体。为避免对再生系统投资，我国采用载硫活性炭脱汞，但载硫活性炭具有不可再生性，仅适合小流量及脱汞要求不高的场合。

七、伴生气

伴生气是指地下储集层中伴随原油共生，在开采时伴随原油和水一起采出地面的天然气。其主要成分是甲烷、乙烷、丙烷、丁烷、戊烷及以上的烃类组分，有时还伴有少量非烃类气体，以上气体的混合物。下面以中国石油长庆油田分公司伴生气为例进行介绍。

1. 主体工艺

伴生气回收利用处理是指将乙烷、丙烷、丁烷和戊烷以上的烃类组分从气流中分离出来，是油田生产系统的重要环节。油田伴生气的回收利用在很早以前就引起人们的重视，也开发出了多种相应的技术，但由于伴生气的组成和气量的多变性和复杂性，油田建设地形的多样化，以及油井生产情况的复杂性，形成了不同油区的伴生气回收利用方案和技术的多样性。

（1）总工艺流程

原油稳定气、烃蒸气回收（大罐抽气）、站外气（包括井场套管气、接转站缓冲罐气等）混合后进入脱硫塔脱除硫化氢气体，经原料气压缩机一级增压到 0.6MPa，冷却分离凝液后，原料气温度约 30℃，进行分子筛脱水，水露点达到−40℃后，经原料气压缩机二级增压到2MPa，冷却分离凝液后，原料气温度约 30℃，进凝液回收装置，生产出轻油、液化气、干气等产品（图 2-42）。

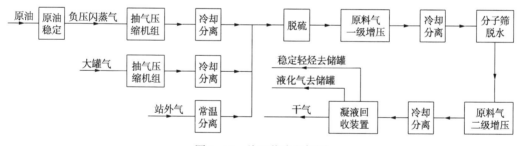

图 2-42　总工艺流程框图

（2）井场伴生气回收

① 套管气定压回收

定压阀安装在套管与油管之间，设定开启压力。当套管压力超过开启压力时，定压阀自动打开，套管气进入集油管道，油气混输至站场。该工艺对于井口回压小于 1.5MPa 的井场回收效果较好。

② 抽气筒增压、油气混输

将抽气筒活塞连杆焊接在游梁上，依靠游梁上下往复运动带动抽气筒活塞上下运动，完成对套管气的抽吸与压缩，压缩后的气体插输至输油管道，混输至下游。该装置不需要额外的动力，能降低井口回压，有效提高抽油机的平衡效果，降低电动机的输出功率，有一定的节能效果。

该工艺适用于小压比工况。单井套管日产气量小于或等于 $400m^3$，温度小于或等于 100℃。

③ 同步回转压缩机增压、油气混输

井场的原油及吸入状态时原油中挥发出的伴生气，进入油过滤器，过滤掉机械杂质后，进入压缩机吸入腔。

井场套管气进入气体过滤器滤掉机械杂质后经气体流量计，计量气体流量后与井场原油汇合后进入压缩机吸入腔。

原油及伴生气经压缩机压缩增压后，出压缩机出口，进入出口缓冲罐，最后进入井场原油外输管道。

该工艺的核心设备为同步回转压缩机，具有单级高压缩比、可大比例油气混输、吸入压力及排出压力自平衡、易损件少的特点，该装置适用于地势平坦，回压较低的区域。

④ 井组自压、单井串接、阀组进站

井组套管气利用自压进入集气支管，然后通过集气支管把相邻的井组套管气串接到集气干管，汇合后集中进入天然气凝液处理厂，通过阀组进入装置处理。此工艺适用于井组套管气量大、距离天然气凝液厂已建集气管网距离近的井组。

（3）增压点伴生气回收

增压点属于小型站场，依托井场建设，针对偏远、地势较低和沿线高差起伏变化大的井组进行增压输送，以降低井口回压，增加输送距离。

油气混输泵增压，油气混输工艺，将伴生气和原油通过油气混输泵增压外输，避免了单独敷设输气管道容易积液的问题，同时也避免了伴生气递减造成的输气管道的投资风险。

（4）接转站伴生气回收

① 缓冲罐自压分输

接转站内缓冲罐分离出的气体经气液分离器分离后，气体利用自压力通过输气管道输往下游站点，要求输气压力不超过 0.25MPa，适用于管道不超过 5km 且地势较平缓的情况。

② 压缩机增压分输

接转站内缓冲罐分离出的气体经气液分离器分离后，气体进压缩机增压后通过输气管道输往下游站点，增压后压力为 1.5~2MPa，适用于管道距离长、地势较复杂的情况。

（5）原油稳定

油气混输至联合站，要进行油气水三相分离，分离后的原油如直接进入常压罐储存，由于压力降低，会有大量伴生气析出，呼吸损耗大。因此，三相分离器分离出的净化油需要进行原油稳定，稳定后的原油进罐储存。闪蒸出的稳定气作为天然气凝液回收的原料气。

中国石油长庆油田分公司的原油稳定主要采用负压闪蒸稳定工艺。联合站三相分离器来原油进入原油负压稳定塔，在负压条件下闪蒸脱除易挥发的天然气凝液，达到原油稳定的目的。负压闪蒸稳定的温度通常是原油脱水的温度，一般为 50℃。闪蒸出的气相组分经抽气压缩机增压至 0.2MPa 后进入空冷器，经空冷器冷却降温至 40℃后，进气液分离器，分离出的气体作为原料气去天然气凝液回收装置，液体经轻油泵输至天然气凝液回收装置脱乙烷塔。

（6）大罐抽气

联合站内脱水沉降罐、原油储罐大小呼吸造成的天然气凝液损失严重，为了避免损失，采用大罐抽气工艺回收这部分气体。从储罐逸出的大罐气进入常压缓冲罐，出缓冲罐进抽气压缩机增压至 0.2MPa，经空冷器冷却至 40℃后，进气液分离器，分离出的气体作为原料气去天然气凝液回收装置。常压缓冲罐、气液分离器分离出的液体经轻油泵输至天然气凝液回收装置脱乙烷塔。

（7）固法脱硫

原料气（站外气、原油稳定气、大罐气）中含有硫化氢，《稳定轻烃》（GB 9053）含有硫的溶液质量浓度 1 号产品要求不大于 0.05，2 号产品要求不大于 0.1；《液化石油气》（GB 1174）要求总硫含量不大于 343mg/m³。原料气采用固法脱硫工艺，脱硫塔为填料塔，采用复合氧化物及重金属为主要活性组分制成的新型固体脱硫剂。脱硫塔双塔设置，可串联也可并联运行。初期单塔运行，当脱硫塔出口气体硫化氢含量超过 20mg/m³后，两塔串联使用，待前塔进出口硫化氢含量相当时，前塔脱硫饱和，切出系统更换脱硫剂。后塔使用，当后塔出口超标，更换后的脱硫塔串联在后面使用。如此循环使用，可提高脱硫剂使用效率，实现不停车更换脱硫剂。

（8）分子筛脱水

天然气凝液回收装置在低温下运行，原料气需脱水防冻，主要有分子筛脱水防冻和注防冻两种工艺。采用注防冻技术的装置，注入量不易掌握、再生不彻底、油水分离效果不佳、有冻堵现象，且乙二醇存在一定的损耗。因此，一般采用分子筛脱水、湿气再生工艺。

分子筛脱水采用双塔流程，一塔脱水，一塔再生。湿原料气经原料气过滤分离器除去携带的液滴后自上而下地进入分子筛脱水塔进行脱水吸附。脱除水后的气体经粉尘过滤器除去分子筛粉尘后，经二级增压后，进入天然气凝液回收装置。

再生循环由加热与冷却两部分组成。湿原料气作为再生气，在加热期间，再生气由加热器加热到 210℃后，自下而上地进入再生塔，进行分子筛再生。经过再生气冷却器冷却后，进入再生气分离器分离出凝液，之后再生气返回到湿原料气中，一旦分子筛床层被再生完全后，再生气将走再生气加热器旁通，进入分子筛以使床层冷却下来，当冷吹气流出口温度低于 50℃时冷却过程即可停止。

（9）天然气凝液回收工艺

目前，中国石油长庆油田分公司已建伴生气回收装置采用的工艺主要有冷凝分馏、冷油吸收、自产凝液制冷三种。

① 冷凝分馏

采用冷凝分馏法是处理油田伴生气、回收凝液的一种最常用的工艺，具有能耗低、回收率低的特点（图 2-43）。

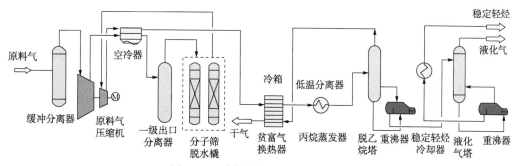

图 2-43 冷凝分馏工艺流程示意图

工艺装置由缓冲分离器、原料气压缩机、一级出口分离器、分子筛脱水橇、贫富气换热器、丙烷制冷装置、脱乙烷塔、液化气塔、脱乙烷塔底重沸器、液化气塔底重沸器等设备构成。

②冷油吸收

该工艺采用装置自产稳定轻烃作为吸收剂,具有原料气适应性强、应用范围广、操作灵活的特点,该工艺的 C_3 收率高达到90%以上(图2-44)。

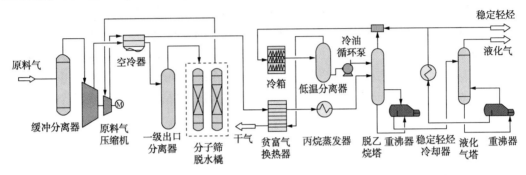

图2-44 冷油吸收工艺流程示意图

工艺装置由缓冲分离器、原料气压缩机、一级出口分离器、分子筛脱水橇、贫富气换热器、丙烷制冷装置、脱乙烷塔、冷箱、低温分离器、液化气塔、脱乙烷塔底重沸器、液化气塔底重沸器等设备构成。

③自产凝液制冷

该工艺采用装置自产的凝液作为制冷剂,节流后提供冷量与原料气换热,该工艺无须单独设计制冷装置,但节流后的凝液作为循环气需要重复增压,前序设备处理能力、能耗相对较高。该工艺的 C_3 收率可达到85%左右(图2-45)。

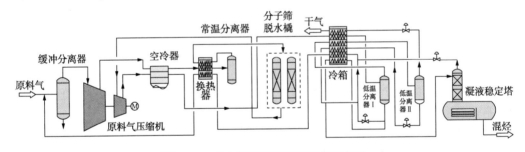

图2-45 自产凝液制冷工艺流程示意图

八、国外气田

国外常规气田开发技术与国内基本相同,本节重点介绍国外非常规气田的典型集气工程及特点。

(一)煤层气田

目前,世界上煤层气开发已形成规模化的国家主要有美国、加拿大、澳大利亚和中国等。

1. 美国煤层气田

美国是世界上煤层气开发最早和最成功的国家,其90%以上的煤层气产量是从黑勇士盆地和圣胡安盆地生产的，所采用的煤层气集气系统工艺技术成熟。

（1）黑勇士盆地煤层气田

黑勇士盆地一般采用低压分离。煤层气井采出水的温度一般在 20~25℃，为防止冬季出现冰堵，所有地面管道和分离器都采取加热和保温措施。

（2）圣胡安盆地煤层气田

井场工艺：井口同时采出煤层气和水，通过气液分离后，煤层气和水分别通过管道输送至处理站。采气管道没有设清管设施，但预留一定数量的阀门，以便新井接入。在山区，采气管道沿线低点设置线路分水器，收集液态水（图 2-46）。

图 2-46　井场工艺流程框图

煤层气处理工艺：煤层气通过液塞捕集器进行气液分离后进入增压装置增压，再进入气涤器分离出液态水后进入脱水塔脱水，脱水后的商品气进行销售或自用。处理站主要设备包括液塞捕集器、增压装置、脱水装置及计量装置。增压装置主要采用煤层气发动机驱动的橇装式往复式压缩机组。脱水装置采用三甘醇脱水工艺，吸收塔采用板式塔，三甘醇富液送到再生塔再生后循环使用。计量装置用于返回井口举升的气体计量、自用燃料气及仪表气计量（图 2-47）。

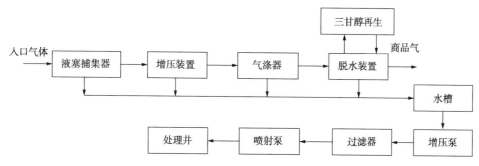

图 2-47　处理站工艺流程框图

液塞捕集器、增压装置、气涤器及脱水装置等排出的水进入水槽储存，通过增压泵抽至过滤器过滤，再通过喷射泵将水注入水处理井中。

圣胡安盆地煤层气田采用集中增压工艺，利用井口压力能，通过采气管道将煤层气集中增压处理后外输。这种集气工艺在其他一些气田中得到成功应用。

采出水处理工艺：在煤层气排水采气过程中，初期产水量很大，随着开采过程的延续，产气量增大，产水量降低。目前，采出水处理工艺有蒸发池、深井注入以及地面排放三种方法：①蒸发池法占地面积比较大，且受其蒸发率受季节影响；②地面排放法要满足当地排放标准，须增加水处理费用；③深井注入法投资高，所需费用一般是地面排放法的 15 倍以上。圣胡安盆地煤层气田采用深井注入法，共设置 9 座处理站，6 口水处理井。

2. 加拿大煤层气田

加拿大某煤层气田主要开发的是含水量较少的某一煤层，气井深 1000m，目前单井产气量 500~1000m³/d，CO_2 含量较低，不含 H_2S，不产水，煤粉含量低，所以集气工艺简单。

煤层气在井场经移动计量橇计量后通过井间串接进入采气管道输送至集气站。井口不需要排水，无排采设施。

集气站是具有脱水功能的集气增压站（图 2-48）。低压气和高压气分别经过采气管道进入集气站增压。低压气进站压力只有 0.01~0.02MPa，采用两级增压：一级增压采用燃气发动机驱动螺杆压缩机，压力增至 0.55MPa 后与高压气混合进行二级增压，二级增压采用燃气发动机驱动往复压缩机，压力增至 6.0MPa；增压后经三甘醇脱水后进入当地管网外输（外输压力 5.8MPa）。

图 2-48　加拿大某煤层气田集气站工艺流程框图

全站仅设放空管，站内没有给排水系统，污水、废润滑油、三甘醇富液均定期回收。

低压煤层气进站压力低于国内的 0.05MPa，如此低的压力使用螺杆压缩机更经济。由于脱水压力较高，站内脱水和溶液再生橇较小。

3. 澳大利亚煤层气田

澳大利亚是煤层气商业化开发较成功的国家，其煤层气开发技术特别是地面工程技术已经成熟。

位于澳大利亚昆士兰州东北部的 Surat 盆地 Daandine、Kogan North、Stratheden 和 Tipton West 等 4 个煤层气田和 Bowen 盆地 Moranbah 煤层气田分别开发于 2006 年和 2003 年。两盆地所产煤层气组分基本相似，CH_4 约占 96%、N_2 约占 2%、CO_2 约占 0.03%，不含 H_2S。其煤层气田具有煤层埋藏浅、渗透率高、净煤厚度大、丰度较大、单井产气量高、单井产水量较大、气中不含煤粉等特点。

（1）总体布局

Surat 盆地 Daandine 等 4 个煤层气田区块相对集中，采用一级布站方式，井场单井串接后，煤层气直接进中心处理厂，经增压脱水后外输至下游用户；该气田采用直井开发，井网间距 800m×800m。Bowen 盆地 Moranbah 煤层气田地理形状为 42.5km×20km 的长条形，采用二级布站方式，井场单井串接后，煤层气首先进入集气站进行增压，然后进入中心处理厂，经增压脱水后外输至下游用户；该气田采用水平井开发，井网间距 500m×1500m。根据煤层气井排水周期长、达到正常生产期需要一定时间的特点，各站场采用分期增设压缩机方案，以满足气田开发的需要。

（2）主要工艺流程

Surat 盆地 Daandine 等 4 个煤层气田采用单井串接、低压集气的工艺流程，利用井口压力（压力控制在 0.1MPa），通过采气管道直接将煤层气集气到中心处理厂（进站压力 0.05MPa），增压至 9.5MPa 并脱水后外输。此工艺流程适合单井产量高、稀井高产，且集气半径短的一级布站煤层气田。Bowen 盆地 Moranbah 煤层气田采用单井串接、低压集气的工艺流程，利用井口压力（压力控制在 0.1MPa），通过采气管道将煤层气输到集气站（进站压力 0.05MPa），进行简易过滤分离后，经压缩机增压至 0.85MPa 后进入集气管道，输至中心处理厂（进站压力 0.7MPa），再进行分离过滤、增压至 13MPa 并脱水后外输。气田最远井的集气半径为 12km。此工艺流程适合单井产量较高、井网较密，采气管道长、需在集气站增压的二级布站煤层气田。Surat 盆地和 Bowen 盆地煤层气田的中心处理厂均采用三甘醇脱水工艺。

Surat 盆地 Daandine 等 4 个煤层气田井口均设置了气水分离器,将采出水中携带的煤层气经分离器分离后汇入采气管道,采出水经输水管道输至收集池后再进处理站处理;Bowen 盆地煤层气田井口未设置气水分离器。目前,新开发气田采用适当放大套管管径的方法,在井下加大了环形空间,使气、水得到更好的分离,采出水中所携带气量大大减少,故可取消井口气水分离器。

(3)主要设备

压缩机:Bowen 盆地 Moranbah 煤层气田在集气站大量使用了螺杆压缩机,如在 2# 集气站设有 6 台排量 $16×10^4 m^3/d$、功率 600kW 和 1 台排量 $27×10^4 m^3/d$、功率 920kW 的螺杆压缩机,且均采用橇装化、露天安装。螺杆压缩机具有体积小、噪声小,且对少量煤粉适应性强的特点,适用于集气站。中心处理厂采用往复式压缩机,设置了噪声隔离墙等。

井口采出水排水设备:Surat 和 Bowen 盆地煤层气田单井采出水量平均为 $50~80 m^3/d$,排水设备全部采用螺杆泵;螺杆泵适应井深小于 1500m、水中含气的出砂井,具有地面设施简单、可配调速电机、排量范围大、投资较低的特点。

流量计量设施:Surat 和 Bowen 盆地煤层气田井口和集气站进站煤层气计量均采用智能孔板流量计,数据远传至中心处理厂控制室;由于采出气中均不含煤粉,为简化地面计量及压缩机过滤系统提供了可靠保证;目前井场采出水未做单井计量,每日通过计量采出水总量进行估算。

(二)页岩气

进入 21 世纪,美国的页岩气革命取得了令世界瞩目的成就,极大地推动了世界对页岩油气勘查开发,各国陆续在页岩领域加大科技投入。目前大约有 30 个国家开展了页岩气的勘探开发工作。美国在页岩油气资源的商业化生产方面一路遥遥领先,加拿大紧随其后,澳大利亚正处于起步阶段。页岩气革命在欧洲也悄然展开,其古生代和中生代的富有机质岩石是潜在的勘探目标。亚洲很多地区的非常规页岩油气开采滞后,南美中生代富有机质岩石同样有成为非常规页岩油气藏的潜力,但对这些油气藏的勘探和开发远不及北美成熟。北非多国也准备加入页岩气的勘探开发。

美国一直是世界最大的页岩油气生产国。2000 年以来,美国页岩油气勘探开发全面展开,特别是 2006~2013 年期间,呈现出油气并举、产量加速增长的局面。页岩气年产量由 2006 年的 $279×10^8 m^3$ 快速增长到 2012 年的 $2653×10^8 m^3$,平均年增长率高达 45.6%。2013 年产量上升至 $3025×10^8 m^3$,占美国天然气产量的 44%。下面以美国页岩气为例进行介绍。

美国页岩气田主要位于美国东北部地区的阿巴拉契亚盆地、密执安盆地、伊利诺斯盆地,中西部地区的威利斯顿、圣胡安、丹佛、沃斯堡、阿纳达科等盆地,其中以 Barnett 和 Marcellus 页岩气田最具代表性,其勘探开发利用技术也更为成熟。

1. 总体工艺流程

美国页岩气田的组成单元一般包括:单井(井组)—井场—集气站(增压站)中心处理站水处理中心。开采出来的页岩气经井口节流降压后通过采气管道汇聚到相应井场,在井场进行除砂、气液分离等简易处理后,通过集气支线进入相应集气增压站进行二次气液分离、增压;从集气增压站出来的页岩气通过集气干线进入中心处理站,经过增压、脱水等处理过程后,大部分页岩气经过计量后外输,还有一部分页岩气用作气举气返输至井场。此外,井场、集气增压站、中心处理站产出水和污水均进入水处理中心进行处理(图 2-49)。

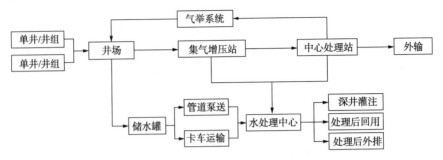

图 2-49　美国 Barnett 页岩气田地面总体工艺流程图

2. 井场流程

井场是页岩气地面集气工程中的重要组成部分。典型页岩气井场布局为气井布置在井场中间，生产设施布置在一边，同时需要考虑后续钻井、压裂、试采等操作所需空间，每个页岩气井场所管辖的页岩气井或井组的数量一般为 4~20 口。

页岩气井产气首先经过气液分离器进行分离，一般一口井配置一个气液分离器。在实际生产中，还需要在气液分离器进口设置除砂装置，以防止气液分离器被砂砾堵塞。如果页岩气中含有凝析油，还需要通过油水分离器将气液分离器分离出的液体进行二次分离，分离出来的产出水可通过管道直接泵送至水处理厂，或者先储存在井口附近的储水罐里，然后定期用卡车运到水处理厂。分离出来的液烃则就地储存在专用储罐中，定期运输至液烃提炼厂进行处理。气液分离后的页岩气计量后通过集气管道输至集气增压站或中心处理站。

页岩气井场内一般还设有气举系统，因为气井投产的前几个周产水量很大，需要通过气举排液来投产。此外，当气井关井时间较长时，也需采用气举的方式实现再启动。举升用气体来自中心处理站经压缩后的天然气，气举设施一般布置在某个区域的中心位置，尽量增大气举设施的覆盖范围以降低地面设施建设成本。页岩气井初期产量、压力较高时，可将节流装置设置在井口，以应对短时间的高产量和高压力。如果有水合物生成风险，还需设置水套加热炉或水合物抑制剂注入装置。

此外，美国页岩气井场设施大多采用标准化、模块化设计，井场内每口气井均设有数据远传装置，在离井场不远的操作控制室以及页岩气田远程控制中心均设有数据接收装置，便于实时监控每口井的产量、压力等的变化情况，实现页岩气开发的自动化管理。

3. 中心处理站流程

美国页岩气田的中心处理站一般布置在整个气田中心区域，方便接收页岩气田各井场或集气增压站来气。页岩气田中心处理站一般包括入口气液分离、脱酸、脱水、气体计量、压缩装置等。页岩气在进入中心处理站后，首先通过气液分离器进行分离，分离出的液体中若含有凝析油，还需通过油水分离器进行二次分离，分离出的凝析油定期运输至液烃提炼厂进行处理。分离出的产出水如果较少，可就地储存，待储量较多时再运送至水处理中心。气液分离后的页岩气经过脱酸、脱水等净化处理达到外输气质要求后，再通过压缩机组增压到外输压力要求，最后经计量后进入长输管道外输。需要说明的是，如果页岩气中还含有汞、氮气等杂质，还需要对其进行净化处理。

此外，美国页岩气田中心处理站压缩机组主要采用多级往复式、螺杆式、离心式等类型压缩机组，实际工程中一般选择多级往复式压缩机组。压缩机驱动方式主要有天然气驱动、电机驱动、柴油发动机驱动以及丙烷驱动，实际工程中以天然气驱动应用最为广泛。页岩气中心处理站采用的脱水方式主要有三甘醇脱水、分子筛脱水、注甲醇或乙二醇脱水等，其中最常用的脱水方式为三甘醇脱水。页岩气计量装置主要有孔板流量计、科里奥利质量流量计等类型，用于外输计量、气举气计量、增压燃料气计量等。中心处理站中的脱水、计量、增压等装置一般均采用橇装设计，可根据页岩气产能的变化对相应橇的数量进行调整，以适应页岩气田产能波动(图 2-50)。

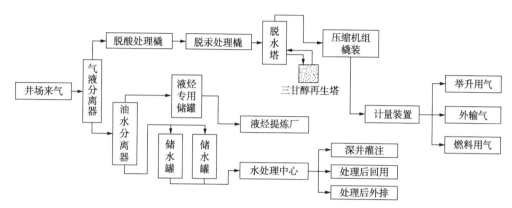

图 2-50　美国典型页岩气中心处理站工艺流程图

4. 集气管网布置形式

美国 Barnett 和 Marcellus 等典型页岩气地面集气管网布置形式主要分为枝状管网、放射(辐射)状管网、环状管网以及组合型管网四类。页岩气地面集气管网布置形式的选择主要取决于页岩气田开发方案、气井井口压力、井间距、气体组分、地形地貌、井位布置、集气规模、当地的环保法规、所处地区交通、环境等因素。此外，其形式也随着气田开发时间的不同需要进行动态调整。

(三) 深水气田开发

深水气田的开发面临着诸多挑战，如开发工程模式的选择、水下生产系统的选型、浮式平台的选型、天然气的外输形式的选择等。

在深水气田开发方面，国外已经积累了比较丰富的经验，其主要开发工程模式是通过水下井口回接的方式进行开采。其中水深较深的气田是 SHELL 公司的 Coulomb 气田，水深为2307m；回接距离较长的气田是 STATOIL 公司位于挪威中部的 Snohvit 气田，回接距离为 160km。

1. Shell 公司的 Coulomb 凝析气田

Coulomb 凝析气田位于墨西哥湾，水深为2307m，由 Shell 和 Petrobras 公司共同作业。Coulomb 凝析气田是 Na Kika 油气田的一个卫星气田，其天然气通过 43.5km 的海底管道回接到中心平台(Host 浮式平台)进行处理，处理后再通过海底管道上岸。Na Kika 油气田位于 New Orleas 东南225km，水深 5800~8000ft(1ft≈0.305m)，主要包括 4 个卫星油田和 2 个边际气田，4 个卫星油田分别是 Kepler、Ariel、Fourier、Hershel；2 个边际气田为 E. Anstey 和 Coulomb 凝析气田。

Na Kika 油气田所属的 6 个卫星油气田储量变化比较大，一般在 $(20 \sim 100) \times 10^8$ 桶，Na Kika 油田的可采储量达 3×10^8 桶油当量，其中 Kepler 是储量最大的油田。单独开发 6 个卫星油气田并不经济，因此 Na Kika 各卫星油田的开发工程模式都是天然气通过水下井口回接到中心浮式平台，在中心浮式平台上进行处理，处理后的天然气和原油分别通过油气管道外输[18in(1in≈0.025m)的输油管道和20in的天然气管道]上岸。Na Kika油田共有12套水下井口，其中Kepler油田2套、Ariel油田3套、Fourier油田3套、Hershel油田1套、E. Anstey气田1套、Coulomb气田2套。除Kepler油田为水平井外，其余都为垂直井。Na Kika油气田1987年发现，2003年正式投产。

Coulomb气田天然气通过一根8in没有保温的天然气管道回接到中心浮式平台上进行处理，至中心平台的回接距离为42km。

2. 挪威Snφhvit气田

Snφhvit气田位于哈默弗斯特盆地中部的Tromsofhaket。此气田是挪威北海区最大气田，气层高105m，其下是14m厚的油环。储层由下中侏罗统砂岩组成，是从海岸线到内陆架的海侵层序。Snφhvit气田水深330m，2007年9月21日投产，由Statoll公司作业。

Snφhvit LNG工程用于开采巴伦支海中3个气田的天然气资源，分别为位于挪威哈默菲斯特以北140km的Snφhvit、Albatross和Askeladd。这些气田发现于20世纪80年代，储量约有$3000×10^8m^3$天然气和$2000×10^4m^3$的凝析油。

Snφhvit气田的开发工程模式是水下井口通过海底管道直接回接到陆上终端，在海上没有任何平台设施，回接距离为160km。在陆上终端通过160km的控制管缆对水下井口进行遥控作业，控制管缆包括电缆、水合物抑制剂及防腐剂等化学药剂。

3. Shell公司的Malampaya凝析气田

Malampaya凝析气田位于菲律宾群岛西部的巴拉望岛西北80km，水深为850m，天然气的储量为$707.5×10^8m^3$；Malampaya凝析气田于1995年发现，2001年10月1日正式投产，由Shell Philippines Exploration B. V.公司作业，投资约20亿美元。

Malampaya凝析气田开发工程模式是采用5套水下井口(7in单通道的水平采油树，位于820m水深)与管汇相连，将采出的天然气通过2根16in的海底管道回接到30km远、水深为43m的重力式固定平台上进行油气处理，处理后的凝析油通过穿梭油轮运走，处理后的干气通过直径为24in、长度为504km的海底管道输送到陆上Tabangao天然气发电厂进行发电。

在重力式固定平台和5套水下井口之间安装海底控制管缆，实现在重力式固定平台上对水下井口进行遥控作业，控制管缆包括电缆、水合物抑制剂及防腐剂等化学药剂。

参 考 文 献

[1] 汤林，等. 天然气集输工程手册[M]. 北京：石油工业出版社，2015.

[2] 刘祎. 天然气集输与安全[M]. 北京：中国石化出版社，2010.

[3] 王遇冬. 天然气开发与利用[M]. 北京：中国石化出版社，2011.

[4] 王遇冬. 天然气处理原理与工艺[M]. 第三版. 北京：中国石化出版社，2016.

[5] 郭揆常. 矿场油气集输与处理[M]. 北京：中国石化出版社，2010.

[6] 苏建华，等. 天然气矿场集输与处理[M]. 北京：石油工业出版社，2004.

[7] 中国石油天然气股份有限公司. 天然气工业管理实用手册[M]. 北京：石油工业出版社，2005.

[8] 李刚，等. 天然气常见事故预防与处理[M]. 北京：中国石化出版社，2008.

[9] 《天然气地面工程技术与管理》编委会. 天然气地面工程技术与管理[M]. 北京：石油工业出版社，2011.

[10] 凌心强，等. 长庆油田的四化管理模式[J]. 油气田地面工程，2011，30(1)：8-10.

[11] 朱天寿，等. 苏里格气田数字化集气站建设管理模式[J]. 天然气工业，2011，31(2)：9-11.

[12] 王登海，等．苏里格气田橇装设备的开发与应用[J]．天然气工业，2007，27(12)：126-127.

[13] 刘祐，等．苏里格气田地面系统标准化设计[J]．天然气工业，2007，27(12)：124-125.

[14] 刘祐，等．苏里格气田天然气集输工艺技术的优化创新[J]．天然气工业，2007，27(5)：139-141.

[15] 吕永杰，等．苏里格气田低压集气工艺模式[J]．天然气工业，2008，28增刊B：118-120.

[16] 韩建成，等．长庆油田标准化设计、模块化建设技术综述[J]．石油工程建设，2010，36(2)：75-79.

[17] 杨光，等．苏里格气田单井采气管网串接技术[J]．天然气工业，2007，27(12).

[18] 刘银春，等．苏里格气田南区块天然气集输工艺技术[J]．天然气工业，2012，32(6).

[19] 赵勇．苏里格气田地面工艺模式的形成与发展[J]．天然气工业，2011，31(2)：17-19.

[20] 张建国，等．靖边气田增压开采方式优化研究[J]．钻采工艺，2013，36(1)：31-32.

[21] 刘子兵，等．低温分离工艺在榆林气田天然气集输中的应用[J]．天然气工业，2003；23(4)：103-10.

[22] 韩勇．苏里格气田远控紧急截断阀与电磁阀研究[J]．内蒙古石油化工，2010，19：14-16.

[23] 张春．苏里格气田井口电磁阀技术应用研究[J]．长江大学学报(自然科学版)，2012，9(6)：90-92.

[24] 韩玉坤，等．普光气田天然气集输关键技术解析[J]．钻采工艺，2012，35(6)：57-60.

[25] 季永强．大牛地气田地面集输工艺的优化创新[J]．油气田地面工程，2010，29(3)：43-44.

[26] 毕春玉．大牛地气田集输工艺技术指标的设计[J]．油气田地面工程，2013，32(3)：43-44.

[27] 喻西崇，等．国外深水气田开发工程模式探讨[J]．中国海洋平台，2009，24(3)：52-56.

[28] 惠熙祥，等．澳大利亚煤层气田地面工程技术对我国煤层气田开发的启示[J]．石油规划设计，2013，24(3)：11-14.

[29] 岑康，等．美国页岩气地面集输工艺技术现状及启示[J]．天然气工业，2014，34(6)：102-110.

[30] 李时宣．长庆低渗透气田地面工艺技术[M]．北京：石油工业出版社，2015.

第三章　天然气处理

天然气处理是指为使天然气符合商品质量指标或管道输送要求而采用的那些工艺过程，例如脱除酸性气体(也指脱硫脱碳，即脱除天然气中的酸性组分如 H_2S、CO_2 和有机硫化物等)、脱水、脱凝液(含天然气凝液的回收，下同)和脱除固体颗粒等杂质，以及发热量调整、硫黄回收和尾气处理等过程。此外，液化天然气和压缩天然气生产一般也属于天然气处理的范畴。

图 3-1 为油气田天然气处理过程示意框图。必须说明的是，并非所有油、气井来的天然气都经过图 3-1 中的各个处理过程。例如，如果天然气中酸性组分含量很少，已经符合商品天然气质量要求，就可不脱酸性气体而直接脱水和脱凝液等。

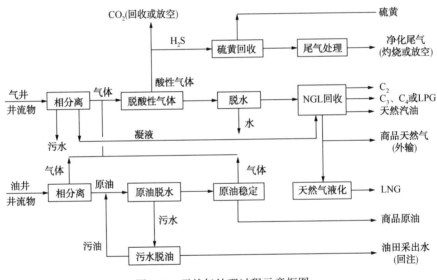

图 3-1　天然气处理过程示意框图

第一节　天然气脱硫脱碳

如前所述，有的天然气中还含有硫化氢(H_2S)、二氧化碳(CO_2)、硫化羰(COS)、硫醇(RSH)和二硫化物($RSSR'$)等酸性组分。通常，将酸性组分含量超过商品气质量指标或管输要求的天然气称为酸性天然气或含硫天然气(Sour Gas)。

天然气中含有酸性组分时，不仅在开采、集气和处理过程中会造成设备和管道腐蚀，而且用作燃料时会危害用户健康，污染环境；用作化工原料时会引起催化剂中毒，影响产品收率和质量。此外，天然气中 CO_2 含量过高还会降低其发热量。因此，当天然气中酸性组分含量超过商品气质量指标或管输要求时，必须采用合适的方法将其脱除至允许值以内。脱除的这些酸性组分混合物称为酸气(Acid Gas)，其主要成分是 H_2S、CO_2，并含有少量烃类。从酸性天然气中脱除酸性组分的工艺过程统称为脱硫脱碳或脱酸气。如果此过程主要是脱除 H_2S 和有机硫化物则称之为脱硫；主要是脱除 CO_2 则称之为脱碳。原料气经湿法脱硫脱碳后，还需脱水(有时还需脱油)和脱除其他有害杂质(例如脱汞)。脱硫脱碳、脱水后符合有关质量指标或要求的天然气称为净化气，脱水前的天然气称为湿净化气。脱除的酸气一般还应回收其中的硫元素，即所谓硫黄回收(硫回收)。当回收硫黄后的尾气不符合大气污染物排放标准时，还应对尾气进行处理。

当采用深冷分离的方法从天然气中回收天然气凝液(NGL)或生产液化天然气(LNG)时，由于对气体中的 CO_2 含量要求很低，这时就应采用深度脱碳的方法。

一、脱硫脱碳方法分类与选择

(一) 脱硫脱碳方法分类

天然气脱硫脱碳方法很多，这些方法一般可分为化学溶剂法、物理溶剂法、化学-物理溶剂法、直接转化法和其他类型方法等。

1. 化学溶剂法

化学溶剂法系采用碱性溶液与天然气中的酸性组分(主要是 H_2S、CO_2)反应生成某种化合物，故也称化学吸收法。吸收了酸性组分的碱性溶液(通常称为富液)在再生时又可使该化合物将酸性组分分解与释放出来。这类方法中最具代表性的是醇胺(烷醇胺)法以及有时也采用的无机碱法，例如活化热碳酸钾法。

目前，醇胺法是最常用的天然气脱硫脱碳方法。属于此法的有一乙醇胺(MEA)法、二乙醇胺(DEA)法、二甘醇胺(DGA)法、二异丙醇胺(DIPA)法、甲基二乙醇胺(MDEA)法，以及空间位组胺、混合醇胺、配方醇胺溶液(配方溶液)法等。

醇胺溶液主要由烷醇胺与水组成。

2. 物理溶剂法

此法系利用某些溶剂对气体中 H_2S、CO_2 等与烃类溶解度的差别而将酸性组分脱除，故也称物理吸收法。物理溶剂法一般在高压和较低温度下进行，适用于酸性组分分压高(大于345kPa)的天然气脱硫脱碳。此外，此法还具有可大量脱除酸性组分，溶剂不易变质，比热容小，腐蚀性小以及可脱除有机硫(COS、CS_2 和 RSH)等优点。由于物理溶剂对天然气中的重烃有较大的溶解度，故不宜用于重烃含量高的天然气，且多数方法因受再生程度的限制，净化度(即原料气中酸性组分的脱除程度)不如化学溶剂法。当净化度要求很高时，需采用汽提法等再生措施。

目前，常用的物理溶剂法有多乙二醇二甲醚法(Selexol 法)、碳酸丙烯酯法(Fluor 法)、冷甲醇法(Rectisol 法)等。

物理吸收法的溶剂通常靠多级闪蒸进行再生，不需蒸汽和其他热源，还可同时使气体脱水。

3. 化学-物理溶剂法

这类方法采用的溶液是醇胺、物理溶剂和水的混合物，兼有化学溶剂法和物理溶剂法的特点，故又称混合溶液法或联合吸收法。目前，典型的化学-物理吸收法为砜胺法(Sulfinol)法，包括 DIPA-环丁砜法(Sulfinol-D 法，砜胺Ⅱ法)、MDEA-环丁砜法(Sulfinol-M 法，砜胺Ⅲ法）。此外，还有 Amisol、Selefining、Optisol 和 Flexsorb 混合 SE 法等。

4. 直接转化法

这类方法以氧化-还原反应为基础，故又称氧化-还原法或湿式氧化法。它借助于溶液中的氧载体将碱性溶液吸收的 H_2S 氧化为元素硫，然后采用空气使溶液再生，从而使脱硫和硫回收合为一体。此法目前虽在天然气工业中应用不多，但在焦炉气、水煤气、合成气等气体脱硫及尾气处理方面却广为应用。由于溶剂的硫容量（即单位质量或体积溶剂能够吸收的硫的质量）较低，故适用于原料气压力较低及处理量不大的场合。属于此法的主要有钒法（ADA-$NaVO_3$ 法、栲胶-$NaVO_3$ 法等）、铁法（Lo-Cat 法、Sulferox 法、EDTA 络合铁法、FD 及铁碱法等），以及 PDS 等方法。

上述诸法因都采用液体脱硫脱碳，故又统称为湿法，其主导方法则是醇胺法和砜胺法。

5. 其他类型方法

此外，目前还可采用分子筛法、膜分离法、低温分离法及生物化学法等脱除 H_2S 和有机硫。非再生的固体、液体以及浆液脱硫剂则适用于 H_2S 含量低的天然气脱硫。其中，可以再生的分子筛法等又称为间歇法。加气站的天然气脱硫（如果需要）一般即采用非再生的固体法。

膜分离法借助于膜在分离过程中的选择性渗透作用脱除天然气的酸性组分，目前有AVIR、Cynara、杜邦（DuPont）、Grace 等法，大多用于从 CO_2 含量很高的天然气中分离 CO_2。

表 3-1　气体脱硫脱碳方法性能比较

方法	脱除 H_2S 至 4×10^{-6}（体积分数）（5.7mg/m³）	脱除 RSH、COS	选择性脱除 H_2S	溶剂降解（原因）
伯醇胺法	是	部分	否	是（COS、CO_2、CS_2）
仲醇胺法	是	部分	否	一些（COS、CO_2、CS_2）
叔醇胺法	是	部分	是②	否
化学-物理法	是	是	是②	一些（CO_2、CS_2）
物理溶剂法	是	是	是②	否
固体床法	是	是	是②	—
液相氧化还原法	是	否	是	高浓度 CO_2
电化学法	是	部分	是	—

① 某些条件下可以达到。

② 部分选择性。

上述主要脱硫脱碳方法的工艺性能见表 3-1。

（二）脱硫脱碳方法选择

在选择脱硫脱碳方法时，图 3-2 作为一般性指导是有用的。由于需要考虑的因素很多，不能只按绘制图 3-2 的条件去选择某种脱硫脱碳方法，也许经济因素和局部情况会支配某一方法的选择。

1. 需要考虑的因素

脱硫脱碳方法的选择会影响整个处理厂的设计，包括酸气排放、硫黄回收、脱水、天然气凝液回收、分馏和产品处理方法的选择等。在选择脱硫脱碳方法时应考虑的主要因素有：①对硫化物排放或尾气处理的要求；②原料气中酸气组分的类型和含量；③净化气的质量要求；④酸气质量要求；⑤酸气的温度、压力和净化气的输送温度、压力；⑥原料气处理量和

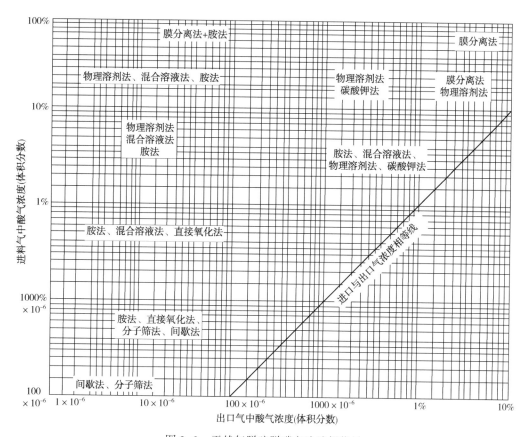

图 3-2　天然气脱硫脱碳方法选择指导

原料气中的烃类含量；⑦脱除酸气所要求的选择性；⑧液体产品（例如天然气凝液）质量要求；⑨投资、操作、技术专利费用；⑩有害副产物的处理。

我国和一些国家对硫化物排放或尾气处理的要求见本节后面叙述。

2. 选择原则

根据国内外工业实践：①对于处理量比较大的脱硫脱碳装置首先应考虑采用醇胺法的可能性；②当需要脱除原料气中的有机硫化物时一般应采用砜胺法；③H_2S 含量低的原料气可考虑选用直接转化法，例如 Lo-Cat 法、固体氧化铁法等；④高压、高酸气含量的原料气可能需要在醇胺法和砜胺法之外选用其他方法或者采用几种方法的组合。

实际应用中还应根据具体情况对几种方案进行技术经济比较后确定某种方案。

二、醇胺法脱硫脱碳

醇胺法是目前国内外最常用的天然气脱硫脱碳方法，主要采用的是 MEA、DEA、DIPA、DGA 和 MDEA 等溶剂。其中，MEA、DGA 是伯醇胺，DEA、DIPA 是仲醇胺，MDEA 则是叔醇胺。

（一）醇胺法优缺点

醇胺法适用于天然气中酸性组分分压低和要求净化气中酸性组分含量低的场合。由于醇胺法使用的是醇胺水溶液，溶液中含水可使被吸收的重烃降低至最少程度，故非常适用于重烃含量高的天然气脱硫脱碳。MDEA 等醇胺溶液还具有在 CO_2 存在下选择性脱除 H_2S 的能力。

醇胺法的缺点是有些醇胺与 COS 和 CS$_2$ 的反应是不可逆的，会造成溶剂的化学降解损失，故不宜用于 COS 和 CS$_2$ 含量高的天然气脱硫脱碳。醇胺溶液本身并无腐蚀性，但在天然气中的 H$_2$S 和 CO$_2$ 等的作用下会对碳钢产生腐蚀。此外，醇胺作为脱硫脱碳溶剂，其富液（即吸收了天然气中酸性组分后的溶液）在再生时需要加热，不仅能耗较高，而且在高温下再生时也会发生热降解，所以损耗较大。

此外，醇胺与 CO$_2$、漏入系统中空气的 O$_2$ 等还会发生降解反应（严格地说是变质反应，因为降解系指复杂有机化合物分解为简单化合物的反应，而此处醇胺发生的不少反应却是生成更大分子的变质反应）。醇胺的降解不仅造成溶液损失，使溶液的有效醇胺浓度降低，增加了溶剂消耗，而且许多降解产物使溶液腐蚀性增强，容易发泡，以及增加了溶液的黏度。

（二）常用醇胺溶剂性能比较

通常，MEA 法、DEA 法、DGA 法又称为常规醇胺法，基本上可同时脱除气体中的 H$_2$S、CO$_2$；MDEA 法和 DIPA 法又称为选择性醇胺法，其中 MDEA 法是典型的选择性脱 H$_2$S 法，DIPA 法在常压下也可选择性地脱除 H$_2$S。此外，配方溶液目前种类繁多，性能各不相同，分别用于选择性脱 H$_2$S，在深度或不深度脱除 H$_2$S 的情况下脱除一部分或大部分 CO$_2$，深度脱除 CO$_2$，以及脱除 COS 等。

MDEA 是叔醇胺，可在中、高压下选择性脱除 H$_2$S 以符合净化气的质量指标或管输要求。但是，如果净化气中的 CO$_2$ 含量超过要求则需进一步处理。

选择性脱除 H$_2$S 的优点是：①由于脱除的酸气量减少而使溶液循环量降低；②再生系统的热负荷低；③酸气中的 H$_2$S/ CO$_2$ 摩尔比可高达含硫原料气的 10～15 倍。由于酸气中 H$_2$S 浓度较高，有利于硫黄回收。

此外，叔醇胺与 CO$_2$ 的反应是反应热较小的酸碱反应，故再生时需要的热量较少，因而用于大量脱除 CO$_2$ 是很理想的。这也是一些适用于大量脱除 CO$_2$ 的配方溶液（包括活化 MDEA 溶液）的主剂是 MDEA 的原因所在。

采用 MDEA 溶液选择性脱硫不仅由于循环量低而可降低能耗，而且单位体积溶液再生所需蒸汽量也显著低于常规醇胺法。

配方溶液是一种新的醇胺溶液系列，通常以 MDEA 为主剂，加入少量一种或多种助剂以改善其某种或某方面性能的溶液体系。与大多数醇胺溶液相比，由于采用配方溶液可减少设备尺寸和降低能耗而广为应用，目前常见的配方溶液产品有 Dow 化学公司的 GAS/SPEC™，联碳（Union Carbide）公司的 UCARSOL™，猎人（Huntsman）公司的 TEXTREAT™ 以及英力士（INEOS）公司、霍尼韦尔 UOP 公司、巴斯夫（BASF）公司等。配方溶液通常具有比 MDEA 更好的优越性。有的配方溶液可以选择性地脱除 H$_2$S 低至 $4×10^{-6}$（体积分数），而只脱除一小部分 CO$_2$；有的配方溶液则可从气体中深度脱除 CO$_2$ 以符合深冷分离工艺的需要；有的配方溶液还可在选择性脱除 H$_2$S 低至 $4×10^{-6}$（体积分数）的同时，将高 CO$_2$ 含量气体中的 CO$_2$ 脱除至 2%。

（三）醇胺法工艺流程

醇胺法脱硫脱碳的典型工艺流程如图 3-3 所示。由图可知，该流程由吸收、闪蒸、换热和再生（汽提）四部分组成。其中，吸收部分是将原料气中的酸性组分脱除至规定指标或要求；闪蒸部分是将富液（即吸收了酸性组分后的溶液）在吸收酸性组分的同时还吸收的一部分烃类通过降压闪蒸除去；换热是回收离开再生塔的热贫液热量；再生是将富液中吸收的酸性组分解吸出来成为贫液循环使用。

图 3-3 中,原料气经进口分离器除去游离的液体和携带的固体杂质后进入吸收塔的底部,与由塔顶自上而下流动的醇胺溶液在塔板上逆流接触,脱除其中的酸性组分。离开吸收塔顶部的是含饱和水的湿净化气,经出口分离器除去携带的溶液液滴后出装置。通常,都要将此湿净化气脱水后再作为商品气外输,或去下游的 NGL 回收装置或 LNG 生产装置。

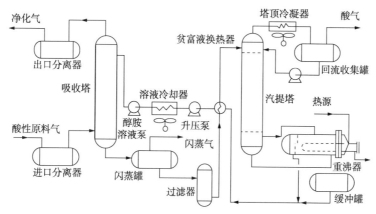

图 3-3　醇胺法和砜胺法典型工艺流程图

由吸收塔底部流出的富液降压后(当处理量较大时,可设置液力透平回收高压富液能量,用以使贫液增压)进入闪蒸罐,以脱除被醇胺溶液吸收的烃类。然后,富液经过滤器进贫富液换热器,利用热贫液将其加热后进入低压下操作的再生塔上部,使大部分酸性组分在再生塔顶部塔板上从富液中闪蒸出来。随着溶液自上而下流至底部,溶液中残余的酸性组分就会被在重沸器中加热气化的气体(主要是水蒸气)进一步汽提出来。因此,离开再生塔的是贫液,只含少量未汽提出来的残余酸性气体。此热贫液经贫富液换热器、溶液冷却器冷却和贫液泵增压,温度降至比塔内气体烃露点高 5~6℃,然后进入吸收塔循环使用。有时,贫液在换热与增压后也经过一个过滤器。

从富液中汽提出来的酸性组分和水蒸气离开再生塔顶,经冷凝器冷却与冷凝后,冷凝水作为回流返回再生塔顶部。由回流罐分出的酸气根据其组成和流量,或去硫黄回收装置,或压缩后回注地层以提高原油采收率,或经处理去焚烧等。

实际上在图 3-3 的典型流程基础上,还可根据需要衍生出一些其他流程。

例如,在如图 3-4 所示的分流流程中,由再生塔中部引出一部分半贫液(已在塔内汽提

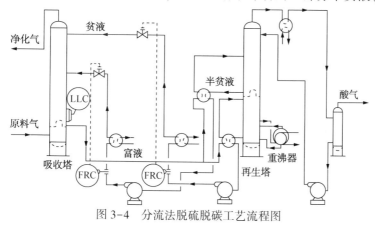

图 3-4　分流法脱硫脱碳工艺流程图

出绝大部分酸性组分但尚未在重沸器内进一步汽提的溶液)送至吸收塔的中部，而经过重沸器汽提后的贫液仍送至吸收塔的顶部。此流程虽然增加了一些设备与投资，但对酸性组分含量高的天然气脱硫脱碳装置却可显著降低能耗。

(四) 醇胺法脱硫脱碳装置操作注意事项

醇胺法脱硫脱碳装置运行一般比较平稳，经常遇到的问题有溶剂降解、设备腐蚀和溶液发泡等。因此，应在设计与操作中采取措施防止和减缓这些问题的发生。

1. 溶剂降解

醇胺降解大致有化学降解、热降解和氧化降解三种，是造成溶剂损失的主要原因。

化学降解在溶剂降解中占有最主要地位，即醇胺与原料气中的 CO_2 和有机硫化物发生副反应，生成难以完全再生的化合物。MEA 与 CO_2 发生副反应生成的碳酸盐可转变为恶唑烷酮，再经一系列反应生成乙二胺衍生物。由于乙二胺衍生物比 MEA 碱性强，故难以再生复原，从而导致溶剂损失，而且还会加速设备腐蚀。DEA 与 CO_2 发生类似副反应，溶剂只是部分丧失反应能力。MDEA 是叔胺，不与 CO_2 反应生成恶唑烷酮一类降解物，也不与 COS、CS_2 等有机硫化物反应，因而基本不存在化学降解问题。

避免空气进入系统(例如溶剂罐充氮保护、溶液泵入口保持正压等)及对溶剂进行复活等，都可减少溶剂的降解损失。

2. 设备腐蚀

醇胺溶液本身对碳钢并无腐蚀性，只是酸气进入溶液后才产生的。

醇胺法脱硫脱碳装置主要存在有应力腐蚀开裂、氢腐蚀、磨损腐蚀和坑点腐蚀，其容易发生腐蚀的部位有再生塔及其内部构件、贫富液换热器中的富液侧、换热后的富液管线、有游离酸气和较高温度的重沸器及其附属管线等处。

酸性组分是最主要的腐蚀剂，其次是溶剂的降解产物。溶液中悬浮的固体颗粒(主要是腐蚀产物如硫化铁)对设备、管线的磨损，以及溶液在换热器和管线中流速过快，都会加速硫化铁膜脱落而使腐蚀加快。设备应力腐蚀是由 H_2S、CO_2 和设备焊接后的残余应力共同作用下发生的，在温度高于90℃的部位更易发生。

为防止或减缓腐蚀，在设计和操作中应考虑一下因素：

① 尽可能维持最低的重沸器温度，重沸器中的管束或火管上方应保持足够的液位，例如管束浸没深度最小为150mm，以免管束局部过热加剧腐蚀。

② 将酸气负荷和溶液浓度控制在满足净化要求的最低值。

③ 设置机械过滤器(固体过滤器)和活性炭过滤器，比除去溶液中的固体颗粒、烃类和降解产物。过滤器应除去所有大于5μm的颗粒。活性炭过滤器的前后均应设置机械过滤器。推荐富液采用全量过滤器，至少不低于溶液循环量的25%。有些装置对富液、贫液都进行全量过滤，包括在吸收塔和富液闪蒸罐之间也设置过滤器。

④ 控制管线中溶液流速，减少溶液流动中的湍流和局部阻力。

⑤ 确保补水的水质符合要求。如果允许，可以采用水蒸气作为补充水。

⑥ 合理选材，即一般部位选用碳钢，但贫富液换热器的富液侧(管程)、富液管线、重沸器、再生塔的内部构件(例如顶部塔板)和酸气回流冷凝器等采用奥氏体不锈钢。管材表面温度超过120℃时，应考虑采用0Cr18Ni11Ti钢。

⑦ 对与酸性组分接触的碳钢设备和管线应进行焊后热处理以消除应力，避免应力腐蚀开裂。

⑧ 其他。如采用原料气分离器和过滤器，防止地层水及气体所携带的杂质进入醇胺溶液中。因为地层水中的氯离子可加速坑点腐蚀、应力腐蚀开裂和缝间腐蚀；溶液缓冲罐和储罐用惰性气体或净化气保护；再生保持较低压力，尽量避免溶剂热降解。

3. 溶液发泡

醇胺降解产物、溶液中悬浮的固体颗粒、原料气中携带的游离液（烃或水）、化学剂和润滑油等，都是引起溶液发泡的原因。溶液发泡会使脱硫脱碳效果变坏，甚至使处理量剧降直至停工。因此，在开工和运行中都要保持溶液清洁，除去溶液中的硫化铁、烃类和降解产物等，也可适当加入消泡剂，但这只能作为一种应急措施。根本措施是查明发泡原因并及时排除。

4. 补充水分

由于离开吸收塔的湿净化气和离开再生塔回流冷凝器的湿酸气都含有饱和水蒸气，而且湿净化气离塔温度远高于原料气进塔温度，故需不断向系统中补充水分。

5. 溶剂损耗

醇胺损耗是醇胺法脱硫脱碳装置重要经济指标之一，溶剂损耗主要为蒸发、携带、降解和机械损失等。根据国内外醇胺法天然气脱硫脱碳装置的运行经验，醇胺损耗通常不超过 $50kg/10^6m^3$。实际上，目前国内处理厂脱硫脱碳装置的溶剂损耗一般均小于 $30kg/10^6m^3$。

（五）醇胺法脱硫脱碳工艺的应用

如前所述，MDEA 是一种在 H_2S、CO_2 同时存在下可以选择性脱除 H_2S（即在几乎完全脱除 H_2S 的同时仅脱除部分 CO_2）的醇胺，目前已形成了以 MDEA 为主剂的不同溶液体系：①MDEA水溶液，即传统的 MDEA 溶液；②MDEA-环丁砜溶液，即 Sulfinol-M 法或砜胺Ⅲ法溶液，在选择性脱除 H_2S 的同时具有很好的脱除有机硫的能力；③MDEA 配方溶液，即在 MDEA 溶液中加有改善其某些性能的助剂；④混合醇胺溶液，如 MDEA-MEA 溶液和 MDEA-DEA溶液，具有 MDEA 法能耗低和 MEA、DEA 法净化度高的能力；⑤活化 MDEA 溶液，加有提高溶液吸收 CO_2 速率的活化剂，可用于脱除大量的 CO_2，也可同时脱除少量的 H_2S。

因此，可根据不同天然气组成特点、净化度要求及其他条件有针对性地选用，因而使每一脱硫脱碳过程均具有能耗、投资和溶剂损失低，酸气中 H_2S 浓度高，对环境污染少和工艺灵活、适应性强等优点。

但是，有些情况下采用常规醇胺法仍是合适的。例如，当净化气作为 NGL 回收装置或 LNG 生产装置的原料气时，由于这些装置要求原料气中的 CO_2 含量很低，故必须深度脱除其中的 CO_2。此时，就可考虑采用常规醇胺法脱硫脱碳的可能性。

以下介绍醇胺法脱硫脱碳工艺在国内的一些应用实例供参考。

1. 常规醇胺法的应用

我国海南海然公司所属 LNG 工厂的原料气为中国石油海南福山油田 NGL（天然气凝液）回收装置的商品气（干气），在对其预处理时采用 DGA 法深度脱除其中的 CO_2。

2. MDEA 法

（1）MDEA 法选择性脱 H_2S

目前，国内外已普遍采用选择性 MDEA 法脱除天然气中的 H_2S，以下仅重点介绍 MDEA 法选择性脱硫在我国天然气工业中的应用。

自 1986 年重庆天然气净化总厂垫江分厂采用 MDEA 溶液进行压力选择性脱硫工业试验

取得成功以来，我国陆续有川渝气田的渠县、磨溪、长寿分厂和长庆气区的第一、第二天然气净化厂采用选择性 MDEA 法脱硫的工业装置投产，其运行数据见表 3-2。由这些脱硫装置得到的湿净化气再经三甘醇脱水后作为商品气外输。

表 3-2　国内 MDEA 溶液选择性脱硫装置运行数据

装置位置	重庆天然气净化总厂		川中油气田磨溪天然气净化厂		长庆靖边天然气净化厂	
	渠县	长寿①	引进	基地	一厂	二厂
处理量/（$10^4 m^3$/d）	405	404.04	44.26	80.35	204.4	373.6
[H_2S]原料气/%	0.484	0.218	1.95	1.95	0.03	0.0643
[CO_2]/%	1.63	1.880	0.14	0.14	5.19	5.612
溶液质量浓度/%	47.3	39.4	45	40	45	40③
气液比/（m^3/m^3）	4440	4489	1844	1860	5678	2812
吸收压力/MPa	4.2	4.3	4.0	4.0	4.64	5.01
吸收塔板数	14 及 9	8	20	20	13②	14②
原料气温度/℃	19	15	10	10	6	12
贫液温度/℃	32	32	42	40	28.6	44
[H_2S]净化气/（mg/m^3）	6.24	6.9	10.74	1.54	4.61	0.38
[H_2S]酸气/%	43.85	36.3	94	94	4.78	2.33

① 使用 CT8-5 配方溶液。

② 主进料板板数。

③ MDEA 溶液浓度一般在 40%~45%，此处按 40% 计算有关数据。

由表 3-2 可知，就原料气组成而言，渠县和长寿天然气净化分厂应该选用选择性脱硫的 MDEA 溶液，而磨溪天然气净化厂虽未必需要选用，但仍可取得节能效果。至于长庆气区第一和第二天然气净化厂，由于其原料气中的 H_2S 含量低（但亦需脱除）而 CO_2 含量则较高，主要目的应该是脱除大量 CO_2 而不是选择性脱除 H_2S，选用选择性脱硫的 MDEA 溶液就会造成溶液循环量和能耗过高。因此，长庆气区第一天然气净化厂之后新建的 $400 \times 10^4 m^3$/d 和第一、二天然气净化厂改换溶液的几套脱硫脱碳装置采用的则是混合醇胺溶液。

此外，我国蜀南 9 气矿荣县天然气净化厂现有两套处理能力为 $25 \times 10^4 m^3$/d 的脱硫脱碳装置，分别于 1998 年及 2000 年建成投产。原料气中 H_2S 含量为 1.45%~1.60%（体积分数），CO_2 含量为 5.4%~5.9%，原来采用质量浓度为 45% 的 MDEA 溶液脱硫脱碳。为了进一步提高净化气质量及酸气中的 H_2S 含量，后改用由 37%MDEA、8%TBEE（一种为叔丁胺基乙氧基乙醇化合物的空间位组胺）和 55% 水复配成的混合胺溶液。在压力为 1.03~1.2MPa、温度为 36~45℃ 下脱硫脱碳，溶液循环量为 6~9 m^3/h，气液比为 1050~1150，经处理后的净化气中 H_2S 含量 ≤10mg/m^3，脱除率达 99.99%，CO_2 共吸率 ≤20%（体积分数），比原来采用 MDEA 溶液时降低 40%~45%，酸气中 H_2S 含量由 40% 提高到 45%。

（2）高含硫天然气脱硫脱碳

我国川渝气区罗家寨、普光气田的天然气均为高含硫天然气。高含硫天然气处理工艺具有介质腐蚀性强、产品率低、单位能耗高和危险等级高等特点。因此，采用安全可靠、技术先进、经济合理的处理工艺尤为重要。

典型的高含硫天然气处理厂一般包括脱硫脱碳、脱水、硫黄回收和尾气处理等工艺，主流技术仍然是醇胺法或 Sulfinol-M 法脱硫脱碳、三甘醇脱水、克劳斯法硫黄回收、尾气处理（还原吸收法或其他）工艺。这些方案对各类含硫原料气均具有较好的适应性和技术经济性能，因而得到广泛应用。

① 中国石化中原油田普光分公司天然气净化厂

共设置 6 列 12 套主体生产线，每套原料气处理规模为 $300 \times 10^4 \, m^3/d$（设计值，下同），现已全部建成。原料气为普光气田高含硫天然气，压力为 8.2MPa，温度为 30 ~ 40℃，H_2S 含量为 14.14%，CO_2 含量为 8.63%，有机硫含量为 340.6mg/m^3，其总体工艺流程框图如图 3-5 所示。其中，采用 MDEA 溶液串接吸收法脱硫脱碳，其工艺流程图如图 3-6 所示。

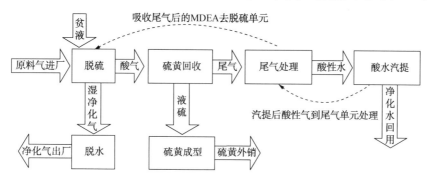

图 3-5　普光天然气净化厂总体工艺流程框图

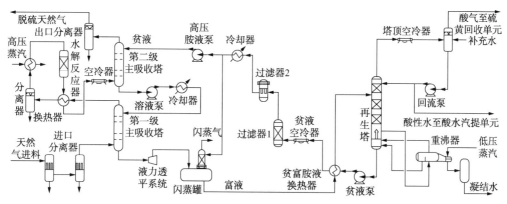

图 3-6　普光气田天然气脱硫脱碳装置工艺流程图

由图 3-6 可知，来自集气站的原料气进入脱硫脱碳装置经进口分离器脱除游离液和固体杂质后，先去第一级主吸收塔，采用质量浓度为 50% 的 MDEA 溶液选择性脱硫。离开塔顶的半净化气先经气液分离和加热升温后进入水解反应器脱除 COS，再经换热降温后进入第二级主吸收塔将 H_2S 脱除至 6mg/m^3。第二级主吸收塔塔顶的湿净化气去脱水装置，塔底的 MDEA 溶液经过增压和降温后进入第一级主吸收塔顶部。

第一级主吸收塔塔底的富液先经液力透平驱动高压贫液泵以回收能量，然后再进入闪蒸罐。闪蒸气去尾气焚烧炉，罐底富液经换热升温后去再生塔。再生塔顶部的酸气去硫黄回收装置，底部贫液经换热降温、过滤和增压后进入第二级主吸收塔循环使用。

该工艺的特点是：①采用 Blach & Veatch 公司中间冷却吸收塔专利技术，在控制气体中 CO_2 含量的同时也能满足对 H_2S 的含量要求；②采用固定床水解反应器脱除 COS，以满足对总硫含量的要求；③采用液力透平回收高压富液能量。

脱硫脱碳和脱水后的净化气质量为：H_2S 含量 ≤6mg/m³，总硫含量（以硫计）≤200mg/m³，CO_2 含量 ≤3%（体积分数），水露点≤-15℃（出厂 8.0MPa 条件下），烃露点<-15℃（出厂 8.0MPa 条件下）。

来自脱硫脱碳装置的湿净化气去三甘醇脱水装置（每列两套），酸气去二级克劳斯装置回收硫黄。由克劳斯装置来的尾气去尾气处理装置（采用还原吸收法），而由脱硫脱碳、尾气处理和克劳斯装置来的酸水则去酸水汽提装置（每列两套）处理后回循环水系统，汽提出的酸气返回尾气处理装置回收 H_2S。

② 中国石油西南油气田分公司宣汉天然气处理厂

共设置 3 列主体生产线，每列原料气处理规模为 300×10⁴m³/d（设计值，下同）。原料气进厂条件为 7.2MPa，10~35℃，H_2S 含量的变化范围为 9.5%~11.5%，CO_2 含量的变化范围为 7%~8%；产品气要求 H_2S 含量 ≤6mg/m³，总硫含量（以硫计）≤200mg/m³，CO_2 含量≤3%（体积），水露点≤-10℃（在出厂压力条件下），烃露点≤ -10℃［在 6.9~7.1MPa（g）条件下］。

由于含硫原料气中有机硫化物含量较高，故采用 Sulfinol-M（砜胺Ⅲ）法脱硫脱碳。脱硫脱碳装置吸收塔塔底富液去再生，得到的贫液分别送至本装置的脱硫脱碳吸收塔和尾气处理装置的脱硫塔循环使用，酸气送至硫黄回收装置处理。脱硫脱碳吸收塔溶液循环泵采用液力透平，回收塔底流出的高压富液的大部分压力能。

湿净化气然后进入脱水装置采用三甘醇脱水，脱水后的干净化天然气即为商品天然气，经贸易计量后外输。

自脱硫脱碳装置富液再生所得酸气进入硫黄回收装置，回收酸气中的硫黄。硫黄回收装置采用二级转化的常规克劳斯法，生产的液体硫黄经管输至硫黄厂内的硫黄成型装置，固化成型包装后的副产品固体硫黄经公路运输至火车站后外运。

硫黄回收装置的尾气送至尾气处理装置。该装置采用还原吸收法（串级 SCOT 工艺），吸收塔底出来的富液作为半贫液至脱硫脱碳装置吸收塔中部，经尾气处理装置处理后的尾气送至尾气焚烧炉焚烧后经烟囱排入大气，尾气处理装置的酸性水送至酸水汽提设施，汽提出的酸气返回硫黄回收装置，经汽提后的酸性水用作循环水补充水。

尾气处理装置和硫黄回收装置可使总硫回收率≥99.8%。

3. 混合醇胺溶液法

采用混合醇胺溶液（MDEA+DEA）的目的是在基本保持溶液低能耗的同时提高其脱除 CO_2 的能力或解决在低压下运行时的净化度问题。该法可以使用不同的醇胺配比，故具有较大的灵活性。

由于长庆气区第一和第二天然气净化厂原料气中的 H_2S 含量低而 CO_2 含量较高，脱硫脱碳装置主要是脱除大量 CO_2 而不是选择性脱除 H_2S。因此，2003 年第一天然气净化厂新建的 400×10⁴m³/d 脱硫脱碳装置则采用混合醇胺溶液（设计浓度为 45% MDEA +5% DEA，投产后溶液中 DEA 浓度根据具体情况调整）。

第二天然气净化厂两套脱硫脱碳装置原设计均采用 MDEA 溶液（设计浓度为 50%），在投产后不久经过室内和现场试验，分别在 2002 年和 2004 年也改用 MDEA +DEA 的混合醇胺溶液（设计溶液总浓度为 45%，实际运行时溶液中 DEA 浓度也根据具体情况调整）。其中，第二套脱硫脱碳装置在 2003 年通过满负荷性能测试后，至今运行情况基本稳定。该装置某年经过整理后的运行数据见表 3-3。

表 3-3　二厂第二套脱硫脱碳装置某年运行情况[①]

运行情况	运行时间/(h/a)	处理气量/($10^4 m^3$/d)	MDEA循环量/(m^3/h)	原料气H_2S/(mg/m^3)	原料气CO_2/%	汽提气量/(m^3/d)	净化气H_2S/(mg/m^3)	净化气CO_2/%	H_2S脱除率/%	CO_2脱除率/%
设计值	8000	375	150	920	5.321	528	≤20	≤3.0	97.8	43.6
实际运行	7687	291	78	762	5.34	546	5	2.9	99	50

① DEA 浓度为 3.25%左右, 胺液浓度 40%左右。

第二天然气净化厂脱硫脱碳装置采用 MDEA 溶液和 MDEA+DEA 混合醇胺溶液的技术经济数据对比见表 3-4。

表 3-4　采用混合醇胺溶液与 MDEA 溶液脱硫脱碳技术经济数据对比

溶液	处理量[①]/($10^4 m^3$/d)	溶液循环量/(m^3/h)	原料气 H_2S/(mg/m^3)	原料气 CO_2/%	净化气 H_2S/(mg/m^3)	净化气 CO_2/%	循环泵耗电量/(kW/d)	再生用蒸汽量/(t/d)
混合醇胺	391.01	82.74	756.05	5.53	8.05	2.76	6509.43	343.02
MDEA	391.89	128.23	793.85	5.59	2.34	2.76	9901.86	403.15

① 单套装置名义处理量为 $400×10^4 m^3$/d, 设计处理量为 $375×10^4 m^3$/d, 实际运行值根据外输需要进行调整。

由表 3-4 可知, 在原料气气质基本相同并保证净化气气质合格的前提下, 装置满负荷运行时混合醇胺溶液所需循环量约为 MDEA 溶液循环量的 64.5%, 溶液循环泵和再生用汽提蒸汽量也相应降低, 装置单位能耗(MJ/$10^4 m^3$天然气)约为 MDEA 溶液的 83.31%。

由于 DEA 是伯胺, 腐蚀性较强, 故在现场进行混合醇胺溶液试验前后还分别在室内和现场测定了溶液的腐蚀速率。结果表明, 混合醇胺溶液的腐蚀速率虽较 MDEA 溶液偏大, 但仍在允许范围之内。

4. 活化 MDEA 法

通常, 活化 MDEA 法也可用于天然气深度脱碳, 将原料气中的 CO_2 含量脱除至符合 NGL 回收装置或 LNG 生产装置的要求。

我国海洋石油公司湛江分公司东方 1-1 气田陆上终端于 2003 年和 2005 年先后建成 2 套 $8×10^8 m^3$/a 脱碳装置, 采用活化 MDEA 溶液(国产, 活化剂为哌嗪)分流法脱除 CO_2。第二套脱碳装置工艺流程图如图 3-7 所示。两套装置的设计参数、原料气组成设计值和运行时实际值分别见表 3-5 和表 3-6。

表 3-5　东方 1-1 气田陆上终端脱碳装置设计参数

装置	规模/($10^8 m^3$/a)	压力/MPa	温度/℃	原料气 CO_2 含量/%	净化气 CO_2 含量/%
第一套	8	4.0	40	19.71	≤1.5
第二套	8	4.0	40	30.0	≤1.5

表 3-6　东方 1-1 气田陆上终端脱碳装置原料气组成　%(体积分数, 干基)

类别	C_1	C_2	C_3	C_4	C_5	C_6^+	CO_2	H_2S	N_2
第一套设计值	61.97	1.23	0.24	0.06	0.03	0.00	19.71	0.00	16.75
第二套设计值	55.58	0.71	0.24	0.06	0.03	0.00	30.00	0.00	13.78
运行实际值	59.45	0.62	0.19	0.09	0.05	0.11	19.93	0.00	19.56

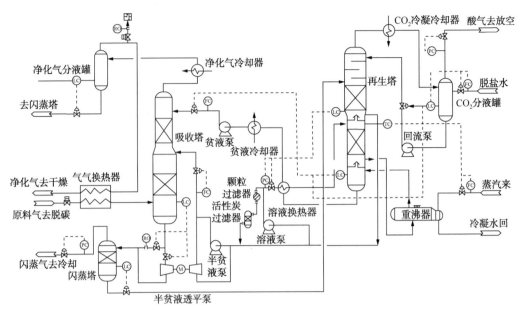

图 3-7　东方终端第二套脱碳装置工艺流程图

第二套脱碳装置自投产以来运行稳定,虽曾出现过溶液系统铁离子浓度持续上升、管线异常振动和半贫液泵严重气蚀等问题,但在 2008 年经过整改后已取得显著改进。

三、砜胺法及其他脱硫脱碳方法

在天然气脱硫脱碳工艺中,除主要采用醇胺法外,还广泛采用其他方法。例如,物理溶剂法中有 Selexol 等法,化学-物理溶剂法主要是砜胺法,直接转化法中有 Lo-Cat 法,间歇法中有海绵铁法、分子筛法,以及 20 世纪 80 年代发展起来的膜分离法等。以下仅重点介绍一些常用或有代表性的脱硫脱碳方法。

（一）砜胺法（Sulfinol 法）

砜胺法（Sulfinol 法）的脱硫脱碳溶液由环丁砜（物理溶剂）、醇胺（DIPA 或 MDEA 等化学溶剂）和水复配而成,兼有物理溶剂法和化学溶剂法二者的特点。其操作条件和脱硫脱碳效果大致上与相应的醇胺法相当,但物理溶剂的存在使溶液的酸气负荷大大提高,尤其是当原料气中酸性组分分压高时此法更为适用。此外,此法还可脱除有机硫化物。

Sulfinol 法自问世以来,由于能耗低、可脱除有机硫、装置处理能力大、腐蚀轻、不易发泡和溶剂变质少的优点,因而被广为应用,现已成为天然气脱硫脱碳的主要方法之一。砜胺法脱硫脱碳工艺流程和设备与醇胺法基本相同。

自 20 世纪 60 年代壳牌公司开发成功 Sulfinol-D 法（砜胺Ⅱ法）后,我国在 70 年代中期即将川渝气田的卧龙河脱硫装置溶液由 MEA-环丁砜溶液（砜胺Ⅰ法）改为 DIPA-环丁砜溶液（砜胺Ⅱ法）,随后又推广至川西南净化二厂和川西北净化厂。之后,又进一步将引进的脱硫装置溶液由 DIPA-环丁砜溶液改为 MDEA-环丁砜溶液（Sulfinol-M 法,砜胺Ⅲ法）。此外,正在建设的我国宣汉天然气处理厂也采用 Sulfinol-M 法脱硫脱碳。

1. 川渝气田引进脱硫装置改换溶液前后比较

川渝气田引进脱硫装置自 1980 年投产后不久,由于原料气中 H_2S 含量下降和 CO_2 含量上升而带来诸多问题，包括克劳斯装置原料酸气 H_2S 含量下降、装置能耗增加和系统蒸汽难以平衡等。这种趋势如果继续发展将使装置所在整个工厂无法正常运行。

经分析，采用 MDEA-环丁砜溶液代替 DIPA-环丁砜溶液可在一定程度上改善工厂现状，缓解装置面临困难。为此，在一系列侧线试验基础上，拆除吸收塔的部分塔板，更换系统溶液，其运行数据及二者比较见表3-7。

表 3-7　引进装置两种 Sulfinol 法运行数据比较

方法		砜胺Ⅲ法	Sulfinol-D	
醇胺：环丁砜：水(质量分数)		40:45:15	40:45:15	
原料气	H_2S/%	2.63	2.71	2.67
	CO_2/%	1.04	1.03	1.06
	有机硫/(mg/m³)	647	—	647
净化气	H_2S/(mg/m³)	5.0	>20	4.0
	CO_2/%	0.51	—	6.6(mg/m³)
	有机硫/(mg/m³)	183.5	—	109.4
酸气	H_2S/%	79.9	66.7	67.3
	CH_4/%	1.20	1.49	1.60
气液比		877	829	773
吸收塔塔板数		23	35	35
蒸汽耗量/(t/h)		16.0	22.2	22.2

2. 宣汉天然气处理厂脱硫脱碳装置

中国石油宣汉天然气处理厂共设置 5 列主体生产线，每列规模为 $300×10^4$ m³/d(设计值，下同)。一期工程先建设 3 列，总规模为 $900×10^4$ m³/d。原料气来自罗家寨和滚子坪气田高含硫天然气，典型组成见表3-8(其中 COS 含量 264mg/m³，有机硫含量 308mg/m³)，进厂压力为 7.1~7.3MPa，温度为 10~35℃。处理后的净化气为 $741×10^4$ m³/d，其质量要求为 H_2S 含量 ≤20mg/m³，总硫含量(以硫计)≤200mg/m³，CO_2 含量 ≤3%(体积分数)，水露点≤-10℃(出厂 6.9~7.1MPa 条件下)，烃露点<-10℃(出厂 6.9~7.1MPa 条件下)。此外，该厂的副产品为硫黄，其质量达到工业硫黄质量标准(GB/T 2449—2006)优等品质量指标，硫黄产量为 1208.7t/d($40.8×10^4$t/a)。

表 3-8　宣汉天然气处理厂天然气组成　　　　%(干基，体积分数)

组分	C_1	C_2	C_3	N_2	H_2	He	H_2S[①]	CO_2[②]	合计
组成	81.38	0.07	0.02	0.70	0.23	0.02	10.08	7.50	100.00

① H_2S 含量变化范围为 9.5%~11.5%。

② CO_2 含量变化范围为 7.0%~8.0%。

由于宣汉天然气处理厂高含硫天然气中有机硫含量较高(308mg/m³)，需要在脱除 H_2S 的同时也脱除有机硫才能符合商品气对总硫含量的要求，故原料气采用 Sulfinol-M 法脱硫脱碳。

该厂脱硫脱碳装置采用的 Sulfinol-M 溶液质量组成为：MDEA50%，环丁砜 15%，水 35%。溶液循环量为 416m³/h，其中约 47% 为贫液，53% 为半贫液，溶液循环泵采用能量回收透平。湿净化天然气送至脱水装置，采用质量浓度为 99.7% 的 TEG 脱水。酸气去硫黄回收装置，采用二级转化常规克劳斯（Claus）法，装置硫黄最大产量约 460t/d。离开硫黄回收装置的尾气去尾气处理装置，采用串级 SCOT 法处理，其脱硫吸收塔使用的 Sulfinol-M 贫液来自上游的脱硫脱碳装置，Sulfinol-M 富液（即半贫液）返回脱硫脱碳装置吸收塔中部进一步吸收原料气中的酸性组分。来自脱硫脱碳装置再生塔底部的贫液一部分去吸收塔顶部，另一部分则去尾气处理装置脱硫吸收塔。

（二）多乙二醇二甲醚法（Selexol 法）

物理溶剂法系利用天然气中 H_2S 和 CO_2 等酸性组分与 CH_4 等烃类在溶剂中的溶解度显著差别而实现脱硫脱碳的。与醇胺法相比，其特点是：①传质速率慢，酸气负荷决定于酸气分压；②可以同时脱硫脱碳，也可以选择性脱除 H_2S，对有机硫也有良好的脱除能力；③在脱硫脱碳同时可以脱水；④由于酸气在物理溶剂中的溶解热低于其与化学溶剂的反应热，故溶剂再生的能耗低；⑤对烃类尤其是重烃的溶解能力强，故不宜用于 C_2H_6 以上烃类尤其是重烃含量高的气体；⑥基本上不存在溶剂变质问题。

由此可知，物理溶剂法应用范围虽不可能像醇胺法那样广泛，但在某些条件下也具有一定技术经济优势。

常用的物理溶剂有多乙二醇二甲醚、碳酸丙烯酯、甲醇、N-甲基吡咯烷酮和多乙二醇甲基异丙基醚等。其中，多乙二醇二甲醚是物理溶剂中最重要的一种脱硫脱碳溶剂，此法是美国 Allied 化学公司首先开发的，其商业名称为 Selexol 法。

物理溶剂法一般有两种基本流程，其区别主要在于再生部分。当用于脱除大量 CO_2 时，由于对 CO_2 的净化度要求不高，故可仅靠溶液闪蒸完成再生。如果需要达到较严格的 H_2S 净化度，则在溶液闪蒸后需再汽提或真空闪蒸，汽提气可以是蒸汽、净化气或空气，各有利弊。

图 3-8 为德国 NEAG-Ⅱ Selexol 法脱硫装置工艺流程示意图。该装置用于从 H_2S 和 CO_2 分压高的天然气选择性脱除 H_2S 和有机硫。原料气中 H_2S 和 CO_2 含量分别为 9.0% 和 9.5%，有机硫含量为 230×10^{-6}（体积分数，下同），脱硫后的净化气中 H_2S 含量为 2×10^{-6}，CO_2 含量为 8.0%，有机硫含量为 70×10^{-6}。

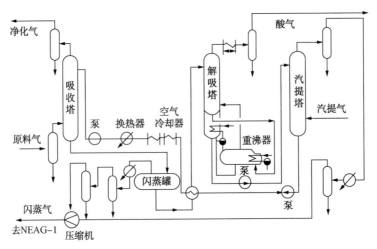

图 3-8　NEAG-Ⅱ Selexol 法脱硫装置工艺流程示意图

（三）Lo-Cat 法

直接转化法采用含氧化剂的碱性溶液脱除气流中的 H_2S 并将其氧化为单质硫，被还原的氧化剂则用空气再生，从而使脱硫和硫黄回收合为一体。由于这种方法采用氧化-还原反应，故又称氧化-还原法或湿式氧化法。

直接转化法可分为以铁离子为氧载体的铁法、以钒离子为氧载体的钒法以及其他方法。Lo-Cat 法属于直接转化法中的铁法。

与醇胺法相比，其特点为：①醇胺法和砜胺法酸气需采用克劳斯装置回收硫黄，甚至需要尾气处理装置，而直接转化法本身即可将 H_2S 转化为单质硫，故流程简单，投资低；②主要脱除 H_2S，仅吸收少量的 CO_2；③醇胺法再生时蒸汽耗量大，而直接转化法则因溶液硫容(单位质量或体积溶剂可吸收的硫的质量)低、循环量大，故其电耗高；④基本无气体污染问题，运行中产生的少量 $K_2S_2O_3$ 盐类等夹杂在硫黄浆液中，其中一部分经过滤脱水后随废液排出。

美国 GTP 公司开发的 Lo-Cat 法可用来处理多种含 H_2S 气体，适用于潜硫量在 0.2~10t/d 含硫气体的脱硫，硫回收率通常可达 99.9%，净化尾气中的 H_2S 含量可低至 10×10^{-6}(体积分数)。反应器内溶液 pH 值在 8.0~8.5 时最佳，其总铁离子含量为 500×10^{-6}(质量分数)。在反应器内得到的硫黄浆液浓度为 5%~15%，经过滤脱水后所产硫黄饼纯度根据过滤方式不同而异。

Lo-Cat 法有两种基本流程用于不同性质的原料气。双塔流程用于处理含硫天然气或其他可燃气脱硫，一塔吸收，一塔再生；单塔流程用于处理低压废气(例如醇胺法酸气、克劳斯装置加氢尾气等不易燃气体)，其吸收与再生在一个塔内同时进行，称之为"自动循环"的 Lo-Cat 法。目前，第二代工艺 Lo-Cat Ⅱ 法主要用于单塔流程。图 3-9 为 Lo-Cat Ⅱ 法的单塔流程。

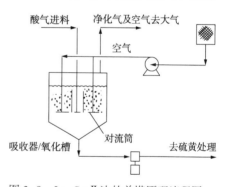

图 3-9 Lo-Cat Ⅱ 法的单塔原理流程图

我国蜀南气矿隆昌天然气净化厂由于原料气中 H_2S 含量为 $3g/m^3$，潜硫量略低于 1.2t/d，处于适用 Lo-Cat 法的潜硫量范围内，故在 2001 年引进了一套自动循环的 Lo-Cat Ⅱ 装置处理 MDEA 法脱硫装置排出的酸气。所用溶液除含有络和铁催化剂 ARI-340 外，还加有 ARI-350 螯合稳定剂、ARI-400 生物除菌剂以及促使硫黄聚集沉降的 ARI-600 表面活性剂。此外，在运行初期和必要时还须加入 ARI-360 降解抑制剂。溶液所用碱性物质为 KOH。

图 3-9 中的反应器内溶液的自动循环系靠吸收液与再生液的密度差而实现的。对流筒吸收区中溶液因 H_2S 氧化为元素硫，密度增加而下沉，筒外溶液则因空气(其量远多于酸气量)鼓泡而密度降低，不断上升进入对流筒。

装置中采用了不锈钢、硅橡胶、高密度聚乙烯及氯化乙烯等防腐材料。为防止硫黄堵塞，装置定期用空气清扫。

表 3-9 给出了该装置的设计与实际操作参数。

表 3-9 隆昌天然气净化厂 Lo-Cat Ⅱ 装置参数

项 目	酸气量/ （m³/h）	酸气中 H₂S 浓度/% （体积分数）	溶液中铁离子 质量浓度/%	pH 值	溶液电位/ mV	排放气中 H₂S 浓度/10⁻⁶ （体积分数）	硫黄产量/ （t/d）
设计	150（90~165）	23	0.050	8~9	−175~−250	10	1.2
实际	60~90	6~10	0.045~0.050	8~9	−150~−250	5	—

（四）其他方法

除了上述物理溶剂法脱硫脱碳外，还有分子筛法、膜分离法、低温分离法以及微生物法等方法，这里就不再一一介绍。

（五）我国天然气净化厂脱硫脱碳装置简介

我国天然气净化厂脱硫脱碳装置主要分布在川渝气田及长庆气田，见表 3-10。由于表中有些属于备用装置，还有一些因气田气量衰减而低负荷运行甚至停运，故有的净化厂实际处理量小于表中所示的处理能力。

表 3-10 我国天然气净化厂脱硫脱碳装置一览表

地区	厂名	套数	工艺方法	单套处理能力/（10⁴m³/d）
四川	蜀南气矿	8+3		
	净化一厂	2	MEA	2×70
	净化二厂	2	MDEA（砜胺-Ⅰ、Ⅱ）	2×70
	隆昌净化厂	1	MDEA	40
	川西北气矿净化厂	1	砜胺-Ⅱ	120
	川中油气矿			
	引进装置	1	MDEA	50
	国内设计装置	1	MDEA	80
	川东北气矿宣汉处理厂	3	砜胺-Ⅲ	3×300（一期）
	川东北中石化普光净化厂	6	MDEA 串级	6×500（分期建设）
	龙岗净化厂	2	MDEA	600×2
重庆	重庆净化总厂	10		
	垫江分厂	1	MDEA（砜胺-Ⅰ、Ⅱ）	400
	引进分厂	1	砜胺-Ⅲ（砜胺-Ⅱ）	400
	引进分厂	1	砜胺-Ⅲ	80
	引进分厂	1	砜胺-Ⅲ	200
	渠县分厂	2	MDEA	2×200
	长寿分厂	2	MDEA 配方	400
	忠县分厂	2	MDEA 配方	2×300
贵州	赤水天然气化肥厂脱硫分厂	2	ADA-NaVO₃	2×100
陕西	长庆油田分公司	9		
	第一净化厂	5	MDEA/（MDEA+DEA）	（4×200）/400
	第一净化厂	1	MDEA+DEA	400

地区	厂名	套数	工艺方法	单套处理能力/($10^4 m^3/d$)
陕西	第三净化厂	1	MDEA	300
	第四净化厂	2	MDEA+DEA	450
内蒙古	第二净化厂	2	MDEA+DEA	400
	第五净化厂	2	MDEA+DEA	450
湖北	江汉油田分公司利川脱硫装置	1	MDEA	15
海南	东方1-1气田陆上终端	2	活化MDEA	250

第二节　天然气脱水

脱水是指从天然气中脱除饱和水蒸气或从天然气凝液(NGL)中脱除溶解水的过程。脱水的目的是：①防止在处理和储运过程中出现固体水合物和液态水；②符合天然气产品的水含量(或水露点)质量指标；③防止腐蚀。因此，在天然气露点控制(或脱油脱水)、天然气凝液回收、液化天然气及压缩天然气生产等过程中均需进行脱水。此外，采用湿法脱硫脱碳后的净化气也需要脱水。

天然气及其凝液的脱水方法有低温法、吸收法、吸附法、膜分离法、气体汽提法和蒸馏法等。本节着重介绍天然气脱水常用的低温法、吸收法和吸附法。此外，防止天然气水合物形成的方法也在本节中一并介绍。

采用湿法脱硫脱碳时，含硫天然气一般是先脱硫脱碳再脱水。但是，对于距离天然气处理厂较远的酸性天然气，如果在集气管道中可能出现游离水时也可预脱水。

一、防止天然气水合物形成的方法

防止天然气水合物形成的方法有三种：一是在天然气压力和水含量一定下，将含水的天然气加热，使其加热后的水含量处于不饱和状态。目前在气井井场采用加热器(通常为水套加热炉)即为此法一例。当设备或管道必须在低于水合物形成温度以下运行时，就应采用其他两种方法：一种是利用吸收法或吸附法脱水，使天然气水露点降低到设备或管道运行的最低温度以下；另一种则是向气流中加入化学剂。目前常用的化学剂是热力学抑制剂，但自20世纪90年代以来研制开发的动力学抑制剂和防聚剂也日益受到人们的重视与应用。

天然气脱水是防止水合物形成的最好方法，但从经济上考虑，一般应在处理厂(站)内集中进行。否则，则应考虑加热和加入化学剂的方法。以下先讨论加入化学剂法。

(一)热力学抑制剂法

水合物热力学抑制剂是目前广泛采用的一种防止水合物形成的化学剂。常见的热力学抑制剂有电解质水溶液(如$CaCl_2$等无机盐水溶液)、甲醇和甘醇类有机化合物。此处仅讨论常用的甲醇、乙二醇、二甘醇等有机化合物抑制剂。

1. 使用条件及注意事项

对热力学抑制剂的基本要求是：①尽可能大地降低水合物的形成温度；②不和天然气中的组分发生化学反应；③不增加天然气及其燃烧产物的毒性；④完全溶于水，并易于再生；⑤来源充足，价格便宜；⑥凝点低。实际上，完全满足这些条件的抑制剂是不存在的，目前常用的抑制剂只是在某些主要方面满足上述要求。

气流在降温过程中将会析出冷凝水。在气流中注入可与冷凝水互溶的甲醇或甘醇后，则可降低水合物的形成温度。甲醇和甘醇都可从水溶液相（通常称为含醇污水）中回收、再生和循环使用，其在使用和再生中损耗掉的那部分则应定期或连续予以补充。

在温度高于-40℃并连续注入的情况下，采用甘醇（一般为其水溶液）比采用甲醇更为经济，因为回收甲醇需要采用蒸馏的方法。而在低于-40℃的低温条件下，一般则选用甲醇，因为甘醇的黏度较大，故与液烃分离困难。

甘醇类水合物抑制剂为乙二醇、二甘醇和三甘醇。由于乙二醇成本低、黏度小且在液烃中的溶解度低，因而是最常用的甘醇类抑制剂。为了保证抑制效果，必须在气流冷却至形成水合物温度前就注入抑制剂。

甲醇、乙二醇、二甘醇等有机化合物抑制剂的主要理化性质见表3-11。

表3-11　常见有机化合物抑制剂主要理化性质[1]

性　　质		甲醇（MeOH）	乙二醇（EG）	二甘醇（DEG）	三甘醇（TEG）
分子式		CH_3OH	$C_2H_6O_2$	$C_4H_{10}O_3$	$C_6H_{14}O_4$
相对分子质量		32.04	62.1	106.1	150.2
常压沸点/℃		64.5	197.3	244.8	285.5
蒸气压（25℃）/Pa		12.3（20℃）	12.24	0.27	0.05
相对密度	25℃	0.790	1.110	1.113	1.119
	60℃		1.085	1.088	1.092
凝点/℃		-97.8	-13	-8	-7
黏度	（25℃）/mPa·s	0.52	16.5	28.2	37.3
	（60℃）/mPa·s		4.68	6.99	8.77
比热容（25℃）/[J/(g·K)]		2.52	2.43	2.3	2.22
闪点（开口）/℃		12	116	124	177
理论分解温度/℃			165	164	207
与水溶解度（20℃）		互溶	互溶	互溶	互溶
性状[2]		无色、易挥发、易燃、有中等毒性	无色、无臭、无毒黏稠液体	同EG	同EG

① 甲醇；

② 这些性质是纯化合物或典型产品的实验结果，不能与产品规范混淆，或认为是产品规范。

（1）甲醇

一般来说，甲醇（MeOH）适用于气量小、季节性间歇或临时设施采用的场合。如按水溶液中相同质量浓度抑制剂引起的水合物形成温度降来比较，甲醇的抑制效果最好，其次为乙二醇（EG），再次为二甘醇，见表3-12。

表3-12　甲醇和乙二醇对水合物形成温度降（Δt）的影响[1]

质量分数/%		5	10	15	20	25	30	35
温度降/℃	MeOH	2.1	4.5	7.2	10.1	13.5	17.4	21.8
	EG	1.0	2.2	3.5	4.9	6.6	8.5	10.6

① 由Hammerschmidt公式计算求得。

采用甲醇作抑制剂时，由于其沸点低，注入气流中的甲醇有相当一部分蒸发为气相，因而造成的连续损失较大。一般情况下可不考虑从含醇污水中回收甲醇，但必须妥善处理以防污染环境。由于甲醇易燃，其蒸气与空气混合会形成爆炸性气体，并且具有中等程度毒性，可通过呼吸道、食道和皮肤侵入人体，当体内剂量达到一定值时即会出现中毒现象甚至导致死亡，所以在使用甲醇做抑制剂时必须采取相应的安全措施。

（2）甘醇类

甘醇类抑制剂无毒，沸点远高于甲醇，因而在气相中蒸发损失少，可回收循环使用，适用于气量大而又不宜采用脱水的场合。使用甘醇类抑制剂时如果系统（管线或设备）温度低于 0℃，注入甘醇类抑制剂时还必须根据图 3-10 判断抑制剂水溶液在此浓度和温度下有无"凝固"的可能性，最好是保持抑制剂水溶液中甘醇的质量浓度在 60%～70%。

一般来说，采用甲醇作抑制剂时投资费用较低，但因其蒸发损失较大，故运行费用较高。采用乙二醇作抑制剂时投资费用较高，但运行费用较低。此外，甲醇可作为临时性解堵剂，在一定程度上溶解已经形成的水合物。

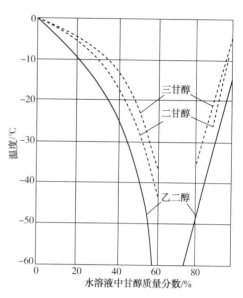

图 3-10　甘醇水溶液的凝点

2. 水合物抑制剂用量和浓度

注入气流中的抑制剂用量，不仅要满足防止在水溶液相中形成水合物的量，还必须考虑气相中与水溶液相呈平衡的抑制剂损失量，以及抑制剂在液烃中的溶解量。

由于甲醇沸点低，故其蒸发量很大。甲醇在气相中的蒸发损失可由有关图中估计。甘醇蒸发损失甚小，其量可以忽略不计。

抑制剂在水溶液相中的最低浓度可由 Hammerschmidt 半经验公式等进行估算，也可采用有关热力学模型由计算机完成。计算出抑制剂在水溶液相中的最低浓度后，即可求得水溶液相中所需的抑制剂用量。此外，还必须考虑抑制剂在液烃中的溶解损失。

注入的抑制剂质量浓度一般为：甲醇 100%（由甲醇蒸馏再生装置得到的甲醇产品浓度大于 95%即可），乙二醇 70%～80%，二甘醇 80%～90%。注入的抑制剂应进行回收、再生和循环使用，但甲醇用量较少时并不回收。国内有关标准则指出，注入的甘醇质量浓度宜为80%～85%，与冷凝水混合后在水溶液相中甘醇质量浓度宜为 50%～60%。

（二）动力学抑制剂和防聚剂法

传统的热力学抑制剂法虽然已使用多年，但由于抑制剂在水溶液中所要求的浓度很高，因而用量较多。为了进一步降低成本，自 20 世纪 90 年代以来人们又在研制一些经济实用和符合环保要求的新型水合物抑制剂，即动力学抑制剂和防聚剂。其中，有的已在现场试验与使用，取得了比较满意的结果。

二、低温法脱油脱水

低温法是将天然气冷却至烃露点以下某一低温，得到一部分富含较重烃类的液烃（即天然气凝液或凝析油），并在此低温下使其与气体分离，故也称冷凝分离法。按提供冷量的制冷系统不同，低温法可分为膨胀制冷(包括节流制冷和透平膨胀机制冷)、冷剂制冷和联合制冷法三种。

除回收天然气凝液时采用低温法外，目前也多用于含有重烃的天然气同时脱油(即脱液烃或脱凝液)脱水，使其水、烃露点符合商品天然气质量指标或管道输送要求，即通常所谓的天然气露点控制或低温法脱油脱水。

此外，为防止天然气在冷却过程中由于析出冷凝水而形成水合物，一种方法是在冷却前采用吸附法脱水；另一种方法是加入水合物抑制剂。前者用于冷却温度很低的天然气凝液(NGL)回收和液化天然气(LNG)生产过程；后者用于冷却温度不是很低的天然气脱油脱水过程，即天然气在冷却过程中析出的冷凝水和抑制剂水溶液混合后随液烃一起在低温分离器中脱除(即脱油脱水)，因而同时控制了气体的水、烃露点。

近年来，国内外已将超音速分离器用于天然气脱油脱水。该分离器系将膨胀制冷、旋流式气液分离和气体扩散再升压等集于一个密闭紧凑的静止设备内完成。2003年年底马来西亚在B11海上平台首先安装应用，我国塔里木气区牙哈凝析气处理厂也于2011年6月采用超音速分离器进行工业试验，取得良好效果。

(一) 膨胀制冷法

此法通常是利用焦耳-汤姆逊效应(即节流效应)将高压气体节流膨胀制冷获得低温，使气体中部分水蒸气和较重烃类冷凝析出，从而控制了其水、烃露点。这种方法也称为低温分离(LTS或LTX)法，以往多用于高压凝析气井井口有压力可供利用的场合。

如图3-11所示为采用乙二醇作抑制剂的低温分离法工艺流程图。

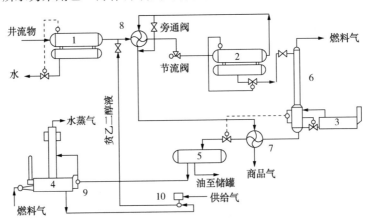

图3-11 低温分离法工艺流程

1—游离水分离器；2—低温分离器；3—重沸器；4—乙二醇再生器；5—醇油分离器；
6—稳定塔；7—醇油冷却器；8—气/气换热器；9—调节器；10—乙二醇泵

由凝析气井来的井流物先进入游离水分离器脱除游离水，分出的原料气经气/气换热器经来自低温分离器的冷干气预冷后进入低温分离器。由于原料气在气/气换热器中将会冷却至水合物形成温度以下，所以在进入换热器前要注入贫甘醇(即未经气流中冷凝水稀释因而浓度较高的甘醇水溶液)作为水合物抑制剂。

原料气预冷后再经节流阀产生焦耳-汤姆逊效应，温度进一步降低至管道输送时可能出现的最低温度或更低，并且在冷却过程中析出冷凝水和液烃。在低温分离器中，冷干气与富甘醇(与气流中析出的冷凝水混合互溶后浓度被稀释了的甘醇水溶液)、液烃分离后，再经气/气换热器与原料气换热。复热后水、烃露点符合管道输送要求的干气外输。

由低温分离器分出的富甘醇和液烃送至稳定塔中进行稳定。由稳定塔顶部脱出的气体供站场内部作燃料使用，稳定后的液体经冷却器冷却后去醇-油分离器。分离出的稳定凝析油去储罐。富甘醇去再生器，再生后的贫甘醇用泵增压后循环使用。

目前我国除凝析气外，一些含有少量重烃的高压湿天然气当其进入集气站或处理厂的压力高于干气外输压力时，也采用低温法脱油脱水。例如，塔里木气区迪那 2 凝析气田天然气处理厂处理量（设计值，下同）为 $1515×10^4 m^3/d$，原料气进厂压力为 12MPa，温度为 40℃，干气外输压力为 7.1MPa。为此，处理厂内共建设 4 套 $400×10^4 m^3/d$ 低温分离法脱油脱水装置，其工艺流程与图 3-11 基本相同。又如，塔里木气区克拉 2 气田和长庆气区榆林气田无硫低碳天然气由于含有少量 C_5^+ 重烃，属于高压湿天然气。为了使进入输气管道的气体水、烃露点符合要求，也分别在天然气处理厂和集气站中采用低温分离法脱油脱水。

（二）冷剂制冷法

20 世纪七八十年代，我国有些油田将低压伴生气增压后采用低温法冷却至适当温度，从中回收一部分液烃，再将低温下分出的干气（即露点符合管道输送要求的天然气）回收冷量后进入输气管道。由于原料气无压差可供利用，故而采用冷剂制冷。此时，大多采用加入乙二醇或二甘醇抑制水合物的形成，在低温下脱油脱水。例如，1984 年华北油田建成的南孟天然气露点控制站，先将低压伴生气压缩至 2.0MPa 后，再经预冷与氨制冷冷却至 0℃ 去低温分离器进行三相分离。分出的气体露点符合输送要求，通过油田内部输气管道送至永清天然气集中处理厂，与其他厂（站）来的天然气汇合进一步回收凝液后，再将分出的干气经外输管道送至北京作为民用燃气。

此外，当一些高压湿天然气需要进行露点控制却又无压差可利用时，也可采用冷剂制冷法。如长庆气区榆林、苏里格气田的几座天然气处理厂即对进厂的湿天然气采用冷剂制冷的方法脱油脱水，使其水、烃露点符合管输要求后，经陕京输气管道送至北京等地。榆林天然气处理厂脱油脱水装置采用的工艺流程如图 3-12 所示。

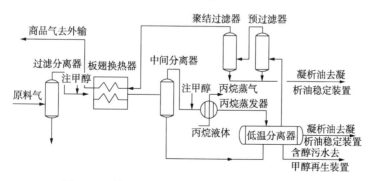

图 3-12 榆林天然气处理厂脱油脱水工艺流程图

图 3-12 中的原料气流量为 $600×10^4 m^3/d$，压力为 4.5~5.2MPa，温度为 3~20℃，并联进入 2 套脱油脱水装置（图中仅为其中一套装置的工艺流程）。根据管输要求，干气出厂压力应大于 4.0MPa，在出厂压力下的水露点应小于等于−13℃。为此，原料气首先进入过滤分离器除去固体颗粒和游离液，然后经板翅式换热器构成的冷箱预冷至−10~−15℃后去中间分离器分出凝液。来自中间分离器的气体再经丙烷蒸发器冷却至−20℃左右进入旋流式低温三相分离器，分出的气体经预过滤器和聚结过滤器进一步除去雾状液滴后，再去板翅式换

热器回收冷量升温至 0~15 ℃，压力为 4.2~5.0MPa，露点符合要求的干气然后经集配气总站进入陕京输气管道。离开丙烷蒸发器的丙烷蒸气经压缩、冷凝后返回蒸发器循环使用。

低温分离器的分离温度需要在运行中根据干气的实际露点进行调整，以保证在干气露点符合要求的前提下尽量降低获得低温所需的能耗。

三、吸收法脱水

吸收法脱水是根据吸收原理，采用一种亲水液体与天然气逆流接触，从而吸收气体中的水蒸气而达到脱水目的。用来脱水的亲水液体称为脱水吸收剂或液体干燥剂，简称干燥剂。

脱水前天然气的水露点(以下简称露点)与脱水后干气的露点之差称为露点降。人们常用露点降表示天然气的脱水深度。

脱水吸收剂应该对天然气中的水蒸气有很强的亲和能力，热稳定性好，不发生化学反应，容易再生，蒸气压低，黏度小，对天然气和液烃的溶解度低，发泡和乳化倾向小，对设备无腐蚀，同时还应价格低廉，容易得到。常用的脱水吸收剂是甘醇类化合物，尤其是三甘醇因其露点降大，成本低和运行可靠，在甘醇类化合物中经济性最好，因而广为采用。

甘醇法脱水与吸附法脱水相比，其优点是：①投资较低；②系统压降较小；③连续运行；④脱水时补充甘醇比较容易；⑤甘醇富液再生时，脱除 1kg 水分所需的热量较少。与吸附法脱水相比，其缺点是：①天然气露点要求低于-32℃时，需要采用汽提法再生；②甘醇受污染和分解后有腐蚀性；③当天然气中酸性组分较多且压力相当高时，甘醇也会"溶解"到气体中。

一般来说，除在下述情况之一时采用吸附法外，采用三甘醇脱水将是最普遍而且可能是最好的选择：①脱水目的是为了符合管输要求，但又不宜采用甘醇脱水的场合(例如，酸性天然气脱水)；②高压(超临界状态)CO_2脱水。因为此时 CO_2 在三甘醇溶液中溶解度很大；③冷却温度低于-34℃的气体脱水，例如天然气凝液回收和天然气液化等过程；④同时脱油脱水以符合水、烃露点要求。

当要求天然气露点降在 30~70℃时，通常应采用甘醇脱水。甘醇法脱水主要用于使天然气露点符合管道输送要求的场合，一般建在集中处理厂(湿气来自周围气井和集气站)、输气首站或天然气脱硫脱碳装置的下游。

此外，当天然气水含量较高但又要求深度脱水时，还可先采用三甘醇脱除大部分水，再采用分子筛深度脱除其残余水的方法。

(一)三甘醇脱水工艺流程

由于三甘醇脱水露点降大、成本低、运行可靠以及经济效益好，故广泛采用。

如图 3-13 所示为典型的三甘醇脱水装置工艺流程。该装置由高压吸收系统和低压再生系统两部分组成。通常将再生后提浓的甘醇溶液称为贫甘醇，吸收气体中水蒸气后浓度降低的甘醇溶液称为富甘醇。

图 3-13 中的吸收塔(脱水塔、接触塔)为板式塔，通常选用泡罩(泡帽)塔板或浮阀塔板。由再生系统来的贫甘醇先经冷却和增压进入吸收塔顶部塔板后向下层塔板流动，由吸收塔外的分离器和塔内洗涤器(分离器)分出的原料气进入吸收塔的底部后向上层塔板流动，二者在塔板上逆流接触时使气体中的水蒸气被甘醇溶液所吸收。吸收塔顶部设有捕雾器(除沫器)以脱除出口干气所携带的甘醇液滴，从而减少甘醇损失。吸收了气体中水蒸气的富甘醇离开吸收塔底部，经再生塔精馏柱顶部回流冷凝器盘管和贫甘醇换热器(也称贫/富甘醇

124

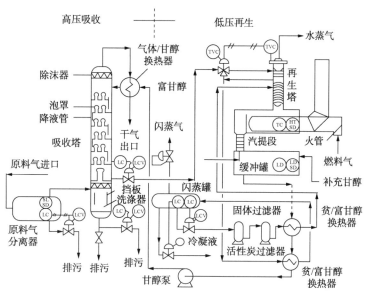

图 3-13 三甘醇脱水工艺流程图

换热器)加热后,在闪蒸罐内分离出富甘醇中的大部分溶解气,然后再经织物过滤器(除去固体颗粒,也称滤布过滤器或固体过滤器)、活性炭过滤器(除去重烃、化学剂和润滑油等液体)和贫甘醇换热器进入再生塔,在重沸器中接近常压下加热蒸出所吸收的水分,并由精馏柱顶部排向大气或去放空系统。再生后的贫甘醇经缓冲罐、贫甘醇换热器、气体/甘醇换热器冷却和用泵增压后循环使用。

由闪蒸罐(也称闪蒸分离器)分出的闪蒸气主要为烃类气体,一般作为再生塔重沸器的燃料,但含 H_2S 的闪蒸气应经焚烧后放空。

为保证再生后的贫甘醇质量浓度在 99% 以上,通常还需向重沸器中通入汽提气。汽提气一般是出吸收塔的干气,将其通入重沸器底部或重沸器与缓冲罐之间的贫液汽提柱(图 3-14),用以搅动甘醇溶液,使滞留在高黏度溶液中的水蒸气逸出,同时也降低了水蒸气分压,使更多的水蒸气蒸出,从而将贫甘醇中的甘醇浓度进一步提高。除了采用汽提法外,还可采用共沸法和负压法等。

甘醇泵可以是电动泵、液动泵或气动泵。当为液动泵时,一般采用吸收塔来的高压富甘醇作为主要动力源,其余动力则靠吸收塔来的高压干气补充。

甘醇溶液在吸收塔中脱除天然气中水蒸气的同时,也会溶解少量的气体。对于含 H_2S 的酸性天然气,当其采用三甘醇脱水时,由于 H_2S 会溶解到甘醇溶液中,不仅使溶液 pH 值降低并引起腐蚀,而且也会与三甘醇反应使其变质,故离开吸收塔的富甘醇去再生系统前应先进

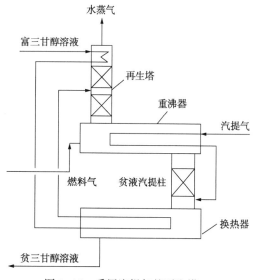

图 3-14 采用汽提气的再生塔

入一个汽提塔,用不含硫的净化气或其他惰性气体汽提。脱除的 H_2S 和吸收塔顶脱水后的酸性气体汇合后去脱硫脱碳装置。

(二)三甘醇脱水工艺的应用

1. 四川龙门气田天然气脱水

如图 3-15 所示为四川龙门气田天东 9 井站的 $100 \times 10^4 m^3/d$ 三甘醇脱水装置工艺流程图。由图可知,除无贫液汽提柱以及贫/富甘醇换热流程不同外,其他均与图 3-13 类似。

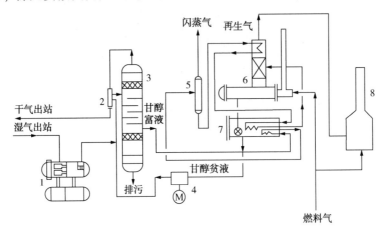

图 3-15　龙门气田天东 9 井站三甘醇脱水装置工艺流程图
1—过滤分离器;2—气体/贫甘醇换热器;3—吸收塔;4—甘醇泵;
5—闪蒸罐;6—重沸器和精馏柱;7—缓冲罐;8—焚烧炉

2. 长庆气区含硫天然气脱水

长庆气区靖边和乌审旗等气田含硫天然气中的 CO_2 与 H_2S 含量见表 3-2。由于各集气站去净化厂的集气干线较长(最长约 72km),在干线中析出冷凝水后不仅会形成水合物,而且 H_2S、CO_2 还可对管线造成严重腐蚀。因此,由集气支线来的含硫天然气均在集气站采用三甘醇预脱水后再去净化厂。集气站规模在 $(10 \sim 40) \times 10^4 m^3/d$ 不等,脱水压力在 $4.9 \sim 5.2MPa$,温度为 $12 \sim 22℃$。

由集气干线进入天然气净化厂的原料气经脱硫脱碳后成为湿净化气,故再次采用三甘醇脱水符合商品天然气要求后外输。

3. 山西沁水盆地煤层气等脱水

山西沁水盆地煤层气由于不含 C_3 以上重烃,不需脱油,故该煤层气田中央处理厂将来自集气站的煤层气先增压至 $5.8 \sim 6.0MPa$,再采用三甘醇脱水使其水露点符合商品气要求后,经外输管道末站进一步增压至 10MPa 进入西气东输一线管道。

此外,西气东输一线管道金坛地下储气库采出的高压湿天然气也采用三甘醇脱水,共 2 套脱水装置,处理量均为 $150 \times 10^4 m^3/d$,压力为 $8 \sim 9MPa$。

(三)注意事项

在甘醇脱水装置运行中经常发生的问题是甘醇损失过大和设备腐蚀。原料气中含有 CO_2、液体、固体杂质,甘醇在运行中氧化或变质等都是其主要原因。

因此,在设计和操作中采取措施避免甘醇受到污染是防止或减缓甘醇损失过大和设备腐蚀的关键。在操作中除应定期对贫、富甘醇取样分析外,如果怀疑甘醇受到污染,还应随时取样分析，并将分析结果与最佳值进行比较和查找原因。氧化或降解变质的甘醇在复活后重新使用之前及新补充的甘醇在使用之前都应对其进行检验。

甘醇长期暴露在空气中会氧化变质而具有腐蚀性。因此，储存甘醇的容器采用干气或惰性气体保护可有助于减缓甘醇氧化变质。此外，当三甘醇在重沸器中加热温度超过204℃时也会产生降解变质。

甘醇降解或氧化变质，以及 H_2S、CO_2 溶解在甘醇中反应所生成的腐蚀性物质会使甘醇 pH 值降低，从而又加速甘醇变质。为此，可加入硼砂、三乙醇胺和 NACAP 等碱性化合物来中和，但是其量不能过多。

四、吸附法脱水

吸附是指气体或液体与多孔的固体颗粒表面接触时，气体或液体分子与固体表面分子之间相互作用而停留在固体表面上，使气体或液体分子在固体表面上浓度增大的现象。被吸附的气体或液体称为吸附质，吸附气体或液体的固体称为吸附剂。当吸附质是水蒸气或水时，此固体吸附剂又称为固体干燥剂，也简称干燥剂。

根据气体或液体与固体表面之间的作用不同，可将吸附分为物理吸附和化学吸附两类。

吸附法脱水就是利用物理吸附的特点，采用吸附剂脱除气体混合物中水蒸气或液体中溶解水的工艺过程。

在天然气凝液回收（NGL）、天然气液化装置和汽车用压缩天然气（CNG）加气站中，为保证低温或高压系统的气体有较低的水露点，大多采用吸附法脱水。此外，在天然气脱硫过程中有时也采用吸附法脱硫。

吸附法脱水装置的投资和操作费用比甘醇脱水装置要高，故其仅用于以下场合：①高含硫天然气；②要求的水露点很低；③同时控制水、烃露点；④天然气中含氧。如果低温法中采用的温度很低，就应选用吸附法脱水而不采用注甲醇的方法。

（一）吸附剂的类型与选择

1. 吸附剂类型

目前，常用的天然气干燥剂有活性氧化铝、硅胶和分子筛三类。一些干燥剂的物理性质见表 3-13。

表 3-13　一些干燥剂的物理性质[①]

干燥剂	硅胶 Davison 03	活性氧化铝 Alcoa（F-200）	H、R 型硅胶 Kali-chemie	分子筛 Zeochem
孔径/10^{-1}nm	10~90	15	20~25	3，4，5，8，10
堆积密度/（kg/m³）	720	705~770	640~785	690~750
比热容/[kJ/（kg·K）]	0.921	1.005	1.047	0.963
最低露点/℃	-50~-96	-50~-96	-50~-96	-73~-185
设计吸附容量/%	4~20	11~15	12~15	8~16
再生温度/℃	150~260	175~260	150~230	220~290
吸附热/（kJ/kg）	2980	2890	2790	4190（最大）

① 表中数据仅供参考，设计所需数据应由制造厂商提供。

（1）活性氧化铝

活性氧化铝是一种极性吸附剂，以部分水合与多孔的无定形 Al_2O_3 为主，并含有少量其他金属化合物，其比表面积可达 $250m^2/g$ 以上。

由于活性氧化铝的湿容量大，故常用于水含量高的气体脱水。但是，因其呈碱性，可与无机酸发生反应，故不宜用于酸性天然气脱水。此外，因其微孔孔径极不均匀，没有明显的吸附选择性，所以在脱水时还能吸附重烃且在再生时不易脱除。通常，采用活性氧化铝干燥后的气体露点可达$-70℃$。

（2）硅胶

硅胶是一种晶粒状无定形氧化硅，分子式为 $SiO_2 \cdot nH_2O$，其比表面积可达 $300m^2/g$。

硅胶为极性吸附剂，它在吸附气体中的水蒸气时，其量可达自身质量的 50%，即使在相对湿度为 60% 的空气流中，微孔硅胶的湿容量也达 24%，故常用于水含量高的气体脱水。硅胶在吸附水分时会放出大量的吸附热，易使其破裂产生粉尘。此外，它的微孔孔径也极不均匀，没有明显的吸附选择性。采用硅胶干燥后的气体露点可达$-60℃$。

（3）分子筛

目前常用的分子筛系人工合成沸石，是强极性吸附剂，对极性、不饱和化合物和易极化分子特别是水有很大的亲和力，故可按照气体分子极性、不饱和度和空间结构不同对其进行分离。

分子筛的热稳定性和化学稳定性高，又具有许多孔径均匀的微孔孔道和排列整齐的空腔，故其比表面积大（$800 \sim 1000m^2/g$），且只允许直径比其孔径小的分子进入微孔，从而使大小和形状不同的分子分开，起到了筛分分子的选择性吸附作用，故称为分子筛。

A、X 和 Y 型分子筛晶体结构如图 3-16 所示。

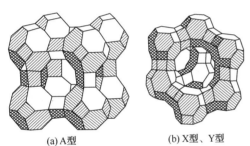

(a) A型　　　　　　(b) X型、Y型

图 3-16　A、X 和 Y 型分子筛晶体结构

由于分子筛表面有很多较强的局部电荷，因而对极性分子和不饱和分子具有很大的亲和力，是一种孔径均匀的强极性干燥剂。

水是强极性分子，分子直径为 $0.27 \sim 0.31nm$，比 A 型分子筛微孔孔径小，因而 A 型分子筛是气体或液体脱水的优良干燥剂，采用分子筛干燥后的气体露点可低于$-100℃$。在天然气处理过程中常见的几种物质分子的公称直径见表 3-14。目前，裂解气脱水多用 3A 分子筛，天然气脱水多用 4A 或 5A 分子筛。天然气脱硫醇时可选用专用分子筛（例如 RK-33 型），pH 值小于 5 的酸性天然气脱水时可选用 AW 型分子筛。

表 3-14　常见的几种物质分子公称直径

分子	H_2	CO_2	N_2	H_2O	H_2S	CH_3OH	CH_4	C_2H_6	C_3H_8	$nC_4 \sim nC_{22}$	$iC_4 \sim iC_{22}$
公称直径/10^{-1}nm	2.4	2.8	3.0	3.1	3.6	4.4	4.0	4.4	4.9	4.9	5.6

2. 复合吸附剂

复合吸附剂就是同时使用两种或两种以上的吸附剂。

如果使用复合吸附剂的目的只是脱水，通常将硅胶或活性氧化铝与分子筛在同一干燥器内串联使用，即湿原料气先通过上部的硅胶或活性氧化铝床层，再通过下部的分子筛床层。目前，天然气脱水普遍使用活性氧化铝和 4A 分子筛串联的双床层，其特点是：①湿气先通过上部活性氧化铝床层脱除大部分水分，再通过下部分子筛床层深度脱水从而获得很低露点，这样，既可以减少投资，又可保证干气露点；②当气体中携带液态水、液烃、缓蚀剂和胺类化合物时，位于上部的活性氧化铝床层除用于气体脱水外，还可作为下部分子筛床层的保护层；③活性氧化铝再生时的能耗比分子筛低；④活性氧化铝的价格较低；⑤可以降低再生温度，故使分子筛使用寿命延长。在复合吸附剂床层中活性氧化铝与分子筛用量的最佳比例取决于原料气流量、温度、水含量和组成、干气露点要求、再生气组成和温度以及吸附剂的形状和规格等。

如果需要脱除天然气中的水分和少量硫醇，则可将两种不同用途的分子筛床层串联布置，即含硫醇的湿原料气先通过上部的脱水分子筛床层，再通过下部脱硫醇的分子筛床层，从而达到脱水脱硫醇的目的。

3. 吸附剂的选择

与活性氧化铝、硅胶相比，分子筛用作干燥剂时具有以下特点：①吸附选择性强，即可按物质分子大小和极性不同进行选择性吸附；②虽然当气体中水蒸气分压（或相对湿度）高时其湿容量较小，但当气体中水蒸气分压（或相对湿度）较低，以及在高温和高气速等苛刻条件下，则具有较高的湿容量；③由于可以选择性地吸附水，可避免因重烃共吸附而失活，故其使用寿命长；④不易被液态水破坏；⑤再生时能耗高；⑥价格较高。

由此可知，对于相对湿度大或水含量高的气体，最好先用活性氧化铝、硅胶预脱水，然后再用分子筛脱除气体中的剩余水分，以达到深度脱水的目的。或者，先用三甘醇脱除大量的水分，再用分子筛深度脱水。这样，既保证了脱水要求，又避免了在气体相对湿度大或水含量高时由于分子筛湿容量较小，需要频繁再生的缺点。由于分子筛价格较高，故对于低含硫气体，当脱水要求不高时，也可只采用活性氧化铝或硅胶脱水。如果同时脱水脱硫醇，则可选用两种不同用途的分子筛。

常用分子筛的性能见表 3-15 和表 3-16。

表 3-15　常用 A、X 型分子筛性能及用途[①]

分子筛型号	3A		4A		5A		10X		13X	
形状	条	球	条	球	条	球	条	球	条	球
孔径/10^{-1}nm	~3	~3	~4	~4	~5	~5	~8	~8	~10	~10
堆密度/(g/L)	≥650	≥700	≥660	≥700	≥640	≥700	≥650	≥700	≥640	≥700
压碎强度/N	20~70	20~80	20~80	20~80	20~55	20~80	30~50	20~70	45~70	30~70
磨耗率/%	0.2~0.5	0.2~0.5	0.2~0.4	0.2~0.4	0.2~0.4	0.2~0.4	≤0.3	≤0.3	0.2~0.4	0.2~0.4
平衡湿容量[②]/%	≥20.0	≥20.0	≥22.0	≥21.5	≥22.0	≥24.0	≥24.0	≥24.0	≥28.5	≥28.5
包装水含量(付运时)/%	<1.5	<1.5	<1.5	<1.5	<1.5	<1.5	<1.5	<1.5	<1.5	<1.5
吸附热(最大)/(kJ/kg)	4190	4190	4190	4190	4190	4190	4190	4190	4190	4190
吸附分子	直径<0.3nm 的分子，如 H_2O、NH_3、CH_3OH		直径<0.4nm 的分子，如 C_2H_5OH、H_2S、CO_2、SO_2、C_2H_4、C_2H_6 和 C_3H_6		直径<0.5nm 的分子，如左侧各分子、C_3H_8、$n-C_4H_{10}$~$C_{22}H_{46}$、$n-C_4H_9OH$ 及更大醇类		直径<0.8nm 的分子，如左侧各分子及异构烷烃、烯烃及苯		直径<1.0nm 的分子，如左侧各分子及二正丙基胺	

分子筛型号	3A	4A	5A	10X	13X
排除分子	直径>0.3nm 的分子,如C_2H_6	直径>0.4nm 的分子,如C_3H_8	直径>0.5nm 的分子,如异构化合物及四碳环状化合物	二正丁基胺及更大分子	三正丁基及更大分子
用途	①不饱和烃如裂解气、丙烯、丁二烯、乙炔干燥;②极性液体如甲醇、乙醇干燥	空气、天然气、专用气体、稀有气体、溶剂、烷烃、制冷剂等气体或液体的深度干燥	①天然气干燥、脱硫、脱CO_2;②PSA过程(N_2/O_2分离、H_2纯化);③正构烷烃分离、脱硫、脱CO_2	①芳烃分离;②脱有机硫	①原料气净化(同时脱除水及CO_2);②天然气、液化石油气、液烃的干燥、脱硫(脱除H_2S和RSH);③一般气体干燥

① 表中数据取自锦中分子筛有限公司等产品技术资料,用途未全部列入表中。

② 平衡湿容量指在2.331kPa和25℃下每千克活化的吸附剂吸附水的千克数。

表3-16 AW-500、RK-33型分子筛性能[1]

类型	形状	直径/mm	孔径/10^{-1}nm	堆积密度/(g/L)	吸附热/(kJ/kg)	平衡湿容量[2]/%	付运时水含量/%	压碎强度/N
AW-500	球	1.6	5	705	3372	20	<2.5	35.6
	球	3.2	5	705	3372	19.5	<2.5	80.1
RK-33	球	—	—	609	—	28	<1.5	31.3

① 表中数据取自上海环球(UOP)分子筛有限公司产品技术资料。

② 平衡湿容量指在2.331kPa和25℃下每千克活化的吸附剂吸附水的千克数。

(二)吸附法脱水工艺流程

与吸收法相比,吸附法脱水适用于要求干气露点较低的场合,尤其是分子筛,常用于汽车用压缩天然气的生产(CNG加气站)和采用深冷分离的天然气凝液(NGL)回收、液化天然气生产等过程中。

采用不同吸附法的天然气脱水工艺流程基本相同,干燥器(脱水塔)都采用固定床。由于干燥器床层在脱水操作中被水饱和后,需要再生脱除干燥剂所吸附的水分,故为了保证脱水装置连续运行,至少需要两个干燥器。在两塔(即两个干燥器)流程中,一台干燥器进行天然气脱水,另一台干燥器进行干燥剂再生(加热和冷却),然后切换操作。在三塔或多塔流程中,其切换流程则有所不同。

1. NGL回收装置中的天然气脱水

对于采用深冷分离的NGL回收装置,其低温系统温度一般低于-45℃,甚至低达-100℃以下,为了防止形成水合物和冻堵,故必须采用吸附法脱水。此时,吸附法脱水系统是NGL回收装置中的一个组成部分,其工艺流程如图3-17所示。脱水深度应根据装置低温系统的温度和压力有所不同,通常都要求干气水含量低至1×10^{-6}(体积分数,下同),故均选用分子筛作干燥剂。

(1)工艺流程

如图3-17所示为NGL回收装置中普遍采用的气体脱水两塔工艺流程。一台干燥器在脱水时原料气上进下出,以减少气流对床层的扰动,另一台干燥器在再生时再生气下进上出,这样既可以脱除靠近干燥器床层上部被吸附的物质，并使其不流过整个床层，又可以确保脱水时与湿原料气接触的下部床层得到充分再生，而下部床层的再生效果直接影响流出床层干气的露点。然后，两台干燥器切换操作。如果采用湿气（例如原料气）再生与冷却，为保证分子筛床层下部再生效果，再生气与冷却气应上进下出。

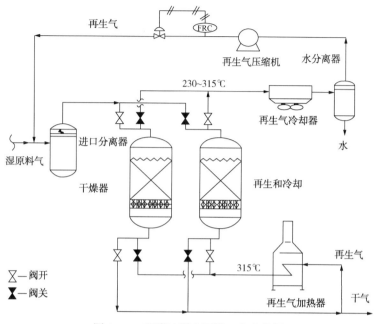

图 3-17　吸附法脱水两塔工艺流程图

　　在脱水时，干燥器床层不断吸附气体中的水分直至最后整个床层达到饱和，此时就不能再对湿原料气进行脱水。因此，必须在干燥器床层未达到饱和之前就进行切换，即将湿原料气改进入另一个已经再生好的干燥器床层，而刚完成脱水操作的干燥器床层则改用再生气进行再生。

　　干燥器再生气可以是湿原料气，也可以是脱水后的高压干气或外来的低压干气（例如NGL 回收装置中的脱甲烷塔塔顶气）。为使干燥剂再生更完全，保证干气有较低露点，一般应采用干气作再生用气。再生气量约为原料气量的 5%~10%。

　　当采用高压干气作再生气时，可以经加热后直接去干燥器将床层加热，使干燥剂上吸附的水分脱附，并将流出干燥器的气体冷却，使脱附出来的水蒸气冷凝与分离。由于此时分出的气体是湿气，故增压后返回湿原料气中（图 3-17）；也可以是将再生气先增压再加热去干燥器，然后冷却、分水并返回湿原料气中；还可以根据干气外输要求（露点、压力），再生气不需增压，经加热后去干燥器，然后冷却、分水，在保证干气露点符合要求的前提下使这部分湿气与干气一起外输。

　　床层加热完毕后，再用冷却气使床层冷却至一定温度，然后切换转入下一个脱水周期。由于冷却气是采用不加热的干气，故一般也是下进上出。但是，有时也可将冷却干气自上而下流过床层，使冷却干气中的少量水蒸气被床层上部干燥剂吸附，从而最大限度降低脱水周期中出口干气的水含量。

　　对于两塔脱水流程，干燥器脱水周期一般为 8~24h，通常取 8~12h。如果原料气的相对湿度小于 100%，脱水周期可大于 12h。脱水周期长，意味着再生次数较少，干燥剂使用寿命长，但是床层较长，投资较高。对于压力不高、水含量较大的气体脱水，为避免干燥器尺寸过大，脱水周期宜小于 8h。

再生周期时间与脱水周期相同。在两塔脱水流程中再生气加热床层时间一般是再生周期的 50%～65%。以 8h 再生周期为例，大致是加热时间 4.5h，冷却时间 3h，备用和切换时间 0.5h。

不同干燥剂所要求的再生气进口温度上限为：分子筛 315℃；活性氧化铝 300℃；硅胶 245℃。

（2）主要设备

主要设备有干燥器、再生气加热器、冷却器和水分离器以及再生气压缩机等。

干燥剂的形状、大小应根据吸附质不同而异。对于天然气脱水，通常使用的分子筛颗粒是球状和条状（圆形或三叶草形截面）。常用的球状规格是 $\phi3～\phi8mm$，条状（即圆柱状）规格是 $\phi1.6～\phi3.2mm$。

20 世纪 80 年代以来我国陆续引进了几套处理量较大且采用深冷分离的 NGL 回收装置，这些装置均选用分子筛作干燥剂。目前，国内很多采用浅冷或深冷分离的 NGL 回收装置也用分子筛作干燥剂。

我国为哈萨克斯坦扎那若尔油气处理新厂设计与承建的天然气脱水脱硫醇装置处理量为 $315×10^4m^3/d$，采用了复合分子筛床层的干燥器，上层为 RK-38 型分子筛，主要作用是脱水，下层为 RK-33 型分子筛，主要作用是脱硫醇。

液化天然气生产装置的脱水系统工艺流程与上述介绍基本相同，此处就不再多述。

我国几套 NGL 回收和天液化然气生产装置分子筛干燥器的基本数据见表 3-17。

表 3-17　我国几套装置分子筛干燥器基本数据

项　　目	广东珠海[①]	辽河油田[②]	大庆莎南[②]	中原油田[②]
处理量/（m³/h）	26150	50000	29480	41666
吸附压力/MPa	4.27	3.40	4.10	4.21
吸附温度/℃	34	35	38	27
吸附周期/h	12	8	8	8
脱水总量/kg	334	524	337	300
设计吸附容量/%	8	8.22	7.85	7.79
干燥器台数	2	2	2	2
分子筛型号	4A	4A	4A	4A
分子筛直径/mm	$\phi3$	$\phi3$	$\phi3$	$\phi3.5$
干燥器内径/m	1.6	1.9	1.54	1.7
床层高度/m	3.94	3.55	3.5	2.57
床层压降/kPa	28.9			
吸附操作线速/（m/s）	0.082	0.142	0.11	0.111
再生气进口温度/℃	280	290	230	240
再生气出床层温度/℃	220	—	180	180
再生气压力/MPa	2.1	0.72	1.95	1.23
再生气用量/（m³/h）	2450	—	—	—
原料气含水量	饱和	饱和	饱和	饱和
脱水后气体含水量/10⁻⁶	1	1	1	1
分子筛产地	上海 UOP	日本	德国	德国

① 液化天然气生产装置。

② NGL 回收装置。

2. CNG 加气站中的天然气脱水

CNG 加气站的原料气一般为来自输气管道的商品天然气，在加气站中增压至 20~25MPa 并冷却至常温后，再在站内储存与加气。充装在高压气瓶(约 20MPa)中的 CNG，用作燃料时须从高压减压至常压或负压，再与空气混合后进入汽车发动机中燃烧。由于减压时有节流效应，气体温度将会降至-30℃以下。为防止气体在高压与常温(尤其是在寒冷环境)或节流后的低温下形成水合物和冻堵，故应在加气站中对原料气深度脱水。

CNG 加气站中的天然气脱水虽也采用吸附法，但与 NGL 回收装置中的脱水系统相比，它具有以下特点：①处理量很小；②生产过程一般不连续，而且多在白天加气；③原料气已在上游经过处理，水露点通常已符合管输要求，故其相对湿度小于 100%。

CNG 加气站中气体脱水用的干燥剂普遍采用分子筛。至于脱水后干气的水露点或水含量，则应根据各国乃至不同地区的具体情况而异。《车用压缩天然气》(GB 18047—2017)中的规定见表 1-20。

(1) 脱水装置在加气工艺流程中的位置

当进加气站的天然气需要脱水时，脱水可在增压前(前置)、压缩机级间(级间)或增压后(后置)进行，即根据其在 CNG 加气工艺流程中的位置不同，又可分为低压(压缩机前)脱水、中压(压缩机级间)脱水及高压(压缩机后)脱水三种。

脱水装置通常设置两塔即两台干燥器，一台在脱水，另一台在再生。交替运行周期一般为 6~8h，但也可更长。

低、中、高压脱水方式各有优缺点。高压脱水所需脱水设备体积小、再生气量少、脱水后的气体水露点低，在需要深度脱水时具有优势。此外，由于气体在压缩机级间和出口处经冷却、分离排出的冷凝水量约占总脱水量的 70%~80%，故所需干燥剂少、再生能耗低。但是，高压脱水对容器的制造工艺要求高，需设置可靠的冷凝水排出设施，增加了系统的复杂性。另外，由于进入压缩机的气体未脱水，会对压缩机的气缸等部位产生一定的腐蚀，影响压缩机的使用寿命。低压脱水的优点是可保护压缩机气缸等不产生腐蚀，无须设置冷凝水排出设施，对容器的制造工艺要求低，缺点是所需脱水设备体积大，再生能耗高。

(2) CNG 加气站天然气脱水装置工艺流程

目前国内各地加气站天然气脱水装置有低压(前置)、中压(级间)、高压(后置)脱水三类。低压和中压脱水装置有半自动、自动和零排放三种方式，高压脱水装置有半自动、全自动两种方式。半自动装置只需操作人员在两塔切换时手动切换阀门，再生过程自动控制。在两塔切换时有少量天然气排放。全自动装置所有操作自动控制，不需人员操作，在两塔切换时也有少量天然气排放。零排放装置指全过程(切换、再生)实现零排放。这些装置脱水后气体水露点小于-60℃。干燥剂一般采用 4A 分子筛。

半自动和全自动低压脱水工艺流程如图 3-18 所示。图 3-18 中原料气从进气口进入前置过滤器，除去游离液和尘埃后经阀 3 进入干燥器 A，脱水后经阀 5 去前置过滤器除去干燥剂粉尘后至出气口。再生气经循环风机增压后进入加热器升温，然后经阀 8 进入干燥器 B 使干燥剂再生，再经阀 2 进入冷却器冷却后去分离器分出冷凝水，重新进入循环风机增压。

零排放低压脱水工艺流程如图 3-19 所示。图 3-19 中原料气从进气口进入前置过滤器，除去游离液和尘埃后经阀 1 进入干燥器 A，脱水后经止回阀和前置过滤器至出气口。再生气来自脱水装置出口，经循环风机增压后进入加热器升温，然后经止回阀进入干燥器 B 使干燥剂再生，再经阀 4 进入冷却器冷却后去分离器分出冷凝水，重新回到脱水装置进气口。

其他形式脱水流程见有关文献，此处就不再一一介绍。

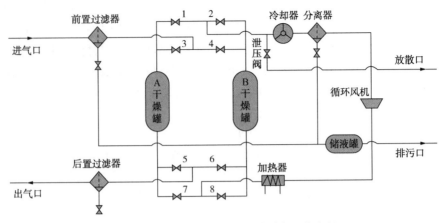

图 3-18　低压半自动、全自动脱水工艺流程

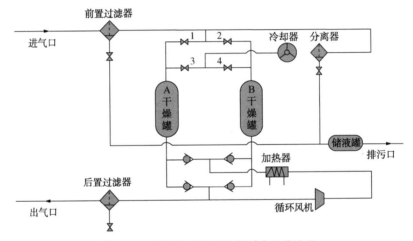

图 3-19　零排放低压天然气脱水工艺流程

第三节　硫黄回收及尾气处理

硫主要以 H_2S 形态存在于天然气中。天然气中含有 H_2S 时不仅会污染环境，而且对天然气生产和利用都有不利影响，故需脱除其中的 H_2S。从天然气中脱除的 H_2S 又是生产硫黄的重要原料。例如，来自醇胺法等脱硫脱碳装置的酸气中含有相当数量的 H_2S，可用来生产优质硫黄。这样做，既可使宝贵的硫资源得到综合利用，又可防止环境污染。

以往主要只是从经济上考虑是否需要进行硫黄回收（制硫）。如果在经济上可行，那就建设硫黄回收装置；如果在经济上不可行，就把酸气焚烧后放空。但是，随着世界各国对环境保护的要求日益严格，当前把天然气中脱除下来的 H_2S 转化成硫黄，不只是从经济上考虑，更重要的出于环境保护的需要。

从天然气中 H_2S 生产硫黄的方法很多。其中，有些方法是以醇胺法等脱硫脱碳装置得到的酸气生产硫黄，但不能用来从酸性天然气中脱硫，例如目前广泛应用的克劳斯（Claus）法即如此。有些方法则是以脱除天然气中的 H_2S 为主要目的，生产的硫黄只是该法的结果产品，例如用于天然气脱硫的直接转化法（如 Lo-Cat 法）等即如此。

当采用克劳斯法从酸气中回收硫黄时，由于克劳斯反应是可逆反应，受到热力学和动力学的限制，以及存在有其他硫损失等原因，常规克劳斯法的硫收率一般只能达到 92% ~ 95%，即使将催化转化段由两级增加至三级甚至四级，也难以超过 97%。尾气中残余的硫化物通常经焚烧后以毒性较小的 SO_2 形态排放大气。当排放气体不能满足当地排放指标时，则需配备尾气处理装置处理然后再经焚烧使排放气体中的 SO_2 量和/或浓度符合指标。

应该指出的是，由于尾气处理装置所回收的硫黄仅占酸气中硫总量的百分之几，故从经济上难获效益，但却具有非常显著的环境效益和社会效益。

一、我国尾气 SO_2 排放标准及工业硫黄质量指标

如上所述，采用硫黄回收及尾气处理的目的是防止污染环境，并对硫资源回收利用。因此，首先了解硫黄回收尾气的 SO_2 排放标准和工业硫黄质量指标是十分必要的。

（一）硫黄回收装置尾气 SO_2 排放标准

各国对硫黄回收装置尾气 SO_2 排放标准各不相同。有的国家根据不同地区、不同烟囱高度规定允许排放的 SO_2 量；有的国家还同时规定允许排放的 SO_2 浓度；更多的国家和地区是根据硫黄回收装置的规模规定必须达到的总硫收率，规模愈大，要求也愈严格。

我国在 1997 年执行的《大气污染物综合排放标准》（GB 16297—1996）中对 SO_2 的排放不仅有严格的总量控制（即最高允许排放速率），而且同时有非常严格的 SO_2 排放浓度控制（即最高允许排放浓度），见表 3-18。

表 3-18　我国《大气污染物综合排放标准》（GB 16297—1996）中对硫黄生产装置 SO_2 排放限值

最高允许排放浓度[①]/（mg/m³）	排气筒高度/m	最高允许排放速率[①]/（kg/h）		
		一级	二级	三级
1200(960)	15	1.6	3.0(2.6)	4.1(3.5)
	20	2.6	5.1(4.3)	7.7(6.6)
	30	8.8	17(15)	26(22)
	40	15	30(25)	45(38)
	50	23	45(39)	69(58)
	60	33	64(55)	98(83)
	70	47	91(77)	140(120)
	80	63	120(110)	190(160)
	90	82	160(130)	240(200)
	100	100	200(170)	310(270)

① 括号外为对 1997 年 1 月 1 日前已建装置要求，括号内为对 1997 年 1 月 1 日起新建装置要求。

我国标准不仅对已建和新建装置分别有不同的 SO_2 排放限值，而且还区分不同地区有不同要求，以及在一级地区不允许新建硫黄回收装置。然而，对硫黄回收装置而言，表 3-18 的关键是对 SO_2 排放浓度的限值，即已建装置的硫收率需达到 99.6% 才能符合 SO_2 最高允许排放浓度（1200mg/m³），新建装置则需达到 99.7%。这样，不论装置规模大小，都必须建设投资和操作费用很高的尾气处理装置方可符合要求。此标准的严格程度仅次于日本，而显著

超过美国、法国、意大利和德国等发达国家。

为此，国家环保总局在环函〔1999〕48号文件《关于天然气净化厂脱硫尾气排放执行标准有关问题的复函》中指出："天然气作为一种清洁能源，其推广使用对于保护环境有积极意义。天然气净化厂排放脱硫尾气中二氧化硫具有排放量小、浓度高、治理难度大、费用较高等特点，因此，天然气净化厂二氧化硫污染物排放应作为特殊污染源，制定相应的行业污染物排放标准进行控制；在行业污染物排放标准未出台前，同意天然气净化厂脱硫尾气暂按《大气污染物综合排放标准》(GB 16297)中的最高允许排放速率指标进行控制，并尽可能考虑二氧化硫综合回收利用。"目前，我国《陆上石油天然气开采工业污染物排放标准》正在报批中。

（二）硫的物理性质与质量指标

由醇胺法和砜胺法等脱硫脱碳装置富液再生得到的含 H_2S 酸气，大多去克劳斯法装置回收硫黄。如酸气中 H_2S 浓度较低且潜硫量不大时，也可采用直接转化法在液相中将 H_2S 氧化为元素硫。目前，世界上通过克劳斯法从天然气中回收的硫黄约占硫黄总产量的1/3以上，如加上炼油厂从克劳斯法装置回收的硫黄，则接近总产量的2/3。

1. 硫的主要物理性质

在克劳斯法硫黄回收装置(以下简称克劳斯装置)中，由于工艺需要，过程气(即除进出装置物料外，其内部任一处的工艺气体)的温度变化较大，故生成的元素硫的相态、分子形态和其他一些物理性质也在变化。

硫黄的主要物理性质见表3-19，液硫黏度随温度的变化如图3-20所示。

表3-19　硫黄的主要物理性质

项　目	数　值	项　目	数　值
原子体积/(mL/mol)		折射率(n_D^{20})	
正交晶	15	正交晶	1.957
单斜晶	16.4	单斜晶	2.038
沸点(101.3kPa)/℃	444.6	临界温度/℃	1040
相对密度(d_4^{20})		临界压力/MPa	11.754
正交晶	2.07	临界密度/(g/cm³)	0.403
单斜晶	1.96	临界体积/(mL/g)	2.48
着火温度/℃	248~261		

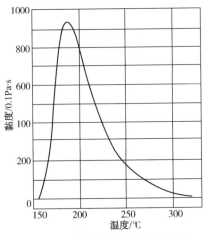

图3-20　液硫黏度随温度的变化

2. 工业硫黄质量指标

工业硫黄产品呈黄色或淡黄色,有块状、粉状、粒状及片状。《工业硫黄 第1部分:固体产品》(GB/T 2449.1—2014)中对工业硫黄的质量指标见表3-20。表中的优等品已可满足《食品添加剂 硫黄》(GB 3150—2010)的要求。

表3-20 我国工业硫黄质量指标[1]

项目	硫(S)/%(≥)	水分/%(≤)	灰分/%(≤)	酸度(以H_2SO_4计)/%(≤)	有机物/%(≤)	砷(As)/%(≤)	铁(Fe)/%(≤)	筛余物[2]/%	
								粒度大于150μm(≤)	粒度为75~150μm(≤)
优等品	99.90	2.0/0.10[3]	0.03	0.003	0.03	0.0001	0.003	无	0.5
一等品	99.50	2.0/0.50[3]	0.10	0.005	0.30	0.01	0.005	无	1.0
合格品	99.00	2.0/1.00[3]	0.20	0.02	0.80	0.05		3.0	4.0

① 表中质量指标均为质量分数。
② 筛余物指标仅用于粉状硫黄。
③ 固体硫黄/液体硫黄。

二、克劳斯法硫黄回收工艺

目前,从含H_2S的酸气回收硫黄时主要是采用氧化催化制硫法,通常称之为克劳斯法。经过近一个世纪的发展,克劳斯法已经历了由最初的直接氧化,之后将热反应与催化反应分开,使用合成催化剂以及在低于硫露点下继续反应等四个阶段,并日趋成熟。

(一)克劳斯法反应

1883年最初采用的克劳斯法是在铝矾土或铁矿石催化剂床层上,用空气中的氧将H_2S直接燃烧(氧化)生成元素硫和水,即

$$H_2S + \frac{1}{2}O_2 \longrightarrow S + H_2O \tag{3-1}$$

上述反应是高度放热反应,故反应过程很难控制,反应热又无法回收利用,而且硫收率也很低。为了克服这一缺点,1938年德国Farben工业公司对克劳斯法进行了重大改进。这种改进了的克劳斯法(改良克劳斯法,但目前仍习惯称为克劳斯法)是将H_2S的氧化分为两个阶段:①热反应段或燃烧反应段,即在反应炉(也称燃烧炉)中将1/3体积的H_2S燃烧生成SO_2,并放出大量热量,酸气中的烃类也全部在此阶段燃烧;②催化反应段或催化转化段,即将热反应段中燃烧生成的SO_2与酸气中其余2/3体积的H_2S在催化剂上反应生成元素硫,放出的热量较少。

通常,进入克劳斯装置的原料气(即酸气)中H_2S含量为30%~80%(体积分数),烃类含量为0.5%~1.5%(体积分数),其余主要是CO_2和饱和水蒸气。对于这样组成的原料气来讲,克劳斯法热反应段反应炉的温度在980~1370℃。在此温度下直流法反应炉内部分H_2S可反应生成的硫分子,其形态主要是S_2,而且是由轻度吸热的克劳斯反应所决定,即

$$2H_2S + SO_2 \longrightarrow \frac{3}{2}S_2 + 2H_2O \tag{3-2}$$

(二) 克劳斯法工艺流程

1. 工艺流程

通常，克劳斯装置包括热反应、余热回收、硫冷凝、再热和催化反应等部分。由这些部分可以组合成各种不同的硫黄回收工艺，用于处理不同 H_2S 含量的原料气。目前，常用的克劳斯法有直流法、分流法、硫循环法及直接氧化法等，其原理流程如图 3-21 所示。不同工艺流程的主要区别在于保持热平衡的方法不同。在这些工艺方法的基础上，又根据预热、补充燃料气等方法不同，衍生出各种不同的变体工艺，其适用范围见表 3-21。其中，直流法和分流法是主要的工艺方法。

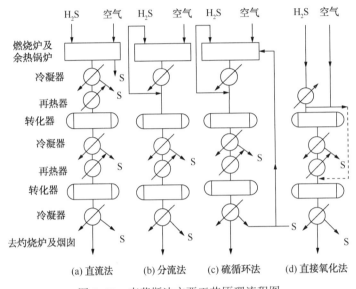

图 3-21　克劳斯法主要工艺原理流程图

表 3-21　各种克劳斯法工艺流程安排

酸气中 H_2S 体积分数/%	55~100	30~55[①]	15~30	10~15	5~10	<5
推荐的工艺流程	直流法	预热酸气及空气的直流法或非常规分流法	分流法	预热酸气及空气的分流法	掺入燃料气的分流法或硫循环法	直接氧化法

① 有的文献认为大于 50% 即可采用直流法。

应该说明的是，表 3-21 中的划分范围并非是严格的，关键是反应炉内 H_2S 燃烧所放出的热量必须保证炉内火焰处于稳定状态，否则将无法正常运行。

（1）直流法

直流法也称直通法、单流法或部分燃烧法。此法特点是全部原料气都进入反应炉，而空气则按照化学计量配给，仅供原料气中 1/3 体积的 H_2S 及全部烃类、硫醇燃烧，从而使原料气中的 H_2S 部分燃烧生成 SO_2，以保证生成的过程气中 H_2S 与 SO_2 的摩尔比为 2。反应炉内虽无催化剂，但 H_2S 仍能有效地转化为元素硫，其转化率随反应炉的温度和压力不同而异。

实践表明，反应炉内 H_2S 的转化率一般可达 60%~70%，这就大大减轻了催化反应段的反应负荷而有助于提高硫收率。因此，直流法是首先应该考虑的工艺流程，但前提是原料气中的 H_2S 含量应大于 55%（也有文献认为应大于 50%）。其原因是应保证酸气与空气燃烧的反应热足以维持反应炉内温度不低于980℃，通常认为此温度是反应炉内火焰处于稳定状态而能有效操作的下限。当然，如果预热酸气、空气或使用富氧空气，原料气中的H_2S含量也可低于50%。

如图3-22所示为部分酸气作燃料，采用在线燃烧式再热器进行再热的直流法三级硫黄回收装置的工艺流程图。反应炉中的温度可达1100~1600℃。由于温度高，副反应十分复杂，会生成少量的COS和CS_2等，故风气比(即空气量与酸气量之比)和操作条件是影响硫收率的关键。此处应该指出，由于有大量副反应特别是H_2S的裂解反应，故克劳斯法所需实际空气量通常均低于化学计量的空气量。

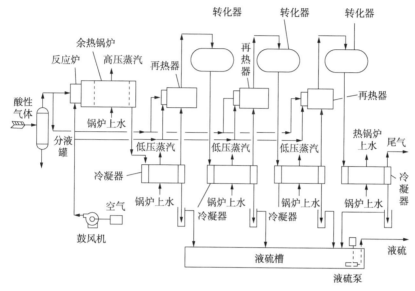

图3-22　直流法三级硫黄回收工艺流程图

从反应炉出来含有硫蒸气的高温燃烧产物进入余热锅炉回收热量。图3-21中有一部分原料气作为再热器的燃料，通过其燃烧热将一级硫冷凝器出来的过程气再热，使其在进入一级转化器之前达到所需要的反应温度。

再热后的过程气经过一级转化器反应后进入二级硫冷凝器，经冷却、分离除去液硫。分出液硫后的过程气去二级再热器，再热至所需温度后进入二级转化器进一步反应。由二级转化器出来的过程气进入三级硫冷凝器并除去液硫。分出液硫后的过程气去三级再热器，再热后进入三级转化器，使H_2S和SO_2最大限度地转化为元素硫。由三级转化器出来的过程气进入四级硫冷凝器冷却，以除去最后生成的硫。脱除液硫后的尾气因仍含有H_2S、SO_2、COS、CS_2和硫蒸气等含硫化合物，或经焚烧后排放，或去尾气处理装置进一步处理后再焚烧排放。各级硫冷凝器分出的液硫流入液硫槽，经各种方法成型为固体后即为硫黄产品，也可直接以液硫状态作为产品外输。

应该指出的是，克劳斯法之所以需要设置两级或更多催化转化器的原因是：①由转化器出来的过程气温度应高于其硫露点温度，以防液硫凝结在催化剂上而使之失去活性；②较低的温度可获得较高的转化率。通常，在一级转化器中为使有机硫水解需要采用较高温度，二级及其以后的转化器则逐级采用更低的温度以获得更高的转化率。

图3-22中设置了三级催化转化器，有些装置为了获得更高的硫收率甚至设置了四级转化器，但第三级和第四级转化器的转化效果十分有限。

从硫黄回收效果来看，直流法的总硫收率是最高的。

（2）分流法

当原料气中 H_2S 含量在 15%~30%时，采用直流法难以使反应炉内燃烧稳定，此时就应采用分流法。

常规分流法的主要特点是将原料气(酸气)分为两股，其中 1/3 原料气与按照化学计量配给的空气进入反应炉内，使原料气中 H_2S 及全部烃类、硫醇燃烧，H_2S 按反应式(3-2)生成 SO_2，然后与旁通的 2/3 原料气混合进入催化转化段。因此，常规分流法中生成的元素硫完全是在催化反应段中获得的。

当原料气中 H_2S 含量在 30%~55%时，如采用直流法则反应炉内火焰难以稳定，而采用常规分流法将 1/3 的 H_2S 燃烧生成 SO_2 时，炉温又过高使炉壁耐火材料难以适应。此时，可以采用非常规分流法，即将进入反应炉的原料气量提高至 1/3 以上来控制炉温。以后的工艺流程则与直流法相同。

因此，非常规分流法会在反应炉内生成一部分元素硫。这样，一方面可减轻催化转化器的反应负荷；另一方面也因硫蒸气进入转化器而对转化率带来不利影响，但其总硫收率高于常规分流法。此外，因进反应炉酸气带入的烃类增多，故供风量比常规分流法要多。

应该指出的是，由于分流法中有部分原料气不经过反应炉即进入催化反应段，当原料气中含有重烃尤其是芳香烃时，它们会在催化剂上裂解结焦，影响催化剂的活性和寿命，并使生成的硫黄颜色欠佳甚至变黑。

（3）硫循环法

当原料气中 H_2S 含量在 5%~10%时可考虑采用此法。它是将一部分液硫产品喷入反应炉内燃烧生成 SO_2，以其产生的热量协助维持炉温。目前，由于已有多种处理低 H_2S 含量酸气的方法，此法已很少采用。

（4）直接氧化法

当原料气中 H_2S 含量低于 5%时可采用直接氧化法，这实际上是克劳斯法原型工艺的新发展。按照所用催化剂的催化反应方向不同可将直接氧化法分为两类。一类是将 H_2S 选择性催化氧化为元素硫，在该反应条件下这实际上是一个不可逆反应，目前在克劳斯法尾气处理领域获得了很好应用；另一类是将 H_2S 催化氧化为元素硫或 SO_2，故在其后继之以常规克劳斯催化反应段。属于此类方法的有美国 UOP 公司和 Parsons 公司开发的 Selectox 工艺。

自克劳斯法问世以来，其催化转化器一直采用绝热反应器，优点是价格便宜。20 世纪 90 年代后，德国 Linde 公司将等温反应器用于催化转化，即所称 Clinsulf 工艺。尽管等温反应器价格昂贵，但该工艺的优点是流程简化，设备减少，而且装置的适应性显著改善。

例如，Clinsulf DO 工艺是一种选择性催化氧化工艺，其核心设备是内冷管式催化反应器，内装 TiO_2 基催化剂。H_2S 与 O_2 在催化剂床层上反应直接生产元素硫，而不发生 H_2、CO 及低分子烷烃的氧化反应。此法允许原料气范围为 500~50000 m^3/h，并对原料气中的 H_2S 含量无下限要求，H_2S 允许含量为 1%~20%。Clinsulf DO 工艺既可用于加氢尾气的直接氧化，又可用于低 H_2S 含量酸气的硫黄回收。

长庆气区第一天然气净化厂脱硫脱碳装置酸气中 H_2S 含量低(仅为 1.3%~3.4%)，CO_2 含量高(90%~95%)，无法采用常规克劳斯法处理，故选用 Clinsulf DO 法硫黄回收装置。该装置由国外引进，并已于 2004 年初建成投产。原料气为来自脱硫脱碳装置的酸气，设计处理量为(10~27)×10⁴ m^3/d，温度为 34℃，压力为 39.5kPa，组成见表 3-22。

表 3-22　长庆第一天然气净化厂酸气组成

组分	C_1H_4	H_2S	CO_2	H_2O	合计	CO_2/H_2S
组成/%(体积分数)	0.95	1.56	92.89	4.60	100.00	59.54

该装置包括硫黄回收(主要设备为 Clinsulf 反应器、硫冷凝器、硫分离器)、硫黄成型和包装、硫黄仓库以及相应的配套设施，硫黄回收工艺流程图如图 3-23 所示。

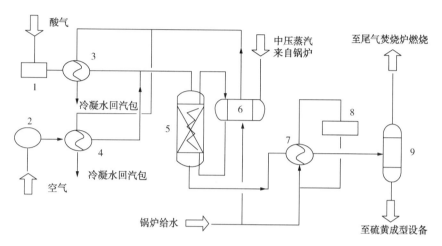

图 3-23　长庆第一天然气净化厂硫黄回收工艺流程
1—酸气分离器；2—罗茨鼓风机；3—空气预热器；4—酸气预热器；
5—反应器；6—汽包；7—硫冷凝器；8—蒸汽冷凝器；9—硫分离器

图 3-23 中，酸气经过气液分离、预热至约 200℃，与加热至约 200℃的空气一起进入管道混合器充分混合后，进入 Clinsulf 反应器。酸气和空气混合物在反应器上部绝热反应段反应，反应热用来加热反应气体，以使反应快速进行。充分反应后的气体进入反应器下部等温反应段，通过冷却管内的冷却水将温度控制在硫露点以上，既防止了硫在催化剂床层上冷凝，又促使反应向生成硫黄的方向进行。

离开反应器的反应气体直接进入硫冷凝器冷却成为液硫后去硫分离器，分出的液硫至硫黄成型、包装设备成为硫黄产品。从硫分离器顶部排出的尾气，其中的 H_2S 和 SO_2 含量已满足国家现行环保标准，可经烟囱直接排放，但由于其含少量硫蒸气，长期生产会导致固体硫黄在烟囱中积累和堵塞，故进入脱硫脱碳装置配套的酸气焚烧炉中经焚烧后排放。

反应器冷却管内的锅炉给水来自汽包，在反应器内加热后部分汽化，通过自然循环的方式在汽包和反应器之间循环。由汽包产生的中压蒸气作为酸气预热器和空气预热器的热源。如果反应热量不足以加热酸气和空气时，则需采用外界中压蒸汽补充。锅炉给水在硫冷凝器内产生的低压蒸汽经冷凝后返回硫冷凝器循环。

该装置自投产以来，在目前的处理量下各项工艺指标基本上达到了设计要求，硫黄产品纯度在 99.9% 以上。设计硫收率为 89.0%，实际平均为 94.85%。装置的主要运行情况见表 3-23。

表 3-23　长庆第一天然气净化厂硫黄回收装置运行情况

项目	酸气量/ $(10^4 m^3/d)$	硫黄量/ (t/d)	酸气组成[①]/%(体积分数)			尾气组成[①]/%(体积分数)				
			H_2S	CH_4	CO_2	H_2S	CH_4	CO_2	N_2	SO_2
设计值	10~27	4.18	1.56	0.95	92.89	0.20	1.03	85.34	4.04	$677×10^{-6}$
实际最高值[②]	20.42	6.20	2.50	0.70	99.30	1.19	0.77	97.63	12.10	0.0018
实际平均值[②]	13.05	2.85	1.71	0.36	95.97	0.18	0.31	92.88	5.66	0.0002

① 干基。

② 2004 年 5～9 月统计数据。

此外，长庆气区第二天然气净化厂由于同样原因，也采用 Clinsulf DO 法硫黄回收装置并于 2007 年 5 月投产，设计处理量为 $(12~30)×10^4 m^3/d$，酸气中 H_2S 含量为 1.55%~3.59%。

2. 催化剂

虽然克劳斯反应对催化剂的要求并不苛刻，但为了保证实现克劳斯反应过程的最佳效果，仍然需要催化剂有良好的活性和稳定性。此外，由于反应炉经常产生远高于平衡值的 COS 和 CS_2，还需要一级转化器的催化剂具有促使 COS、CS_2 水解的良好活性。

目前常用的催化剂大体分为两类：①铝基催化剂，例如高纯度活性氧化铝(Al_2O_3)及加有添加剂的活性氧化铝。后者主要成分是活性氧化铝，同时还加入 1%~8% 的钛、铁和硅的氧化物作为活性剂；②非铝基催化剂，例如二氧化钛(TiO_2)含量高达 85% 的钛基催化剂(用以提高 COS、CS_2 水解活性)等。

目前，克劳斯反应催化剂的主要研发方向是提高其抗硫酸盐和促使有机硫水解的性能。

我国一些天然气净化厂的克劳斯装置设计或运行数据见表 3-24。

表 3-24　我国一些天然气净化厂克劳斯装置数据

装置	酸气中 H_2S/%	产能/(t/d)	工艺类别	转化级数	硫收率/%	建成年度
重庆引进装置	78	230	直流法	两级	95	1980
重庆垫江装置[①]	30	8~10	分流法	两级	90	1986
川中引进装置	94	11.1	直流法	三级	97	1991
川中国产装置	94	17.7	直流法	两级	95	1994
川西北装置[①]	65	100	直流法	两级	95	1982
重庆渠县装置[①]	30	12	分流法	两级	90	1989
重庆长寿装置	30	10	分流法	两级	93	1998

① 装置已改造。

三、硫黄处理及储存

克劳斯装置生产的硫黄可以以液硫(约 138℃)或固硫(室温)形式储存与装运。通常，可设置一个由不锈钢或耐酸水泥制成的储罐或储槽储存液硫。如果以液硫形式装运，可将液硫由液硫储罐直接泵送至槽车，或送至中间储槽。如果以固硫形式装运，则将液硫去硫黄成型或造粒设备冷却与固化。

(一) 液硫处理

在硫冷凝器中获得的液硫与过程气处于相平衡状态，由于过程气中含有 H_2S 等组分，故液硫中也会含有这些组分。通常，液硫中 H_2S 含量均大大超过许多国家规定的不高于

10g/t 的标准，如不处理脱除，在其输送、储存及成型过程中就会逸出而产生严重的污染与安全问题。通常，采用液硫脱气的方法来保证其 H_2S 含量符合要求。

由于各级硫冷凝器的温度和过程气中 H_2S 分压不同，因而得到的液硫中 H_2S 和 H_2S_x 含量也有差别。表 3-25 为直流法各级硫冷凝器所获得的液硫中的 H_2S 含量。

表 3-25　液硫中 H_2S、H_2S_x（按 H_2S 计）含量

硫冷凝器	一级	二级	三级	四级	五级
液硫中 H_2S 含量/（g/t）	500~700	180~280	70~110	10~30	5~10

目前工业上采用的液硫脱气工艺有循环喷洒法、汽提法和 D′GAASS 法等。

（二）硫黄成型

当前，国际贸易中所有海上船运的硫黄都是固体，尤以颗粒状更受欢迎。硫黄成型就是将克劳斯装置生产的液硫制成市场所需要的、符合安全和环保要求的固体硫黄产品。目前硫黄成型工艺有生产片状硫黄的转鼓结片法、带式结片法和生产颗粒状硫黄的钢带造粒法和滚筒造粒法等。由于造粒法生产的产品颗粒规整、不易产生粉尘，因此应用日益广泛。

选择硫黄成型工艺时应从投资、性能、使用寿命、能耗、安全环保和产品质量等因素综合考虑。国内有人曾以硫黄产量为 1000t/d 的高含硫天然气处理厂为例，对钢带造粒和滚筒造粒法进行综合比较，认为采用后者更具优势。据了解，中原油田普光分公司天然气净化厂硫黄成型装置即采用滚筒式造粒法。

四、克劳斯装置尾气处理工艺

（一）尾气处理工艺分类

如前所述，为使硫黄回收尾气中的 SO_2 达到排放标准，大多数克劳斯装置之后均需设置尾气处理装置。按照尾气处理的工艺原理不同，可将其分为低温克劳斯法、还原-吸收法和氧化-吸收法三类。

低温克劳斯法是在低于硫露点的温度下继续进行克劳斯反应，从而使包括克劳斯装置在内的总硫收率接近 99%。尾气中的 SO_2 浓度为 1500~3000mL/m³。属于此类方法的有 Sulfreen 法、IFP 法（后改称 Clauspol 1500）等。

还原-吸收法是将克劳斯装置尾气中各种形态的硫转化为 H_2S，然后采用吸收的方法使其从尾气中除去。此法包括克劳斯装置在内的总硫收率接近 99.5% 甚至达到 99.8%，因而可满足目前最严格的尾气 SO_2 排放标准。属于此类方法的有 SCOT 法和 Beavon 法（后发展成为 BSR 系列工艺）等。

氧化-吸收法是将尾气焚烧使各种形态的硫转化为 SO_2，然后再采用吸收的方法除去尾气中的 SO_2。用于处理烟道气中 SO_2 的方法原则上均可采用，但此类方法在克劳斯装置尾气处理上应用较少。

应该指出的是，自 20 世纪 90 年代以来，随着环保要求日益严格，低温克劳斯法也采取"还原"或"氧化"等方法，以求获得更高的总硫收率。此外，还出现了将常规克劳斯法与低温克劳斯法组合为一体的方法。

除上述尾气处理方法外，还有包括克劳斯法组合工艺和克劳斯法变体工艺两部分的克劳斯法延伸工艺。克劳斯法组合工艺是指将常规克劳斯法与尾气处理方法组合成为一体的工

艺。属于此类工艺的有冷床吸附法(CBA)、MCRC法和超级克劳斯法等。克劳斯法变体工艺是指与常规克劳斯法(主要特征是以空气作为H_2S的氧化剂，催化转化段采用固定床绝热反应器)有重要差别的克劳斯法。属于此类工艺的有富氧克劳斯法(例如COPE等)及采用等温催化反应的方法(例如，德国Linde公司将等温反应器用于克劳斯法催化转化段的Clinsulf-SDP、Clinsulf-DO法等)。

自20世纪90年代以来，我国川渝气田和长庆气区先后从国外引进了MCRC法、Clinsulf SDP法、Superclaus法和Clinsulf DO法等几种克劳斯法组合工艺装置或尾气处理装置，进一步提高了我国尾气处理的工艺水平。

此外，拥有我国专利技术的CPS硫黄回收工艺已成功用于万州天然气净化厂等多项工程，其总硫黄收率达到99.45%。

以下主要介绍SCOT法、MCRC法和超级克劳斯法等工艺。

(二) SCOT法

荷兰Shell公司开发并在1973年实现工业化的SCOT(Shell Claus Offgas Treatment)法，属于典型的还原—吸收法，是目前应用最多的尾气处理工艺之一。

此法首先是将尾气中的各种形态的硫在加氢还原段转化为H_2S，然后将加氢尾气中的H_2S以不同方法转化，例如经选择性溶液吸收H_2S后返回克劳斯装置、直接转化或直接氧化等。它们的总硫收率均可达99.8%以上，焚烧后尾气中的$SO_2 < 300×10^{-6}$。如图3-24所示为还原-吸收法原理流程图。

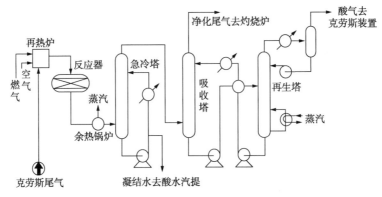

图3-24　还原-吸收法原理流程图

在实际应用中，SCOT法逐步形成三种流程：①图3-24所示的基本流程，包括还原段、急冷段和选择性吸收段三部分。我国重庆天然气净化总厂引进分厂即采用这种流程；②当选择性吸收H_2S所用溶液与上游脱硫脱碳装置溶液相同时，可采用合并再生流程；③当选择性吸收H_2S所用溶液与上游脱硫脱碳装置溶液相同时，也可采用将吸收塔的富液作为半贫液送至上游脱硫脱碳装置吸收塔中部的串级流程，以罗家寨等高含硫天然气为原料气的宣汉天然气处理厂即采用这种工艺流程。

与基本流程相比，串级流程和合并再生流程可以降低投资及能耗，但对装置设计及生产也提出了更高要求。

近年来SCOT法还有一些新的发展，例如低硫型的LS-SCOT法和超级型的Super-SCOT法等。

（三）MCRC 法

MCRC 法又称亚露点法，是加拿大矿场和化学资源公司开发的一种把常规克劳斯法和尾气处理法组合一起的工艺。此法有三级反应器及四级反应器两种流程，其特点是有一台反应器作为常规克劳斯法的一级转化器，另有一台作为再生兼二级转化器，而有一台或两台反应器在低于硫露点温度下进行反应。反应器定期切换，处于低温反应段的催化剂上积存的硫采用装置本身的热过程气赶出而使催化剂再生。三级反应器流程的硫收率为 98.5% ~ 99.2%，四级反应器流程的硫收率则可达 99.3% ~ 99.4%。

我国川西北气矿天然气净化厂有两套 MCRC 装置，一套为引进装置，另一套为经加拿大矿场和化学资源公司同意，由国内设计、建设的装置，均系三级反应器流程，如图 3-25 所示。

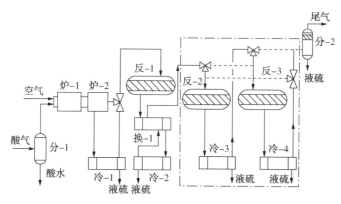

图 3-25　三级反应器的 MCRC 原理流程图

引进装置酸气处理量为 $6 \times 10^4 \mathrm{m}^3/\mathrm{d}$，$H_2S$ 含量为 53.6%，硫黄产量为 46t/d，硫收率可达 99%。两套 MCRC 装置的实际运行结果见表 3-26。

表 3-26　川西北天然气净化厂 MCRC 装置运行结果

装置	规模/(t/d)	设计总转化率/%	考核总转化率/%	硫收率/%
引进	46.05	99.22	99.17	
国内	52	99.18(99.06~99.25)		99.03(98.92~99.14)

应该说明的是，在反应器切换期间总硫收率将发生波动而无法达到 99%，约需半小时可恢复正常。四级反应器 MCRC 装置因有两个反应器处于低温反应段，故反应器切换时硫收率的波动可显著减小，其原理流程图如图 3-26 所示。

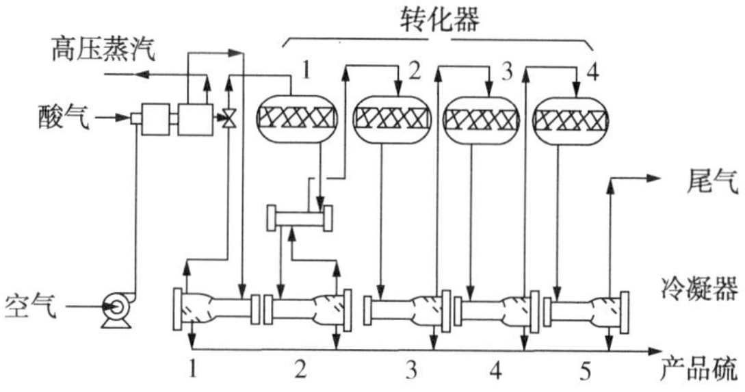

（四）超级克劳斯法

荷兰 Stork（现为 Jacobs Comprimo）公司在 1988 年开发的超级克劳斯（Superclaus）法与常规克劳斯法一样均为稳态工艺。此法包括 Superclaus 99 和 Superclaus 99.5 两种类型，前者总硫收率为 99% 左右，后者总硫收率可达 99.5%。

图 3-26　四级反应器的 MCRC 原理流程图

Superclaus 99 工艺的特点是将两级常规克劳斯法催化反应器维持在富 H_2S 条件下(即 H_2S/SO_2 大于 2)进行,以保证进入选择性氧化反应器的过程气中 H_2S/SO_2 的比值大于 10,并配入适当高于化学计量的空气使 H_2S 在催化剂上氧化为元素硫。如图 3-27 所示为 Superclaus 99 工艺流程图。

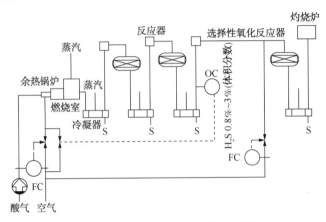

图 3-27　Superclaus 99 工艺流程图

由于 Superclaus 99 工艺中进入选择性氧化反应器的过程气中 SO_2、COS、CS_2 不能转化,故总硫收率在 99% 左右。为此,又开发了 Superclaus 99.5 工艺,即在选择性氧化反应段前增加了加氢反应段,使过程气中的 SO_2、COS、CS_2 先转化为 H_2S 或元素硫,从而使总硫收率达 99.5%。如图 3-28 所示是 Superclaus 99.5 工艺流程图。

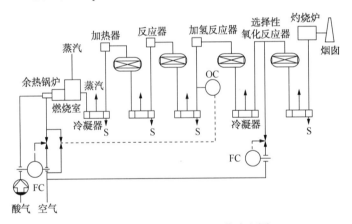

图 3-28　Superclaus 99.5 工艺流程图

Superclaus 法中直接氧化段所用催化剂具有良好的选择性,即使氧量过剩也只将 H_2S 氧化为硫而基本上不生成 SO_2。目前采用的催化剂则以 $\alpha\text{-}Al_2O_3$ 和 SiO_2 为载体的 Fe 基催化剂,其活性更高,进料温度为 200℃(较第一代催化剂降低了 50℃),转化率提高 10%,故总硫收率可增加 0.5%~0.7%。因此,不仅能耗降低,还可允许尾气中 H_2S 有较高的浓度。据悉,新近开发的催化剂是以 $\alpha\text{-}Al_2O_3$ 和 SiO_2 为载体的 Fe、Zn 基等催化剂。

应该指出的是,由于 H_2S 直接氧化所产生的反应热为 H_2S 与 SO_2 反应热的几倍,为防止催化剂床层超温失活,其进料中 H_2S 浓度需严格控制,一般应低于 1.5%。

目前采用 Superclaus 法的工业装置已超过 110 套以上,其中多为 Superclaus 99 工艺。这些装置中采用的常规克劳斯段既有直流型的,也有分流型的。在各种克劳斯法组合工艺中,由于 Superclaus 法是稳态运行而不需切换,并且投资也较低,因此发展最快,应用最多,故应作为首选工艺。

我国重庆天然气净化总厂渠县分厂引进的 Superclaus 99 装置于 2002 年 10 月投产,装置属于分流型,规模为 31.5t/d,,酸气中 H_2S 含量为 45%~55%,总硫收率超过 99.2%。克劳斯段采用三级转化,一级转化器使用 CRS-31 催化剂,再热采用在线燃料气加热炉。表 3-27 为渠县分厂 Superclaus 99 装置运行温度和过程气组成。

表 3-27 渠县分厂 Superclaus 99 装置运行温度

	火焰	余热锅炉出口	一反出口	一冷	二反出口	二冷	三反出口	直接氧化段出口	直接氧化段冷凝器
实际/℃	1060	165	319	163	217	158	183	236	123
计算/℃	1062	169	320	172	220	162	187	245	126
过程气组成/%(体积分数)									
组分	一反入口	一反出口		二反出口		三反出口		直接氧化段出口	
H_2S	4.6(5.26)	1.3(1.67)		0.37~0.50(0.62)		0.30~0.50(0.50)		0.00~0.01(0.01)	
SO_2	1.3(3.12)	0.15~0.37(0.59)		0.03~0.10(0.07)		0.01~0.02(0.02)		0.02~0.03(0.07)	
COS	0.11(0.67)	0.01(0.013)							
CS_2	0.19(0.42)	0.01(0.04)							

注:括号外为实际值,括号内为模拟计算值。

此外,荷兰 Jacobs Comprimo 公司近年来又开发了超优克劳斯(EuroClaus)法。该法是在 Superclaus 法的基础在末级克劳斯转化器(反应器)下部装入加氢催化剂,用过程气中的 H_2、CO 作为加氢还原气,使 SO_2 转化为 H_2S 和硫,同时又采用深冷器代替末级硫冷凝器,降低尾气出口温度以减少硫蒸气损失,因而其总硫收率可达 99.5%~99.7%。目前,全球已有 20 多套采用该法的装置在运行。

（五）Clinsulf 法

德国 Linde 公司开发的 Clinsulf 法特点是采用内冷管式催化反应器(上部为绝热反应段,下部为等温反应段),包括 Clinsulf SDP、Clinsulf DO 两种类型。前者是将常规克劳斯法与低温克劳斯法组合一起的工艺,后者则是直接氧化工艺。有关 Clinsulf DO 工艺本章已在前面叙述,此处仅介绍 Clinsulf SDP 工艺,其工艺流程图如图 3-29 所示。

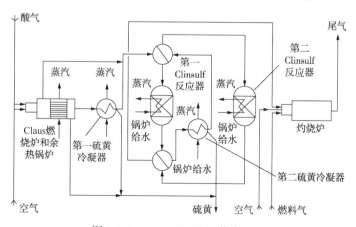

图 3-29 Clinsulf SDP 工艺流程图

Clinsulf 法的特点是：①装置设有两个反应器，一个处于"热"态进行常规克劳斯反应，并使催化剂上吸附的硫逸出，另一个处于"冷"态进行低温克劳斯反应，两个反应器定期切换；②反应器上部绝热反应段有助于在较高温度下使有机硫转化并获得较高的反应速度，下部等温反应段则可保证有较高的转化率；③仅使用两个再热炉和一个硫冷凝器，流程简化，设备减少，同时再热燃料气用量也少；④由于 Clinsulf 等温反应器结构较常用绝热反应器复杂，故该装置价格昂贵，但因流程简化，设备减少，据称投资大体与三级转化的克劳斯装置相当；⑤与 MCRC 法相同，反应器切换时达到操作稳定的时间约需 20min，在此切换时间内总硫收率也无法保证达到 99%；⑥对管壳式催化反应器的循环水质量要求很高，又因产生高压蒸汽故对有关设备的安全性要求也高，而且此高压蒸汽冷凝后循环，能量无法回收。

我国重庆天然气净化总厂垫江分厂引进的 Clinsulf SDP 装置已于 2002 年 11 月投产。装置产能为 16t/d，操作弹性为 50%~100%，设计酸气中 H_2S 含量为 30%~45%，硫收率为 99.2%。反应器上部装填 ESM7001 氧化钛基催化剂，下部为 UOP2001 氧化铝基催化剂。两个反应器每 3h 切换一次。表 3-28 是其考核期间运行数据平均值。根据检测数据计算，37 组数据平均值的总硫收率大于 99.2%，但还有待观察起长期运行情况。

表 3-28　垫江分厂 Clinsulf SDP 装置运行数据

组成(干基)/%(体积分数)	H_2S	CO_2	烃类	SO_2	COS	CS_2	硫雾/(g/m³)
酸气	4.09	59.07	0.84				
尾气	0.030	37.55		0.52	0[①]	0.0001[②]	0.71

① 系未检出。

② 检测 19 次，仅有 1 次检出为 0.004%。

除上述工艺外，其他还有 Clinsulf SSP 工艺及 BASF 公司开发的类似 Clinsulf DO 工艺的 Catasulf 工艺，此处就不再多述。

(六) 我国天然气净化厂硫黄回收及尾气处理装置简介

我国天然气净化厂中的硫黄回收装置及克劳斯组合装置简况见表 3-29，尾气处理装置简况见表 3-30。

表 3-29　我国天然气净化厂硫黄回收装置一览表

所在地区	厂名	套数	工艺方法	设计能力/(t/d)
四川	蜀南气矿			
	净化一厂	2	分流克劳斯[①]	2×8
	净化二厂	2	分流克劳斯[①]	2×8
	隆昌净化厂	1	Lo-Cat Ⅱ[②]	1.2
	川西北气矿			
	净化厂	1	MCRC[②]	46.05
	净化厂	1	MCRC	52.6
	川中油气矿			
	引进装置	1	直流克劳斯	11.1
	净化厂	1	直流克劳斯	17.68
	中石化普光天然气净化厂	6	直流克劳斯	6×1415
	川东北宣汉天然气处理厂	3	直流克劳斯	3×402.9
	龙岗净化厂	2	直流克劳斯	2×215

所在地区	厂名	套数	工艺方法	设计能力/(t/d)
重庆	重庆净化总厂			
	东溪装置	1	直流克劳斯①	2
	垫江分厂③	1	Clinsulf SDP②	8~16
	引进分厂	1	直流克劳斯②	230~260
	渠县分厂④	1	Superclaus②	31.5
	长寿分厂	1	分流克劳斯	8
	忠县分厂	1	Superclaus②	2×25
湖北	江汉油田利川脱硫装置	1	直流克劳斯	6.5
陕西	长庆油田分公司			
	第一净化厂	1	Clinsulf DO②	4.18
	第二净化厂	1	Clinsulf DO②	5.52
	第三净化厂	1	Lo-Cat II	2.60
	第四净化厂	1	Lo-Cat II	9.90
	第五净化厂	1	国产直接选择氧化法	12.5

① 已停运。

② 引进装置，MCRC、Clinsulf SDP 和 Superclaus 均兼有尾气处理功能。

③ 初为 4 套直流克劳斯，后改 2 套分流克劳斯，又改 Clinsulf SDP。

④ 初为 2 套分流克劳斯，后改 Superclaus。

表 3-30　我国天然气净化厂尾气处理装置一览表

所在地区	厂名	套数	工艺方法
四川	蜀南气矿		
	净化一厂	2	液相催化①
	净化二厂	2	液相催化①
	川西北气矿净化厂	1	还原吸收②
	中石化普光天然气净化厂	6	还原吸收
	川东北宣汉天然气处理厂	3	还原吸收
	龙岗天然气净化厂	1	还原吸收
重庆	重庆净化总厂		
	东溪装置	1	焦亚硫酸钠①
	引进装置	1	还原吸收

① 已停运。

② 硫黄回收装置后改为 MCRC 法。

（七）长庆靖边气田硫黄回收工艺

随着靖边气田不断开发，高含硫气井增多，以靖边第二净化厂为例，原料气 H_2S 含量从 2007 年 1000mg/m³ 左右，逐年提高至 2013 年夏季 1593.38 mg/m³。酸气中 H_2S 含量从 2007 年 2.5% 提高至 8%，峰值达到了 16.31%，已建硫黄回收装置处理后不能满足排放标准要求，同时 Clinsulf-DO 法硫收率小于 90%，难以满足越来越严格的排放要求，因此靖边气田第一、第二、第五净化厂新建硫黄回收装置，选用国产直接选择氧化工艺。

1. 国产直接选择氧化工艺简介

国产直接选择氧化工艺利用国产催化剂将酸气中 H_2S 直接氧化为单质硫，该工艺允许酸性气体中 H_2S 的允许浓度为 1%~15%，采用两级反应，第一级反应器为恒温反应器，采用高选择性的 HS-35 催化剂，催化剂内设换热管，管内水汽化吸热移除反应热；二级为绝热式反应器，采用深度氧化的 HS-38 催化剂，实现 H_2S 较高的转化率。

反应原理为含 H_2S 气体与空气混合在催化剂上进行 H_2S 的选择氧化，其中一级等温反应器化学反应式：

$$2H_2S+O_2 \longrightarrow 2/x\ S_x+2H_2O+410kJ/mol$$

二级绝热反应器反应原理：

$$2H_2S+3O_2 \longrightarrow 2SO_2+2H_2O+1037.8kJ/mol$$

$$2H_2S+O_2 \longrightarrow 2/x\ S_x+2H_2O+410kJ/mol$$

2. 工艺特点

（1）低温活性好：催化剂 130℃ 起活，有效拓宽处理尾气硫化氢浓度范围，可以处理 1%~50%（体积分数）低浓度酸性气。

（2）反应选择性高：在 130~250℃ 的范围内，即使在氧过量的情况下，SO_2 的生成量也会受到抑制，有效地保证尾气的低 SO_2 排放。

（3）正常生产时自产蒸汽能够满足加热需要，无须外加热源。

该工艺的 H_2S 总转化率达到 99.6%，总硫黄收率也可达到 98.5% 以上，尾气排放 SO_2 浓度小于 $960mg/m^3$，满足规范《大气污染物综合排放标准》（GB 16297）要求，产品硫黄质量符合《工业硫黄 第 1 部分：固体产品》（GB 2449.1—2014）中一等品的要求。

国产直接选择氧化硫黄回收装置工艺流程如图 3-30 所示。

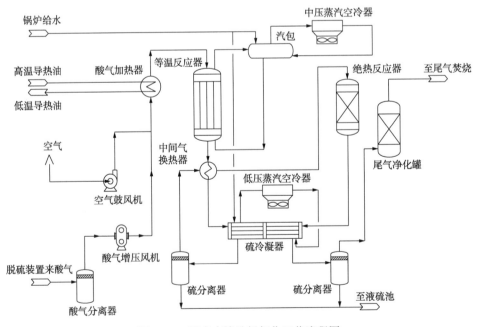

图 3-30　国产直接选择氧化工艺流程图

从脱硫装置来的酸气（40~45℃，40~60kPa）经过酸气增压风机增压至 65kPa(g) 后进入酸气分离器，将酸气携带的游离水、醇胺液去除。酸性气经过配入适量的空气并保证 $O_2/H_2S=0.6\sim0.8$。空气通过空气鼓风机增压到 65kPa，同空气混合后的酸性气进入酸气加热器加热至 $150\sim180℃$，进入等温反应器。

等温反应器中，H_2S 同 O_2 进行选择氧化反应，将 95% 以上的 H_2S 氧化成单质硫，为防止床层温升过高导致催化剂失活，等温反应器采用内插管换热形式，采用锅炉水汽化，产生 3.0MPa 蒸汽的方式取走反应热。等温反应器产生的 3.0MPa 蒸汽通过中压蒸汽空冷器冷凝后返回汽包，实现中压蒸汽的循环利用。等温反应器温度恒定在 240℃，

等温反应器出口中间气经过中间气换热器管程，进入硫冷凝器管程，中间气被冷却至 125℃ 后分离出液硫，气相返回中间气换热器壳程，液硫通过硫分离器后进入液硫池。

中间气换热器壳程出口温度为 $160\sim180℃$，再经蒸汽加热至 200℃ 后进入绝热反应器，进行深度氧化。绝热反应器出口尾气进入硫冷凝器管程，冷却至 125℃ 后，进入硫分离器。硫冷凝器壳程通过锅炉水蒸发，产生 0.01MPa 蒸汽，将中间气热量带走。蒸汽经低压蒸汽空冷器冷凝后，返回硫冷凝器，形成锅炉水-蒸汽循环取热。

硫分离罐气相进入尾气净化器，吸附尾气中含有的少量不凝性硫单质，净化后的尾气至尾气焚烧炉，硫分离器罐的液相为液硫，排至液硫池储存、外销。

第四节　天然气凝液回收

油气田生产的天然气主要成分是甲烷，除此之外，一般还不同程度的含有 C_2、C_3、C_3^+ 等重烃组分以及 N_2、CO_2、H_2S 和 H_2O 等非烃组分，为了符合商品天然气质量指标和管输气的烃露点要求，天然气通常除了脱除水、酸气外，还需回收 C_2、C_3、C_3^+ 等重烃混合物，这种从天然气中回收到的液烃混合物称为天然气凝液（Natural Gas Liquids，NGL），简称凝液或液烃。

从天然气中回收凝液的工艺过程称之为天然气凝液回收（NGL 回收，简称凝液回收）。回收到的天然气凝液或直接作为商品，或根据有关产品质量指标进一步分离为乙烷、液化石油气（LPG）及天然汽油（C_5^+）等产品。因此，天然气凝液回收一般也包括了天然气分离过程。

一、天然气凝液回收的目的

天然气作为油气田生产的一种产品，或进入长距离输送管道外输，或作为商品气直接销售给用户。由于各油气田采出的天然气组分不同，一般未经处理不可能达到管输或商品气的质量标准，因此在气田规划中的天然气处理厂对天然气中的凝液进行回收的主要目的是：使商品气符合质量指标；满足管输气质量要求。

凝液回收的另一个目的是：最大限度地回收凝液，或直接作为产品，或进一步分离为有关产品。

我国习惯上将天然气分为气藏气、凝析气及伴生气三类。天然气类型不同，其组成也有很大差别。气藏气主要是由甲烷组成，乙烷及更重烃类含量很少。因此，只是将气体中乙烷及更重烃类回收作为产品高于其在商品气中的经济效益时，一般才考虑进行天然气凝液回收。凝析气中一般含有较多的戊烷以上烃类，无论分离出凝析油后的气体是否要经压缩回注地层，通常都应回收天然气凝液，从而额外获得一定数量的液烃。伴生气中通常含有较多乙

烷及更重烃类，为了获得液烃产品，同时也为了符合商品气或管输气的烃露点要求，必须进行凝液回收。尤其是与原油稳定脱出的气体或未稳定原油储罐回收到的烃蒸气混合后，其丙烷、丁烷含量更多，回收价值更高。

由此可知，由于回收凝液的目的不同，对凝液的收率(回收的某产品中某烃类与原料气中该烃类组分数量之比，通常以摩尔分数表示)也有区别，获得的凝液组成也各不相同。目前，我国习惯上又根据是否回收乙烷而将 NGL 回收装置分为两类：一类以回收乙烷及更重烃类(C_2^+烃类)为目的；另一类则以回收丙烷及更重烃类(C_3^+烃类)为目的。

二、天然气凝液回收方法

NGL 回收可在油气田矿场进行，也可在天然气处理厂、气体回注厂中进行。回收方法基本上可分为吸附法、吸收法及冷凝分离法三种。目前，基本上均采用冷凝分离法。

(一) 吸附法

吸附法系利用固体吸附剂(例如活性炭)对各种烃类的吸附容量不同，从而使天然气中一些组分得以分离的方法。吸附法的优点是装置比较简单，不需特殊材料和设备，投资较少；缺点是需要几个吸附塔切换操作，产品局限性大，能耗与成本高，燃料气量约为所处理天然气量的5%，目前很少采用。

在北美，有时用这种方法从湿天然气中回收较重烃类，且多用于处理量较小及较重烃类含量少的天然气，也可以用来同时从天然气中脱水和回收丙烷、丁烷等烃类(吸附剂多为分子筛)，使天然气水、烃露点都符合管输要求。这种方法也常用于国内井口天然气或油田伴生气等小处理量规模的天然气处理，以达到偏远城镇的用户用气需求。

(二) 油吸收法

油吸收法系利用不同烃类在吸收油中溶解度不同，从而将天然气中各个组分得以分离。吸收油一般为石脑油、煤油、柴油或从天然气中回收到的 C_5^+凝液(天然汽油，稳定轻烃)。吸收油相对分子量越小，NGL 收率越高，但吸收油蒸发损失越大，当乙烷收率较高时才采用相对分子量较小的吸收油。

按照吸收温度不同，油吸收法又可分为常温、中温和低温油吸收法(冷冻油吸收法)三种。常温油吸收法吸收温度一般为30℃左右；中温油吸收法吸收温度一般为-20℃以上，C_3收率约为40%左右；低温油吸收法吸收温度一般可达-40℃左右，C_3收率一般为80%~90%，C_2收率一般为35%~50%。

在 20 世纪五六十年代，油吸收法是国外广泛使用的一种 NGL 回收方法，但因低温油吸收法能耗及投资较高，因而在 70 年代以后已逐渐被更加经济与先进的冷凝分离法取代。如澳大利亚某公司在位于墨尔本以东的长滩(Longford)建有 3 座天然气处理厂，其中，第一座天然气处理厂建于 1969 年，其 NGL 回收装置采用低温油吸收法，而 1976 年和 1983 年建设的第二座和第三座天然气处理厂均采用透平膨胀机制冷的冷凝分离法。

国内自 20 世纪六七十年代以来，除最早建设的某凝析气田 NGL 回收装置由于受当时条件限制而采用浅冷分离工艺外，以后建成的高压凝析气田 NGL 回收装置多采用冷剂预冷-透平膨胀机制冷的深冷分离工艺。

目前国内以油田伴生气为原料气的 NGL 回收装置中，有的因其处理量较小，但原料气中 C_3含量又较高(大于10%)，为提高 C_3收率故仍采用经过改进的低温油吸收法。

采用低温油吸收法时应注意：

① 采用低温油吸收法工艺时，宜采用吸收与脱乙烷在同一个塔内完成的工艺，吸收剂宜设缓冲罐。

② 吸收剂宜采用预饱和措施，即将脱乙烷塔顶气与吸收剂混合后进入蒸发器，冷冻至-20~-25℃，分出的凝液作为吸收剂打入脱乙烷塔顶，分出的气体作为干气复热后外输。

③ 在贫富气换热器后原料气的冷冻温度宜为-20~-25℃，分出的凝液在贫富气复热后进入脱乙烷塔底部，分出的气相进入脱乙烷塔上部。

（三）冷凝分离法

冷凝分离法得到富含较重烃类的天然气凝液，一般又采用精馏的方法，进一步分离成所需要的液烃产品。通常，这种冷凝分离过程又是在几个不同温度等级下完成的。

由于天然气的压力、组成及所要求的 NGL 回收率或液烃收率不同，故 NGL 回收过程中的冷凝温度也有所不同。根据其最低冷凝分离温度，通常又将冷凝分离法分为浅冷分离与深冷分离两种。前者最低冷凝分离温度一般在-20~-35℃，后者一般均低于-45℃，最低在-100℃以下。

冷凝分离法的特点是需要向气体提供温度等级合适的足够冷量，使其降温至所需值。按照提供冷量的制冷方法不同，冷凝分离法又可分为冷剂制冷法、膨胀制冷法和联合制冷法三种。

1. 冷剂制冷法

（1）适用范围：

① 以控制外输气露点为主，同时回收一部分凝液的装置（例如低温法脱油脱水装置）。计算的烃露点温度应低于要求的露点温度5℃以上。

② 原料气中 C₃ 以上烃类较多，但其压力与外输压力之间没有足够压差可以利用，或为回收凝液必须将原料气适当增压，增压后的压力与外输气压力之间没有压差可供利用，而且采用冷剂又可经济地达到所要求的凝液收率。

（2）冷剂制冷温度

冷剂制冷温度主要与其性质和蒸发压力有关。如原料气的冷凝温度已经确定，可先根据表 3-31 中冷剂的标准沸点（常压沸点）、冷剂蒸发器类型及冷端温差初选一两种冷剂，再对其他因素（例如冷剂性质、安全环保、制冷负荷、装置投资、设备布置及运行成本等）进行综合对比后最终确定所需冷剂。

表 3-31　几种常用冷剂的编号、安全性分类及物理性质

冷剂	冷剂编号	安全分类	环境友好/（是/否）	标准沸点/℃	凝点/℃	蒸发相变焓/（kJ/kg）	空气中爆炸极限/%（体积分数）	
							上限	下限
氨	717	B2	是	-33	-77.7	1369	15.5	27
丙烷	290	A3	是	-42	-187.7	427	2.1	9.5
丙烯	1270	A3	是	-48	-185.0	439	2	11.1
乙烷	170	—	是	-89	-183.2	491	3.22	12.45

冷剂	冷剂编号	安全分类	环境友好/ （是/否）	标准沸点/ ℃	凝点/ ℃	蒸发相变焓/ （kJ/kg）	空气中爆炸极限/ %（体积分数）	
							上限	下限
乙烯	1150	A3	—	−103	−169.5	484	3.05	28.6
甲烷	50	A3	是	−161	−182.5	511	5	15

注：1. 表中冷剂编号、安全性分类及常压沸点数据和其他数据取自有关文献。

2. 冷剂安全性分类包括两个字母：大写英文字母表示按急性和慢性允许暴露量划分的冷剂毒性危害分类，由A～C其毒性依次增加；阿拉伯数字表示冷剂燃烧性危害程度分类：1表示无火焰蔓延，即不燃烧；2表示有燃烧性；3表示有爆炸性。

3. 未分类的冷剂表明没有足够的数据或未达到分类的正式要求。

4. 未评估的冷剂表明没有足够的数据。

表3-1中的冷剂毒性危害分类是依据《制冷剂编号方法和安全性分类》（GB/T 7778—2008）对其所列各种冷剂毒性所做的相对分类。其中，氨在该标准中属于毒性较高（B2）的冷剂，但按照我国《职业性接触毒物危害程度分级》（GBZ 230—2010）将职业性接触毒物危害程度分为极度危害（Ⅰ级）、高度危害（Ⅱ级）、中度危害（Ⅲ级）和轻度危害（Ⅳ级）四个等级，氨属于轻度危害毒物，可在使用中采取有效安全保护措施，故目前仍广泛用作冷剂。

冷剂可根据下列情况选用：

① 氨适用于冷凝温度高于−26℃的工况。

② 丙烷适用于冷凝温度高于−35℃的工况。

③ 乙烷和丙烷为主的混合冷剂适用于冷凝温度低于−35℃的工况。

④ 能使用凝液作为冷剂的场合应优先使用凝液。

（3）工艺参数

冷剂制冷的工艺参数可根据下列情况确定：

① 冷剂的蒸发温度应根据工艺要求和所选蒸发器的形式确定。

② 板翅式蒸发器的冷端温差宜取3～5℃，而管壳式则取5～7℃。

③ 对数平均温差宜在10℃以下，不宜超过15℃。

④ 平均温差偏大时，应采用分级压缩分级制冷提供冷量。丙烷冷剂可分2～3级。

⑤ 冷剂的蒸发压力宜高于当地大气压，宜在较低的压力下闪蒸。

⑥ 确定制冷负荷时应考虑散热及其他原因，可取5%～10%的裕量。

其他单元或临近站厂有富裕的热量或足够的低温水可供利用时，宜采用氨吸收制冷。

2. 膨胀制冷法

（1）节流阀制冷

压力很高的气层气（一般为10MPa或更高），特别是气源压力会随开采过程递减时，应首先考虑采用节流制冷。节流后的压力应能满足外输压力要求，不再另设增压压缩机。如果气体压力已递减到不足以获得所要求的低温时，可采用冷剂预冷。

气源压力较高或适宜的分离压力高于外输压力，单靠节流能产生所需的低温，或气量较小不适宜膨胀机时，可采用节流阀制冷。如果气体中含有较多重烃，仅靠节流阀制冷不能满足冷量要求时，可采用冷剂预冷。

有压差可供利用，但天然气较贫、回收价值不大时，可采用节流阀制冷，仅控制其水、烃露点以满足外输气要求。如节流后温度不够低，可采用冷剂预冷。

（2）热分离机制冷

热分离机（Thermal Separator）也叫气波制冷机（Gas Wave Refrigerator），是一种利用气体自身所具有的压力能，通过压力波做功和热传递的方式来转移自身能量从而达到制冷目的的设备（论文《新型气波制冷机的发展现状及性能分析》），有转动喷嘴式（RTS）和固定喷嘴式（STS）两种类型。一般选用转动喷嘴式热分离机，对于偏远地区和环境较差的场所，可采用简单可靠的固定喷嘴式热分离机或气波机。

规模不大，有压差可供利用，但靠节流达不到需要的温度时，可用热分离机代替节流阀制冷。热分离机的出口压力应能满足外输要求，不再进行增压。热分离机的膨胀比宜为 $3\sim5$，不宜超过 7，如果气体中重组分较多，可用冷剂预冷。

热分离机的处理能力宜小于 $1\times10^4\,m^3/d$（按进气状态计），处理量大时，宜回收机组产生的热量。

20 世纪 80 年代以来，国内一些 NGL 回收装置曾采用过热分离机制冷，但因各种原因目前多已停用或改用透平膨胀机制冷。例如，川中油气矿曾建成一套 $10\times10^4\,m^3/d$ 采用热分离机制冷的 NGL 回收装置，长期在膨胀比为 3.5 左右运行，但凝液收率较低，故在以后改用透平膨胀机制冷，凝液收率有了很大提高。

（3）透平膨胀机制冷

当节流膨胀达不到要求的收率时，可采用膨胀机制冷。下列工况可采用膨胀机制冷工艺：

① 原料气压力及气量比较稳定的工况。

② 原料气压力高于外输压力，有足够的压差可供利用。

③ 气体较贫及收率的要求很高；或原料气为单相气体；或要求有较高的乙烷收率。

④ 膨胀后的气体不需要增压或仅部分气体需要增压。

⑤ 要求装置布置紧凑、公用工程费用低、总体投资少。

⑥ 要求适应较宽范围的压力及产品变化。

膨胀机的膨胀比一般为 $2\sim4$，不宜大于 7。如果膨胀比大于 7，可考虑采用两级膨胀，但需做出详细的经济分析和评估操作上的难易。

气体组分较富时，宜采用冷剂制冷+膨胀机制冷工艺，预冷的温度宜为 $-20\sim-37℃$，冷剂可采用氨、丙烷或适宜的凝液。膨胀机的进口物流温度宜为 $-30\sim-70℃$。

对于处理规模变化较大的装置，可以采用两台膨胀机并联操作的方式。

1964 年，美国首先将透平膨胀机制冷技术用于 NGL 回收过程中。由于此法具有流程简单、操作方便、对原料气组分变化适应性大、投资低及效率高等优点，在近几十年来发展很快。在美国，新建或改建的 NGL 回收装置 90% 以上都采用了透平膨胀机制冷法。在我国，目前绝大部分 NGL 回收装置也都采用透平膨胀机制冷法。

3. 联合制冷法

联合制冷法又称冷剂与膨胀机联合制冷法或有冷剂预冷的联合制冷法。顾名思义，此法是冷剂制冷与透平膨胀机制冷二者的组合，即冷量来自两部分：浅冷温位（ $-45℃$ 以上）的冷量由冷剂制冷提供；深冷温位（ $-45℃$ 以下）的冷量由膨胀机制冷提供。二者提供的冷量温位及数量应经过综合比较后确定。

当 NGL 回收装置以回收 C_2^+ 烃类为目的，或者原料气中 C_3^+ 组分含量较多，或者原料气压

155

力低于适宜的冷凝分离压力时，为了充分回收 NGL 而设置原料气压缩机时，应考虑采用有冷剂制冷的联合制冷法。

此外，当原料气先经压缩机增压后采用联合制冷法时，其冷凝分离过程通常是在不同压力与温位下分几次时，即所谓多级冷凝分离。处理量较大、原料气比较富足时，采用多级冷凝分离的级数也应经过经济比较后确定。

目前，NGL 回收装置通常采用的几种主要方法的烃类收率见表 3-32。表中数据仅供参考，其中节流阀制冷的原料气压力应大于 7MPa。如果压力过低，就应对原料气进行压缩，否则由膨胀制冷提供的温位及冷量就会不够。另外，表中的强化吸收法（Mehra 法，马拉法）的实质是采用物理溶剂（例如 N-甲基吡咯烷酮）作为吸收剂，将原料气中的 C_2^+ 吸收后，采用抽提蒸馏等方法获得所需的 C_2^+。乙烷、丙烷的收率依据市场需求情况而定。这种灵活性是透平膨胀机制冷法所不能比拟的。

需要说明的是，烃类收率虽是衡量 NGL 回收装置设计水平和经济效益的一项重要指标，但通过技术经济论证后综合而定。

表 3-32　几种 NGL 回收方法的烃类收率　　　　　　　　　　　　%

方法		乙烷	丙烷	丁烷	天然汽油
油吸收法		5	40	75	87
低温油吸收法		15	75	90	95
冷剂制冷法		25	55	93	97
阶式制冷法		70	85	95	100
节流阀制冷法		70	90	97	100
透平膨胀机制冷法		90	98	100	100
强化吸收法	C_2^+	97	98	100	100
	C_3^+	<2	98	100	100

三、天然气凝液回收工艺

如前所述，由于 NGL 回收过程目前普遍采用冷凝分离法，故此处只介绍采用冷凝分离法的 NGL 回收工艺。NGL 回收工艺主要由原料气预处理、压缩、冷凝分离、凝液分馏、产品储存、干气再压缩以及制冷等系统全部或一部分组成。

（一）原料气预处理

原料气预处理的目的是脱除其携带的油、游离水和泥沙等杂质，以及脱除原料气中的水蒸气、酸性组分和汞等。

当需要脱除原料气中酸性组分时，一般是先脱酸性组分在脱水。当采用浅冷分离工艺时，只要原料气中 CO_2 含量不影响冷凝分离过程及商品天然气的质量指标，就不必要脱除原料气中的 CO_2。当采用深冷分离工艺时，由于 CO_2 会在低温下形成固体，堵塞管线和设备，故应将其脱除至允许范围之内。进入凝液回收装置的天然气中 H_2S 含量不宜超过 $20mg/m^2$，若超出此范围，应在脱水流程前进行脱硫。

脱水设施应设置在气体可能形成水合物的部位之前。流程中如果有原料气压缩机时，可根据具体情况经过技术和经济比较后，将脱水设施设置在压缩机的级间或末级之后。

另外，还有一些天然气中含有汞。当低温换热器选用铝质板翅式换热器时，汞会通过溶解腐蚀（与铝形成汞齐）、化学腐蚀（汞齐中的铝与天然气中的微量水反应生产不溶解于汞的氢氧化铝，于是又有新的铝溶解在汞中）和液体金属脆断等引起板翅式换热器泄漏，故此时原料气也应脱汞。

（二）原料气压缩

原料气的压力低于适宜的冷凝分离压力时，应设原料气压缩机。对于高压原料气（例如高压凝析气），进入装置后即可进行预处理和冷凝分离。但当原料气为低压伴生气时，因其压力通常仅为 $0.1 \sim 0.3$ MPa，为了提高气体的冷凝率（即天然气凝液的数量与天然气总量之比，一般以摩尔分数表示），以及干气要求在较高压力下外输时，通常都要将原料气增压至适宜的冷凝压力后在冷凝分离。当采用膨胀机制冷时，为了达到所要求的冷冻温度，膨胀机进、出口压力必须有一定的膨胀比，因而也应保证膨胀机进口气流的压力。

原料气增压后的压力，应根据原料气组成、NGL 回收率或液烃收率，结合适宜的冷凝分离压力、干气压力以及能耗等，进行综合比较后确定。

原料气压缩一般都与冷却脱水结合进行，即压缩后的原料气冷却至常温后将会析出一部分游离水和液烃，分离出游离水与液烃后的气体再进一步脱水与冷冻，从而减少脱水与制冷系统的负荷。

（三）冷凝分离

NGL 是在原料气冷凝分离过程中获得的，故确定经济合理的冷凝分离工艺及条件至关重要。

1. 多级冷凝与分离

预处理和增压（高压原料气则无须增压）后的原料气，在某一压力下经过一系列的冷却与冷冻设备，不断降温与部分冷凝，并在气液分离器中进行气、液分离。当原料气采用压缩机增压，或采用透平膨胀机制冷时，这种冷凝分离过程通常是在不同压力及温度下分几次完成的。由各级分离器分出的凝液一般按照其组成、温度、压力和流量等，分别送至凝液分馏系统的不同部位进行分离，也可直接作为产品出售。

采用多级冷凝与分离的原因主要有：①可以合理利用制冷系统不同温位的冷量，从而降低能耗；②可以使原料气获得初步分离；③组织工艺流程的需要。

然而，多级冷凝分离的级数越多，设备及配套设施就越多，因而投资也越高，故应根据原料气组成、装置规模、投资及能耗等进行综合对比后，确定合适的冷凝分离级数与塔的进料股数。分离级数一般以 $2 \sim 5$ 级为宜。当装置中有脱甲烷塔时，该塔的进料股数多为 $2 \sim 4$ 股；当装置中只有脱以往塔和其后的分馏塔时，脱乙烷塔的进料股数多为 $1 \sim 3$ 股。

2. 适宜的冷凝分离压力与温度

NGL 冷凝率或某种烃类（通常是 C_2 或 C_3）收率是衡量 NGL 回收装置的一个十分重要的指标。总的来说，原料气中含有可以冷凝的烃类量越多，NGL 冷凝率或某种烃类产品的收率就越高吗，经济效益就越好。但是，原料气越富时在给定 NGL 冷凝率或产品收率时所需的制冷负荷及换热器面积也就越大，投资费用也就更高。反之，原料气越贫时，为达到较高的收率则需要更低的冷凝温度。

因此，首先应通过投资、运行费用、产品价格（包括干气在内）等进行技术经济比较后确定所要求的 NGL 冷凝率或某烃类收率，然后再根据 NGL 冷凝率或烃类收率，选择合适的工艺流程，确定适宜的原料气增压压力和冷冻后温度。如果只采用膨胀机制冷法无法达到所需的适宜的冷凝温度时，则应采用冷剂预冷。对于高压原料气，还要注意此压力、温度应远离(通常是压力宜低于)临界点值，以免气、液相密度相近，分离困难，导致膨胀机中气流带液过多，或者在压力、温度略有变化时，分离效果就会有很大差异，致使实际运行很难控制。

(四) 凝液分馏

由冷凝分离系统获得的凝液，有些装置直接作为产品出售，有些则送至凝液分馏系统进一步分成乙烷、丙烷、丁烷(或丙、丁烷混合物)、天然汽油等产品。凝液分馏系统的作用就是按照上述各种产品的质量要求，利用精馏方法对凝液进行分离。

1. 凝液分馏流程

由于凝液分馏系统实质上是对 NGL 进行分离的过程，故合理组织分离流程，对于节约投资、降低能耗和提高经济效益都是十分重要的。通常，NGL 回收装置的凝液分馏系统大多采用按烃类相对分子质量从小到大逐塔分离的顺序流程，依次分出乙烷、丙烷、丁烷(或丙、丁烷混合物)、天然汽油等，如图 3-31 所示。流程中的第一个塔必须与冷凝分离单元一起考虑。回收乙烷及更重组分的装置，应先从凝液中脱除甲烷；需要生产乙烷时，再从剩余凝液中分出乙烷；回收丙烷及更重组分的装置，先脱除甲烷及乙烷；剩余的凝液需要进一步分馏时，可根据产品的要求、凝液的组成，进行技术经济比较后确定。

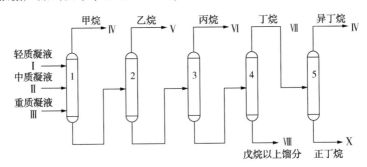

图 3-31 凝液分馏顺序流程

采用顺序流程的原因是：①可以合理利用低温凝液的冷量，尤其是全塔均在低温下运行，而且是分馏系统温度最低且能耗最高的脱甲烷塔，以及塔顶部位一般也在低温下运行的脱乙烷塔；②可以减少分馏塔的负荷和脱甲烷塔以后其他分馏塔塔顶冷凝器及塔底重沸器的热负荷。例如，美国 Louisiana 天然气处理厂 NGL 回收装置的凝液分馏系统一次为脱甲烷塔、脱乙烷塔、脱丙烷塔、脱丁烷塔及脱异丁烷塔等。

脱甲烷塔的流程应符合：

① 采用多股凝液按不同浓度及温度分别在塔内浓度及温度分布相对应的部位进料。

② 应适当设置 1~2 台侧重沸器。

③ 应利用塔底物流的冷量，冷却原料气或冷剂。

脱乙烷塔的流程应符合：

① 乙烷不作为产品的脱乙烷塔，宜采用无回流脱乙烷塔。如果采用了有回流的脱乙烷塔，应保证精馏段有足够的内回流。

② 乙烷作为产品的脱乙烷塔，必须要有回流。操作压力应根据装置是否出商品丙烷及冷却介质的温度来确定。

脱丙烷塔、丁烷塔等的流程应符合：

① 塔底物流的热量应尽量利用，宜用来加热塔的进料物流。

② 塔顶冷凝器宜采用水冷或空冷器。塔顶的温度宜比介质的温度高 10~20℃，物流的冷凝温度最高不宜超过 55℃。

③ 塔的工作压力应根据塔顶产品的冷凝温度、泡点压力和压降确定。

分馏塔的塔顶产品能自流进产品储罐时，宜在塔顶内设分凝器，塔外只设置全凝器。可在塔顶出口管线上进行塔的压力调节，但应有防止塔和产品储罐之间压差波动变大的措施。

2. 回流比及进料状态

① 回流比

回流比会影响分馏塔塔板数、热负荷及产品纯度等。当产品纯度达到一定时，降低回流比会使塔板数增加，但有重沸器提供的热负荷及由冷凝器取走的热负荷减少，故可降低能耗。

当装置以回收 C_2^+ 为目的时，脱甲烷塔回流所需冷量占凝液分馏系统消耗冷量的很大比例。如分离要求相同，回流比越大，塔板数虽可减少，但所需冷量也越多。因此，对脱甲烷塔这类的低温分馏塔，回流比应严格控制。即使对脱丙烷塔、脱丁烷塔(或脱丙、丁烷塔)，回流比也不宜过大。

② 进料状态

塔的进料状态(气相、混合相或液相)对分馏塔的分离能耗影响也很大。在凝液分馏系统中，大部分能耗消耗在脱甲烷塔等低温分馏塔上。因此，合理选择这些塔的进料状态对于降低能耗是十分重要的。对于低温分馏塔(塔顶温度<塔底温度<常温，例如脱甲烷塔)，应尽量采用饱和液体甚至过冷液体；对于高温分馏塔(塔底温度>塔顶温度>常温，例如脱丙烷塔、脱丁烷塔)，在高浓度进料(塔顶与塔底产品摩尔流量之比较大)，应适当提高进料温度即提高气化率，而在低浓度时，则应适当降低进料温度即降低气化率；对于在中等温度范围下运行的分馏塔(塔底温度>常温>塔顶温度，例如塔顶在低温下运行的脱乙烷塔)，则应根据具体情况综合比较后，才能确定最佳进料状态。

（五）干气再压缩

当采用透平膨胀机制冷时，由膨胀机出口气液分离器分离出来的干气或由脱甲烷塔(或脱乙烷塔)塔顶馏出的干气压力一般可以满足管输要求。但是，有时即使经过膨胀机带动的压缩机增压后，其压力仍不能满足外输要求时，则还要设置压缩机将干气增压至所需压力。

（六）制冷

制冷系统的作用是向需要冷冻降温的原料气以及一些分馏塔塔顶冷凝器提供冷量。当装置采用冷剂制冷时，有单独的制冷系统提供冷量。当采用膨胀制冷时，所需冷量是由工艺气体直接经过过程中各种膨胀设备来提供。此时，制冷系统与冷凝分离系统在工艺过程中结合为一体。

如果原料气中 C_3^+ 烃类含量较多，装置以回收 C_3^+ 烃类为目的，且对丙烷的收率要求不高时，通常大多采用浅冷分离工艺。此时，仅用冷剂制冷法即可。如果对丙烷的收率要求较高(例如，丙烷收率大于 75%~80%)，或以回收 C_2^+ 为目的时，此时就要采用深冷分离工艺，选用透平膨胀机制冷、冷剂与膨胀机联合制冷或混合冷剂法制冷。

膨胀机在两相区内运行时，虽然获得的冷量有限，但其温位很低(例如，可低于-80~-

90℃）。冷剂制冷法虽然可提供较多的冷量，但其温位较高（例如，一般在-25~-40℃）。因此，也要对提供的冷量温位、数量、能耗等进行综合考虑，以确定选用何种制冷方法。

在 NGL 回收及天然气液化等装置中，大多利用透平膨胀机带动单级离心压缩机，即利用透平膨胀机输出的功率来压缩本装置中的工艺气体。增压机设置在气体膨胀机之前的工艺流程称为前增压（正升压）流程，反之则称为后增压（逆升压）流程。

原料气压力高于适宜冷凝分离压力时，应设置后增压。装置中如果设有原料气压缩机，而膨胀机入口压力为适宜冷凝分离压力时则宜采用前增压；膨胀机出口压力为适宜冷凝分离压力时则宜采用后增压。一般情况下推荐后增压，因其操作比较容易。

四、凝液回收工艺方法的选择

原料气组成、NGL 回收率或烃类产品收率以及产品（包括干气在内）质量指标等对工艺流程的选择有着十分重要的影响，选择工艺方法时需要考虑的因素很多，在不同条件下选择的工艺方法也往往不同，应根据具体条件进行技术经济比较后才能得出明确的结论。例如，当以回收 C_2^+ 为目的时，对于低温油吸收法、阶式制冷法及透平膨胀机法这三种方法，国外曾发表过很多对比数据，各说不一，只能作为参考。但是，从投资来看，透平膨胀机制冷法是最低的。而且，只要其制冷温度在热力学效率较高的范围内，即使干气选哟再压缩到膨胀前的气体压力，其能耗与热力学效率最高的阶式制冷法相比，差别也不是很大。所以，从发展趋势来看，膨胀机制冷法应作为优先考虑的工艺方法。

对于回收 C_3^+ 烃类为目的的小型 NGL 回收装置，可先根据原料气（通常是伴生气）组成贫富参照图 3-32 初步选择相应的工艺方法。当干气外输压力接近原料气压力，不仅要求回收乙烷而且要求丙烷收率达到 90% 左右时，则可参照图 3-33 初步选择相应的工艺方法。

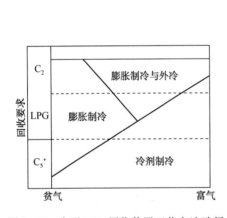

图 3-32　小型 NGL 回收装置工艺方法选择

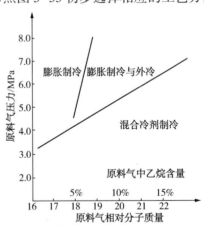

图 3-33　丙烷收率为 90% 的工艺方法选择

需要指出的是，当要求乙烷收率高于 90% 时，投资和操作费用就会明显增加，这是因为：

① 需要增加膨胀机的级数，即增加膨胀比以获得更低的温位冷量，因而就要相应提高原料气的压力。无论是提高原料气集气管网的压力等级，还是在装置中增加原料气压缩机，都会增加投资、操作费用。

② 原料气压力提高后，使装置中的设备、管线压力等级也提高，其投资也随之增加。

③ 由于制冷温度降低，用于低温部位的钢材量及投资也相应增加。

因此，乙烷收率要求过高在经济上不一定合算。一般认为，当以回收 C_2^+ 为目的时，乙烷收率在 50%~90% 是比较合适的。但是，无论何种情况都必须进行综合比较以确定最佳的乙烷或丙烷收率。

五、C_3^+ 凝液回收工艺的应用

当以回收 C_3^+ 烃类为目的时，采用的 NGL 回收工艺有冷剂制冷的浅冷分离法、透平膨胀机制冷法、冷剂与透平膨胀机联合制冷法、直接换热（DHX）法，以及混合冷剂法、PetroFlux 法和强化吸收法等。

其中，冷剂与透平膨胀机联合制冷法、混合冷剂法和强化换热法等也可用于以回收 C_2^+ 烃类为目的 NGL 回收工艺。

据《Oil & Gas Journal》2011 年 6 月份报道，在其统计的全世界 1600 多座天然气处理厂中，采用丙烷制冷的浅冷分离法或采用透平膨胀机制冷的深冷分离法 NGL 回收工艺约占 80% 左右。

（一）冷剂制冷的浅冷分离法

如前所述，当原料气中 C_3^+ 烃类含量较多，NGL 回收装置又是以回收 C_3^+ 烃类为目的，且对丙烷的收率要求不高时，通常多采用浅冷分离工艺。对于只是为了控制天然气的烃露点，而对烃类收率没有特殊要求的露点控制装置，一般也都采用浅冷分离工艺。该法目前多用于处理 C_3^+ 烃类含量较多但规模较小的油田伴生气。

美国 Russell 公司对影响凝液回收率的各种因素进行了实测和分析。原料气压力为 4.1MPa 时，在相同的冷冻温度下，原料气愈富则凝液回收率愈高。当原料气冷凝温度一定时（-23℃），原料气冷冻温度和 C_3^+ 含量一定时，C_3^+ 收率随气体压力升高而增加，获得单位体积 C_3^+ 凝液所需制冷功率，则随原料气中 C_3^+ 的减少而增加。

该工艺是大多采用氨或丙烷为冷剂的压缩制冷法，典型 NGL 回收工艺流程图如图 3-34 所示。原料气为低压伴生气，压力一般为 0.1~0.3MPa，进装置后现在分离器中除去游离的油、水和其他杂质，然后去压缩机增压。由于装置规模较小，原料气中 C_3^+ 烃类含量较多，一般选用两级往复式压缩机，将原料气增压至 1.6~2.4MPa。增压后的原料气用水冷却至常温，再经气/气换热器预冷后进入冷剂蒸发器冷冻降温至 -25~-30℃，然后进入低温分离器

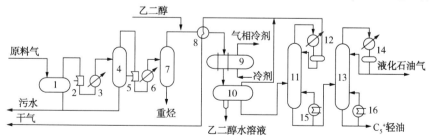

图 3-34 采用浅冷分离的冷剂制冷法 NGL 回收工艺流程
1—原料气分离器；2—原料气压缩机；3、6—水冷器；4、7—分离器；8—气气换热器；
9—冷剂蒸发器；10—低温分离器；11—脱乙烷塔；12—脱乙烷塔塔顶冷凝器；
13—脱丙丁烷塔；14—脱丙丁烷塔塔顶冷凝器；15，16—重沸器

进行气、液分离。分出的干气主要组分是甲烷、乙烷及少量丙烷，凝液组要成分是 C_3^+ 烃类，也有一定数量的甲烷和乙烷。各级凝液混合一起进入或分别进入脱乙烷塔脱除甲烷及乙烷，塔底油则进入稳定塔(脱丙、丁烷塔)。从稳定塔塔顶脱除的丙、丁烷即为油气田液化石油气，塔底则为稳定后的天然汽油(我国习惯称为稳定轻烃)。如果装置还要求生产丙烷，则需要增加一个脱丙烷塔。为防止水合物形成，一般采用乙二醇作为水合物抑制剂，在原料气进入低温部位之前注入，并在低温分离器底部回收，再生后循环利用。

采用浅冷分离 NGL 工艺的优点是流程简单，投资较少；缺点是丙烷收率较低，一般仅为 70%~75%。

近年来，西安长庆科技工程有限责任公司根据长庆油田伴生气资源的特点，研究开发了一种混合冷剂制冷的 NGL 工艺，其不同之处在于，该工艺采用的冷剂为装置内部自产凝液，取消了外制冷系统，利用装置本身设备完成冷剂开式制冷循环，理论上 C_3^+ 收率可达 90% 以上。

(二) 透平膨胀机制冷法

采用透平膨胀机制冷法的 NGL 回收工艺通常属于深冷分离的范畴。

对于高压气藏气，当其压力高于外输压力，有足够压差可供利用，而且压力及气量比较稳定时，由于气体组分较贫，往往只采用透平膨胀机制冷法即可满足凝液回收要求。

我国川渝气田已建的几套 NGL 回收装置即采用透平膨胀机制冷法。装置原料气为经过脱硫后的气藏气，原料气中的 C_3^+ 烃类含量仅为 1.21%，属于贫气，来气压力为 3.7MPa。该装置的丙烷收率可达 75% 以上，由于原料气本身具有可利用的压力能，故装置能耗很小。

(三) 冷剂与透平膨胀机联合制冷法

对于丙烷收率较高、原料气较富，或其压力低于适宜冷凝分离压力设置压缩机的 NGL 回收装置，大多采用冷剂与膨胀机联合制冷法。

我国胜利油田在 20 世纪 80 年代采用了冷剂和透平膨胀机联合制冷的 NGL 回收工艺，该 NGL 回收装置共 2 套，单套处理量为 $50 \times 10^4 \text{m}^3/\text{d}$，原料气为伴生气，最低制冷温度为 $-85 \sim -90℃$，丙烷收率为 80%~85%，液烃产量为 110~130t/d。该装置的原料气中 C_3^+ 烃类含量为 8.42%，属于富气，其中丙、丁烷含量为 6.86%，经计算仅采用膨胀机制冷所得冷量不能满足需要，故必须与冷剂联合制冷。

(四) 直接换热(DHX)法

DHX 的应用主要是为提高 C_3 的收率，对于较贫的天然气，冷凝分离部分宜采用 DHX 工艺。

DHX 法一般用于原料气中 C_3 组分含量小于 8%、气体流量较大的气体处理装置。C_3 收率提高幅度主要取决于原料气中 C_1/C_2 的比值。原料气中的 C_1/C_2 的比值越小，脱乙烷塔塔顶气相中低温凝液率也高，DHX 工艺 C_3 收率提高幅度越大，一般要求原料气中 C_1/C_2 的比值小于等于 7。

DHX 法是由加拿大埃索资源公司于 1984 年首先提出，并在 Judy Creek 厂的 NGL 回收装置实践后效果很好，其工艺流程如图 3-35 所示。

图中的 DHX 塔(重接触塔)相当于一个吸收塔。该法的实质是将脱乙烷塔回流罐的凝液经过增压、换冷、节流降温后进入 DHX 塔顶部，用以吸收低温分离器进该塔气体中的 C_3^+ 烃类，从而提高 C_3^+ 收率。将采用常规透平膨胀机制冷法的装置改造成 DHX 法后，相同条件下

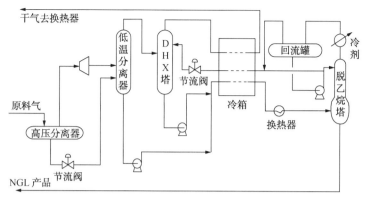

图 3-35　直接换热法工艺流程

C_3^+ 收率可由 72% 提高到 95%，而改造的投资却较少。

我国在引进该工艺的基础上进行了简化和改进，普遍采用透平膨胀机制冷+DHX 塔+脱乙烷塔的工艺流程。DHX 塔的进料则有单进料和双进料之分。目前国内已有数套这样的装置在运行。

吐哈油田有一套由 Linde 公司设计并全套引进的 NGL 回收装置，采用丙烷预冷与透平膨胀机联合制冷法，并引入了 DHX 工艺。该装置以丘陵油田伴生气为原料气，处理量为 $120 \times 10^4 m^3/d$，由原料气预分离、压缩、脱水、冷冻、凝液分离及分馏等系统组成。

该装置由于采用 DHX 工艺，将脱乙烷塔塔顶回流罐的凝液降温至 -51℃ 后进入 DHX 塔顶部，用以吸收低温分离器来的气体中 C_3^+ 烃类，使 C_3^+ 收率达到 85% 以上。

中国石油大学(华东)通过工艺模拟软件计算说明，与单级透平膨胀机制冷法(ISS)相比，DHX 工艺 C_3 收率的提高幅度主要取决于气体中 C_1/C_2 体积分数之比，而气体中 C_3 烃类含量对其影响甚小。气体中 C_1/C_2 之比越大，DHX 工艺 C_3 收率提高越小，当 C_1/C_2 之比大于12.8 时，C_3 收率增加很小。吐哈油田丘陵伴生气中 C_1 含量为 67.61%(体积分数)，C_2 含量为 13.51%(体积分数)，C_1/C_2 之比为 5，故适宜采用 DHX 工艺。

福山油田第二套 NGL 回收装置采用了与吐哈油田类似的工艺流程。原料气为高压凝析气，C_1/C_2 之比为 3.5，处理量为 $50 \times 10^4 m^3/d$，C_3 收率设计值在 90% 以上。该装置在 2005 年建成投产，C_3 收率实际最高值达 92%。

（五）其他方法

除上述几种常用方法外，还有一些采用混合冷剂制冷法、PetroFlux 法等的 NGL 回收工艺，这里就不再一一介绍。

六、C_2^+ 凝液回收工艺的应用

当以回收 C_2^+ 烃类为目的时，则需采用深冷分离工艺，包括两级透平膨胀机制冷法、冷剂和膨胀机联合制冷法、混合冷剂制冷法，以及在常规膨胀机法基础上经过改进的气体过冷、液体过冷、干气循环、低温干气再循环和侧线回流等方法。此外，强化吸收法也可用于回收 C_2^+ 烃类为目的 NGL 回收工艺。

（一）采用两级透平膨胀机制冷法的 NGL 回收工艺

我国大庆油田在 1987 年从 Linde 公司引进两套处理量均为 $60 \times 10^4 m^3/d$(设计值，下同)

的 NGL 回收装置，原料气为伴生气，采用两级透平膨胀机制冷法，制冷温度一般为$-90 \sim -100℃$，最低$-105℃$，乙烷收率为 85%，每套装置混合液烃产量为 $5 \times 10^4 t/a$。其工艺流程如图 3-36 所示。

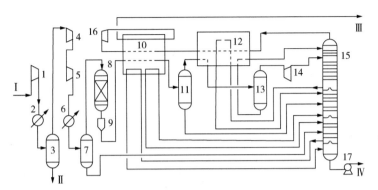

图 3-36　大庆油田两级透平膨胀机制冷法 NGL 回收工艺流程

1—油田气压缩机；2—冷却器；3—沉降分水罐；4，5—增压机；6—冷却器；7——级凝液分离器；
8—分子筛干燥器；9—粉尘过滤器；10，12—板翅式换热器；11—二级凝液分离器；13—三级凝液分离器；
14——级透平膨胀机；15—脱甲烷塔；16—二级透平膨胀机；17—混合轻烃泵；
Ⅰ—油田伴生气；Ⅱ—脱出水；Ⅲ—干气；Ⅳ—NGL

需要指出的是，当由低压伴生气中回收 C_2^+ 混合烃类时，究竟是采用原料气压缩、两级透平膨胀机制冷法，还是采用原料气压缩、冷剂和透平膨胀机联合制冷法工艺流程，应经过技术经济比较后再确定。

（二）常规透平膨胀机制冷法的改进工艺

自 20 世纪 80 年代以来，国内外以节能降耗、提高液烃收率及降低投资为目的，对透平膨胀机制冷法进行了一系列的改进，包括干气（残余气）再循环（RR）、气体过冷（GSP）、液体过冷（LSP）、低温干气循环（CRR）和侧线回流（SDR）等。

1. 气体过冷工艺（GSP）及液体过冷工艺（LSP）

GSP 法是针对较贫气田（C_2^+烃类含量按液态计小于 $400mL/m^3$）、LSP 法是针对较富气田（C_2^+烃类含量按液态计大于 $400mL/m^3$）而改进的 NGL 回收方法。典型的 GSP 法及 LSP 法示意流程分别如图 3-37 和图 3-38 所示。

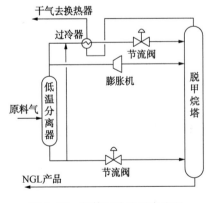

图 3-37　气体过冷法示意流程

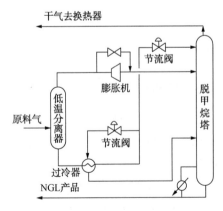

图 3-38　液体过冷法示意流程

GSP 法与常规透平膨胀机制冷法不同之处是：①低温分离器的一部分气体经脱甲烷塔塔顶换热器(过冷器)冷却和部分冷凝以及节流后去脱甲烷塔顶部闪蒸，并为该塔提供回流；②来自透平膨胀机出口的物流则进入脱甲烷塔塔顶以下几层塔板。这样，低温分离器可在较高温度下运行因而离开其系统临界温度。此外，由于干气的再压缩量较少，因而其再压缩功率也相应减少。

当原料气中 CO_2 含量不大于 2% 时 GSP 法一般不要求预先脱除 CO_2，其允许值取决于原料气组成和操作压力。干气再压缩所需功率与乙烷收率之间的关系不太敏感是该法的特点，其乙烷收率一般为 88% ~ 93%。

美国 GPM 气体公司 Goldsmith 天然气处理厂的 NGL 回收装置于 1976 年建成投产，处理量为 $220 \times 10^4 m^3/d$，原采用单级膨胀机制冷法，1982 年改建为两级膨胀机制冷法，处理量为 $242 \times 10^4 m^3/d$，最高达 $310 \times 10^4 m^3/d$，但其乙烷收率仅为 70%。之后，改用单级膨胀机制冷的 GSP 法，乙烷收率有了明显提高，在 1995 年又进一步改为两级膨胀机制冷的 GSP 法，设计处理量为 $380 \times 10^4 m^3/d$，乙烷收率(设计值)高达 95%。

有人曾以四种 C_2^+ 含量不同的天然气为原料气通过 HYSIS 软件对常规单级膨胀机制冷法和 GSP 法在不同脱甲烷塔压力下的最高乙烷收率进行模拟计算和比较。计算结果表明：随着脱甲烷塔压力增加，这两种方法的乙烷收率均在减少；原料气中 C_2^+ 含量较少和脱甲烷塔压力较低时，GSP 法的乙烷收率就较高；低温分离器的气体经脱甲烷塔塔顶换热器冷却后的温度越低，乙烷的收率就越高。

2. 低温干气循环工艺

低温干气循环工艺(CRR)是为了获取更高乙烷收率而对 GSP 法的一种改进方法，该工艺是在脱甲烷塔塔顶系统增加压缩机和冷凝器，其他则与 GSP 法很相似，其目的是将一部分干气冷凝用在脱甲烷塔回流，故其乙烷收率可高达 98% 以上，但投资高、能耗高。此工艺也可用于获取极高的丙烷收率，而同时脱除乙烷的效果也非常好。

3. 侧线回流工艺

侧线回流工艺(SDR)是对 GSP 法的又一种改进方法。在该工艺中，由脱甲烷塔抽出一股气流，经过压缩和冷凝后向脱甲烷塔塔顶提供回流。此工艺适用于干气中含 H_2 之类惰性气体的情况，因为这类惰性气体使低温分离器出口气的冷凝成为不可能。从脱甲烷塔侧线获取的气流不含惰性组分并且很容易冷凝。正如 CRR 工艺一样，必须对塔顶回流系统附加设备的投资和所增加的乙烷收率二者进行综合比较以确定是否经济合理。

(三) 混合冷剂制冷工艺

混合冷剂制冷工艺已广泛用于液化天然气(LNG)生产，有时也用于 NGL 回收。当用于 LNG 生产或回收 C_2^+ 烃类时，通常需要采用混合冷剂和透平膨胀机联合制冷工艺。如果透平膨胀机制冷法的原料气需要在入口压缩的话，则混合冷剂制冷工艺不失为一种经济选择。

图 3-39 为一典型的混合冷剂制冷和透平膨胀机联合制冷工艺。图中原料气经冷却后去低温分离器，而分出的凝液则进脱甲烷塔，这点与透平膨胀机制冷工艺相同。来自分离器的大部分气体经过透平膨胀机膨胀降温后送到脱甲烷塔的上部，另一部分气体在主换热器(冷箱)中进一步冷却和冷凝并送到脱甲烷塔顶用做回流。

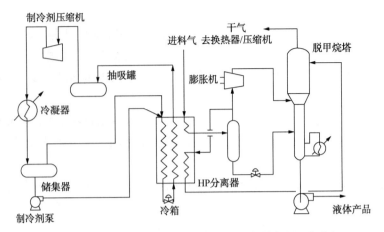

图 3-39　采用混合冷剂和透平膨胀机联合制冷的工艺流程

有时也可取消透平膨胀机，即将来自分离器的全部气流经主换热器冷却和部分冷凝后送到脱甲烷塔中。原料气在主换热器中与低温干气换热和采用混合冷剂制冷，用以达到必要的低温。根据设计要求，混合冷剂一般可以是一种含有某些重烃组分的甲烷、乙烷、丙烷混合物。设计时必须考虑在装置运行过程中保持混合冷剂组成不变。

第五节　主要设备

一、醇胺法天然气脱硫脱碳

醇胺法脱硫脱碳工艺的主要设备分为三类，即高压吸收系统设备、低压再生系统设备和闪蒸和换热系统设备。

（一）高压吸收系统设备

高压吸收系统由原料气进口分离器、吸收塔和湿净化气出口分离器等设备组成。

吸收塔可为板式塔或填料塔，前者常用浮阀塔板。

浮阀塔的塔板数应根据原料气中 H_2S、CO_2 含量、净化气质量指标经计算确定。通常，其实际塔板数在 14~20 块。塔板间距一般为 0.6m，塔顶设有捕雾器，顶部塔板与捕雾器的距离为 0.9~1.2m。

（二）低压再生系统

低压再生系统由再生塔、重沸器、过滤设备等组成。此外，对伯醇胺等溶液还有复活釜。

（1）再生塔

再生塔也称汽提塔，可为板式塔或填料塔，一般在略高于常压下操作，其值视塔顶酸气去向和所要求的背压而定。再生塔的塔板数通常在富液进料口下面约有 20~24 块塔板，板间距一般为 0.6m，有时在进料口上面还有几块塔板，用于降低溶液的携带损失。

（2）再生塔重沸气

再生塔重沸器的主要功能是为 H_2S、CO_2 等酸性组分的解吸提供热量。同时，重沸器中所产生的水蒸气还具有汽提作用，可以降低再生塔内酸性组分的分压，进一步促进解吸过程的进行。重沸器的加热介质可以采用水蒸气或导热油。靖边气田新建天然气净化厂均采用的是导热油加热，在净化厂内设置燃气导热油炉。采用导热油加热有以下优点：①传热温差高、系统压力低、安全可靠性高；②系统耗水量低，尤其适用于沙漠缺水地区；③燃气导热油炉自动化程度高，可通过网络远程操作监控，实现无人值守。

（3）过滤设备

为避免胺液降解物、固体杂质导致溶剂发泡，在富液系统设置溶液过滤设备。目前胺液过滤设备常采用一级机械过滤、活性炭过滤、二级机械过滤的组合设备，一级机械过滤脱除胺液中较大机械杂质，采用全量过滤；再经活性炭过滤脱除冷凝的烃、胺降解产物；采用部分过滤；最后经二级机械过滤脱除活性炭颗粒。为保证装置长周期安全平稳运行，在设置富液过滤的同时也设置贫液过滤，采用全量过滤。

（三）闪蒸和换热系统

闪蒸和换热系统由富液闪蒸罐、贫富液换热器、贫液冷却器、酸气冷却器等组成。

（1）富液闪蒸罐

来自吸收塔的富液溶解有天然气，直接进入再生塔时易发泡，同时含有过多天然气会影响硫黄回收装置的安全运行和硫黄质量，为使富液进再生塔前尽量多的解吸出溶解的天然气，需设置闪蒸罐，通为加大闪蒸界面而有利于气体逸出，闪蒸罐宜选用卧式罐。闪蒸出来的闪蒸气含有 H_2S 和 CO_2，用贫液吸收后的闪蒸气作为燃料使用。

闪蒸塔的设计参数包括闪蒸压力、闪蒸温度和罐内停留时间，另外兼顾脱除闪蒸气中 H_2S 和 CO_2，需设置吸收段。

① 闪蒸压力：闪蒸压力越低，闪蒸效果越好，闪蒸罐压力一般在 550kPa。

② 闪蒸温度：温度比压力的影响更大，温度越高越有利于闪蒸，但高温闪蒸时，H_2S 也被闪蒸，不利于 H_2S 回收，因此富胺液直接进入闪蒸罐即可，无须提高闪蒸温度，即闪蒸温度为 55~60℃。

③ 罐内停留时间：对于两相分离(原料气为贫气，吸收压力低，富液中只有甲烷、乙烷)，溶液在罐内停留时间为 10~15min；对于三相分离(原料气为富气，吸收压力高，富液中还有较重烃类)，溶液在罐内的停留时间为 20~30min。

④ 闪蒸气可作为燃料气继续使用，为提高热值，减少酸性组分对燃烧器和管道的腐蚀，需要脱除 H_2S 和 CO_2，选用填料吸收塔，与闪蒸罐合一设置，填料可选用散堆填料。

（2）贫富液换热器

贫富液换热器目前一般采用板式换热器或管壳式换热器。当采用管壳式换热器时，富液走壳程。为减轻设备腐蚀和减少富液中酸性组分的解吸，富液出换热器的温度不应太高，且调节阀应靠近再生塔。对于 MDEA 溶液，所有溶液管线内流速宜低于 1m/s，其中吸收塔至贫富液换热器管线的流速宜为 0.6~0.8m/s。

（3）贫液冷却器和酸气冷却器

随着对节能降耗认识的不断提高，贫液冷却器和酸气冷却器通常采用空冷器+水冷却器的方案。水冷却器的冷却水走管程，贫液或酸气走壳程，为提高温度校正系数，减少换热面积，应注意采用冷却器的数量。

（四）主要设备统计表

单套法脱硫脱碳装置主要设备参数见表3-33。

表 3-33　主要设备统计表

序号	设备名称	单位	数量	主要参数	备注
1	吸收塔	座	1	浮阀塔盘	
2	再生塔	座	1	浮阀塔盘	
3	闪蒸塔	座	1	填料塔	
4	原料气过滤分离器	台	2	卧式	
5	湿净化气分离器	台	1	卧式	
6	再生塔重沸器	台	1	卧式热虹吸式	
7	活性炭过滤器	台	1	立式	
8	富胺液机械过滤器	台	2	滤芯	
9	贫胺液过滤器	台	1	滤芯	
10	贫/富胺液换热器	台	4	浮头式	
12	原料天然气预热器	台	2	固定管板式	
13	贫胺液空冷器	片	4	引风式	
14	酸气空冷器	片	2	引风式	
15	贫胺液后冷器	台	2	浮头式	
16	塔顶后冷器	台	1	浮头式	
17	酸气分离器	台	1	卧式	
18	贫胺液循环泵	台	2	电机驱动	
19	贫胺液循环泵	台	1	电机驱动	
20	再生塔回流泵	台	2	离心式	
21	增压泵	台	2	离心式	
22	胺液补充泵	台	1	液下泵	
23	溶液储罐	台	2	拱顶罐	
24	溶液配制罐	台	1	卧式	

二、天然气脱水

(一) 三甘醇吸收塔

吸收塔通常由底部的洗涤器、中部的吸收段和顶部的捕雾器组成一个整体。当原料气较脏且含游离液体较多时，最好将洗涤器与吸收塔分开设置。吸收塔吸收段一般采用泡帽塔板，也可采用浮阀塔板或规整填料。如果采用规整填料，其直径和高度会更小一些，操作弹性也较大。近几年来，我国川渝气田川东矿区和长庆气区靖边气田引进的三甘醇脱水装置吸收塔即采用了浮阀塔板和规整填料。

(二) 洗涤器(分离器)

进入吸收塔的原料气一般都含有固体和液体杂质。实践证明，即使吸收塔与原料气分离器位置非常近，也应该在二者之间安装洗涤器。此洗涤器可以防止新鲜水或盐水、液烃、化学剂或水合物抑制剂以及其他杂质等大量和偶然进入吸收塔中。就是这些杂质数量很少，也会给吸收和再生系统带来很多问题。

（三）闪蒸罐（闪蒸分离器）

甘醇溶液在吸收塔的操作温度、压力下，还会吸收天然气中的一些烃类，尤其是包括芳香烃在内的重烃。闪蒸罐的作用就是在低压下分离出富甘醇中所吸收的这些烃类气体，以减少再生塔精馏柱的气体和甘醇损失量，并且保护环境。当采用电动溶液泵时，则从吸收塔来的富甘醇中不会溶解很多气体。但是当采用液动溶液泵时，由于这种泵除用吸收塔来的高压富甘醇作为主要动力源外，还要靠吸收塔来的高压气作为补充动力，故由闪蒸罐中分离出的气体量就会显著增加。

当需要在闪蒸罐中分离液烃时，可将吸收塔来的富甘醇先经贫/富甘醇换热器等预热至一定温度使其黏度降低，以有利于液烃与富甘醇的分离。

（四）三甘醇再生塔

通常，将再生系统的精馏柱、重沸器和装有换热盘管的缓冲罐（有时也设有相当于图3-13中的贫/甘醇换热器）统称为再生塔。由吸收系统来的富甘醇在再生塔的精馏柱和重沸器内进行再生提浓。

当甘醇溶液所吸收的重烃中含有芳香烃时，这些芳香烃会随水蒸气一起从精馏柱顶排放至大气，造成环境污染和安全危害。因此，应将含芳香烃的气体引至外部的冷却器和分离器中使芳香烃冷凝和分离后再排放，排放的冷凝液应符合有关规定。

重沸器的作用是提供热量将富甘醇加热至一定温度，使富甘醇所吸收的水分汽化并从精馏柱顶排出。此外，还要提供回流热负荷以及补充散热损失。

重沸器通常为卧式容器，既可以是采用闪蒸气或干气作燃料的直接燃烧加热炉（火管炉），也可以是采用热媒（例如水蒸气、导热油、燃气透平或发动机的废气）的间接加热设备。

由于三甘醇在高温下会分解变质，故其在重沸器中的温度不应超过204℃，管壁温度也应低于221℃（如果为二甘醇溶液，则其在重沸器中的温度不应超过162℃）。当采用水蒸气或热油作热媒时，热流密度则由热源温度控制。热源温度推荐为232℃。

甘醇脱水装置是通过控制重沸器温度以获得所需的贫甘醇浓度。温度越高，则再生后的贫甘醇浓度越大。例如，当重沸器温度为204℃时，贫三甘醇的质量浓度为99.1%。此外，海拔高度也有一定影响。如果要求的贫甘醇浓度更高，就要采用汽提法、共沸法或负压法。

三、硫黄回收

硫黄回收及尾气处理的主要设备包括反应炉、余热锅炉、转化器、换热器、硫封及液硫池、硫黄成型设备、鼓风机、分离器类及其他设备。

（一）反应炉

又称燃烧炉，是克劳斯装置中最重要的设备。反应炉的主要作用是：①使原料气中1/3体积的 H_2S 氧化生成 SO_2，保证过程气中 $H_2S:SO_2$ 摩尔比为2:1；②使原料气中烃类、硫醇氧化生成 CO_2 等惰性组分。

反应炉既可以是外置式（与余热锅炉分开设置），也可是内置式（与余热锅炉组合为一体）。在正常炉温（980～1370℃）时，外置式需用耐火材料衬里来保护炉壁，而内置式则因钢制火管外围有冷却直接不需要耐火材料。对于规模超过30t/d硫黄回收装置，外置式反应炉更为经济。

1. 设计压力

燃烧在还原状态进行，正常操作压力为20~100kPa，其值主要取决于催化转化器数和是否在下游需要为处理装置。反应炉在设计中将设计压力提高至足以能够承受炉体内部的爆炸压力，设计压力国内几个主要设计单位选取也不一致，在0.25~0.50MPa(g)。

2. 炉膛温度

无论从热力学和动力学角度来讲，较高的温度都有利于提高转化率，但温度的提高要收反应炉内衬耐火材料的限制。当原料气组成一定及确定和合适的风气比后，炉膛温度应是一个定值，并无多少调节余地。

反应炉内温度和原料气中 H_2S 含量密切相关，当 H_2S 含量小于30%就需采用分流法、硫循环法和直接氧化法等才能保持火焰稳定。但是，由于这些方法的酸气有部分或全部烃类

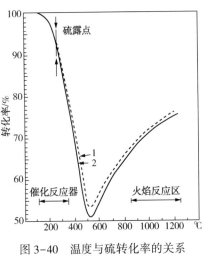

图 3-40　温度与硫转化率的关系

不经燃烧而直接进入一级转化器，将导致重烃裂解生成炭沉积物，是催化剂失活和堵塞设备。因此，在保持燃烧稳定的同时，可以采用预热酸气和空气的方法来避免。蒸汽、热油、热气加热的换热器以及直接燃烧加热器等预热方式均可使用。酸气和空气通常加热到230~260℃。其他提高火焰稳定性的方法包括使用高强度燃烧器，在酸气中掺入燃料气或使用氧气、富氧空气等(图3-40)。

燃烧时将有大量副反应发生，从而导致 H_2、CO、COS 和 CS_2 等产物的生成。由于燃烧产物中的 H_2 含量大致与原料气中的 H_2 含量成一定比例，故 H_2 和可能是 H_2S 裂解生成的。CO、COS 和 CS_2 等的生成量与原料气中 CO_2、H_2S 和烃类含量以及反应炉温温度有关。在烃类含量一定是，当原料气 H_2S 较低(如50%~60%)且炉温低于1000℃(或950℃)的条件下，有机硫化物可能会大量生成，尤其是原料气中BTX(苯、甲苯、二甲苯)含量较高时，炉温较低会导致BTX不能充分氧化分解而大量生成有机硫化物；当炉温达到约1250℃时几乎无 CS_2 生成；当炉温达到1300℃以上时，即使原料气中有BTX存在，也无 CS_2 生成。饱和烃类在绝热火焰温度达到950℃时基本上均可氧化分解，故不存在原料气中允许含量的上限。但BTX含量为0.2%(体积分数)时，烃类要完全分解就要求绝热火焰温度达到1250℃。反应炉绝热火焰温度与原料气中杂质组分及其允许含量上限的大致关系见表3-34。

表 3-34　反应炉绝热火焰温度与原料气杂质组分及其允许含量的关系

杂质组分	允许含量上限/%(体积分数)	反应炉绝热火焰温度/℃
饱和烃	(无上限限制)	950
BTX	0.05	1100
BTX	0.10	1200
BTX	0.20	1250
硫醇类	0.20	1200
烷基硫醚	0.50	1250

上述绝热火焰温度指的是，在一定的初始压力和温度下，给定的燃料(包含燃料和氧化

剂)在等压绝热条件下进行化学反应,燃烧系统(属于封闭系统)所达到的终态温度。实际上,火焰的热量有一部分以热辐射和对流的方式损失掉,故绝热火焰温度基本上不可能达到。然而,绝热火焰温度在燃烧效率和热量传递的计算中起到很重要的作用。影响绝热火焰温度的因素很多,主要有空燃比、初始温度和初始压力。

3. 停留时间

反应物流在炉内的停留时间(从进口流到出口所需时间)是决定反应炉体积的重要设计参数,一般至少为 0.5s。当采用引进燃烧器是,设计停留时间采用 0.8~1s;当采用国产燃烧器时,为保证酸气和空气混合均匀,设计停留时间一般按 1~2s 考虑。高 H_2S 含量的原料气通常所需停留时间少于低 H_2S 含量的原料气(图 3-41)。

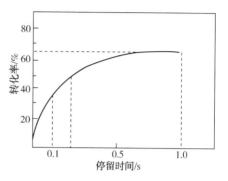

图 3-41 反应炉内 H_2S 转化率和
停留时间的关系

4. 炉壁温度

反应炉的炉壁温度应在任何环境条件下均高于 SO_2、SO_3 露点温度,防止硫酸冷凝,加速腐蚀;同时如果钢壳过热(超过 343℃),导致耐火材料与 H_2S 直接反应,考虑高温 H_2S 腐蚀和壳体材质的强度,应有炉壁温度的上限要求,上限温度通常为 250~300℃。

(二)余热锅炉

余热锅炉旧称废热锅炉,其作用是从反应炉出口的高温气流中回收热量以产生高压蒸汽,并使过程气的温度降至下游设备所要求的温度。

1. 结构形式

常用余热锅炉分为自然循环式、釜式和汽包式三种,三种炉型的结构示意图如图 3-42 所示。

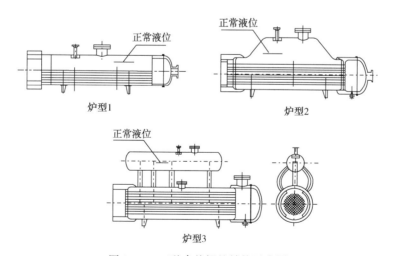

图 3-42 三种余热锅炉结构示意图

自然循环式的特点是锅炉下半部位排管,上半部位是蒸发空间。该炉型结构简单、制造方便,造价较低,但管板受力不均,仅适用于低压力、小直径的情况。

釜式余热锅炉克服和自然循环式余热锅炉管板受力不均，通过管板最高点低于锅炉最低液位，使管板全部浸没在液体中，不产生局部过热，改进了受力情况。但由于两个斜锥体加工难度较大，使得制造成本加大。该类型余热锅炉适用于压力较高、筒直径不大的场合。

汽包式的余热锅炉是由锅炉筒体、汽包以及连接它们的上升管和下降管组成。由于单独设置了高位汽包，实现了表面排污能力和蒸汽/水分离，改善了蒸汽质量；由于有较多的水停留在热的工艺管子上，故对紧急情况提供了更多的反应时间并减少了由于热而使管子遭受破坏；同时在关键的管子/管板连接处有较好的蒸汽/水循环，汽水流动性能及管板受力情况最理想，因此使用压力高、处理量大的工况。

2. 传热系数

传热系数是余热锅炉的重要设计参数，由于介质组成复杂，又有相变化，受介质热力学物性参数等条件限制，目前国内各设计院仍采用经验估算的方法，余热锅炉的传热系数一般为 $55\sim65W/(m^2\cdot℃)$。

3. 产生的蒸汽压力等级

余热锅炉产生蒸汽的温度一般高于过程气中硫的露点温度，胡产生蒸汽的压力通常是 $1.0\sim3.5MPa$。当不能提供高质量锅炉给水或不需要产生蒸汽的地方，可使用乙二醇与水的混合溶液、胺溶液、循环冷却水(不能沸腾)、导热油和热熔盐作冷却液。

在装置在开、停工或低负荷的情况下，会有一部分硫蒸气冷凝下来，应采取措施将这些液硫从过程气中排出。此时余热锅炉本体设计时应向过程气出口端倾斜，保证 $1\%\sim2\%$ 的坡度，可通过调整管束坡度或鞍座高度来实现。

4. 余热回收操作

余热锅炉管子尺寸在 $50\sim150m$，管子间距以最小的管子净距 $19\sim25mm$ 为基准。管内设计质量流速为 $5\sim39kg/(s\cdot m^2)$ 范围之间，对绝大多数装置而言，管子的质量流速为 $10\sim24kg/(s\cdot m^2)$，允许的管侧压降经常决定了管内流速。

（三）转化器

转化器的作用是使过程气中的 H_2S 与 SO_2 在其催化剂床层上继续反应生成元素硫，同时也使过程气中的 COS 和 CS_2 等有机化合物水解为 H_2S 与 CO_2。

大型克劳斯法装置的转化器通常是单独设置的。由于催化反应段反应放出的热量有限，故通常均使用绝热式转化器，内部无冷却水管。

转化器一般不需要耐火层，此时推荐外部使用至少75mm的绝热层。如果有耐火衬里，则外部绝热层厚度为25~50mm。绝大多数转化器都从底部到高于催化剂床层以上150mm之间有耐火衬里。

当采用合成催化剂时，转化器催化剂的装填量可按 $1m^3$ 催化剂每小时通过 $1000\sim1400m^3$ (停留时间约3s)过程气确定。过程气由上而下进入催化剂床层。考虑到压降，床层高度一般在 $0.9\sim1.5m$，Al_2O_3 催化剂或加有助剂的 Al_2O_3 催化剂堆放在约 75~150mm 高的填料层上。催化剂的密度约为 $720\sim850kg/m^3$，密度为 $1360\sim1600kg/m^3$ 的填料层可阻挡催化剂随气流移动并降低催化剂粉末进入下游硫冷凝器的可能性。

由于转化器内的反应是放热反应，低温有利于平衡转化率，但 COS 和 CS_2 只有在较高温度下才能水解完全。因此，一级转化器温度较高，以使 COS、CS_2 充分水解；二级、三级转化器温度只需高到可获得满意的反应速度并避免硫蒸气冷凝即可。通常，一级转化器入口温度为232~249℃，二级转化器入口温度为199~221℃，三级转化器入口温度为188~210℃。

由于克劳斯法反应和COS、CS_2水解反应均系放热反应，胡转化器催化剂床层会出现温升，其中一级转化器为44~100℃，二级转化器为14~33℃，三级转化器为3~8℃。因为有热损失，三级转化器测出的温度经常显示出有一个很小的温降。

（四）硫冷凝器

硫冷凝器的作用是将反应生成的硫蒸气冷凝为液硫而除去，同时回收过程气的热量。硫冷凝器可以是单程或多程换热器，推荐采用卧式管壳式冷凝器。安装时应放在系统最低处，且大多数有1%~2%的倾角坡向出口处。回收的热量用来发生低压蒸汽或预热锅炉给水。

硫冷凝器设计最小管径为25mm，管间距为13~19mm。通常，硫冷凝器设计质量流速为15~39kg/（s·m^2），典型的设计最小流速为24kg/（s·m^2）。流速应足够高，已免停车时出现硫雾，从而使冷凝器中的液硫无法在其下游分离段从过程气中分离出来。管内流速还应考虑管程压降在2~4kPa。

硫蒸气在进入一级转化器前冷凝（分流法除外），然后每级转化器后冷凝，从而提高转化率。除最后一级转化器外，其他硫冷凝器的设计温度在166~182℃，因为在该温度范围内冷凝下来的液硫黏度低，而且过程气一侧的金属壁温又高于亚硫酸和硫酸的露点。最后一级硫冷凝器的出口温度可低至127℃，这主要取决于冷却介质。但是，由于可能生成硫雾，故硫冷凝器应有良好的捕雾设施，同时应尽量避免过程气与冷却介质之间温差太大，这对最后一级硫冷凝器尤为重要。

硫冷凝器后部设有气液分离段以将液硫从过程气分离出来。气液分离段可以与冷凝器组合为一体，也可以是一个单独容器。通常，按空塔气速为6~9m/s来确定分离段尺寸。

（五）再热器

再热器的作用是使进入转化器的过程气在反应时有较高的反应速度，并确保过程气的温度高于硫露点。

过程气进入转化器的温度可按下述要求确定：①比预计的出口硫露点高14~17℃；②尽可能低，以使H_2S转化率最高，但也反应高到反应速度令人满意；③对一级转化器而言，还应高到足以使COS和CS_2充分水解生成H_2S和CO_2。

常用的再热方法有热气体旁通法(高温掺合法)、直接再热法(在线燃烧炉法)和间接再热法(过程气换热法)等，如图3-43所示。

热气体旁通法是从余热锅炉测线引出一股热过程气，温度通常为480~650℃，然后将其与转化器上游的硫冷凝器出口过程气混合。直接再热法是采用在线燃烧器燃烧燃料气或酸气，并将燃烧产物与硫冷凝器出口的过程气混合。间接再热法则采用加热炉或换热器来加热硫冷凝器出口的过程气，热媒体通常是高压蒸汽、导热油和热过程气，也可适用电加热器。

通常，热气体旁通法成本最低，易于控制，压降也小，但其总硫收率较低，尤其是处理量降低时更加显著。一般可在前两级转化器采用热气体旁通法，第三季转化器采用间接再热法。

直接再热法的在线燃烧器通常使用一部分酸气，有时也使用燃料气。这种方法可将过程加热到任一需要的温度，压降也较小。缺点是如果采用酸气燃烧，可能生成SO_3(硫酸盐化会使催化剂中毒)；如果采用燃料气，可能生成烟炱，堵塞床层使催化剂失活。

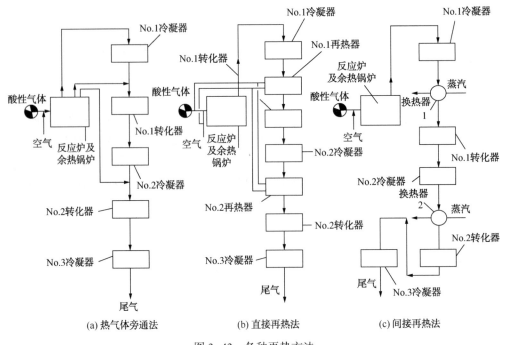

(a) 热气体旁通法   (b) 直接再热法   (c) 间接再热法

图 3-43   各种再热方法

间接再热法是在各级转化器之间设置一个换热器。此法成本最高，而且压降最大。此外，转化器进口温度还受热媒体温度的限制。例如，采用 254℃、4.14MPa 的高压蒸汽做热源时，转化器的最高温度约为 243℃。这样，催化剂通常不能复活，而且 COS 和 CS_2 水解也叫困难。但是，间接再热法的总硫收率最高，而且催化剂因硫酸盐化和碳沉积失活的可能性也较小。

综上所述，采用不同的再热方法将会影响总硫收率。各种再热方法按总硫收率依次递增的顺序为：热气体旁通法、在线燃烧炉法、气/气换热法、间接再热法。热气体旁通法通常只适用于一级转化器，直接再热法适用于各级转化器，间接再热法一般不适用于一级转化器。

（六）焚烧炉（灼烧炉）

由于 H_2S 毒性很大不允许排放，故克劳斯装置的尾气即使已经过处理也必须焚烧后将其中的等转化为 SO_2 再排放。尾气焚烧有热焚烧和催化焚烧两类，目前以热焚烧应用较广泛。

由于尾气中含有的可燃物，如 H_2S、COS、CS_2、H_2 和元素硫含量太低（一般总计不超过 3%），故必须在高温下焚烧，以使硫和硫化物转化成 SO_2。热焚烧是氧过量（通常为 1.02~1.05）的条件下进行的，焚烧温度达到 480~815℃。绝大多数焚烧炉在负压下自然引风操作。焚烧尾气的大量热量可通过将蒸汽过热或产生 0.35~3.10MPa 的饱和蒸汽等措施加以回收。在回收余热时，应注意此时燃烧气出口温度较低，故必须充分考虑烟囱高度。另外，回收余热的焚烧炉通常采用强制通风在正压下操作。

催化焚烧可以减少焚烧炉的燃料气用量，即先将尾气加热到 316~427℃，然后与一定量的空气混合后进入催化剂床层。催化焚烧采用强制通风，在正压下操作。

四、凝液回收

(一) 制冷压缩机组

常用的制冷压缩机有离心式、往复式和螺杆式等。影响制冷压缩机选型的因素主要有冷剂的类型和制冷负荷等。

往复式压缩机虽可用于丙烷，但因丙烷在较高温度下会溶于油，故需采用特种润滑油和曲轴箱加热器。

采用电驱动驱动时离心式压缩机功率低于约 400kW、采用透平驱动时其功率低于约 600kW 时是不经济的。功率大于 750kW 尤其是更高时，采用离心式压缩机就更经济。功率较低时，采用往复式、螺杆式或旋转式压缩机都可以。

在 NGL 回收及天然气液化装置所遇到的制冷温度下，通常需要 3~4 个叶轮的离心式制冷压缩机。因而可以采用多级级间经济器并提供多个温位以进一步降低能耗。但是，在低负荷时为了防止喘振需要将压缩机出口冷剂蒸汽返回入口，从而浪费功率，这是使用离心式制冷压缩机的主要缺点。

采用往复式制冷压缩机时，由于制冷温度通常要求两级压缩，故有可能使用一个级间经济器及一个辅助制冷温位。此外，经济器也降低了压缩机一级气缸体积、直径，因而降低了连杆负荷。通过改变气缸速度、余隙容积以及将压缩机出口冷剂蒸汽返回入口，可以调节其制冷负荷。但是，冷剂蒸汽循环同样也会浪费功率。

螺杆式压缩机可用于所有冷剂。在标准出口压力 (2.4MPa) 下的入口压力下限约为 0.021MPa。出口压力超过 5.0MPa 也可使用。

螺杆式压缩机可在很宽的入口和出口压力范围内运行，压缩比直到 10 均可。当有经济器时，其压缩比可以更高。在压缩比 2~7 下运行时，其效率可高到与同范围的往复式压缩机相当。螺杆式压缩机的制冷负荷可在 10%~100% 范围内自动调节而单位制冷量的功耗无明显降低。采用经济器时，螺杆式压缩机的能耗可降低 20%。

电动机、气体透平和膨胀机等都可作为螺杆式压缩机的驱动机。

(二) 膨胀机组

透平膨胀机是一种输出功率并使压缩气体膨胀因而压力降低和能量减少的原动机。由于透平膨胀机具有流量大、体积小、冷量损失小、结构简单、通流部分无机械摩擦件、不污染制冷工质(即压缩气体)、调节性好、安全可靠等优点，故自 20 世纪 60 年代以来已在 NGL 回收及天然气液化等装置中广泛用作制冷机械。

装置的处理量(以进气状态计量)比较大($5m^3/min$ 以上)时，气源一般有多个供应点，气体的数量就很难准确地确定，为提供膨胀机的运行效率，应选用配可调喷嘴的膨胀机。喷嘴的调节宜采用气动调节方式；气源稳定时，可采用手动机械调节方式。

膨胀机的主要技术条件和参数，可按以下要求确定：

① 膨胀机宜设 1 台，不宜设备用。操作范围为处理量的 75%~120% 时，对于采用固定喷嘴的小型膨胀机，其范围满足不了，但可以通过更换不同规格的喷嘴来实现。

② 膨胀机的入口压力不宜高于 6.3MPa。

③ 膨胀机的等熵效率宜大于 75%，不宜低于 65%。增压机的等熵效率宜大于 65%。膨胀机的效率与处理量和膨胀比有关，一般在处理量的 100% 时最高。对于处理量较大及膨胀

比合理的膨胀机，等熵效率可要求大于80%，考虑到运行中工艺参数有波动，计算时的效率应减小5%~10%。

④ 结构简单，可靠性好，维修方便。年累计运行时间应大于8000h，无故障连续运行时间平均在40000h以上。

⑤ 为使膨胀机连续安全运行，还必须有一些辅助设备和系统，例如润滑、密封、冷却、自动控制和保安系统等。

⑥ 油润滑轴承的膨胀机，宜安装两台油泵。机组应以橇装的形式供货。

(三) 低温换热设备

冷凝分离系统中一般有很多换热设备，其类型有管壳式、螺旋板式、绕管式及板翅式换热器等，后两者适用于低温下运行。

换热器的选用可根据以下情况选定：

① 天然气与天然气、天然气与低温凝液的换冷宜选用紧凑高效的换热器。压力较低时，宜选用板翅式换热器；压力较低、温度较高时，可选用螺旋板式换热器；压力较高时，可选用绕管式换热器。

② 板翅式换热器可作为气/气、气/液或液/液换热器，也可用作冷凝器或蒸发器。而且，在同一换热器内可允许有2~9股物流之间换热。

③ 原料气、凝液、冷剂用水冷凝冷却时，应采用易清垢的换热器。如果用密闭循环水冷却，采用化学清垢或不结垢时，可不受此限制。

④ 凝液与凝液的换热，宜选用板翅式换热器、螺旋板式换热器或板式换热器。

⑤ 冷剂蒸发器，宜选用管壳式蒸发器、螺旋板式蒸发器、板翅式蒸发器或绕管式蒸发器。采用板翅式换热器作为蒸发器时的冷端温差一般宜在3~5℃；而管壳式换热器则宜在5~7℃。

⑥ 重沸器宜选用管壳式或螺旋板式，负荷波动大时宜采用釜式结构。温度较低时，可采用板翅式或绕管式。小型重沸器宜与塔合成一体。

⑦ 板翅式换热器和绕管式换热器的热端温差可取3℃；螺旋板式换热器的热端温差最低可取5℃；管壳式换热器的热端温差不宜小于7℃，采用单管程时可取5℃。

在组织冷凝分离系统的低温换热流程时，应使低温换热系统经济合理，即：

① 冷流与热流的传热温差比较接近。

② 对数平均温差宜低于15℃。

③ 换热过程中冷流与热流的温差应避免出现小于3℃的窄点。

④ 当蒸发器的对数平均温差较大时，应采用分级制冷的压缩制冷系统以提供不同温位的冷量。

由于低温设备温度低，极易散冷，故通常均将板翅式换热器、低温分离器及低温调节阀等，根据它们在工艺流程中的不同位置包装在一个或几个矩形箱子里，然后在箱内及低温设备外壁之间填充如珍珠岩等绝热材料，一般称之为冷箱。

(四) 分馏塔

塔型的选择应考虑处理量、操作弹性、塔板效率、投资和压降等因素，一般选用填料塔，填料宜选用规整填料。直径较大的分馏塔也可以选用浮阀塔，且宜采用高效塔盘，浮阀塔降液管内液体的停留时间不宜大于3.5s，可取3s左右。

对于大多数情况，塔径大于 1.5m 时，宜采用板式塔；塔径为 0.8～1.5m 时，宜选用板式塔，也可以选用填料塔；塔径小于 0.8m 时，宜采用填料塔。从目前的技术发展来看，某些新型填料在大塔中的使用效果可优于板式塔。分馏塔的塔径一般都比较小，一般都在 1.6m 以下，推荐选用高效填料塔。在实际使用中，普遍采用的也是填料塔。

在填料塔内，气液接触是在整个塔内连续运行的，而板式塔只是在塔板上进行。与板式塔相比，填料塔的优点是压降较小，液体负荷较大，可以采用耐腐蚀的塑料材质；缺点是应采取措施确保液体分布均匀，有的填料操作弹性较小，以及容易堵塞等。

（五）凝液泵

凝液泵一般选用屏蔽泵，运行比较平稳可靠。凝液、天然汽油和液化石油等的输送泵，宜选用离心泵。排量很小时，离心泵往往不适用，可选用容积式泵。塔的进料或回流的输送，若选用往复泵时，应做到排量基本平稳。可选用双缸双作用的泵，及采用缓冲器等措施。

泵选型的依据是泵送凝液的特性及操作条件、流量和扬程等。扬程应留有裕量，与泵出口管线的调节阀的适应范围协调，宜取系统最大压力的 1.05～1.10 倍，但计算裕量不应超过 0.2MPa。泵的排量可根据发展的可能情况，考虑留有合适的裕量，满足最大量和最小量的输送。

泵的流量调节，离心泵的设计运行工况，必须考虑泵安全运行的最小排量。可采用下列方式：

① 离心泵的流量调节，可采用调节出口阀的开度或旁路调节。

② 容积式泵可采用转速调节、行程调节或旁路调节。

连续运行的泵，应设一台备用泵。间歇运行的泵，不宜设备用泵。介质性能相近时，可公用备用泵。

泵的原动机的功率取最大轴功率，并考虑适当的裕量。对于离心泵，尚应按泵的最小连续流量或按额定流量的 30% 水运结果计算泵的轴功率，与按设计条件计算的轴功率比较，取两者较大值作为计算原动力功率所需的最大轴功率。

第六节　工程实例

一、长庆靖边气田天然气净化厂

由集气干线来的原料天然气先进入脱硫装置，在脱硫装置脱除其所含的几乎所有的 H_2S 和部分 CO_2，从脱硫装置出来的湿净化气送至脱水装置进行脱水处理，脱水后的干净化天然气即产品天然气，经外贸计量后外输。脱硫装置得到的酸气送至硫黄回收装置，尾气经焚烧炉焚烧后通过烟囱排入大气完全能够满足国家环保标准《大气污染物综合排放标准》（GB 16297—1996）及环函〔1999〕48 号《关于天然气净化厂脱硫尾气排放执行标准有关问题的复函》的要求。全厂总工艺流程框图如图 3-44 所示。

（一）天然气脱硫脱碳装置

长庆靖边气田的气体组分中含有 H_2S 和 CO_2，超过了国家 Ⅱ 类气指标要求，气质特点是 H_2S 含量一般小于 0.1%，CO_2 含量一般大于 5.0%，H_2S/CO_2 比高达 90～160，属于高碳硫比天然气，故不仅要深度脱除 H_2S，而且要大量脱除 CO_2 才能符合《天然气》（GB 17820）气质要求。

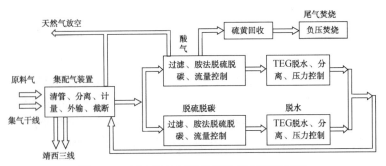

图 3-44 靖边天然气净化厂总工艺流程框图

结合原料天然气气质特点，针对常规 MDEA 溶液工艺、活化 MDEA 溶液工艺及 MDEA+DEA 混合溶液工艺进行技术经济对比，最终靖边气田净化选用 MDEA+DEA 混合溶液工艺脱硫脱碳。同时酸气负荷、溶液配比、操作温度等方面开展了一系列研究及现场试验，最终确定 DEA 浓度为 1%~3%（质量分数），酸气负荷酸气负荷控制在 0.35~0.45（mol/mol）之间，同时对工艺进行了优化，优化的流程如图 3-45 所示。

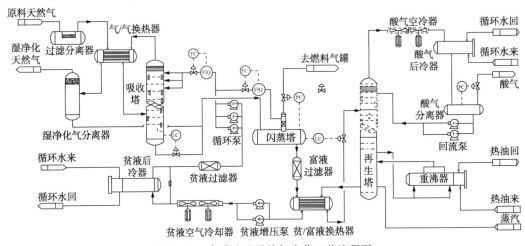

图 3-45 高碳硫比天然气净化工艺流程图

（1）"三级分离"的天然气预分离工艺

针对进厂原料气常温高压下含有少量尘和日益增多的游离水，天然气净化装置具备三重分离效应，即：第一级带段塞流功能的重力沉降分离，除去段塞流及大颗粒粉尘和粒径 60μm 以上液滴；第二级为过滤分离，除去 1μm 及 1μm 以上粉尘达 99.9%；第三级为叶片分离，除去 3μm 及 3μm 以上液滴达 99.9%。通常可以将第二级与第三级分离设置与一台设备内。

（2）无外加热源提高原料气温度技术

醇胺液与 H_2S 反应属于瞬间完成的快速质子反应，温度对其反应速率的影响相对较小，温度主要是影响 H_2S 在溶液中的平衡溶解度，所以较低的原料气温度有利于 H_2S 的脱除，因此常规醇胺法脱硫装置进脱硫装置原料气直接进入吸收塔进行吸收净化。而醇胺溶液与 CO_2 反应慢，其反应是受动力学控制的，故较高的原料气温度则有利于加速 CO_2 的反应速率。对于地处我国北部地区的脱硫脱碳装置，冬季漫长寒冷（年平均温度 8℃），全年中含硫天然气进吸收塔温度均较低（3~18℃），不利于 CO_2 的脱除。

工艺流程为：原料气进入气/气换热器，经加热后的原料气进入脱硫脱碳吸收塔，经净化后为温度较高湿净化气；脱硫脱碳吸收塔出口的湿净化气通过流量分配阀，控制湿净化气

178

进入气/气换热器的流量；湿净化气进入气/气换热器与原料气换热冷却后至脱水装置。

利用湿净化气温度，与原料气进行换热，将进料温度由 3~20℃ 恒定为 26℃；提高 CO_2 反应速率，从而提高 CO_2 的脱除率；降低湿净化气水露点，由 49.4℃（夏）/43.4℃（冬）降至 43.5℃（夏）/20℃（冬），从而降低脱水装置的三甘醇循环负荷，节能降耗。

（3）超低负荷塔盘选型应用技术

脱硫吸收塔和再生塔塔盘选用 ADV 微孔浮阀双溢流塔盘，在浮阀上设置 3 个孔，可以降低气相阻力，从而满足低负荷工况运行的需要。四净的设计负荷为 50%~110%，在实际投产的一周时间内，气量只有 $150×10^4 m^3/d$，仅为设计值的 30%，装置出口的净化气 H_2S 和 CO_2 均满足要求。

（4）醇胺富液消泡综合应用技术

醇胺降解产物、溶液中悬浮的固体颗粒、原料气中携带的游离液、化学剂及闪蒸气量大都会引起溶液发泡，尤其是脱除 CO_2 时，活化剂的加入导致溶液黏度增加，更易发泡。除了采用常用富液过滤和加注消泡剂等措施外，还通过加大脱硫塔和再生塔的溶液停留容积；脱硫吸收塔塔底设置 600mm 填料防漩涡设施，减少闪蒸气量；富液管线和设备选用 304L 不锈钢材质等措施，减少铁锈产生；增设贫液机械过滤器，提高过滤精度。加长富液停留时间和减少腐蚀杂质的产生，从而降低胺液发泡现象的发生。

（5）耐腐蚀应用技术

天然气脱硫脱碳装置包括脱硫和胺液再生两大系统，具有运行压力系统复杂（4.9MPa、0.55MPa 和 0.1MPa）、温度变化范围大（3~123℃），再生系统腐蚀强的特点，通过不同工况下 H_2S、CO_2、胺液腐蚀机理研究，确定设备及管线选材。依据规范 GB/T 51248《天然气净化厂设计规范》及 SY/T 0599《天然气地面设施抗硫化物应力开裂和抗应力腐蚀开裂的金属材料要求》，天然气净化装置及酸气处理装置的设备和管道材质见表 3-35。

表 3-35　脱硫脱碳装置主要设备及管道选材表

序号	设备名称		使用材质	序号	设备名称		使用材质	序号	设备名称		使用材质
1	吸收塔	壳体	Q245R(PWHT)	6	酸气空冷器	管箱	S31603	12	吸收塔		Q245R(PWHT)
		塔盘及构件	S31603			基管	022Cr19Ni12Mo2	13	溶液过滤器		Q245R(PWHT)
2	再生塔	壳体	Q345R+S30403	7	贫液空冷器	管箱	Q245R	14	原料气管道		20/L360MS(PWHT)
		塔盘及构件	S31603			基管	10	15	湿净化气管道		20/L360M
3	重沸器	壳体	Q245R	8	贫液后冷器	壳体	Q245R	16	富液管道		06Cr19Ni10
		管束及管板	S31603			管束及管板	10 及 Q245R	17	贫液管道		20
4	贫富液换热器	壳体	Q245R(PWHT)	9	酸气分离器		Q345R+S30403	18	酸气管道		06Cr19Ni10
		管束及管板	S31603	10	脱硫闪蒸塔	壳体	Q245R(PWHT)	19	退液管道		20
5	酸气后冷器	壳体	Q245R(PWHT)			内件	S31603	20	溶液循环泵	壳体	碳钢 CS
		管束及管板	S31603	11	天然气分离器		Q245R(PWHT)			叶轮	S30403

再生塔塔体内壁中、上部主要是 H_2S、CO_2 腐蚀，随着所处理原料气中酸性气体(H_2S 和 CO_2)浓度和腐蚀环境温度的增加而增加。塔体内壁底部溶液缓冲段主要则是醇胺、CO_2、H_2S 和水的腐蚀。

再生塔选用不锈钢材质，综合选材的强度、耐腐蚀性和投资比较，选用 S30403+Q345R 复合板材作为塔体和封头的材料，即基层采用 Q345R，复层采用 S30403。相对于塔体全部选用 S30403，单塔投资减少一半。

(二) 天然气脱水装置

天然气脱水选用三甘醇脱水工艺。

自脱硫装置来的湿净化气自塔下部进入 TEG 吸收塔，与自上而下的 TEG 贫液逆流接触，塔顶气经分离器分离后为合格产品气，产品气在出厂压力条件下水露点≤-13℃。

TEG 富液从塔底流出，经换热后进入闪蒸罐闪蒸，闪蒸气进入燃料气系统，闪蒸后的富液经过滤、换热后进入再生塔，再生塔重沸器采用火管加热。为确保贫甘醇浓度，在贫液精馏柱上设有汽提气注入设施。从塔顶出来的再生气，进入气液重力分离器进行气液分离，气体进入再生气灼烧炉焚烧后经烟囱排入大气，液体送至污水处理装置处理。贫液在 TEG 缓冲罐与富液换热并经贫液冷却器冷却后，由 TEG 循环泵升压返回吸收塔上部循环使用，脱水工艺流程如图 3-46 所示。

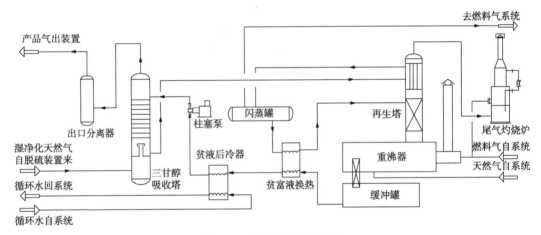

图 3-46　脱水装置工艺流程

(三) 酸气处理装置

长庆靖边气田天然气净化厂经净化后酸气中 H_2S 浓度位于 0.6%～15%(体积分数)之间，以 $30×10^8 m^3/a$ 处理规模的天然气净化厂计，潜硫含量最大为 23t/d，并且酸气中 CO_2 含量均在 88% 以上，致使酸气气量较大，达到 $32×10^4 m^3/d$ 以上。

酸气中 H_2S 含量低于 15%(mol)，所以采用直接氧化法。目前适合天然气净化厂低含硫气质的酸气处理的直接氧化法有：络合铁液相氧化法、Clinsulf-DO 法、SHELL-PAQUES 生物脱硫法和制酸法。经过技术优选后以及立足于国产技术及设备，硫黄回收选用选择直接氧化硫回收工艺。

1. 催化剂

选择氧化催化剂用于等温反应器，主要作为 H_2S 与 O_2 反应的催化剂，将 H_2S 选择氧化为单质硫，反应见式(3-3)。

$$H_2S+1/2O_2 \longrightarrow S+H_2O \qquad (3-3)$$

选择性氧化催化剂用于绝热反应器，主要作为将恒温反应器中未反应的 H_2S 进一步氧化，生成单质硫及微量 SO_2，反应见式(3-4)及式(3-5)。

$$H_2S+1/2O_2 \longrightarrow S+H_2O \qquad (3-4)$$

$$H_2S+3/2O_2 \longrightarrow SO_2+H_2O \qquad (3-5)$$

催化剂性质见表3-36。

表3-36 催化剂性质表

项 目	单 位	选择氧化催化剂	选择性氧化催化剂
外观、形状		白色圆柱形	黄褐色圆柱形
主要成分		TiO_2，大于85%	$SiO_2+Al_2O_3+Fe_2O_3+Cr_2O_3$
规格	mm	$\phi(3\sim5)\times L(5\sim25)$	$\phi(3\sim5)\times L(5\sim25)$
破碎强度	N/cm	≥120	≥120
堆积密度	kg/m³	900~1100	800~1000
比表面	m²/g	100~120	200~300
比孔容	mL/g	>0.2	>0.6
硫化氢转化率	%	≥95.0	≥95.0
使用寿命	年	≥3.0	≥3.0

2. 催化剂活性评价

等温反应器用催化剂及绝热反应器用催化剂的活性评价分别如图3-47和图3-48所示。

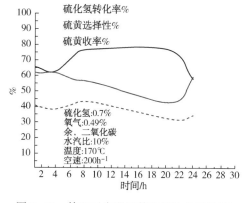

图3-47 等温反应器用催化剂活性评价图

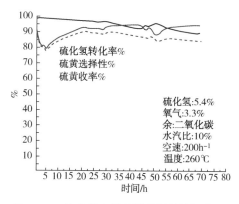

图3-48 绝热反应器用催化剂活性评价图

3. 主要工艺操作条件、指标

(1) 温度

第一反应器进口温度：150~180℃；

第一反应器反应温度：160~260℃；

第一反应器反应出口温度：220~260℃；

第二反应器进口温度：195~230℃；

第二反应器反应温度：195~260℃；

第二反应器反应出口温度：195~260℃；

液硫分离温度：116~125℃。

（2）O_2控制

第一反应器入口 O_2/H_2S：0.5~0.8(体积)；

第一反应器出口：0~0.4%(体积)；

第二反应器出口：0~1.0%(体积)。

（3）硫回收率

总转化率：≥99.6%(质量)；

全装置总硫黄收率：≥98.5%(质量)。

（4）净化尾气

净化尾气为：SO_2≤960mg/m³。

4. 工艺流程

从脱硫脱碳装置来的酸气(40~45℃，40~60kPa)首先进入酸气分离器，将酸气携带的游离水、醇胺液去除，然后进入酸气增压风机，增压至75kPa(g)，酸气经过配入适量的空气并保证 $O_2/H_2S=0.5$~0.6。空气通过空气鼓风机增压到75kPa，同空气混合后的酸性气进入原料气预热器，由中压蒸汽(230℃)加热至150~180℃，进入等温反应器。原料加热器出口温度由中压蒸汽流量控制。

等温反应器中，H_2S 同 O_2 进行选择氧化反应，将90%以上的 H_2S 氧化成单质硫，为防止床层温升过高导致催化剂失活，等温反应器采用绕管换热形式，采用锅炉水汽化，产生2.2~3.0MPa 蒸汽的方式取走反应热。等温反应器产生的中压蒸汽一部分用来作为原料气预热器的热源；另一部分通过中压蒸汽空冷器冷凝后返回汽包，实现中压蒸汽的循环利用。等温反应器温度恒定在240℃。

等温反应器出口中间气经过中间气换热器管程，温度降低至213℃后，进入硫冷凝器管程，中间气被冷却至125℃后分离出液硫，气相返回中间气换热器壳程，液硫通过硫分离器后进入液硫池。

中间气换热器壳程出口温度~160℃，再经二级蒸汽加热器将温度升高至180~200℃后进入绝热反应器，进行深度氧化。绝热反应器出口尾气温度为210~260℃进入二级硫冷凝器管程，冷却至125℃后，进入硫分离器。硫冷凝器壳程通过锅炉水蒸发，产生0.05MPa 蒸汽(110℃)，将中间气热量带走。蒸汽经低压蒸汽空冷器冷凝后，返回硫冷凝器，形成锅炉水-蒸汽循环取热。

硫分离罐气相进入尾气冷却器，将尾气冷却至65℃后，将尾气中携带的硫蒸气冷却为固体硫粉末，然后进入尾气净化器，吸附尾气中含有的少量不凝性硫单质，处理后的尾气至尾气焚烧炉，同时预留一套尾气中 CO_2 回收装置，借助于燃料气所产生的650℃高温将尾气中的微量 H_2S 氧化成 SO_2，燃烧后的烟气与空气在工艺管道上进行混合后降温至350℃，进入钢烟囱排入大气。

液硫池中液硫经过液硫脱气泵喷射脱气，脱出液流中含有的微量不凝气(H_2S、CO_2、CH_4等)后经过液硫输送泵外送至硫黄造粒机，硫黄造粒机利用钢带造粒将液硫冷却为半球形粒状固体硫黄，再经称重、包装后运至硫黄仓库，最终对外销售。

工艺流程图如图3-49所示。

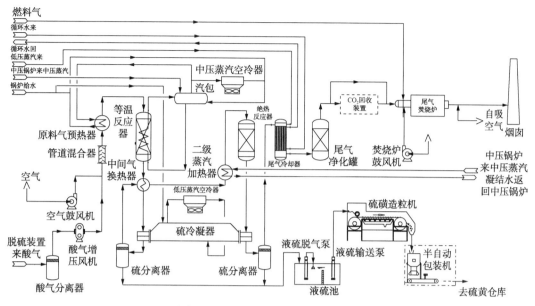

图 3-49 硫黄回收装置工艺流程图

二、长庆苏里格气田 50×10⁸m³/a 标准化处理厂

（一）天然气组成

苏里格气田天然气中 CH_4 含量在 90% 以上，基本不含 H_2S，CO_2 含量小于 3%，气体中除含一定量 $C_2 \sim C_6$，另含有少量 C_7^+ 重组分，平均 $1 \times 10^4 m^3$ 天然气约产 $0.02 m^3$ 凝析油，属微含凝析油天然气，苏里格气田井口典型原料气组分详见表 3-37。

表 3-37 苏里格气田井口典型原料气组分表

序号	组　分	数　值	序号	组　分	数　值
1	C_1	91.5232	9	$n\text{-}C_7$	0.1018
2	C_2	5.2947	10	$n\text{-}C_8$	0.0080
3	C_3	1.0373	11	$n\text{-}C_9$	0.0051
4	$i\text{-}C_4$	0.1784	12	$n\text{-}C_{10}$	0.0028
5	$n\text{-}C_4$	0.1954	13	C_{11}^+	0.0047
6	$i\text{-}C_5$	0.0891	14	CO_2	0.6672
7	$n\text{-}C_5$	0.0394	15	N_2	0.7571
8	$n\text{-}C_6$	0.0958		合计	100.0

根据 GB 17820《天然气》规定，Ⅱ类商品天然气气质指标为 H_2S 含量 ≤20mg/m³，CO_2 含量 ≤3%，针对苏里格气田天然气气质特点，不需进行脱硫、脱 CO_2 处理，但需脱油脱水进行水露点、烃露点控制。

（二）露点控制工艺

用于天然气脱水以控制水露点的工艺方法主要有低温分离、固体吸附和溶剂吸收三类方法。单一低温分离脱水法常用于有足够压力能进行节流制冷场所；固体吸附法用于深度脱水，如加气站分子筛脱水，水露点可达到-60℃左右，另外在深冷工艺也常用固体吸附法；溶剂吸收法适合水露点控制，普遍采用甘醇类如三甘醇吸收，是目前应用最广的方法，长庆靖边气田就全部采用该法。

控制天然气的烃露点采用的工艺方法主要有低温分离、溶剂吸收和固体吸附等方法。溶剂吸收常采用油吸收工艺，由于能耗高，现已应用不多；固体吸附采用活性炭，应用也较少。目前，在轻烃回收工艺中绝大部分都是采用低温分离法，只不过是制冷工艺和冷凝温度的差异。低温分离法是天然气烃露点控制的最佳工艺，应用最广。

低温分离法可以同时脱油、脱水，满足水露点、烃露点的控制要求，流程简单、投资低、运行费用低。在新疆的凝析气田、长庆壳牌长北合作区、长庆榆林气田和米脂气田均采用了该工艺，取得了良好效果。

苏里格气田的6座处理厂全部采用低温分离法进行水露点、烃露点的控制。

(三) 冷凝温度的确定

低温分离法第一步是要确定冷凝分离的温度，冷凝分离温度取决于外输产品气的露点要求及低温分离器的效率。

根据 GB 17820《天然气》规定，在天然气交接点的压力和温度条件下，天然气的水露点应比最低环境温度低5℃，天然气中应不存在液态烃。此外，GB 50251《输气管道工程设计规范》也规定了管输天然气的水露点应比输送条件下最低环境温度低5℃，烃露点应低于最低环境温度。

苏里格气田产品气除内蒙古本地少量用户外，其余天然气全部经榆林输送至陕京管线。

处理厂原料气经过集气干线，进厂压力都为 2.5MPa，处理厂外输压力为 5.8MPa。由图3-50 和图 3-51 原料气组分相图可知，夏季工况下的烃露点约为 24.91℃，水合物形成温度为 7.58℃；冬季工况下的烃露点约为 6.94℃，水合物形成温度为 6.95℃。

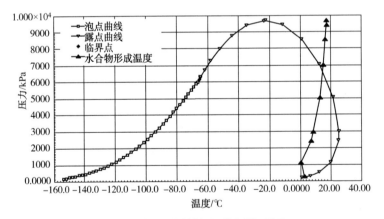

图 3-50　处理厂原料气组分相图(夏季)

处理厂产品气的交气点主要在榆林，距苏里格气田天然气处理厂的距离都在 70km 以上，榆林交气点压力为 3.9MPa，产品气需满足 GB 17820《天然气》Ⅱ类商品天然气气质指标。由于天然气管线绝大部分埋于冻土层以下，平均温度冬天不会低于 0℃，夏季一般大于10℃，水露点达到-5℃(冬)/5℃(夏)，烃露点达到 0℃(冬)/10℃(夏)即可认为满足国标要求。

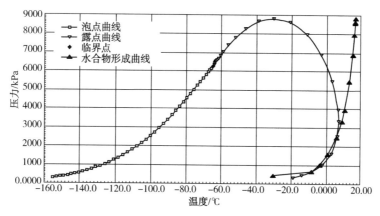

图 3-51　处理厂原料气组分相图（冬季）

考虑处理厂至榆林交气点输气管道对天然气的水、烃露点的要求，即最高输送压力 5.8MPa 下水露点满足 -5℃（冬）/5℃（夏），烃露点为 0℃（冬）/10℃（夏）（不考虑陕京管线）。

处理厂产品气必须满足以上水露点、烃露点要求，根据天然气相特性，压力越高，水露点越高，压力降低，水露点降低。因此只需处理厂外输天然气水露点满足要求，输送至榆林交气点过程中，随着压力降低，水露点必定满足交气要求。烃露点由于存在反凝析现象，与水露点相反，压力降低，露点反而会升高，可以对 5.8MPa 烃露点在 3.9MPa 下进行校核。

根据 Unisim Design 软件模拟可知，外输管道天然气 5.8MPa 下 -5℃（冬）/5℃（夏）的水露点，其 3.9MPa 下对应的水露点为 -9.67℃（冬）/3.22℃（夏）；5.8MPa 下 -5℃（冬）/5℃（夏）的烃露点，其 3.9MPa 下对应的烃露点为 -1.11℃（冬）/8.01℃（夏），达到管输天然气水、烃露点要求即可满足榆林交气点水露点、烃露点要求。

由于分离器效率对冷凝分离的温度影响较大，一般情况下由于分离器效率将导致露点上升 3~10℃，所以设计选择最低冷凝分离温度为 -15℃（冬）/-5℃（夏），实际运行的冷凝分离温度可以根据实测的水、烃露点进行调整。

脱油、脱水后净化气相图如图 3-52 和图 3-53。

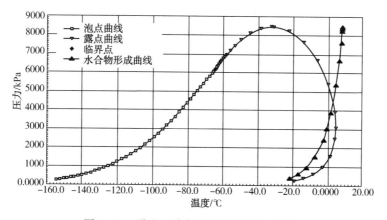

图 3-52　脱油、脱水后净化气相图（夏季）

（四）制冷工艺及流程

苏里格气田属于典型的低压气田，采用增压节流进行制冷，运行成本大，投资高，联合

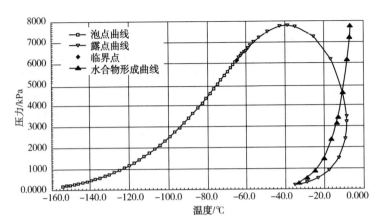

图 3-53 脱油、脱水后净化气相图(冬季)

制冷也不适用,6 座处理厂采用外加冷源方式。

在制冷剂的选用上,相对于氨气,丙烷与天然气同属烷烃类,且丙烷更环保、更健康,对材质要求低,苏里格处理厂采用了丙烷作为制冷剂。

原料气由进站区进入增压站,压力由 2.4MPa 增压至 6.1MPa;经过空冷后,进入预冷换热器,利用外输的冷干气对原料气进行预冷,夏季温度降低至 3.8℃,冬季温度降低至 −7.3℃;再进入丙烷蒸发器,与液体丙烷进行换热降温,夏季温度降低至 −5℃,冬季温度降低至 −15℃;进入低温分离器进行脱油脱水,分离后的冷干气再进入预冷换热器,最后外输。苏里格天然气处理厂工艺流程如图 3-54 所示。

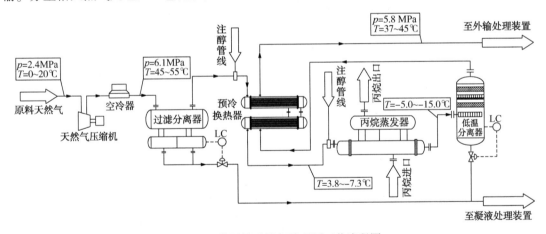

图 3-54 苏里格天然气处理厂工艺流程图

为防止运行过程中天然气水合物的生成,还需在预冷换热器的入口和丙烷蒸发器入口注入水合物抑制剂甲醇,甲醇经过回收装置循环使用。

在低温分离工艺中预冷换热器是回收冷量的关键设备,对降低丙烷制冷负荷至关重要,经过对比选择,由于板翅式换热器抗堵塞能力较差,堵塞后解堵困难,影响处理厂的正常生产,处理厂仍采用了管壳式预冷换热器,采用增加带低翅片的直管,可以大大提高换热效率,但管壳式换热器也存在体积大、占地面积大、耗钢量大、投资高等缺点。

低温分离器是低温分离工艺的核心设备,分离效果的好坏直接决定处理厂外输气的水露点、烃露点。处理厂采用壳牌公司专利产品 SMSM 型高效分离元件,利用重力分离、整流、漩流分离方式，分离效率达到95%以上。经现场使用，能保证规定的露点比分离温度高3～5℃。

三、塔里木凝析气田天然气凝液回收工程

塔里木凝析气田天然气为高压凝析气，其凝液回收工程采用"膨胀制冷+DHX（直接换热法）工艺"回收 C_3^+，生产商品天然气、LPG 和稳定轻烃。凝液回收装置设计 C_3^+ 组分回收率为96%。目前正在开展乙烷回收工程的建设。

全厂由原料气脱水脱汞、制冷、凝液分馏和商品天然气增压等系统组成，全厂总工艺流程如图 3-55 所示。

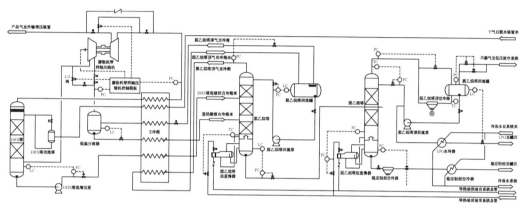

图 3-55　塔里木凝析气田天然气凝液回收工艺流程图

（一）脱水脱汞装置

（1）进装置原料气

压力：6.0MPa(g)；

温度：30℃；

典型气质组分见表 3-38。

表 3-38　塔里木轻烃回收厂原料气典型组分表

组　分	单　位	组　成	组　分	单　位	组　成
CH_4	%（摩尔）	89.2415	C_6	%（摩尔）	0.0460
C_2H_6	%（摩尔）	6.2903	C_7	%（摩尔）	0.0390
C_3H_8	%（摩尔）	1.3901	CO_2	%（摩尔）	0.9030
$i\text{-}C_4H_{10}$	%（摩尔）	0.2530	N_2	%（摩尔）	1.4301
$n\text{-}C_4H_{10}$	%（摩尔）	0.2670	H_2O	操作工况下水露点/℃	-5
$i\text{-}C_5H_{12}$	%（摩尔）	0.0790	汞含量	ng/m³	28000
$n\text{-}C_5H_{12}$	%（摩尔）	0.0610			

（2）出装置天然气

压力：5.8MPa(g)；

温度：32℃；

水含量：≤1ppm；

汞含量：≤10ng/m³。

（3）工艺方法

来气经旋风分离器和原料气过滤分离器除去气体中夹带的少量固体颗粒及液态水后，自上而下进入脱汞塔，脱汞后的气体自顶部进入分子筛脱水塔吸附脱水。

脱水装置采用三塔方案，24h 吸附、6h 加热再生、6h 冷却。脱汞采用 2 塔吸附。

（二）凝液回收（轻烃回收）装置

设置 2 列凝液回收（轻烃回收）装置回收天然气中的 C_3^+ 组分，单列凝液回收（轻烃回收）装置设置 DHX 塔、脱乙烷塔和脱丁烷塔各 1 具。

（1）原料气进装置条件

压力：5.8MPa(g)；

温度：32℃。

（2）天然气出装置条件

压力：3.6MPa(g)；

温度：40℃。

（3）LPG 产品条件

压力：~1.5MPa(g)；

温度：40℃；

饱和蒸气压：≤1380kPa(a)(37.8℃)；执行标准：GB 11174—2011《液化石油气》。

（4）稳定轻烃产品条件

压力：约 0.20MPa(g)；

温度：40℃；

饱和蒸气压：74～200kPa(a)(37.8℃)；执行标准：GB 9053—2013《稳定轻烃》1 号轻烃。

（5）主要工艺设备

① DHX 塔

DHX 塔为汽提塔，主要实现富含乙烷凝液与低温天然气中乙烷的传热与传质，进而实现原料气中 C_3^+ 组分的高效回收。DHX 塔底入口物料是自膨胀机膨胀端出口低温天然气，DHX 塔顶入口物料为自冷箱来的部分冷凝的富乙烷凝液。

DHX 塔操作压力为 3.25MPa，塔径为 DN4200。由于 DHX 塔操作压力较高，气体和液体的密度比值较小，同时液相负荷较低，可采用散堆填料塔或规整填料塔。由于散堆填料价格较低，散堆填料投资低于规整填料，因此本工程中 DHX 塔推荐采用散堆填料塔。

② 脱乙烷塔

脱乙烷塔为精馏塔，实现塔底 C_3^+ 组分的有效富集，并控制其 C_2 组分含量。脱乙烷塔主要进料来自低温分离器的重烃和 DHX 塔底的液烃。脱乙烷塔回流是脱乙烷塔顶气经冷箱部分冷凝后的液相-富乙烷凝液，脱乙烷塔回流量与组成受原料气组成、操作参数等因素影响较大，造成脱乙烷塔气液负荷变化较大。

脱乙烷塔操作压力 3.45MPa。由于脱乙烷塔气液负荷变化较大，操作压力较高，气体和液体的密度比值较小，尤其是脱乙烷塔下段，即中部进料处至重沸器入口气液负荷变化很大，因此采用板式塔需要对每层塔板开孔率进行核算，对降液管的设计要求更高。而采用散

188

堆填料出现发泡和液泛的风险较低，同时散堆填料塔尺寸相比板式塔尺寸小，便于运输。因此本工程中脱乙烷塔推荐散堆填料塔。

③ 脱丁烷塔

脱丁烷塔为精馏塔，实现塔顶产出 LPG，塔底产出稳定轻烃。脱丁烷塔受原料气组成、操作参数等因素的影响，会造成脱丁烷塔气液负荷一定变化。

脱丁烷塔操作压力 1.5MPa(g)，根据脱丁烷塔为精馏操作，生产 LPG 和稳定轻烃产品，可采用板式塔或散堆填料塔。考虑到板式塔对原料气 C_3^+ 组分变化或运行负荷变化导致的变工况适应性不如散堆填料塔，板式塔极端工况时有可能需要核算改造，散堆填料塔对后期原料气中 C_3^+ 组分减少的工况下或塔运行负荷较低的工况下，适应性更好，同时散堆填料塔尺寸相比板式塔尺寸较小，便于运输，因此本工程中脱丁烷塔推荐散堆填料塔。

（三）天然气增压装置

由于液烃回收装置采用"膨胀制冷"的工艺方案，原料气在深度回收轻烃后出装置压力下降为 3.6MPa，不能保证天然气能达到西气东输首站起点压力要求 6.0MPa，需要设置压缩机对外输气进行增压。本装置设置 2 台 15MW 电驱离心式压缩机组，同时配备 2 套 10kV 变频器以及润滑油站、干气密封等辅助系统。

四、长庆气田 C_2^+ 回收工程

工程总体设计天然气处理能力为 $200 \times 10^8 m^3/a$，每年可回收乙烷 $105.27 \times 10^4 t$，液化石油气 $35.63 \times 10^4 t$，稳定轻烃 $9.3 \times 10^4 t$。工程采用"四元混合制冷 + 双气过冷工艺"（CTEC-MDGR）回收天然气中乙烷及以上重烃组分（简称 C_2^+），并生产乙烷、液化石油气和稳定轻烃等产品。C_2 回收率可达到 90%，C_3^+ 回收率可达到 99% 以上。项目总工艺框图如图 3-56 所示。

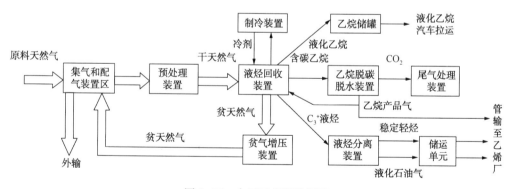

图 3-56　全厂工艺流程框图

（一）主体工艺

1. 工艺流程框图

原料天然气进入厂内集气区汇总后，经过除尘、计量，然后进入预处理装置进行脱汞脱水预处理。经过预处理后的干天然气进入液烃回收装置冷箱，经过冷箱预冷后进入低温分离器分为气液两相。液相直接进入脱甲烷塔中部，气相分为两部分，一部分气相进入冷箱过冷液化后作为脱甲烷塔顶的回流液；另一部分气相进入膨胀机膨胀端膨胀后进入脱甲烷塔中

部。脱甲烷塔顶贫天然气经过冷箱复热升温后进入膨胀机增压端压缩后输送至贫气增压装置增压。贫气增压装置采用电驱离心式压缩机。增压后的贫天然气经空冷器冷却至50℃后进入配气区计量后外输。脱甲烷塔底液烃经脱甲烷塔底泵增压后进入脱乙烷塔进行分离，在塔顶得到含碳乙烷，在塔底得到 C_3^+ 液烃。含碳乙烷进入乙烷脱碳脱水装置经过醇胺法脱碳、分子筛脱水后外输至下游乙烯项目。C_3^+ 液烃进入液烃分离装置中的液化气塔，经分离在塔顶得到液化石油气，在塔底得到稳定轻烃，这两种产品分别输送至储罐储存并采用管道输送至下游乙烯项目。

2. 过冷回流工艺

回收天然气中 C_2^+ 烃类需要采用深冷分离工艺，为提高乙烷回收率，通常采用一股(或多股)处于过冷状态的液烃作为脱甲烷塔顶的回流液，对 C_2^+ 组分进行洗涤吸收。本项目天然气处理规模大，原料天然气中 C_2^+ 含量为5.5%，气质相对较贫，适合采用气体过冷、双气过冷工艺(图3-57)。

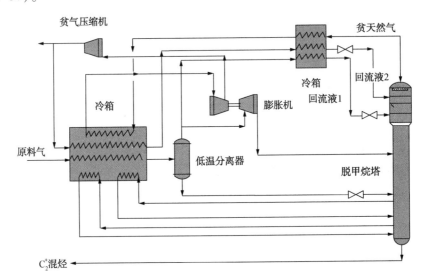

图 3-57 双气过冷工艺流程示意图

（二）原料气条件

进厂原料天然气参数见表3-39。

压力：4.05MPa；

温度：28℃(夏季)，9℃(冬季)；

流量：$200 \times 10^8 m^3/a$。

表 3-39 原料天然气组成表 %(摩尔)

组分	CH_4	C_2H_6	C_3H_8	$i\text{-}C_4H_{10}$	$n\text{-}C_4H_{10}$	$i\text{-}C_5H_{12}$	$n\text{-}C_5H_{12}$	C_6
组成	92.5291	4.4495	0.7590	0.1178	0.1229	0.046	0.0239	0.033
组分	C_7	C_8	C_9	H_2O	N_2	CO_2	He	H_2
组成	0.0219	0.0132	0.001	0.0123	0.4551	1.2611	0.0587	0.0948

（三）产品条件

（1）乙烷

产量：$105.27 \times 10^4 t/a$（表3-40）。

表3-40 乙烷产品指标表

序号	组分名称	控制指标	序号	组分名称	控制指标
1	CH_4	≤1.5%	3	二氧化碳	≤100ppm
2	C_2H_6	≥95%	4	C_3^+	≤4.5%

（2）液化石油气

产量：$35.63 \times 10^4 t/a$；

饱和蒸气压：≤1380kPa（37.8℃）；

液化石油气达到《液化石油气》（GB 11174—2011）中商品丙、丁烷混合物的指标要求。

（3）稳定轻烃

产量：$9.3 \times 10^4 t/a$；

饱和蒸汽压：74~200kPa（37.8℃）；

稳定轻烃达到《稳定轻烃》（GB 9053—2013）中1号稳定轻烃指标要求。

预计2019年底投产。

参 考 文 献

［1］王遇冬，郑欣．天然气处理原理与工艺［M］．第三版．北京：中国石化出版社，2016．

［2］王开岳．天然气净化工艺［M］．北京：石油工业出版社，2005．

［3］徐文渊，蒋长安．天然气利用手册［M］．第二版．北京：中国石化出版社，2006．

［4］Ed Lata et al. Canadian experience shows actual operations needed to guide of amine simulator . Oil & Gas Journal，2009，107(26)：62-65．

［5］住房和城乡建设部．天然气净化厂设计规范（GB/T 51248—2017）［S］．北京：中国计划出版社，2017．

［6］颜晓琴，等．关于MDEA在天然气净化过程中变质特点的探讨［J］．石油与天然气化工，2009，38(4)：308-312．

［7］李必忠，等．东方终端二期脱碳装置运行问题浅析及解决办法［J］．石油与天然气化工，2008，37(5)：401-405．

［8］党晓峰，等．酸气负荷对脱硫脱碳装置平稳运行的影响分析［J］．天然气工业，2008，28(增刊B)：142-145．

［9］李亚萍，等．MDEA/DEA脱硫脱碳混合溶液在长庆气区的应用［J］．天然气工业，2009，29(10)：107-110．

［10］郭揆常．矿场油气集输与处理［M］．北京：中国石化出版社，2010．

［11］王开岳．天然气脱硫脱碳工艺发展进程的回顾［J］．天然气与石油，2011，29(1)：15-21．

［12］赵玉君，等．CJST塔盘在天然气胺法脱硫脱碳装置的应用［J］．石油与天然气化工，2009，38(6)：490-493，500．

［13］何生厚．高含硫化氢和二氧化碳天然气田开发工程技术［M］．北京：中国石化出版社，2008．

［14］于艳秋，等．普光高含硫气田特大型天然气净化厂关键技术解析［J］．天然气工业，2011，31(3)：22-25．

［15］刘宏伟，等．Lo-Cat硫黄回收技术在炼厂硫黄回收装置中的应用［J］．石油与天然气化工，2009，38

（4）：322-326.

［16］Alan Callision et al. Offshore processing plant uses membranes for CO_2 removal. Oil & Gas Journal，2007，105（20）：41-47.

［17］白金莲，等．微生物法去除 H_2S 的研究进展［J］.石油与天然气化工，2008，37（3）：209-213.

［18］国家发展和改革委员会．天然气脱水设计规范（SY/T 0076—2018）［S］.北京：石油工业出版社，2008.

［19］王红霞，等．对我国 CNG 加气站相关设计规范的建议［J］.煤气与热力，2009，29（12），：B12-B14.

［20］陈赓良.LNG 原料气的预处理.天然气与石油［J］.2010，28（6）：33-37.

［21］P. S. Northrop et al. Modified cycles，adsorbents improve gas treatment，increase mol-sieve life. Oil & Gas Journal，2008，106（29）：54-60.

［22］郭洲，等．分子筛脱水装置在珠海天然气液化项目中的应用［J］.石油与天然气化工，2008，37（2）：138-140.

［23］Ahmed A. Al-Harbi et al. Middle East gas plant doubles mol sieve desiccant service life. Oil & Gas Journal，2009，107（31）：44-49.

［24］R. J. Bombardieri et al. Extending Mole-Sieve Life Depends on Understanding How Liquids Form. Oil & Gas Journal，2008，106（19）：55-63.

［25］马孟平，等．高含硫天然气净化厂硫黄成型技术方案选择探讨［J］.石油与天然气化工，37（3），2008：202-204，217.

［26］国家质量监督检验检疫总局，等．制冷剂编号方法和安全性分类（GB/T 7778—2008）［S］.北京：中国标准出版社，2009.

［27］国家发展和改革委员会．天然气凝液回收设计规范（SY/T 0077—2008）［S］.北京：石油工业出版社，2008.

［28］付秀勇，等．轻烃装置冷箱的汞腐蚀机理与影响因素研究［J］.石油与天然气化工，2009，38（6）：478-482.

［29］Rachid Chebbi et al. Study compares C_2-recovery for conventional turboexpander，GSP. Oil & Gas Journal，2008，106（46）：50-54.

［30］汪宏伟，等．膨胀制冷轻烃回收工艺参数优化分析［J］.天然气与石油，2010，28（1）：24-28.

［31］顾安忠，等．液化天然气技术［M］.北京：机械工业出版社，2004.

［32］李健胡，等．日本 LNG 接收站的建设［J］.天然气工业，2010，30（1）：109-113.

［33］严铭卿主编．燃气工程设计手册［M］.北京：中国建筑工业出版社，2009.

［34］敬加强，等．液化天然气技术问答［M］.北京：化学工业出版社，2007.

［35］欧翔飞，等．国内压缩天然气汽车产业发展分析［J］.天然气工业，2007，27（4）：129-132.

［36］中国石化集团公司，等．汽车加油加气站设计与施工规范（2006 年版）（GB 50156—2002）［S］.北京：中国计划出版社，2006.

［37］罗东晓，等.L-CNG 加气站的推广应用前景［J］.天然气工业，2007，27（4）：123-125.

［38］李菁菁，闫振乾．硫黄回收技术与工程［M］.北京：石油工业出版社，2010.

［39］郭揆常．矿场油气集输与处理［M］.北京：中国石化出版社，2009.

［40］邱鹏，等．等压式制冷天然气凝液回收工艺优化研究［J］.石油与天然气化工，2017，46（3）：46-50.

［41］中华人民共和国国家质量监督检验检疫总局．制冷机编号方法和安全性分类（GB/T 7778—2008）［S］.北京：中国标准出版社，2008.

［42］中华人民共和国卫生部．职业性接触毒物危害程度分级（GBZ 230—2010）［S］.北京：中国标准出版

社，2010.

[43] GPSA. Engineering Data Book. 14th Edution, Tulsa, Ok. , 2016.

[44] 王遇冬，等. 我国天然气凝液回收工艺的近况与探讨[J]. 石油与天然气化工，2005，34(1)：11-13.

[45] 付秀勇，等. 对轻烃回收装置直接换热工艺原理的认识与分析[J]. 石油与天然气化工，2008，37(1)：18-22.

[46] 胡文杰，等. "膨胀机+重接触塔"天然气凝液回收工艺的优化[J]. 天然气工业，2012，32(4)：96-100.

[47] 蒋洪，等. 高压天然气乙烷回收高效流程[J]. 石油与天然气化工，2017，46(2)：6-11.

第四章　天然气输送与储气库

气田或天然气处理厂一般距离城镇民用和工业企业用户较远，故需通过管道或其他途径将商品天然气输送给用户。通常，陆上和近海的天然气输送都采用埋地管道和海底管道方式，而对于跨洋长距离的天然气输送，多以液化天然气(LNG)形式输送。

以下主要介绍陆上天然气管道输送系统(或称输气管道系统)，有关液化天然气的储存与输送见本书第五章所述。

第一节　管道输送系统构成

管道输送系统构成一般包括输气干线、首站、中间气体分输站、干线截断阀室、中间气体接收站、清管站、障碍(江河、铁路、水利工程等)的穿跨越、末站(或称城市门站)、城市储配库及压气站。

与管道输送系统同步建设的另外两个组成部分是通信系统和仪表自动化系统。

输气干线首站主要是对进入干线的气体质量进行检测控制并计量，同时具有分离、调压和清管球发送功能。

输气管道中间分输(或进气)站其功能和首站差不多，主要是给沿线城镇供气(或接收其他支线与气源来气)。

压气站是为了提高输气压力而设的中间接力站，它由动力设备和辅助系统组成，它的设置远比其他站场复杂。

清管站通常和其他站场合建，清管的目的是定期清除管道内的杂物，如水、机械杂质和铁锈等。由于一次清管作业时间和清管的运行速度限制，两个清管收发筒之间距离不能太长，一般在100~150km左右，因此在没有与其他站合建的可能时，需单独建立清管功能的站场。

清管站除有清管球收发功能外，还设有分离器及排污装置。

输气管道末站通常和城市门站合建，除具有一般站场的分离、调压和计量功能外，还要给各类用户配气。为防止大用户用气量过度波动而影响整个系统的稳定，有时装有限流装置。

为了调峰的需要，输气干线有时也与地下储气库和储配站连接，构成输气干线系统的一部分。与地下储气库的连接，通常都需要建压缩机站，用气低谷时把干线天然气压入储气库，高峰时抽取库内气体压入干线，经过地下储存的天然气受地下环境的污染，必须重新净化处理后方能进入输气干线。

干线截断阀室是为了及时进行事故抢修、检修而设。根据线路所在地区类别，每隔一定距离而设。

输气管道通过障碍(如河流、湖泊、公路和铁路等)的处理将在本章第四节中介绍。

输气管道的通信系统通常又作为自控的数传通道，是输气管道系统日常管理、生产调查、事故抢修等必不可少的设施，是安全、可靠和平稳供气的保证。

仪表自动化系统是利用各种仪表、监控设备或计算机系统对管道设备的运行状态进行检测与监视，操作（或管理）人员根据仪表或计算机控制系统显示情况对设备运行状态进行调整，使整个系统安全平稳的运行，具体内容将在第八章进行介绍。

输气管道系统总流程如图4-1所示。

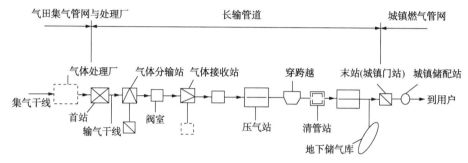

图4-1　输气管道系统总方框流程图

第二节　输气线路

一、线路走向选择

（一）线路走向选择原则

线路选择应遵循安全、经济、方便，同时达到最佳化的原则，既满足建设单位对工程提出的要求，又使工程费用和运行期间管线的操作维护费用最低。线路走向选择原则参见《输气管道工程设计规范》（GB 50251—2015）中4.1.1条要求。

（二）影响线路走向的因素

1. 气田和用户的地理位置

气田和用户是管线走向的控制点。当气田或用户用气量较大时，支线管径相应也较大，其造价也就高，输气干线走向靠近气田和用户的程度，需经技术经济对比确定。

2. 沿线自然条件

对线路走向的影响表现为自然条件对管线建设的影响和管线建设对沿线自然环境条件的影响。前者可以用经济效益来衡量，而后者主要用环境和社会效益来衡量。

沿线自然条件对线路走向的影响是指线路途经地区的地形、地貌、植被、工程地质条件及江河湖泊等对管线工程投资大小、运行管理难易程度的影响，应尽可能地定量分析对比，使方案达到最佳化。

管线建设对沿线自然生态环境的影响是指管线工程项目建设对沿线地区社会经济、自然景观、自然生态环境所产生的影响程度及范围。除了技术经济对比外，还需要通过环境影响评价进行论证。应尽量避让自然保护区、水源保护区、风景旅游区、林区、重要工矿区、军事区、城市规划区和文物古迹等。当必须通过时，须取得有关部门同意，并采取必要的防护措施，以保证通过地区的安全，尽可能减少对环境的影响。必要时还需要配套建设环境保护工程，将其纳入管线工程同时建设。

3. 沿线经济发展现状及规划

输气管线的线路走向应尽量靠近经济发达地区，或目前虽未发达，但规划将大发展的大型工矿区、经济开发区等，这些地区常有潜在的大用户。线路尽量靠近这些地区有利于将来用户发展。同时，输气管线线路走向要避开这些规划区域。选线时必须了解沿线各城镇、工矿区和各类开发区的规划范围、布局、实施年限等，以确定线路走向。

管线建设还需要良好的社会依托条件。交通、电力、水源、建筑材料、劳动力等直接跟经济发展相关，应详细调查了解沿线各地经济发展现状和规划，充分考虑这些因素对管线建设的影响。

4. 后备气源

为满足长期、安全、平稳地向下游用户供气，应根据气田勘探开发的特点和总体开发方案，合理确定主力气田和接替气源的位置。

5. 站场定点和选址

输气管线和站场是一个统一体，站场设置是为了满足输送工艺的需要，包括气源接收、分输、清管、增压等功能，实现输气管道的运行和管理。厂站的布点应根据气源、用户的分布和输气工艺的要求来确定。线路选择应考虑站场选址，线路选择和场站的选址应同时进行，总体上站场的位置应服从大的线路走向，线路局部走向应服从站场的位置。在满足厂站的定线和选址的基础上对初选点进行多方案比较、优化，使线路和场站在该段的总建设费用最低。

二、管道敷设

管道的敷设方式一般可分为埋地敷设和架空敷设两种。埋地敷设可采用沟埋敷设和筑土堤敷设；架空敷设可分为低架(管墩支撑)和高架(管架)敷设。将管线裸露敷设于地面的方式只适用于临时管线。埋地敷设方式不影响农业耕作和地面人类活动，还可以保护管线，减少自然和人为的损坏，因此，天然气长输管线绝大多数采用埋地敷设方式。

(一) 埋地敷设

1. 埋深要求

管道埋深是指管顶至地面覆土深度。管道的最小埋深是根据地区级别、农田耕作深度、地面负荷对管道的强度和稳定性的影响等因素综合考虑确定。一般最小埋深要求见《输气管道工程设计规范》(GB 50251—2015)中表4.3.2的要求。

在不能满足最小埋深要求或外载荷过大，外部作业可能危及管道安全的地方，应采取措施对管道加以保护。当输送的天然气在地温条件下有水或管道通过有冻胀危害的冻土地区时，管道应埋设在冻土深度以下。

管道实际埋深根据地形、土方和管线弯管数量综合考虑确定。当地形起伏较大，若采用统一埋深，必须增加弯管数量，增加管线焊口数量；而减少弯管数量，又会导致管道埋深增加，管沟开挖和回填的土石方工程量随之增加。因此，确定设计埋深就是在满足最小埋深的前提下，在弯管数量和土石方工程量两者之间求得一个投资最少的工程量平衡。

2. 管沟

管沟界面形状和尺寸大小根据地质条件、施工方法和管径大小决定。管沟边坡坡度应根据土壤类别和物理力学性质(如黏聚力、内摩擦角、湿度、容重等)确定，深度超过5m的管沟，可将边坡放缓或加筑平台。

管沟断面形状一般选用倒梯形断面，当深度较大或土壤较松散时可选用下部为矩形上部为梯形的混合断面管沟。管沟断面形状一般可由施工单位根据施工经验自行确定，以保证施工安全为原则。

3. 管沟基础处理

一般土方地区，管沟底铲平夯实即可。在岩石、砾石区地区的管沟，沟底应比设计深度超挖 0.2m，用细土或砂将超深部分铺上垫层，平整后才允许管线下沟。如遇管沟底部为建筑垃圾等腐蚀性较强的填方地段，沟底基础需换土夯实；在自重湿陷性黄土地区的斜坡、陡坎地段，为了防止雨水渗入沟底造成沟底沉陷，需采用 2∶8（体积比）灰土进行沟底基础处理。

4. 管沟回填

管线下沟后，应保证与沟底相接触。管底至管顶以上 0.3m 范围内，回填土中不得有块石、碎石等，以免损伤防腐层。回填土应夯实，其夯实相对密度应大于 0.9，回填土高度应高出地面 0.3m。便于自然沉降，避免沿管沟形成低洼地带而积水。

5. 土堤敷设

土堤敷设是在不宜开挖管沟或开挖不足的地段，在地面筑土堤以保证管道的覆土深度。输气管道一般无保温要求，不推荐大段的筑土堤敷设方式，但在局部黄土深沟、岩石斜坡段、沼泽地区也有采用筑土堤敷设方式，目的是减小管道安装工程量和土石方工程量。

（二）架空敷设

架空敷设的管架高度应根据使用要求确定，一般以不妨碍交通、便于检修为原则，通常管底至地面净空高度应满足表 4-1 的要求。

表 4-1 输气管架设最低高度规定

类　　别	净空高度/m	类　　别	净空高度/m
人行道路	≥3.5	电气化铁路	≥11.0
公路	≥5.5	荒山	0.2~0.3
铁路	≥6.5~7.0		

常用输气管支架有钢支架、钢筋混凝土支架和管墩，根据不同高度、位置和受力状况经计算后确定。

（三）不良地质区段的管道敷设

1. 淤泥质软土

凡天然含水量大于液限，孔隙比大于 1.0 且小于 1.5 的软土称淤泥质软土。淤泥质软土是在静水或流速很低的流水条件下沉积，经生物化学作用形成。它的特性是强度低（0.01~0.04MPa）、压缩性高、变形大。含水量大的还具有触变性和流塑性。沼泽、淤泥漫滩、水稻田等都属于淤泥质软土，淤泥质软土在四川和江苏、浙江一带广泛分布。

在淤泥质软土地段，由于地面承载力低，施工机具通行困难，管道建成经过一段时间后，会改变原来的位置（沉陷或上浮），使管道产生附加轴向应力，严重的甚至造成管线断裂。四川天然气管道在"烂泥田"中多次发生漂出水面，造成管道变形，妨碍农民耕种。

淤泥质软土地区管道敷设应防止管道下沉或上浮，为施工和管理创造必要条件，使施工机具能顺利通行。由于淤泥质软土的承载能力是随土的含水量而变化的，含水量越少，土的承载力愈高。因此，在有条件排水的地方，应首选挖明沟排水，尽量降低地下水位和土的含水量，提高土的承载能力。四川水稻田施工大都选择在秋收以后，采取挖沟排水的方法施工。在无排水条件的地方应选择含水量和地下水位最低的季节施工，在北方也可选择在地表封冻，地面承载力高，施工机具能顺利通行的季节施工。

在流塑性较强的淤泥质软土地段，特别是地表有水地段，还应防止管线漂浮，可采用以下方法进行稳管：

① 螺旋锚固器稳管；

② 钻孔配筋灌注桩固定稳管；

③ 土工布压重稳管；

④ 现浇混凝土压重稳管；

⑤ 压重块稳管。

上述方案的选择，应根据土的承载能力、管线允许沉降量，结合当地材料来源经过计算分析后确定。

2. 沙漠地区

沙漠是指地表以沙质为主的荒漠。沙漠地带干旱缺水，风力大而频繁，植被稀少，交通十分困难，有的沙丘还具有流动性。沙漠中强烈的风蚀作用将导致管道覆土层厚度减小，对管道造成不利影响。沙漠地区的管道敷设应适应恶劣的自然环境，施工时要根据沙漠的特点，采用不同的施工机具和施工方法，工程上要采取相应措施确保管道安全。借鉴苏里格气田输气管道、陕京系统、西气东输和克拉 2 工程在沙漠地区敷设管道的经验，主要有如下几点：

① 摸清沙漠自然规律，减少风沙危害：在沙漠地区进行管道敷设，首先应摸清楚沙漠的自然规律、沙漠成因、风沙季节、沙暴强度、主导风向、沙丘移动方向和运移度、起伏度、沙土厚度等。

② 选择有利地形：沙漠中的线路走向应尽可能与主导风向一致，选择植被较好的固定或半固定沙丘或沿古河道"走廊式"地带和沙垄间、沙丘间的背风地带，以减小风力的作用。

③ 在移动沙丘地段应尽可能减少管道在移动沙丘的长度，并应将线路选定在移动沙丘向风一侧。

④ 在固定或半固定沙丘的管线施工应尽量减少挖深，减少植被的破坏，防止流沙再起。

⑤ 在流沙地段的管道两侧，当年降雨量在100mm 以上时，应在施工期间采用植被设置沙障，如种植沙柳、沙蒿、沙槐、沙棘、沙打旺、柠条等深根耐旱型易生草木防风固沙。在植被固沙形成初期，应结合草方格固沙形式防止沙丘流动迁移，施工中主要采用半隐蔽式或隐蔽式格状沙障形式，规格一般为1m×1m，通常采用稻草、麦草或其他植物枝条扎制，用压扎方式设障，以格状为主，防护宽度根据风力、风向和沙丘活动规律确定，一般迎风侧100~200m，背风侧50~100m。

⑥ 选择风沙危害较小的季节施工，配置适用于沙漠地区的运输和施工机具，以缩短施工周期。

3. 冻土

凡温度不超过0℃，并含有固体水(冰)的土称为冻土。只是温度低于0℃而不含固体水

（冰）的土称为寒土。冻土分多年冻土和季节性冻土，冻结状态能保持 3 年以上的冻土称为多年冻土，随季节变化而融化和冻结的地表土成为季节性冻土。

水在冻结时体积膨胀，其膨胀量为 9%。土在冻结时，在一定条件下，土中水分向冻结面转移，发生聚冰作用，其结果是使土体强烈膨胀，称为冻胀，而当遇到地温大于 0℃ 时，冰融化，水渗流又造成土体沉陷。

含水土壤的冻结和消融过程中因土的力学性质或形状变化对管道工程将产生危害。由于土的成分、含水量的不同加上地形变化而产生不均匀冻胀，造成管线弯曲，严重时将产生断裂；相反当温度升高，冻土融化，水分渗流后造成土的不均匀沉陷，也将使管道产生弯曲，甚至破坏。

产生冻胀的条件是：具有冻胀敏感性的土（如细颗粒黏土、粉土）；一定量的初始水分和外界补给水分（如地下水、降水）；冻结温度和时间。三者缺一不可。了解了冻胀条件后即可在工程中采取一定的措施，防止冻害。

天然气输气管道一般输送干气，水露点低于管道经过地区最低土壤温度 5℃ 以上，因此不会存在因水冻结堵塞管道的问题，主要应防止冻土的冻胀和热融沉陷给管道造成的危害。在设计选定线时，一是尽量将管线避开冻胀和热融沉陷厉害的地区，二是采用工程措施消除冻胀和热融的产生条件。主要有以下措施：

① 线路走向应尽量选择在不冻胀或冻胀性较弱的地区，尽量避开冰锥、冰丘，带有饱和冰土和湿粉质土的斜坡。一般岩石、碎石、砾石土、砂土等颗粒土基本不会发生冻胀，而冰锥、冰丘、饱和冻土最容易发生融陷。

② 线路走向应选择地势高、地下水位低、土壤含水量低、地表排水良好的地段。这些地区土壤含水量小，无补给水的条件，土壤不会发生冻胀或冻胀轻微。

③ 在永冻土地区，管道埋设后应保持冻土的冻结状况，减少扰动。当输送气体温度较高时，可采用管道保温，也可采用天然气预冷却，防止管道周围冻土热融。美国敷设的阿拉斯加永冻土地区的天然气管道，就是采用将天然气冷却到 −17~0℃ 后再进入管道，防止输送气体的热能造成冻土融陷而破坏管道。

④ 合理选择冻土地区的天然气管道埋深。目前中国天然气管道一般均埋设于冰冻线以下，在冻土深度小于 1.5m，且冻土有较强冻胀性的条件下是合适的。但是在冻结深度较深（大于 1.5m），砂土、砾石或土壤含水量低于 12% 的其他冻胀性较弱的土质，其管道可直接埋设在冻土中。因管内无水，无需考虑管内冻结堵塞，而土的冻胀性较弱，也不会因冻胀造成管线破坏，这样可以减少土石方工程量。

⑤ 采用管底基础换土处理，消除冻胀。在冻土地区敷设管道（土堤敷设或沟埋敷设），如果管底基础冻胀厉害，可采用换砂砾石或其他弱冻胀性的土做管底基础，厚度 0.2m，然后敷设管道。这种方法在阿拉斯加天然气管道工程中已成功应用，中国青藏铁路工程中的给水管道也曾采用。

4. 湿陷性黄土地区

在一定压力下受水浸湿，土结构迅速破坏而发生显著附加下沉的黄土，称为湿陷性黄土。在受水浸湿条件下，在上覆土的自重压力作用下就会发生湿陷的黄土称为自重湿陷性黄土；在大雨上覆土自重压力下才发生湿陷的称为非自重湿陷性黄土。湿陷性黄土主要是黄土状土和马兰黄土，前者属于前新世 Q_4 黄土，后者属于晚更新世 Q_3 黄土。中国湿陷性黄土分布很广，华北、西北、东北地区均广泛分布。

湿陷性黄土地区的管道，常因地基土沉陷引起管道变形和断裂，而地基常是无任何先兆而突然大面积沉陷，造成管道、光缆等全部断裂，危害甚大。为了防止湿陷性黄土给建筑物和管道工程带来的危害，工程技术人员在进行了大量研究工作，总结大量实践经验的基础上，制订了《湿陷性黄土地区建筑规范》（GB 50025—2004）。规范中对防止湿陷性黄土危害提出了主要的措施。

对于输气管道，自身重力低于同体积黄土的重力，不会对黄土基础造成附加压力，而天然气管道自身又没有水，不会因管道漏水造成湿陷。因此，在湿陷性黄土地区，对输送干气的输气管道基础不需要采取特殊的治理措施。

参照《湿陷性黄土地区建筑规范》的原则，以及陕京系统、西气东输等大型输气管道通过湿陷性黄土地区的建设经验，基本采用如下措施：

① 选择地势较高，排水条件好，地质条件稳定的黄土梁、黄土塬等，使管线起伏小，不易被雨水浸湿造成湿陷。

② 在自重湿陷性黄土地区，采用灰土进行管沟基础处理。灰土基础是熟石灰与黄土2∶8（体积比）加水混合均匀，然后铺在沟底夯实，厚度为20~25cm。

③ 在非自重湿陷性黄土地区采用沟底素土挖松加水（含水量16%左右）分层夯实，厚度为20~30cm。消除部分湿陷量。

④ 地表砌筑排水沟、挡土墙，截断水源，防止地表水渗入沟底造成湿陷。管沟回填后种草、恢复植被、保持水土稳定。

⑤ 尽可能采用弹性敷设，使管道具有一定的抗地基湿陷的能力。

5. 高烈度地震区

地震烈度采用地震动峰值加速度衡量。地震动峰值加速度可以从《中国地震动峰值加速度区划图》中查阅。

凡地震烈度大于等于6度的地区称为高烈度地震区。在高烈度地震区敷设管道必须采取抗震措施。

① 地震对管道工程的危害

地震是地球的内力作用下引起的一种地质现象，主要是由于地壳运动而引起的。它的特点是传播范围广，震动时间长而剧烈，往往造成突发的自然灾害。地震对管道工程造成危害如下：

a. 因发生断层运动引起地层拉伸或压缩，造成管道的断裂、扭曲和屈折。

b. 因地基土质液化使埋设管线上浮造成管道变形和断裂。

c. 因与管道相连的设备摇动而使管道断裂。

d. 因地震弹性波在地层传播过程中的拉伸和压缩作用，使管道接口断裂。

e. 管道在地震力作用下因三通、弯头等转向管件造成应力集中而断裂，在管道与构筑物连接处，由于地震引起的动力特性不一致而造成应力集中而导致管道和设备损坏。

f. 由于管道断裂后引起火灾、中毒等次生灾害，或由于地震引起其他建构筑物倒塌而压坏管道。

地震对管道的危害程度与地震烈度大小、管道是否处在断层上、管道地基土的性质、埋深和管道结构有关。对于地震动峰值加速度不超过0.5g（地震烈度6度或小于6度）的区域内，管道损害一般轻微，大于0.5g的区域内造成的损坏随烈度增大而逐渐加大。地震烈度大小与管道损坏情况见表4-2。

表 4-2 地震烈度与破坏情况对照表

烈度	人的感觉	管道损坏情况	其他现象
I	无感觉		
II	个别人有感觉		
III	室内多数静止的人感觉		门窗轻微作响，悬挂物微动
IV	室内多数人感觉，室外少数人感觉，少数人梦中惊醒	无明显损坏	门窗作响，悬挂物明显摆动，器皿作响
V	多数人普遍感觉或从梦中惊醒		门窗、屋顶、屋架颤动作响，灰土掉落，抹灰层出现微裂缝，不稳定器物翻倒
VI	惊慌失措，仓皇逃出	管架上的管道位移不明显，在土质条件不利地区支墩倾斜	房屋损坏，个别砖瓦掉落墙体出现微细裂缝，河岸及松散土出现裂缝，出现喷砂、冒水，地面砖烟囱轻度裂缝破坏
VII	大多数人仓皇逃出	个别地面管道纵轴出现明显屈曲，管架上管道位移，不利土质条件地区支墩位移，浅埋支架下陷，管道与设备连接处可能发生明显变形	房屋轻度破坏或局部破坏、开裂，但不妨碍使用；河岸坍方，饱和砂层常见喷砂、冒水，松软土上地裂缝较多，大多数烟囱中等破坏
VIII	摇晃颠簸，行走困难	埋地管线损坏（管壁起皱）严重，土堤内管道可能拱出地面，管架支墩明显损坏，管架倒塌、倾斜，管子滑落，地面管道纵轴出现屈曲	房屋中等破坏-结构受损，需修理，干硬土地亦有裂缝，大多数烟囱严重破坏
IX	坐立不稳，行人可摔跤	地上管道和支墩损坏严重，支架下陷、倒塌，管子滑落，管子沿纵轴屈曲，埋地管道明显损坏和破坏	房屋严重破坏、墙体龟裂、局部倒塌，修复困难，干硬土上有许多裂缝，基岩上可能出现裂缝，滑坡、塌方常见，砖烟囱倒塌
X	骑车人会摔跤，处于不稳定的人掉出几尺远有抛起感	地上管道大量破坏，地下管道破坏严重	房屋大部倒塌，不堪修复，山崩和地震，断裂出现。基岩上的拱桥破坏，大多数烟囱从根部破坏或捣毁
XI		地上管道完全破坏，地下管道大量破坏	房屋全部毁坏，地震裂缝延续很长，山崩常见，基岩上拱桥毁坏
XII		地上管道完全破坏、所有地下管道损坏和破坏	地面剧烈变化，山河改观

② 地震对埋地管道破坏的特点

a. 软弱地基和复杂地基中的管道比基岩地基中的埋地管道破坏严重得多。日本和美国对近几十年地震灾害调查表明，地质土壤条件对地下管线地震危害程度，以基岩最小，黏土和粉土等细颗粒土壤危害最大。

b. 在地基变形与裂缝发育的地区地下管道破坏最严重，在地堑、严重裂缝、不均匀沉陷、滑坡的地方地下管道破坏最为厉害。

c. 地下管道破坏是地基变形引起的。由于基岩或坚硬的地基中永久变形很小，故破坏较轻，而软土地基容易产生永久变形，故破坏也较严重。

d. 地下管线抗震能力主要取决于其柔性和延性，特别是接头。选用延性较好的管材，使管道系统具有较大柔性是抗震设计的关键。

e. 地下管道在破坏中，轴向变形影响大于弯曲变形。

③ 输气管道的抗震措施

为了使管道在遇到低于设防烈度以下的地震灾害时，不致使人民生命和主要干线遭受严重危害，破坏被控制在局部范围内，尽量避免造成次生灾害，并便于抢修和迅速恢复供气，国家有关抗震规范规定，凡在地震烈度大于 6 度的地区内进行工程建设，必须进行抗震设防。

三、管道强度计算

进行强度计算的目的是确定管道壁厚，以便在内压和外压作用下不致破裂和变形，保证管道安全运行。在这方面有两种不同的观点：一种是采取安全距离原则，即管道和周围建构筑物之间保持一定距离，使之在发生事故时互不影响，用此种办法计算管道壁厚时，只考虑管线本身而不顾及外界情况。实践证明这种做法缺陷很多，首先在人口稠密地区安全距离难以保证；其次，即使保证了安全间距，在管道发生爆破的情况下，也难免危及周围安全；再次，地区是不断发展的，工程建设时保证了安全距离，经过一段时间后可能周围布满了建构筑物。另一种观点则是采取自身安全原则，根据这一原则，管道在经过不同地区时，采用不同的壁厚，以此来保证管道自身和周围环境的安全，经过实践，这个原则更适合我国国情，因此《输气管道工程设计规范》中明确规定按地区等级计算管线壁厚。

根据规范规定管道经过地区，应按沿线居民户数和(或)建构筑物的密集程度，划分为四个地区等级，并应依据地区等级作出相应的管道设计。

管线所经地区等级划分为一到四级地区，其中一级地区又划分为一级一类和一级二类地区，共计五类地区，针对五类不同地区，管道强度计算所选取的强度设计系数从 0.4~0.8 不等。穿越段管线以及输气站和阀室内的管道强度从 0.4~0.72 不等。

当输气管道埋深较大或外载荷较大时，管道还应进行稳定性校核。

管道跨度是指在架空敷设时不采用其他结构，只利用管子自身强度所能达到的最大跨度。管道跨度的大小取决于管材强度、管子的截面刚度、外荷载大小、管道的坡度以及管道允许的最大挠度。根据工程的具体情况，可按强度条件和挠度条件来决定，对于输气管道，通常只需按强度条件决定跨度。

第三节　输气站场

输气站场(简称站场)是输气管道系统各类工艺站场的总称，一般包括首站、压气站、分输站、清管站、截断阀室和末站等。各个站场由于所承担的功能不同，其工艺流程也不尽相同，有些站场同时具有以上几种类型站场的功能，其工艺流程就相对复杂。

首站一般设在气田或天然气处理厂附近，末站一般设在终点用户附近，分输站主要设在靠近管道沿线用户集中的位置，压气站布局涉及首站位置、各中间站站距和末段长度等；其站距与管道运行压力、需要的压比有关，压气站的压比视不同压气站的位置而定，清管站尽量与压气站、分输站合建。

一、首站

首站的任务是在输气管道起点接收天然气处理厂或其他气源处理后符合商品气质量指标或管输要求的天然气，通常具有分离、过滤、气质分析、计量、调压、清管器发送、天然气增压（有必要时增设）等功能。工艺流程应满足正输计量、增压外输、清管发送、站内自用气和越站需要，在事故状态下对输气干线中天然气进行放空、检测、控制等。

首站宜根据需要设置越站旁通，以免因站内故障而中断输气。

首站一般和天然气处理厂合建，首站典型工艺（无增压）流程如图4-2所示。

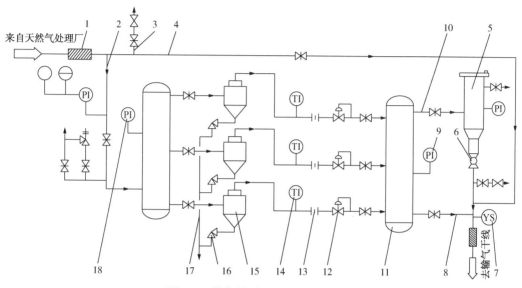

图4-2　输气管道首站典型工艺流程

1—绝缘接头或法兰；2—进气管；3—放空管；4—越站旁通管；5—清管器发送装置；6—球阀；
7—清管器通过指示器；8—正常输气管线；9—压力表；10—清管用旁输管线；11—汇气管；12—调压阀；
13—孔板计量装置；14—温度计；15—多管除尘器；16—节流阀；17—除尘器排污管；18—电接点压力表

由图4-2可知，首站流程主要有正常进、出站流程、越站流程，工艺区主要有分离、计量、调压、发球区等。其中，正常流程为收气、分离、计量、调压、出站，越站流程为来气直接经越站阀后出站。

二、分输站

分输站是在输气管道沿线为分输管道中天然气至邻近用户而设置的站场，通常具有分离、过滤、计量、调压和清管等功能。工艺流程应满足正输、分输计量、调压、站内自用气和越站功能，必要时进行清管器接收、发送以及天然气加热需要，在事故状态下对输气干线中天然气进行放空，以及检测、控制等。分输站典型工艺流程如图4-3所示。

由图4-3可知，分输站流程主要有：①正常流程为收气、分离、计量、调压及向下游（输气干线和分输用户）供气；②越站流程为来气通过越站阀直接向下游供气，此流程一般是在故障或检修状态下进行；③清管器收发流程为接收上一站清管器，向下一站发送清管器。

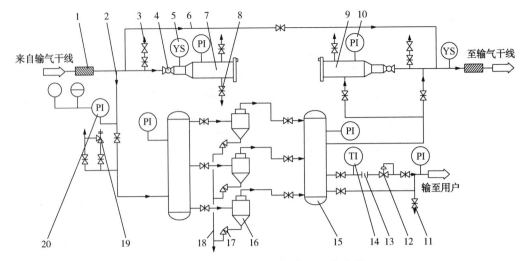

图 4-3　输气管道分输站典型工艺流程

1—绝缘接头或法兰；2—进气管；3、11—放空管；4—球阀；5—清管器通过指示器；6—越站旁通管；

7—清管器接收装置；8—排污管；9—清管器发送装置；10—压力表；12—调压阀；13—孔板计量装置；

14—温度计；15—汇气管；16—多管除尘器；17—节流阀；18—除尘器排污管；19—安全阀；20—电接点压力表

三、末站

末站的任务是在输气管道终点接收来自管道上游的天然气，并转输给终点用户。通常具有清管器接收、分离、计量、调压及分输(按压力、流量要求向用户供气)等功能。工艺流程应满足分输计量、调压、清管器接收和站内自用气功能，必要时还应具备向支线发送清管器以及检测、控制等功能。

末站常与城镇天然气门站合建，末站典型工艺流程如图 4-4 所示。

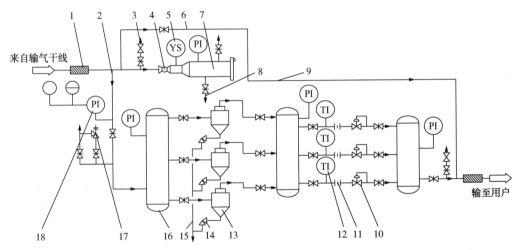

图 4-4　输气管道末站典型工艺流程

1—绝缘接头或法兰；2—进气管；3—放空管；4—球阀；5—清管器通过指示器；6—压力表；

7—清管器接收装置；8—排污管；9—越站旁通管；10—调压阀；11—孔板计量装置；12—温度计；

13—多管除尘器；14—节流阀；15—除尘器排污管；16—汇气管；17—安全阀；18—电接点压力表

四、压气站

压气站是输气干线的主要站场，其任务是对管道中输送的天然气增压，提高管道的输送能力。通常具有分离、过滤、增压，有的还具有清管、计量等功能。工艺流程应满足增压外输、站内自用气和越站，必要时还应满足清管器接收、发送的需要，以及安全放空和对管道紧急截断等功能。

压气站的关键设备是压缩机组，管输天然气增压一般采用往复式或离心式压缩机，气田集气系统增压时，由于气体流量、压力波动比较大，且流量一般较小，故多采用往复式压缩机。管道输气系统增压时，由于气体流量、压力比较稳定，且流量一般较大，故多采用离心式压缩机。

五、清管站

清管站的功能是进行清管器的收发。输气管道的清管作业有投产前和正常运行时的定期清管两种情况。

投产前清管的主要目的是清除管道内的杂质，包括施工期间的泥土、焊渣、水等。正常运行时清管是指管道运行一段时间后，由于气体中含有的一些杂质和积液存在管线内，导致管道输送效率降低，并对管线造成腐蚀等，故需要分管段进行清管。清管站典型工艺流程如图 4-5 所示。

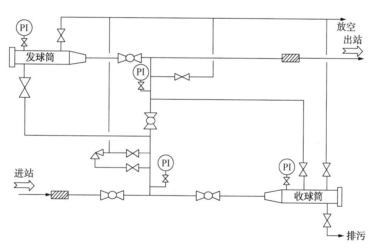

图 4-5　输气管道清管站典型工艺流程

此外，有些清管站还同时具有分输功能（通常设置调压和计量设施），称之为分输清管站。

六、截断阀室

截断阀室（简称阀室）是输气管道中工艺比较简单的设施，一般为无人值守。根据管道运行要求，通常在输气干线约 20~30km 范围内设置截断阀室，特殊情况下，如河流等穿越处两侧均应设置阀室，阀室典型工艺流程如图 4-6 所示。

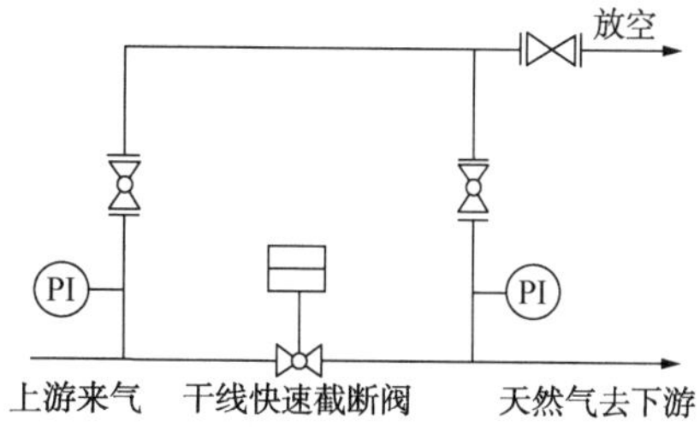

图 4-6　输气管道阀室典型工艺流程

截断阀室的主要功能有：①当管线上下游出现事故时，管道内的天然气压力会在短时间内发生很大变化，快速截断阀可根据预先设定的允许压降速率自动关断阀门，切断与上下游的联系，防止事态进一步扩大；②阀室内除有与管道等径的截断阀外，在阀的上下游分设有管道放空阀。在维修管道时切断上下游气源，放空上游或下游天然气，便于维修。

此外，有些截断阀室还预留有分输接口，称之为分输截断阀室，简称分输阀室。

七、联络站

为确保各条天然气管线安全平稳供气，输气干线之间通常建有联络线使其连接达到相互调气的目的。联络站是实现两条输气管道之间调气的站场，通常具有调气、分离、过滤、计量、流量控制和清管等功能。工艺流程应满足天然气调配、计量、流量控制、站内自用气和越站等功能，必要时还应满足清管器收发的需要。

通常，具有分输功能的联络站称之为分输联络站。此外，在联络线上设置具有调气功能的压气站称之为联络压气站。

八、气体接收站

气体接收站(简称接收站)是在输气管道沿线接收邻近天然气处理厂或其他气源通过管道来气的站场，其任务与分输站正好相反，但功能则基本相同。例如，沁水盆地煤层气经汇集、处理符合商品气质量指标后去端氏首站，然后再输至沁水末站增压后进入西气东输一线管道的沁水压气站。沁水末站和沁水压气站合建，兼有接收商品煤层气的功能。目前，我国输气管道系统此类站场设置甚少。

九、储气库

储气库是输气管道供气调峰的主要设施，主要形式有：
① 枯竭气田储气库；
② 地下盐穴、岩洞储气库；
③ 地面容器储气库。

地下储气库的工艺流程由注气和采气两部分组成：天然气过滤分离、计量、增压注气；采气、过滤分离、计量、增压输回管道。储气库的内容详见本章第六节。

十、阴极保护站

埋地管道易遭受杂散电流等腐蚀，除了对管道采取防腐绝缘以外，还要进行外加电流阴极保护——将被保护金属与外加的直流电源的负极相连，把另一辅助阳极接到电源的正极，使被保护金属成为阴极。由于外加电流保护的距离有限，所以每隔一定的距离应设一座阴极保护站。

第四节　穿跨越及水工保护

输气管道线路需要通过人工或者自然障碍时，根据自然条件及技术经济比较，可选择穿越或跨越方式通过。一般来说，管道跨越工程投资大、施工较为复杂，工期长，维修工作量大，因此，管道应优先选择穿越形式通过。当遇到山谷性河流、陡峭的冲沟、稳定性差的河床、小型人工沟渠等不适宜穿越通过的情况时，可采用跨越方式通过。

一、穿越原则

（一）基本原则

① 遵守国家及当地政府的法律、法规，严格执行国家和行业有关设计规范。

② 应满足城市、河道、航道等相关管理部门的城市和水利规划、防洪设防标准、通航等级等方面的特殊要求。

③ 应本着安全第一、环保优先的原则，重视环境保护，节约能源，节约土地，做好资源的回收利用，尽可能减少对不可再生资源的占用。

（二）穿越位置选取原则

① 穿越位置符合线路总走向，但线路局部走向可根据穿越位置进行适当调整。

② 严格遵守河道以及水库等地方管理部门要求，穿越位置尽可能选择河道顺直、水流较为平稳、河床断面大致对称的河段，两岸和河漫滩应有足够的施工场地。

③ 尽可能选择河道顺直、流向稳定、洪水时水面较窄、地层地质条件良好、岸坡和河床稳定、交通便利和有足够的施工场地的河段。

④ 选择两岸侧向冲刷及侵蚀较小，岸坡稳定的地带；避开灾害性地质地段（如塌方、滑坡等），选择有良好、稳定地层的地方。

⑤ 穿跨越位置的选定应符合城市、交通、河道、航道等相关部门的法规及规划。

⑥ 尽量选择在道路区间路堤的直线段。

⑦ 尽量避开石方区、高填方区、路堑、道路两侧为同坡向的陡坡地段。

⑧ 选择穿越位置时，考虑公路两侧有足够的施工场地。

⑨ 不在公路现有桥涵、公路交叉路口处穿越。

二、穿越方式

（一）河流穿越

1. 穿越等级确定

《油气输送管道穿越工程设计规范》（GB 50423—2013）中穿越工程等级划分原则见表4-3：

表4-3　穿越工程等级划分原则

工 程 等 级	穿越水域的水文特征		设计洪水频率
	多年平均水位的水面宽度 L/m	相应水深度 H/m	
大型	$L \geqslant 200$	不计水深	1%
	$100 \leqslant L < 200$	$\geqslant 5$	（100年一遇）
中型	$100 \leqslant L < 200$	<5	2%
	$40 \leqslant L < 100$	不计水深	（50年一遇）
小型	$L < 40$	不计水深	5% （20年一遇）

2. 穿越方式的确定

开挖穿越一般适用于常年水量较小、管沟开挖成沟容易、河床地层稳定、定向钻穿越受地层限制无法实施或投资较高的河流穿越和适用于平原区的小型河流、山区的季节性中、小型河流的穿越。

3. 穿越埋深

根据《油气输送管道穿越工程设计规范》（GB 50423—2013）中表 4.1.2"沟埋穿越水域的管顶埋深"，穿越管道管顶埋深距河床设计冲刷线≥1.0m。

4. 稳管设计

河床段为砂岩层的，稳管形式采用 C25 素混凝土连续覆盖浇筑，管沟超挖 0.2m，超挖部分用细砂(土)回填。

5. 护岸、护坡工程

为保证管道运行安全，避免洪水对岸坡的侵蚀，管道穿越河流应修筑护岸，采取现浇水下不分散混凝土或石笼构筑护岸基础至施工水位；水上部分采用条石浆砌护岸或卵石浆砌护坡。护坡的高度应视岸坡条件确定，一般应高出 50 年一遇洪水位且大于现有岸坡；护岸的宽度应大于被松动过的地表宽度，护岸不能凸出原河岸，护面宽度考虑延伸至施工作业面外各1m(护岸宽按 10m 考虑)。基础坐在稳定的地基上，且基底在冲刷线以下不小于 1m，并与周围自然地貌衔接。

（二）黄土冲沟穿越

1. 穿越埋深

根据踏勘情况，冲沟穿越埋深设计需充分考虑黄土冲沟下切严重的特点，管道管顶埋深距沟底设计冲刷线≥1.2m，施工图设计时应根据详勘适当增大埋深。

2. 稳管设计

沟底段管沟底为卵石层的穿越稳管采用混凝土配重块，为避免运营期间私人采石机械误伤管道，配重块采用小间距布置，相邻配重块距离不大于 1.0m。

沟底段管沟为砂岩层的穿越稳管时对石方段管沟采用 C20 素混凝土现浇，管沟超挖0.2m，超挖部分用细砂(土)回填。

3. 沟底抗冲刷设计

在保证埋深的情况下，对于下切较严重的河床或冲沟底，则应在河床(冲沟底)设置与管道平行的浆砌石过水面，过水面与穿越两端的浆砌石护岸相连；并在管道下游位置处设置浆砌石防冲墙，防冲墙与冲沟底垂直，伸入冲沟两侧岸坡距离不小于 1.0m。

4. 护岸、护坡工程

为保证管道运行安全，避免洪水对岸坡的侵蚀，应修筑护岸。

斜坡段处理视具体情况分别采用小斜坡素土盖层封水、大斜坡隔段分散水流、坡面种草增加保土能力等措施实施水工保护：

① 10°~15°的黄土斜坡，长度大于 20m 时，每隔 15~20m 设置草袋子截水墙，每个截水墙上方将场地垫高，使水流分散。

② 15°~25°的黄土斜坡，长度大于 15m 时，每隔 12~15m 设置草袋子截水墙，每个截水墙上方将场地垫高，使水流分散。

③ 25°~35°的黄土斜坡，长度大于 12m 时，每隔 10~12m 做石砌或草袋子截水墙；每个截水墙上方将场地垫高，使水流分散；沟顶面敷设 1 层草袋子(内装熟土拌草籽)；坡顶上部在距坡边约 3~5m 处做一条 0.3~0.5m 高的土埂将坡顶汇水引离管沟 25m 以外，以防止坡顶地面径流汇集到管沟附近后沿斜坡冲刷管沟。

④ 35°~45°的黄土斜坡，长度大于 10m 的斜坡，每隔 8~10m 做石砌或草袋子截水墙，坡底做不低于 5m 的石砌护坡并连接于截水墙上；每个截水墙上方将场地垫高，使水流分散，截水墙两端沿斜坡做两道毛石排水沟；沟顶面敷设 2 层草袋子(内装熟土拌草籽)；坡顶上部在距坡边约 3~5m 处做一条 0.3~0.5m 高的土埂将坡顶汇水引离管沟 25m 以外，以防止坡顶地面径流汇集到管沟附近后沿斜坡冲刷管沟。

⑤ 大于 45°的斜坡，除以上措施外，还需进行削坡处理并在斜坡段增设石砌排水沟。

（三）公路穿越

管道穿越公路时，尽量在路基下穿过，以尽可能不破坏路面为原则，公路穿越两端应有足够的施工场地，满足施工及维护，满足临近建构筑物和设施堆放及安全距离要求，管道与公路交叉时夹角宜为 90°，斜交时夹角不应小于 60°，在穿越段管段不应设置水平或竖向曲线及弯头。

1. 等级公路穿越

管道穿越主干线公路(国省级公路)、高速公路、专用公路、水泥路面等高等级公路时均采用钢筋混凝土套管进行保护，套管应满足强度及稳定性要求，一般采用顶管施工。施工时采用顶进法施工以减少对路面的破坏，套管顶距路面的最小埋深≥1.2m，套管应伸出公路边沟外 2m。如与道路主管部门协商同意后也可开挖施工。穿越管道的用管应满足设计规范的有关要求。保护套管应采用钢筋混凝土套管，套管内径至少为 1.0m，套管规格为 DRCP1000×2000-Ⅲ(JC/T 640—2010)，并满足强度及稳定性要求。

2. 砂石、土路穿越

根据道路的使用情况对次要的公路可采取开挖加套管穿越方式。套管顶距路面的最小埋深≥1.2m，套管应伸出公路边沟外 2m。开挖穿越公路时，可采用预埋钢套管或混凝土套管法，套管内径大于敷设管道外径的 300mm 以上。钢套管径厚比不小于 70，壁厚不小于 7mm，混凝土套管荷载等级不小Ⅲ级。

三、水工保护

由于黄土中的垂直节理和裂隙是其主要软弱结构面，浸水时易发生湿陷变形及崩解，抗剪强度大幅度降低，因而容易出现潜蚀及滑坡等灾害现象。

（一）水工保护措施

管道水工保护是对影响管道安全的水土流失所采取的治理措施，其主要包括支挡防护、冲刷防护和坡面防护三大类。为确保管道安全所采取的所有水工保护措施，主要包含以下内容：

① 为确保管道安全所采取的特有的水工保护措施，如防冲墙、混凝土连续浇筑、压重块等；

② 以主体设计功能为主、同时兼有水土保持功能的工程，如挡土墙、截水墙、护坡、护岸、截排水沟、堡坎等。

（二）水工保护原则

① 本着"安全第一、环保优先、以人为本"的指导思想，对沿线安全隐患点和可能对管线造成危害的地段进行防护治理；在满足施工作业带宽度的条件下，控制和减少对地表植被、原地貌的扰动、破坏，保护原地表植被与表土，减少占用水、土资源。

② 设计水工保护时先判断水害破坏机理，再进行水工保护方案设计；在管道安全的前提下，水工保护与水土保持相结合，严格控制地面硬化面积，尽量布置植物措施，减少水土的流失和冲刷。

③ 开挖、排弃、堆填的场地必须设置拦挡、护坡、截排水以及其他整治措施。开挖面和其他因生产建设形成的裸露面，必须进行土地整治，设置水土保持措施。尽量减少地表裸露的时间，遇暴雨或大风天气应采取遮盖、拦挡、排水等临时防护措施。

④ 陡坡开挖时，应在下坡部位先行设置拦挡设施，并设置截排水沟。

⑤ 位于坡面的管沟，开挖前应设置拦挡和排水设施。

⑥ 弃渣防护应遵循"先拦后弃"的原则。先工程措施再植被恢复措施，工程措施一般应安排在非主汛期，大的土方工程尽可能避开汛期。植被恢复措施应以春、秋季为主。施工建设中，先期安排水土保持措施的实施。结合四季自然特点和工程建设特点及水土流失类型，在适宜的季节进行相应的措施设置。

⑦ 水工保护工程参考公路、铁路等行业部门的相关成功经验，结合长输管道特点进行方案设计。

⑧ 水工保护工程应安全可靠、施工方便、经济实用。

（三）敷设类型及防治措施分析

1. 顺坡敷设

管道通过坡面时常以顺坡敷设（与等高线交叉）。此类敷设方式在建设中具有普遍的代表性，主要多发生于山地、沟壑地区。

当管线顺坡通过坡面时，在坡面径流的冲刷下，管沟回填土容易遭受侵蚀；其侵蚀过程是由面蚀向沟蚀的发展。沟蚀发展的最终阶段会造成整个管沟回填土全部流失，进而使管线暴露甚至悬空。

管线顺坡敷设时的坡面防护主要是保护影响管线安全的边坡免受雨水冲刷，防止和延缓坡面岩土的风化、碎裂、剥蚀，保持边坡的整体稳定性。工程防护主要包括喷浆护面、草袋护面、草袋护坡、干砌石护坡、浆砌石护坡、浆砌石护面墙、截水墙等。

2. 横坡敷设

当顺坡敷设无法实现时可采用横坡敷设，当管线横坡通过坡面施工时，首先要进行作业带的扫线工作，不可避免地要对上部边坡进行削方处理；削方后的土石方料通常会堆积在坡面的下部，形成松散的堆积物，形成填方。

管线横坡通过坡面时的削坡处理会产生临空面和陡崖，为滑坡、崩塌等地质灾害的发生创造了一定的地形条件。由于坡面的汇水会使沟内回填土在径流冲刷下极易发生水土流失；严重时会造成长距离露管。

为减小坡面汇水冲刷对管沟回填土的影响，通常设置截排水渠、护面、挡土墙等措施进行防护疏导。

3. 顺河沟岸边敷设

管道顺河沟岸边敷设是指管道在河（沟）岸上且距岸边较近的一种与河流伴行的敷设方式，管线主要顺河沟岸边的一级台地或漫滩地敷设。

对于管道顺河沟岸边敷设存在的水患威胁主要是由于河（沟）岸的崩塌后退，会使管线长距离的暴露或悬空。

为了保证岸坡免受水流的冲刷侧蚀而后退。通常采用护岸直接防护，以抵抗水流的冲刷和淘蚀作用。防护措施主要包括浆砌石挡墙式护岸，浆砌石坡式护岸等。

4. 顺河沟底敷设

顺河沟底敷设方式常见于季节性的河（沟）道，施工常在枯水期进行。当汛期来水时，河床的持续下切趋势，会造成管线长距离的暴露；河道内管沟内部的回填土易受到水流的集中冲刷，严重时会造成漂管等事故，严重威胁管道安全。

顺河沟底敷设的防护方式主要为设置沟内浆砌石截水墙、混凝土连续覆盖，过水面、石笼护底等措施。

5. 穿越坡耕地

管道穿坡耕地是指管道敷设于坡面水田、旱田等梯田地段。在穿越坡面农田地段时，管沟开挖会对田地坎造成深层扰动；回填土易受到降雨径流和农田灌溉水的水力冲蚀，导致管顶覆土流失，严重时会造成管道裸露甚至悬空。对于在施工过程中破坏的灌溉水渠，如不及时进行恢复，灌溉冲刷也会给管道安全造成隐患。

管道在穿越坡耕地时主要的防护措施为采用在管沟内砌筑基础的堡坎及对施工破坏的水渠进行及时恢复，确保管道安全。

6. 穿越沟头敷设

管道穿沟头敷设是指管道在冲沟沟头上方台地敷设。通常与沟头位置较近。

管线穿冲沟沟头主要是受沟头前进的威胁。沟头前进造成沟头因重力作用而垮塌，使沟头扩张，造成沟头上方管道裸露。

为防治沟头位置的进一步扩散，通常需要对沟头进行加固处理。具体防护措施包括采用挡土墙或护坡进行沟头加固，沟头上方台地采用截排水渠，拦截上方汇水。

7. 黄土残塬区

对沟壑区和丘陵沟壑区，边坡应削坡升级、放缓坡度，应注意沟道防护和控制塬面或梁峁地面径流。

注重排水设施，防止泥石流等灾害，沟道弃渣可与淤地坝结合。

因水制宜，降水量在 400mm 以下地区植被恢复宜灌草为主，400mm 以上地区乔灌草结合。

在干旱草原区，应控制施工范围，保护原地貌，减少对草地及地表结皮的破坏，防止土地沙化。

植被恢复应考虑土壤、水资源和灌溉条件。

（四）水工保护具体做法

对不同地貌、穿越类型，采取针对性的水保工程，在保护管道安全的同时，不会对当地的环境、水土等造成新的影响或危害。具体做法有以下几种。

1. 耕地、荒地段

管线在敷设过程中，针对耕地、荒地的主要措施是田、地坎的恢复，田、地坎的恢复尽量恢复原貌，对不能恢复原貌的必须采取工程措施，为开发利用创造条件。一般情况下对管线施工扫线所破坏的高度大于 0.8m 的田地坎进行恢复，小于 0.8m 的田地坎自行恢复。

（1）田坎恢复

结构形式：浆砌石堡坎。

适用范围：当田坎高度低于 0.8m 时，对田坎进行夯实恢复地貌即可；大于等于 0.8m 时，采取浆砌石堡坎对田坎进行恢复；当管道位于河沟道一级阶地上时，在易形成汇流冲刷的地方采用浆砌石堡坎恢复地坎。堡坎长度为作业带破坏的田坎长度加2m。

（2）地坎恢复

结构形式：干砌石堡坎、草袋堡坎。

适用范围：由于地质条件的不同，尽量就地取材，石方地段以干砌石为主；一般土质地区地坎恢复以水泥土夯实结构为主；有环保要求或水泥土夯实结构施工困难的地段采用草袋素土结构。堡坎长度为作业带破坏的地坎长度加2m。

2. 林地、荒地及斜坡防护

对林地、荒地作业带，林地应尽量按原貌恢复，不能恢复原貌的采取平整和覆土措施。在林地和荒地及斜坡中常用的措施有：截水墙、坡角防护和坡面防护。

（1）截水墙

结构形式：混凝土、浆砌石、草袋素土和水泥土截水墙。

适用条件及范围：在管线顺坡敷设，沟底纵坡 $\alpha \geq 8°$ 的管沟内设置截水墙。

卵砾石及石方地区选用浆砌石截水墙。一般土质地区选用水泥土夯实截水墙。有环保要求的地区或水泥土夯实结构施工有困难的选用草袋素土截水墙。坡度为35°的石方段选用混凝土坡面截水墙。

（2）坡脚防护

① 浆砌石挡土墙

管线在横坡或纵坡敷设且坡度大于45°的石方段坡脚防护时采用。

② 草袋素土挡土墙

结构形式：草袋袋装素土。

适用范围及条件：在岸坡大于45°的沟岸、坡脚，下部遭受水流冲刷的概率较小，洪水冲击力较弱的地段。宽度为破坏作业带长度加2m。

③ 浆砌石护坡

管线在横坡或纵坡敷设时且坡度 α 在10°~45°的石方段坡脚防护时采用。

④ 草袋素土护坡

结构形式：草袋素土。

适用范围及条件：岸坡坡度 α 在10°~45°的沟岸，易于受雨水浸蚀的土质沟坡，不适用长期浸水或周期性浸水。护坡长度为破坏作业带长度加2m。

（3）坡面防护

由于区域及气候的差异，将采用不同的坡面防护，下面几种措施其适用条件如下：

① 种草护坡

对坡度小于34°、土层较薄的沙质或土质坡面，采取种草护坡工程，并选用生长快的低矮匍匐型草种。根据不同的坡面情况，一般土质坡面采用直接播种法；密实的土质边坡上，采取坑植法；在风沙坡地，应先设沙障，固定流沙，再播种草籽。种草后1~2年内，进行必要的封禁和抚育措施。草坪的地面坡度应小于土壤的自然稳定角（一般为30°），如超过则应采取护坡工程。草种选定：铺设草坪的草种，应具有耐践踏、耐修剪、耐旱强等特性，选择时还应重视草种的耐寒性。

② 造林护坡

对坡度在10°~20°范围，坡面土层厚40cm以上、地形条件较好的地方，采用造林护坡。护坡造林应采用深根性与浅根性相结合的乔灌木混交方式，同时选用适应当地条件、速生的乔木和灌木树种。在坡面的坡度、坡向和土质较复杂的地方，将造林护坡与种草护坡结合起来，实行乔、灌、草相结合的植物或藤本植物护坡。坡面采取植苗造林时，苗木宜带土栽植，并应适当密植。

③ 鱼鳞坑

适用于坡度不小于25°的坡面和地形破碎、土层较薄的黄土区、不能采用带状整地的坡地。每坑平面呈半圆形，长径0.8~1.5m，短径0.3~0.5m，坑内取土在下沿筑成弧状土埂，高0.2~0.3m(中部高，两端低)。各坑在坡面基本沿等高线布置，上下两行坑口呈"品"字形错开排列。根据设计造林行距和株距，确定坑的行距和穴距，树苗种植在坑内距上沿0.2~0.3m范围，坑两端开挖宽深均为0.2~0.3m的倒"八"字形截水沟。

3. 截排水措施

在管线附近以及周边能形成径流的汇水面下游设置排水沟，将周边山坡来水安全排掉，并尽可能与项目区排水系统相结合。当山坡或沟道洪水以及项目区本身需排除的地表径流与道路、建筑物交叉时，可考虑采取涵洞或暗管排洪。截排水常用的工程措施有排水渠，无论土质削坡或石质削坡，都应在距最终坡脚1m处修建排水沟。

第五节　工程实例

一、我国重点天然气管道概况

近几年来，我国已经建成投产或正在建设的重点天然气输送管道如下：

（一）陕京输气管道

陕京输气管道是由陕西至北京的长距离输气管道简称。目前已经建成有陕京一线、陕京二线管道、陕京三线管道、陕京四线输气管道。陕京管道输配气系统如图4-7所示。

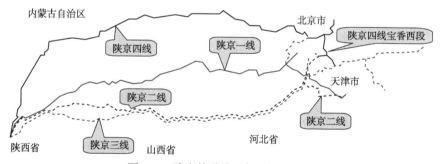

图4-7　陕京管道输配气系统示意图

1. 陕京一线输气管道

陕京一线输气管道于1997年建成投产，全长918km，其中干线847km，管径660mm，设计压力6.3MPa。该管道西起长庆气区靖边首站，东至北京石景山区衙门口末站。一期不加压输气量为$13.2×10^8m^3/a$，沿途逐步增设了榆林、府谷、应县、灵丘4座压气站，最大输气量为$36×10^8m^3/a$。

陕京一线输气管道横跨陕西、山西、河北、北京三省一市。全线共设线路截断阀室38座、清管站7座、压气站3座、分输站2座。该管道于1997年秋季竣工投产，之后又建设了大港油田大张坨，板876和板中北3座地下储气库。目前，已成为国内第一条具有中间压气站和地下储气库的长距离输气管道系统。

2. 陕京二线输气管道

陕京二线输气管道西起长庆气区榆林首站，东至北京大兴区末站，途经陕西、山西、河北和北京三省一市，并兼顾天津、河北和山东等地区用户。管道全长966km(含靖边至榆林联络线)，管径1016mm，钢级为X70(L485)，设计压力10MPa，年输气量为$120×10^8 m^3$。陕京二线输气管道于2005年7月建成投产，为确保北京用上清洁能源和举办2008年"绿色奥运"发挥了重要作用。

陕京二线输气管道增输工程于2009年建成，增设了榆林、兴县、阳曲、石家庄4座压气站，设计输气量达到$170×10^8 m^3$。

为满足北京地区调峰和应急气源需要，陕京一线和二线输气管道均建有配套的地下储气库及配套管线。陕京二线输气管道在安平站通过济宁联络线与西气东输管道相连。大港储气库群包括大张坨、板876、板中北、板中南、板808、板828储气库。

陕京一线、二线输气管道目前已与西气东输一线、二线管道联网，从而使我国多条天然气输送管道形成环网，大大提高了向东部用气市场供气的可靠性。

3. 陕京三线输气管道

陕京三线输气管道西起长庆气区榆林首站，东至北京良乡分输站。管道自西向东途经陕西、山西、河北和北京三省一市。天然气主供山东及北京目标市场，并兼顾天津、河北、山西、辽宁相关地区的用气市场。陕京三线输气管道全长896km，管径为1016mm，钢级为X70(L485)，设计压力10MPa，设计输量$150×10^8 m^3$/a。沿途设置榆林、临县、阳曲、石家庄4座压气站。

陕京三线输气管道总体上沿陕京二线输气管道走向敷设，并行段主要分布在山西、河北境内，长约508km，占总长的58.6%。8座工艺站场中除临县压气站为新建站外，其余均与陕京二线已建站场合建，42座线路截断阀室中新独立设置阀室15座，与二线阀室合建27座。管道分两期实施，一期建设榆林-安平段，二期建设安平-采育段。2009年5月26日，陕京三线工程动工建设，2010年12月10日，榆林-安平段一次投产成功；12月20日，安平-永清段建成投产，标志着陕京三线与西气东输二线成功衔接，进入全国天然气管网联网输气。2015年1月7日，陕京三线良乡-西沙屯段(简称良西段)完成天然气置换，并向城市管网供气，至此陕京三线天然气管道工程全线建成投产。陕京三线与陕京二线联合运行，总设计输气量为$320×10^8 m^3$。

4. 陕京四线输气管道

陕京四线是向华北地区供气的干线输气管道，气源主要为西气东输二线、三线输送的土库曼斯坦、乌兹别克斯坦、哈萨克斯坦进口天然气，辅助气源为大唐国际内蒙古克什克腾旗煤制天然气。同时，陕京四线也是榆林南储气库天然气的重要外输通道，是解决华北地区调峰问题的重要途径。

陕京四线输气管道包括1条干线、5条支干线、2条支线、2座储气库；干线起自陕西靖边首站，途经陕西、内蒙、河北、北京三省一市，止于北京高丽营末站，全长1098km，设计压力10MPa，管径1219mm，总输气量$250×10^8 m^3$。干线于2017年10月份建成投产。

陕京四线建成后，成为继陕京一线、二线、三线后向北京供气的又一条干线输气管道，在昌平西沙屯末站与陕京三线连接，在通州西集末站与陕京二线连接，在天津宝坻与永唐秦管线连接，围绕北京市形成一个管径1016mm的输气环网。

（二）西气东输管道

西气东输管道工程是我国重点建设的能源大动脉，对于保障我国能源安全，优化能源消费结构具有重大意义。其中，西气东输一线管道采用 X70 钢级、设计压力为 10MPa，达到发达国家水平；二线管道干线全部采用 X80 钢级，西段设计压力 12MPa，东段设计压力 10MPa，使我国管道建设水平及规模跨上了新的台阶。西气东输管道输配系统如图 4-8 所示。

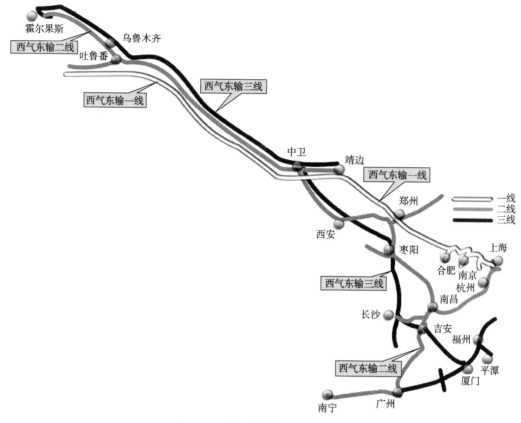

图 4-8　西气东输输配系统示意图

1. 西气东输一线管道

西气东输一线管道工程是"十五"期间我国建设的特大型基础设施之一。该工程通过输气管道将我国西部塔里木气区的天然气最终输往东部上海，并将陕京一线和陕京二线输气管道连在一起，形成横跨我国东西的长距离输气管道，是我国自行设计、建设的第一条世界级天然气管道工程，也是国务院决策的西部大开发标志性工程。

① 干线工程

西气东输一线管道工程干线起点为塔里木气区轮南首站，终点为上海白鹤镇，途径新疆、甘肃、陕西、山西、河南、安徽、江苏、浙江、上海等 10 个省市 66 个县，全长约 3900km。全线采用带减阻内涂层的 X70 钢级管道用管，其中一级地区采用螺旋缝埋弧焊钢管，二、三、四级地区采用直缝埋弧焊钢管。

② 支线工程

包括 23 条支线管道，其中合肥-定远、常州-杭州、南京-芜湖支线纳入干线建设工程。

③ 输气工艺

输气量为 $120\times10^8m^3/a$，管径为 1016mm，输气压力为 10MPa，设有压气站 10 座。随着下游用气量的增加，可通过改造、增加中间站场等措施扩大输气量。西气东输一线管道增输工程全面建成后，输气能力可增至 $170\times10^8m^3/a$。管道沿线设有截断阀室、工艺站场 100 多座（包括首站、末站、中间压气站、分输站、清管站等）。此外，在江苏金坛建有盐穴储气库 1 座，从 2010 年初开始，该气库每年将有 3~4 个盐穴完成造腔，投入注采气运行，每年可为西气东输一线管道主干线提供 $(7000\sim8000)\times10^4m^3$ 调峰和应急保安气量。

2. 西气东输二线管道

西气东输二线管道是我国第一条引进国外陆上天然气的大型管道工程，其线路长度、输气量、设计压力、管径、管材、投资规模和建设时间都为当时中国管道建设之最。

西气东输二线管道主气源为土库曼斯坦、哈萨克斯坦等中亚国家的天然气，从新疆霍尔果斯口岸进入西气东输二线管道。设计输气能力 $300\times10^8m^3/a$。此外，国内塔里木等气区气源作为备用和应急气源。

该管道西起新疆霍尔果斯口岸，南至广州，东至上海，途径新疆、甘肃、宁夏、陕西、河南、湖北、江西、广东、广西、山东、湖南、浙江、江苏、上海等 14 个省市。管道线路系统包括 1 条干线、8 条支干线。投产后实际全长 8704km。其中，管道从霍尔果斯首站开始，经过新疆、甘肃、宁夏、陕西、河南、湖北、江西、广东 8 个省，到达广州从化附近的广州末站，全长 4978km。支干线（含联络线）长度总计 3726km。

西气东输二线管道配套建设 3 座地下储气库，其中两座为湖北云应和河南平顶山盐穴储气库，另一座为江西麻丘含水层储气库。

干线西段（霍尔果斯-中卫）设计压力为 12MPa，东段（中卫-广州）设计压力为 10MPa。管道直径 1219mm，钢级为 X80。全线共设站场 65 座，其中首站、压气站、分输压气站等压气站 26 座（干线 24 座，支干线 2 座）；分输站、分输清管站、末站等共 36 座，清管站 3 座。

西气东输二线管道建成投运后，可将我国塔里木等气区生产的天然气，以及从中亚地区进口的天然气输往沿线中西部地区和长三角、珠三角地区等用气市场，以满足珠三角和长三角地区的能源需求。

3. 西气东输三线管道

西气东输三线工程全线包括 1 条干线、8 条支线、3 座储气库、1 座 LNG 应急调峰站。支干线沿线经过新疆、甘肃、宁夏、陕西、河南、湖北、湖南、江西、福建和广东共 10 个省、自治区，干线、支线总长度为 7378km。干线设计压力 10~12MPa，管道直径 1219mm/1016mm，设计输量 $300\times10^8m^3/a$，于 2014 年 8 月建成投产。

西气东输三线的主供气源为新增进口中亚土库曼斯坦、乌兹别克斯坦、哈萨克斯坦三国天然气，补充气源为新疆煤制天然气。其中，新增进口中亚天然气 $250\times10^8m^3/a$，新疆伊犁地区煤制天然气 $50\times10^8m^3/a$。

4. 西气东输四线管道

西气东输四线，气源包括国外气源和国内气源，国外气源为土库曼增供气，国内气源为塔里木上产气、新疆伊犁煤制天然气。线路起于新疆伊宁，止于宁夏中卫，线路全长 3123km，其中甘肃境内 1045km，经过嘉峪关、酒泉、张掖、金昌、武威、白银等 6 市 12 县（区、市），路由基本与在役的西二线、西三线管道并行。管道直径为 1422mm，设计压力 12MPa，，最大输气能力 $400\times10^8m^3/a$。甘肃境内 6 个站场与西三线站场合并建设。计划于

216

2018年12月完成项目前期工作，2019年完成初步设计，2020年3月开工建设，2022年投产运行。

（三）川气东送管道

川气东送管道西起川渝气区普光气田（四川达州），东至上海，途经四川、重庆、湖北、安徽、浙江、江苏、上海7个省市。该管道的建设为中东部地区天然气管道联网创造了条件。

该管道在合理供应川渝地区用气的前提下，主要供应江苏、浙江、上海以及沿线的湖北、安徽和江西，并同步建设四川达州、重庆、江西、南京、常州、苏州等地的供气支线以及相应储气设施。该工程是继西气东输管道工程后又一条能源大动脉。

川气东送管道由1条干线、1条支干线和3条支线组成，全长2863km。其中，普光—上海干线长1674km，设计压力10MPa，管径1016mm，设计年输气量$120×10^8m^3$。豫鲁支干线起于湖北宜昌，止于河南濮阳，长842km。川维支线起于重庆梁平区，止于重庆长寿区；达州支线起于四川天生分输站，止于达州末站；南京支线起于安徽宣城，止于江苏南京。

川气东送管道穿越鄂西渝东山区，横贯江南水网地带，全线共建设72条山体隧道，5条长江穿越隧道（总长度达8908m），创造了单条管道穿越长江次数最多、距离最长的纪录。

该管道于2007年8月开始动工，2010年8月正式投入商业化运营。川气东送管道输配系统如图4-9所示。

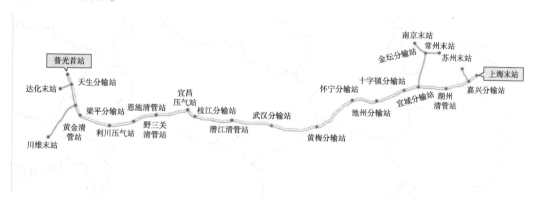

图4-9　川气东送管道输配系统示意图

（四）中缅管道

中缅天然气管道是我国"十二五"期间建设的重大天然气管道项目之一，与同期拟建的中缅原油管道共同构成我国油气进口的西南战略通道。管道起自缅甸西海岸胶漂市，从云南瑞丽市进入中国境内，终点到达广西贵港市。

中缅天然气管道工程（国内段）包括1干8支。干线从云南省瑞丽市58号界碑入境，与中缅原油管道干线并行，经德宏州、保山市、大理州、楚雄州、昆明市、曲靖市，在贵州安顺市油气管道分离，天然气管道干线向南经贵阳市、都匀市、广西河池市、柳州市，最后到达贵港市。

中缅天然气管道工程（国内段）干线全长1726.8km，管径1016mm，设计年输气量$100×10^8m^3$，设计压力10MPa，采用X80/X70级钢管。天然气管道干线设置工艺站场17座，其中一期工程设压气站3座，为保山分输压气站、贵阳压气站和贵港压气站；二期工程设压气站5座，瑞丽分输站和河池分输站扩建为压气站，干线设置线路阀室60座。

支线为丽江支线、玉溪支线、都匀支线、河池支线、桂林支线、钦州支线、北海支线及防城港支线，支线总长 862km，共设置工艺站场 15 座，线路阀室 30 座。中缅天然气管道输配系统如图 4-10 所示。

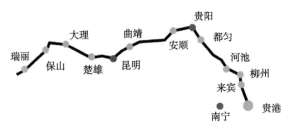

图 4-10　中缅天然气管道输配系统示意图

（五）涩宁兰管道

涩宁兰输气管道起自青海省涩北气田，经过西宁市，终至甘肃省兰州市，是目前位于青藏高原上距离最长的天然气管道。2000 年 4 月 27 日开工，10 月 31 日完成主体工程。2001 年 5 月 21 日连通西宁，9 月 6 日全线连通，为西宁市和兰州市工业和居民供气。管道全长 953km，管径 660mm，设计压力 6.4MPa，年输气能力 $20 \times 10^8 m^3$。涩宁兰天然气管道输配系统如图 4-11 所示。

图 4-11　涩宁兰天然气管道输配系统示意图

（六）中俄东线

中俄东线天然气管道工程起点位于黑龙江省黑河市的中俄边境，途经黑龙江、吉林、内蒙古、辽宁、河北、天津、山东、江苏、上海等 9 个省区市，终点为上海市，全长 3371km，管径 1422mm，设计压力 12MPa，采用 X80 钢管管材。工程于 2015 年 6 月开工建设，将分期建设北段(黑河-长岭)、中段(长岭-永清)和南段(永清-上海)，预计 2019 年年底北段投产，2023 年年底全线贯通，当年供气量约 $100 \times 10^8 m^3$，此后每年增加供气量 $(50 \sim 100) \times 10^8 m^3$，最终达到每年 $380 \times 10^8 m^3$。该管道是我国目前口径最大、压力最高的长距离天然气输送管道。

二、我国区域性天然气管网简介

目前，在我国川渝、环渤海、长三角已形成比较完善的区域性天然气管网，中南地区、珠三角地区基本形成了区域性主体天然气管网。此外，全国性天然气管网也已初步形成。

（一）川渝地区环形管网

川渝地区天然气管道总里程超过 7000km。天然气管道已形成以南北干线为主体，与其他干线(屏渠线、屏石线)连通的环形骨干管网，并与五大油气区区域性管网相互连通，担负着川渝地区、云贵部分地区以及两湖地区的天然气输送任务，管网输配能力达到 $145 \times 10^8 m^3/a$。

川渝地区北内环、南干线西段(纳溪–越溪–成都)复线、成德输气管道、北外环输气管道、内溪–安边输气管道等骨干输气管道的建成,管网输气能力达到$200×10^8m^3/a$。

(二)环渤海地区管网

环渤海地区是我国政治经济文化中心,也是我国三大天然气消费区之一。随着陕京一线、二线、三线输气管道的建成投产,环渤海地区天然气利用水平大幅度提升。特别是北京奥运申办成功后,一系列环保政策相继出台,极大地带动了该区域天然气的利用水平。

目前,该区域已形成了以陕京一线、陕京二线、陕京三线输气管道为主干线,华北和大港油田输气管道以及其他地方输气管道为辅的天然气管网,多气源、多渠道的供气格局已经形成,管网输气能力超过$210×10^8m^3/a$。

(三)长三角地区管网

随着西气东输管道的建成投产,长三角地区的天然气利用水平迅速提高。目前,该地区输气管道包括西气东输一线管道干线和支线、冀宁线(河北安平–南京,系西气东输一线和陕京二线输气管道的联络线),以及东海–宁波、东海–平湖、浙江等输气管道等,形成了以塔里木气区天然气为主、东海平湖凝析气田天然气为辅的联合输气管网。

(四)中南地区管网

中南地区以西气东输二线、忠武线(重庆忠县–武汉)、淮武线(河南淮阳–武汉,系西气东输一线管道和忠武线的联络线)等输气管道为骨架,形成了该区域输气管网。

(五)塔里木盆地管网

环塔里木盆地形成了塔中–轮南、东河–轮南、克拉–轮南等共计2847km天然气长输管道,每天经管道向西气东输管道及南疆五地州(即巴音郭楞蒙古自治州、克孜勒苏柯尔克孜自治州、阿克苏地区、喀什地区、和田地区)外输天然气$5000×10^4m^3$。

三、其他类型管道

(一)海底管道

海底管道是通过密闭的管道在海底连续地输送大量天然气的管道,是海上气田开发生产系统的主要组成部分,也是目前最快捷、最安全和经济可靠的海上油气运输方式。海底管道的优点是可以连续输送,几乎不受环境条件的影响,不会因海上储气设施和LNG运输船的影响而造成气田减产,输送效率高。另外海底管线铺设工期短,投产快,管理方便,操作费用低;缺点是管道处于海底,需要埋设与海底土中的一定深度,检查和维修困难,某些处于潮差或波浪破碎带的管段(尤其是立管),受风浪、潮流、冰凌等影响较大,有时可能被海中漂浮物和船舶撞击或抛锚遭受破坏。

美国墨西哥湾已经建成长达约37000km的海底管道,将该海域3800多座大小平台和沿岸的油气处理设施连成一张四通八达的海底管网,管道直径51~1321mm,敷设在几米到数百米深的海底。

在欧洲的北海,由于许多大型天然气田的发现和开发,使远距离输送并销售天然气至西欧各国的海底管道建设迅速发展,现已建成上万公里的国际输气管网。Ormen Lamge–Langeled天然气管道,是坐落于挪威与英国之间的北海海域,是世界上最长的海底管道,2007年9月完成投产,可供应全英国20%的天然气40年。A段Oemen Lange天然气管道由

Oemen Lange 气田至挪威 Nyhamna，120km，管径 *DN*750；B 段挪威 Nyhamna 至 Sleipner 平台，613km，管径 *DN*1050；C 段 Sleipner 平台至英国 Easington，560km，管径 *DN*1100。

我国海底输气管道，例如海南东方 1-1 凝析气田到海南省陆地终端天然气处理厂的管道，管道直径 533.4mm，长度 106km，输气能力 $24 \times 10^8 m^3/a$。

（二）凝析气管道

凝析气是多元组分的气体混合物，以饱和烃组分为主，在开采、输送过程中的凝析和反凝析现象显著，这使凝析气的管道输送不同于气体或液体的单向输送，管输方式可分为气液混输、气液分输。气液混输中通常采用气液两相混输，这种混输投资少，但要解决因凝析液的积聚而降低输送能力及液塞处置等技术问题。气液分输就是将凝析气分离，然后将天然气和凝析液分别输送，管内流体均为单项流动，气液分输又可分为双管输送和顺序输送。

我国的海上气田锦州 20-2 气田、东湖气田等均为凝析气田，海底管道建设中常见凝析气管道，另外，陆上的雅克拉气田、牙哈气田、大涝坝气田和迪那 2 气田均属于凝析气田。

迪那 2 气田集气系统运行压力高达 14.2MPa，设计压力达到 15MPa，气田集气管道为目前国内凝析气田运行压力最高、管径最大的长距离气液混输管道。迪那 2 混输管线干线全长 20.85km，分为 A、B 两段，A 段管线长度 15km，管径 457mm，壁厚 17.5mm；B 段管线长度 6km，管径 508mm，壁厚 20.6mm，输气量 $43 \times 10^8 m^3/a$。

（三）密相输送管道

将天然气压缩至临界冷凝压力以上冷却后再用管道输送，从而防止在管输中形成两相流，即所谓密相输送法。此法所需管线直径较小，但管壁较厚，而且压缩能耗很高。例如，由加拿大 BC 省到美国芝加哥的"联盟（Alliance）"输气管道即为富气高压密相输送，管道干线及支线总长 3686km，主管径 1067mm/914mm，管壁厚 14mm，设计输气能力为 $150 \times 10^8 m^3/a$，工作压力 12.0MPa，气体发热量高达 44.2MJ/m^3。

四、国外典型管道

（一）亚马尔-欧洲输气管道（Yamal-Europe Pipeline）

该输气系统是由 6 条平行敷设的输气管道组成的大型"管道走廊"，起于俄罗斯亚马尔半岛（Yamal Peninsula），途经俄罗斯、白俄罗斯、波兰等国，最后到达德国奥德河（Oder）边上的法兰克福（Frankfort）与西欧输气管网和荷兰南方天然气供气的输气管网相连。单条管线长 4874km，管径 1020~1420mm，设计压力 7.4~8.3MPa，设 34 座压缩机站，干线年输气能力为 $(280 \sim 320) \times 10^8 m^3$。6 条平行干线与支线总长达 40232~48279km，总安装功率 5619MW，年总输气量 $900 \times 10^8 m^3$。

（二）俄罗斯-土耳其输气管道（"蓝色气流"输气管道，Blue Stream Gas Pipeline）

该管道系统是俄罗斯向土耳其输送天然气的第二条管道，管道全长 1213km，包括俄境内陆上管道 373km、黑海海底管道 396km 和土耳其境内陆上管道 444km，管径包括俄罗斯陆上平原部分 1420mm、山区部分 1220mm、海底双线部分 610mm 以及土耳其陆上部分 1220mm。管道年输气能力 $160 \times 10^8 m^3$。该管道的显著特点为：世界上最深的水下输气管道，最深处达 2150m；管道工作压力最高达到 25.1MPa；海底管道最高的外部静水压超过

22MPa；海底管道的壁厚达31.8mm；俄罗斯境内的管道是最复杂的陆上输气管段，断层活动非常活跃，有62km管段通过地壳构造比较活跃、存在塌方、土壤冲刷和山崩危险的高加索主峰山前地带；黑海海水较高的含盐量与溶解在水中的硫化氢（12mg/L）对管道具有严重的腐蚀性。

（三）美国湾流天然气管道（Gulstream Gas Pipeline）

该管道系统起自密西西比（Mississippi）和亚拉巴马（Alabama）港湾的天然气处理厂，穿越墨西哥湾海底到达佛罗里达（Florida）西部。管道长约935km，年输气能力$117×10^8m^3$。其中穿越墨西哥湾的管道长692km，管径914mm，陆地管道直径914~406mm。这是美国最大的穿越墨西哥湾的天然气管道。该管道在美国创造了5个"第一"：仅在亚拉巴马设置一座压缩机站，出口压力15MPa；是墨西哥湾最大的管道；是墨西哥湾最大的洲际管道；第一条到达佛罗里达的海底管道；第一条新建的向佛罗里达输送天然气的管道。

（四）互联管道（Interconnector Gas Pipeline）

该管道系统是连接英国与欧洲大陆的第一条天然气出口管道，起自英国诺福克（Norfolk）的巴克顿（Bacton），终至比利时泽布勒赫（Zeebrugge）。管道全长235km，管径1016mm，运行压力13.5MPa，是条双向输送管道，正输时，年输量为$20×10^8m^3$；反输时，年数量为$8.5×10^8m^3$。该管道把英国的天然气管网与比利时、欧洲大陆管网连接起来。

五、典型穿跨越工程

（一）中缅油气管道澜沧江桥隧工程

中缅油气管道在云南省保山市东北部和大理州永平县西南部跨越澜沧江，因受到保山市水源地和博南山自然保护区的限制，只能在水寨乡附近30km范围内选择穿跨越位置。穿跨越位置处西岸为保山市水寨乡，东岸为永平县杉阳街镇，与在建的大理-瑞丽铁路澜沧江大桥位置接近。此段为深切中山峡谷地貌，澜沧江深卧于高山峡谷之中，两岸均是高差800m左右的高山，临江侧山坡60°~80°，局部为陡崖。中缅油气管道并行，天然气管道管径为1016mm，同时敷设原油管道管径610mm和成品油管道管径355.6mm，形成三管同跨澜沧江和穿越岩鹰山和江顶寺山的两隧一跨穿跨越工程。岩鹰山隧道长度1842m，两洞口高差411m，江顶寺隧道长度1352m，桥隧工程管道系统总长约4800m。

（二）西气东输管道穿跨越工程

西气东输管道工程穿越河流众多，其中河流特大型穿越5处（黄河3处，长江、淮河各1处）。

1. 长江盾构穿越

该工程选择在三江口断面的盾构法过江穿越，由于受管道穿越技术水平的限制，没有一条大型油气管道能在长江中下游过江，主要难度在于江水深（超过40m）、穿越距离长（盾构穿越距离为1992m）、江面为重要航运通道、对两岸的堤防保护要求高。设计隧道直径为3.8m，能为今后多条管道、光缆过江预留通道。

2. 宁夏中卫黄河跨越

该工程位置处于新构造运动比较强烈的地震断裂段、地震烈度高，直接威胁到过河管道的安全，是本穿越工程的主要难点。跨越设计采用跨度为85m的四跨巨型倒三角桁架结构形式，总跨度为540m，桁架结构高6.0m，基础采用大直径钻孔灌注桩，河中的桥墩基础采用钢筋混凝土钻孔灌注桩，在国内同类管线跨越形式中是第一次。

3. 延水关黄河隧道穿越

过河位置位于黄河陕晋峡谷段的中部，水流急，断面流速达5m/s，携带泥沙含量大，大开挖穿越困难。同时由于黄河梯级开发规划建设的古贤水库影响，采用跨越工程对安装施工技术、安全保护技术要求较高，且有7.2km管线会被水库回水淹没，因此选用隧道穿越方案。隧道采用两端斜巷、中间平巷的结构形式，西岸斜巷长97m，平巷长310m，东岸斜巷长111m，总长518m，平巷顶部距河床底部约20m。

4. 郑州黄河穿越

过河位置位于黄河中游的末尾段，系黄河从峡谷进入冲积平原的过渡段。在推荐的过河位置处黄河断面总长7320m，其中冲刷水深为20m的主河槽段长度为3500m，南岸滩地段长度为560m，最大冲刷后水深8m，北岸滩地段长度3260m，最大冲刷深度为5m。通过对比，主河槽穿越采用分3段顶管方案，长度3.25km的北岸滩地采用3次定向钻接力穿越，长度560m的南岸滩地采用一次定向钻穿越。

5. 淮河穿越

过河位置位于安徽怀远，穿越点两侧有人工堤防，洪水时水位高出堤外5~6m，在河流的西岸临河侧的堤防为子堤，子堤以外有3.5km宽的蓄洪区。由于淮河流量大，百年一遇洪峰流量为10000m³/s，冲刷最大水深28.27m，通航等级高，来往船只频繁。河床表面5~10m砂层下为黏土层，两岸防洪堤距离600m，水道宽约500m，受流量大、流速快、通航要求等因素影响，选择主河道定向钻穿越、蓄洪区明挖深埋穿越设计和淮北大堤爬越设计。主河道定向钻穿越长度980m，管线深度位于河床最大冲刷线以下5.5m，蓄洪区穿越长度约2000m，对于可能土壤液化的地段采用配重稳管措施。

第六节　地下储气库

一、概述

天然气地下储气库是将天然气重新注入地下可以保存气体的空间而形成的一种人工气藏。

其主要作用如下：

① 应急供气。供气系统的维护与维修及管线不可抗力的毁损在所难免，储气库的气源可保证应急供气。

② 调峰供气。满足不同用户年调峰、季节调峰、日调峰的波动需求。

③ 维护生产。用气低峰时将气注入储气库可缓解气田产量过剩的压力，保证气井的正常生产。

④ 战略储备。地下储气库储存气量可作为国家天然气能源的战略储备。

⑤ 价格套利。可利用季节气价差价的商业运作获得良好的经济效益。

地下储气库类型主要分为多孔介质和洞穴类两大类。前者包括枯竭油气藏型储气库和含水型储气库，后者为岩穴型储气库和废旧矿井型储气库，前两种比较常用，后者较少见，只占全部储气库的 0.79%。

综合经济条件和运行成本，枯竭油气藏储气库是利用枯竭的气层或油层重新储气而建成的，因其相关参数在油气藏开采初期已获得，具有完整的配套工程设施可供选择，建库周期短，且可利用残留气体作垫底气，可大幅度节约成本，在现有类型储气库中应优先选择枯竭油气藏型储气库。

在储气库的建设和运行管理上一般采用四种方式。第一种是由天然气供应商承建和管理，第二种是由城市燃气分销商建设和管理，第三种是由独立的第三方以营利为目的的建设和管理，第四种是由多方合资建设。主要的方式是前两种，第三、四种是对前两种的补充。

二、国内储气库简介

（一）现状

我国的地下储气库起步较晚，真正开始研究地下储气库是在 20 世纪 90 年代初，随着陕甘宁气田的发现和陕京天然气输气管道的建设，才开始研究建设地下储气库以确保下游大中型城市的安全供气。

为解决北京季节用气不均衡性问题，保证向北京平稳供气，1999 年修建了大港油田大张坨地下储气库。该库于 2000 年建成投产，年有效工作气量为 $6×10^8 m^3$，最大日调峰能力为 $1000×10^4 m^3$。该储气库除了供应北京以外，还有部分天然气供应天津、河北沧州等地。为保证供气安全，2001 年来，继大张坨地下储气库后又建成板 876 地下储气库和板中北地下储气库。3 座地下储气库全部为凝析油枯竭气藏型储气库，位于地下 2200~2300m 处，四周边缘为水，较好的地层密封性避免了天然气流失。3 座地下储气库日调峰能力为 $1600×10^4 m^3$，最大日调峰能力达 $2930×10^4 m^3$。其中，板 876 地下储气库年有效工作采气量为 $1×10^8 m^3$，最大日调峰能力 $300×10^4 m^3$，板中北地下储气库年有效工作采气量为 $4.3×10^8 m^3$。

为保证西气东输管道沿线和下游长江三角洲地区用户的正常用气，在长江三角洲地区江苏省的金坛盐矿和安徽省的定远盐矿建设地下储气库。这两座盐矿地理位置优越，地质条件得天独厚，盐矿储量规模大，含盐品位高，地面淡水资源丰富，盐矿开采已形成一定规模。设计总调峰气量为 $8×10^8 m^3$，有效储气量为 $17.4×10^8 m^3$，日注气量为 $1500×10^4 m^3$，日采气量 $4000×10^4 m^3$，可以满足长江三角洲地区季节调峰的要求，该库于 2008 年建成投产，预计 2020 年达到建设规模。

为提高西气东输管道和中国石化塔巴庙-济南长输管道系统的输气能力，确保季节调峰和供气的安全性，2012 年在中原地区建成文 96 和文 23 气藏型地下储气库。文 96 地下储气库的库容为 $5.88×10^8 m^3$，工作气量为 $2.95×10^8 m^3$，文 23 地下储气库的库容为 $98.00×10^8 m^3$，工作气量为 $39×10^8 m^3$。

为满足供气调峰需要，自 2010 年开始，中国石油在渤海湾、西南、中西部等地区建设长庆陕 224、四川相国寺、新疆呼图壁等 6 座气藏型储气库。设计总库容 $279×10^8 m^3$，总有效工作气量 $116×10^8 m^3$。

截至 2016 年年底，我国已建和在建储气库共 21 座，总设计库容 $497.43×10^8 m^3$，总设计工作气量 $220.88×10^8 m^3$。其中，中国石油下属储气库 17 座，总设计库容 $384.96×10^8 m^3$，总设计工作气量 $173.82×10^8 m^3$，工作气量占全国的 78.7%。"十三五"末，预计我国储气库工作气量需求可达 $340×10^8 m^3$。国内已建、在建储气库统计见表 4-4。

表 4-4　国内已建、在建储气库统计

储气库名称	设计库容/×10⁸m³	设计工作气量/×10⁸m³	备注
大张坨	17.81	6.00	凝析气藏
板876	4.65	1.89	油气藏
板中北	24.48	10.95	油气藏
板中南	7.71	4.70	油气藏
板808	8.24	4.17	油气藏
板828	4.69	2.57	油气藏
京58	8.10	3.90	油气藏
京51	1.27	0.24	油气藏
永22	5.98	3.00	油气藏
江苏金坛	26.38	17.14	盐穴，在扩容
江苏刘庄	4.55	2.45	油气藏
辽河双6	36.00	16.00	油气藏
华北苏桥	67.38	23.32	油气藏
大港板南	7.82	4.27	油气藏
新疆呼图壁	107.00	45.00	油气藏
西南相国寺	40.50	22.80	油气藏
长庆陕224	10.40	5.00	油气藏
文96	5.88	2.95	油气藏
文23	98.00	39.00	油气藏，在建
金坛一期	4.59	2.81	盐穴
金坛	4.00	2.30	盐穴，在建
总计	497.43	220.88	

近年来，随着天然气在能源消耗中的比重持续提升，我国也加快了建设地下储气库的步伐。一批布局于重点输气管道沿线及大型城市周边的地下储气库，对提高管道输送效率、调节冬夏季用气峰谷差发挥了积极作用。

中国石油正在编制储气库中长期发展规划，重点开展呼图壁、相国寺、辽河双6等现有储气库达产达容，加快大庆升平、吉林长春等新规划储气库项目建设工作，预计2020年储气库工作气量 $110×10^8m^3$，2025年储气库气量为 $150×10^8m^3$。辽河油田分公司发布的地下储气库建设规划，这座老油田将建成总库容量达 $200×10^8m^3$，年调峰能力突破 $100×10^8m^3$ 的储气库群。

中国石化在中原油田区域已落实储气库库址16个，落实库容 $556×10^8m^3$。目前重点开展文23储气库达产达容工作。"十三五"期间，中国石化还将在中原油田规划新建5个储气库。届时，中原油田将建成国内最大的储气库群，从而开辟保障我国中东部地区天然气供应的新路径。

（二）发展趋势

（1）气藏改建地下储气库技术基本成熟。在选址评价方面，中国石油勘探开发研究院与华北油田、大港油田等单位联合，自 1992 年开始进行储气库库址评价，先后完成了 3 座储气库评价工作，实践证明现有储气库库址选择合理。在设计与实施方面，国内 3 座储气库的设计基本达到预期的设计指标。在工程建设方面，3 座地下储气库建设顺利完成，建库过程中各种工程技术得到了应用，并形成了部分特色技术。因此，我国气藏改建地下储气库技术已基本成熟。

（2）枯竭油藏改建地下储气库技术正在摸索之中，技术发展亟待完善。我国于 2001 年首先开始系统研究油藏改建地下储气库建库技术，取得了部分成果认识。针对陕京输气管道、忠武线的油藏目标改建地下储气库进行了一系列基础研究，在注排机理、渗流机理、建库方式、建库周期、井网部署、方案设计等方面取得了突破。

（3）盐穴储气库的研究取得了长足的进步，开启了中国利用深部洞穴实施能源储存的先河。利用盐穴建设地下储气库的研究始于 1998 年，目前已经建设金坛、定远盐穴地下储气库。在地址选区、区块评价、溶腔设计、造腔控制、稳定性分析、注采方案设计、钻完井工艺等多方面获得了一批研究成果和技术手段。金坛储气库老腔利用工程已经开工实施。金坛储气库的实施，将为中国利用盐穴进行油气储备奠定技术基础。

（4）含水层储气库的研究刚开始起步，研究亟待深入。含水层建设储气库近几年有不少专家进行了理论探讨，目前正在开展基础性研究，具体含水层目标也在筛选之中。

（5）目前，中石油大港储气库（群）和京 58 储气库（群）由北京天然气管道公司分别移交给大港油田公司和华北油田公司管理，至此，中石油管道所属储气库（群）已全部移交给油田公司。这标志着中石油储气库体制改革基本完成。这一体制改革，意味着今后储气库的经营建设管理权将统归油田，也意味着以后油田职能的转变，油田不光负责勘探开采石油，更有建设储气库，运营维护保障天然气供应的职能。

储气库作为一项系统工程，建设运营涉及业务面广、技术性强。油田企业在技术、资源和人才方面具备优势，加快储气库建设，统筹调配库容资源，形成运营合力，能够发挥储气库最大效益效能。这也是油田建设储气库的根本优势所在。

储气库建设无疑为资源枯竭型油田指明了一条合适的可持续发展的道路，我们可以大胆的猜测，未来的油田，特别是资源枯竭后又符合储气库建设条件的老油田，有希望转变成储气库。

历经近 20 年的发展，我国地下储气库的建设刷新了地层压力低、地层温度高、注采井深、工作压力高等 4 项世界纪录，解决了"注得进、存得住、采得出"等重大难题，建库成套技术达到了世界先进水平。

目前，西部地区以油气藏、东部地区油气藏与含水层、南方盐穴与含水层为主开展建设储气库，结合中国天然气总体格局和储气库建设，未来将形成西部天然气战略储备为主、中部天然气调峰枢纽、东部消费市场区域调峰中心的储气库调峰大格局。

三、国外储气库简介

（一）现状

根据国际天然气联盟（International Gas Union，IGU）统计，截至 2016 年年底，全球范围内在运行储气库 715 座，总工作气量 $3930 \times 10^8 \mathrm{m}^3$，总采气能力 $66.56 \times 10^8 \mathrm{m}^3/\mathrm{d}$。目前，地下

储气库以气藏型储气库为主，占全球总工作气量的 75%；其次是含水层储气库，占总工作气量的 12%；盐穴型储气库占总工作气量的 7%；油藏型储气库为 6%。

美国是地下储气库大国，截至 2016 年年底，共拥有 419 座储气库，总工作气量 $1281×10^8 m^3$，其次是俄罗斯、乌克兰、德国和加拿大。世界主要国家储气库工作气量统计见表 4-5。

表 4-5　世界主要国家储气库工作气量统计

国家	储气库/座	总工作气量/$×10^8 m^3$	总采气能力/($×10^8 m^3$/d)
美国	419	1281.0	28.91
俄罗斯	23	704.0	7.41
乌克兰	13	321.8	2.64
德国	51	229.0	6.63
加拿大	61	206.5	2.31
意大利	11	171.1	3.31
荷兰	5	128.1	2.63
法国	16	127.8	2.74
奥地利	9	82.0	0.94
伊朗	2	60.0	0.29
匈牙利	6	64.9	0.80
乌兹别克斯坦	3	62.0	0.56
英国	8	52.7	1.52
塔吉克斯坦	3	46.5	0.34
总计	630	2257.4	61.03

枯竭油气藏是世界上最适合建设地下储气库的一种类型。1915 年在加拿大安大略省 Wellhand 枯竭气藏建立首个储气库，到 2006 年全球利用枯竭油气藏改造而成的储气库有 495 座，占当年储气库总量的 82%。2006 年美国 365 座枯竭油气藏储气库中的 320 座为气藏储气库，10 座为凝析气藏储气库，9 座为油藏储气库，26 座为油气藏储气库。国外枯竭油气藏储气库储层深度范围在 500~2500m，储层渗透率一般在几十至上千毫达西，岩性主要为砂岩和石灰岩，部分气田含 H_2S。

随着天然气消费需求的增长，地下储气库需求将随之增长。根据 IGU 预测，到 2020 年，全球天然气需求量将从 2005 年的 $3.0×10^{12} m^3$ 增加到 $3.7×10^{12} m^3$，2030 年将增加到 $4.5×10^{12} m^3$。与此同时，预计全球地下储气库工作气量将会从 2005 年的 $3300×10^8 m^3$ 增长到 2030 年的 $5430×10^8 m^3$。

今后地下储气库的需求主要增长区还是欧洲、北美和独联体国家等天然气市场较为成熟的国家和地区。根据预测，欧洲地下储气库工作气量将从 2005 年的 $790×10^8 m^3$ 增加到 2030 年的 $1350×10^8 m^3$，北美地区的地下储气库工作气量将从 2005 年的 $1160×10^8 m^3$ 增加到 2030 年的 $1870×10^8 m^3$，独联体国家则将从 2005 年的 $1360×10^8 m^3$ 增加到 2030 年的 $1770×10^8 m^3$，传统的 3 大地下储气库集中地区仍将是地下储气库未来的需求增长点。亚太地区受到天然气管网系统和地下储气库建库地质条件的限制，日本、韩国等传统天然气市场以 LNG 为主，该地区地下储气库增长幅度将不会很大，在全球地下储气库总体工作气量比例中仍然将小于1%。

（二）发展趋势

欧美地区很多地下储气库已经运行多年，现在其地下储气库技术主要向延长地下储气库使用寿命、减少地下储气库对环境的影响和增强地下储气库运行的灵活性方向发展。主要包括以下内容：

① 储气库的灵活适应性。储气库不再仅仅满足冬采夏注的季节性调峰，而是更多用于注采调节。

② 优化已有储气库的运行，提高储气库灵活性，适应天然气市场自由化的发展需要。

③ 超大盐穴和水平盐穴地下储气库的建造，尤其是水平溶洞地下储气库的建造和运行。

④ 焊接管柱的大规模应用。

⑤ 发展水平井和多分支井提高储气库产能。

⑥ 建立地面地下一体化运行管理模型，完善运行优化预测及完整性管理。

⑦ 加强地下部分的管理优化，包括加大运行压力区间、提高注采气能力、气井套管内外检测、固井质量评估与优化、智能采气井筒等。

⑧ 新型地面脱水技术、新型压缩机的应用。

⑨ 单井和地面设施的远程监控、检测和环境检测等。

四、工程实例

（一）长庆陕 224 储气库

1. 概述

陕 224 储气库位于长庆靖边气田中西部，含气面积 19.3km²，地理位置位于陕西省靖边县和内蒙古自治区无定河镇交界处，主要负责利用西气东输管道作为注气气源为陕京管道系统进行调峰。

该库库容量 $10.4 \times 10^8 m^3$，工作气量 $5.0 \times 10^8 m^3$，垫气量 $5.4 \times 10^8 m^3$；部署注采水平注 3 口，利用老井 3 口，备用直井 2 口，监测井 1 口。年注气期 200 天，采气期 120 天。平均注气规模：$250 \times 10^4 m^3/d$；平均采气规模：$400 \times 10^4 m^3/d$。

2. 主体工艺

陕 224 储气库总体采用"注采井口双向计量，注采双管，水平井两级降压，直井高压集气，开工注醇，中高压采气，加热节流，三甘醇橇装脱水，初期就近依托净化厂进行脱硫脱碳处理"的地面集输工艺。采气时通过对采出天然气进行加热、节流、分离、脱水处理、计量以满足商品气的气质要求；注气时对注入天然气进行分离、注气压缩、计量回注等以满足注气要求。

采气初期，水平井节流后进站压力为 10MPa，温度为 19.94℃；直井和老井进站压力最高为 25MPa，温度为 19.5℃。采出天然气总流量为 $400 \times 10^4 m^3/d$，首先进入天然气加热炉加热节流至 5.2MPa，保证节流后的温度不低于 25℃，后进入采气分离器初步分离出天然气中的游离水和机械杂质，进入三甘醇脱水装置进行脱水处理，水露点达标后计量外输。后期采出天然气进站压力低于 10MPa 时，原料气天然气经分离、脱水后计量外输。

注气时，西气东输来气经由靖边末站至集注站进站压力为4.5MPa，温度为20℃，经初步分离，计量后进入压缩机增压，压缩机出口压力为17~30MPa，温度为40~65℃，经注气管道分别输送至各注气井场。

陕224储气库工艺流程示意如图4-12所示。

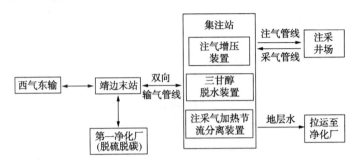

图4-12 陕224储气库工艺流程示意图

（二）西南相国寺储气库

1. 概述

相国寺储气库位于重庆渝北、北碚区境内，距重庆市区60km，紧邻四川盆地环形输气管网–南干线东段，距规划建设的中卫–贵阳管线84km。主要负责中卫–贵阳联络线及川渝地区的季节调峰、事故应急和战略储备。

该库库容42.6×10⁸m³，工作气量22.8×10⁸m³，垫气量19.8×10⁸m³；部署注采井13口，处理老井21口，监测井5口。年注气期200天，年采气期120天。最大注气规模：1380×10⁴m³/d；最大采气规模：2855×10⁴m³/d，季节调峰最大采气规模：1393×10⁴m³/d。

建集注站1座，站内设170×10⁴m³/d电驱往复式压缩机8台，J-T阀脱水装置4套。新建丛式井场7座，注采井13口。新建注采集输管网1套：注气管线15.2km，设计压力30MPa，采气管线15.2km，设计压力14MPa。新建双向输气管线：铜梁–相国寺88km，设计压力10MPa；相国寺–旱土线38km，设计压力6.3MPa；旱土–白果树线5km，设计压力6.3MPa。配套建设75人倒班公寓1座。

2. 主体工艺

储气库集注站具有分离、计量、增压、节流、脱水和清管等功能。

① 注采工艺技术

采用注采同管和注采双管相结合的注采工艺。集注站设注气管线和采气管线各1条，正常季节调峰时采用注采异管，长时间大规模给中贵线应急供气且井口压力低于13MPa时，将启用注气管道亦作为采气集输管线。

② 增压工艺

注气工艺流量变化幅度大，为(81~1383)×10⁴m³/d，压比在1.1~4.0。选用8台电机驱动往复式压缩机组，驱动机为4000kW西门子电机，压缩机为ARIEL的KBU6型号。

③ 脱水工艺

从节能降耗及生产维护管理考虑，脱水采用J-T阀节流制冷工艺。J-T阀节流制冷脱水工艺是利用焦耳–汤姆逊效应，当原料天然气经过J-T阀作等焓膨胀时，温度降低，在新的平衡条件下，天然气中的大部分饱和水和重烃就会部分冷凝析出。通过节流降压控制适当的温度，以获得水露点和烃露点均满足外输要求的天然气。

由于含有饱和水的天然气随温度的降低产生的液态水会与烃类等形成白色结晶状固态水合物，极易堵塞管道及阀门，因此，在原料气预冷前须注入乙二醇等水合物抑制剂，以通过降低水合物的冰点温度，达到防止水合物的形成，从而保证脱水过程顺利进行。

相国寺储气库工艺流程示意如图 4-13 所示。

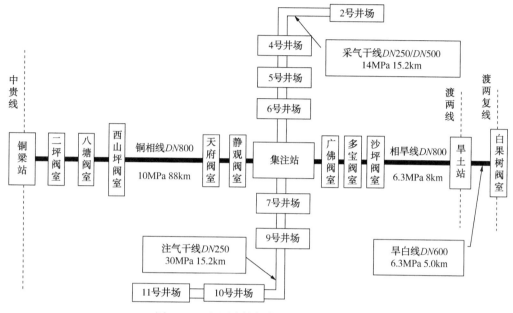

图 4-13　相国寺储气库工艺流程示意图

（三）新疆呼图壁储气库

1. 概述

呼图壁储气库位于准噶尔盆地南缘，昌吉市区西北 25km，距呼图壁县东约 7km，东南距乌鲁木齐市约 78km，该储气库是西气东输管网首个大型配套系统，也是西气东输二线首座大型储气库，该储气库兼顾季节调峰和应急调峰双重功能。

该库设计库容 $107 \times 10^8 \mathrm{m}^3$，工作气量 $45.1 \times 10^8 \mathrm{m}^3$，垫气量 $61.9 \times 10^8 \mathrm{m}^3$。部署新井 42 口，其中注采井 30 口，监测井 4 口，污水回注井 2 口，微地震监测井 6 口。注气期 180 天，平均注气规模：$1550 \times 10^4 \mathrm{m}^3/\mathrm{d}$；采气期 150 天，平均采气规模：$2800 \times 10^4 \mathrm{m}^3/\mathrm{d}$，凝析油处理能力 150t/d。

建集注站 1 座，站内设 8 台电驱往复式注气压缩机，单台功率 4000kW，单台排量 $200 \times 10^4 \mathrm{m}^3/\mathrm{d}$；3 台外输气压缩机，单台功率 4500kW，单台排量 $400 \times 10^4 \mathrm{m}^3/\mathrm{d}$；4 套天然气处理系统，单套处理规模 $700 \times 10^4 \mathrm{m}^3/\mathrm{d}$；1 套凝析油处理系统。集配站 3 座（单井注采管线、注气干线、采气干线共 34km）；分输站 1 座；集输干线 2 条（储气库-西气东输二线昌吉分输站双向输气管线、储气库-706 泵站输气管线）；110kV 外部输电线 2 条。

2. 主体工艺

① 注气工艺

季节调峰：注气时，西气东输二线来气通过双向输气管线进入集注站，经旋流分离器分离出气体中携带的液滴及砂粒后，进入注气压缩机进行增压，增压后天然气通过注气干线输至集配站，计量后分输至各注采井口。采气时，单井来气进集配站，经采气干线进集注站，通过露点单元处理后进入准噶尔管网。

应急生产：单井来气进集配站，经采气干线进集注站，经气液分离器出口注甲醇后越站输至西气东输二线。

② 采气工艺

各单井采出的高压天然气通过注采管道输至集配站，经初级节流、轮井分离、计量后，各单井井流物汇合后经集气干线输至集注站。

③ 处理工艺

气相处理采用注醇防冻、节流制冷、脱水脱烃工艺；凝析油处理工艺采用降压闪蒸、提馏稳定工艺；稳定凝析油经储存后装车外运。

污水处理系统设计处理能力 240m³/d，采用"气浮"工艺混凝沉降过滤。

呼图壁储气库凝析油工艺流程示意如图 4-14 所示。

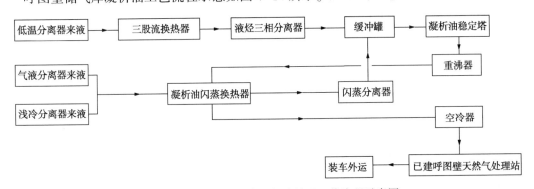

图 4-14　呼图壁储气库凝析油处理工艺流程示意图

3. 特色工艺

① 采用双金属复合管注采同管、高压集输集气

采用单井注采管道同管、集气分输、高压集输、组合式管网集气工艺；采用双金属复合管防止 CO_2 腐蚀，建成的高压天然气集气系统，减少了天然气集输过程中的压力能损耗，降低了投资和运行能耗。

② 四位一体的智能控制

采用井下、井口、集配站和集注站四位一体的自动化安全控制系统，实现 4 级关断；集成了先进的自动化控制技术，实现集注站远程控制、井口和集配站无人值守。

③ 注气压缩机兼做采气压缩机使用

使注气压缩机在注、采两个周期都能得到充分利用，提高了注气压缩机的使用率，减少了采气压缩机的数量，节约工程投资约 1.2 亿元。

④ 生产装置选择成熟、先进的工艺技术，选用可靠的设备和设施，首次采用"立式气气换热器+内部注醇"技术，低温分离采取旋流+过滤二合一的分离方式，提高适应性及分离精度，交接计量采用超声波流量计与在线色谱仪联锁，有效提高计量精度。

呼图壁储气库工艺流程示意如图 4-15 所示。

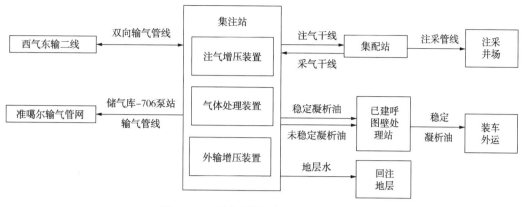

图 4-15 呼图壁储气库工艺流程示意图

第七节 主要设备

在天然气输送和储气库运行过程中，使用到多种分离、增压、调压等装置，下面针对不同使用工况对几类设备进行介绍。

一、旋风分离器

（一）旋风分离器的工作原理

旋风分离器的工作原理如图 4-16 所示，气体进口管线与外筒体的连接成切线方向，气流出口管线在顶部与中心管连接。当含尘气流从切线方向进入旋风分离器时，气流由直线运动变做旋转运动或圆周运动。由于气体和尘粒的密度不同，所产生的离心力也就不同，其结果是密度较大的尘粒被抛到外圈，进入排灰管。旋转下降的气流在进入锥体时，因圆锥形的收缩而向除尘器中心靠拢，其切向速度不断提高，当到达锥体某一位置时，即以同样的旋转方向由下反转而上，形成内旋气流经出口管流出，一部分未被捕集的细小尘粒也被带入下游。

旋风分离器的离心力产生的分离力比重力产生的分离力要大得多。例如，一台直径为 0.5m 的旋风分离器，当气流进口的线速度为 15m/s 时，其离心力加速度为 900m/s^2，而重力加速度才 9.8m/s^2，相差近百倍。因此旋风分离器是一种处理能力大、分离效率高、结构简单的分离设备，可基本除去 10μm 以上的尘粒。

（二）影响旋风分离器效率的因素

1. 气体进口速度

由于离心分离力与气体旋转线速度成二次方关系，因而气体进口的线速度对分离器效果影响很大。入口线速度一般宜在 15～25m/s。因线速度过低，分离力不够，而线速度过高则会破坏旋风分离流动系统的正常压力平衡，并形成局部涡流，产生二次夹带，使分离效率降低。

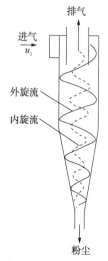

图 4-16 旋风分离器
结构形式

2. 气体和尘粒密度差

由旋风分离器的分离原理可知，气体和尘粒密度差越大，分离效果越好。由旋风分离器的分离原理可知，旋风分离器适用于气、固分离。一般在正常负荷量范围内工作的旋风分离器，基本上可除 $10\mu m$ 以上的机械微粒。

3. 旋转半径

由向心力的公式可知，旋转半径越大，离心力越小。当处理气量较大时，计算所得的分离器直径也较大，故旋转半径不宜超过 0.5m，否则需提高气流入口线速，当用于大气量时，可采用多个旋风分离器。

（三）旋风分离器的适用范围

旋风分离器的效率与气体进入分离器的线速度密切相关，而线速度的大小又直接与气体处理量有关。旋风分离器尽管有较高的分离效率，但由于气分离效率对流速很敏感，一般要求处理流量相对稳定，因而在负荷波动较大的输气站场的应用受到限制。

二、多管干式除尘器

（一）多管干式除尘器的结构及工作原理

多管干式除尘器是由若干个导叶式旋风子呈数圈同心圆均布排列组合在一个壳体内，有总的进气管、排气管和灰斗的分离设备，如图4-17所示。多管干式除尘器也是利用离心分离的原理进行工作的。天然气进入除尘器后，向下经多根除尘管分流，每根除尘管的下端均设有旋风子，气流经过旋风子时产生旋转运动，利用离心力的作用将气流中的固体颗粒与气体分离。被分离的粉尘经排灰口进入总灰斗，净化的气体经旋风子排气管进入排气室，由总排气口排出。

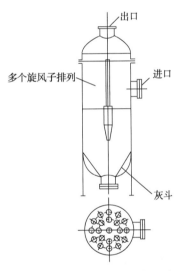

图4-17 多管干式除尘器结构示意图

（二）影响多管干式除尘器效率的因素

1. 除尘进口管气体流速应在一定范围内

气速选用过低，处理量变小，效率也会降低。但气速太高会使粗颗粒碎变成细粉尘的量增加，对有凝聚性质的粉尘起分散作用而降低分离效果。同时，气速过高会增加旋风除尘器的压力损失和加速除尘器本体的磨损，降低其使用寿命。因此，在设计多管干式除尘器的进口截面时，必须使进口气体流速适宜，一般的进口气体流速为 $10\sim25m/s$，最佳分离效率时气速为 $10\sim12m/s$。

2. 除尘器直径的确定

除尘器宜选用圆筒形，除尘器内旋风子一般呈同心圆排列，旋风子间距不能太小，否则，排尘时容易互相干扰而加剧返混，且不便安装。一般推荐两个相邻旋风子的最小中心距取 $1.4D\sim1.5D(D$ 为旋风子外管直径）。最外圈的旋风子中心与除尘器筒壁之间的距离要大些，以便旋风子进气分配均匀些，并减小气流对筒壁的冲蚀，一般此距离最好大于 D。

（三）多管干式除尘器适用范围

导叶式旋风子多管干式除尘器是一种适用于输气站场的高效除尘设备，它适用于气量大、压力较高、含尘粒度分布甚广的干天然气的除尘。它的除尘效率高(达91%~99%)而稳定、操作弹性大、噪声小、承压外壳磨损小。对10μm以上的固体颗粒,其除尘效率达94%。这种分离器适用于在输气干线上的中间清管站使用。

三、过滤分离器

(一) 过滤分离器结构及工作原理

过滤分离器是由数根过滤元件组合在一个壳体内构成,通常由过滤段和除雾段(分离段)两段组成,如图4-18所示。这种分离器在外

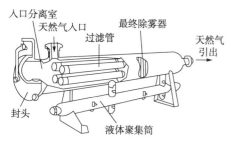

图4-18 过滤分离器结构示意图

形上可以是卧式的,也可以是立式的,在输气站场中大多采用卧式。当含尘天然气进入过滤器后先在初分室除去固体粗颗粒和游离水,之后细小的尘污随天然气流进过滤元件,固体尘粒在气流通过过滤元件时被截留,雾状液滴会聚结成较大的液滴进入除雾段,在天然气流过雾沫捕集器时液滴被分离,液体汇合向下流入集液包。分离后的天然气经排气管排入下游管道,尘污则进入排污系统。过滤分离器的效率:对于粒径不小于5μm的粉尘和液滴,分离效率不小于99.8%;对于粒径为1~3μm的粉尘和液滴,分离效率不小于98%。

在天然气中含有少量液体流量的场所,通常在卧式过滤分离器下部设计一个集液包,以提供液体停留时间,这样就使分离器的整个直径都要小些。反之,如果气体中不含液滴,则不必设集液包。

(二) 过滤分离器适用范围

过滤分离器分离效率远高于旋风分离器和多管干式除尘器,但在使用过程中当分离器压降达到设定值时需要更换过滤元件,因此运行成本较旋风分离器和多管干式除尘器高。常用于对气体净化要求较高的场合,如直接给用户供气的分输站、末站、配气站、气体处理装置、压缩机进口管路等。

四、聚结器

(一) 聚结器结构及工作原理

聚结器结构主要由数根聚结滤芯组合在壳体内构成,其聚结过程主要靠聚结滤芯来实现,如图4-19所示。经过预处理的天然气首先进入聚结分离器的下层集液空间,由于体积膨胀,会有部分液体析出,这部分液体进入下层集液区;含液气体向上进入聚结分离区,经过聚结滤芯时,细小的液滴聚结成较大的液滴,聚结成的液滴越来越大,并逐渐移向分离区。经过聚结过程的大液滴一旦形成,由于重力的作用顺着滤芯外面的保护层向下流向集液区,干燥、洁净的气体经出口排出。由于在筒体中留出了一定的空间,可以控制气体的出口流速,防

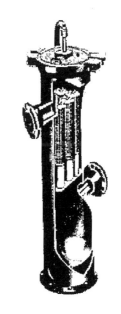

图4-19 聚结器结构示意图

止夹带聚结出来的液滴。分离效率：对于粒径不小于 0.3μm 粉尘和液滴，可达 99%。

（二）聚结器适用范围

聚结器是一种分离效率极高的分离器，且由于聚结滤芯价格较昂贵而使运行成本较前几种分离器都高。因此为减少更换聚结滤芯次数，一般聚结器上游均应有一级或两级分离器对气体进行预分离，聚结器适用于对气质要求很严格的场合，如压气站燃气轮机的燃料气系统的最后一级分离器。

五、压缩机

压缩机的作用是给气体提供输送压力。压缩机的种类有很多，在本书第二章主要设备一节中已有介绍。目前天然气管道中用的较多的是往复式压缩机和离心式压缩机，储气库由于注气压力高、增压压比大，一般使用往复式压缩机。由于往复式压缩机在天然气生产和输送中应用的相关介绍较多，因此本节对往复式压缩机进行简要说明，对离心式压缩机和储气库用压缩机进行详细说明。

（一）压缩机

（1）往复式压缩机是由曲柄连杆机构将驱动机的回转运动变为活塞的往复运动，从而使气体在气缸内完成进气压缩、排气等过程。

往复式压缩机的压力范围十分广泛，其进气压力从真空到排气压力达 210MPa 以上的超高压，其排气范围为 $3\sim400m^3/min$。往复压缩机的优点是排出压力稳定，能适用于广泛的压力范围和较宽的流量调节范围；但它的结构复杂，易损件较多，运转中振动和噪声大。一般而言，往复式压缩机适用于要求增压较高和输量不太大的场合。

（2）离心式压缩机是透平式压缩机的一种，气体从轴向进入，由于叶轮的旋转，气体被离心力高速甩出叶轮，然后进入流通面积逐渐扩大的扩压器中，将动能转化为压力能。

与往复式压缩机相比，离心式压缩机结构紧凑、尺寸小、重量轻；排气均匀、连续、无周期性脉动；转速高、排量大（$1500\times10^4\sim4250\times10^4m^3/d$）；工作平稳、振动小；使用期限长、可靠、易损件少；可以直接与驱动机联运便于调节流量和节能，易于实现自控等。其缺点是压比低、热效率较低、流量过小时会产生喘振。

随着气体动力学研究的进步使离心式压缩机的效率不断提高，又由于高压密封，小流量窄叶轮的加工，多油楔轴承等关键技术的研制成功，解决了离心式压缩机向高压力、宽流量范围发展面临的一系列问题，使离心式压缩机的应用范围大为扩展，以致在很多场合开始取代往复活塞式压缩机。

（二）驱动设备

（1）燃气发动机属于内燃机，它是一种以天然气或其他混合气体为燃料，靠火花塞点燃的活塞式内燃机，其基本原理类似于汽油机。它的主要优点是热效率高，一般达 35%～37%，若进行余热回收时，热效率可达 40%；燃料气消耗率低 $[0.3m^3/(kW\cdot h)]$；同时，燃气发动机可变转速，它驱动压缩机时，调速方便。缺点是机组由燃料气系统、冷却系统、启动系统、余热回收系统组成，机器笨重、结构复杂、安装和维修费用高、辅助设备振动和噪声大、单机功率较小，不宜与离心式压缩机直接联接。

为了提高综合单机功率，目前国外一些用于干线输气管道的大型燃气发动机-往复式压缩机组采用了增压吸气型燃气发动机。这种发动机利用一个增压涡轮对即将进入动力气缸的空气增压,而增压涡轮是由动力气缸排出的废气驱动的。

燃气发动机的额定输出功率与其所处的海拔高度有关系,当海拔高度超过 500~830m 时,其额定输出功率将下降,这个高度界限因燃气发动机的具体制造厂商而异。当一台燃气发动机所处的位置超过其额定功率开始下降的高度界限时,高度每上升 300m,其额定功率通常要降低 3% 左右。气温对燃气发动机的额定输出功率也有影响,当气温超过一定限度时,额定输出功率将降低。

(2)电动机具有结构紧凑、体积小、规格齐全、操作简便、工作平稳、易于实现自动控制和远程操作、投资低、效率高(一般为 95% 左右)、寿命长(可达 15 万小时)、安装维护费用低等优点。由于转速不相匹配,通常不采用电动机作为往复式干线输气压缩机的原动机。在干线输气管道上与离心式压缩机配套的电动机一般为鼠笼式异步感应电动机,但在某些国家(如俄罗斯)的干线输气管道上离心式压缩机也采用同步电机驱动机。电动机与离心式压缩机配套的一个主要缺点是调速困难,虽然可以采用变频等措施实现电动机的无级变速,也可以在电动机与压缩机之间增设一套调速设备,但代价均高,而且其中大多数都存在一定的局限性。同时,如果压缩机功率过大(如大于 10MW),对供电电网的容量也有要求,还须避免压缩机启停对电网的冲击。此外,对天然气管道而言,若采用天然气作为原动机的能源具有独特的优势,而采用电作为原动机组能源供应,在保障度和价格上要受外界制约。而且当压缩机站远离公用电网时,还需要为其架设长距离的双回路供电线路,这将增加压缩机站的投资。

(三)增压机组的选用、配置

1. 增压机组的选择原则

在选择增压机组时,应在满足管线输送工艺和机组安装地区的自然环境等要求的前提下。对压缩机类型、驱动方式、机组配置机型进行选择和比较。

压缩机组的选型包括压缩机工况参数确定和机组结构性能选择。压缩机组工况参数包括机组的进出口压力、机组通过流量、进出口温度,这些参数是根据管道水力分析计算确定的。压气站的工艺参数包括有不同年限、不同季节下的管道输送工况对压气站的要求。站场压损通常考虑为机组前 0.05~0.1MPa(为过滤分离器和进口管路等的压损),机组后(机组出口至站场出口)0.05~0.1MPa。

根据机组工况参数对压缩机进行工艺计算,然后把计算结果与压缩机样本所提供的参数进行比较,以判断压缩机对各种工况的适应性,初步选定压缩机机型。计算所得的压缩机轴功率在考虑齿轮箱(如果有)传动机械效率损失后可得到驱动机的轴端功率。结合现场高程、气温等环境条件对驱动机组功率的折减因素,可得到驱动机必需的配置功率。根据驱动机组样本可选定驱动机组。通常对压比小于 3.0。计算轴功率为 7~15MW 左右的站场可选择往复式和离心式机组进行技术经济对比;对于单机功率 3~7MW 的可选择燃气发动机和燃气轮机进行比较,对于大于 7MW 以上的一般选择燃气轮机和电机驱动进行比较。

2. 增压机组类型选择

① 不同类型压缩机的优缺点和选用工况

离心式压缩机属于速度型压缩机,压缩机组的流量是压比、转速的函数,压缩机组的流量、出口压力可以通过转速调节来实现。但离心式压缩机具有喘振和阻塞工况的特点，流量变化幅度较小。随着压比增加，压缩机叶轮级数增多，流量范围更窄。在设计点下，压缩机组的运行效率为 80%~84%，在偏离设计工况时，效率降低较多。离心式压缩机适用于大排量、流量变化幅度较小、压比低的工况，其单台功率较大。流量变化范围为 70%~120%。对输气量大、工况相对确定的管道压气站，离心式压缩机组经济性能优异。

离心式压缩机结构简单，摩擦部件和易损件少，运转可靠，使用寿命长，运转中无往复式运动，工作平稳，噪声小，无流量脉动现象。同时，它的日常维修工作量低于往复式压缩机。离心式压缩机结构紧凑、体积小、质量轻、功率大，所需台数少；辅助设施、配管等也较少，占地面积小。

往复式压缩机为容积式压缩机，对流量的适应范围较宽。流量变化范围为 40%~120%。往复式压缩机绝热效率较高，设计工况点下可达 80%~84%。往复式压缩机适用于小流量、流量变化幅度较大、压比高的工况。对中、小气量，不确定性较多的管道压气站，往复式压缩机组较为灵活。

往复式压缩机运行中由于动力不平衡性和气流的脉动作用，设备基础和配管等需采取防振动措施，噪声较大。因往复式机组热效率高，在相同数量和压比下，往复式机组燃气耗量小于离心式机组。往复式压缩机结构复杂、体积大、功率小，所需台数多。辅助设施、配管多，占地面积稍大。

对于气量较大，且气量波动幅度不大，压比较低的情况下宜选用离心式压缩机。由于离心式压缩机是先使气体得到动能，然后再把动能转化为压力能，因此比空气密度小的气体要得到同样的压缩比，必须使气体的速度更高。而这样必然导致摩擦损失的增加，因此离心式压缩机压缩相对分子质量低的气体是不利的。

在高压和超高压压缩时，一般采用往复式压缩机。往复式压缩机的压比通常是(3:1)~(4:1)，在理论上往复式压缩机压比可以无限制，但太高的压比会使热效率和机械效率下降，较高的排气温度，会导致温度应力增加。往复式压缩机综合绝热效率为 0.75~0.85，由于往复式压缩机具有效率高、出口压力范围宽、流量调节方便等特点，在气田内部集输和储气库上得到广泛应用，在输气管道上也有使用。

② 动力配置方式

在对压缩机组进行动力配置时应综合考虑如下几个方面：

驱动级的转速应与被驱动的压缩机转速相配，这样可以省去增速或减速齿轮箱的机械效率损失，并使结构简化。活塞式压缩机由于转速低，宜选用电动机或天然气发动机驱动。离心式压缩机转速高，可采用燃气轮机驱动。

长输管道压气站的驱动机应优先考虑利用天然气做燃料，从能源利用上可省去发电和输配电过程，较为有利。在电源比较充足可靠且用电经济的场合，可考虑选用电动机驱动。由于压缩机要求电动机转速可调，因此必须采用变频调速电动机。

根据国内外燃气轮机压缩机组选型使用情况，结合工程的具体情况和需要，燃气轮机一般选用操作灵活、大修方便、效率高的轻型工业燃机或航空改进型燃气轮机。

所有压气站均选用相同机组和硬件配置，以便通过运行人员对设备的高度熟悉程度将运行风险和运行成本降到最低，同时保证了最少的备件库存费用和最大的技术支持灵活性。

离心式压缩机采用燃气轮机和变频电动机的驱动方式技术性能对比见表 4-6。

表 4-6 驱动方式技术性能对比表

序号	项目	燃气轮机	变频电动机
1	输出功率	受环境条件的影响	环境条件影响可忽略
	环境温度再升高 10℃	输出功率减少 10%，效率下降 12%	
	气压降 10kPa	输出功率减少 10%	
2	速度调节范围	50%~105%	10%~100%
	速度调节精度	一般	较高
3	噪声(距机罩 1m)	≤89dB	≤85dB
4	污染物排放	NO 排放浓度 ≤25mL/m³，CO 排放浓度 ≤20mL/m³	无
5	运行可靠性	97.5%	99.4%
6	开车时间	分级	秒级
	开车到满载时间	约 15min	瞬时
	动态制动	不可能	可以
7	运行特点	高温 1000℃ 以上，腐蚀，高速直接驱动	通常增加变速齿轮加速
8	维修	燃烧器约 $4×10^4$ h 整机更换，返厂大修，维修费用高	现场维修，时间段，维修费用较低
9	原料结构	原料天然气自有；不受供电条件制约；运行成本受气价影响	由供电部门供电；受供电部门制约；运行成本受电价制约
10	驱动机投资	高	低
11	对电网影响	无	需满足谐波标准要求

③ 压缩机组的配置和运行方式

机组配置的原则主要有：满足增压过程的工艺要求，主要是适应流量、进出站压力的变化幅度；机组的效率；占地小、费用低；机组的可靠性；备用率尽可能低。

根据压缩气量的范围、达产的年限、驱动机组的功率考虑压缩机的配置，使单台压缩机能在整个输量过程中工作在较高效率区。通常会考虑两种以上的配置方案进行技术经济比较后确定压缩机的机组配置。当压比较低(1.8 以下)时，一般只考虑并联；当压比较高时，可以选择串联。

由于往复式压缩机站单台功率较小，发动机维护工作量较大，干线压气站通常采用多台安装，并设置备用机组。离心式压缩机组的输气首、末站通常设置备用机组，对中间站场可考虑几站联合功率备用，即在一站失效后利用后续各站的功率富裕加大压比来满足输送要求。备用机组应以每一压气站失效分析数据为依据分析确定。

(四) 离心式压缩机的使用特点

1. 离心式压缩机的喘振

离心式压缩机最小流量时的工况称为喘振工况。出现喘振的根本原因是压缩机的流量过小，小于压缩机的最小流量(或者说由于压缩机的背压高于其最高排压)导致机内出现严重的气体旋转分离，外因则是管网的压力高于压缩机所能提供的排压，造成气体倒流，并产生大幅度的气流脉动。脉动的频率和脉动的振幅与管网的容量有关，管网的容量愈大，脉动的频率就会愈低，脉动的振幅就愈大，反之，管网容量小，则脉动频率高而振幅小。

喘振的危害性极大，但至今还不能从机器的设计上予以彻底消除，只能在运转中设法避免其发生。防喘振的原理就是针对引起喘振的原因，在喘振将要发生时，立即设法把压缩机的流量加大，防喘振的具体方法有两种：

① 部分气流放空法

当压缩机进气量降低到接近喘振工况时，流量传感器传出讯号给伺服马达，使之产生动作操纵执行机构，即打开防喘振放空阀。于是部分气流放空，压缩机背压立即降低，流量就自动增加，工况也就远离了喘振工况，采用这种方法将会浪费部分压缩功，而且白白损失了部分气体。

② 部分气流回流法

作用原理与上述放空法相同，其区别只是在于通过防喘振阀的气体流回到机器进气管加以回收，这种方法适宜于处理有毒、易燃、易爆炸或经济价值较高而不宜放空的气体情况，这种方法也要浪费部分压缩功。

此外，防喘振还有其他方法，例如改变压缩机的转速等。

上述防喘振的措施虽然可以避免喘振的出现，以保护机器，但不应让压缩机长期处于开启防喘振阀的状态下操作，这将造成很大浪费。应该检查生产操作系统，找出影响压缩机喘振的外在原因并加以解决，这才是防喘振的治本方法。

2. 离心式压缩机的振动

离心机属于高速回转机械，工作时也难免出现振动，而且有时会产生剧烈的振动，所以振动也是离心机的重要问题之一。研究离心机的振动特性，目的就是减小离心机在运转中产生的振动，以保证其正常运转。

离心机振动的原因，主要来自回转部分的不平衡，不平衡质量大，振动就严重，反之振动量就小。为了避免和减小振动，一方面在设计时应使离心机的工作转速(即不平衡力和力矩的频率)远离其系统的临界转速；另一方面则要保证制造和装配质量。如果制造和装配达不到规定的技术条件，例如转子的平衡、加工精度、配合的要求及材料质量的均匀性等，也会引起和加剧离心机的振动。

因此，对一台离心机的振动问题，要按具体情况具体分析。例如原来运转振动很小的离心机，在检修拆装其回转部分以后振动加剧，就应考虑是否由于转子的平衡受到影响所致，必要时就需要重新进行一次转子的平衡试验，空转时振动不大而加载后振动变大。很多情况往往是新的机器使用时良好，而使用相当一段时间后振动愈来愈大，这就需要从转动部分的磨损和腐蚀、物料情况以及各连接零件(包括地脚螺栓)是否松动等方面的原因去加以分析和研究。

对于定型产品的离心机等，在没有经过仔细核算之前，不得随意改变其转速；更不许在高速回转的转子上任意补焊、拆除或添加零件和质量。

从制造和装配方面来说，避免振动的关键问题，仍是力求回转部分的平衡，以尽量减小引起振动的不平衡力和力矩。

离心机转子(包括转鼓和轴等)，在零件加工组装完成后，必须进行平衡试验和校正，平衡试验包括静平衡和动平衡。

静平衡装置有导轨式、天平式、滚柱式等，一般常用导轨式。导轨的截面有圆形、矩形、菱形和梯形。其中以圆形截面精度最高，但一般只用于平衡轻型零件。

对于轴向尺寸较长的转子，常常不仅存在离心惯性力 G，而且还产生了离心惯性力矩，作静平衡时离心惯性力可以平衡，但旋转时会产生离心惯性力偶矩，这种转子的不平衡情况称为动不平衡。经过平衡后的转子，就在连接转鼓和轴的对应部位打上记号，一般不许随意拆开。如果必须拆开时，应按原记号装上，以免影响平衡。

（五）储气库用压缩机的选择

地下储气库注气系统具有高出口压力、高压比、高流量以及压缩机出口压力波动大的特点，适合地下储气库工况要求的压缩机主要有往复式压缩机和离心式压缩机两种。目前在技术上两种机型都比较成熟，但就输送工艺各有优缺点。

往复式压缩机体积大，活动部件多，机组运行振动较大，噪声大，结构复杂，辅助设备多，占地面积大，维护工作量大，维护费用高，机组连续运转的性能较差。但往复式压缩机组具有较高的效率（90%以上），压比大。往复式压缩机的优点是对于压力及流量的波动适应性较强，工况易于调节，无喘振现象，流量变化对效率的影响较小。往复式压缩机单机功率较低，一般单机功率小于3500kW。

离心式压缩机的效率较低，效率为85%左右，对输气量和压力波动适应范围小，流量压力波动对机组的效率影响较大，低输量下易发生喘振工况，其优点是运行摩擦易损件少，机组结构尺寸小，质量轻，占地面积小，所需安装厂房空间较小，运行平稳，运行噪声小，使用寿命长，维护工作量较小，维护费用低，不存在润滑油污染情况，适合于长输管道长时间稳定工况下运行，离心式压缩机单机功率较高，一般单机功率在3500kW以上。

鉴于两种压缩机的优缺点，结合注气压缩机的运行特点——出口压力高且波动范围大、入口条件相对不稳定，往复式压缩机从适应性、运行上都比离心式压缩机更能适应注气压缩机的操作工况条件，且往复式压缩机从注气效率、操作灵活性、能耗等性能方面均优于离心式压缩机，在建设投资，交货期等方面，也比离心式压缩机具有突出的优势。

目前，我国储气库注气压缩机全部采用往复式压缩机组，而国外储气库基本采用离心式压缩机配置。与往复式压缩机相比，离心式压缩机具有投资低和运行维护简单等优点，二者主要技术参数对比见表4-7。

表4-7 储气库用离心式压缩机和往复式压缩机主要技术参数对比

压缩机类型	工作流量范围/（m³/h）	出口压力/MPa	功率/kW	流量调节范围/%
往复式压缩机	2~8000	≤48	<6000	配置无级气量调节系统 20~100
普通离心式压缩机	250~80000	普通≤20；高压≤35；超高压>35；最高达90	2000~40000	配置变频电机 65~105
整体式磁悬浮离心压缩机	250~35000		2000~22000	30~105

注气压缩机组配置应大小搭配，同时兼顾采气增压工况，并应具有灵活的串联、并联流程。对于不同规模的储气库，注气压缩机组配置建议：小型储气库压缩机功率小于12MW，可配置2~3台往复式压缩机；中型储气库压缩机功率为12~25MW，可配置1~2台离心式压缩机和1台往复式压缩机；大型储气库压缩机功率为25~100MW，可配置2~4台离心式压缩机和1台往复式压缩机；超大型储气库压缩机功率大于100MW，可配置多台离心式压缩机，分期建设。

六、调压橇

在管道末站设置调压橇,将长输管道的压力降低,以满足下游用户和城市配气的需要,目前调压装置多为橇装化生产和采购,其主要工艺原理和设备组成基本一致。

调压橇的主要工艺流程为:天然气通过入口进入调压单元(由自力式安全切断阀、自力式调压阀、电动调节阀、压力检测仪表等组成),将入口高压气体降至用户需要的出口压力。工艺流程如图4-20所示。

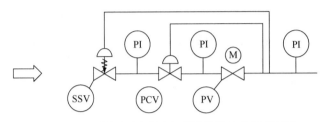

图4-20 工作调压阀采用电动调节阀的系统配置图

调压单元工艺流程:自力式安全切断阀、自力式调压阀、电动调节阀为相互独立的设备。正常工作时自力式安全切断阀和电动调节阀处于全开位置,由自力式调压阀对下游进行压力控制。当自力式调压阀出现故障,无法控制下游压力时,电动调节阀开始工作,以维持下游压力的安全范围。若电动调节阀也出现故障,不能控制下游压力时,压力升高至自力式安全切断阀设定压力时,自力式安全切断阀迅速动作切断管道气体,保证下游管道和设备的安全,系统切换到备用调压橇运行。

参 考 文 献

[1] 张城,耿彬. 天然气管输与安全[M]. 北京:中国石化出版社,2009.

[2] 郑津洋,等. 长输管道安全风险辨识评价控制[M]. 北京:化学工业出版社,2004.

[3] 胡安鑫,等. 天然气富气输送工艺技术[J]. 天然气技术,2007,1(4):44-46.

[4] 陈福来,等. 高压天然气输送管道断裂过程中气体减压波速的计算[J]. 中国石油大学学报(自然科学版),2009,33(4):130-135.

[5] Alliance 输气管道考察团. 加拿大-美国 Alliance 输气管道简介[J]. 石油规划设计,2001,12(2):41-44.

[6] 建设部,国家质检总局. 城镇燃气设计规范[M]. 北京:中国建筑出版社,2006.

[7] 建设部,国家质检总局. 输气管道工程设计规范[M]. 北京:中国计划出版社,2015.

[8] 建设部,国家质检总局. 开发建设项目水土保持技术规范[M]. 北京:中国计划出版社,2008.

[9] 中国石油天然气股份有限公司. 天然气工业管理实用手册[M]. 北京:石油工业出版社,2005.

[10] 李鹤林,等. 西气东输一、二线管道工程的几项重大技术进步[J]. 天然气工业,2010,30(4):1-9.

[11] C. E. Smith. Pipeline construction plans continue slide despite growth in natural gas. Oil & Gas Journal, 2011, 109(6):110-125.

[12] 蒲明. 中国油气管道发展现状及展望[J]. 石油经济,2009(3):40-47.

[13] 徐文渊. 天然气利用手册[M]. 第二版. 北京:中国石化出版社,2006.

[14] 丁国生. 全球地下储气库的发展趋势与驱动力[J]. 天然气工业,2010,30(8):59-61.

[15] 刘子兵,等. 长庆气区地下储气库建设地面工艺[J]. 天然气工业,2010,30(8):76-78.

[16] 胡奥林,等. 我国地下储气库价格机制研究[J]. 天然气工业,2010,30(9):91-96.

[17] 李长俊. 天然气管道输送[M]. 第二版. 北京:石油工业出版社,2008.

［18］《石油和化工工程设计工作手册》编委会．输气管道工程设计［M］．东营：中国石油大学出版社，2010．

［19］周英，等．陕京输气系统整合优化［J］．天然气与石油，2011，29（1）：5-8，21．

［20］庄传晶，等．国内 X80 级管线钢的发展及今后的研究方向［J］．焊管，2005，28（2）：10-14．

［21］姚莉，于磊，等．国内外天然气储运技术的发展动态［J］．油气储运，2005，24（4）：7-11．

［22］黄春芳．天然气管道输送技术［M］．北京：中国石化出版社，2009．

［23］《西气东输工程志》编委会．西气东输工程志［M］．北京：石油工业出版社，2012．

［24］樊栓狮，徐文东．天然气利用新技术［M］．北京：化学工业出版社，2012．

［25］宋德琦．天然气输送与储存工程［M］．北京：石油工业出版社，2004．

［26］侯瑞宁．"三化"设计强劲"动脉"——访中国石油天然气与管道分公司副总经理陈健峰［J］．中国石油石化，2009（4）：24-25．

［27］杨方武，等．中国石油"三化"设计成果带动油气储运腾飞．中国石油新闻中心，2012-10-24．

［28］《国家发展改革委关于印发石油天然气发展"十三五"规划的通知》发改能源〔2016〕2743 号．

［29］王春燕．储气库地面工程建设技术发展与建议［J］．石油规划设计，2017，28（3）：5-7．

［30］张哲．国外地下储气库地面工程建设启示［J］．石油规划设计，2017，28（2）：1-3，7．

［31］刘人玮，程涛，万宇飞．枯竭油气藏地下储气库地面工程技术研究［J］．当代化工，2013，42（8）：1131-1133．

［32］马新华，郑得文，申瑞臣，等．中国复杂地质条件气藏型储气库建库关键技术与实践［J］．石油勘探与开发，1000-0747（2018）03-0489-11．

［33］丁国生．全球地下储气库的发展趋势与驱动力［J］．天然气工业，2010，30（8）：59-61．

［34］胡奥林，等．我国地下储气库价格机制研究［J］．天然气工业，2010，30（9）：91-96．

［35］尹虎琛，陈军斌，兰义飞，等．北美典型储气库的技术发展现状与启示［J］．油气储运，2013，32（8）：814-817．

第五章 液化天然气(LNG)生产与储运

由于液化天然气(LNG)体积约为液化前气体体积的1/625,故有利于储存和输送。随着LNG运输船及储罐制造技术的进步,将天然气液化几乎是目前跨越海洋运输天然气的主要方法。LNG不仅可作为汽油、柴油的清洁替代燃料,也可用来生产甲醇、氨及其他化工产品。此外,LNG已广泛用于燃气调峰和应急气源,提高了城镇居民和工业用户供气的稳定性。

LNG生产一般包括天然气预处理、液化及储装三部分,其中液化系统是核心。通常,先将天然气经过预处理,脱除对液化过程不利的组分(如酸性组分、水蒸气、重烃及汞等),然后再进入液化部分的换热器不断降温直至液化,最终在常压(或略高压力)下得到LNG产品,其温度约为-162℃。现代LNG产业包括了LNG生产(含预处理、液化及储装)、运输(船运、车运)、接收、调峰及利用等全过程。从气井到用户的LNG产业链如图5-1所示。

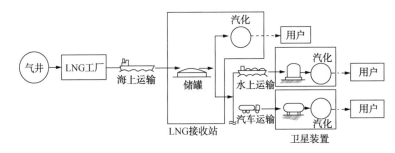

图5-1 LNG产业链示意图

第一节 LNG工厂

一、LNG工厂类型

LNG工厂通常可分为基本负荷型、调峰型两类。此外,浮式液化天然气生产储卸装置是一种用于海上气田的LNG生产装置,LNG接收站则既是接收远洋运输天然气的终端,又是供应陆上天然气用户的气源。本节在此对其一并介绍。

(一)基本负荷型

基本负荷型工厂是生产LNG的主要工厂,一般由原料气预处理、液化、储装等部分组成。这类工厂利用本地区丰富的天然气资源生产LNG以供远离气源的用户或出口,其特点是:①处理量较大;②一般沿海岸设置,便于远洋LNG运输船装载与运输;③工厂生产能力与气源、储装、远洋运能力等相匹配。

20世纪60年代最早建设的这类工厂采用当时技术成熟的阶式制冷液化工艺,到20世纪70年代又转而采用流程大为简化的混合冷剂制冷液化工艺。20世纪80年代后新建与扩建的基本负荷型 LNG 工厂，则几乎无例外地采用丙烷预冷混合冷剂制冷液化工艺。

据了解，2005 年投产的埃及 Damietta 项目其 LNG 单条生产线能力为 550×10^4 t/a。2010 年在卡塔尔建设的 Qatargas 项目采用美国空气产品和化学品公司（APCI）的新工艺，其生产线能力达 780×10^4 t/a。2017 年 12 月 8 日，在俄罗斯建设的亚马尔液化天然气项目首条生产线正式投产，该项目计划共建设 3 条产能为 550×10^4 t/a 的生产线，是目前全球在北极圈内建设的最大液化天然气项目，全部建成后 LNG 生产能力达到 1650×10^4 t/a，其中大部分 LNG 产品将通过海洋运输销售至亚太地区。

（二）调峰型

调峰型 LNG 工厂一般由天然气预处理、液化、储装、再气化等四部分组成，主要作用是对工业和居民用气的不平衡性进行调峰，以及作为应急气源，其特点是液化能力较小（一般为高峰负荷量的 1/10 左右），甚至间断运行，而储装和 LNG 再气化能力较大。这类工厂一般远离气源，但靠近输气管道和天然气用户，将用气低峰时相对多余的管道天然气液化并储存起来，在用气高峰时再气化后供用户使用，或者作为应急气源。目前世界上约有近百座调峰型工厂，其中美国和加拿大占 80% 以上。

调峰型 LNG 工厂在调峰和作为应急气源方面发挥着重要作用，可极大提高管网的经济性，其液化系统常采用膨胀机制冷或混合冷剂制冷液化工艺。

（三）浮式 LNG 生产储卸装置

浮式液化天然气生产储卸装置（Floating Production，Storage and Offloading system，FPSO）集液化天然气生产、储存与卸载于一体，具有投资低、建设周期短、便于迁移等优点，故特别适用于海上气田的开发。

浮式 LNG 生产储卸装置目前采用混合冷剂制冷或改进的氮膨胀制冷液化工艺。

（四）接收站（接收终端，终端）

此类工厂通常称接收站，用于大量接收由远洋运输船从基本负荷型 LNG 工厂运来的 LNG，将其储存和再气化，然后进入分配系统供应用户。这类 LNG 工厂的特点是液化能力很小，仅将 LNG 储罐中蒸发的天然气（蒸发气，BOG）进行再液化，但储罐容量和再气化能力都很大。我国在台湾和沿海一带已建有多座 LNG 接收站。

目前，世界上除建设大型基本负荷型工厂生产 LNG，经海运出口到其他国家或地区外，有的国家还在内陆建设中小型基本负荷型 LNG 工厂，用汽车将 LNG 送往远离输气管道的城镇民用、工业企业用户及作为汽车燃料。俄罗斯在 20 世纪 90 年代以来还建设了小型 LNG 工厂，并在多个地区推广应用。近十几年来，我国陆续在各地建设的一些中小型 LNG 工厂，也多用汽车运往其他地区使用。

二、LNG 原料气要求、产品组成及特性

（一）对原料气的要求

LNG 工厂的原料气来自油气田的气藏气、凝析气或油田伴生气，一般都不同程度地含有 H_2S、CO_2、有机硫、重烃、水蒸气和汞等杂质，即使是经过处理后符合《天然气》（GB 17820—2018）的质量要求，在液化之前一般也必须进行预处理。

例如，长庆气区靖边气田进入某输气管道的商品天然气、沁水盆地某区块煤层气组成见表 5-1。

表 5-1 某管道天然气和某区块煤层气组成　　　　干基%（体积）

组分	N_2	CO_2	C_1	C_2	C_3	C_4	C_5	C_6^+	Ar+He	H_2S	苯	甲苯	Hg
靖边	0.22	2.48	96.30	0.84	0.084	0.020	0.0145	0.0183[1]	20[2]	6[2]	26[2]	—	<0.03[3]
沁水	0.35	0.40	99.21	0.04	0.00[4]	—	—	—	300[2]	0	100[2]	100[2]	<0.03[3]

[1] 苯的含量另计。

[2] Ar、He 和 H_2S 的含量均×10^{-6}。

[3] 单位为 $\mu g/m^3$。

[4] C_3^+。

由表 5-1 可知，煤层气中甲烷含量很高但乙烷含量很少，丙烷以上烃类以及 H_2S 含量甚微或无，CO_2 含量较少而 N_2 含量稍多。因此，煤层气液化时其预处理工艺与天然气会有所区别。

表 5-2 为生产 LNG 时原料气中杂质的最大允许含量。

表 5-2 原料气中杂质最大允许含量[1]

杂质	允许含量	杂质	允许含量
H_2O	$<(0.1\sim1)\times10^{-6}$	总硫	$10\sim50 mg/m^3$
CO_2	$(50\sim100)\times10^{-6}$	汞	$<0.01\mu g/m^3$
H_2S	$3.5 mg/m^3$	芳烃类	$(1\sim10)\times10^{-6}$
COS	$<0.1\times10^{-6}$	C_5^+	$<70 mg/m^3$

[1] H_2O、CO_2、COS、芳烃类含量为体积分数。

由此可知，当采用诸如表 5-1 的管道气等为原料气生产 LNG 时，必须针对原料气的杂质情况选择合适的预处理工艺进行脱除。

（二）产品组成

由表 5-2 可知，LNG 产品与商品天然气质量要求相比，其纯度更高。

此外，根据欧洲标准（EN 1160—96），LNG 产品中的 N_2 含量（摩尔分数）应小于 5%，法国要求 N_2 含量小于 1.4%。如果原料气中的 N_2 含量较高，则还应脱氮。在 LNG 产品中允许含有一定数量的 $C_2\sim C_5$ 烃类。《液化天然气的一般特性》（GB/T 19204—2003）中列出的三种典型 LNG 产品组成及性质见表 5-3，世界主要基本负荷型 LNG 工厂的产品组成见表 5-4。

表 5-3 典型的 LNG 组成　　　　%（摩尔）

常压泡点下的性质组成	组成 1	组成 2	组成 3
N_2	0.5	1.79	0.36
CH_4	97.5	93.9	87.20
C_2H_6	1.8	3.26	8.61
C_3H_8	0.2	0.69	2.74
$i-C_4H_{10}$	—	0.12	0.42
$n-C_4H_{10}$	—	0.15	0.65

常压泡点下的性质组成	组成 1	组成 2	组成 3
C_5H_{12}	—	0.09	0.02
摩尔质量/(kg/mol)	16.41	17.07	18.52
泡点温度/℃	−162.6	−165.3	−161.3
密度/(kg/m³)	431.6	448.8	468.7

表 5-4　世界主要基本负荷型 LNG 工厂产品组成

液化厂	组成/%（摩尔分数）							温度/℃	密度/(kg/m³)		气体膨胀系数①	高发热量/(MJ/m³)
	N_2	C_1	C_2	C_3	nC_4	iC_4	C_5^+		液	气		
阿拉斯加	0.1	99.8	0.10					−160	421	0.72	588	39.6
阿尔及利亚-SKIKDA	0.85	91.5	5.64	1.5	0.25	0.25	0.01	−160	451	0.78	575	44.6
阿尔及利亚-ARZEW GL2Z	0.35	87.4	8.60	2.4	00.50	0.73	0.02	−160	466	0.83	566	44.6
印尼-BADAK	0.05	90.0	5.40	3.15	1.35		0.05	−160	462	0.81	567	44.3
马来西亚	0.45	91.1	6.65	1.25	0.54		0.01	−160	451	0.79	574	42.8
文莱	0.05	89.4	6.30	2.9	1.30		0.05	−160	463	0.82	566	44.6
阿布扎伊	0.20	86.0	11.8	1.8	0.20			−160	464	0.82	569	44.3
利比亚	0.80	83.0	11.55	3.9	0.40	0.30	0.05	−160	479	0.86	558	46.1

①气体膨胀系数指 LNG 变为气体(标态)时体积增长的倍数。

（三）LNG 有关特性

在 LNG 生产、储运中存在的潜在危险主要来自三方面：①温度极低，尽管不同组成的 LNG 其常压沸点略有差别，但均在−162℃左右，在此低温下 LNG 蒸气密度大于环境空气的密度；②1m³ 的 LNG 气化后大约可变成 625m³ 的气体，故极少量液体就能气化成大量气体；③天然气易燃易爆，一般环境条件下其爆炸极限为 5%～15%（体积分数，下同）。最近的研究结果表明，其爆炸下限为 4%。

因此，在 LNG 生产、储运中，应针对 LNG 的有关特性采取各种有效措施确保生产和人员安全。

1. 燃烧特性

LNG 按照组成不同，常压沸点为−166～−157℃，密度为 430～460kg/m³（液），发热量为 41.5～45.3MJ/m³（气），沃泊指数为 49～56.5MJ/m³，其体积大约是气态的 1/625，发生泄漏或溢出时，空气中的水蒸气被溢出的 LNG 冷却后产生明显的白色蒸气云。LNG 气化时，其气体密度为 1.5kg/m³。当其温度上升到−107℃时，气体密度与空气密度相当，温度高于−107℃时，其密度比空气小，容易在空气中扩散。LNG 的燃烧特性主要是爆炸极限、着火温度和燃烧速度等。

① 爆炸极限

天然气在空气中的浓度在 5%～15% 范围时遇明火即可发生爆炸，此浓度范围即为天然气的爆炸极限。爆炸在瞬间产生高压、高温，其破坏力和危险性都很大。由于不同产地的天然气组成有所差别，故其爆炸极限也会略有差别。天然气的爆炸下限明显高于其他燃料。

在-162℃的低温条件下，其爆炸极限为6%~13%。另外，天然气的燃烧速度相对比较慢，故在敞开的环境条件，LNG和蒸气一般不会因燃烧引起爆炸。

LNG主要组分物性见表5-5。如果LNG中的C_2^+含量增加，将使LNG的爆炸下限降低。天然气与汽油、柴油等燃料的燃烧特性比较见表5-6。

表5-5　LNG主要组分物性

气体名称	相对分子质量	沸点[2]/℃	密度/(kg/m³)			液/气密度比	气/空气密度比	汽化热[3]/(kJ/kg)
			气体[1]	蒸气[3]	液体[3]			
甲烷	16.04	-161.5	0.6664	1.8261	426.09	639	0.544	509.86
乙烷	30.07	-88.2	1.2494	—	562.25	450	1.038	489.39
丙烷	44.10	-42.3	1.8325	—	581.47	317	1.522	425.89

①常温常压条件(20℃，0.1MPa)。

②常压下的沸点(0.1MPa)。

③常压沸点下。

表5-6　天然气与其他燃料燃烧特性比较

可燃物名称	甲烷	乙烷	甲醇	硫化氢	汽油	柴油
爆炸极限/%(体积)	5.0~15.0	3.0~12.5	5.5~44.0	4.0~46.0	1.4~7.6	0.6~5.5

② 着火温度

着火温度是指可燃气体混合物在没有火源下达到某一温度时，能够自行燃烧的最低温度，即自燃点。可燃气体在纯氧中的着火温度要比在空气中低50~100℃。就是单一可燃组分，其着火温度也不是固定值，与可燃组分在空气混合物中的浓度、混合程度、压力、燃烧室特性和有无催化作用等有关。工程上实用的着火温度应由试验确定。

在常压条件下，纯甲烷的着火温度为650℃。天然气的着火温度随其组成变化而不同，如果C_2^+含量增加，则其着火温度降低。天然气主要组分是甲烷，其着火温度范围约为500~700℃。

天然气也能被火花点燃。例如，衣服上产生的静电也能产生足够的能量点燃天然气。由于化纤布比天然纤维更容易产生静电，故工作人员不能穿化纤布(尼龙、腈纶等)类的衣服上岗操作。

③ 燃烧速度

燃烧速度是火焰在空气和燃料混合物中的传递速度。燃烧速度也称为点燃速度或火焰速度。天然气燃烧速度较低，其最高燃烧速度只有0.3m/s。随着天然气在空气中的浓度增加，燃烧速度亦相应增加。

游离云团中的天然气处于低速燃烧状态，云团内的压力低于5kPa时一般不会引起剧烈爆炸。但若处于狭窄、密集且有很多设备的区域或建筑物内，云团内部就有可能形成较高的爆炸压力波。

2. 低温特性

LNG是在其饱和蒸气压接近常压的低温下储存，即其以沸腾液体状态储存在绝热储罐。因此，在LNG的储存、运输和利用的低温条件下，除对其设备、管道要防止材料低温脆性断裂和冷收缩引起的危害外，也要解决系统绝热保冷、蒸发气（BOG）处理、泄漏扩散以及低温灼伤等方面的问题。

① 蒸发

储罐中储存的LNG是处于沸腾状态的饱和液体，外界任何传入储罐的热量都将引起一定量的LNG蒸发为气体，即蒸发气（BOG）。BOG与未蒸发的LNG液体处于气液平衡状态，其组成与蒸发压力、温度及LNG液体组成有关。常压下蒸发温度低于$-113℃$时其组成几乎完全是CH_4，温度升高至$-85℃$约含20%的N_2。这两种情况下BOG的密度均大于环境空气的密度，而在标准状态下BOG密度仅为空气的60%。一般情况下BOG中含有20%的N_2、80%的CH_4及痕量的C_2H_6。

在一定压力下液化的LNG当其压力降低时，将有一部分液体闪蒸为气体，同时液体温度也随之降低。

当压力在$100\sim200kPa$时，$1m^3$处于沸点下的LNG压力每降低1kPa时，作为估算其闪蒸出的气量约为0.4kg。在LNG储运中必须处理由于其压力、温度变化产生的BOG。

② 溢出或泄漏

如果发生LNG的泄漏或溢出，LNG会在短时间内产生大量的蒸气，与空气形成可燃混合物，并迅速扩散到下风处。

泄漏的LNG以喷射形式进入大气，同时膨胀及蒸发。开始蒸发时产生的气体温度接近液体温度，其密度大于环境空气密度。冷气体在未大量吸收环境空气热量之前，沿地面形成一个流动层。当其温度升至约$-80℃$时，气体密度就小于环境空气密度并与空气混合。BOG和空气的混合物在温度继续升高过程中逐渐形成密度小于空气的云团，此云团的膨胀及扩散与风速有关。移动的云团容易在其周围产生燃烧区域，因为这些区域内的一部分气体混合物处于燃烧范围之内。

由于液体温度很低，泄漏时大气中的水蒸气也冷凝成为"雾团"（Fog cloud），由此雾团可观察出BOG和空气形成的可燃性云团的大致范围，尽管实际范围还要大一些。

LNG泄漏到地面时，起初由于LNG与地面之间温差较大而迅速蒸发，然后由于土壤中的水分冻结，土壤传给LNG的热量逐渐减少，蒸发速度才开始降低至某一固定值。该蒸发速度的大小取决于从周围环境吸收热量的多少。不同表面由实验测得的LNG蒸发速度如表5-7所示。

LNG泄漏到水面时会产生强烈的对流传热，并形成少量的冰。此时，LNG蒸发速度很快，水的流动性又为LNG的蒸发提供了稳定的热源。

表 5-7 LNG 蒸发速度　　　　　　　　　　　　　　　　　　$kg/(m^2 \cdot h)$

材料	骨料	湿沙	干沙	水	标准混凝土	轻胶体混凝土
60s 蒸发速度	480	240	195	190	130	65

LNG泄漏到水中时产生强烈的对流传热，以致在一定的面积内蒸发速度保持不变。随着LNG流动其泄漏面积逐渐增大，直到气体蒸发量等于漏出液体所能产生的气体量为止。

LNG与外露的皮肤短暂接触时不会产生伤害，但如持续接触则会引起严重的低温灼伤和组织损坏。

3. 储运特性

① 老化

LNG在储存过程中，由于其中各组分的蒸发量不同，导致组成和密度发生变化的过程称为老化(Weathering)。

老化过程受 LNG 中氮的初始含量影响很大。由于氮是 LNG 中挥发性最强的组分，它比甲烷和其他重烃更先蒸发。如果氮的初始含量较大，老化 LNG 的密度将随时间减小。在大多数情况下，氮的初始含量较小，老化 LNG 的密度会因甲烷蒸发而增大。因此，在储罐充装 LNG 前，了解储罐内和将要充装的两种 LNG 的组成是非常重要的。由于层间液体密度差是产生分层和翻滚现象的关键，故应首先了解 LNG 组成和温度对其密度的影响。

② 分层

LNG 是多组分混合物，因温度和组成变化会引起其密度变化，液体密度的差异而使储罐内的 LNG 发生分层(Stratification)。LNG 储罐内液体分层往往是因为充装的 LNG 密度不同或是因为 LNG 中氮含量太高引起的。

③ 翻滚

LNG 在储运过程中会发生一种称为翻滚(Rollover)或"涡旋"的非稳定现象。这是由于低温储罐中已装有的 LNG 与新充装的 LNG 液体密度不同，或者由于 LNG 中的氮优先蒸发而使储罐内的液体发生分层。分层后各层液体在储罐周壁传入热量的加热下，形成各自独立的自然对流循环。该循环使各层液体的密度不断发生变化，当相邻两层液体密度接近相等时就会发生强烈混合，从而引起储罐内过热的 LNG 大量蒸发，并使压力迅速上升，甚至顶开安全阀。这就是所谓翻滚现象。

翻滚现象是 LNG 在储运过程中很容易发生的一种现象。经验表明，只要控制 LNG 中氮含量小于 1%，并加强 BOG 量的监测，翻滚现象是可以避免的。

出现翻滚现象时，会在短时间内有大量气体从 LNG 储罐内散发出来，如不采取措施，将导致设备超压。

④ 快速相态转变

两种温差极大的液体接触时，若热液体温度比冷液体沸点温度高 1.1 倍，则冷液体温度上升极快，表面层温度超过自发成核温度(当液体中出现气泡时)，此时热液体能在极短时间内通过复杂的链式反应机理以爆炸速度产生大量蒸气，即所谓快速相态转变(RPT)。LNG 或液氮与不同温度液体接触时即会出现 RPT 现象。但是，LNG 溢入水中而产生 RPT 不太常见，且后果也不太严重。

三、天然气液化工艺

LNG 工厂的原料气来自常规天然气如油气田的气藏气、凝析气、油田伴生气，以及非常规天然气如煤层气等，一般都不同程度地含有 H_2S、CO_2、有机硫、重烃、水蒸气和汞等杂质。在液化之前，必须进行预处理。经过预处理后的气体进入液化系统预冷、液化和过冷，然后节流降压得到以甲烷为主的 LNG 产品。

LNG 工厂预处理和液化工艺应根据原料气处理量、组成和压力、中间产物和 LNG 技术要求并综合考虑投资、能耗或比能耗(功耗或比功耗)及其他有关因素等合理确定。同时，还必须遵循现行有关标准的规定。

(一) 液化压力

天然气压力高，一方面其液化系统所需冷量较少(不同压力预冷和液化 $p\text{-}T$ 轨迹见图 5-2 的 ABD 和 $A'B'D'$ 线)；另一方面其液化系统温度较高，提供冷量的冷剂压缩能耗也较少，故热力学效率较高。因预处理系统也需较高压力，故原料天然气压力较低时通常需先增压。

由于冷剂压缩能耗远大于天然气增压能耗，故可使天然气液化系统所需能耗减少，从而使比功耗降低。此外，较高的天然气压力也可使预处理和液化系统有关工艺设备尺寸减小。

但是，增压后的天然气压力过高，不仅因其压缩能耗增加过多，使比功耗增加，而且还要注意在预冷和液化过程中的压力、温度应远离（通常是压力应低于）临界点值，以免气、液相密度相近，导致脱除重烃时气液分离困难，或者在压力、温度略有变化时，分离效果就会有很大差异，致使实际运行很难控制（见图5-2中的 $A'B'D'$ 线）。因此，采用重烃洗涤法或低温分离法脱除重烃时，其操作压力必须在临界点以下。此外，原料气压力升高，当 LNG 储存压力一定时，节流压差大，原料气的液化率相应降低。再者，压力过高也会导致预处理和液化系统的设备、管线等压力等级升高而使其投资增加。

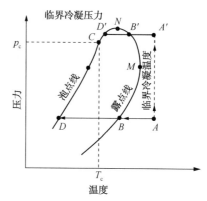

图 5-2　多组分体系的 p-T 图

对于贫气例如煤层气而言，因其重烃含量甚微，故国内有些采用贫气为原料气的 LNG 工厂仅在预处理系统采用吸附法脱苯和重烃即可，因而优化后的液化压力或可较高一些。

因此，最佳液化压力应根据原料气组成、工艺过程等因素通过技术经济比较优化而定，一般在 4~5MPa 或更高。原料气在此压力液化和过冷后，通常再经节流降压去储罐储存。

（二）原料气预处理

原料气预处理目的就是使其所含杂质在液化之前达到表 5-2 所示的要求。原料气脱硫脱碳、脱水等的工艺方法见本书有关章节的介绍。

1. 脱硫脱碳

从地层采出的天然气中通常会含有一定量的 CO_2，由于 CO_2 的三相点温度（216.55K）较高，故容易在低温工艺过程中凝华结霜产生固体 CO_2，造成低温设备或管道的堵塞甚至损坏。CH_4-CO_2 二元液相体系固体 CO_2 形成温度的典型试验数据详见表 5-8。

表 5-8　CH_4-CO_2 二元液相体系固体 CO_2 形成温度数据表

CH_4 摩尔分率	CO_2 摩尔分率	固体 CO_2 形成温度/℃
0.9984	0.0016	−143.50
0.9975	0.0025	−137.94
0.9963	0.0037	−133.72
0.9942	0.0058	−128.61
0.9907	0.0093	−122.78
0.9817	0.0183	−111.11
0.9706	0.0294	−103.28
0.9415	0.0585	−91.00
0.8992	0.1008	−83.89
0.8461	0.1539	−76.22
0.7950	0.2050	−71.89

注：压力为 5MPa。

由表 5-8 可知，对于 CH_4-CO_2 二元液相体系，固体 CO_2 形成温度随 CO_2 含量增加而升高。因此，在对天然气液化之前，必须进行深度脱碳，通常需要将 CO_2 含量降低至 50ppm 以下。

如前所述，当原料气中 H_2S 含量低、CO_2 含量高且需深度脱除 CO_2 时，可选用活化 MDEA 法。该法在 MDEA 溶液中加有提高吸收 CO_2 速率的活化剂，可用于脱除大量 CO_2，也可同时脱除少量的 H_2S，既保留了 MDEA 溶液酸气负荷高、溶液浓度高、化学及热稳定性好、腐蚀低、降解少和反应热小等优点，又克服了单纯 MDEA 溶液在脱除 CO_2 等方面的不足，因而具有能耗、投资和溶剂损失低等优点。因此，我国新建的 LNG 工厂均普遍采用活化 MDEA 法。

据了解，我国已经开采的煤层气中一般含有少量的 CO_2，但是 H_2S 和有机硫含量甚微或无，故预处理时主要是脱除其中的 CO_2。例如，山西沁水盆地煤层气平均组成见表 5-9。

表 5-9　山西沁水盆地煤层气平均组成　　　　　%（体积分数）

组分	CH_4	N_2	CO_2	C_2H_6	H_2S	有机硫	Hg	总计
组成	98.10	1.30	0.56	0.04	微量	微量	$0.098\mu g/m^3$	100

注：基本不含 C_3^+。

原料气中不含 H_2S 时，其 LNG 工厂脱碳系统再生塔顶脱除的酸气（主要组分是 CO_2，一般在 95%左右）可直接引至安全处排放；否则需将酸气中微量 H_2S 脱除后再引至安全处排放。酸气脱硫一般采用干法，例如采用活性炭脱硫。

需要指出的是，活化 MDEA 法为湿法脱碳，脱碳后的原料气为湿气。当原料气中 H_2S 和 CO_2 含量很低且处理量较小时，也可考虑采用干法即分子筛脱硫脱碳。

2. 脱水

LNG 工厂规模较大时，经湿法脱碳后的湿原料气可考虑先采用三甘醇吸收法，或先将原料气冷却至 20~30℃，脱除大部分水分，再采用分子筛吸附法深度脱水。LNG 工厂规模较小时，原料气通常直接采用分子筛脱水两塔工艺流程（一般多选用 4A 分子筛）。当工厂规模较大时，则可考虑采用三塔或多塔分子筛脱水工艺流程。

在两塔流程中，一台干燥器吸附脱水，另一台干燥器再生（加热和冷却），然后相互切换。在三塔或多塔工艺流程中，干燥器切换程序有所不同。目前我国一些 LNG 工厂尽管其规模较小，但经综合比较后也采用三塔脱水工艺流程。例如，山西某煤层气液化工厂（50×$10^4 m^3$/d）分子筛脱水装置采用等压再生，再生气来自原料气，其中两个主干燥器 A 和 B，一个预干燥器 C。A 塔进行吸附（原料气脱水），B 塔进行再生，C 塔进行预吸附（再生气预脱水），然后按周期切换。

实际上，在采用分子筛脱水的同时也可脱除部分重烃，其脱除程度主要取决于吸附剂的性能和再生方式。

3. 脱重烃

天然气中的重烃一般指 C_5^+ 烃类。其中一些重烃（例如苯和 C_8、C_9 等烷烃）的固相在 LNG 中的溶解度极低（即在原料气中最大允许含量极低，见表 5-2），故在液化系统会出现固相堵塞设备和管线，必须在原料气液化之前将其脱除。

天然气中可能存在的一些重烃出现固相的熔点见表 5-10。

表 5-10 一些重烃的熔点

组分	苯	甲苯	对二甲苯	间二甲苯	邻二甲苯	新戊烷	环己烷
熔点/℃	5.5	-94.9	13.2	-47.9	-25.2	-19.5	6.5

根据 LNG 工厂原料气处理量及其重烃(尤其是苯和 C_8、C_9 等烷烃)含量不同,脱重烃可以采用重烃洗涤法、低温分离法和吸附法。

(1) 重烃洗涤法

重烃洗涤法采用沸点较高的液烃在洗涤塔中吸收原料气中沸点较低的重烃,从而将低温下可能形成固相的重烃脱除,重烃洗涤塔可采用板式塔或填料塔,其工艺流程示意图如图 5-3 所示。原料气中重烃含量较多时常采用此法。如前所述,洗涤塔的压力必须控制在临界点以下。

目前国内建设的 LNG 工厂液化系统的重烃洗涤塔,通常采用原料气在液化系统某一低温下部分冷凝后分出的凝液作为吸收剂。例如,中原油田绿能 LNG 工厂($15×10^4 m^3/d$)原料天然气中苯含量约为 $2000×10^{-6}$(体积分数,下同)。由于该厂生产的 LNG 温度约为 $-146℃$,在此温度下苯在 LNG 中的溶解度为 $5×10^{-6}$,原料气中的苯含量远超过该温度下的允许值,故必须在预处理系统脱苯。

该厂脱苯系统原来利用异戊烷脱苯,但因该法异戊烷耗量大,成本高,故后又改为采用异戊烷和液化系统分离出的重烃混合物脱苯,将原料气中的苯降至 $5×10^{-6}$ 以下。

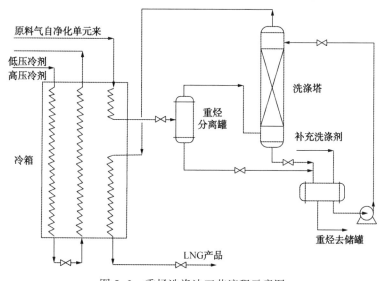

图 5-3 重烃洗涤法工艺流程示意图

(2) 低温分离法

在天然气液化过程中,其所含的重烃将在液化系统中按照沸点从高到低相继冷凝,故可在某一较低温度下采用分离器(分液罐)除去冷凝出的重烃,即所谓低温分离法(部分冷凝法)。

低温分离法只需一具分液罐,比较简单。该法与重烃洗涤法相似,分液罐的压力也必须在临界点以下。由于是平衡冷凝(一次冷凝)过程,分离效果有限,因而罐底凝液中含有较多甲烷,影响 LNG 收率,故一般用于原料气中重烃含量甚少或处理量较小的场合,或者与吸附法联合使用,即先在预处理系统采用吸附法脱除原料气中固相溶解度极低的芳烃和 C_8、C_9 等烷烃,再在液化系统采用低温分离法脱除其他重烃。

例如，中原油田绿能 LNG 工厂采用丙烷预冷+乙烯制冷+两级节流膨胀制冷的液化工艺流程，如图 5-4 所示。预处理后的高压原料气先经丙烷预冷至-30℃，再经乙烯制冷冷却至-85℃，然后经一级节流膨胀至 1MPa 得到 LNG 和中压尾气，再去二次节流膨胀至 0.3MPa 得到 LNG 和低压尾气。该原料气经丙烷预冷后，一些重烃都已冷凝析出，通过气液分离器即可分离并回收这些重烃。

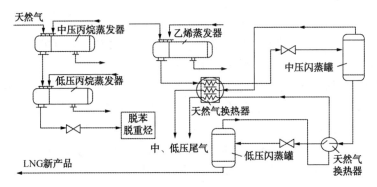

图 5-4　中原油田绿能 LNG 工厂天然气液化工艺流程图

此外，一些采用 BV(Black & Veatch)公司 PRICO® 液化工艺(图 5-5)的 LNG 工厂，以及采用氮气膨胀制冷循环液化工艺的海南海燃 LNG 工厂(30×10⁴m³/d)等，也是采用低温分离法脱重烃。海南海燃 LNG 工厂液化工艺流程图如图 5-19 所示。

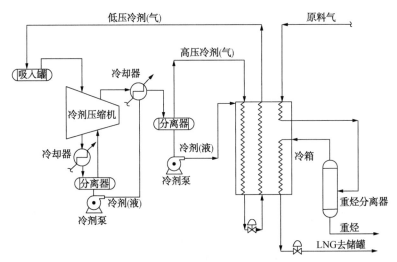

图 5-5　低温分离法工艺流程示意图(PRICO® 液化工艺)

重烃在原料气中的允许含量通常由其固相在 LNG 中的溶解度确定。低温下原料气中重烃出现固相的温度，可根据液化压力和原料气组成由热力学相平衡模型计算确定。据此，即可推测液化系统在低温下采用重烃洗涤法或低温分离法脱除重烃的温度。

(3) 吸附法

吸附法广泛用于原料气中重烃含量甚少的贫气(例如煤层气)，通常采用活性炭作为吸附剂，其操作压力可以较高。当原料气中重烃含量较多时，该法吸附器尺寸和吸附剂用量也随之增加，因而不宜采用。

例如，某 LNG 工厂以煤层气为原料气，设计处理能力 30×10⁴m³/d，该厂采用了两塔流程的活性炭吸附法脱苯及重烃，当一塔处于吸附状态时，另一塔处于再生状态，再生气取自LNG储存中产生的BOG。如图5-6所示，经脱碳和脱水后的原料气，由顶部进入脱苯塔A。塔内的活性炭选择性地吸附其中的苯和重烃，未被吸附的其他气体组分从塔底流出。当A塔吸附饱和时，原料气切换进入B塔吸附，A塔再生（加热和冷却）。来自LNG储罐的BOG经增压和加热后进入A塔加热再生，当A塔加热再生完成后，利用未经加热的BOG冷却A塔。A塔冷却后切换进入吸附状态，B塔开始再生。

另外，山东泰安昆仑能源LNG工厂（15×10⁴m³/d）也采用了活性炭吸附法脱苯和重烃，其工艺流程与图5-6不同处为：①采用了三塔流程，一塔吸附，一塔加热再生，一塔冷却；②原料气由脱苯塔底部进入，脱除重烃后的净化气由塔顶流出。

目前，国内一些LNG工厂采用分子筛和活性炭复合床层同时脱水和脱重烃。例如，我国苏州华峰调峰型LNG工厂（70×10⁴m³/d）即如此。

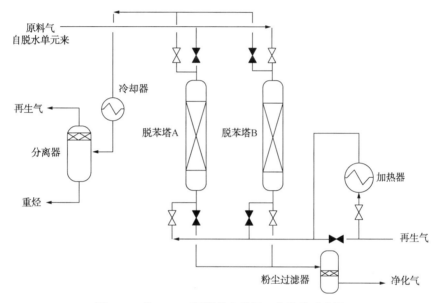

图5-6 某LNG工厂脱苯和重烃工艺流程示意图

4. 脱汞

大多数天然气中都含有汞，汞在天然气中主要是以单质汞的形式存在，其含量通常为0.1~7000μg/m³。一旦进入冷箱（铝质板翅式换热器）的天然气中含汞，即便其含量极微，在一定温度和压力下，汞将冷凝析出，并在冷箱的管束底部或封头等部位不断聚集，然后与铝合金反应生成附着力很小的汞齐，使铝合金表面致密的氧化铝膜脱落，使其抗腐蚀性能不断下降；最终，会导致冷箱腐蚀开裂，发生刺漏。因此，必须严格控制LNG工厂原料气中的汞含量。

LNG工厂一般要求预处理后的原料气汞含量小于0.01μg/m³。

目前，广泛采用化学吸附法脱除天然气中的汞，其脱汞工艺流程又可分为不可再生式和再生式两种。前者采用的吸附剂主要有：载硫活性炭、载硫三氧化二铝以及负载的金属硫化物等，这些吸附剂可将气体中的汞脱除至0.001~0.01μg/m³，其原理是汞与硫（或金属硫化物）反应生成硫化汞而附着在吸附剂上，化学反应式如下：

$$Hg+S \longrightarrow HgS \tag{5-1}$$

$$Hg+M_xS_y \longrightarrow M_xS_{y-1}+HgS(M \text{ 为金属元素}) \tag{5-2}$$

后者采用载银活性炭、载银分子筛等吸附剂，其脱汞原理是汞与银反应生成银汞齐，化学反应式如下：

$$Hg+Ag \longrightarrow AgHg \tag{5-3}$$

载银活性炭脱汞是可逆反应，随着吸附床层温度升高，银汞齐会分解，汞以蒸气形式从活性炭中释放出来，而银仍留在活性炭中，从而实现脱汞剂再生，其工艺流程与传统分子筛脱水工艺相同。

载银分子筛脱汞剂的典型产品是 HgSIV 脱汞剂，图 5-7 为采用该脱汞剂脱汞的工艺流程图。图中，原料气自上而下经过两台吸附塔脱汞和脱水，吸附塔底流出的一部分无汞干气则经加热后去另一个吸附塔进行再生，然后经冷却分离、压缩后与原料气混合。该工艺只需在原有的分子筛脱水吸附剂上加一层脱汞 HgSIV 吸附剂，即可同时达到脱汞和脱水的目的。

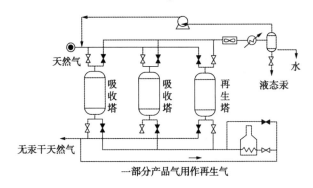

图 5-7　HgSIV 脱汞、分子筛脱水工艺流程图

载银分子筛脱汞技术成熟，已经在国外使用多年，脱除效率高，脱汞效果比不可再生脱汞剂的效果好，但是其投资较大。目前，我国 LNG 工厂一般均采用不可再生的载硫活性炭脱汞，当脱汞剂达到使用寿命时需要由专业厂家回收处理。

5. 脱氮脱氧

氮气的液化温度（常压下为 -195.8℃）比天然气主要组分甲烷的液化温度（常压下为 -161.5℃）低。因此，天然气中的氮含量越多，则其液化温度越低，能耗越高。氧气液化温度与氮气相近（常压下为 -182.9℃）。高温下，氧气的存在还会导致脱碳溶液降解变质。

通常，采用最终闪蒸的方法从 LNG 中选择性地脱氮。对于氮气含量高的原料气需要液化并用于调峰时，可考虑采用氮-甲烷膨胀制冷液化工艺。

如果原料气中氮气、氧气含量较大（例如某些煤层气），则需对其进行分离以提纯甲烷。目前提纯技术有低温分离法、膜分离法、变压吸附法等。

（三）天然气液化

原料气经过预处理后，进入液化系统的换热器中不断降温直至液化。因此，天然气液化过程的核心是制冷系统。通常，天然气液化过程根据制冷方法不同又可分为：节流制冷循环、膨胀机制冷循环、阶式制冷循环、混合冷剂制冷循环、带预冷的混合冷剂制冷循环等工艺。在选择液化工艺流程时，必须综合考虑以下因素：①工厂的类型和处理量；②原料气组成、压力，对 LNG 组成（例如氮含量）要求；③主要设备类型和性能。目前，世界上基本负荷型 LNG 工厂主要采用后三种液化工艺。

1. 基本负荷型 LNG 工厂液化工艺

基本负荷型 LNG 工厂的生产通常由原料气预处理、液化、储装等部分组成。典型的工艺流程如图 5-8 所示。

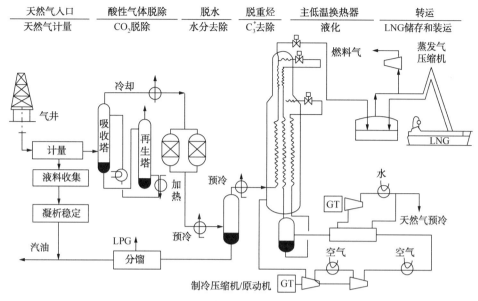

图 5-8　典型的 LNG 工艺流程

此类工厂通常按其 LNG 年产量可分为小型（$50×10^4$t/a 以下）、中型［（$50～250$）×10^4t/a］和大型（$250×10^4$t/a 以上）三类。目前我国已建、在建和拟建的基本负荷型 LNG 工厂均属中小型。例如，我国目前已经建设的山东泰安中国石油 LNG 工厂天然气处理能力为 $260×10^4$ m^3/d，其 LNG 产量约为 $60×10^4$t/a，湖北黄冈中国石油 LNG 工厂天然气处理能力为 $500×10^4$ m^3/d，其 LNG 产量约为 $120×10^4$t/a。

选择液化工艺流程时，应对不同流程的可靠性、工艺效率、投资、能耗、消耗指标以及运行灵活性等进行比较，才能确定最佳的液化工艺流程。我国近年来陆续建设了一批中小规模的基本负荷型 LNG 工厂。例如，2001 年建成的中原油田绿能 LNG 工厂采用阶式制冷，冷剂为丙烷、乙烯，天然气处理量为 $30×10^4$ m^3/d，液化能力为 $15×10^4$ m^3/d；2004 年建成的新疆广汇 LNG 工厂天然气处理量为 $150×10^4$ m^3/d，采用混合冷剂制冷；2005 年建成的海南海燃 LNG 工厂，天然气处理量为 $30×10^4$ m^3/d，采用氮膨胀制冷；2008 年建成的山东泰安昆仑能源 LNG 工厂，天然气处理量为 $15×10^4$ m^3/d，也采用氮膨胀制冷。2015 年建成的中国石油泰安 LNG 工厂，天然气处理量为 $260×10^4$ m^3/d，采用混合冷剂制冷。

（1）阶式制冷循环

阶式制冷循环采用几种不同沸点的冷剂逐级降低制冷温度。经典的阶式制冷循环一般由丙烷、乙烯和甲烷三个制冷阶或制冷温位（蒸发温度分别为-38℃、-85℃、-160℃）的制冷循环串联而成。为了使各级制冷温位与原料气冷却曲线接近，之后又出现了 3 种冷剂、9 个制冷温位（丙烷、乙烯和甲烷各 3 个温位），如图 5-9 和图 5-10 所示。

1961 年在阿尔及利亚 Arzew 建造的世界上第一座大型基本负荷型天然气液化厂（CAMEL），液化装置采用丙烷、乙烯和甲烷组成的阶式制冷循环液化工艺。该厂于 1964 年交付使用，共有三套相同的液化装置，每套装置液化能力为 1.42Mm³/d。

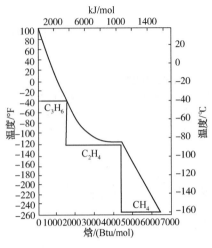

图 5-9　三个温位阶式制冷循环的
天然气冷却曲线
（1Btu = 1.055kJ）

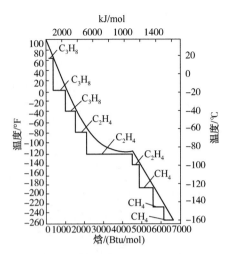

图 5-10　九个温位阶式制冷循环的
天然气冷却曲线
（1Btu = 1.055kJ）

之后在特立尼达和多巴哥的 Atlantic LNG 公司采用了 Phillips 石油公司开发的优化阶式制冷循环（CPOCP）天然气液化工艺，建设了一条 $3×10^6$t/a LNG 的生产线，并于 1999 年 4 月 19 日生产出第一船 LNG 运往用户。该液化工艺流程如图 5-11 所示。优化阶式制冷的特点为甲烷、乙烯、丙烷三阶均采用流体再循环。

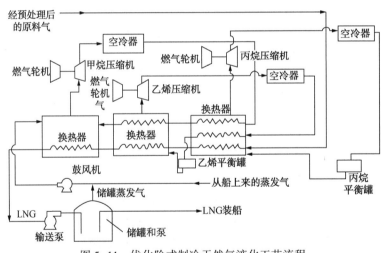

图 5-11　优化阶式制冷天然气液化工艺流程

最早的优化阶式制冷循环中，各阶冷剂和原料气各自为独立系统，冷剂甲烷和原料气只在换热器中换热，实际上是闭式甲烷制冷循环。目前已将甲烷制冷循环系统改成开式，即原料气与冷剂甲烷混合构成循环系统，在低温、低压分离器内生成 LNG。这种以直接换热方式取代常规换热器的表面式间接换热，明显提高了换热效率。

（2）单循环混合冷剂制冷

由于阶式制冷流程和设备复杂、传热温差大，故之后美国空气产品和化学品公司（APCI）于 20 世纪 60 年代末开发了混合冷剂制冷循环（MRC）或单循环混合冷剂制冷（SMR）专利技术。该制冷循环采用 N_2、$C_1 \sim C_5$ 混合物作冷剂，利用混合物中各组分沸点不同的特点，达到所需的不同制冷温位。图 5-12 为 MRC 工艺流程图，主换热器是 MRC 液化系统的核心，该设备垂直安装，下部为热端，上部为冷端，壳体内布置了许多换热盘管，体内空间提供了一条很长的换热通道，冷流体在换热通道中与盘管内的热流体换热以达到制冷的目的。

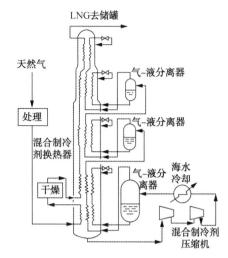

图 5-12　典型的天然气液化 MRC 工艺流程

与阶式制冷循环相比，MRC 的优点是工艺流程大为简化，投资减少 15%～20%，管理方便；缺点是能耗高 10%～20%左右，混合冷剂组分的合理配比较困难。该冷剂中各组分的摩尔分数一般为：CH_4 0.2～0.32，C_2H_6 0.34～0.44，C_3H_8 0.12～0.20，C_4H_{10} 0.08～0.15；C_5H_{12} 0.03～0.08 及 N_2 0.0～0.03。利比亚和阿尔及利亚 Skikda GL1-KI 的 LNG 工厂即采用 MRC 工艺。此外，有些公司液化

系统(例如 BV 公司 PRICO®工艺)采用的混合冷剂中 C_2 为 C_2H_4，我国 LNG 工厂采用 MRC 工艺混合冷剂中 C_2 也多为 C_2H_4。

由图 5-12 所示液化工艺流程可知，混合冷剂制冷循环设有不同次数的气液分离和液体节流过程。即每次分出的液体随即过冷后节流制冷，分出的气体继续冷却为气液两相再次分离，从而减小混合冷剂的预冷负荷。目前应用的有一次分离(一次节流)、二次分离(二次节流)、三次分离(三次节流)和多次分离(多次节流)等。分离次数不同，流程复杂程度和制冷循环效率不同。分离次数增加，一方面制冷系统能耗降低，热力学效率增加，但是随着次数增加对制冷性能的影响减小；另一方面低温设备和自控仪表等增加使工艺流程更加复杂和降低其可操作性，故不同规模液化装置制冷系统的最优分离次数不相同。规模越大，最优分离次数越多。在混合冷剂制冷循环的流程设计时需要针对不同规模的液化装置进行优化，选择合适的分离次数。大型天然气液化装置一般选用三次或多次分离混合冷剂制冷循环。装置规模越小，选用的分离次数越少。

原则上讲，混合冷剂的组成应按原料气组成、液化压力及工艺要求而定，一旦组成确定后是不易调整的，即使能做到这点，但减少传热温差的效果并不十分明显。原因是从常温到 -162℃范围内采用一组混合冷剂，使其蒸发过程形成的制冷曲线始终与天然气冷却曲线贴近是难以实现的，充其量只是局部或一部分贴近冷却曲线。因此，单循环混合冷剂制冷循环工艺虽然较为简单，但其效率要比九个温位阶式制冷循环的液化工艺低。此外，单循环混合冷剂制冷的比功耗也不够理想。

尽管如此，由于单循环混合冷剂制冷液化工艺具有设备少，流程简单等优点，故可作为中小型 LNG 工厂液化系统的首选流程。虽然其比功耗较阶式制冷循环高，但通过合理的工艺流程设计，可以显著降低比功耗指标。因此，目前我国山西晋城以沁水煤层气为原料气的新奥 LNG 工厂(15×10⁴m³/d)和港华 LNG 工厂(100×10⁴m³/d)，以及以天然气为原料气的陕西定边调峰型 LNG 工厂(天然气处理量为 100×10⁴m³/d)、青海昆仑能源 LNG 工厂(天然气处理量为 35×10⁴m³/d)等均采用单循环混合冷剂制冷液化工艺。

(3) 带预冷的混合冷剂制冷循环

在对 MRC 工艺进行改进的基础上，又开发了采用带预冷的混合冷剂制冷循环。预冷采

用的冷剂主要有丙烷、混合冷剂等，下面分别对其进行介绍。

① 丙烷预冷

丙烷预冷与混合冷剂制冷循环液化工艺（C_3／MR）由丙烷预冷制冷循环、混合冷剂制冷循环和天然气液化系统三部分组成，其原理是分段提供冷量，此时天然气冷却曲线如图5-13所示。其中，丙烷预冷制冷循环用于混合冷剂和天然气预冷，混合冷剂制冷循环用于混合冷剂深冷和天然气液化与过冷。这种工艺流程结合了阶式制冷循环和混合冷剂制冷循环流程的优点，图5-13中的天然气冷却曲线除了在丙烷预冷部分因有锯齿形折线而略有欠缺外，整个流程冷热介质的传热温差几乎贴近，热力学效率较高，因而在大型LNG工厂广泛应用。

混合冷剂的组成亦应按原料气性质、液化压力和工艺要求确定，其主要组分为甲烷、乙烷（或乙烯）、丙烷和氮气等。当原料气中乙烷、丙烷和丁烷含量较多时，混合冷剂中的乙烷（或乙烯）、丙烷含量应相应增加。

在丙烷预冷制冷循环中，从丙烷换热器来的高、中、低压丙烷经压缩机增压后，先用水冷却，然后经节流降温，从而为混合冷剂和天然气提供冷量。采用混合冷剂制冷，可增加系统制冷能力，改善换热器中温度分布（图5-13）。通过改变混合冷剂组成，即可调节主换热器（即图5-14中的混合冷剂换热器）中的温度分布曲线。现有APCI、Technip、Linde等公司持有这类工艺的专利，其中APCI专利流程如图5-14所示。

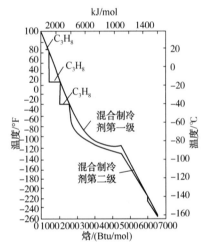

图5-13　丙烷预冷与混合冷剂制冷的
天然气冷却曲线
（1Btu＝1.055kJ）

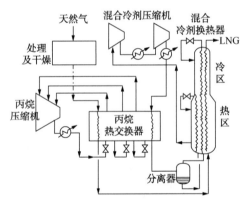

图5-14　丙烷预冷混合冷剂制冷
天然气液化工艺流程

图5-14中，"高温"段采用丙烷压缩制冷，按3个温位将原料气预冷；"低温"段制冷采用两种方式：高压混合冷剂与热区较"高"温度的原料气换热，低压混合冷剂与冷区较"低"温度原料气换热，最后使原料气液化，从而使液化过程的传热温差显著降低，提高了其热力学效率，几乎可与九个温位的阶式制冷循环相当。因此，此工艺具有流程较简单、效率高、运行费用低、适应性强等优点，是目前比较合理的天然气液化工艺。

由此可知，丙烷预冷与混合冷剂制冷循环液化工艺的主要特点如下：a. 操作弹性大。当原料气处理量降低时，仍可保持混合冷剂制冷循环的效率；b. 当原料气组成变化时，通过调节混合冷剂组成或混合冷剂压缩机吸入和排出压力，也可使原料气高效液化；c. 该工艺结合阶式制冷和混合冷剂制冷液化工艺的优点，热力学效率高，流程简单，因而应用广泛。

② 混合冷剂预冷

为了克服 C_3/MR 工艺丙烷预冷部分天然气冷却曲线锯齿形折线的欠缺，APCI 和 Shell 公司又进一步开发了采用混合冷剂预冷的双混合冷剂制冷循环工艺(DMR 或 DMRC)。预冷的混合冷剂为乙烷和丙烷混合物。Shell 公司的双混合冷剂制冷循环液化工艺，主要用于 $(200\sim500)\times10^4$ t/a 中、高产量的 LNG 生产线。该公司通过优化设计 DMR 液化工艺，可充分利用混合冷剂预冷循环和液化循环中的压缩机组的动力。对于 DMR 液化工艺，可通过调节两个循环中混合冷剂的组分，使压缩机在很宽的进气条件和大气环境下工作(图 5-15)。

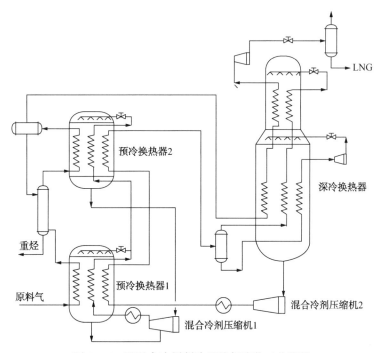

图 5-15　双混合冷剂制冷天然气液化工艺流程

由于该工艺流程复杂，在大多数情况下其效率提高有限，在相同输入功率的情况下，因其预冷部分采用混合冷剂制冷，故仅在环境温度很低时 DMR 液化工艺生产的 LNG 产量明显高于 C_3/MR，比功耗明显低于 C_3/MR。因此，直到 2009 年 Shell 公司的 DMR 液化工艺才在俄罗斯萨哈林 II 项目建成投产，其规模为 2×4.8Mt/a。

山东泰安中国石油 LNG 工厂(260×10^4 m³/d)即采用由我国寰球工程公司自主开发并优化后的 DMR 液化工艺，并于 2014 年 8 月顺利投产。该厂原料气为来自泰-青-威输气管线的管道天然气，压力为 6MPa(设计值，下同)，经预处理后进入液化系统主换热器(国产板翅式换热器)经混合冷剂 MR1 预冷至-43℃进入重烃洗涤塔，脱除苯和重烃的原料气返回主换热器，经混合冷剂 MR2 深冷至-156.5℃成为液体由底部流出，再节流至 0.3MPa 进入 LNG 储罐储存。

③ C_3/MR 加氮膨胀制冷循环

APCI 公司开发的 AP-X 制冷循环工艺系采用 C_3/MR 加氮膨胀制冷。这是一种三级阶式制冷工艺，预冷部分采用丙烷制冷循环，液化部分采用混合冷剂制冷循环，过冷部分则采用氮气膨胀制冷循环,其工艺流程示意图如图 5-16 所示。2008~2009 年在卡塔尔先后有 6 套采用 AP-X 制冷循环液化工艺的 LNG 装置投产,其 LNG 总产量为 7.8Mt/a。

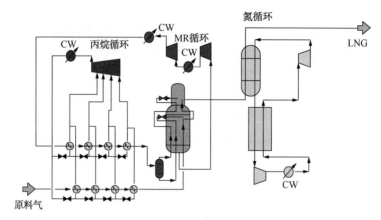

图 5-16　C_3/MR 加氮膨胀制冷的天然气液化工艺流程示意图

④ 三级混合冷剂阶式制冷循环(MFC)

进入 21 世纪后,由于大型 LNG 工厂单套处理量的不断增加,随之又出现了 Linde 公司开发的"混合流体阶式 MFC",即三级混合冷剂制冷循环的液化工艺,其工艺流程示意图如图 5-17 所示。

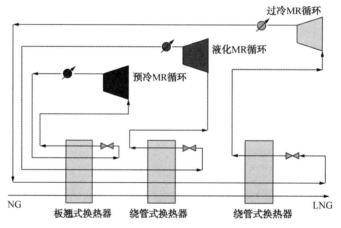

图 5-17　三级混合冷剂阶式制冷的天然气液化工艺

由于预冷部分采用了混合冷剂制冷,故比较适用于寒冷气候条件。目前,仅在北极圈内挪威的 Hammerfest 建设的 LNG 装置采用该工艺,并于 2007 年投产,其设计规模为 4.3Mt/a。

表 5-11 为几种天然气液化制冷循环比功耗比较。

表 5-11　天然气液化制冷循环比功耗

制冷循环方式	比 功 耗	
	(kW·h)/m³天然气	kJ/m³天然气
阶式	0.32	1152
带预冷混合冷剂	0.33~0.375	1200~1350
混合冷剂	0.39	1404

表 5-12 为几种液化制冷循环相对比功耗比较。表中以典型阶式制冷循环液化比功耗作为比较标准，取其为 1。

表 5-12　天然气液化制冷循环相对比功耗

液化制冷循环	相对比功耗	液化制冷循环	相对比功耗
阶式制冷	1.00	单级膨胀制冷	2.00
单循环混合冷剂制冷	1.25	丙烷预冷单级膨胀制冷	1.70
丙烷预冷和混合冷剂制冷	1.15	两级膨胀制冷	1.70
双混合冷剂制冷	1.05		

表 5-13 列出了阶式制冷循环、混合冷剂制冷循环（MRC）和膨胀制冷循环的有关性能比较。

表 5-13　阶式、MRC 和膨胀制冷循环有关性能比较

项　目	阶　式	MRC	膨胀机
效率	高	中/高	低
复杂性	高	中	低
换热器类型	板翅式	板翅式或绕管式	板翅式
换热器面积	小	大	小
适应性	高	中	高

（4）膨胀制冷循环

膨胀制冷循环液化工艺是指采用高压气体冷剂通过膨胀机绝热膨胀制冷，实现天然气液化的工艺。该工艺的关键设备是透平膨胀机。目前，我国已建和在建的小型基本负荷型 LNG 工厂有的也采用膨胀制冷循环液化工艺。

根据冷剂不同，膨胀制冷循环工艺又可分为天然气膨胀制冷、氮气膨胀制冷和氮-甲烷膨胀制冷循环液化工艺。

① 天然气膨胀制冷循环液化工艺

该工艺是利用高压原料气与低压商品气之间的压差，经透平膨胀机制冷而使天然气液化，其冷剂即为高压原料气。优点是比功耗小，只需对液化的那部分原料气脱除杂质，但不能获得像氮膨胀制冷循环液化工艺那样低的温度，循环气量大，液化率低。此外，膨胀机运行性能受原料气压力和组成变化的影响较大，对系统的安全性要求较高。

该工艺特别适用于原料气压力高，外输气压力低的地方，可充分利用高压原料气与低压商品气之间的压差，几乎不需耗电。此外，还具有流程简单、设备少、操作及维护方便等优点，故是目前发展很快的一种工艺。在这种液化工艺中，透平膨胀机组是关键设备。

天然气膨胀制冷循环液化工艺的液化率主要取决于膨胀比。膨胀比越大，液化率也越高，一般在 7%~15%，故比其他制冷循环的液化工艺要低。因此，有的 LNG 工厂为了提高液化率，采用了两级膨胀机制冷循环液化工艺。

因受液化工艺的限制，采用天然气膨胀制冷循环液化的 LNG 工厂处理量都小。例如，我国四川犍为（中国石油西南油气田分公司）LNG 工厂（$4 \times 10^4 \, m^3/d$）利用输气管道与城镇燃气管网压差，采用单级膨胀机制冷、部分液化的液化工艺；江苏江阴天力 LNG 工厂（$5 \times 10^4 \, m^3/d$）利用输气管道与城镇燃气管网压差，采用两级膨胀机制冷、部分液化的工艺。

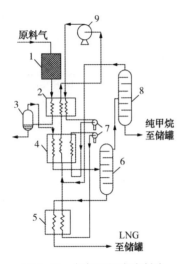

图 5-18　氮气两级膨胀制冷
液化工艺流程图

1—预处理系统；2、4、5—换热器；
3—重烃分离器；6—氮汽提塔；
7—透平膨胀机；8—氮-甲烷分离塔；
9—循环压缩机

② 氮气膨胀制冷循环液化工艺

氮气膨胀制冷循环液化工艺是天然气膨胀制冷循环液化工艺的一种变形。在该工艺中，氮气膨胀制冷循环与天然气液化系统分开，氮膨胀制冷循环为天然气液化提供冷量。

对于含氮稍多的原料气，只要设置氮-甲烷分离塔，就可制取纯氮以补充氮气膨胀制冷循环中氮气的损耗，并同时副产少量的液氮及纯液甲烷。该工艺的优点是：①膨胀机和压缩机均可采用离心式，体积小，操作方便；②对原料气组成变化有较大的适应性；③整个系统较简单，操作方便。缺点是冷热介质的传热温差和换热面积较大，比功耗较高，约为 $0.5kW \cdot h/m^3$，比混合冷剂制冷液化工艺约高 40%。氮气两级膨胀制冷液化工艺如图 5-18 所示。该工艺由原料气液化系统和氮气膨胀制冷循环组成。

我国海南海燃 LNG 工厂（$30×10^4 m^3/d$）、山东泰安昆仑能源 LNG 工厂（$15×10^4 m^3/d$）等，即采用氮气膨胀制冷循环液化工艺。其中，海南海燃 LNG 工厂的氮气两级膨胀制冷循环液化工艺流程图如图 5-19 所示。

图 5-19 中，预处理后的净化气进入液化系统。在冷箱中净化气被冷却降温至某一温度后，在重烃分液罐分出重烃。分离出的重烃去重烃储罐，而分离出的气体重新进入冷箱进一步冷却并液化，然后送至 LNG 储罐中。

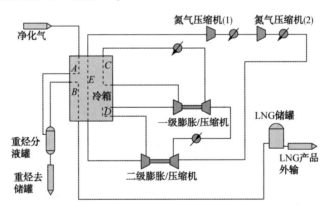

图 5-19　海南海燃 LNG 工厂氮气两级膨胀液化工艺流程图

图 5-19 中氮气首先通过氮气压缩机一级压缩并冷却，再通过氮气压缩机二级压缩并冷却，又通过两个膨胀/压缩机的增压端进一步压缩并冷却，再流经冷箱的 C 股物流通道冷却降温后，进入一级膨胀机膨胀，然后流经冷箱的 D 股物流通道冷却降温，再进入二级膨胀机进一步膨胀得到低温氮气，低温氮气作为冷源进入冷箱为天然气制冷。氮气出冷箱后重新进入氮气压缩机进行循环。

净化气全部液化和过冷后在 0.45MPa 的储存压力下进入 LNG 储罐。

③ 氮–甲烷膨胀制冷循环液化工艺

为了降低膨胀机的能耗，还可采用一种改进的氮–甲烷混合气体膨胀制冷液化工艺，其制冷循环采用的工质是氮和甲烷的混合物。与混合冷剂制冷液化工艺比较，氮–甲烷膨胀制冷液化工艺具有流程简单、操作方便、控制容易等优点。由于缩小了冷端温差，比纯氮气膨胀制冷液化工艺比功耗节省 10%～20%。

图 5-20 是氮–甲烷膨胀制冷液化工艺流程图。该工艺由天然气液化系统和氮–甲烷膨胀制冷循环系统两部分组成。

来自输气管道的天然气在预处理系统 1 脱碳、脱水后，去换热器 2 冷却并在气液分离器 3 中进行气液分离。气体进入换热器 4 冷却液化，经换热器 5 过冷，节流降压后去储罐；凝液经换热器 2 复热后，与预热、增压后的储罐 11 蒸发气（BOG）混合去输气管道。

氮–甲烷膨胀制冷循环系统中，冷剂氮–甲烷经循环压缩机 10 和制动压缩机 7 压缩到工作压力，经水冷却器 8 冷却后，进入换热器 2 冷却到透平膨胀机入口温度。一部分冷剂去膨胀机 6，膨胀到循环压缩机 10 的入口压力，与返回的冷剂混合后，为换热器 4 提供冷量，回收的膨胀功用于驱动同轴的制动压缩机；另外一部分经换热器 4、5 冷凝和过冷后，经节流降温后返回，为过冷换热器提供冷量。

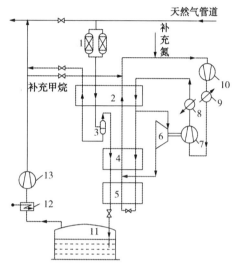

图 5-20　氮–甲烷膨胀制冷液化工艺流程图
1—预处理系统；2、4、5—换热器；3—气液分离器；
6—透平膨胀机；7—制动压缩机；8、9—水冷却器；
10—循环压缩机；11—储罐；12—预热器；13—压缩机

我国宁夏清洁能源公司 LNG 工厂（天然气处理量为 $2\times30\times10^4\,m^3/d$）、内蒙古新圣燃气公司鄂尔多斯 LNG 工厂（天然气处理量为 $15\times10^4\,m^3/d$）等即采用氮–甲烷膨胀制冷循环液化工艺。

国内有人对几种小型 LNG 工厂膨胀制冷循环液化工艺进行比较，其结果见表 5-14。

表 5-14　小型 LNG 工厂膨胀制冷循环液化工艺比较

工 艺 方 案	天然气膨胀制冷	氮–甲烷膨胀制冷	氮高压串联膨胀制冷	氮中压并联膨胀制冷
天然气处理量/($10^4\,m^3/d$)	15	15	15	15
制冷压缩机轴功率/kW	2878	2873	2997	2885
预冷压缩机轴功率/kW	52	52	52	52
单位制冷工艺能耗/kW·h	0.469	0.468	0.488	0.470
长期运行可靠性	较可靠	较可靠	串联透平运行 易出故障	较可靠
设备投资预算	压缩机、膨胀机 约高 40%	压缩机、膨胀机 约高 40%	膨胀机约高 20%	以此方案为 比较基础
制冷系统安全要求	需防火、防爆	需防火、防爆	不需防火、防爆	不需防火、防爆
主要设备订货来源	国内	国内，但膨胀机 无成熟产品	国内	国内

（5）主要指标比较

基本负荷型 LNG 工厂主要采用阶式制冷、混合冷剂制冷和带预冷的混合冷剂制冷循环的天然气液化工艺，其主要指标的比较见表 5-15。国外一些基本负荷型 LNG 工厂所使用的液化流程及其性能指标见表 5-16。

表 5-15　三种天然气液化工艺主要技术经济指标比较

项　　目	阶式制冷循环	混合冷剂制冷循环	丙烷预冷混合冷剂制冷循环
处理气量/$10^4 m^3$[①]	1087	1087	1087
燃料气量/$10^4 m^3$[①]	168	191	176
进厂气总量/$10^4 m^3$[①]	1255	1287	1263
制冷压缩机功率/kW			
丙烷压缩机	58971	—	45921
乙烯压缩机	72607	—	—
甲烷压缩机	42810	—	—
混合冷剂压缩机	—	200342	149886
总功率	175288	200342	195870
换热器总面积/m^2			
板翅式换热器	175063	302332	144257
绕管式换热器	64141	32340	52153
钢材及合金耗量/t	15022	14502	14856
总投资/10^4美元	9980	10070	10050

①指标准状态下的气体体积。

表 5-16　基本负荷型液化装置性能指标

项　　目	投产时间/年	液化流程	产量/($\times 10^4$t/a)	压缩机/kW	功率[①]/kW
阿尔及利亚 Arzew，CAMEL	1963	阶式	36	22800	141
阿拉斯加 Kenai	1969	阶式	115	63100	122
利比亚 Marsa el Brega	1970	MRC	69	45300	147
文莱 LNG	1973	C_3/MRC	108	61500	127
阿尔及利亚 Skikda 1，2，3	1974	MRC	103	78300	169
卡塔尔 Gas	1996	C_3/MRC	230	107500	104
马来西亚 MLNG Dua	1995	C_3/MRC	250	102500	91
马来西亚 MLNG Tiga	2002	C_3/MRC	375	140000	83

①生产 1kg LNG 所消耗的功率。

从表 5-15 可以看出，丙烷预冷混合冷剂制冷的天然气液化工艺流程得到了广泛应用。近年来，又对该工艺流程进行了改进，因而新建的 LNG 工厂如马来西亚的 MLNG Tiga，澳大利亚西北大陆架第 4 条生产线和尼日利亚扩建的 LNG 项目都采用了这种液化流程。目前，其单条生产线的能力已达到 400×10^4t/a 数量级。

2. 调峰型 LNG 工厂液化工艺

调峰型 LNG 工厂的特点是液化能力小，但储存容量和再气化能力较大。这类工厂一般利用管道来气压力(或增压),采用透平膨胀机制冷来液化平时相对富裕的管道天然气或LNG储罐的BOG,然后将LNG储存起来供平时或冬季高峰时使用。调峰型LNG工厂一般每年开工约200~250d。

调峰型LNG工厂主要采用的液化工艺为:①阶式制冷,此工艺以往曾被广泛采用,现已基本不用;②混合冷剂制冷;③透平膨胀机制冷,此工艺可充分利用原料气与管网气之间的压差,达到节能目的。

(1)混合冷剂和膨胀制冷液化工艺

德国斯图加特TWS公司调峰型LNG工厂装置工艺流程分为天然气预处理、液化、储存、气化四个部分。原料天然气来自高压管网(2.1MPa),处理量为14.5×10⁴m³/d,每年连续运行200d左右。生产的LNG储存在1个3×10⁴m³的储罐中。冬天供气高峰时,由3台(2用1备)浸没式燃烧气化器加热气化后,将天然气送入低压管网去用户,其工艺流程如图5-21所示。

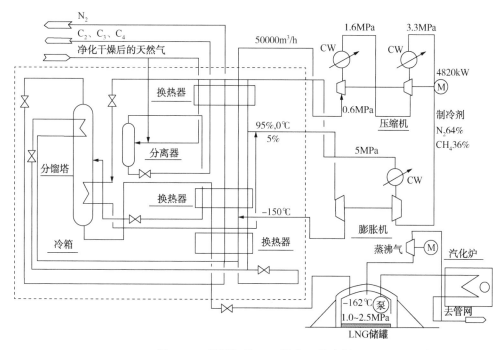

图5-21 斯图加特LNG液化工艺流程

原料气预处理工艺与基本负荷型工厂相同,液化工艺采用氮和甲烷混合冷剂和透平膨胀机制冷流程。天然气首先经换热器冷却,然后进入分离器,分离出C_2、C_3、和C_4烃类。分离器顶部气体进一步冷却后进入分馏塔,塔顶为氮气,塔底则为LNG。分馏塔顶部冷凝器和3个板翅式换热器的冷量来自制冷系统,制冷系统使用混合冷剂(其组成为:$N_2$64%,$CH_4$36%),采用闭式制冷循环。冷剂经三级压缩,压力由0.6MPa压缩到5MPa。高压冷剂的5%作为分馏塔底重沸器的热源,95%在换热器中冷至-70℃后进入膨胀机,温度约降至-150℃,然后进入换热器给出其冷量,制冷剂循环量约为50000m³/h。

(2)天然气直接膨胀制冷液化工艺

该工艺是利用高压原料气与低压商品气之间的压差,经透平膨胀机制冷而使天然气液化,其优点是能耗小,但不能获得像氮膨胀制冷液化工艺那样低的温度,循环气量大,液化率低。此外，膨胀机的运行性能受原料气压力和组成变化的影响较大，对系统的安全性要求较高。

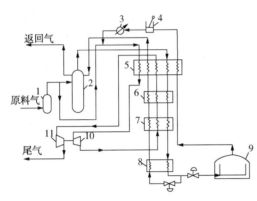

图 5-22　天然气膨胀制冷液化工艺流程
1—脱水器；2—脱 CO_2 塔；3—水冷却器；
4—返回气压缩机；5~7—换热器；8—过冷器；
9—储罐；10—膨胀机；11—压缩机

美国西北天然气公司 1968 年建立的一座调峰型天然气液化装置就是采用此液化工艺，如图 5-22 所示。该装置原料气已经过预处理，压力为 2.67MPa，含 CO_2 为 $(900~4000)\times10^{-6}$（体积分数），H_2S 为 0.7~4.5mg/m³、有机硫约 6~70mg/m³。原料气经透平膨胀机膨胀到约 490kPa，液化率为 10%左右。原料气处理量为 56.6×10^4 m³/d，液化能力约为 5.7×10^4 m³/d。储罐容积约 1700×10^4 m³，全年的 LNG 都储入储罐。气化器气化能力为 170×10^4 m³/d，并有 100%的备用量。在高峰负荷时，可在十天内将全年储存量全部气化。

由图可知，原料气经脱水器 1 脱水后，一部分（约占总气量的 20%~35%）进入塔 2 脱除 CO_2，再经换热器 5~7 及过冷器 8 降温液化。其中，一部分节流后进入储罐 9 储存，另一部分节流后为换热器 5~7 和过冷器 8 提供冷量。储罐 9 中的 BOG，先经换热器 5 提供冷量，再进入返回气压缩机 4 压缩并冷却后，与未进塔 2 的原料气混合，再去换热器 5 冷却，然后进入膨胀机 10 膨胀制冷，为换热器 5~7 提供冷量和复热后去低压商品气管网。

为了获得较大的液化量，可在流程中增加一台压缩机，即带循环压缩机的天然气膨胀制冷液化工艺，其缺点是能耗较大。

图 5-22 所示的天然气直接膨胀制冷液化工艺属于开式循环，即高压原料气经冷却、膨胀制冷与回收冷量后的低压天然气（图中尾气）直接（或经增压达到所需压力）作为商品气去管网。若将回收冷量后的低压天然气用压缩机增压到与原料气相同的压力后，返回至原料气中则属于闭式循环。

由于进入膨胀机的原料气不需要脱除 CO_2，只需对液化部分的原料气脱除其中的 CO_2，因此预处理气量大为减少。装置的主要工艺参数见表 5-17。

该工艺特别适用于原料气压力高，外输气压力低的地方，可充分利用高压原料气与低压商品气之间的压差，几乎不需耗电。此外，还具有流程简单、设备少、操作及维护方便等优点，故是目前发展很快的一种工艺。在这种液化工艺中，透平膨胀机组是关键设备

表 5-17　天然气膨胀制冷液化装置主要工艺参数

工艺参数	物　流					
	原料气	返回气	换热器 5 的膨胀气①	过冷器 8 的原料气②	出膨胀机气体	尾气
温度/℃	15.6	26.7	—	-143	-112	37.8
压力/kPa	2670	241	480	—	—	—
流量/($\times10^4$m³/d)	56.6	14.2	—	—	—	36.8

①、②所列的设备见图 5-21 天然气膨胀制冷液化工艺流程图

天然气膨胀直接制冷液化工艺的液化率比其他类型的液化工艺要低，主要取决于膨胀比。膨胀比越大，液化率也越高，一般在 7%～15% 左右。

因受液化工艺的限制，采用天然气膨胀制冷循环液化的调峰型 LNG 工厂处理量都小。例如，我国苏州华峰调峰型 LNG 工厂 ($70 \times 10^4 m^3/d$) 利用西气东输一线管道天然气与城镇燃气管网压差，采用单级膨胀机制冷、部分液化的液化工艺。高压天然气进预处理系统压力为 5.0MPa，低压天然气出液化系统压力分别为 2.0 和 0.4MPa，液化率为 10%。

（3）氮膨胀制冷液化工艺

氮膨胀制冷液化工艺是天然气直接膨胀制冷液化工艺的一种变形。在该工艺中，氮膨胀制冷循环与天然气液化系统分开，氮膨胀制冷循环为天然气液化提供冷量。

对于含氮稍多的原料气，只要设置氮-甲烷分离塔，就可制取纯氮以补充氮膨胀制冷循环中氮的损耗，并同时副产少量的液氮及纯液甲烷。该工艺的优点是：①膨胀机和压缩机均采用离心式，体积小，操作方便；②对原料气组成变化有较大的适应性；③整个系统较简单。缺点是能耗较高，约为 $0.5 kW \cdot h/m^3$，比混合冷剂制冷液化工艺约高 40%。

此外，还可采用一种改进的氮-甲烷膨胀制冷液化工艺，其制冷循环采用的工质是氮和天然气的混合物。与纯氮膨胀制冷液化工艺相比，其能耗可节省 10%～20%。

（4）混合冷剂制冷液化工艺

目前，在调峰型 LNG 工厂中也越来越多地采用混合冷剂制冷液化工艺。我国建造的第一座调峰型 LNG 装置(上海浦东 LNG 调峰站)就采用了混合冷剂制冷液化工艺。有关混合冷剂制冷液化工艺的介绍详见本节前面的内容。

3. 浮式 LNG 生产储卸装置液化工艺

由于海上气田开发难度大、投资高，建设周期和资金回收期长，因此目前开发的都是一些大型商业性天然气田。边际气田一般为地处偏远的海上小型气田，若采用常规的固定式平台进行，则其经济性很差。20 世纪 90 年代以来，随着发现的海上大型气田数量减少，边际气田的开发日益受到重视。此外，随着海洋工程的不断进步，也使边际气田的开发成为可能。

常规海上气田开发，包括海上平台、海底天然气输送管道、岸上 LNG 工厂、公路交通、LNG 外输港口等基础设施，故而投资大，建设周期长，资金回收迟。浮式 LNG 生产储卸装置集 LNG 生产、储存与卸载于一体，大大简化了海上边际气田的开发过程。

浮式 LNG 装置可分为在驳船、油船基础上改装的 LNG 生产储卸装置和新型混凝土浮式生产储卸装置。整个装置可看作一座浮动的 LNG 生产接收站，直接泊于气田上方进行作业，不需要先期建设海底输气管道、LNG 工厂和码头，降低了气田的开发成本，同时也减少了原料气输送的压力损失，可以更好地利用天然气资源。

浮式 LNG 装置采用模块化建设，各工艺模块可根据质优、价廉原则，在全球范围内选择厂家同时预制，然后在保护水域进行总体组装，从而缩短建设周期，加快气田开发速度。另外，浮式 LNG 装置远离人口密集区，对环境的影响较小，有效避免了陆上 LNG 工厂建设可能对环境造成的污染问题。该装置便于迁移，可重复使用，当开采的气田气源衰竭后，可由拖船拖曳至新的气田投入生产，尤其适合于海上边际气田的开发。

海上作业的特殊环境对该液化工艺提出了如下要求：①流程简单，设备紧凑，占地少，满足海上安装需要；②液化工艺可自产冷剂，对不同产地的天然气适应性强，热力学效率较高；③安全可靠，船体的运动不会显著地影响其性能。

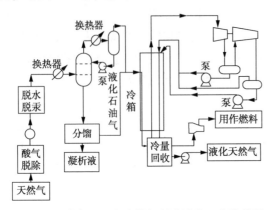

图 5-23 浮式 LNG 生产储卸制冷液化工艺流程图

Mobil 石油公司浮式 LNG 生产储卸装置的液化工艺流程如图 5-23 所示。该装置采用单循环混合冷剂制冷液化工艺，可处理 CO_2 含量高达 15%（体积分数）、H_2S 体积浓度为 $10^{-4}m^3/m^3$ 的天然气。由于取消了丙烷预冷，根除了储存丙烷可能带来的危险性。该工艺以板翅式换热器组成的冷箱为主换热器，结构紧凑，性能稳定。

氮膨胀制冷工艺的优点是以氮气取代常用的烃类混合冷剂，安全可靠，流程简单，设备安装的空间要求低，缺点是能耗较高。BHP 石油公司出于安全性考虑，采用改进的氮膨胀制冷液化工艺。

浮式 LNG 生产储卸装置的液化工艺，需要充分考虑波浪引起船体运动对设备性能可能产生的不良影响。由于填料塔工作性能稳定，脱除酸气模块中的吸收塔和再生塔应优先选择填料塔，分配器的类型和塔径也要合理选择，以保证介质在填料中的合理分配。当天然气中 CO_2 高于 2%（体积分数）时，可考虑采用胺法和膜法相结合的脱除工艺。液化及分馏模块中的蒸馏塔直径和高度，由于远小于脱除酸气模块中的吸收塔和再生塔，在对塔板进行改进后，可选用板式塔。需要注意的是，固定不变的倾斜，无论对填料塔还是板式塔都将产生不良影响，因此压载系统必须保证浮式 LNG 生产储卸装置的平稳。

浮式 LNG 生产储卸装置的 LNG 储存设施容量，一方面应考虑为该装置稳定生产提供足够的缓冲容积，另一方面取决于 LNG 运输船的能力和装卸条件。日本国家石油公司对浮式 LNG 生产储卸装置的储存系统进行了研究，得到了储存容量与气田距 LNG 接收终端距离的关系，见表 5-18。

表 5-18　浮式 LNG 生产装置的储存容量

距 LNG 接收终端距离/km	LNG 运输船容量/$10^3 m^3$	FPSO 储罐容量/$10^3 m^3$
3218	81	95
4023	98	115
4827	116	135
5632	134	156

储罐可以选择钢质壳体和 MOSS 球形储罐、混凝土壳体和 MOSS 球形储罐、钢质壳体和自支持棱柱型储罐以及混凝土壳体和薄膜储罐等。储存系统要保证 LNG 储存安全，将 LNG 泄漏可能造成的危害降到最低程度。对于钢质壳体要采用水幕等措施避免泄漏的低温 LNG 液体接触壳体。混凝土壳体由于吃水深，承载能力大，而且混凝土材料具有低温性能好、不易老化等优点，近来备受重视。MOSS 球形储罐及自支持棱柱型储罐的安全性和相当理想的低温绝热性能，已得到了实践验证，均可满足浮式 LNG 生产储卸装置的储存需要。当采用 MOSS 球形储罐时，要注意设备的合理布局，以充分利用储罐上方的空间。

第二节　LNG 接收站

一、LNG 接收站功能

LNG 接收站既是海上运输 LNG 的终端，又是陆上天然气供应的气源，处于 LNG 产业链的关键部位。LNG 接收站实际上是天然气的液态运输与气态管道输送的交接点。其主要功能是：

（1）LNG 接收站是接收海上运输 LNG 的终端

LNG 通过海上运输从产地到用户，在接收站接收、储存，因而 LNG 接收站必须具有大型 LNG 船舶停靠的港湾设施和完备的 LNG 接收、储存设施。

（2）LNG 接收站应具有满足区域供气的气化能力

为确保安全可靠供气，必须建立完善的多元化天然气供应体系和相互贯通的天然气管网。欧洲成熟的天然气市场至少有三种气源，其中任何一种气源供应量最多不超过 50%，且所有气源可通过公用运输设施相连接。

LNG 作为一种燃气气源，不仅可解决日益增长的城镇天然气需求，必要时也可作为本地区事故情况下的应急气源。为此，LNG 接收站在接收、储存 LNG 的同时，应具有满足区域供气系统要求的气化能力。接收站建设规模必须满足区域供气系统的总体要求。

（3）LNG 接收站应为区域稳定供气提供一定的调峰能力

为解决城镇供气的调峰问题，除管道供气上游提供部分调峰能力外，利用 LNG 气源调节灵活的特点，是解决天然气调峰问题的有效手段。

一般说来，管道供气的上游气源解决下游用户的季节调峰和直供用户调峰比较现实。对于城镇或地区供气的日、时调峰，LNG 气源可以发挥其作用。

为此，LNG 接收站在气化能力上应考虑为区域供气调峰和应急需求留有余地。

（4）LNG 接收站可为天然气战略储备提供条件

建设天然气战略储备是安全供气的重要措施。一些发达国家为保证能源供应安全可靠，都建有完善的原油和天然气战略储备系统，其天然气储备能力在 17~110 天不等。

综上所述，LNG 接收站的功能为 LNG 的接收、储存和气化供气。接收站一般包括专用码头、卸船、储存、气化、生产控制和安全保护系统以及公用工程等设施。日本一部分 LNG 接收站投资比较见表 5-19。

表 5-19　日本部分 LNG 接收站投资比较

名　　称	储罐规模[①]	储罐形式	投产时间	投资[②]
富津	9×4	地下	1986 年	1145
大分	8×3	地下	1990 年	820
扇岛	20×1	全地下	1998 年	1700
袖师（扩建）	16×1	地下	2010 年	200

①储罐容量（$10^4 m^3$）×储罐数。

②大约数，单位为亿日元。

二、LNG 接收站工艺

LNG 接收站工艺可分为两种：一种是 BOG 再冷凝工艺，另一种是 BOG 直接压缩工艺。两种工艺并无本质上的区别，仅在 BOG 的处理上有所不同。直接压缩工艺是将 BOG 压缩到外输压力后直接送至输气管网；再冷凝工艺是将 BOG 压缩到较低压力，与由 LNG 低压泵从 LNG 储罐送出的 LNG 在再冷凝器中混合。由于 LNG 加压后处于过冷状态，可使 BOG 再冷凝，冷凝后的 LNG 经 LNG 高压泵加压后外输。因此，再冷凝工艺可以利用 LNG 的冷量，并减少了 BOG 压缩能耗，故大型 LNG 接收站大多采用再冷凝工艺。

现以 BOG 再冷凝工艺为例，其 LNG 接收站工艺流程如图 5-24 所示。LNG 运输船抵达接收站码头后，经卸料臂将 LNG 输送到储罐，再由 LNG 泵增压后输入气化器，LNG 受热气化后输入用户管网。LNG 在储罐储存过程中，因冷量损失产生 BOG，正常运行时，罐内 LNG 的日蒸发率为 0.06%~0.08%。但在卸船时，由于船上储罐内输送泵运行时散热、船上储罐与接收站储罐的压差、卸料臂漏冷及 LNG 与 BOG 置换等，BOG 量可数倍增加。BOG 先通过压缩机加压后，再与 LNG 过冷液体换热，冷凝成 LNG。为了防止 LNG 在卸船过程中使 LNG 船舱形成负压，一部分 BOG 需返回 LNG 船以平衡压力。此法可以利用 LNG 冷量，并减少了 BOG 的压缩能耗。凡具有连续再气化功能的大型 LNG 接收站多采用再冷凝工艺。

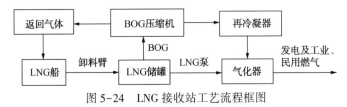

图 5-24　LNG 接收站工艺流程框图

图 5-25 为位于洋山港的上海接收站卸船模式的标准工艺流程图。上海接收站的主要功能是 LNG 卸料、储存和气化输出。基本流程是 LNG 船到达洋山港后，通过卸料臂和管道输送至 LNG 储罐。根据市场供气需求，储罐内的 LNG 经低压、高压两级外输泵升压后进入气化器加热（同时对 BOG 再冷凝处理后一并气化），气化的高压天然气经计量出站去输气管道。其中，卸料系统能力为 13200m^3/h，LNG 储存系统有效容量为 49.5×$10^4$$m^3$，气化输出能力最大为 104×$10^4$$m^3$。

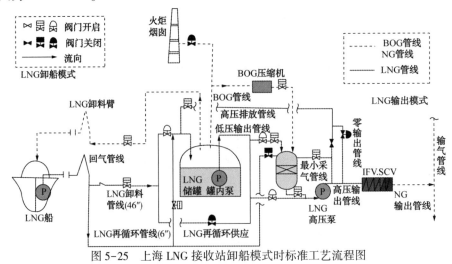

图 5-25　上海 LNG 接收站卸船模式时标准工艺流程图

270

BOG 直接压缩工艺采用压缩机将 BOG 加压到用户所需压力后，直接进入外输管网。此法需消耗大量的压缩功。

第三节　LNG 储存与运输

一、LNG 储存

LNG 储存是 LNG 工厂中的重要组成部分。无论是基本负荷型还是调峰型 LNG 工厂，液化后的天然气都要储存在储罐内。在 LNG 接收站中，也都有一定数量和不同规模的储罐。

由于天然气易燃、易爆，而 LNG 的储存温度又很低，故要求其储存容器与设施必须安全可靠而且效率要高。

对 LNG 储存容器的主要要求是：①容器及其相关设备具有可靠的耐低温性能，制作容器的材料必须具有很好的低温韧性，较小的热膨胀系数；②绝热性能要好；③LNG 输送管线、阀门等的耐低温性应与 LNG 储存容器一致；④所有保安设备及设施应耐低温，且状态完好、灵敏可靠；⑤对容器的制造、施工、检验、使用与维护等也都有严格的要求。

基于上述要求，绝大多数液化天然气储存容器都采用双层储罐，并在两层罐体之间装填良好的绝热材料。其中，内罐用于盛装液化天然气，外罐除保护绝热材料之外还兼起安全作用。内罐材料主要是 9% 的镍钢或预应力混凝土（有时也用铝合金或不锈钢），外罐材料则为低合金容器钢或预应力混凝土，绝热材料大多为聚氨酯泡沫塑料、珠光砂、聚苯乙烯泡沫塑料、泡沫玻璃、玻璃纤维或软木等。罐底采用泡沫玻璃砖等绝热保冷。对于小型圆筒形双层金属 LNG 储罐，常采用真空粉末绝热层，即在内外罐之间的夹层中填充珠光砂粉末，然后将该夹层抽成真空。

（一）LNG 储罐形式

LNG 储罐是 LNG 接收站和各种类型 LNG 工厂必不可少的重要设备。由于 LNG 具有可燃性和超低温特性（−162℃），因而对 LNG 储罐有很高的要求。罐内压力为 0.1～1.0MPa，储罐的日蒸发率一般为 0.04%～0.2%，小型储罐蒸发量高达 1%。

目前，LNG 储罐大型化的趋势越发明显，单罐容量 20×10⁴m³ 的建造技术已经成熟，最大的地下储罐容量已达 25×10⁴m³。

LNG 储罐分地上储罐及地下（包括半地下）储罐。罐内 LNG 液面在地面以上的为地上储罐；液面在地面以下的为地下储罐。

地下储罐主要有埋置式和坑内式，地上储罐有单容罐、双容罐、全容罐、球形罐、膜式罐和子母罐等。

1. 地上储罐

以金属圆柱状双层壁储罐为主，目前应用最为广泛。这种双层壁储罐是由内罐和外罐组成，两层罐壁间填充绝热材料。地上储罐建设费用低，建设时间短，但占地多，安全性较地下储罐差。

目前，金属材料地面圆柱形双层壁储罐又可分为单容罐（单包容罐）、双容罐（双包容罐）和全容罐（全包容罐）等形式。单容罐系在金属罐外有一比罐高低得多的混凝土围堰，用于防止在主容器发生事故时 LNG 溢出扩散。该储罐造价最低，但安全性较差，占地较大。与单容罐相比，双容罐则是在内罐外围设置的一层高度与罐壁相近，并与内罐分开的圆柱形混凝土防护墙。全容储罐则是在金属罐外有一带顶的全封闭混凝土外罐，即使LNG泄漏也只能在混凝土外罐内而不至于外泄。此外，还可防止热辐射和子弹等外来物击穿等。这三种形式的储罐各有优缺点，选择罐型时应综合考虑技术经济、安全性能、占地面积、场址条件、建设周期及环境等因素。

（1）单容罐

单容罐是常用的一种LNG储罐形式，它分为单壁罐和双壁罐，出于安全和绝热考虑，单壁罐未用于LNG储存。双壁单容罐由内罐（内壁）和外罐（外壁）组成，由于外罐用普通碳钢制成，故不能承受低温，主要起固定和保护绝热层以及保持吹扫气体压力的作用。单容罐周围通常有一圈较低的防护堤，以容纳泄漏出的液体。

单容罐一般适宜在远离人口密集区，不易遭受灾害性破坏（例如火灾、爆炸和外来飞行物的碰击）的地区使用。由于其结构特点，要求有较大的安全防火距离及占地面积。图5-26是单容罐结构示意图。

单容罐的设计压力通常为17~20kPa，操作压力一般为12.5kPa。对于大直径的单容罐，设计压力相应较低，有关规范中推荐这种储罐的设计压力小于14kPa。如果储罐直径为70~80m时已难以达到，其最大操作压力大约在12kPa。由于操作压力较低，在卸船过程中BOG不能返回到LNG船舱中，故需增加一台返回气压缩机。较低的设计压力使BOG的回收系统需要较大的压缩功率，这将增大投资和操作费用。

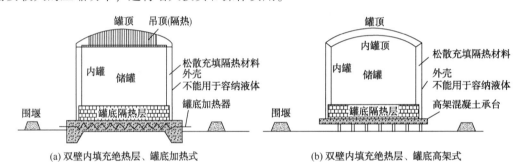

（a）双壁内填充绝热层、罐底加热式　　　　　（b）双壁内填充绝热层、罐底高架式

图5-26　单容罐结构示意图

单容罐本身投资相对较低，施工周期较短，但易泄漏，故有关规范要求其罐间安全距离较大，并需设置防护堤，从而增加占地及投资，而且其周围不能有其他重要设施，对安全检测和操作要求较高。此外，因单容罐外罐是普通碳钢，需要严格保护以防止外部腐蚀，外部容器要求长期检查和防护。

由于单容罐的安全性较其他型式罐的安全性低，近年来在大型LNG工厂及接收站已很少使用。但是，我国目前已建或在建的LNG工厂均为中小型，又无须考虑从外来LNG运输船卸料，故仍多选用单容罐。例如，陕西渭南某LNG工厂（$30×10^4 m^3/d$）其LNG产品常压储存（15kPa，-164.3℃），选用5000m^3双壁单容罐1座。内罐罐底、罐壁和罐顶材料为06Cr19Ni10，外罐底板材料为16MnDR，罐壁和罐顶材料为16MnR。内罐和外罐之间填充珠光砂粉末作为绝热层，并充入干燥氮气使绝热层干燥，以保持储罐具有良好的绝热性能和较低的LNG日蒸发率（≤0.16%）。

此外，我国青海昆仑能源LNG工厂（天然气处理量为$35×10^4 m^3/d$）、内蒙古阿拉善LNG工厂（天然气处理量为$30×10^4 m^3/d$）等也都选用5000m^3单容罐。

又如，内蒙鄂尔多斯星星能源LNG工厂（天然气处理量为$100×10^4 m^3/d$）、陕西靖边西蓝 LNG 工厂(天然气处理量为 $50\times10^4\mathrm{m}^3/\mathrm{d}$)等选用 $10000\mathrm{m}^3$ 单容罐,四川广安昆仑能源 LNG 工厂(天然气处理量为 $100\times10^4\mathrm{m}^3/\mathrm{d}$)等则选用 $20000\mathrm{m}^3$ 单容罐。目前,我国建造的中石油江苏如东最大单容罐为 $200000\mathrm{m}^3$。

(2)双容罐

双容罐由耐低温金属内罐和耐低温金属或混凝土外罐构成。在内罐发生泄漏时,由于外罐可用来容纳泄漏的低温液体,故气体会外泄但液体不会外泄,所以增强了外部的安全性。为了尽可能缩小罐内泄漏液体形成液池的范围,外罐与内罐之间的距离不应过大。此外,在外界发生危险时外部混凝土墙也有一定保护作用,其安全性较单容罐高。根据有关规范要求,双容罐不需设置围堰但仍需较大的安全防火距离。当发生事故时,LNG 罐中气体外泄,但装置控制仍然可以持续。图 5-27 是采用金属材料的双容罐结构示意图。有的双容罐外罐采用预应力混凝土,罐顶加吊顶绝热,有的外罐采用预应力混凝土并增加土质护堤,罐顶加吊顶绝热。

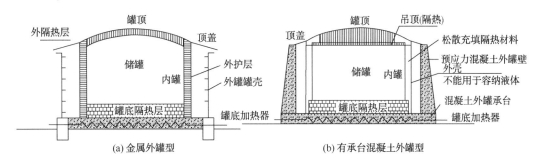

(a)金属外罐型　　　　　　　　　(b)有承台混凝土外罐型

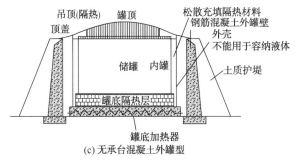

(c)无承台混凝土外罐型

图 5-27　双容罐结构示意图

储罐的设计压力与单容罐相同(均较低),也需要设置返回气压缩机。

双容罐的投资略高于单容罐,约为单容罐投资的 110%,其施工周期也较单容罐略长。由于双容罐与全容罐投资和施工周期接近但安全水平较低,故目前应用甚少。

(3)全容罐

全容罐由耐低温金属内罐和耐低温金属或混凝土全封闭式外罐和顶盖构成。内罐和外罐都可单独容纳所储存低温液体的双层储罐。正常情况下,内罐储存低温液体,外罐支撑罐顶。外罐既能容纳低温液体,也能限制因液体泄漏而产生的 BOG 排放。

图 5-28 是全容罐结构示意图。全容罐由 9%镍钢内罐、9%镍钢或混凝土全封闭式外罐和顶盖、底板组成,外罐到内罐距离约 $1\sim2\mathrm{m}$。其设计最大压力为 $30\mathrm{kPa}$,最低温度为 $-165℃$,允许最大操作压力为 $25\mathrm{kPa}$。由于全容罐外罐可以承受内罐泄漏的 LNG 及其气体,

不会向外界泄漏,故其安全防火距离要小得多。一旦事故发生,对装置的控制和物料的输送仍然可以继续,这种状况可持续几周,直至设备停车。

采用金属顶盖时,其最高设计压力与单壁储罐和双壁储罐的设计一样。采用混凝土顶盖(内悬挂铝顶板)时,安全性能增高,但投资相应增加。因设计压力相对较高,在卸船时可利用罐内气体自身压力将 BOG 返回 LNG 船,省去了 BOG 返回压缩机的投资,并减少了操作费用。

具有混凝土外罐和罐顶的全容罐,可以承受热辐射和子弹等外来物的攻击,对于周围的火情具有良好的耐受性。另外,对于可能出现的 LNG 溢出,混凝土提供了良好的防护。低温冲击现象即使有也会限制在很小区域内,通常不会影响储罐整体密封性。

与单容罐和双容罐相比,全容罐造价最高,但其安全性也最高,故应用极为广泛。

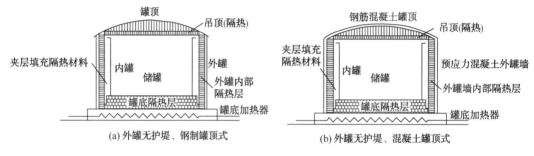

图 5-28　全容罐结构示意图

(4)膜式罐

膜式罐也称薄膜罐,采用不锈钢内膜和混凝土外壁,其安全防火距离要求与全容罐相同。但与双容罐和全容罐相比,它只有一个罐体。膜式罐因其不锈钢内膜很薄,没有温度梯度的约束,故操作灵活性比全容罐大。

该储罐可设在地上或地下。建在地下时,如投资和工期允许,可选用较大容积。这种结构可防止液体溢出,具有较好的安全性,且罐容较大。该罐型较适宜在地震活动频繁及人口稠密地区使用。缺点是投资较高,建设周期长,由于其结构特点故有微量泄漏。

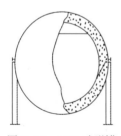

图 5-29　LNG 球形罐

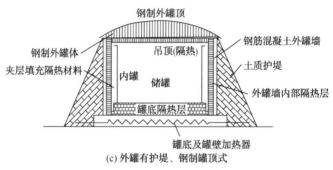

(5)球形罐

LNG 球形储罐的内外罐均为球状,如图 5-29 所示。工作状态下,内罐为内压容器,外罐为真空外压容器。夹层通常为真空粉末绝热。球罐的内外球壳板在制造厂预制后再在现场组装。

球罐优点是在同样体积下其表面积最小,故所需金属材料少,质

274

量轻，传热面积也最小，加之夹层可以抽真空，有利于获得最佳的绝热效果。由于内外壳体呈球形，故其耐压性能好。但是，球壳加工需要专用设备，精度要求高，现场组装技术难度大，质量不易保证。此外，虽然球壳质量最小，但成形时材料利用率最低。

球罐的容积一般为 $200 \sim 1500 m^3$，工作压力 $0.2 \sim 1.0 MPa$。容积小于 $200 m^3$ 的球罐尽可能在制造厂整体预制后出厂，以减少现场安装工作量。容积超过 $1500 m^3$ 的储罐不宜采用球罐，因为此时外罐壁厚过大，制造困难。

（6）立式储罐

此外，还有容量为 $100 m^3$ 的立式 LNG 储罐和容量为 $300 \sim 2000 m^3$ 立式子母型 LNG 储罐。后者是指多个（3 个以上）子罐并列组装在一个大型外罐（母罐）之中。子罐通常为立式圆筒形，外罐为立式平底拱盖圆筒形。外罐为常压罐，子罐可设计成压力容器，最高工作压力可达 $1.8 MPa$，通常为 $0.2 \sim 1.0 MPa$，故又称带压子母罐。

子母罐的优点是操作简便可靠，可采用常压储存形式以减少储存期间的排放损失，制造安装成本比球罐低，缺点是夹层无法抽真空，故其绝热性能比真空粉末绝热球罐差，以及外形尺寸大等。子母罐多用于小型 LNG 工厂。我国包头世益新能源 LNG 工厂（天然气处理量为 $10×10^4 m^3/d$）及内蒙古鄂托克前旗时泰 LNG 工厂（天然气处理量为 $15×10^4 m^3/d$）即分别选用容量为 $900 m^3$ 和 $1750 m^3$ 的子母罐各一座。

城镇 LNG 气化站储罐通常采用立式双层金属单罐，其内部结构类似于直立暖瓶，内罐支撑于外罐上，内外罐之间是真空粉末绝热层。

2. 地下储罐

主要为特大型储罐采用，除罐顶外大部分（最高液面）在地面以下，罐体坐落在不透水稳定的地层上。为防止周围土壤冻结，在罐底和罐壁设置加热器，有的储罐周围留有 1m 厚的冻结土，以提高土壤的强度和水密性。LNG 地下储罐的钢筋混凝土外罐，能承受自重、液压、土压、地下水压、罐顶、温度、地震等载荷，内罐采用不锈钢金属薄膜，紧贴在罐体内部，金属薄膜在 $-162℃$ 具有液密性和气密性，能承受 LNG 进出时产生的液压、气压和温度的变化，同时还具有充足的疲劳强度，通常制成波纹状。图 5-30 为日本川崎重工业公司为东京煤气公司建造的 LNG 地下储罐。此罐容量为 $140000 m^3$，直径为 64m，高 60m，液面高度为 44m，外壁为 3m 厚的钢筋混凝土，内衬 200mm 厚的聚氨酯泡沫塑料绝热材料，内壁紧贴耐 $-162℃$ 的不锈钢薄膜，罐底为 7.4mm 厚的钢筋混凝土。该罐可储存的 LNG 换算为气态天然气为 $68×10^6 m^3$，可供 20 万户家庭 1 年用气需要。

由于 LNG 液面低于地面，故可防止 LNG 泄漏到地面，安全性高，占地少（罐间安全防火距离是地面罐之间的一半），但建设时间长，对基础的土质及地质结构要求高。

3. 其他形式储罐

（1）半地下储罐

为避免大量土方开挖，或由于土地使用限制，不需要将地下储罐的液位控制在

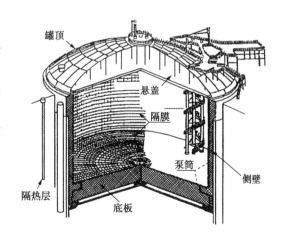

图 5-30　LNG 地下储罐

地面以下，这种类型的储罐称为半地下储罐。该罐介于地上储罐和地下储罐之间，不需在储罐周围建防护堤，兼有地上储罐和地下储罐的优点。

（2）坑内储罐（池内储罐）

该罐类似地下储罐，但其混凝土外罐不与土层直接相接，而是另外采用混凝土构筑一个坑体，使储罐居其中间。

（二）LNG 罐型性能比较及选择

LNG 的罐型选择应安全可靠，投资低，寿命长，技术先进，结构有高度完整性，便于制造，且应使整个系统的操作费用低。

地下罐投资高、建设周期长。除非有特殊要求，一般不宜选用。

全容罐和膜式罐投资较高，但其安全性较双容罐好，故是目前接收站普遍采用的罐型。另外，混凝土罐顶可提供额外保护和具有较高的操作压力。

单容罐、双容罐与全容罐相比，虽然其罐体本身投资较低，建设周期较短，但因单容罐、双容罐的设计压力和操作压力均较低，BOG 量相应较多，BOG 压缩机及再冷凝器的处理量也相应增加。此外，卸料时的 BOG 不能利用罐自身压力返回输送船，必须配置返回气压缩机。因此，LNG 单容罐、双容罐及相应配套设备的总投资反可高于全容罐，其操作费用也大于全容罐。双容罐较单容罐造价高、施工周期长，在国外应用较多，目前国外已投产的最大 LNG 双容罐在波多黎各，LNG 有效储存容积为 $16 \times 10^4 m^3$。与单容罐相比，双容罐造价和施工周期的增加并没有解决操作压力低带来的问题，2000 年以后，建设的双容罐逐渐减少。

大型 LNG 单容罐一般适宜在远离人口密集区、不容易遭受灾害性破坏（如火灾、爆炸和外来飞行物碰击）、可占用面积较大的地区使用。在早期的 LNG 储罐工程中，大部分大型 LNG 储罐为单容罐，2000 年以后除了国内外一些小型液化工厂有较广泛使用外，大型液化工厂和接收站已较少使用单容罐，但单容罐由于技术成熟性和施工周期短等特点依然具有较强的生命力。例如我国西部地区在施工周期、费用为约束条件且不受占地限制时，一般采用单容罐。

预应力混凝土全容罐安全性较高、技术成熟，是近年来全球应用广泛的储罐形式。

基于地震安全因素考虑，地下薄膜罐一般在地震频发区应用，且对地质条件要求较高，造价高，施工周期长。目前日本、韩国应用较为广泛，日本东京瓦斯所建设的地下薄膜罐 LNG 有效储存容积达到 $25 \times 10^4 m^3$。地上薄膜罐造价较预应力混凝土全容罐和地下薄膜罐低，但由于地上薄膜罐设计专利转让费用较高，导致制造商很少，施工工艺也较为复杂，限制了该罐型的发展。我国 LNG 接收站选址一般避开地震频发区，综合经济性考虑，目前没有在建的大型 LNG 薄膜罐。

各种类型 LNG 储罐技术经济性能比较参见表 5-20~表 5-23。

表 5-20　LNG 储罐技术经济性能比较

罐　　型	单容罐	双容罐（混凝土外罐）	全容罐（混凝土顶）	地上膜式罐	地下膜式罐
安全性	中	中	高	中	高
占地面积	多	中	少	少	少
技术可靠性	低	中	高	中	中
结构完整性	低	中	高	中	中

罐 型	单容罐	双容罐（混凝土外罐）	全容罐（混凝土顶）	地上膜式罐	地下膜式罐
相对投资（罐及相关设备）/%	80~85	95~100	100	95	150~180
配备返回气压缩机	需要	需要	不需要	需要	需要
操作费用	中	中	低	低	低
建设周期/月	28~32	30~34	32~36	30~34	42~52
施工难易程度	低	中	中	高	高

表 5-21　LNG 储罐投资及建设周期比较

LNG 储罐	相对投资/%（罐容 >10×10⁴m³）	建设周期/月（罐容 ~12×10⁴m³）
单容罐	80~85	28~32
双容罐	95~100	30~34
膜式罐	95	30~34
全容罐	100	32~36
地下罐	150~180	42~52
坑内罐	170~200	48~60

表 5-22　LNG 储罐采用不同罐型时的 CAPEX 及 OPEX 比较

单位：百万美元	单容罐	双容罐	全容罐
相对投资费用（CAPEX）/%			
LNG 罐（4 台）	80~85	95~100	100
土地费	200~250	100	100
场地平整	150~200	100	100
道路围墙	110~120	100	100
管线管廊	100~180	100	100
BOG 压缩及回气系统	250~300	250~300	100
总计	110~120	110~120	100
相对运营费用（OPEX）/%			
运营费用	450~500	450~500	100

表 5-23　16×10⁴m³ LNG 储罐综合比较

项 目	单容罐	双容罐	预应力混凝土全容罐	地上薄膜罐	地下薄膜罐
安全性	低	中	高	中	高
占地	多	中	少	少	少
技术成熟可靠性	高	高	高	中	中
运行费用	中	中	低	低	低
施工周期/月	26	30	32	34	40
与预应力混凝土全容罐的造价比	0.80~0.85	0.95~1.00	1.00	0.95	1.50~180

大型 LNG 储罐综合比较见表 5-23。由表 5-23 可知，预应力混凝土全容罐和地下薄膜罐的造价比其他形式高，但安全性好，是现在 LNG 接收站普遍采用的形式。

假设我国某 LNG 接收站需要的 LNG 总储存能力为 $43 \times 10^4 m^3$，分别采用 LNG 有效储存容积为 $16 \times 10^4 m^3$、$20 \times 10^4 m^3$ 及 $22 \times 10^4 m^3$ 的地上全容罐，则这 3 种方案的比较见表 5-24。国内建造的 LNG 有效储存容积为 $16 \times 10^4 m^3$ 全容罐平均造价约为 4.5×10^8 元，考虑到国内大型储罐建设造价呈下降趋势，表 5-24 中 $16 \times 10^4 m^3$ 储罐的造价以 $(3.80 \sim 4.00) \times 10^8$ 元（单指储罐本身，不含仪表和电气等配套设施）计。从表 5-24 可知，3 种储罐的单罐占地面积相差不大，但综合考虑 LNG 接收站的总图、安全要求，采用 2 座 $22 \times 10^4 m^3$ 储罐比采用 3 座 $20 \times 10^4 m^3$ 或 $16 \times 10^4 m^3$ 储罐节约了 1 座储罐的占地面积，而且单位罐容造价较低，经济效益明显。

从以上比较可以得出 LNG 接收站储罐大型化具有以下优势：单位罐容造价呈下降趋势，储罐罐容越大，造价越低；在接收站总储存体积一定情况下，罐容越大，总图布置越紧凑，占地面积越小；罐容越大，LNG 接收站内储罐数量越少，越有利于设备检测、维修和运营管理。

表 5-24　三种方案比较

方　案	方案一	方案二	方案三
单罐有效容积/m^3	16	20	22
储罐外径/m	86.0	87.6	89.8
单罐占地面积/m^2	5805.86	6023.90	6330.27
数量/座	3	3	2
单罐造价/亿元	3.8 ~ 4.00	4.40 ~ 4.62	4.67 ~ 4.93
储罐总造价/亿元	11.40 ~ 12.00	13.20 ~ 13.86	9.34 ~ 9.86
单罐罐容造价/m^3	2375 ~ 2500	2200 ~ 2310	2123 ~ 2241

随着 LNG 储罐规范的更新、材料技术和施工技术的发展、设计技术的不断突破，LNG 储罐大型化是未来重要的发展趋势。近几年 LNG 接收站大型化储罐应用实践也表明，随着储罐大型化，单位罐容成本呈下降趋势，规模效应明显；同时罐容的增大也可以更高效地提高土地利用率（单位罐容占地面积减少）以及更大程度降低储罐蒸发率。此外，LNG 运输船船容的增大、数量的增加以及 LNG 接收站数量的增加，均需要与之配套的更大容积的 LNG 储罐。因此，综合来看，大型化是目前 LNG 储罐的发展趋势。目前世界上 LNG 有效储存容积为 $19 \times 10^4 m^3$ 以上的 LNG 储罐分布情况见表 5-25，全世界 LNG 储罐类型及罐容发展情况如图 5-31 所示。由图 5-31 可知，2000 年以后，LNG 储罐呈大型化发展趋势。

表 5-25　目前世界上有效储存容积为 $19 \times 10^4 m^3$ 以上的 LNG 储罐分布情况

国家	接收站	状　态	储罐类型	有效容积 $\times 10^4 m^3$	储罐数量/座	运营商
日本	Ohgishima	1998 年投产	地下薄膜罐	20	3	Tokyo Gas
	Chita Midorihama	2001 年投产	地下薄膜罐	20	2	Tokyo Gas
	Ohgishima	扩建，201 年投产	地下薄膜罐	25	1	Tokyo Gas

国家	接 收 站	状 态	储罐类型	有效容积 ×10⁴m³	储罐数量/座	运营商
韩国	Incheon	1996 年投产	地下薄膜罐	25	8	KOGAS
	Samcheok	在建	地下薄膜罐	20	12	KOGAS
	Samcheok	设计阶段	地上全容罐	27	3	KOGAS
	Tongyeong	3 座已投，1 座在建	地上全容罐	20	4	KOGAS
美国	Elba Islang Ⅲ	2010 年投产	地上全容罐	20	1	El Paso
英国	Grain LNG	三期，2010 年投产	地上全容罐	19	1	National Grid Transco

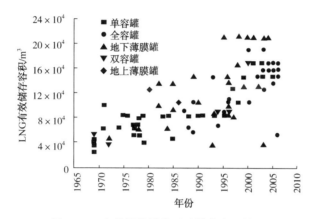

图 5-31　全世界储罐类型及罐容发展情况

与世界发达国家相比，我国的大型 LNG 接收站储罐技术起步较晚，国内 LNG 接收站起步于 2005 年的广东大鹏 LNG 接收站，该站一期工程由两座有效储存容积 $16×10^4m^3$ LNG 全容罐组成。由于有效储存容积 $16×10^4m^3$ LNG 全容罐在国际上技术成熟，且应用较广，我国福建、上海、浙江、大连、江苏、珠海等省市已建成的 LNG 接收站均以此罐型为主，随着我国对有效储存容积为 $16×10^4m^3$ LNG 全容罐核心技术的掌握。目前寰球公司正在开发 $27×10^4m^3$ LNG 储罐技术并同步开展大型 LNG 薄膜储罐的相关研究和应用工作。寰球公司已经应用并投产多个具有自主知识产权的 $3×10^4m^3$、$5×10^4m^3$、$8×10^4m^3$、$10×10^4m^3$、$16×10^4m^3$ 单罐容积的 LNG 储罐，总承包的中石油江苏如东国内最大 $20×10^4m^3$ LNG 储罐已于 2018 年下半年投产。中石化工程公司也已开始逐步与国外的 LNG 储罐设计单位竞争，开展储罐总承包工作。

二、LNG 运输

液化天然气(LNG)的运输主要有两种方法，陆上一般用 LNG 槽车，海上则用 LNG 船。近年来由于技术上的发展，也有通过火车运输以及大型集装箱运输 LNG 的方法。

(一)海上运输

LNG 运输主要采用特制的远洋运输船。由于 LNG 具有的低温特殊性，一般采用隔舱式和球形储罐两种结构的双层船壳(图 5-32)。

| (a) 隔舱式LNG船 | (b) 球形储罐LNG船 |

图 5-32　典型 LNG 运输船剖面图

1. LNG 运输船结构特点

LNG 运输船专用于运输 LNG，除应防爆和确保运输安全外，且要求尽可能降低蒸发率。表 5-26 为典型 LNG 运输船参数供参考。近年来新建造的 LNG 运输船的尺寸更大。例如，目前，世界上最大 LNG 运输船卡塔尔的"Al Samriya"号（船型 Q-Max）装载量为（26.3 ~ 26.7）$\times 10^4 m^3$，长 345m，宽 53.8m，高 34.7m，总吨位 $13 \times 10^4 t$。

表 5-26　典型 LNG 运输船尺寸

尺　寸	容量/m³(t)		
	125000(50000)	165000(66800)	200000(80000)
长/m	260	273	318
宽/m	47.2	50.9	51
高/m	6	28.3	30.2
吃水/m	11	11.9	12.3
货舱数	4	4	5

（1）双层壳体

目前所有 LNG 运输船都采用双层壳体设计，外壳体与储罐间形成一个保护空间，从而减少了船舶因碰撞导致意外破裂的危险性。在船舶运输时，可采用全冷式储罐或半冷半压式储罐，大型 LNG 船一般采用前者。LNG 在 0.1MPa、-162℃下储存，其低温液态由储罐绝热层及 LNG 蒸发吸热维持，少部分 BOG 作为 LNG 船燃料，其余 BOG 回收后再液化，储罐内的压力靠抽去的 BOG 量控制。

由于结构复杂，材质要求严格，故 LNG 船的建造费用很高。例如，一艘容量为 $13.5 \times 10^4 m^3$ 的 LNG 运输船，造价约为 2.7×10^8 美元，高于同规模油轮 1 倍，建造时间长达 2.5 年。

（2）绝热技术

低温储罐采用的绝热方式有真空粉末、真空多层、高分子有机发泡材料等。真空粉末尤其是真空珠光砂绝热的特点是对真空度要求不高、工艺简单、绝热效果较好。真空多层绝热的特点则为：

① 真空粉末的夹层厚度比真空多层夹层厚度大 1 倍，即对于相同容积的外壳，采用真空多层绝热的储罐有效容积比采用真空粉末绝热的储罐大 27%左右，故当储罐外形尺寸相同时后者可提供更大的装载容积。

② 大型 LNG 运输船由于储罐较大，其夹层空间和所需绝热材料以及储罐质量也相应增大，因而降低了装载能力，加大了运输能耗。因此，真空多层绝热方式就具有明显优势。

③ 采用真空多层绝热方式可避免运输船航行过程中因颠簸而产生的夹层绝热材料沉降。

轻质多层高分子有机发泡材料也常用于 LNG 运输船上。目前，LNG 运输船的日蒸发率已可保持在0.15%以下。另外，绝热层还可防止意外泄漏的LNG进入内层船体。LNG储罐的绝热结构也由内部核心绝热层和外层覆壁组成。针对不同的储罐日蒸发率要求，内层核心绝热层的厚度和材料也不同。所采用的高分子有机材料泡沫板应具有低可燃性、良好的绝热性和对LNG的不溶性。

（3）再液化

LNG储罐控制低温液体压力和温度的有效方法是将BOG再液化，从而减少储罐绝热层厚度，降低船舶造价，增加货运量和提高航运经济性。

LNG运输船BOG再液化工艺可以采用以LNG为工质的开式制冷循环或以冷剂为工质的闭式制冷循环。以自持式再液化装置为例，其本身耗用1/3的BOG作为装置动力，尚可回收2/3的BOG，具有很高的节能价值。虽然，再液化工艺技术至今还未应用到LNG运输船上，但根随着LNG运输船大型化和推进方式的变化，采用BOG再液化的工艺技术已提到日程。

2. LNG运输船船型

LNG运输船的船型主要受储罐结构的影响。目前LNG运输船所采用的低温储罐结构（液货舱）可分为自支承式（独立液货舱）和薄膜式（薄膜液货舱）两种。根据1999年统计资料，当年运营的99艘大型LNG运输船中采用自支承式结构的有50艘，另有2艘采用棱柱形自支承式结构，采用薄膜式结构的有40艘。因此，自支承式和薄膜式储罐应是LNG运输船船型的主流结构。据2007年统计，独立液货舱占43%，薄膜液货舱占52%，其他形式占5%。

（1）自支承式

自支承式储罐是独立的，其整体或部分被安装在船体中，最常见的是球形（B型）储罐。其材料可采用9%镍钢或铝合金，罐体由裙座支承在赤道平行线上，这样可吸收由于储罐处于低温而船体处于常温而产生的不同热胀冷缩率。储罐外表面是没有承载能力的绝热层。近年又开发了一种采用铝合金材料的棱柱形（A型）储罐。挪威的Moss Rosenberg（MOSS型）及日本的SPB型都属于自支承式。其中，MOSS型是球形储罐，SPB型是棱形储罐，如图5-33和图5-34所示。

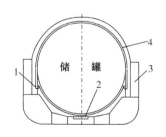

图5-33　MOSS型球形储罐

1—舱裙；2—部分次屏；3—内舱壳；4—绝热层

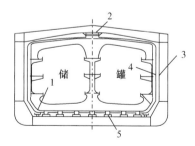

图5-34　SPB型棱形储罐

1—部分次屏；2—楔子；3—内舱壳；

4—绝热层；5—支撑

（2）薄膜式

薄膜式储罐采用船体内壳体作为储罐。储罐第一层为薄膜层，其材料采用不锈钢或高镍不锈钢，第二层由刚性的绝热支撑层支承。储罐的载荷直接传递到船壳。GTT型LNG运输船是法国 Gaz Transporth 和 Technigaz 公司开发的薄膜型 LNG 运输船，其围护系统由双层船壳、主薄膜、次薄膜和低温绝热所组成，如图 5-35 所示。薄膜承受的内应力由静应力、动应力和热应力组成。

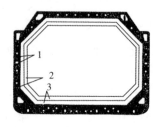

图 5-35　薄膜型液货舱
1—完全双船壳结构；
2—低温屏障层组成(主薄膜和次薄膜)；
3—可承载的低温绝热层

(二) 陆上运输

LNG 用船运输到岸上接收站后，大部分气化为天然气通过管道送往大型工业和民用用户，小部分则用汽车运输到中小用户，特别是未敷设天然气管网的用户。此外，在陆上建设的小型 LNG 工厂，汽车就成为其运输 LNG 产品的主要工具。因此，LNG 的公路运输也是其供应链的重要部分。

1. LNG 公路运输特点

LNG 公路运输需要适应点多、面广、变化大的天然气市场，确保在各种复杂条件下的运输安全。

LNG 公路运输是用汽车将 LNG(一般为常压、低温)运输到各地用户。公路运输不同于海上运输，公路沿线建筑物和过往人流车流对装载 LNG 的汽车槽车提出了更高的安全要求，对汽车槽车的绝热、装卸、安全设计都有专项措施。

2. LNG 汽车槽车

汽车槽车运输 LNG 时，其结构必须满足 LNG 装卸、绝热和高速行驶等要求。目前，我国市场上主流 LNG 槽车是三轴的半挂车型，槽车罐体容积有 $30m^3$、$40m^3$、$45m^3$、$52.6m^3$ 等几种常用规格，并以 $52.6m^3$ 罐体容积为主。国产 $30m^3/0.8MPa$ LNG 半挂运输车技术参数见表 5-27。

表 5-27　国产某 LNG 半挂运输车主要技术参数

设备	项目名称	内筒	外筒	备注
储罐	容器类别	三类	—	
	充装介质	LNG	—	
	有效容积/m^3	27	—	容积充装率 90%
	几何容积/m^3	30	18	夹层容积
	最高工作压力/MPa	0.8	-0.1	
	设计压力/MPa	1		
	最低工作温度/℃	-196	常温	
	设计温度/℃	-196		
	主体材质	0Cr18Ni9	16MnR	
	安全阀开启压力/MPa	0.88		
	隔热形式	真空纤维		简称：CB
	蒸发率/(%/天)	≤0.3		LNG
	自然升压速度/(kPa/天)	≤17	—	LNG
	空质量/kg	约 14300		
	满质量/kg	25800		LCH_4

设备	项 目 名 称	内筒	外筒	备注
牵引车	型号	ND1926S		北方-奔驰
	发动机功率/kW	188		
	最高车速/(km/h)	86.4		
	轴距/mm	3250		
	自重/kg	6550		
	允许列车总重/kg	38000		
	鞍座允许压重/kg	12500		
半挂车	底架型号	THT9360 型		
	自重/kg	4100		
	允载总质量/kg	36000		
	满载总质量/kg	30700		
列车	型号	KQF9340GDYBTH		不含牵引车
	充装质量/kg	12500		LN$_2$
	整车整备质量/kg	约25100		
	允载总质量/kg	38000		LNG
	满载总质量/kg	约37600		LN$_2$

（1）LNG 槽车的装卸

LNG 槽车的装卸可以利用储罐自身压力增压或用泵增压装卸。

自增压装卸系利用 BOG 提高储罐自身压力，使储罐和槽车形成的压差将储罐中的 LNG 装入槽车。同样，可利用 BOG 提高槽车压力，把槽车中的 LNG 卸入储罐。

自增压装卸的优点是只需在流程上设置气相增压管路，设施简单，操作容易。但是，由于储罐（接收站的 LNG 固定储罐和槽车储罐）都是带压操作，而固定储罐一般是微正压，槽车储罐的设计压力也不宜高，否则会增加槽车的空载重量，降低运输效率（运输过程都是重车往返），因而装卸时的压差有限，装卸流量低，时间长。

泵增压装卸系采用专门配置的泵将 LNG 增压进行槽车装卸。此法因流量大、装卸时间短、适应性强而广泛应用。对于接收站大型储罐，可以用罐内潜液泵和接收站液体输送设施装车。对于汽车槽车可以利用配置在车上的低温泵卸车。由于泵输量和扬程可按需要配置，故装卸流量大，时间短，适应性强，可以满足各种压力规格的储罐。而且，不需采用 BOG 增压，槽车罐体的工作压力低，质量轻，利用系数和运输效率高。正因为如此，即使整车造价较高，结构较复杂，低温泵操作维护比较麻烦，但泵增压装卸还是应用日广。

（2）LNG 槽车的绝热

LNG 槽车可以采用的绝热方式有真空粉末绝热、真空纤维绝热和高真空多层绝热等。

绝热方式的选用原则是经济、可靠、施工简单。由于真空粉末绝热的真空度要求不高，工艺简单，隔绝热效果好，因而以往采用较多。近年来，随着绝热技术的发展，高真空多层绝热工艺逐渐成熟，LNG 槽车已开始采用这一技术。高真空多层绝热的优点是：

① 绝热效果好。高真空多层绝热的厚度仅需 30～35mm，远小于真空粉末绝热厚度。因

此，相同容量的外筒，高真空多层绝热槽车的内筒容积比真空粉末绝热槽车的内筒容积大27%左右，故可提供更大的装载容积。

② 对于大型半挂槽车，采用高真空多层绝热比真空粉末绝热所需材料要少得多，从而大大增加了槽车的装载重量。例如，一台20m³的半挂槽车采用真空粉末绝热时，粉末质量将近1.8t，而采用高真空多层绝热时，绝热材料质量仅200kg。

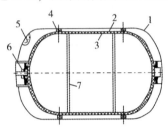

图 5-36　LNG 槽车储罐结构图
1—外壳；2—绝热层；3—内胆；
4—径向支承；5—常温吸气剂；
6—轴向支承；7—低温吸气剂

③ 采用高真空多层绝热可避免因槽车行驶产生的振动而引起的绝热材料的沉降。尽管高真空多层绝热比真空粉末绝热的施工难度大，但因其制造工艺日益成熟而有广泛应用前景。

因此，目前国内多采用高真空多层绝热 LNG 槽车，其特点是热导率低，绝热空间小，有效质量轻，LNG 日蒸发率低(一般低于0.3%)。LNG 属于易燃、易爆液体，故应保证槽车内 LNG 在运输过程中不蒸发，一般要求无损失储存达 7 天以上。LNG 槽车储罐结构如图 5-36 所示。

第四节　LNG 气化

LNG 因具有运输效率高、用途广、供气设施造价低、见效快、方式灵活等特点，目前已经成为国内无法使用管输天然气供气城市的主要气源或过渡气源，同时也成为许多使用管输天然气供气城市的补充气源或调峰、应急气源。作为城镇利用 LNG 的主要设施，LNG 气化站因其建设周期短、可方便及时满足市场用气需求，已成为我国众多经济较发达及能源紧缺地区的永久供气设施或管输天然气到达前的过渡供气设施。

LNG 气化站的工艺设施主要有 LNG 储罐、LNG 气化器及增压器、调压、计量与加臭装置、阀门与管材管件等。

LNG 由低温槽车运至气化站，由增压气化器(或槽车自带的增压气化器)给槽车储罐增压，利用压差将槽车中的 LNG 卸入气化站 LNG 储罐。然后，通过储罐增压气化器将 LNG 增压，进入空温式气化器，使 LNG 吸热气化成为气体。当天然气在空温式气化器出口温度较低时，还需经水浴式加热器气化，并调压、计量、加臭后送入城镇管网。

LNG 气化站工艺流程框图如图 5-37 所示。

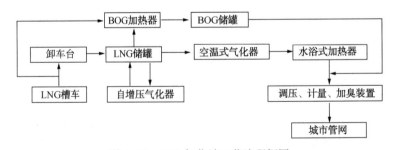

图 5-37　LNG 气化站工艺流程框图

空温式气化器系利用空气为热源使 LNG 气化。在夏季，经空温式气化器气化后的天然气温度较高，可直接进入城镇管网；在冬季或雨季，由于环境温度或湿度的影响，气化后的天然气温度较低,须再经水浴式加热器加热,或将 LNG 直接进入水浴式加热器加热至预定温度后进入城镇管网。

对于调峰型 LNG 气化站,为了回收非调峰期卸槽车的余气和储罐中的蒸发气(BOG),或天然气混气站为了均匀混气,常在 BOG 加热器的出口增设 BOG 储罐(缓冲罐)。

LNG 在常压下的沸点温度为-161.5℃,常压下储存温度为-162.3℃,密度约 430kg/m³。LNG 气化后,其临界浮力温度为-107℃。当气态天然气温度高于-107℃时,其密度比空气轻,将从泄漏处上升飘走。当气态天然气温度低于-107℃时,其密度比空气重,低温气态天然气会向下积聚,与空气形成可燃性爆炸物。为了防止 LNG 气化站安全阀放空的低温气态天然气向下积聚形成爆炸性混合物,故需设置空温式安全放散气体(EAG)加热器,放散气体先经该加热器加热,使其密度小于空气,然后再引入放散塔高空放散。

对于中小型气化站,一般选用真空绝热储罐。储罐分为内、外两层,填充珠光砂粉末,夹层抽真空,以有效防止外界热量传入罐内,保证罐内 LNG 日气化率低于 0.3%(体积分数)。

大型调峰型 LNG 工厂和接收站的气化设施主要有开架式水淋气化器和浸没式气化器,详见有关文献。

第五节　LNG 加气

随着城镇居民生活水平显著提高,汽车数量迅速增加,废气排放量增大。燃油汽车增长所带来的环境污染问题已越来越严重。据统计,燃油机动车排放的一氧化碳、碳氢化合物、氮氧化合物已占总排放的 40%~70%,车辆尾气排放已成为城镇大气的主要污染源。在环保条件日趋严格的今天,LNG 作为一种优质清洁能源,越来越受到人们的重视。

目前我国 CNG 汽车使用推广较好,但因 CNG 是一种高压气体,与 LNG 相比其储存体积较大,故车辆继驶里程短,应用范围受到限制。而 LNG 则是低温液体,储运体积较小,故车辆继驶里程长。此外,由于 LNG 中杂质含量少,作为汽车替代燃料,其产生的汽车尾气污染物远低于 CNG 产生的汽车尾气污染物,故比 CNG 更具环保性。

LNG 的能量密度约为 CNG 的 3 倍,故其充装速度快(100~180L/min),大型车辆的充装时间也不过 4~6min。LNG 加气站的主要设备有 LNG 低温储罐、低温泵及售气机,其流程比较简单,与 LPG 加气站类似。LNG 低温储罐为双层真空绝热容器,一般建在站内地下。低温泵为浸没式双级离心泵,安装在储罐内,用于将储罐中的 LNG 增压后送至 LNG 汽车储罐。LNG 售气机建在地面上。整个加气站占地面积很小。

一、LNG 汽车

作为汽车替代燃料,LNG 较 CNG 具有以下优点:①杂质少,甲烷浓度高(个别 LNG 中甲烷含量可达 99%),故燃烧更完全,使发动机性能充分发挥,排放尾气更加洁净;②CNG 汽车相对于汽油和柴油汽车而言,功率下降 5%~15%,而电喷式 LNG 汽车相对于汽油和柴油汽车,功率降低不到 2%;③LNG 储罐为常压低温绝热容器,比 CNG 高压钢瓶压力低,自重降低很多;④LNG 常压使用,防撞性好,较 CNG 汽车更安全;⑤由于燃料储箱体积小,质量轻,燃料能量密度大,相应提高了汽车装载利用率,LNG 汽车续驶里程约为 CNG 汽车的 3 倍,可超过 400km。

目前国内 CNG 汽车及加气站技术经过十余年的发展,已积累大量技术、人才及资本,故在一定时期内 CNG 汽车仍在天然气汽车中占据主导地位，LNG 汽车不会快速取代 CNG 汽车，即 LNG 汽车车辆数量不会很大。因此，在城镇 LNG 汽车发展初期，在现有的 CNG 站或加油站中增加橇装式 LNG 加气站，一方面可满足 CNG 汽车向 LNG 汽车过渡，另一方面建站更容易实现。由于 LNG 汽车较 CNG 汽车续驶里程长，具有在城际间驶行条件。所以为促进天然气汽车的区域化发展，在城际高速路沿线布局建设 LNG 加气站就成为必然。橇装式 LNG 加气站较站房式具有投资省、占地小、使用方便等特点，所以在扩展天然气汽车区域化发展的机遇下，橇装式 LNG 加气站具有明显的发展优势，非常适合在城际间高速路段沿线布局建设。由此可知，橇装式 LNG 加气站较站房式 LNG 加气站更适合我国当前 LNG 汽车的发展需要。

国内 LNG 汽车技术主要由 LNG 汽车发动机和燃料系统构成，其中燃料系统主要由 LNG 储气瓶总成、气化器和燃料加注系统等组成。LNG 储气瓶总成包括储气瓶、安装其上的液位装置及压力表等附件。储气瓶附件包括加注截止阀、排液截止阀、排液扼流阀、节气调节阀、主安全阀、辅助安全阀、压力表、液位传感器和液位指示表等。气化器包括水浴式气化器及循环水管路及附件，功能是将 LNG 加热转化为 0.5~0.8MPa 的气体供作发动机燃料。燃料加注系统包括快速加注接口和气相返回接口，对应连接 LNG 加气机加液枪和回气枪等。

二、LNG 加气站

LNG 加气站的主要设备有 LNG 储罐、调压气化器、LNG 低温泵、加气机和控制系统。与 CNG 加气站相比，LNG 加气站无须造价昂贵及占地面积宽的多级压缩机组，大大减少了加气站初期投资和运行费用。

LNG 加气站的主要优点在于不受天然气输送管网限制，建站更灵活，可以在任何需要的地方建站。LNG 加气站建站的一次性投资相对 CNG 加气站节约 30%，且日常运行和维护费用减少近 50%。

LNG 汽车加气站可分为 LNG 加气站、L/L-CNG 加气站 L-CNG 加气站 3 类，分类依据是可加气车辆类型。其中，LNG 加气站是专门为 LNG 汽车加气的加气站，L-CNG 加气站是将 LNG 在站内气化和压缩后成为 CNG，专门为 CNG 汽车加气的加气站，L/L-CNG 加气站是既可为 LNG 汽车加气，又可将 LNG 气化和压缩后成为 CNG 后再为 CNG 汽车加气的加气站。目前，我国沪宁沿线已有多座 L/L-CNG 加气站在运营。

图 5-38 为 LNG 加气站潜液泵式调压工艺流程图。表 5-28 为 LNG、L/L-CNG、L-CNG 加气站基本情况比较表。从表 5-28 可看出，L/L-CNG 和 L-CNG 加气站主要是在 LNG 加气站设备基础上增加了 LNG 至 CNG 的转换装置以及 CNG 存储、售气装置。

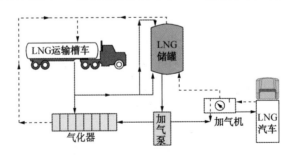

图 5-38　LNG 加气站潜液泵式调压工艺流程图

注：液相管路用实线表示；气相管路用虚线表示

表 5-28　LNG、L-CNG、L/L-CNG 加气站基本情况比较表

加气站类型	供气车辆类型	主要设备名称
LNG 加气站	LNGV	LNG 储罐、气化器、潜液泵、LNG 加气机
L/L-CNG 加气站	LNGV、CNGV	LNG 储罐、气化器、潜液泵、LNG 加气机、LNG 高压气化器、LNG 高压泵、CNG 储气瓶、CNG 加气机
L-CNG 加气站	CNGV	LNG 储罐、LNG 高压气化器、LNG 高压泵、CNG 储气瓶、CNG 加气机

注：LNGV 表示 LNG 汽车；CNGV 表示 CNG 汽车。

第六节　LNG 冷量利用

LNG 再汽化后除用作城市供气管网正常及调峰气源、LNG 汽车燃料等外，接收站储罐内的 LNG 具有可观的低温冷量，大约为 0.24kW·h/kg LNG。这部分冷量可以在空分、制干冰、冷库、发电等领域加以利用。因此，LNG 冷量利用日趋重要。

利用 LNG 冷量主要是依靠 LNG 与周围环境之间的温度和压力差，通过 LNG 的温度和相态变化回收 LNG 的冷量。利用冷量的过程可分为直接和间接两种。LNG 冷量直接利用有发电、空气分离、冷冻仓库、液化二氧化碳、干冰海然空调等；间接利用有冷冻食品、低温干燥和粉碎、低温医疗和食品保存等。

一、直接利用

LNG 接收站的 LNG 冷量可用于发电、空气分离、生产液体二氧化碳及冷库等，LNG 汽车燃料的冷量可用于汽车空调、冷藏等。

（一）发电

目前广泛采用联合法，即将直接膨胀法和朗肯（Rankin）循环法组合发电，其流程如图 5-39 所示。图中左侧是靠 LNG 与海水温差驱动的换热工质动力循环（郎肯循环）做功，通常采用回热或再热循环；右侧是利用 LNG 压力火用直接膨胀做功。联合法可将近 20% 的冷量转化为电能，发电量为 45kW·h/t LNG。

日本约半数 LNG 接收站与发电厂相邻而建，其 LNG 用于发电。LNG 发电量占全国发电量的 27%。部分 LNG 接收站还配套有 LNG 冷能利用工厂。

（二）空气分离

利用 LNG 冷量使空气液化以制取氮、氧、氩等产品，其电耗从常规空气分离的 0.8~1.0kW·h/m³ 降低至 0.5kW·h/m³ 以下，建设费用也可减少。日本大阪煤气公司利用 LNG 冷量的空气分离装置流程如图 5-40 所示。该装置采用氮气作为换热工质，利用 LNG 冷量来冷却和液化由精馏塔下部抽出并复热的循环氮气。与常规空气分离装置相比，不仅电耗降低 50% 以上，而且流程简化，投资减少。

我国宁波利用 LNG 冷量的空气分离装置液体产品为 614.5t/d，其单位电耗约 0.37kW·h/m³，是同规模最先进的常规流程空气分离装置的 46%，且不消耗冷却水，年节约水约 29×10⁴t。又如，2014 年 8 月我国江苏杭氧润华气体公司利用 LNG 冷量的空气分离装置投产，节电达 40%，每年可节电 3000×10⁴kW·h。

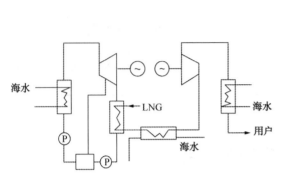
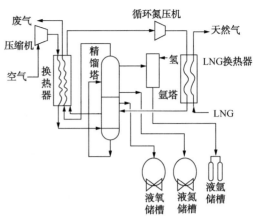

图 5-39　LNG 冷量回收联合法发电流程图　　　图 5-40　利用 LNG 冷量的空气分离流程图

（三）LNG 汽车冷量回收及利用

LNG 汽车冷量可作为汽车空调及冷藏的冷源，将 LNG 汽车燃料中的冷量在夏季部分回收用于汽车车厢空调的流程如图 5-41 所示。

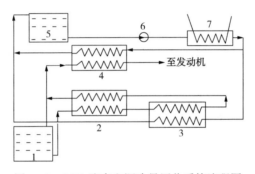

图 5-41　LNG 汽车空调冷量回收系统流程图

1—LNG 储罐；2~4—低温换热器；5—乙二醇蓄冷罐；6—乙二醇溶液泵；7—空气换热器

该系统储存在低温储罐 1 的 LNG（0.12MPa 下的饱和液体）先进入低温换热器 2 中部分气化，再经换热器 3、4 中与乙二醇溶液换热继续气化，然后与空气混合进入发动机。经 LNG 冷却后的乙二醇溶液去蓄冷罐 5，用泵 6 送至空气换热器 7 调节车厢温度。温度升高后的乙二醇溶液返回换热器 3、4 循环使用。

二、间接利用

主要是利用 LNG 冷量生产液氮及液氧。生产的液氮可在低温下破碎一些在常温下难以破碎的物质，如尼龙 12、聚酯及聚乙烯等，而且破碎粒度小而均匀，也可破碎食品、香料等，不损坏原有质量，也不会使材料发生热氧化变质。

生产的液氧可制取高纯度臭氧，用来提高污水处理的吸收率。与常规方法相比，电耗可降低 1/3，且污水处理效果好。

此外，由于原料气组成及液化工艺不同，LNG 的组成也各不相同（表 5-29）。某些 LNG 中含有较多的 C_2^+ 烃类时，可考虑将其回收、利用的可能性。

表 5-29 不同组成天然气生产的 LNG 性质   %(摩尔分数)

气源	C_1	C_2	C_3	C_4	C_5	N_2	CO_2	低热值/(MJ/m³)
海南海燃	76.05	18.74	3.65	0.21	—	1.17	0.18	42.87
新疆广汇	82.30	11.20	4.60	1.34	0.01	0.09	—	42.33
中原绿能	95.62	1.63	0.32	0.27	0.12	0.99	0.98	36.21

例如，中国石化天然气分公司建设的山东某 LNG 接收站(一期规模为 $300×10^4 t/a$)，由于 LNG 中含有较多 C_2^+ 烃类，故又同时建设 2 套凝液回收装置(LNG 处理量各为 $100×10^4 t/a$)，副产 NGL 约 $50×10^4 t/a$。

第七节 主要设备

在基本负荷型 LNG 工厂的投资费用中，天然气液化工艺设备占 40% 以上，天然气液化工艺主要设备有冷剂制冷压缩机组、主换热器(主低温换热器)及容器等，其中冷剂制冷压缩机组及低温换热器又分别约占 50% 及 30%。LNG 储存的主要设备为 LNG 储罐，已经在本章第三节中介绍。

一、冷剂制冷压缩机组

天然气液化系统中采用的冷剂制冷压缩机主要有离心式、往复式及螺杆式几种类型。通常，制冷压缩机功率大于 4MW 时可选用离心式压缩机，功率在 1.5~4MW 时可选用往复式压缩机，功率小于 1.5MW 时可选用螺杆式压缩机。

用于天然气液化的制冷压缩机除应考虑压缩介质是易燃、易爆气体外，还须考虑低温对压缩机构件材料的影响。因为很多材料在低温下会失去韧性，发生冷脆损坏。此外，如果压缩机进气温度低，润滑油也会冻结而无法正常工作，此时应选用无油润滑压缩机。

小型冷剂制冷压缩机功率较小，可采用电动机或燃气发动机驱动，且以电动机居多。大型冷剂制冷压缩机功率较大，其驱动方式有燃气轮机、蒸汽轮机和电动机可供选择。

压缩机出口气体有几种冷却方式。其中，空冷是通过空气冷却器带走气体热量，主要用于年平均气温低于 25℃ 的地区以及无水或缺水地区，冷却后的气体温度高于环境温度 10~15℃，但不适用于温度较高的湿热地区，同时占地较大。水冷主要采用循环水经水冷却器带走气体热量，冷却后的气体温度一般高于循环水进水温度 5~10℃，冷却效果好，但用水量较大，需要设置循环水冷却塔等。

冷剂制冷压缩机出口冷却方式一般根据冷剂开始冷凝时的露点来确定。冷剂制冷是压缩、冷凝、节流、蒸发、压缩的循环过程。气体经压缩后需要在出口压力下冷却冷凝。对于环境温度较高地区如果采用空冷方式，在相同条件下与水冷方式相比，冷剂要在更高的压缩机出口压力下才开始冷凝，故使制冷压缩机功率增大。因此，有的混合冷剂制冷压缩机采用先空冷，后水冷方式将冷剂气体冷却冷凝从而节约循环水用量。

二、主换热器

在 LNG 工厂中主换热器是液化系统的核心设备，它对整个装置的性能影响很大。目前主要有绕管式和板翅式两种形式。一般将板翅式换热器为主的集成设备称为冷箱，将绕管式换热器为主的集成设备称为冷塔。究竟选用哪种形式主要取决于装置规模和液化工艺。绕管式和板翅式换热器性能对比见表 5-30。

表 5-30 绕管式换热器和板翅式换热器对比表

项 目	绕管式换热器	板翅式换热器
特点	结构紧凑，管程为多股流体而壳程只能是单股流体，适用于单相和两相流体，单壳程换热面积大	结构非常紧凑，多股流体，适用于单相和多相流体，单位换热面积投资低
流体	干净	非常干净
流动形式	错逆流	错流或逆流
紧凑性/(m²/m³)	200~300	300~1400
温度/℃	无限制	-269~+65
压力/MPa	≤25	≤11.5
应用场合	腐蚀性流体，热冲击场所，高温场所	低温场所，无腐蚀性流体
运行情况	可以承受温度骤增，运行稳定	受温度骤变影响大，负荷分配不易控制，泡沫夹带严重
检修维护	允许泄漏运行，直至下次例行停车，用最短时间修理(堵漏)	检修困难，维修成本高
供货	专有设备供货商	较多供货商

随着 LNG 工厂液化装置规模增大，绕管式换热器的优势越来越明显，渐渐成为大型基本负荷型 LNG 工厂液化装置主换热器的首选。例如某绕管式换热器直径 4.2m，高度 54m，重 240t，中心轴上缠绕了许多管子，其长度可达 80m，管子端头与管板连接，管内为高压气体或液体，冷剂在管子外循环。该换热器内可以同时冷却几种液体，冷却面积可达 10000m²。此种大型换热器的设计、制造和使用，已成为发展基本负荷型 LNG 工厂的重要因素。铝质板翅式换热器因其尺寸和能力有限，且易堵塞，故以往主要用于调峰型 LNG 工厂。为保证其性能和可靠性，可在物流进口增设过滤器。

但是由于国际上能提供作为主换热器的绕管式换热器厂商只有少数几家，因此，国内外一些生产板翅式换热器的公司都在致力研究该换热器在大中型 LNG 装置中的应用，通过主换热器模块化设计克服板翅式换热器应用于 LNG 工厂液化系统的不足。

近年来，国内一些厂家一直致力于 LNG 工厂板翅式换热器的开发，并取得了良好业绩。从早期国内一些 LNG 工厂采用的膨胀制冷循环液化工艺，到目前采用的单循环(包括一级节流、二级节流、三级节流)混合冷剂制冷(SMR)液化工艺、双循环(二级节流、四级节流)混合冷剂制冷(DMR)液化工艺、带丙烷预冷的混合冷剂制冷(C₃/MR)液化工艺等，其中 SMR 工艺可分一级节流、二级节流、三级节流制冷方式，DMR 液化工艺可分二级节流、四级节流制冷方式，工艺流程组织多达 10 余种，每种不同的流程对板翅式换热器的技术要求又不相同，国内有的厂家对采用以上工艺流程的主换热器均有实际产品可供应用。同时，对阶式制冷流程的板翅式换热器也进行过设计研究。据了解，国内现有超过 60 余座 LNG 工厂采用国产板翅式换热器，绝大部分已经投产并在安全、稳定运行，性能完全可以满足液化系统工艺技术要求。例如，山东泰安中国石油 LNG 工厂(260×10⁴ m³/d) 液化系统的主换热器，其原料气预冷、液化和 LNG 过冷均为国产板翅式换热器。

由于管壳式换热器壳程设计压力、管径、管长度和传热温差等方面的原因，使其尺寸和能力受到了限制，虽然采用多管程换热器可很好克服这一问题，但又会增加管线布置和设计的复杂性。但是，目前已建的湖北黄冈中国石油 $500×10^4m^3/d$ LNG 工厂国产化示范工程中，主换热器则选用"管壳式换热器+板翅式换热器"。这样，既可实现主换热器国产化，不需引进绕管式换热器，同时也避免了大型 LNG 工厂液化系统中由于多台板翅式换热器并联而出现的气体流量分配不易控制问题。

林德(Linde)公司根据液化工艺流程和冷剂特点，按照表 5-31 选择中小型 LNG 工厂的主低温换热器。由该表可以看出，Linde 公司在 500t(LNG)/d 规模以下的 LNG 装置主换热器一般采用板翅式。

表 5-31　Linde 公司选择中小型 LNG 装置主换热器参考表[1]

项　　目		装置规模/t(LNG)/d			
		<20	20~100	100~500	500~3000
主换热器	板翅式	√	√	√	×
	绕管式	×	×	×	√

①本表系 Linde 公司自用，仅供参考。

三、闪蒸气(BOG)压缩机

在 LNG 节流降压、储存以及装卸等过程中均会产生 BOG，BOG 具有低压、低温以及气量波动大的特点，故在 BOG 压缩机的选型中需要充分考虑其特点，进行多方案对比。

BOG 压缩机的选型需要结合 LNG 工厂规模和建设水平进行，根据 BOG 是否加热以及加热的程度可分为超低温(例如−150℃)、低温(例如−30℃)以及常温(例如 0~20℃)三种工艺方案。BOG 温度越高，压缩机能耗越高，其投资越低。由于超低温卧式对置平衡式压缩机和立式迷宫式压缩机价格高、生产工期长，目前国内基本负荷型和调峰型 LNG 工厂多采用低温以及常温运行方案，排气压力较低时适宜选择螺杆式压缩机，可通过滑阀实现压缩机 10%~100%的负荷调节，适应 BOG 气量波动大的特点，且无须设置备机；排气压力较高时受到螺杆压缩机排气压力的限制，多采用往复式压缩机。

LNG 接收站一般需设置 2 台及以上 BOG 压缩机，便于 LNG 卸船时多机运行，非卸船时单机运行，通常不对 BOG 进行加热，故应选择超低温卧式对置平衡式压缩机或立式迷宫式压缩机两种机型。

四、罐内泵(罐内 LNG 输送泵)

罐内泵为一种潜液泵，全部浸没在 LNG 储罐内，是接收站的关键设备，如图 5-42 所示。由于 LNG 温度低、易气化、易燃及易爆，加之 LNG 输送泵有许多独特结构，因此要求低温下轴承密封可靠，将泄漏的可能性减少到最低程度。该泵一般为多级泵，扬程按外部输气管网的压力要求而定。例如，欧洲、美国、远东的接收站广泛采用 Efara 国际公司生产的高压多级 LNG 输送泵。

五、LNG 气化器

LNG 气化器主要有两种类型，即开架式水淋气化器和浸没燃烧式气化器。

开架式水淋气化器(图5-43)以海水为热介质,体积庞大且需配置海水系统,投资较高,占地面积大,但运行成本低。有些地区冬季海水温度低于5℃时需要给海水加热。

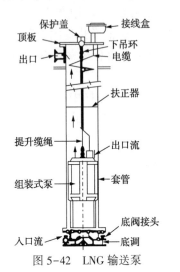

图 5-42　LNG 输送泵

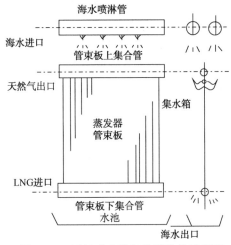

图 5-43　开架式水淋气化器结构示意图

浸没式燃烧气化器。又称水中燃烧式气化器,包括换热器、水浴、浸没式燃烧器、燃烧室及鼓风机等。燃烧器在水浴中燃烧,热烟气通过下排气管由喷雾孔排入水浴的水中,使水产生高度湍动。换热管内的 LNG 与管外高度湍动的热水充分换热,从而使 LNG 加热、气化。这种气化器的热效率较高,且安全可靠。其结构如图5-44所示。

六、卸料臂

用于运输船和陆上管线快速连接的设施,如图5-45所示。根据接收站规模不同需配置数根卸料臂及一根蒸发气回流臂(其结构同卸料臂)。法国 FMC 技术公司专利并由日本新日铁公司制造的卸料臂有全衡卸料臂、旋转式配重卸料臂、双配重卸料臂等不同类型。卸料臂材质主要为不锈钢和铝合金。其管径为 100~600mm,长度为 15~30m。卸料臂一般每船卸料时间以 12h 为标准,配置相应的数量和型号。

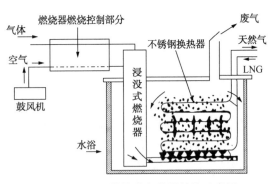

图 5-44　浸没燃烧式气化器结构示意图

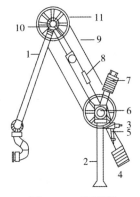

图 5-45　卸料臂

1—外臂;2—上升管;3—回转传动缸;
4—内侧配重总成;5—外侧传动缸;6—枢轴可移动弯头;
7—外侧配重总成;8—内侧传动缸;9—滑轮线;
10—上可移动弯头;11—架式滑轮

第八节　工程实例

一、上海浦东 LNG 调峰站

上海浦东 LNG 调峰站是我国建造的第一座调峰型 LNG 工厂，该调峰型 LNG 工厂是当东海平湖气田生产中，因人力不可抗拒因素(如台风等)停产时进行调峰，以确保安全供气，该装置采用了法国燃气公司开发的 CII 混合冷剂制冷液化工艺。天然气处理能力 $10 \times 10^4 m^3/d$，液化能力为 $165 m^3 (LNG)/d$，气化能力为 $120 m^3 (LNG)/h$，储罐容量为 $2 \times 10^4 m^3$。

CII 液化流程如图 5-46 所示，其主要设备包括混合冷剂压缩机、混合冷剂分馏设备和整体式冷箱三部分。其中，液化系统由天然气液化和混合冷剂循环两部分组成。

原料气经预处理后进入冷箱 12 上部预冷，再去气液分离器 13 中进行气液分离，气相部分进入冷箱 12 下部冷凝和过冷，最后经节流至 LNG 储罐。

混合冷剂是 N_2 和 $C_1 \sim C_5$ 烃类的混合物。冷箱 12 出口的低压混合冷剂蒸气经气液分离器 1 分离后，由低压压缩机 2 压缩至中间压力，然后经冷却器 3 部分冷凝后进入分馏塔 8 分成两部分。分馏塔底部的重组分液体主要含有 $C_3 \sim C_5$，进入冷箱 12 预冷后节流降温，再返回冷箱上部蒸发制冷，用于预冷天然气和混合冷剂。分馏塔上部的气体主要成分是 N_2、C_1 和 C_2，进入冷箱 12 上部冷却并部分冷凝后，再去气液分离器 6 进行气液分离，液相作为分馏塔 8 的回流液，气体经高压压缩机 4 压缩后，经水冷却器 5 冷却后进入冷箱上部预冷，

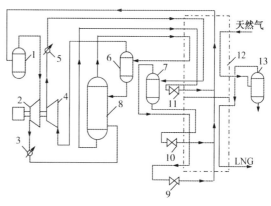

图 5-46　CII 液化工艺流程示意图

1, 6, 7, 13—气液分离器；2—低压压缩机；3, 5—冷却器；4—高压压缩机；8—分馏塔；9~11—节流阀；12—冷箱

再去进气液分离器 7 进行气液分离，气液两相分别进入冷箱下部预冷后，节流降温返回冷箱的不同部位为天然气和混合冷剂提供冷量，实现原料气的冷凝和过冷。

该工艺特点为：①流程精简、设备少。CII 液化工艺简化了混合冷剂制冷流程，将混合冷剂在分馏塔中分为重组分(以 C_4 和 C_5 为主)和轻组分(以 N_2、C_1 和 C_2 为主)两部分。重组分冷却、节流降温后作为冷源进入冷箱上部预冷原料气和混合冷剂；轻组分经部分冷凝和气液分离后进入冷箱下部，用于冷凝和过冷原料气。②冷箱采用铝质板翅式换热器，体积小，便于安装。整体式冷箱结构紧凑，分为上下两部分，换热面积大，绝热效果好。原料气在冷箱内冷却冷凝至 -160℃ 左右的液体，减少了漏热损失。③压缩机和驱动机的型式简单、可靠，降低了投资与维护费用。

二、新疆广汇 LNG 工厂

新疆广汇 LNG 工厂一期工程设计天然气处理能力 $150 \times 10^4 m^3/d$，采用了德国 Linde 公司开发的高效闭式混合制冷剂液化工艺，其特点是采用了绕管式换热器集成的冷塔作为主换热器，LNG 由冷塔顶部流出。冷塔自下而上分为以下三部分：预冷段、液化段和过冷段。

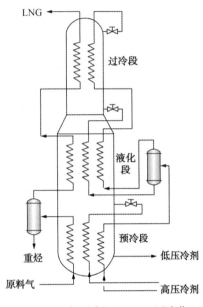

图 5-47 新疆广汇 LNG 工厂液化
工艺流程示意图

图 5-47 为新疆广汇 LNG 工厂天然气液化工艺流程示意图。图中,经预处理后的原料气首先在冷塔底部的预冷段冷却至-19℃后进入重烃分离器脱除重烃,然后进入液化段冷却至-102℃冷凝液化,最后进入过冷段冷却至-155℃经节流后去 LNG 储罐储存。

三、中国海洋石油珠海 LNG 工厂

中国海洋石油珠海 LNG 工厂设计天然气处理规模 $60×10^4 m^3/d$,采用美国 B&V 公司的 PRICO® 单循环混合冷剂制冷液化工艺,其特点是采用了由板翅式换热器集成的冷箱作为换热设备,冷箱内除了板翅式换热器芯体外,不含其他任何设备、阀门以及非焊接的接口,而且进出换热器的物流集合管接口均在冷箱外部。

该厂天然气液化工艺流程如图 5-5 所示,经预处理后的天然气由顶部进入冷箱,天然气由上往下流动冷却至-48℃时引出冷箱进入重烃分离器脱除重烃,脱除重烃后的天然气返回冷箱继续冷却至-152℃液化,得到的 LNG 由冷箱底部流出经节流降温至-161℃去储罐储存。

图 5-5 中混合冷剂通过制冷压缩机增压和冷却后分为气液两相,该高压两相冷剂在换热器入口混合后由上至下流动,基本上在和原料气液化相同的温度下流出换热器,经过减压后返回换热器,由下向上流动不断气化以提供冷量,然后离开换热器回到制冷压缩机完成闭路循环。

此法特点是将混合冷剂分段压缩,并在段间分出混合冷剂中一部分重烃,从而减少二段压缩能耗。这种单一压力的单循环混合冷剂制冷工艺只有 1 台制冷压缩机、1 台换热器,故其流程简单,布置紧凑,投资较低,操作简单,所需冷剂储存量较少。此外,该工艺对冷剂组成变化不敏感,对不同原料气组成的适应性强。

四、挪威 Snøhvit LNG 工厂

挪威 Snøhvit LNG 工厂采用 Linde 和 Statoil 公司联合开发的三级混合冷剂阶式制冷循环(MFC)工艺,单线 LNG 产量达到 4.3Mt/a。该装置是欧洲第一个大中型 LNG 装置,也是世界上第一个采用 MFC 工艺的装置。

该厂原料天然气压力为 6.15MPa,组成为:甲烷 86.13%、乙烷 6.35%、丙烷 2.84%、丁烷 1.38%、戊烷 0.67%、氮气 2.63%。图 5-48 是该厂液化工艺流程示意图,经预处理后的天然气依次经过预冷换热器(E1A/B)、液化换热器(E2)、过冷换热器(E3)换热冷却至-155℃。与纯工质阶式制冷循环工艺相比,MFC 工艺中换热器内冷热流体间温差更小,因此其效率更高。

在预冷循环中,制冷剂由压缩机 1 增压,然后通过海水冷却器 CW1 冷却液化并在预冷换热器(E1A)中过冷,一部分冷剂被节流至中间压力返回 E1A 提供冷量,另一部分冷剂在换热器(E1B)进一步过冷、节流至压缩机 1 的入口压力,然后为 E1B 提供冷量。在液化循环中,制冷剂被压缩机 2 增压、由海水冷却器 CW2 冷却,然后依次经过换热器 E1A、E1B

和 E2 冷却，最终节流降温后为液化换热器 E2 提供冷量。在过冷循环中，制冷剂被压缩机 3 增压，然后依次经过海水冷却器 CW3A、CW3B、换热器 E1A、E1B、E2、E3 冷却后，经过透平膨胀机膨胀降温后返回过冷换热器 E3 作为制冷剂冷却天然气和高压过冷循环制冷剂。所有压缩机吸入流体均被稍微过热至各自露点温度以上，以免压缩机产生液击现象。

在上述工艺流程中，预冷换热器（E1A、E1B）为板翅式换热器，液化换热器（E2）和过冷换热器（E3）为绕管式换热器。冷却器 CW1、CW2、CW3 均采用海水作为冷却介质，海水取自海面下 80m 深处，温度为 5℃。

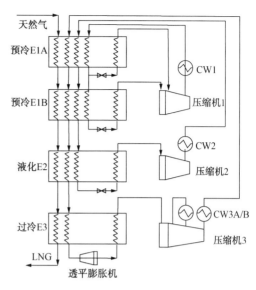

图 5-48　挪威 Snφhvit LNG 工厂
液化工艺流程示意图

五、中国石油昆仑能源黄冈 LNG 工厂

黄冈 LNG 工厂设计天然气处理规模 $500 \times 10^4 m^3/d$，液化能力 142t/h，操作弹性 50% ~ 110%，是目前国内最大的 LNG 工厂。工厂建设有 2 座 30000m^3 的 LNG 单容储罐，可满足 7.5 天产量的储存需要，配套设置 26 台装车橇。

该厂液化工艺采用国内自主开发的"单组分多级制冷液化工艺技术"，由三级独立的制冷循环组成，制冷剂分别为丙烯、乙烯和甲烷。第一级丙烯制冷循环为天然气、乙烯制冷剂和甲烷制冷剂提供冷量；第二级乙烯制冷循环为天然气和甲烷制冷剂提供冷量；第三级甲烷制冷循环为天然气及甲烷冷剂本身提供冷量(图 5-49)。

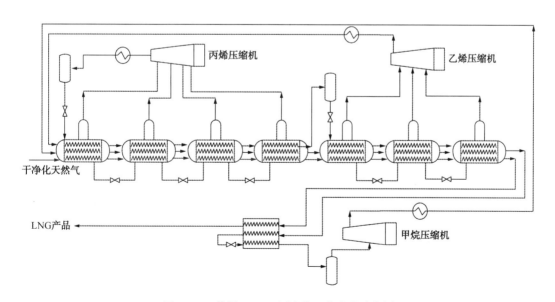

图 5-49　黄冈 LNG 工厂液化工艺流程示意图

该液化工艺具有如下特点：

① 制冷效率高。采用了改进型阶式制冷工艺，甲烷制冷剂除含有甲烷以外，还添加有乙烯和氮气，提高了制冷效率。

② 运行操作简单。制冷系统采用单组分或者简单配方冷剂，与混合制冷剂工艺相比，制冷压缩机压缩介质简单，压缩机正常启动后即可达到设计工况，避免了反复调整冷剂组成，减少了冷剂排放量。

③ 设备国产化率高。采用了丙烯、乙烯和甲烷三级制冷系统，降低了制冷压缩机的单机功率，有利于实现制冷压缩机的国产化。此外，换热系统采用了"管壳式换热器+冷箱"，技术成熟可靠，避免了引进绕管式换热器。黄冈LNG工厂设备国产化率达到99%。

参 考 文 献

[1] 林文胜.2013年中国液化天然气年度观察[J].液化天然气，2013(12)：6-15.

[2] 王遇冬，郑欣.天然气处理原理与工艺[M].第三版.北京：中国石化出版社，2016.

[3] 徐文渊.天然气利用手册[M].第二版.北京：中国石化出版社，2006.

[4] 郭揆常.矿场油气集输与处理[M].北京：中国石化出版社，2010.

[5] 顾安忠，等.液化天然气技术[M].第二版.北京：机械工业出版社，2015.

[6] 王红霞.煤层气集输与处理[M].北京：中国石化出版社，2013.

[7] 陈飞，等.贫气液化与重烃脱除[J].液化天然气，2013(2)：80-83.

[8] 林文胜.以混合制冷剂循环为核心的高效天然气液化流程[J].液化天然气，2013(12)：66-69.

[9] GPSA.Engineering Data Book.14th Edution，Tulsa，Ok.，2016.

[10] 陈永东，等.LNG工厂换热技术的研究进展[J].天然气工业，2012，32(10)：80-85.

[11] 李健胡，等.日本LNG接收站的建设[J].天然气工业，2010，30(1)：109-113.

[12] 颜艺敏，等.LNG接收站配合LNG运输船气体试验技术研究[J].液化天然气，2012(11)：74-80.

[13] 张立希，等.LNG接收终端的工艺系统及设备[J].石油与天然气化工，1999，28(3)：163-166.

[14] 石玉美，等.液化天然气接收终端[J].石油与天然气化工，2003，32(1)：14-17.

[15] 敬加强，等.液化天然气技术问答[M].北京：化学工业出版社，2007.

[16] 中国石油天然气股份有限公司.天然气工业管理实用手册[M].北京：石油工业出版社，2005.

[17] 中国石化建设有限公司，等.汽车加油加气站设计与施工规范(2014年版)(GB 50156—2012)[S].北京：中国计划出版社，2013.

[18] 罗东晓，等.L-CNG加气站的推广应用前景[J].天然气工业，2007，27(4)：123-125.

[19] 严铭卿.燃气工程设计手册[M].北京：中国建筑工业出版社，2009.

[20] 郑欣，等.天然气气质对LNG、CNG生产的影响[J].煤气与热力，2006，26(2)：20-23.

[21] 罗东晓，等.天然气汽车的经济性分析[J].煤气与热力，2007，27(3)：21-24.

[22] 欧翔飞，等.国内压缩天然气汽车产业发展分析[J].天然气工业，2007，27(4)：129-132.

[23] 姚佐权，等.30000m³LNG单容罐系统设计[J].煤气与热力，2015，35(11)：12-17.

[24] 郭旭，等.国内LNG运输技术与设备的发展现状[J].低温与特气，2016，34(2)：11-14.

[25] 程松民，等.昆仑能源黄冈LNG工厂工艺及运行分析[J].石油与天然气化工，2016，45(6)：38-42.

[26] 孟宪杰.天然气工程手册(第四分册)[M].北京：石油工业出版社，2016.

[27] 蒋洪，等.CH₄-CO₂体系固体CO₂形成条件的预测模型[J].天然气工业，2011，31(9)：112-115.

[28] 施纪文.LNG接收站储罐形式及储罐大型化发展趋势，中海浙江宁波液化天然气有限公司2017年4月6日.

第六章 压缩天然气(CNG)生产与储运

压缩天然气(Compressed Natural Gas，CNG)，是指将较低压力的天然气压缩至设定高压力状态的天然气。在常温和高压(20~25MPa)下，相同体积的天然气质量比参比条件下的质量约大220~250倍，因而可使天然气的储存和运输量大大提高，也可使天然气的利用更为方便。

目前，压缩天然气广泛用于交通、城镇燃气和工业生产领域。压缩天然气的利用特点是：①可以实现"点对点"供应，使供应范围增大。压缩天然气用作城镇燃气，克服了管道天然气的局限性；②供应弹性大，可适应日供气量从数十立方米到数万立方米的规模；③运输方式多样，可以采用多种多样的车、船运输，其运输量也可灵活调节；④容易获得备用气源。只要有两个以上的压缩天然气供应点，就有条件获得多气源供应；⑤应用领域广泛。例如，用于中小城镇燃气调峰储存、天然气汽车以及工业燃气等。

目前，国内外都在大力发展代用汽车燃料，现已实际应用的有压缩天然气(CNG)、液化天然气(LNG)、液化石油气(LPG)、甲醇、乙醇和电能等。CNG、LNG、LPG(油气田液化石油气)统称为天然气燃料，采用天然气燃料的汽车称为天然气汽车(NGV)。

第一节 CNG 生产

一、汽车燃料

CNG 是一种优质燃料，具有使用方便、环保经济、发热量高等优点。天然气作为燃料，可以大大地减少 CO_2、SO_2、NO_x 及烟尘的排放量，对改善大气环境及温室效应有着十分明显的作用。

(一)车用压缩天然气质量标准

近年来我国制定了《车用压缩天然气》(GB 18047—2017)国家标准，车用压缩天然气的质量指标见表6-1。

表6-1 车用压缩天然气的质量指标

项 目	技 术 指 标
高位发热量/(MJ/m³)	≥31.4
总硫(以硫计)(mg/m³)	≤100
硫化氢/(mg/m³)	≤15
二氧化碳含量/%	≤3.0
氧气含量/%	≤0.5
水/(mg/m³)	在汽车驾驶的特定地理区域内，在压力不大于25MPa和环境温度不低于-13℃的条件下，水的质量浓度应不大于30mg/m³

项 目	技 术 指 标
水露点/℃	在汽车驾驶的特定地理区域内，在压力不大于 25MPa 和环境温度不低于-13℃ 的条件下，水露点应比最低环境温度低 5℃

注：本表中气体体积的标准参比条件是 101.325kPa，20℃。

（二）CNG 用作汽车燃料的优点

压缩天然气是一种理想的汽车燃料，其应用技术经数十年发展已日趋成熟，具有成本低、效益高、无污染、使用安全便捷等特点。正日益显示出其巨大潜力，随着我国西气东输等输气管道的建成投产，我国的 CNG 汽车和 CNG 加气站也有了很大的发展。另外，国内还将压缩天然气供城镇燃气，已取得很好的效果。

1. 清洁无污染

天然气汽车作为"清洁汽车"，其排放尾气中的污染物比汽油、柴油燃料排放尾气中的要少。虽然影响汽车污染物排放量的因素很多，但在正常汽车行驶及环境条件下，对不同类型汽车，以天然气为原料的汽车燃料与改质汽油相比，CO、HC、NO_x 排放量要少；与改质柴油相比，NO_x、固体颗粒物排放量要少；天然气等汽车燃料排放物中苯等化合物量基本为零，但 M85 甲醇燃料的甲醇和未燃烧的甲醇排放量非常高，改质汽油、改质柴油仍有苯等化合物排放。因此，天然气是汽车最佳的清洁燃料。

2. 节省费用

由于天然气燃料的抗爆性能好，因而相应的极限压缩比较高，所以节省燃料。各类车辆的能耗指标见表 6-2，天然气公交车、出租车能够承受的气源价格参见表 6-3。

表 6-2 各类车辆的能耗指标

车 辆 种 类		行驶 100km 燃料消耗量	行驶 100km 燃料消耗量折算热量/MJ	燃料单位热量行驶里程/(km/MJ)	相同热量消耗行驶里程比较/%
公交车	汽油车（用 92 号汽油）	32.0L	1019.87	98.1	100.0
	由汽油车改装的 CNG 汽车	34.0m³	1210.06	82.6	84.2
	柴油车（用 0 号柴油）	28.0L	1027.78	97.3	100.0
	由柴油车改装的 CNG 汽车	35.0m³	1245.65	80.3	2.5
	原装单燃料 CNG 汽车	33.0m³	1174.47	85.1	87.5
出租车	汽油车（用 92 号汽油）	9.0L	286.84	348.6	100.0
	由汽油车改装的 CNG 汽车	9.53m³	339.17	294.8	84.6
	原装单燃料 CNG 汽车	9.0m³	320.31	312.2	89.6

注：1. 天然气低发热量为 35.59MJ/m³；

2. 92 号汽油密度为 0.725kg/L，低发热量为 43.96MJ/kg；

3. 0 号柴油密度为 0.835kg/L，低发热量为 43.96MJ/kg。

表 6-3　天然气公交车、出租车能够承受的气源价格

车辆种类			改装或购新车增加的费用折算成每100km行程增加的费用/元	每100km行程燃料消耗量	每100km行程燃料费用/元	每100km行程费用合计/元	能承受的天然气价格/（元/m³）
公交车	汽油车		0.00	32.0L	188.80	188.80	
	使用管输天然气气源	汽油改装车	1.58	34.0m³	153.0	154.58	5.55
		CNG 单燃料车	5.25	33.0m³	148.50	153.75	5.72
	使用LNG气源	汽油改装车	1.58	30.42m³	136.89	138.47	6.20
		LNG 单燃料车	5.25	29.53m³	132.89	138.14	6.39
出租车	汽油车		0.00	9.0L	53.1	53.1	
	使用管输天然气气源	汽油改装车	0.81	9.53m³	42.89	43.7	5.57
		CNG 单燃料车	1.32	9.0m³	40.5	41.82	5.9
	使用LNG气源	汽油改装车	0.81	8.53m³	38.39	39.2	6.22
		LNG 单燃料车	1.32	8.05m³	36.23	37.55	6.60

注：1. 公交车的使用年限是 8 年，行驶里程是 $12×10^4$km/a。

　　2. 出租车的使用年限是 4 年，行驶里程是 $13.6×10^4$km/a。

　　3. 管输天然气、LNG 低发热量分别按 35.59MJ/m³、39.78MJ/m³ 计算。

　　4. 表中汽油价格按 5.9 元/L，CNG 价格按 4.5 元/m³，使用时应根据当地价格调整。

3. 运行安全

天然气的燃点一般在 650℃以上，而汽油为 427℃，这说明天然气不像汽油那样容易被点燃。此外，天然气的爆炸极限是 5%～15%，而汽油是 1%～7%。更重要的是天然气比空气轻，在大气中稍有泄漏，很容易向空中扩散，不易达到爆炸极限。

天然气汽车的钢瓶系高压容器，在选材、制造、检验及试验上均有严格的规程控制，并安装有防爆设施，不会因汽车碰撞或翻覆造成失火或爆炸，而汽油汽车的油箱系非压力容器，着火后容易爆炸。因此，天然气汽车较汽油汽车更安全。

4. 可延长设备寿命，降低维修费用

由于天然气燃烧完全，结炭少，减少气阻和爆震，发动机寿命延长 2～3 倍，大修理间隔里程延长$(2～2.5)×10^4$km，可年降低费用 50%以上。

因此，天然气汽车有着广泛的应用前途。国内 CNG 汽车产业经过十多年来特别是近几年的迅速发展，已形成整车装配、车辆改装、加气站建设、设备制造、技术标准制定及新产品研发为一体的产业化发展格局，具备比较完善的天然气汽车推广应用政策法规及运行管理、燃气气源保障、燃气价格调控等体系，并且形成了不同地区各具特色的 NGV 发展模式。

二、CNG 站

CNG 站是指获得(外购或生产)并供应符合质量要求的 CNG 的场所。通常，根据原料气(一般为管道天然气)的杂质情况经过处理、压缩后，再去储存和供应。

（一）CNG 站分类

目前 CNG 站的分类方法尚不统一，按供气目的一般可分为加压站、供气站和加气站；按功能设置多少可分为单功能站、双功能站和多功能站；按附属关系不同可分为独立站和连锁站。

1. 按供气目的分类

CNG 加压站以天然气压缩为目的，也称 CNG 压缩站。这类站是向 CNG 运输车(船)提供高压(例如 20~25MPa)天然气，或为临近储气站加压储气。

CNG 供气站是将压缩天然气调压至供气管网所需压力后，进而分配和供应天然气。CNG 供气站是天然气供应系统的气源站，连接的是燃气分配管网。

CNG 加气站是将压缩天然气直接供应给 CNG 用户的供气站。根据 CNG 用户的不同，此类站又分别称为 CNG 汽车加气站、CNG 槽船加气站、CNG 火车加气站，以及高压天然气用户加气站或综合站等。

2. 按功能设置分类

单功能站只有单一功能，例如加压站、供气(气源)站、汽车加气站等。

双功能站则具有 CNG 站的两种功能，例如 CNG 加压站和加气站的组合，也可以是 CNG 站和其他能源供应站的组合，例如 CNG 加气站和加油站、CNG 加气站和 LPG 加气站的组合等。

CNG 站具有两种以上功能时称为多功能站。

3. 按附属关系分类

按独立供应形式建设的 CNG 站称为独立站或独立供应站。大多数 CNG 站采用独立站的形式。

CNG 站之间相互依存或相互支持的站，称为连锁站或连锁供应站。当连锁站的供应目的相同或相近时，也称母子站(子母站)，或称总站及分站。例如，CNG 加气母站及其对应的 CNG 加气子站、CNG 加压母站和 CNG 供气分站、CNG 加压母站和 CNG 供气子站等。

目前我国习惯上将 CNG 汽车加气站分为 CNG 常规加气站(简称常规站)、CNG 加气母站(简称母站)和 CNG 加气子站(简称子站)。

(二) CNG 站基本工艺流程

CNG 站供应规模是指该站所具备的生产或/和供应能力，用参比条件(101.325kPa，20℃)下的体积量表示，可分为年和日供应规模两种。

CNG 站的基本功能为天然气接收(进站调压计量)、处理、压缩、供应(包括储存、加气供应和减压供应)等。按照 CNG 站供气目的不同，各类 CNG 站的工艺流程框图如图 6-1 所示。

(三) CNG 加压站

CNG 加压站系向 CNG 运输车(船)提供高压天然气，或向超高压调峰储气设施加气，也可附带对 CNG 汽车加气。

通常，CNG 加压站专为 CNG 汽车加气子站的 CNG 运输车充气时，则称为 CNG 加气母站。CNG 加压站专为 CNG 汽车加气时，则称为 CNG 常规加气站。

1. CNG 加压站工艺

由图 6-1 可知，CNG 加压站工艺包括进站天然气调压计量、处理、压缩、储存和加气(充气)，以及回收和放散等。

(1) 调压计量

天然气调压是指采用调压器将压力较高的天然气调节至设备入口所要求的较低稳定压力。为经营核算，还需对进站天然气进行计量。CNG 加压站为间歇式生产时，通常可不设过滤器、流量计、调压器等设备的备用管线。为减少占地，调压计量等设备可组装成橇装式组合调压柜。

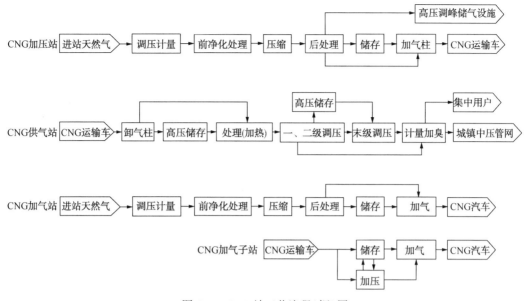

图 6-1 CNG 站工艺流程(框)图

天然气进站调压计量工艺流程图如图 6-2 所示。

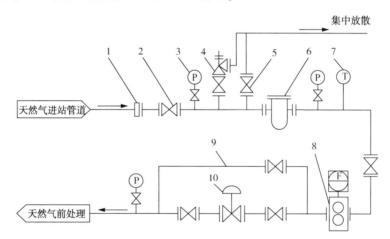

图 6-2 CNG 加压站调压计量工艺流程

1—绝缘法兰；2—阀门；3—压力表；4—安全阀；5—放散阀；
6—过滤器；7—温度计；8—计量装置；9—旁通管；10—调压器

（2）处理

进站天然气处理的目的是：①脱除不符合 CNG 质量要求的 H_2S、CO_2 和水蒸气。必要时脱除氮、氧等；②调压、过滤、加臭，必要时加湿等。广义地说，脱水时再生气的加热、冷却和气液(水)分离，压缩后天然气的冷却、气液(水、液烃和润滑油等)分离等也属于处理范畴。

CNG 站天然气过滤的目的是除去天然气中的固体粉尘、以保护站内生产设备，例如压缩机、调压器、流量计、阀门和加气机等。

CNG 站高压设备和管线采用高强度钢，对 H_2S 特别敏感。当 H_2S 含量较高时，容易发生氢脆，导致钢材失效。根据《车用压缩天然气》(GB 18047—2017)的质量指标，H_2S 含量必须低于 15mg/m³。因此，如果进站天然气中 H_2S 含量高于该值时就应进行脱硫。CNG 站通常采用常温干法脱硫工艺，一般为塔式脱硫设备。干法脱硫净化度较高，设备简单，操作方便，脱硫塔占地少，但在更换或再生脱硫剂时有一定的污染物排放，废脱硫剂也难以利用。常用的常温干法脱硫剂有活性氧化铁、高效氧化铁、精脱硫剂(例如硫化羰水解催化剂和氧化锌脱硫剂的组合)以及活性炭和分子筛等。目前多用氧化铁脱硫剂，先脱硫再脱水。

符合《天然气》(GB 17820—2018)一类质量指标的天然气中 CO_2 含量均不大于 3%，无须进一步脱碳。如果进站天然气中 CO_2 含量大于 3%，由于 CO_2 临界压力为 7.4MPa，临界温度为 31℃，CNG 站可采用加压冷凝法脱除。

《车用压缩天然气》(GB 18047—2017)要求在操作压力和温度下压缩天然气不应存在液态烃。但是，由于《天然气》(GB 17820—2018)中只规定"在天然气交接点的压力和温度条件下，天然气中应不能存在液态烃"，故在 CNG 站中压缩至高压后其 C_3^+ 等较重烃类可能液化并需脱除，以防止 NGV 发动机点火不正常。

脱水的目的主要是防止冷凝水与酸性气体形成酸性溶液而腐蚀金属，以及防止压缩天然气在减压膨胀过程中结冰等而形成冰堵。通常，来自天然气管道的天然气水露点虽已符合《天然气》(GB 17820—2018)要求，但仍远高于《车用压缩天然气》(GB 18047—2017)的所要求的水露点，故必须进一步脱水。一般采用分子筛脱水，脱水可以在压缩前(前置)压缩级间(中置)或压缩后(后置)。某 CNG 站设计中曾对压缩前、压缩级间和压缩后三种脱水方案进行综合比较(表 6-4)，其比较条件为：压缩机进气压力为 0.3MPa，排气压力为 25MPa，要求的排气压力下水露点相同，干燥剂为分子筛。

表 6-4 CNG 站三种脱水方案综合比较

项 目	压缩前脱水	压缩中脱水	压缩后脱水
脱水后水露点/℃	<-65	<-65	<-65
脱水量	1	0.105	0.03
干燥剂用量(后置为 1)	~9	2~3	1
产品气再生回用率/%	~0	6	2
能耗(电加热功率比)	~20	~2.5	1
工艺难度	低	较高	高
可操作性	容易	较难	难
压力等级	一类压力容器	二、三类压力容器	三类压力容器
安装形式	整体撬装或现场组装	整体撬装	整体撬装
设备复杂程度	简单	较复杂	复杂
设备体积	大	中	小
占地面积(后置为 1)	16	2	1
设备制造	低压阀件；通用配件；制造要求较低；	中高压阀件；部分通用部件；制造要求较高	高压阀件；专用密封件；制造要求高
建设费用(中置为 1)	~1.5	1	~2
运行费用	高	较低	低
维护费用	低	较高	高

按照《车用压缩天然气》(GB 18047—2017)规定，为确保压缩天然气使用安全，压缩天

然气应有可察觉的臭味。无臭味或臭味不足的天然气应加臭。

有些 CNG 站为保持氧化铁干法脱硫剂的活性，需对水露点较低的进站天然气加湿，或对脱硫剂进行保湿处理。这样，虽然增加了脱水装置的负荷，但却可显著改善氧化铁干法脱硫效果。

此外，为了防止湿气甚至干气因节流效应导致水分结冰冻堵，必要时还需对其加热。

（3）压缩

天然气压缩是将处理后的天然气压缩至所规定的高压。往复式压缩机适用于排量小、压比高的工况，是 CNG 站的首选压缩机型。往复式压缩机的压比通常为(3~4)：1，可多级配置，每级压比一般不超过 7，压缩机的驱动机宜选用电动机。当供电有困难时，也可选天然气发动机。

CNG 站进站天然气来自城镇中压管网时，压缩机进口压力一般为 0.2~0.4MPa，即使最低至 0.035MPa，也可选用往复式压缩机。当连接高压燃气管网或输气干线时，则可达到 4.0MPa，甚至高达 9MPa。除专用于 CNG 储存的压缩机可经方案比较选择某确定的出口压力外，通常 CNG 站压缩机出口压力为 25MPa，单台排量一般为 250~1500m³/h。

往复式压缩机组是 CNG 站的核心设备，根据进站天然气压力不同，一般为 2~4 级。压缩机组的辅助系统包括加气缓冲和废气回收罐、润滑、冷却、除油净化及控制系统等 6 部分。实际上，目前有的压缩机组在保证压力脉冲很小的前提下，取消了缓冲，或以进气分离罐代替缓冲罐，有的还将进气缓冲罐和废气回收罐合二为一。

（4）CNG 储存

CNG 站储气设施的最高工作压力一般都选取 CNG 储存的最高允许压力，如 25MPa，而最低工作压力则与取气设备(或设施)需要的最高压力有关。对于 CNG 运输车和 CNG 汽车，需要的最终工作压力一般为 CNG 使用最高允许压力，例如 20MPa；对于城镇管网，则为其最高工作压力，例如 0.4MPa、0.8MPa 和 1.6MPa。

由此可知，由于 CNG 运输车和 CNG 汽车的最高取气压力很高，故与 CNG 储气设施的工作压差很小，导致储气设施的容积利用率很低，在不考虑压缩因子的情况下仅为 20%。对于城镇管网，则储气设备的容积利用率可达 93%~98%。

为了提高 CNG 运输车和 CNG 汽车取气时 CNG 储气设备的容积利用率，CNG 站可以采用不同的储气调度制度，其核心是分压力级别储气和取气。

储气压力分级制是按储气设施不同工作压力范围，分级设置储气设备的储气工艺制度，简称储气分级制或储气分区制。一般，将最低工作压力相对低的储气设备组称为低压储气设备，相对高的称为高压储气设备，居中者称为中压储气设备。CNG 站采用何种储气分级制，应根据 CNG 站运行制度和加气制度等综合而定。CNG 汽车加气站通常都采用三级制，即高、中、低压制。也可采用二级制，即高、中压制(快充)或中、低压制(较快充)。

进站天然气经过处理、压缩成为 CNG 后，需根据储气调度制度，经一定程序将其送入各储气设施储存。储气调度制度包括压力分级方式、储气优先顺序及其控制等内容。储气设施包括储气设备及其管线系统的组合。

CNG 加压站的储气调度制度与其功能和工艺有关。如为 CNG 运输车加气，一般为单级压力储气和直接储气的调度制度；如为 CNG 汽车加气，目前则可能有多种储气调度制度。当采用 CNG 运输车加气和 CNG 汽车加气储存一体化工艺时，多采用单级压力储气和直接储气的调度制度，或多级压力储气制度和低压级优先储气的调度制度。

单级压力储气和直接储气的工艺流程如图 6-3 所示。

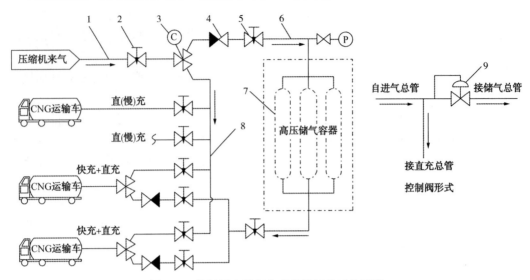

图 6-3 单级压力储气和直接储气的工艺流程

1—进气总管；2—进气总阀；3—三通阀；4—止回阀；5—储气总阀；6—储气总管；7—储气设备；8—直充总管；9—控制阀

CNG 加压站加气工艺流程主要是指加气柱加气工艺流程，如图 6-4 所示。当 CNG 加压站对 CNG 运输车的加气具有明显的不连续特征时，应采用压缩机直充(直接加气工艺)。反之，可采用压缩机直充和储气设施辅助充气工艺。

由图 6-4 可知，该加气柱采用压缩机直充和储气设施快充制度，并由 PLC(可编程逻辑控制器)控制充气和停充。简单的加气柱也可配置为手动形式，无须 PLC 和控制阀门。当 CNG 加压站采用多级压力储气制度，并利用加气机对 CNG 运输车加气时，则要求加气机具有压缩机直充接管和相应功能。

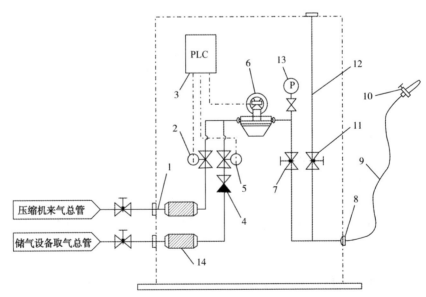

图 6-4 加气柱加气工艺流程

1—直充接管；2—直充控制阀；3—PLC；4—止回阀；5—储气取气控制阀；6—计量装置；7—加气总阀；
8—拉断阀；9—加气软管；10—加气嘴；11—泄压阀；12—泄压管；13—压力表；14—过滤器

（5）回收和放散

CNG 站需要回收的气体包括压缩机卸载排气、脱水装置干燥剂再生后的湿天然气、加气机加气软管泄压气等。回收方式应根据所回收气体的性质和压力而定，无法回收的废物等均应按相应规定排放。

2. 主要设备

CNG 加压站的主要设备有过滤和除尘设备、调压器、计量装置、脱硫设备、脱水设备、压缩机组和储气设备等，详见本章第五节内容。

第二节　CNG 运输

CNG 生产和利用过程中的成本和能耗相对较低，但是由于 CNG 高压气瓶比较笨重，单车运输量比较小，运输成本高。因此，一般认为该种方式只适合距离气源较近、用气量小的城市燃气供应。

一、CNG 车辆运输

CNG 车辆运输分为公路运输和铁路运输两类。铁路运输由于成本高而使用较少，重点应用在 CNG 汽车运输领域。天然气汽车运输分为天然气储槽、半挂车、牵引车、列车系列，属于化工设备里的运输设备，专业运输天然气、低温液化天然气等。

常用的 CNG 运输车也称为 CNG 槽车，采用瓶组式拖车作为槽车。CNG 槽车是储存、运输 CNG 的专用车，具有储存容积大、运输效率高、运载方便的优点。它的设计、制造、检验和验收应符合《机动车运行安全技术条件》（GB 7258—2017）等标准的要求。主要参数包括钢瓶规格、钢瓶尺寸、钢瓶水容积及数量、管束水容积、钢瓶材质、储量、钢瓶质量、集装管束质量（空载）、集装管束尺寸等。

典型的槽车单车瓶组由 8 只筒型钢瓶组成，每只钢瓶水容积为 $2.25m^3$，单车运输量为 $4550m^3$。槽车由牵引车（也称半挂车）和储气设备箱（也称瓶组挂箱）组成。储气设备箱由牵引车牵引，运输至目的地后分离，作为 CNG 站的气源或储气设备使用，用完后再由拖车拖至 CNG 加压站充气。其储气设备多采用 7~15 只大瓶瓶组（直径为 406mm、559mm、610mm 等，长度约 6~12m，总容积为 $16~21m^3$），组成固定管束形式，置于可拖行的车架上，也有的采用集装箱拖车运输储气设备，此时的储气设备多由小储气钢瓶组成，且成橇装置，柜式装载。

由于 CNG 槽车必须耐高压，且处于运动状态，因此对安全性要求高，美国标准 DOT-E8009 对此有明确的规定。如何在保证安全性的前提下，尽量提高单车运输量，这与钢瓶的参数、材质、组装工艺、牵引车性能、公路等都有关。

CNG 运输车有各种规格，多以其储气设备水容积为规格参数。

二、CNG 运输船

CNG 运输船，是指运送压缩天然气的货船。CNG 在压力 80~313bar（1bar＝0.1MPa）之间呈气态，体积可减至天然气标准体积的 1/200。由于无须液化装置和再气化终端等昂贵的设施，CNG 投资费用明显低于 LNG。另外，工程实施时间也远少于 LNG 项目，LNG 项目从计划阶段至第一船发运，典型的至少需要 4~5 年，而 CNG 项目实施时间则为 30~36 个月。

因此 CNG 运输很适合储量较小的边缘气田中等距离的运输，较适合的运输距离为 1000～2500km。

2016 年 1 月，全球首创 CNG 运输船 JayantiBaruna 号在江苏韩通成功下水。这是全球首艘 CNG 运输船，由中集海工研究院自主设计建造。CNG 运输船长 110m，运载量达 70×$10^4 m^3$CNG，是经美国船级社(ABS)和印度尼西亚船级社(BKI)认证的双级船舶。

第三节　CNG 汽车加气站

一、CNG 加气站类型

CNG 汽车加气站是指为 CNG 汽车提供压缩天然气的站场，简称 CNG 加气站。CNG 加气站又分为 CNG 常规加气站和 CNG 加气子站。如前所述，当 CNG 加压站专为 CNG 汽车加气子站的 CNG 运输车(气瓶车)车载储气瓶充气时，则称为 CNG 加气母站。

(一) CNG 常规加气站

CNG 常规加气站是建在输气管道或城镇天然气管网附近，从天然气管道直接取气，进站压力相对较低，通常在 0.2～1.0MPa，原料气经过脱硫、脱水、稳压计量等工艺后，进入压缩机压缩至 25MPa，然后进入储气井储存或通过售气机给天然气汽车加气。通常，常规加气站设计规模一般为 1.5×$10^4 m^3$/d 或 2.0×$10^4 m^3$/d。目前这种站的数量占全国 80% 以上，一般靠近主城区。标准站工艺流程框图如图 6-5 所示。

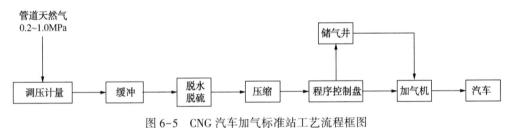

图 6-5　CNG 汽车加气标准站工艺流程框图

(二) CNG 加气子站

子站是建在周围没有天然气管线的地方，通过 CNG 专用槽车从母站运来压缩天然气给天然气汽车加气。目前子站根据建站形式不同又分为机械子站和液压子站。子站的设计规模一般较小，通常为 1.0×$10^4 m^3$/d 或 1.5×$10^4 m^3$/d。

机械子站：一般还需配小型压缩机和储气设施。为提高 CNG 槽车的取气率，用压缩机将槽车内的低压气体升压后，转存在储气设施内或直接给天然气汽车加气，加气机一般为三线制。机械子站工艺流程框图如图 6-6 所示。

液压子站：站内需要配备液压子站专用的 CNG 槽车和液压橇。将 CNG 槽车上的高压进液软管、高压回液软管、CNG 高压出气软管与液压橇体连接，液压橇里的高压液压泵将高压液体介质(一种低挥发性液压油)注入储气瓶，保证 CNG 槽车的储气瓶内气体压力保持在 20～22MPa，CNG 通过储气瓶出气口经高压出气软管进入液压子站橇体缓冲罐后，经高压管输送至 CNG 加气机，给 CNG 汽车加气，CNG 加气机为单线制。当大约 95% 的 CNG 被导出时，打开回液阀门，高压介质在气体压力和自身重力作用下返回到液压橇储罐内。液压子站工艺流程框图如图 6-7 所示。

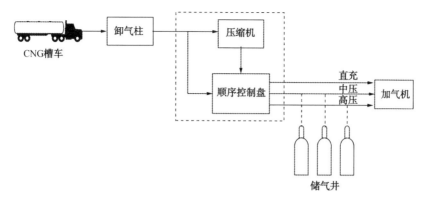

图 6-6　机械子站工艺流程框图

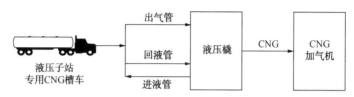

图 6-7　液压子站工艺流程框图

(三) CNG加气母站

母站是建在有天然气管线经过的地方，从天然气管道直接取气，国内现已建母站大多采取与门站合建的形式，这样保证进站压力高(通常在 2.0~6.3MPa)，节约能源，原料气经过脱硫、脱水、加臭、稳压计量等工艺后，进入压缩机压缩至25MPa，然后进入储气设施储存或通过售气机给天然气汽车和 CNG 槽车充气。母站的设计规模一般较大，根据市场需求母站的建设规模有(5~30)×10⁴m³/d 不等。母站工艺流程框图如图 6-8 所示。

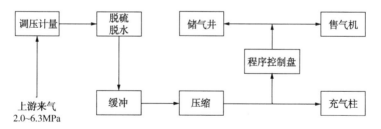

图 6-8　CNG 汽车加气母站工艺流程框图

二、CNG 加气站组成

一套完整的 CNG 加气站是由以下六个系统组成，即：①天然气调压计量；②天然气处理；③天然气压缩；④CNG 储存；⑤控制(自动保护、停机及顺序充气等)；⑥CNG 售气。

(一) 调压计量系统

进站天然气进入压缩机之前，需要进行调压控制，使压缩机进气压力保持在一定范围之内，保证压缩机的正常工作。为经营核算，也需对进站天然气进行计量。调压计量系统由进气控制阀、过滤器，调压器、流量计和安全阀组成。

（二）天然气处理系统

由于 CNG 从高压储气瓶到汽车发动机的几次减压过程中会出现局部低温，因而对车用压缩天然气的气质标准比管道天然气更严格，以避免在高压、低温和腐蚀条件下管道堵塞和材料失效。这就要求对进入加气站的天然气在压缩前和压缩后进行处理，即脱硫、脱水、脱重烃和脱杂质。

① 脱水，即脱除天然气中的水分，使水含量小于 $16mg/m^3$。

② 脱重烃。即脱去天然气中的较重烃类烃，使乙烷和重烃的含量小于 3%，以防止发动机点火燃烧不正常。

③ 脱硫，即脱除天然气中的 H_2S，使其分压 ≤0.35kPa，以防止引起设备、管线和储气瓶腐蚀。天然气必须先脱硫，以防止管线腐蚀和钢瓶发生氢脆现象。

④ 脱杂质，即天然气进入压缩机前，需先经分离器、过滤器脱去游离水和杂质，以防止对压缩机造成损害。经过压缩后的天然气会由于压力升高和冷却器冷却而有水和烃类析出，加之压缩机的润滑油也可能混入其中，故必须设置气液分离器将压缩后的这些液体分出。分离了液体的压缩天然气可能仍未达到 CNG 汽车的使用要求，所以在其后还需设置过滤器、干燥器和后过滤器，进一步对天然气进行处理。天然气经过压缩和处理后方可对加气站的储气瓶充气，直接售气或给 CNG 汽车气瓶充气。若天然气含硫量和含烃量分别低于 $15mg/m^3$ 和 3%，则可不设置脱硫和脱重烃装置。

（三）天然气压缩系统

包括：①入口缓冲罐，其作用是为减轻天然气进气压力的脉动给机组带来的振动，避免对机组零部件造成损害。②压缩机主机，这是加气站的重要设备。CNG 加气站的压缩机排气压力高、排气量小，一般采用多级往复式压缩机，其运行完全自动化，并装有安全保护停车装置。每一级压缩后，天然气经水冷或风冷散热器冷却。压缩机的排气量可根据加气站的规模进行选择，进站天然气经多级压缩达到 25MPa，这是目前各国公认的最为合适的加气站排气压力和储气压力。③润滑油系统，目前 CNG 加气站压缩机多采用有润滑或气缸无油润滑两种形式。解决 CNG 中带油的根本方法是采用无油润滑压缩机，这是 CNG 加气站用压缩机的发展趋势。④冷却系统，其作用是为了保障天然气在最终排气压力下的温度不超过设计要求。⑤其他，如在压缩机驱动机的选择上应遵循经济有效的原则，一般来说大多采用电动机驱动。但对天然气资源特别丰富的一些地方，也可采用天然气发动机驱动。

（四）天然气储存系统

目前 CNG 加气站的储气设备多采用储气瓶组，其按运行压力分为高、中、低三级设置，各级瓶组应自成系统。分级储存是为了提高气体利用率，由顺序控制盘进行充气和售气自动控制，储存气体的利用率提高到 30% 以上，有的达到 58%。低压储气瓶组先将 CNG 汽车内置气瓶压力升至 10MPa，中压储气瓶组继续将其升至 13MPa，高压储气瓶组最终将其升高至最高压力 20MPa。

（五）控制系统

它使各系统形成一个自动化程度很高，功能完善的整体。该系统可概括为电源控制，压缩机运行控制，储气控制(优先/顺序系统)和售气控制四个部分。例如天然气经压缩机增压至 25MPa，通过顺序控制盘分别进入高、中、低压储气瓶组。当高、中、低压储气瓶组内的压力全部达到 25MPa 时，压缩机自动停机。高、中、低储气瓶组中的 CNG 由售气机控制，并自动给 CNG 汽车加气。当储气瓶组的压力接近 20MPa 时，压缩机自动启动向储气瓶组充气。在充气过程中，如果车辆加气，顺序控制盘自动切换，优先向车辆加气。

（六）售气系统

大多数的 CNG 加气站属零售性质(经营型)，故售出的 CNG 在付款之前必须进行计量。售气系统由售气机和其气路系统组成。

三、CNG 常规加气站工艺

CNG 常规加气站工艺流程包括天然气进站调压计量、净化与处理、压缩、储存和加气，以及回收与放散等。其中天然气调压计量、处理、压缩、回收和放散工艺与加压站相同，以下主要介绍具有其特点的储存和加气工艺。

（一）CNG 储存

由于 CNG 加气站储气调度制度和取气制度与一般 CNG 站明显不同，故其储气工艺也有较大区别。

CNG 加气站中经处理、压缩后符合质量指标的 CNG，由储气总管和总阀进入储气控制阀门组，按照储气调度制度分配后，通过储气支管和阀门流入各压力级储气设备。CNG 加气站通常都采用三级储气压力制，即高、中、低压制。也可采用二级制，即高中压制。其中，三级储气压力制度的储气工艺流程如图 6-9 所示。

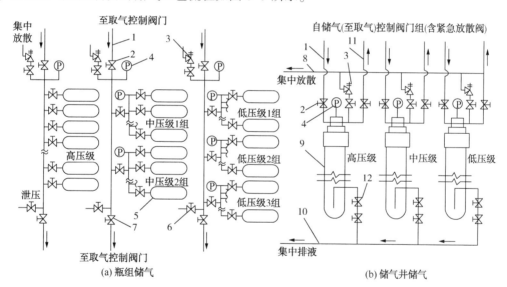

图 6-9　三级储气压力制度的储气工艺流程

1—进气(总)管；2—进气(总)阀；3—安全阀；4—压力表；5—储气瓶；6—放散阀；
7—取气总阀；8—放散管；9—储气井管；10—排污阀；11—取气管；12—排液阀

当储气压力制度不是三级时，可按照其实际要求级数设置储气支管和支管阀即可。

（二）储气优先控制

由上可知，储气调度制度包括压力分级方式、储气优先顺序及其控制等内容。储气优先控制是指经处理、压缩后的天然气向储气设备充气时先向高压储气设备充气，然后向中、低压储气设备充气，故在向储气设备充气时不影响汽车加气，以使压缩机在最短时间内将储气设备压力充至 25MPa，储气优先控制由储气控制阀门组完成。储气控制阀门组可分为手动控制和自动控制(包括程序控制)两类。自动控制的储气阀门组也称为储气优先控制盘。

储气优先控制工艺可分为梯级储气优先控制和一次(或多次)储气优先控制两类。前者如三级储气压力级制、梯级补气和三管取气制工艺,后者如三级压力优先储气、直充加三管取气制工艺。

(三) 加气制度

CNG加气站的加气制度包括加气速度制度、取气顺序制度及其控制,取气管配置等。

加气速度制度分为快速加气和慢速加气,简称快充和慢充。加气速度应根据加气负荷(用单位时间内的最大加气量表示),加气站功能(如是否对外加气),供应规模以及气源保障情况等综合确定。一般情况下,对外加气的CNG站应采用快速加气。加气负荷较小、供应规模不大,气源紧张的小型站宜采用快、慢结合的加气制度,也可采用慢速加气。目前,CNG加气站几乎都采用快速加气。

取气顺序过程与储气调度制度实施过程相反,采用由低压到高压的顺序,即先取最低压力级的储存气体,再逐次切换至最高压力级或直至压缩机直充管的取气顺序。取气制度由取气控制阀门组(也称为顺序控制盘)完成。顺序取气阀门组也可分为手动控制、自动控制(包括程序控制)两大类。目前,CNG站多用顺序取气制。

(四) CNG加气站工艺流程

CNG加气站工艺流程根据取气管制度不同而略有区别。

当加气机数量较少,例如1~3台以上时,可采用单管取气制度,即加气机与加气管一一对应。此简单工艺只适合企业内部使用。

当加气机数量较多,例如3台以上时,多采用多管取气制,即每台加气机通过其分级取气接口,分别与各分级取气总管连接取气。天然气通过加气机内部设置的取气控制阀门组,顺序通过流量计、加气总阀、拉断阀、加气软管和加气枪对CNG汽车加气(售气)。

CNG加气站多采用三管取气工艺流程。多台加气机并联的三管取气加气工艺流程如图6-10所示。

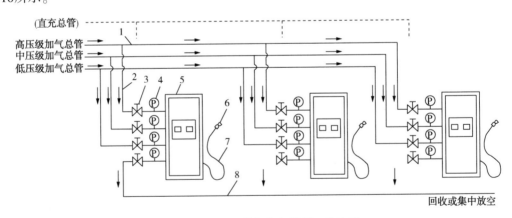

图6-10 三级三管加气机并联工艺流程

1—取气总阀;2—取气支管;3—阀门;4—压力表;5—加气机;6—加气枪;7—加气软管;8—放散管;9—泄压总管

CNG加气机售气系统包括管路、阀门、加气枪、计量、计价以及控制部分。最简单的售气系统除高压管路外,仅有一个非常简易的加气枪和手动阀门。先进的售气系统,不仅由微机控制,还具有取气顺序控制、环境温度补偿、过压保护及软管断裂保护等功能。有的售气系统还增加了自动收款系统和计算机经营管理系统等。

完整的 CNG 加气站控制系统对于加气站的正常运行非常重要。一个自动化程度高、功能完善的控制系统可以极大地提高加气站的工作效率，保证加气站安全可靠运行。加气站的基本控制系统可分为六部分，即电源控制、压缩机组运行控制、储气优先控制、处理控制、系统安全控制及售气控制(含取气顺序控制及自动收款系统)。这几部分的控制一般都通过微机和气动阀件来完成。比较先进的加气站还可以通过调制解调器(MODEN)和通信线路，对各地多台加气站实现远距离实时集中控制管理，包括实时监测、故障诊断和排除。由于先进的加气站设计必须依赖于先进的控制，所以控制系统投资占了加气站投资的相当大比例。

四、CNG 加气子站工艺

CNG 加气子站又可分为固定式和移动式两类。

(一) 固定式加气子站

固定式 CNG 加气子站的功能有卸车、压缩、储存和加气等，其工艺流程如图 6-11 所示。

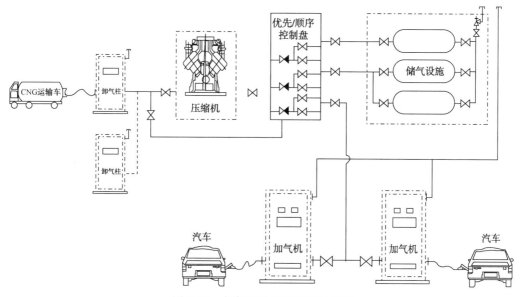

图 6-11　加气子站工艺流程示意图

CNG 运输车进站并连接卸气柱后，分三路向 CNG 加气子站卸气或供气。一路经优先/顺序控制盘，向储气设施中的低压级储气设备补气；一路是在运输车内压力降低，不能补气时，用压缩机加压至储气设备内；另一路一开始就将运输车(CNG 容器)作为站内的一组"储气设备"，通过顺序控制盘，直接参与对 CNG 汽车的加气。

经压缩机加压的 CNG，经过储气优先控制盘，按要求储存于储气设施内。当储气设施容积较小时，储气设施可采用二级储气，较大时，可采用三级储气。当需要 CNG 汽车加气时，加气机通过单管取气总管及取气顺序控制盘，从较低级储气设备内取气后，开始加气。当气压变得小于设定值时，由取气顺序控制盘切换至较高级别的储气设备取气，直至加气完成。当最高级别的储气设备内压力低于设定值(如 22MPa)时，启动压缩机，从 CNG 运输车储气容器中取气并加压后直接向 CNG 汽车加气。随之，也开始对储气设施补气。补气顺序按事先设定的储气制度，由顺序控制盘控制执行，直至将 CNG 运输车储气容器内的天然气取"净"(至设定的最低压力)，然后，CNG 运输车回至加压站(母站)充气。

(二)移动式加气子站

移动式 CNG 汽车加气子站又称为液压子站，此类站只需要带液压泵的储气柱组和简单的加气机，无须另设压缩设备、储气设施和优先顺序控制盘。工艺流程如图 6-12 所示。

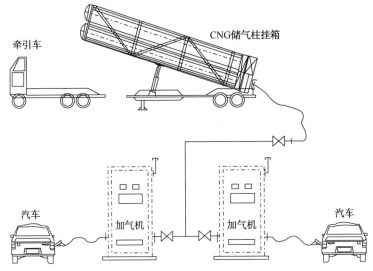

图 6-12　移动加气子站工艺流程示意图

CNG 运输车运至子站站点(可为广场等临时加气点)后，卸下储气设备并固定，用车架中部液压装置将储气柱一端顶起，使储气柱成 15°倾斜。利用自带油泵，将润滑油压入储气柱内部底端，推动内部活塞，使上部天然气保持 20MPa。通过端部控制阀和接口，连接简易加气机(单管取气，无取气顺序控制盘)，甚至加气机也配套配置在挂箱上，无须再连接，即可对 CNG 汽车进行加气。

第四节　CNG 供气站

CNG 供气站是以 CNG 为气源，向配气管网供应符合质量要求的天然气的站场，分为 CNG 储配站和瓶组供气站。一般所接管网为中小城镇的天然气管网，此时 CNG 供气站相当于门站；或集中用户的天然气管网，此时 CNG 供气站就是气源站。

CNG 供气站应具有卸气、加热、调压、储存、计量和加臭等功能。其中，CNG 供气站中对天然气加热是为了防止因节流效应降温而引起的冻堵。

有些中小城镇虽然人口较多，远期天然气用量较大，但近期用量较小，或附近没有气源，不易敷设输气管道供气。如果采用 CNG 供气站供气，则具有投资少、建设周期短、见效快、运营成本低等优点。

CNG 供气站供气和输气管道供气方案的选择主要取决于用气城镇的供气规模和气源与提供地的距离。CNG 供气站方案成本包括 CNG 加气站、CNG 运输车、配气站、城镇燃气管网；输气管道供气方案成本包括输气管道、门站、城镇管网等。从建设投资角度进行综合比较后可知，CNG 供气站供气更适合于气源比较远、用气规模不大的中小城镇供气。

一、工艺流程

CNG 供气站具有卸气、加热、储存、计量和加臭等功能。CNG 站常用的流程有两种，有储气装置工艺和无储气装置工艺，目前国内使用状况是以无储气装置工艺为主，通常分为 CNG 减压站和 CNG 瓶组站。

CNG 减压站及瓶组站主要应用于小规模的城镇或小区供气及用气量较小的专业用户，用气量一般不超过每天 4000m³，通常采用一台槽车或储气小瓶组进行供气。

二、CNG 供气站的典型应用

根据 CNG 站的实际用途，可分为四种类型的典型应用：中小城镇和中小城市的主要民用气源；工业用户的主要气源；大型城市储备站或调峰补充气源；应急气源。

三、中小城镇和中小城市的主要气源

中小城镇分布较为分散，长输管线在下游用户数量较少的情况下，从管网建设的成本考虑，不可能铺至每个需要的地方；中小城市由于长输管线敷设的阶段滞后性，当这些地方需保障进行天然气提前供应时，CNG 供气站将是优先选用的气源。这种类型的应用，流量范围从 500～3000m³/h，结构上中小城市多采用两用一备的结构，中小城镇多采用一用一备的结构。

四、工业用户的主要气源

由于工业用户相对分散，在考虑敷设管线的周期，为确保工厂按期投产，在高压管线未敷设到工厂前，可选择 CNG 作为供应气源。

五、大型城市储备站或补充调峰气源

伴随 CNG 大型加压设备和打井成本的降低及高压钢管储气技术的完善，目前并联的地下储气井储气的方式也越来越被城市燃气公司所肯定，一些城市已开始将该种方式作为城市事故气源和补充调峰气源，保证城市在各种情况下仍能保证燃气的正常供应，提高了城市抵抗各种不利因素的能力，确保了城市能源生命线的安全。

六、应急气源

应急气源主要用途在于：当燃气管道出现故障，如管道被挖断、上游供气中断无法保证正常供气时，或者是一些大型活动需要保障时，提供的备用气源。该类设备在设计时需要考虑设备的可移动性，以便在需要时可以快速地移动到指定位置，并能够以较快的速度投入供气，目前此类设备采用集装箱箱体。

第五节　主要设备

一、过滤、调压及计量设备

过滤、调压及计量设备一般在 CNG 加压站、CNG 母站及 CNG 加气标准站中应用。

（一）过滤及除尘设备

CNG 站内包括装置前和装置后两种形式的过滤设备。在装置前需要设置过滤设备的有调压器、计量装置、脱水装置、压缩机、加压机等，在装置后需要设置过滤设备的有脱硫装置、后脱水装置等。

通常，需要设计选择的是进站过滤器和除尘设施，脱硫装置后过滤器，压缩机前过滤器，以及终过滤器。而脱水装置、加气机等一般自身配置有过滤器，设备购置时只需给出粒径过滤效率等技术参数和要求。

进站过滤器多选用高效玻璃纤维或中效金属网式燃气过滤器。高效过滤器过滤 5μm 粒径的效率应不小于 99%，中小过滤器过滤过滤 5μm 粒径的效率应不小于 90% 或 10μm 粒径的效率应不小于 95%。过滤面积为连接管道流通面积的 3~5 倍，过滤速度不大于 10m/s。过滤器的结构压力损失一般不大于 1kPa，工作压力损失不应大于 15kPa。

脱硫装置后要根据其后的工序选择过滤器。如果其后为脱水装置，则应选择高效过滤器。否则，可以与压缩机前过滤器一并考虑。

压缩机通常要求进气中的微尘小于 10μm，含尘量不大于 5mg/m³。故压缩机前过滤器一般可选用中效过滤器。当压缩机要求更高，应根据实际要求选择。

当采用后脱水装置时，干燥剂可能成为 CNG 中的微尘。《车用压缩天然气》GB 18047—2017 要求压缩天然气中的固体颗粒直径应小于 5μm。因此，终过滤器应选择高效过滤器。因其工作压力高，可选用管式过滤器，且要求在任何状态下，其安装位置不允许结露。

（二）调压器

CNG 站工作过程用调压器一般包括进站调压器和干燥剂再生用 CNG 调压器。

进站调压器是由敏感元件、控制元件、执行机构和阀门组成的压力调节装置。调压器基本上可按操作原理分为两大类型，即直接作用(自力)式和间接作用(指挥器操纵)式。前者，其执行机构动作所使用的全部能量是直接通过敏感元件经由被调介质提供的；后者，则是将敏感元件的输出信号(由被调介质传递)加以放大使执行机构动作，而传感器(如指挥器)放大输出信号的能量源于被调介质本身或外供介质。

干燥剂再生用 CNG 调压器应根据再生气来气压力、再生工作压力、脱水装置再生用量等参数计算选择。各级调压器前后压差较大，使调压器运行处于临界状态时，一般可选择两级调压器组合调压。各级调压器前后压力比应相同或相近，但也可采用前高后低的配置，以便提高后一级的调压精度。配置调压器时，应确定各级节流效应造成的天然气温降值，并在调压器前加热天然气(当节流温降大，影响调压器工作时)，以及在调压器后按再生气最佳操作温度的要求加热天然气。再生用量由再生时间、再生气比率计算，或者由设备技术参数直接选择确定。

（三）计量装置

CNG 站的计量装置包括进站计量装置和加气计量装置。

进站计量装置多选用带温度和压力补偿的体积流量计，其计量的标准状态为 101.325kPa 和 20℃，不确定度要求不低于 1.5 级。天然气进站流量计可选形式较广，有腰轮流量计、涡轮流量计、旋涡式流量计、电磁流量计、质量流量计和孔板流量计等。

加气计量装置多为质量流量计，且配置于加气机内。质量流量计应能通过内置计算程序，显示体积流量。

二、脱硫设备

CNG 站多采用常温干法脱硫工艺,故多采用塔式脱硫设备。干法脱硫净化度较高,设备简单、操作方便,塔式设备占地面积小。但在更换或再生脱硫剂时,有一定的污染排放,废脱硫剂也难以利用。

常温干法脱硫的脱硫剂有活性氧化铁、高效氧化铁、精脱硫剂(如硫化羰水解催化剂与氧化锌脱硫剂的组合等),以及活性炭和分子筛等。后两者为吸附脱硫,成本高。

目前,常用氧化铁系列脱硫剂。氧化铁主要除去天然气中的硫化氢,也可除去部分有机硫。氧化铁脱硫剂可以再生,一般情况下,CNG 站不再生脱硫剂,废脱硫剂及硫化物外运集中进行无害化处理。

脱硫剂用量与硫化剂组分、性质、天然气中硫化氢浓度、工作压力和温度、接触时间等有关,应根据实验得到的反应平衡常数等计算确定。设计用量也可按脱硫剂生产厂家提供的技术资料(如工作硫容等),按设定的脱硫剂更换周期确定。活性氧化铁的用量可简单按下面公式计算确定:

$$V = 6.4K \frac{WQ_0}{nf\rho\mu} \tag{6-1}$$

式中　V——活性氧化铁脱硫剂容积,m^3;

K——操作安全系数,可取 1.3;

W——天然气中硫化氢含量,mg/m^3(基准状态);

Q_0——CNG 站供气规模,m^3/d(基准状态);

n——脱硫剂年更新次数,a^{-1};

f——新脱硫剂的工作硫容,%(质量分数);

ρ——新脱硫剂的堆密度,kg/m^3;

μ——脱硫剂脱硫化氢实际效率,%。

脱硫塔直径可按下式计算:

$$D = 0.188 \times \sqrt{\frac{Q_{max}}{pv}} \tag{6-2}$$

式中　D——脱硫塔计算内径,m;

Q_{max}——通过脱硫塔的天然气小时最大流量,m^3/h(标准状态);

p——脱硫塔工作压力,MPa(绝对压力);

v——脱硫塔空塔式时天然气通过线速度 mm/s,当天然气中硫化氢含量较高时取脱硫剂要求的低值,反之,取高值。

脱硫剂层高度可按脱硫剂容积 V 和脱硫塔直径 D 的关系式计算,同时,应不低于下式计算的高度:

$$H = 0.001 \times v\tau \tag{6-3}$$

式中　D——脱硫剂层计算高度,m;

τ——天然气与脱硫剂的接触时间,s,当要求硫化氢脱出率高时取脱硫剂要求的高值,反之,取低值。

脱硫塔设计基本参数,如通过气流速度(用空塔线速度或空塔置换率表示),与脱硫剂接触的时间,脱硫剂层单位阻力,每层脱硫剂可装填厚度等,需要从脱硫剂生产厂技术资料中获得。单塔时脱硫塔高度与直径的比例一般大于 3，不宜大于 5，双塔时不宜大于 10。当高度过高时，应多塔串联配置，并应方便进行组合运行切换。

三、脱水设备

天然气符合 GB 17820 规定的 Ⅱ 类质量的 CNG 站进站天然气(水露点在交接点压力和温度下比环境温度低 5℃)应进行深度脱水，其脱水的性能好坏直接影响 CNG 加气站的加气速度和 CNG 汽车的行驶性能以及储气系统和售气系统是否产生"冰堵"现象。可用于气体脱水的工艺有冷凝法、吸收法、吸附法和膜分离法等。其中，吸附法在深度脱水中被广泛应用。

用于气体脱水的吸附过程一般为物理吸附，即用固体吸附剂吸附气体中的吸附质(如水等)。当温度和压力发生变化时，物理吸附能力甚至吸附方向也发生改变，这就使得吸附剂可以再生，及吸附质可以从吸附剂表面脱附。

吸附剂具有很多微孔，其孔径的大小对吸附质有选择性。当吸附质为水蒸气时，吸附剂又称为干燥剂。常用的干燥剂有硅胶、活性氧化铝和分子筛等。

分子筛根据其化学组成等的不同，可以分为 A、X 和 Y 型几种。A 型基本组成是硅铝酸钠，孔径为 0.4nm(4A)，称为 4A 分子筛。用钾离子、钙离子交换 4A 分子筛中钠离子后，分别形成 0.3nm(3A)、0.5nm(5A)孔径的孔道，称为 3A、5A 分子筛。

3A、4A 和 5A 分子筛的性能如表 6-5 所示。分子筛的动态(气体流动时)平衡湿容量一般为静态(气体不流动时)平衡湿容量的 40%~60%，而有效湿容量受气体中杂质(如烃类物质)等影响，随具体情况变化。设计选用分子筛有效湿容量一般为 9%~12%。当要求不脱除乙烷时，不应选用 3A 分子筛。

表 6-5　3 种 A 型分子筛性能参数

型号	孔径/×10⁻¹nm	形状	堆密度/(g/L)	压碎强度/(N/cm)	磨耗率/%	平衡湿容量/%	最大吸附热/(kJ/kg)	吸附分子	排除分子
3A	$3\sim3.3$	条形	≥650	$20\sim70$	$0.2\sim0.5$	≥20.0	4190	H_2O，NH_3，CH_3OH	$d>0.3nm$，如 C_2H_6 等
		球形	≥700	$20\sim80$	$0.2\sim0.5$	≥20.0	4190		
4A	$4.2\sim4.7$	条形	≥660	$20\sim80$	$0.2\sim0.4$	≥22.0	4190	C_2H_5OH，H_2S，CO_2，SO_2，C_2H_4，C_2H_6，C_3H_6	$d>0.4nm$，如 C_3H_8 等
		球形	≥700	$20\sim80$	$0.2\sim0.4$	≥21.5	4190		
5A	$4.9\sim5.6$	条形	≥640	$20\sim55$	$0.2\sim0.4$	≥22.0	4190	含上列，C_3H_8，$nC_4H_{10}\sim C_{22}H_{46}$ 等	$d>0.4nm$，如异构化合物等
		球形	≥700	$20\sim80$	$0.2\sim0.4$	≥24.0	4190		

注：1. 部分性能参数为一些产品的实测数据；

　　2. 指在 2.331kPa 和 25℃下，吸附水质量与活化吸附剂质量之比。

脱水设备在工艺流程中，按其与压缩机连接的关系，分为压缩前脱水、压缩中脱水和压缩后脱水工艺，又称低压、中压和高压脱水工艺，相应有前(低压)脱水、中(中压)脱水和后(高压)脱水装置。但干燥剂一般都选用分子筛，脱水原理相同。不同的是，压缩中、后脱水工艺中，由于存在压缩过程中加压冷凝并分离部分水，因此，压缩中、后脱水工艺实际是加压冷凝法和吸附法的组合。

当进站天然气含水量较低(如符合城镇燃气标准的天然气)，CNG 站环境温度较高时，采用 A 型分子筛前脱水装置即可满足要求，也可采用压缩中、后的 A 型分子筛脱水装置，或者根据实际情况，考虑活性氧化铝或硅胶与分子筛组合的前置脱水装置，但需要注意活性氧化铝或硅胶的操作温度不宜超过30℃。

前置脱水装置工作压力低、制造要求低，运行简单，维护方便，设备费用相对较低，但占地面积稍大。中、后置脱水装置运行压力高，制造要求高，热交换过程复杂，运行、维护等要求高，设备费用也相对高，但占地相对较少。

最简单的脱水装置只有干燥塔，可称为单塔脱水装置，它可以在干燥塔不工作时，利用橇装式再生设施对干燥塔进行再生。也可以是相同的干燥塔取出后，进行离线再生。

通常脱水装置呈双塔配置，即干燥塔和再生塔并联设置，交替工作和再生。双塔脱水装置主要由干燥塔、再生塔、冷却器、气水分离器(罐)、控制阀门(组)及操作控制盘组成。为避免外接再生介质及其回收的麻烦，可以选择自行再生装置，如图6-13所示。该装置为压缩前脱水装置，其最大的优点是，仅依靠处理(加热和冷却)其内部的天然气，即可完成干燥剂的再生；而且可以在任何时间内进行再生，而不依赖于压缩机是否运行等其他条件；但其设备体积相对较大，再生工作需要压缩机，以及加热和冷却耗电等。

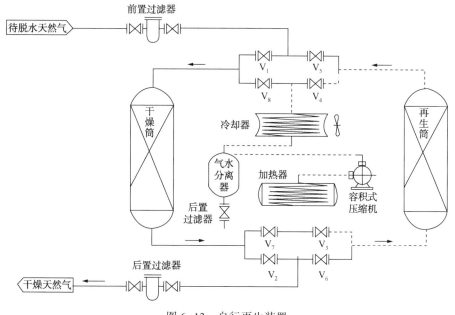

图6-13　自行再生装置

干燥剂脱水再生采取体内干天然气加热吹扫封闭循环方式。再生操作指标可由循环压缩机吸入前的天然气水露点指示器读出露点温度值而得。脱水装置通常组装成整体后运至现场安装。目前，适合于CNG站的前、中、后脱水装置都能够获得。

选择脱水装置，应明确的工艺参数有工作压力、环境温度、天然气进气温度、天然气组分(主要是酸性气体含量)、设计处理能力(标准或标准立方米/小时)、进气水露点或含水量、干气需要达到的水露点、每天脱水工作时间、再生气来源等。分子筛的用量，可按下式计算校核。

$$W = \frac{(d_1 - d_0)q\tau}{10000 S_d \tau_d} \left(1 + \frac{k}{100}\right) \left(1 + \frac{\eta \tau_s}{100}\right) \tag{6-4}$$

式中　W——分子筛用量，kg；

d_1——脱水前天然气含水量，mg/m^3（标准状态）；

d_0——脱水后天然气含水量，mg/m^3（标准状态）；

q——CNG 站年均日供应量，m^3/d（标准状态）；

τ——分子筛一个再生周期内的工作时间，h；

k——干燥再生湿气的附加干燥负荷，%，可取 10~15；

S_d——分子筛有效湿容量，%（kg/kg），可取 9~12；

τ_d——CNG 站平均工作时间，h；

η——分子筛在一个脱水周期内的使用损耗率，%；

τ_s——分子筛设计使用次数（即更换分子筛的周期），可取 200~300。

四、压缩机

压缩机是 CNG 站内最重要的设备。CNG 站应根据设计规模，气源进气条件，供应负荷特点，生产制度及储气调节能力，扩建计划等情况，综合分析比较后，确定压缩机的型号和数量。

（一）CNG 站压缩机的选择原则

① CNG 站的天然气压缩具有高压力，中、小流量的特点，故压缩机类型应尽量选择活塞式压缩机。

② 为便于生产操作和维护管理，宜选择同一系列的压缩机。排气压力应相同，排气压力不应大于 25MPa。

③ 压缩机排量应满足生产量的需要。为适应不同生产负荷下的经济运行，可选择单机容量不同的压缩机，但不宜超过两种。

④ 原动机应选择节能机型。宜选用电动机，也可以选用天然气发动机。

⑤ 城区内的 CNG 站应选择动力平衡性好，振动小，噪声低的压缩机。

⑥ 在性能和耗能均优时，宜选择（气缸）无油润滑压缩机。

（二）压缩机选型

压缩机的类型主要有往复式、离心式、轴流式和回转式。根据 CNG 站的工艺条件，其压缩机属于高压（排气压力为 10~100MPa）、中、小型（入口状态下体积流量不大于 $60m^3/min$ 为中型，不大于 $10m^3/min$ 为小型）压缩机。多采用有油润滑或气缸无油润滑形式。

往复活塞式（以下简称往复式）压缩机适用于排量小、压比高的情况，是 CNG 站的首选压缩机。往复式压缩机的压比通常为 3：1 或 4：1，可多级配置，每级压比一般不超过 7。小型压缩机最高出口压力可达 40MPa。流量范围为 $0.3~85m^3/min$。

CNG 站天然气气源来自城镇中压管网时，压缩机进口压力一般为 0.2~0.4MPa，即使最小至 0.035MPa，也可用往复式压缩机。当连接高压管网或输气干线时，也可达到 4.0MPa，甚至高达 9MPa。除专用于 CNG 储存的压缩机有经方案比较选择确定的出口压力外，通常 CNG 站压缩机出口压力为 25MPa。CNG 站单台压缩机排量一般为 $250~1500m^3/h$。

从结构形式上，CNG 压缩机可分为立式（Z 型）、卧式（D 型、M 型、H 型）、角度式（V 型、W 型、L 型、T 型、扇型和星型等）。立式压缩机占地小，可为无油润滑，但振动较大。卧式（也称为对称平衡式）和角度式压缩机结构紧凑、运转平稳、动力平衡性以卧式为最好，被 CNG 站广泛采用。

CNG 站的压缩机通常以压缩机组形式设置。压缩机组包括压缩机主机，原动机、润滑油系统、冷却系统、操作控制系统，以及安全放散、油（水）气分离等辅助系统。压缩机主机主要由机身、气缸及活塞、传动机构和中间冷却器组成，还包括有安全泄压放散等辅助件。CNG 站多采用 3~4 级压缩，因此气缸相应有 3~4 个。气缸呈串联配置，相邻级（气缸）以相同或基本相同的压缩比逐级压缩介质至额定压力。气缸间均设有中间冷却器，以提高压缩效率。中间冷却器可分离出介质（如天然气）由于被压缩冷凝而析出的部分油、烃、水和气缸润滑油，并可组织排至集油罐。CNG 压缩机一般外接专设的循环水冷却系统。也有如 CNG 加气子站等小型压缩机配置为空气冷却形式。冷却水进入压缩机的中间冷却器和压缩机气缸套冷却机组后，回流至冷却水塔。压缩机操作控制系统包括就地操作盘（箱）和外接自控系统。操作及控制内容包括开机条件（油路、水路和气路等的开机参数）监测及开机，运行状况监测及紧急停机，人工停机等。还可以设置成为依据储气或加气需要的自动开、停机等智能化操作控制。

CNG 站多采用整装（橇装）压缩机组。大型橇装压缩机组自动化程度很高，在每一台机组（橇块）上面均安装了 PLC 充气优先控制盘（橇块 PLC），它与电机控制中心、储气系统、风冷系统和气动阀、仪表用压缩空气系统等组成完整的压缩系统。该系统所有设备的功能，包括压缩机组启动优先级控制功能、运行顺序功能。选择启动形式功能、冷却和停机功能、充气优先级控制功能、操作人员紧急切断（ESD）功能和空压机启/停机功能，都汇总到主控室的 PLC 盘上，主 PLC 可决定何时启动和启动哪一个橇块（某台压缩机组）。橇块 PLC 只检测压缩机的功能，在运转不正常时进行报警，并控制所有阀门的操作。PLC 控制功能的繁简直接影响到建站投资的大小，可以采取自选操作运行参数固定不变的办法让各个橇块独立自动运转的模式，以便省去主 PLC 控制盘的设置。

（三）压缩机数量

CNG 站的生产制度可分为均匀生产和随负荷变化生产两类。均匀生产配置的压缩机总装机容量最小，操作和控制也简单，但需要的储气能力最大。而随负荷变化的生产制度则相反，压缩机总装机容量较大甚至很大，操作和控制复杂，但需要的储气能力较小甚至为零。一般情况下，压缩机建设费用较高，储气设施建设费用相对较低，但压缩机生产能力不足时，影响储气设施容积有效利用率，因此应综合考虑。

在随负荷变化的生产制度中，确定压缩机最大生产能力（单位时间内最大排量），压缩机台数及其排量配置时，主要应根据气源供应条件，最大加气负荷，以及压缩机与储气设施的经济配置等具体情况综合分析。当气源供应可以满足最大加气负荷的需要时，宜以最大加气负荷来确定压缩机的最大生产能力，否则宜以其限制量作为压缩机的最大生产能力。在确定最大生产能力后，压缩机台数及其排量配置应根据加气负荷变化规律确定，当有适当储气能力时，一般情况下，配置较多台数和大小不等排量的方案，与配置较少台数和排量相等的方案，在满足加气负荷的要求上，并无太大差别，仅仅是前者可以有基本生产负荷，且各压缩机连续运行时间较长，后者的基本负荷性质不明显，且各压缩机启停相对较频繁。一般情况下，压缩机建设费用比储气设施建设费用高，适当降低压缩机装机容量会节省投资。但压缩机装机容量又不能太低，否则会影响储气设施容积有效利用率，降低加气工作效率。另一方面，压缩机台数多，设备费用、占地面积、实际耗电量等都较大，故选用 2~3 台相同排量的配置方案，是比较合理的。往复式压缩机进气压力降低时，排气量会减少。为此，可考虑一部分进口压降的影响，适当提高压缩机选择时的排气量。

五、储气设备

CNG 站的储气设备可分为储气瓶、地下储气井（井管）和球罐等。

（一）储气瓶

CNG 站的储气瓶是指符合《站用压缩天然气钢瓶》GB 19158—2003 规定，公称压力为 25MPa，公称容积为 50~200L，设计温度 ≤60℃ 的专用储气钢瓶，简称钢瓶。其储存介质为符合《车用压缩天然气》GB 18047—2017 质量指标的压缩天然气。

通常，习惯上将常用的公称容积 ≤80L 的钢瓶称为小瓶，而将国外进口和后来国产的 500~1750L 的储气柱称为大瓶。在 CNG 站中，将数只大瓶或数十只小瓶连接成一组，组成储气容积较大的储气瓶组或钢瓶组。小瓶以 20~60 只为一组，每组公称容积为 1.0~4.08m³，大瓶以 3 只、6 只、9 只为一组，每组公称容积为 1.5~16.0m³。每组均用钢架固定，橇装，配置进、出气接管，其结构形式如图 6-14 所示。

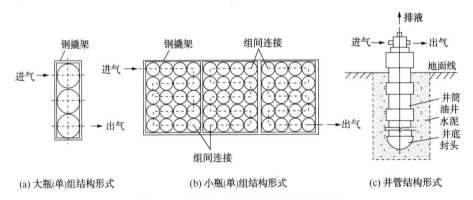

(a) 大瓶(单)组结构形式   (b) 小瓶(单)组结构形式   (c) 井管结构形式

图 6-14   储气瓶与井管结构形式示意图

瓶组储气设备适用于所有 CNG 站，特别适用于加气子站和规模小的加气站。合理安排各级储气瓶组天然气补气起充压力和容积比例，不但能提高储气瓶组的利用率和加气速度，而且可以减少压缩机的启动次数，延长使用寿命。根据经验，通过编组可提高加气效率，即将储气瓶组分为高、中、低压三组，各级瓶组比例以 1:2:3 较好。当压缩机向储气瓶组充气时，应按高、中、低的顺序；当储气瓶组向汽车加气时，则按低、中、高压的顺序进行。分级储气可将加气站储气的利用率提高到 30% 甚至 58% 以上。

各级储气瓶组内天然气补气起充压力和储气瓶数量比例参见表 6-6。

表 6-6   各级储气瓶组内天然气补气起充压力和储气瓶数量比例

项　　目	低压瓶组	中压瓶组	高压瓶组
瓶组内天然气补气起充压力/MPa	12.0	18.0	22.0
各级瓶组储气瓶数量比例	2.5~3.0	1.5~2.0	1.0

（二）地下储气井

CNG 也常采用地下立式储气井（简称储气井或井管）储气，其结构形式如图 6-14 所示。储气井应符合《高压气地下储气井》（SY/T 6535—2002）的有关规定，其公称压力为 25MPa，公称容积为 1~10m³，储存介质为符合《车用压缩天然气》（GB 18047—2017）质量指标的压缩天然气。

（三）球罐

相同容积时球罐比储气瓶的钢材耗量低，占地面积小，故可作为 CNG 站的储气设备。CNG 站球罐应符合《压力容器》(GB/T 150—2011)有关规定，公称压力为 25MPa，公称容积为 2~10m³。目前有 3~4m³ 的球罐在用实例。

六、售气设备

（一）加气柱

加气柱应具有计量和加气功能。加气柱可选用单管或多管(带取气控制阀、也称顺序控制盘)，单枪或双枪。加气柱应带拉断阀，加气软管在工作压力为 20MPa 时，拉断阀的分离拉力宜为 400~600N。加气柱的主要构成为质量流量计(可显示体积流量)、快装接头等。

（二）加气机

加气机又称售气机。加气机应具有计量、加气功能。加气机的计量装置多为质量流量计，可显示温度、压力校正后的体积流量。加气机应带拉断阀，加气软管在工作压力为 20MPa 时，拉断阀的分离拉力宜为 400~600N。根据 CNG 站设计工艺流程和建设要求，可选用是否带取气顺序控制盘，单枪或双枪。

七、CNG 减压设备

CNG 减压设备常用于 CNG 供气站中，由加热器、调压器及相应的辅助装置等组成，集中装配成 CNG 专用调压箱，又称为 CNG 减压橇。这使得其相应流程的自动控制方便，占地面积也小。可以根据 CNG 供气站的设计流量，调压器后设定值等工艺条件，直接选用，或按实际需要的流量和参数定制。CNG 减压橇最大流通能力可达 2000m³/h，一级调压器后压力可为 3.0~7.5MPa，二级调压器后压力可为 1.6~2.5MPa。

第六节　工程实例

一、苏州东桥 CNG 加气母站

苏州东桥 CNG 母站占地面积 13165.4m²，折合约 19.75 亩。该站分一、二期建设，设计日供应总规模为 30×10⁴m³/d，其中一期设计规模 15×10⁴m³/d，预留二期 15×10⁴m³/d，管线及配套设施按 30×10⁴m³/d 考虑，主要为 CNG 槽车供气。站内设置 1 套 34000m³/h 过滤调压计量橇，2 套 ZL-120/8.0-(4.5~6.0)-GK 前置脱水装置，5 套 D-1.84/(40-65)-250 型撬装压缩机(一期设置 3 台，二期设置 2 台，总共四用一备，单台排量为 4700m³/h)，6 套双线制单枪加气柱(一期设置 3 台)。工艺流程图如图 6-15 所示。

二、无锡华清路 CNG 常规加气站

无锡市华清路 CNG 加气站位于华清路加油站内，加气站天然气处理量为 1×10⁴m³/d，与加油站合建后为二级加油加气合建站，总占地面积为 8176m²，为压缩天然气汽车供气。该站内设置 1200m³/h 调压计量装置 1 套，1000m³/h 橇装天然气压缩机组 1 套，1000m³/h 后置脱水干燥装置 1 套，高压储气井 4 口(水容积 4×3m³，高：中：低压组容积配置比例为

1：1：2），2台三线制双枪加气机。站场工艺流程图如图6-16所示。

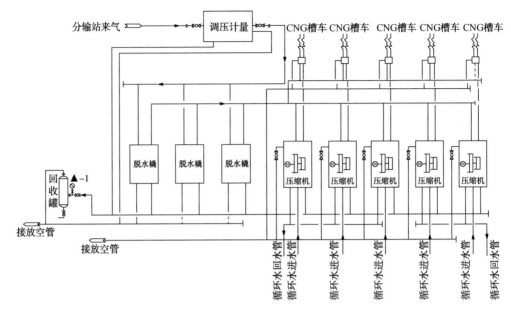

图 6-15　东桥 CNG 母站工艺流程图

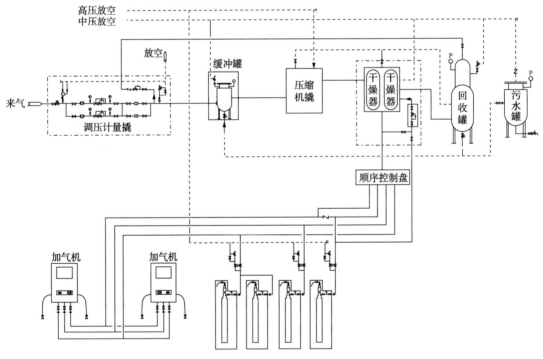

图 6-16　无锡华清路 CNG 加气站工艺流程图

三、扬州青山镇 CNG 充装站

扬州青山镇 CNG 充装站占地面积约为12859m²，加气规模为6×10⁴m³/d。充装站内设置1座计量橇、设置3套压缩机橇、1台 CNG 加气柱、4台质量流量计、2套脱水设备、2组站用储气钢瓶组、1 套排污罐、1 台空压机。站内建(构)筑物有：综合楼、传达室、门卫室及冷却水循环设备等配套系统。

该充装站天然气经计量后进入脱水装置脱水，之后天然气分为 2 路，1 路中压直充，通过加气柱、质量流量计为槽车、集装格充气，另 1 路进入压缩机，经压缩机二级压缩加压至 25MPa 后，其质量符合《车用压缩天然气》(GB 18047)的气质规定，经加气柱、质量流量计为槽车、集装格补满气(20MPa)，充气外运。充装站在压缩机与充气设备之间加装站用储气钢瓶组，压缩后气体先充入站用储气钢瓶组，用储气钢瓶中的气体对充气设备进行预充装，加快充装速度，减少压缩机启停次数。站场工艺流程图如图 6-17 所示。

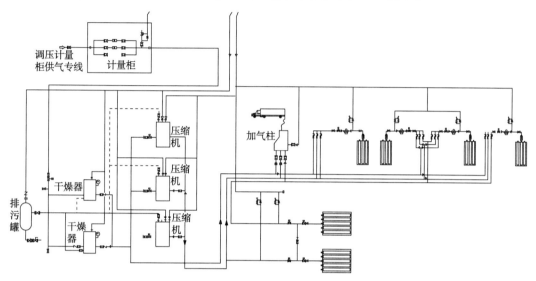

图 6-17　扬州青山镇 CNG 充装站工艺流程图

参 考 文 献

[1] 严铭卿，等．天然气输配技术[M]．北京：化学工业出版社，2009.
[2] 王遇冬．天然气处理原理与工艺[M]．第三版．北京：中国石化出版社，2016.
[3] 王遇冬．天然气开发与利用[M]．北京：中国石化出版社，2011.
[4] 严铭卿．燃气工程设计手册[M]．北京：中国建筑工业出版社，2009.
[5] 田欣、陈涛．CNG 供气站的典型设计与应用[J]．中国化工贸易，2013，7.

第七章　天然气利用

2007年，国家发改委颁布实施的《天然气利用政策》，首次对天然气需求侧进行分类调控、明确天然气优先顺序等内容。2012年10月，国家发改委发布了《天然气利用政策》对天然气需求进行调整，将应急保障提至优先类，完善了城镇燃气供应系统。2017年6月23日，针对中国能源和天然气发展所面临的新形势，国家发展和改革委员会发布《加快推进天然气利用的意见》(以下简称《意见》)，首次从国家政策的高度明确了天然气的战略定位，并指明了发展方向、目标与路径，将对我国天然气产业的发展产生深远影响。2018年9月5日，国务院发布《国务院关于促进天然气协调稳定发展的若干意见》(以下简称"新《意见》")国发〔2018〕31号，更是对我国天然气产供销体系建设，促进天然气协调稳定发展，提出新的意见。

第一节　政　策　解　读

一、关于《意见》解读

《意见》总体目标中，明确逐步将天然气培育成为我国现代清洁能源体系的主体能源之一，到2020年，天然气在一次能源消费结构中的占比力争达到10%左右，地下储气库形成有效工作气量$148×10^8 m^3$。到2030年，力争将天然气在一次能源消费中的占比提高到15%左右，地下储气库形成有效工作气量$350×10^8 m^3$以上。

(一)天然气在中国能源发展的使命

1. 中国能源发展的总体形势

2016年我国一次能源消费总量达$43.6×10^8 tce$(tce表示1t标准煤当量，1tce相当于$293×10^8 J$，下同)，占世界能源消费总量的近1/4。中国能源利用结构以煤炭为主体，利用结构不合理，2016年我国二氧化碳排放总量达$92.2×10^8 t$，占世界二氧化碳排放总量的27.4%。能源利用过程中的污染物排放量巨大，是造成$PM_{2.5}$超标的主要原因之一。因此，我国提出了推动能源生产和消费革命的国家战略，以期协调解决能源发展和国家愿景、环境治理等战略之间的矛盾。

2. 天然气在我国能源革命中担负的使命

天然气低碳清洁，调峰天然气发电启停迅速、运行灵活，特别通过英国天然气利用成功治理伦敦雾霾的范例，中国能源革命对天然气的发展提出了较高的要求。中国工程院提出了能源生产和消费革命"三步走"的发展战略：第一步，2020年以前是能源结构优化期，2020年煤炭、油气、非化石能源消费比例达到6：2.5：1.5；第二步，2021~2030年是能源领域变革期，2030年煤炭、油气、非化石能源消费比例达到5：3：2；第三步，2031~2050年是能源革命的定型期，预计煤炭、油气、非化石能源消费比例达到 4：3：3。根据上述比例，结合能源与油气发展规模测算成果，预计 2020 年和 2030 年我国天然气市场的发展规模将分别超过 $3600 \times 10^8 m^3$ 和 $6000 \times 10^8 m^3$。

（二）推进天然气利用的方向

《意见》从全球典型国家的能源转型、大气污染防治历程来看，发挥天然气的清洁低碳优势、扩大天然气利用规模的方向主要包括两大方面：①促进城镇燃气和工业领域对煤炭、重油等高污染燃料的替代；②借助环保政策对排放的限制和对电价的疏导，大力发展天然气发电。

1. 城镇燃气

《意见》在城镇燃气中对推进北方地区冬季清洁取暖、快速提高城镇居民燃气供应水平、打通天然气利用"最后一公里"等内容给出比较明确的方向。天然气在城镇燃气领域的利用是改善民生或人居环境的重要途径。世界范围中美国和日本的天然气城镇居民气化率已经达到 90%、英国为 85%、中国 43%；居民燃气和采暖的人均年用气量美国为 $428m^3$、英国为 $752m^3$、中国仅 $23m^3$。我国城镇居民气化水平仍有很大的提升空间，天然气采暖发展也有很大的发展前景。《意见》特别在打通天然气利用"最后一公里"中鼓励多种主体参与，采用管道气、压缩天然气（CNG）、液化天然气（LNG）、液化石油气（LPG）储配站等多种形式，提高偏远及农村地区天然气供应能力，并结合新农村建设，引导农村居民因地制宜使用天然气，有条件的地方大力发展生物天然气（沼气）。

2. 天然气发电工程

《意见》中将天然气发电作为重点工程，特别鼓励发展天然气调峰电站，是充分考虑天然气在能源结构中比例提升所带问题的解决方案。从全球典型国家来看，天然气发电在资源供应保障、燃机技术进步、环保要求提高等多重因素的促进下，已成为天然气利用的主要方向，也是电源燃料结构的重要组成部分。世界天然气利用结构中发电占 37%，用于发电的天然气占用气总量的比例日本为 60%、英国为 36%、美国为 35%、俄罗斯为 33%。我国天然气利用结构中发电占比为 15%，而电源结构中天然气发电量却仅占 3%。因此天然气发电领域是天然气替代小型燃煤机组改善大气环境、与可再生能源实现互补发挥能源集中作用、建设分布式能源实现能源阶梯级利用的主要方向。

3. 工业燃料

全球典型国家通过对燃煤燃油锅炉、窑炉等实施气代煤和气代油，促使天然气成为工业燃料的"主角"。美国天然气锅炉的数量占总台数的近 80%，占总容量的近 60%。我国燃煤工业锅炉、窑炉和采暖锅炉数量较大，在工业用能结构中煤炭占 75%，2014 年燃煤工业锅炉排放量中烟尘约 $560 \times 10^4 t$、二氧化硫约 $510 \times 10^4 t$、氮氧化物约 $310 \times 10^4 t$；天然气在工业用能结构中仅占 10%，因此工业燃料领域天然气替代燃煤燃油锅炉、窑炉，实现降低污染物排放量，改善大气环境是主要方向。

（三）推进天然气利用的路径

《意见》分析了国内外天然气形势以及发展方向，为天然气利用发展提出相对明确的重点任务。

1. 城镇燃气

主要任务是推进北方地区冬季清洁取暖、快速提高城镇居民燃气供应水平、打通天然气利用"最后一公里"。主要实现的途径包括：①政策方面，设立禁燃区、推动煤改气、纳入环保考核内容，完善煤改气财政支持制度，简化优化审批事项和手续，强化设施用地保障；②价格方面，减少中间环节、降低用气成本、完善居民用气定价机制，推进天然气市场化改革；③保障支持方面，建立综合储气和应急保障体系、强化财政支持、拓宽融资渠道。

2. 天然气发电

主要任务是大力发展天然气分布式能源、鼓励发展天然气调峰电站、有序发展天然气热电联产。主要实现途径包括：①政策方面，完善气电价格联动机制、积极采取财政补贴等措施疏导天然气发电价格矛盾、完善分布式能源并网上网办法、碳排放权配额分配予以支持等；②价格方面，较少中间环节、减少供气层级、鼓励直供直销、降低用气成本；③保障支撑方面，配套财政支持、加大燃气轮机和小型燃机科技攻关力度并不断提高国产化率。

3. 工业燃料

主要任务是高污染燃料禁燃区 20T/h(蒸吨) 及以下燃煤燃油工业锅炉推行天然气替代，玻璃、陶瓷、建材、机电等重点工业领域燃煤燃油工业窑炉推行天然气替代。主要实现途径包括；①政策方面，设立"高污染燃料禁燃区"、积极采取财政补贴、碳排放权配额分配予以支持、纳入环保考核内容等；②价格方面，较少中间供气层级、鼓励直供直销、降低用气成本；③保障支撑方面，强化财政支持、拓宽融资渠道。

4. 交通运输

主要任务是：加快天然气车船发展、加快加(注)气站网络建设两大工程。主要途径包括：①政策方面，制定严格排放标准、强化交通污染方式、给予财政补贴；②保障支撑方面，强化财政支持、强化设施用地保障、加大车船用气发动机和车用气技术的科技攻关力度。

(四)《意见》实施后的天然气利用前景

我国已经形成了国产多元化、进口多渠道的天然气供应格局，2020 年中国天然气供应能力将介于 $(3600\sim4000)\times10^8 m^3$。2030 年将超过 $6000\times10^8 m^3$。2020 年中国天然气管道总里程将介于 $(10\sim12)\times10^4 km$，一次管输能力将介于 $(3700\sim4000)\times10^8 m^3/a$；2030 年天然气管道总里程介于 $(17\sim20)\times10^4 km$，一次管输能力将介于 $(6000\sim7000)\times10^8 m^3/a$。推动天然气利用具备了良好的资源和输配体系基础，《意见》对于四大领域天然气利用的推动，其发展前景值得期待。

1. 城镇燃气

《意见》实施后，预计到 2020 年、2030 年我国城镇居民气化人口将分别达到 4.6 亿人、7.2 亿人，城镇居民气化率将分别超过 50%、70%，居民和商业用气量年需求量将分别超过 $480\times10^8 m^3$、$670\times10^8 m^3$。2020 年、2030 年采暖面积将分别为 $20\times10^8 m^2$、$80\times10^8 m^2$，采暖用气需求量将分别为 $210\times10^8 m^3$、$890\times10^8 m^3$。2020 年城镇燃气总需求量将接近 $700\times10^8 m^3$，2030 年将达到 $1560\times10^8 m^3$。

2. 天然气发电

《意见》实施后，预计到 2020 年、2030 年我国燃煤燃油锅炉改造及新建天然气锅炉规模将分别超过 $30\times10^4 T/h$、$50\times10^4 T/h$，天然气年消费量将分别达到 $1250\times10^8 m^3$，$1700\times10^8 m^3$，在工业锅炉和窑炉中的燃料占比将分别为 15%、20%。

3. 工业燃料

《意见》实施后，预计到 2020 年、2030 年交通运输行业天然气年需求量将分别达到 $480\times10^8 m^3$，$660\times10^8 m^3$ 左右。其中 2020 年、2030 年气化城市公交、出租车辆将分别为 36 万辆、50 万辆，气化载客、载货汽车将分别为 42 万辆、70 万辆，气化私家车将分别为 550 万辆、1000 万辆，气化船舶将分别为 6 万艘、8 万艘。

《意见》的出台，顺应了我国社会经济与能源发展大势，确立了天然气在能源中的地位，明确了发展目标与路径，制定了改革措施与保障支持办法，将在未来较长一段时期内对我国天然气发展起到重要的引领作用。

二、关于《国务院关于促进天然气协调稳定发展的若干意见》解读

（一）再一次明确目标，提出产量发展要求

新《意见》指出"力争到 2020 年年底国内天然气产量达到 $2000 \times 10^8 m^3$"。此前《天然气发展"十三五"规划》中对 2020 年天然气产量的要求为 $2070 \times 10^8 m^3$。2017 年，国内天然气总产量 $1480 \times 10^8 m^3$，预计 2018 年产量 $1554 \times 10^8 m^3$（同比增长 5%）。因此按照 $2000 \times 10^8 m^3$ 目标，2019~2020 年我国天然气产量增速应达到 15%。

（二）进一步健全海外供应体系，保障进口供应

新《意见》提出"健全天然气多元化海外供应体系。""加快推进进口国别、运输方式、进口通道、合同模式以及参与主体多元化。"2017 年我国天然气消费量 $2426 \times 10^8 m^3$，进口天然气 $946 \times 10^8 m^3$，进口依赖度 39%。2017 年国内天然气产量增速 5%，国内天然气消费量增速高达 15%，进口天然气是补充需求缺口的必需手段。

（三）构建多层次储备体系，集中储备建设

新《意见》要求"供气企业到 2020 年形成不低于其年合同销售量 10% 的储气能力。"中国储气能力占消费量的比重在 3%，距离国际平均 12%~15% 的水平有很大提升空间。加强储气设施建设已成为完善调峰、储气，解决冬季阶段性用气紧张的必经之路。2018 年 4 月发改委印发"加快储气设施建设和完善储气调峰辅助服务市场机制的意见"，提出供气企业应形成年销售量 10% 储气能力、城镇燃气企业应形成 5% 储气能力。本次意见再度明确构建多层次储备体系，未来数年应急储备建设的投资有望集中增加。

（四）拟延长非常规气补贴，非常规开采成发展重点

新《意见》提出"研究将中央财政对非常规天然气补贴政策延续到"十四五"时期，将致密气纳入补贴范围。"本次意见不仅拟延长对非常规天然气生产的补贴，且将补贴范围从煤层气扩大至包括致密气，在国内常规天然气开采量增长相对稳定的情况下，非常规天然气开采将成为发展重点。

（五）拟对 LNG 接收站实行增值税返还，直接利好接收站运营主体

新《意见》提出"研究根据 LNG 接收站实际接收量实行增值税按比例返还的政策。"目前政策对 LNG 进口实行零关税，征收 11% 增值税。此次对 LNG 接收站进行增值税返还，将直接利好 LNG 接收站运营主体，进一步打开天然气进口通道。

第二节　城镇燃气燃料利用

2017 年，我国天然气消费总量 $2426 \times 10^8 m^3$，城镇燃气、工业燃料、发电、化工的占比分别为 38%、31%、20%、11%；天然气消费总量同比增长 17%，其中城市燃气增长率 14.2%、发电用气增长率 22.9%、工业用气同比增长 20.2%、化工用气增长 9.2%。全年天

然气生产量 $1480\times10^8\,m^3$，同比增长 9%；全年天然气进口量 $946\times10^8\,m^3$，同比增长 27.6%，其中进口 LNG 约 $529\times10^8\,m^3$，同比增长 48.9%，进口管道气 $417\times10^8\,m^3$，同比增长 8.78%；进口气是增量供给的主力。

一、城镇燃气用户类型及负荷

(一) 燃气负荷

燃气用户用气负荷(简称燃气负荷)是指燃气系统终端用户最基本的用气量。

燃气负荷按不同类型用户分别加以确定，包括用气量指标(又称用气定额)、不均匀系数和同时工作系数等参数。

(二) 用户类型

城镇燃气主要用户类型及用气特点如下：

1. 城镇居民

城镇居民生活用气主要用于炊事和制备热水等的燃气。目前我国居民使用的燃具多为双眼灶及快速热水器。用气特点是单户用气量不大，随机性较强。

2. 公共服务设施

公共服务设施用户包括商业设施(如宾馆、旅店、饭店等)、学校、医院、机关、科研机构等。公共服务设施用气和社会经济发展状况有很大关系，第三产业发展会对城镇燃气有很大的需求。

3. 工业企业

工业企业用户主要是生产设备和生产过程作为原料或燃料的用气。其用气特点是用气有规律，用气量大而且比较均衡。在供气不能完全满足需要时，可根据供气情况要求在规定时间内停气或减少用气。

4. 燃气汽车

燃气汽车有液化石油气(LPG)、液化天然气(LNG)和压缩天然气(CNG)汽车三大类。大部分燃气汽车属于油气两用车。

燃气汽车用气量随季节等外界因素变化比较小，与城镇燃气汽车的数量及运营情况有关，燃气汽车不仅有利于减少城镇环境污染，还可减小对油的依赖，有利于能源的合理利用和环境保护等。

5. 燃气发电

目前，天然气冷热电联产的全能系统已经引起广泛关注，它对缓解夏季用电高峰、减少环境污染、提高天然气输配管网利用率、保持用气的季节平衡、降低天然气输配成本都有很大作用。特别是冷热电联产是利用天然气为燃料，实现能源的梯级利用，综合能源利用效率在 75%~90%，并在用户端就近实现能源供应的现代能源供应方式。它既是能源战略安全、电力安全以及我国天然气发展战略的需要，又可缓解环境、电网调峰的压力，提高能源利用效率。

6. 其他用户

其他用户包括天然气采暖和空调等。目前，我国大部分地区都有不同时期的采暖期。采暖期及燃气空调用气均为季节性负荷，特别是在我国北方地区一般采暖用气比较大，用气相对稳定。天然气采暖用气主要有集中采暖用气、分户式采暖用气和中央空调用气等。

锅炉是采暖系统的主要设备。目前我国一些城镇还有不少中小型燃煤锅炉担负区域或集中采暖的任务，这些锅炉热效率一般小于 55%，是城镇主要污染源之一。"十三五"期间，国家在制定城镇燃气规划时，如果天然气气源充足，可考虑发展燃气采暖与空调用户，但一般应采取有效的季节性不均匀用气的调峰措施。

二、用气量指标

用气量指标又称用气定额，是进行城镇燃气规划、设计，估算燃气用气量的主要依据。因为各类燃气的发热量不同，国外也常用热量指标来表示用气量指标。

(一) 城镇居民

城镇居民生活用气量指标是指城镇居民每人每年的平均消耗量(折算为发热量)。

从目前我国居民生活用气情况分析，影响居民生活用气量指标的因素主要有：居民燃气设备的设置情况及功率、每户居民人数、公共生活服务网点的分布和应用情况、居民生活习惯、地区气候条件、燃气价格等因素。

我国部分地区居民生活年用气量参考指标见表 7-1。

表 7-1 城镇居民年用气量参考指标   MJ/(人·a)

城 镇 地 区	有集中采暖的用户	无集中采暖的用户
华北地区	2303~2721	1884~2303
华东、中南地区	—	2093~2303
北京	2721~3140	2512~2931
成都	—	2512~2931

注：1. 按燃气低发热量计算。

2. 表中数据为 2000~2003 年统计数据。

(二) 公共服务设施

公共服务设施用气量指标与用气设备的性能、热效率、地区气候等因素有关。部分商业用户用气量参考指标见表 7-2。

表 7-2 公共服务设施用气量参考指标

类 别		指 标	单 位	备 注
商业建筑	有餐饮	502	kJ/(m²·a)	商业性购物中心，娱乐城，办公商贸综合楼、写字楼、图书馆、展览厅、医院等。有餐饮指有小型办公餐厅和食堂
	无餐饮	335		
宾馆	高级宾馆	29302	MJ/(床·a)	该指标耗热包括卫生用热、洗衣消毒用热、洗浴中心用热等。中级宾馆不考虑洗浴中心用热
	中级宾馆	16744		
旅馆	有餐饮	8372	MJ/(床·a)	指仅供普通设施，条件一般的旅馆及招待所
	无餐饮	3350		
幼儿园	全托	2300	MJ/(人·a)	用气天数 275 天
	日托	1260	MJ/(人·a)	用气天数 300 天
医院		1931	MJ/(床·a)	按医院病床折算

类　别	指　标	单　位	备　注
餐饮业	7955~9211	MJ/(座·a)	主要指中级以下的营业餐馆和小吃店
职工食堂	1884	MJ/(人·a)	指机关、企业、医院事业单位的职工内部食堂
燃气锅炉	25.1	MJ/(t·a)	按蒸发量、供热量及锅炉燃烧效率计算
燃气直燃机	991	MJ/(m²·a)	供生活热水、制冷、采暖综合指标
大中专院校	2512	MJ/(m²·a)	用气天数300天

注：1. 按燃气低发热量计算。

2. 表中数据为 2000~2003 年统计数据。

例如北京市部分公共服务用户用气量参考指标见表 7-3。

表 7-3　北京市部分公共服务用户用气量参考指标

用户类型	单　位	平均用气量	用气量指标范围
幼儿园、托儿所	m³/(人·d)	0.107	0.068~0.146
小学	m³/(人·d)	0.033	0.012~0.053
中学	m³/(人·d)	0.046	0.035~0.057
大学	m³/(人·d)	0.061	——
办公(写字)楼	m³/(人·d)	0.148	0.097~0.199
综合商场、娱乐城	m³/(床·d)	0.780	——
五星级宾馆	m³/(床·d)	0.567	0.512~0.615
四星级宾馆	m³/(床·d)	0.748	0.372~1.123
三星级宾馆	m³/(床·d)	0.897	0.882~0.912
普通旅馆、招待所(三星级以下)	m³/(床·d)	0.853	0.755~0.951
普通饭店、小吃店	m³/(床·d)	0.665	0.490~0.840
医院	m³/(床·d)	0.322	0.259~0.385
企事业单位食堂	m³/(人·d)	0.197	0.164~0.230
企事业单位食堂(含生活热水)	m³/(人·d)	0.468	0.257~0.679
部队	m³/(人·d)	0.917	0.907~0.927

注：1. 本表用气量系相应于北京天然气低发热量。

2. 表中数据为 2000~2003 年统计数据。

在确定公共服务设施用气指标计算时，也可根据当地经济发展情况、居民消费水平和生活习惯，公共服务设施用气指标按其占城镇居民生活用气的适当比例确定。

（三）工业企业燃料

工业企业燃料用气量指标可由产品的用气定额或其他燃料的实际消耗量进行折算，也可按同行业的用气量指标分析确定。部分工业产品的用气量参考指标见表 7-4。

表 7-4　部分工业产品的用气参考指标

序号	产品名称	加热设备	单位	用气量指标/MJ
1	炼铁(生铁)	高炉	t	2900~4600
2	炼钢	平炉	t	6300~7500
3	中型方坯	连续加热炉	t	2300~2900
4	薄板钢坯	连续加热炉	t	1900
5	中厚钢板	连续加热炉	t	3000~3200
6	无缝钢管	连续加热炉	t	4000~4200
7	钢零部件	室式退火炉	t	3600
8	熔铝	熔铝炉	t	3100~3600
9	黏土耐火砖	熔烧窑	t	4800~5900
10	石灰	熔烧窑	t	5300
11	玻璃制品	融化、退火等	t	12600~16700
12	动力	燃气轮机	kW·h	17.0~19.4
13	电力	发电	kW·h	11.7~16.7
14	白炽灯	融化、退火等	万只	15100~20900
15	日光灯	融化退火	万只	16700~25100
16	洗衣粉	干燥器	t	12600~15100
17	织物烧毛	烧毛机	10^4m	800~840
18	面包	烘烤	t	3300~3500
19	糕点	烘烤	t	4200~4600

（四）建筑物采暖及燃气空调

建筑物采暖及燃气空调用气量参考指标可按国家现行的采暖、燃气空调设计规范或当地建筑物耗热量指标确定。

（五）天然气汽车

天然气汽车用气量指标应根据当地燃气汽车的种类、车型和日行驶里程确定。用气参考指标见表 7-5。

表 7-5　天然气汽车用气参考指标

车辆种类	用气量指标/(m³/km)	日行驶里程/(km/d)
公交汽车	0.17	150~200
出租车	0.10	150~300

三、城镇燃气负荷工况

（一）燃气需用工况

1. 用气不均匀情况

用户用气不均匀性与许多因素有关，如各类用户的用气工况及其在总用气量中所占的比例、当地的气候条件、居民生活起居习惯、工业企业和机关的工作制度、建筑物和工厂车间用气设备等。

2. 用气不均匀系数

用气不均匀系数分为月不均匀性、日不均匀性、小时不均匀性。

（1）月不均匀系数

一年的月不均匀系数按式（7-1）计算：

$$K_m = \frac{该月平均日用气量}{全年平均日用气量} \tag{7-1}$$

每年 12 个月中平均日用气量最大的月，也即月不均匀系数值最大的月称为计算月。并将月最大不均匀系数 $K_{m(max)}$ 称为月高峰系数。

（2）日不均匀系数

日不均匀系数 K_d 可按式（7-2）计算：

$$K_d = \frac{该月中某日用气量}{该月平均日用气量} \tag{7-2}$$

计算月中日不均匀系数的最大值 $K_{d(max)}$ 称为该计算月的日高峰系数。$K_{d(max)}$ 所在的日称为计算日。

（3）小时不均匀系数

小时不均匀系数 K_h 可按式（7-3）计算：

$$K_h = \frac{该日某小时用气量}{该日平均小时用气量} \tag{7-3}$$

计算日的小时不均匀系数的最大值 $K_{h(max)}$ 称为计算日的小时高峰系数。

上述各高峰系数可根据各地区地域条件、天然气利用水平和天然气用户的特点进行选取。表 7-6 为国内部分城市城区居民和公共福利用户用气高峰系数统计表。

表 7-6　国内部分城市城区居民及公共福利用户用气高峰系数

地区	$K_{m(max)}$	$K_{d(max)}$	$K_{h(max)}$
北京	1.15~1.25	1.05~1.11	2.64~3.14
上海	1.24~1.30	1.10~1.17	
大连	1.21	1.19	2.25~3.00
沈阳	1.18~1.23	1.10	2.16~3.00
长沙	1.20~1.25	1.10~1.15	2.35~3.00
西安	1.15~1.20	1.05~1.15	2.30~2.45
广州	1.18~1.23	1.08~1.13	2.50~2.80
苏州	1.21~1.22	1.13~1.20	1.36~1.42
张家港	1.04~1.2	1.08~1.12	1.11~1.2
太仓	1.2~1.3	1.07~1.09	1.19~1.32

注：表中苏州、张家港、太仓为 2014~2015 年统计数据，其余数据为 2000~2003 年统计数据。

（二）燃气小时计算流量

燃气管线和设备的通过能力、储存设施的容积应按燃气计算月的小时最大流量进行计算。该流量的确定关系着输配系统的经济性和可靠性，其计算方法有不均匀系数法和同时工作系数法两种。

1. 不均匀系数法

对于各种压力和用途的城镇燃气干管的小时计算流量按计算月的小时最大用气量计算：

$$Q_h = \frac{Q_a K_{m(max)} K_{d(max)} K_{h(max)}}{8760} \qquad (7-4)$$

式中 Q_h——燃气干管的小时计算流量，m^3/h；

Q_a——年用气量，m^3/a。

2. 同时工作系数法

对于用气量小的燃气干管、城镇居民小区、公共服务设施、庭院和室内燃气管道小时计算流量，可按比较精确的同时工作系数法，即按所有燃气用具的额定耗气量和同时工作系数计算：

$$Q_h = K \sum knq \qquad (7-5)$$

式中 Q_h——燃气管线小时计算流量，m^3/h；

K——不同类型燃气用具同时工作系数；

k——同一类型燃气用具同时工作系数；

n——同一类型燃具数；

q——同一类型燃具的额定耗气量，m^3/h。

各种不同类型的燃气用具同时工作系数是不同的，燃气用具越多其同时工作系数越小，具体系数见表7-7，可作为中低压配气的参考资料；确定同时工作系数的方法很多，最准确的方法是根据实际用气情况测定。

表7-7 居民家庭双眼灶和热水器的同时工作系数

同类型燃具的数目 N	燃气双眼灶	燃气双眼灶和快速热水器	同类型燃具的数目 N	燃气双眼灶	燃气双眼灶和快速热水器
1	1.00	1.00	40	0.39	0.18
2	1.00	0.56	50	0.38	0.178
3	0.85	0.44	60	0.37	0.176
4	0.75	0.38	70	0.36	0.174
5	0.68	0.35	80	0.35	0.17
6	0.64	0.31	90	0.345	0.171
7	0.60	0.29	100	0.34	0.17
8	0.58	0.27	200	0.31	0.16
9	0.56	0.26	300	0.30	0.15
10	0.54	0.25	400	0.29	0.14
15	0.48	0.22	500	0.28	0.138
20	0.45	0.21	700	0.26	0.134
25	0.43	0.20	1000	0.25	0.13
30	0.40	0.19	2000	0.24	0.12

四、城镇燃气调峰与应急气源

城镇燃气调峰设施与城镇燃气应急气源的建设，是城镇燃气系统进入正常运行的重要标志，其目的是解决城镇燃气平稳均匀供应与城镇燃气用气随时间不断波动之间的矛盾，通过调峰设施实现上下游供需平衡。调峰设施与应急气源可单独设置，多为集中统一考虑，其设置形式是根据城镇燃气系统的实际运行特点、当地燃料的供应及调峰与应急气源计划采用的方式等综合确定。

（一）城镇燃气调峰

1. 调峰储气容积确定

用户用气不均匀性与许多因素有关，这些因素对用气不均匀性的影响不能用理论计算确定。最可靠的办法是在相当长的时间内收集和系统地整理当地实际数据，才能得到用气工况的可靠资料。

为解决均匀供气与不均匀用气之间的矛盾，保证不间断地向用户供应正常压力和流量的燃气，需要采取一定的措施使燃气供应系统供需平衡。调峰储气量的确定一般有两种方式：供销差累积差值法和经验法。

（1）供销差累积差值法

供销差累积差值法是通过对一定时间内的供销差量累计确定，根据计算月的日或周不均衡工况计算储气容积，一般推荐采用周不均衡工况计算比较符合城镇用户用气特点。

$$Q_t = q_{hg} - q_{hX} \tag{7-6}$$

式中　Q_t——调峰储气量，m^3；

　　　q_{hg}——小时供气量，m^3/h；

　　　q_{hx}——小时消费量，m^3/h；

通过对一周内 168h 调峰储气量进行累计，最大调峰储气量与最小量调峰储气量的差值，为所需的储气量。

（2）经验法

国外天然气主要生产和消费国家的经验数据表明，用于补偿季节用气不平衡的有效气量约为民用天然气年均消费量的 9%~12%。按下式预测季节调峰气量的大小。

$$Q_{tj} = \lambda_j \times Q_a \tag{7-7}$$

式中　Q_{tj}——季节调峰气量，m^3；

　　　λ_j——季节调峰气量占民用天然气年均消费量的比例，为 9%~12%；

　　　Q_a——民用天然气年均消费量，m^3/a。

2. 调峰储气方式的确定

一般考虑气源、用户及输配系统的具体情况采用一种或几种调峰手段的组合方式。常用的调峰方式包括两大类。

一类是通过建设调峰设施来满足调峰需求，主要包括天然气储罐、高压管束(管道)、LNG与LPG储罐、地下储气库等调峰设施，不同类型的调峰方式及单位投资比较参见表 7-8。

表 7-8　不同类型调峰方式及单位投资比较

调峰方式	储运状态	优点	缺点	投资/(元/m^3)	使用场合
地面压力储罐	气态、常温中高压	建造简单	容量小，成本高，占地面积大，经济效益低，对安全性要求高	200~300	城市片区昼夜与日用气不均衡
高压管束（管道）	气态、常温高压	建造简单	储气量小，压力调节范围小	100~200	城市片区昼夜与日用气不均衡

调峰方式	储运状态	优　点	缺　点	投资/(元/m³)	使用场合
LNG	液态、低温常压	单位容积储存量大	投资大、占地面积大、流程复杂	40~50	沿海有港口、天然气资源匮乏的城市
地下储气库	气态、高压、中高温	储存量大，占地面积小，安全可靠性高	地质结构要求苛刻、建设周期长	0.4~5.8	季节性不均衡

在调峰方式的选择上，地面储罐储气和管道储气具有调节灵活、操作方便的特点，是目前解决城市燃气日和小时不均匀性的主要方式；而 LNG 与 LPG 气源灵活性强、可调能力大、来源多元化，作为城镇燃气的储备、供应及调峰气源具有一定的优势。地下储气库储气具有库容规模大、安全性高、单位经济效益好、隐蔽性强等特点，是国家战略储备的主要储存方式。

发达国家经验表明，储气库工作气量应占天然气总消费量的 15%~20%。近年来我国陆续建成了大港油田储气库群、华北油田京 58 和苏桥储气库群、相国寺、呼图壁、双 6、板南和金坛储气库等。但是，截至 2017 年年底，我国天然气消费量约 2352×10⁸m³，天然气地下储气库仅有约 80×10⁸m³，调峰气量占天然气消费量的比例为 3.4%，调峰能力严重不足。随着我国天然气用量的迅速发展，对地下储气库等调峰设施需求更为迫切。

天然气储备设施应从三个方面考虑：一是国家建立国家战略储备；二是供应企业建立供应调峰储备；三是城镇燃气企业建设自身调峰储备。

另一类是通过增加气源供应、暂停可中断用户供气、实行峰谷气价等来满足调峰需求。

(二) 应急气源

应急气源作为城市天然气供应的保障在国外发达国家已基本配备，到 2012 年，日本东京的应急保障天数达到 70 天，美国纽约的应急保障天数达到 108 天，法国巴黎的应急保障天数达到 105 天。我国应急气源保障措施在近些年取得很大进步，2015 年上海应急保障天数达到 20 天，深圳市远期城市燃气(含工业用户)应急保障天数确定到 40.8 天，相比发达国家还有一定差距。

国家发改委在 2017 年发布新的《意见》的总体目标中，明确提出地下储气库形成有效工作气量到 2020 年达到 148×10⁸m³，到 2030 年达到 350×10⁸m³ 以上。2018 年新《意见》进一步明确到 2020 年，"供气企业 10%、城燃企业 5%、地方政府 3 天"的储气责任和指标要求，首次提出，建立天然气多元化海外供应体系。

1. 应急用户结构及应急时间

(1) 应急用户结构确定

城镇天然气用户分为城镇居民、公共服务设施、工业企业、采暖、空调和汽车用户等五类，作为事故应急储备，应急气源不可能解决全部用户用气，应按照用气负荷优先等级满足重要用户的应急供气要求。

居民用户的应急比例取正常供气总用气量的 100%，公共服务设施用户取正常供气总用气量的 100%；工业企业用户应急比例可根据工业用户类别确定，一般取正常供气总用气量的 10% 为宜；其他用户(如锅炉、空调、汽车用户)停止供气，不至于出现重大事故或损失。

（2）应急时间确定

应急气源的应急时间与运输条件、离气源点的距离、事故发生情况等因素有关。2018年国务院发布新《意见》中已经明确，城镇燃气企业到2020年形成不低于其年用气量5%的储气能力，各地区到2020年形成不低于保障本行政区域3天日均消费量的储气能力。

2. 应急气源选择

城镇天然气应急气源应满足以下四项原则：数量能保障供应、获取渠道实际可行、互换性问题能得到解决、具有较好的合理性和经济性。城镇天然气应急气源根据储存方式不同主要分为运行储存、车辆运输储存和生产储存三类。

（1）运行储存

运行储存是指通过建设高压管束（管道）、储气罐，在正常供气状况下将一部分天然气储存起来作为应急气源。

（2）车辆运输储存

车辆运输储存是指采用车辆运输的方式将应急气源从生产基地运输到城镇的应急气源站中，主要有建设LNG应急气源站等。

（3）生产储存

生产储存是指在城镇中建设应急气源生产装置和储存装置，主要包括建设小型LNG液化工厂等。此类工厂可以充分调节上游与下游之间的供需差，在用气低峰时将多余的天然气进行液化，用气高峰时再将LNG气化，既有效解决了城镇燃气的调峰问题，又可作为应急气源储存。

城镇应急气源的方式比较多，大多数城镇选择了投资较小、储气效率高的LNG应急气源站的方式；对于大型城市或特大型城市，应急气源系统均为多元系统，包括高压管道、大型LNG应急储配站、地下储气库、大型调峰用户等多种方式，例如上海、北京、南京、郑州等。

3. 应急系统供应方式及应急气源设置

（1）应急系统供应方式

根据目前以及规划中的一些城镇燃气管网系统结构，应急气源进入管网的方式主要考虑以下三种：进入中压系统、进入高压系统、既进入中压系统又进入高压系统。

（2）应急气源设置

城镇发展一般包括老城区和各种经济开发区。应急气源的设置应与城镇发展规划相结合，老城区用气以居民为主，各种经济开发区以工业和商业为主，应急系统既满足目前供气需要，又与储气调峰相结合，同时做到可为建设单位减少不必要的投资，提高建设单位的经济效益。

4. 国内外特大型城市应急保障系统

（1）东京

东京作为世界超级大城市，天然气供应主要由东京燃气负责。在东京湾建设有根岸、袖浦、扇岛3个LNG接收站，建有52个LNG储罐，总管容量达$475×10^4 m^3$，并通过510km的主干管相连，形成环网，实现各LNG接收站互联互通，形成备用，将东京的应急保障天数达到70天。

（2）巴黎

巴黎是法国最大城市，全球第四大国际都市，由法国燃气苏伊士集团负责天然气供应。法国天然气储备方式主要以地下储气库为主，LNG储气库为辅。法国建有15座地下储气库，储气库工作气量达 $131×10^8m^3$；建有 3 座 LNG 接收站，储备容量 $84×10^4m^3$，巴黎市的天然气季节调峰由地下储气库负责，月、日、小时调峰主要有 LNG 调峰和管道调峰。

（3）北京

北京作为我国首都，年用气量国内最大，天然气应急储备和调峰系统主要包括大张坨地下储气库、10 座 LNG 储配站和 3 座 LNG 中转站共同承担，并计划通过高压管线将所有 LNG 储备站联通形成环状结构，同时探索开发建设地下岩洞储气库和凤营河地下储气库等。

（4）上海

上海作为著名的国际大都市，天然气供应实现了"5+1"多气源供应格局：东海天然气、西一线、西二线、洋山 LNG、川气东送和五号沟 LNG 站。上海在 1999 年就建设了五号沟 LNG 液化工厂，将东海天然气进行液化储存，2008 年对五号沟 LNG 液化工厂进行扩建，达到 $22×10^4m^3$ 的 LNG 储备；2009 年建成洋山 LNG 接收站，拥有 $3×16.5×10^4m^3$ 的 LNG 储罐，年接收能力 $300×10^4t$。到 2015 年，上海市天然气应急保障天数达到 20 天。

（5）深圳

深圳的天然气主要包括广州大鹏 LNG 气源、西二线气源和现货 LNG 多气源供应格局。深圳为应对天然气应急储备不足问题，开展雨岭 LNG 液化工厂（$2×20000m^3$ LNG 储罐）和华安 LNG 接收站（$1×80000m^3$ LNG 储罐），同时在深圳广州大鹏建成 $3×160000m^3$ LNG 储罐、中海油建设的 $4×160000m^3$ 迭福 LNG 接收站、中石油建设的 $3×160000m^3$ 迭福 LNG 接收站均承担深圳市的调峰和应急储备，天然气应急储配量达到 $2.54×10^8m^3$，可满足深圳城镇燃气（含工业用户）40.8 天的应急需求。

五、城镇天然气输配系统

我国城镇燃气气源多为管道天然气（PNG），部分城镇根据当地情况采用 LNG 等作为天然气气源，更多城镇采用多气源综合供给。

采用管道天然气的城镇燃气输配系统一般由门站、燃气管网、储配气设施、调压设施、管理设施和监控系统等组成，如图 7-1 所示。

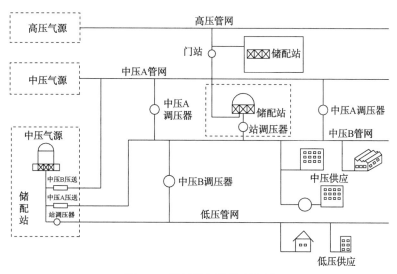

图 7-1　城镇燃气输配系统图

(一) 管道天然气站场

1. 门站

门站是管道天然气进入城镇燃气输配系统的门户，站内设有过滤分离装置、调压器、计量装置、加臭装置等，个别门站根据位置及需要，也可与储配站合建。来自输气管道的天然气经门站接收和处理后即进入城镇燃气管网。图 7-2 为典型门站工艺流程图。

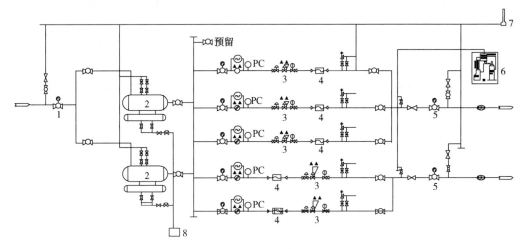

图 7-2　门站工艺流程图

1—进站阀；2—过滤分离装置；3—调压器；4—流量计；5—出站阀组；6—加臭装置；7—放空总管；8—排污池

2. 调压站

调压站是城镇燃气输配系统中进行压力调节的站场。主要功能是将燃气管网压力调节到下一级管网或用户所需压力，并保持调节后的压力稳定。城镇调压站主要分为区域调压站、专用调压柜(调压箱)等。

3. 储配站

燃气储配站是城镇燃气输配系统中储存和分配燃气的站场。其主要任务是保持天然气输配系统供需平衡，保证系统压力平稳。燃气储配站较为常用的流程是高压储存、高压输送和低压储存、中低压输送流程。图 7-3 为高压储存、二级调压、高压输送工艺流程示意图。

(二) 压缩天然气站场

如前所述，CNG 可用作汽车燃料或供中小城镇燃气用户使用。其中，为中小城镇燃气用户提供气源的 CNG 站场主要为 CNG 储备站以及 CNG 瓶组供应站。

(三) 液化天然气站场

有关 LNG 生产、储存、运输和应用的介绍见本书第五章"液化天然气(LNG)生产与储运"内容，此处仅重点介绍 LNG 作为城镇燃气气源的站场。

LNG 既可以作为大中城市的调峰和应急气源，也可作为中小城镇用户的主力气源，同时也可用作汽车燃料使用。LNG 汽化站是指将 LNG 用汽车槽车或小型运输船运至本站，经卸气、储存、汽化、调压、计量和加臭后，送入城镇燃气输配管网。解决国家对新农村建设的能源供应问题。

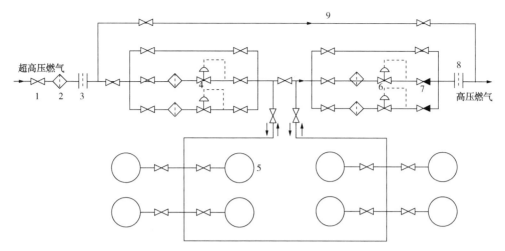

图 7-3　高压储存、二级调压、高压输送工艺流程示意图

1—阀门；2—过滤器；3—进站流量计；4——级调压器；5—高压储气罐；6—二级调压器；
7—止回阀；8—出站流量计；9—越站旁通管

六、城镇燃气管网

(一) 城镇燃气管网分类

1. 根据形状分类

城镇燃气管网根据形状可分为枝状管网、环状管网和混合管网(环枝状管网)。

枝状管网由同一管道来气供给,一般只适用于用气点面积较小的区域,例如城镇边缘、居民区末端和工厂内部末端的管网,如图 7-4 所示。

环状管网由若干封闭成环的管网组成,由一条或多条管道供气,当管网局部破坏时不影响整个管网供气,在城镇主干管网经常采用;缺点是管道内部流态因沿线用量变化而变,管道流向复杂,如图 7-5 所示。

混合管网兼有枝状管网和环状管网的优点,大的区域主干管网成环,内部或末端则采用枝状。目前,已建城镇燃气管网大多为混合管网,如图 7-6 所示。

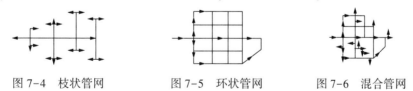

图 7-4　枝状管网　　　　　图 7-5　环状管网　　　　　图 7-6　混合管网

2. 根据燃气管网压力分类

根据城镇燃气管网设计压力将其分为 7 个等级,即所谓的燃气管网压力级制,见表 7-9。

表 7-9　城镇燃气设计压力(表压)分级

名　称		压力/MPa	名　称		压力/MPa
高压燃气管道	A	$2.5 < p \le 4.0$	中压燃气管道	A	$0.2 < p \le 0.4$
	B	$1.6 < p \le 2.5$		B	$0.01 \le p \le 0.2$
次高压燃气管道	A	$0.8 < p \le 1.6$	低压燃气管道		$p < 0.01$
	B	$0.4 < p \le 0.8$			

3. 根据功能分类

输配管网按其功能分为输气干管、配气干管、配气支管。输气干管指入网前及入网后主要起输气作用的管网。配气干管指市政道路上的环状或枝状管网；配气支管则指庭院、室内管网。配气支管与庭院管为室外管。室内管包括立管及水平管，目前室内管的立管及水平管也有安装在室外的。

4. 根据敷设方式分类

分为地下燃气管网和架空燃气管网。

（二）城镇燃气管网系统分类

常见的城镇管网系统有低压一级管网系统、中压或次高压一级管网系统、低压-中压（次高压）二级管网系统、三级管网系统、多级管网系统、混合管网系统等。

1. 低压一级燃气管网系统

低压一级管网系统是来自输气管道的天然气进入储配站，经调压后直接送入低压配气管网的管网系统，管网系统图如图7-7所示。

此管网系统适用于用气量小，供气范围为2~3km的城镇和地区，如果加大其供气量及供气范围会使管网投资过大。

2. 中压或次高压一级燃气管网系统

中压或次高压一级管网系统是天然气进入储配站，经调压后送入中压或次高压配气管网，最后经调压设施调至低压后输送至用户的管网系统。适用于新城区和安全距离可以保证的地区；对街道狭窄、房屋密度大的老城区并不适用。该管网系统示意图如图7-8所示。

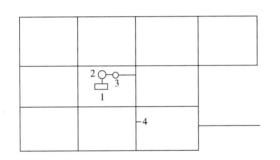

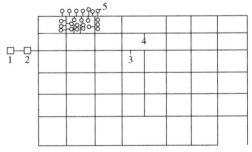

图7-7 低压一级管网系统示意图　　　　　图7-8 中压或次高压一级管网示意图
1—气源厂；2—低压储气罐；　　　　　　　1—气源厂；2—储气站；3—中压或次高压输气管网；
3—稳压器；4—低压管网　　　　　　　　　4—中压或次高压配气管网；5—箱式调压器

3. 低压-中压（次高压）二级燃气管网系统

低压-中压（次高压）二级燃气管网系统是输气管道来气首先进入城镇门站，经门站调压、计量后送至城镇中压（次高压）管网，然后经中（次高）、低压调压站调压后送入低压配气管网，最后进入用户管网。

如图7-9所示为某城市的配气管网系统，属低压-次高压二级管网系统。天然气由输气管道从东西两个方向经门站送入该市，次高压管网连成环状，通过区域调压站向低压管网供气，通过专用调压站向工业企业供气，低压管网根据地理条件分成三个互不连通的区域管网向居民用户和小型公共服务设施用户供气。

此管网系统适用于街道宽阔、建筑物密度较小的大、中城市。

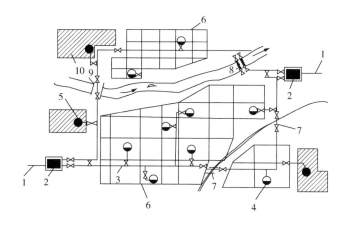

图 7-9 低压-次高压二级管网系统图

1—输气管道；2—城镇门站；3—次高压管网；4—区域调压站；5—工业企业专用调压站；6—低压管网；

7—穿过铁路的套管敷设；8—穿越河流的过河管；9—沿桥敷设的过河管；10—工业企业

4. 三级燃气管网系统

三级燃气管网系统是输气管道来气先进入城镇门站，经调压、计量后进入城市高压(次高压)管网，然后经高、中压调压站调压后进入中压管网，最后经中、低压调压站调压后送入低压管网。该管网系统图如图 7-10 所示。

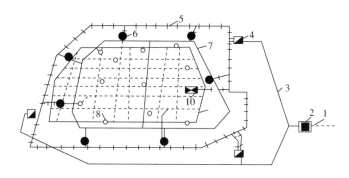

图 7-10 三级燃气管网系统

1—长输管线；2—城镇燃气分配站；3—郊区高压管网(1.2MPa)；4—储气站；5—高压管网；

6—高-中压调压站；7—中压管网；8—中-低压调压站；9—低压管网；10—煤制气厂

此系统的高压或次高压管网一般布置在郊区人口稀少地区，若出现漏气事故，危及不到居民用户或人口密集地区，供气比较安全可靠。同时，高压或次高压外环管网还可以储存一部分天然气。

但此系统较为复杂，三级管网、二级调压站的设置给维护管理造成了不便，同一条街道往往要同时铺设两条压力不同的管道，总管网长度大于一、二级系统，管位占地较多，易与市政管网发生占位现象，不利于市政管网的总体规划。

5. 多级燃气管网系统

多级燃气管网系统是由低压、中压、次高压和高压管网组成。天然气从输气管道进入城镇储配站，在储配站将天然气的压力降低后送入城镇高压管网，再分别通过各自调压站进入各级较低压力等级的管网。如图 7-11 所示为某城市的多级天然气管网系统，由地下储气

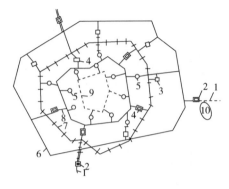

图 7-11　城市多级燃气管网系统图
1—输气管道；2—城市门站；3—调压计量站；
4—储气站；5—调压站；6、7—高压管网；
8—次高压管网；9—中压管网；10—地下储气库

库、高压储气站以及输气管道的末端储气三者共同调节供气和用气的不均匀性。天然气通过几条输气管道进入城镇燃气门站，调压后进入城市各级管网。多级管网系统主要用于人口多、密度大的特大型城市。

以上介绍的几种城镇燃气管网系统各有其优缺点及适用范围，因此在选择城镇燃气管网系统时，要根据具体情况选择适合的管网系统，一般情况考虑以下因素：

① 城镇近远景规划、街区和道路的现状和规划、建筑特点、人口密度、各类用户的数量和分布情况。

② 原有城镇燃气供应设施情况。

③ 大型工业企业用户的数量、特点及原有的供气设施。

④ 不同类型用户的供气方式、气化率及用户对燃气压力的要求。

⑤ 城镇自然条件。如对南方河流水域较多的城镇，二级管网系统的穿、跨越工程量将比一级管网系统大，选用时应根据技术经济比较后确定。

⑥ 城镇地下管线和地下建筑物、构筑物的现状和改建、扩建规划。

七、城镇燃气管网附属设施

1. 截断阀井

城镇燃气管网在主干线及支线起点处设置截断阀井，阀井内安装有截断阀。主干线截断阀是在局部管网出现特殊情况时紧急截断，以便于抢修维护，设置距离一般为 2.0～3.0km。支线起点截断阀在下游用户出现特殊情况，抢修维护人员无法到达事故现场时，在中压管网对下游进行截断。

根据阀门类型及用途不同，截断阀井有以下几种：聚乙烯(PE)阀阀井、直埋焊接球阀阀井、放散阀井和法兰球阀阀井(图 7-12～图 7-15)。

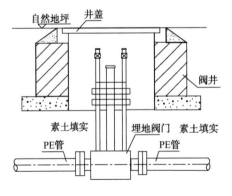

图 7-12　PE 阀阀井安装示意图

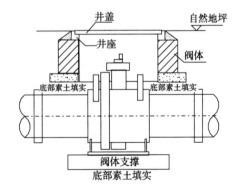

图 7-13　直埋焊接球阀阀井安装示意图

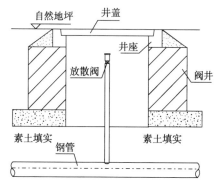

图 7-14 放散阀井安装示意图

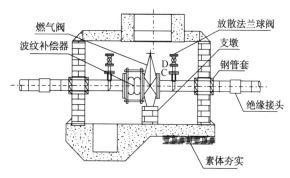

图 7-15 法兰阀门阀井安装示意图

2. 凝水井

为排除中压管网中存在的冷凝水，在燃气管网最低点设置凝水井。凝水井由凝水器、井体、井盖和井杆组成，其构造和型号随燃气压力和凝水量不同而异，如图 7-16 所示。

3. 补偿器

补偿器经常设置在架空段管网、高层房屋室外燃气管网等地方。常用的补偿器有自然补偿器、套筒式补偿器和波形补偿器等。

（1）自然补偿器

自然补偿器广泛用于小口径管网，比较典型的有 L 形、Z 形和 ∏ 形补偿器。（图 7-17～图 7-19）

（2）套管式补偿器

套管式补偿器有单向滑动和双向滑动两种形式，一般用于管径大于 100mm、工作压力小于 1.6MPa 的管网上。

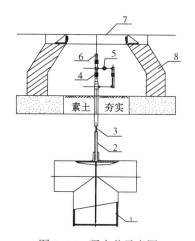

图 7-16 凝水井示意图

1—凝水器；2—套管；3—抽水管；
4—球阀；5—活接头；6—外接头；
7—井盖；8—阀井

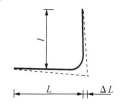

图 7-17 L 形补偿器示意图

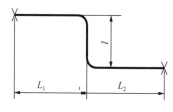

图 7-18 Z 形补偿器示意图

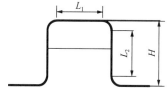

图 7-19 ∏ 形补偿器示意图

（3）波纹补偿器

波纹补偿器是由一个或几个波纹管膨胀节及结构件组成，按结构形式分为：单式轴向型、单式铰链型、单式万向铰链型和复式拉杆型等。

目前，自然补偿是选择最多的一种方式，其补偿方式不受压力限制；套管式补偿器和波纹补偿器主要应用在设备安装或没有空间进行自然补偿的部位，使用压力一般不超过 1.6MPa。

4. 示踪带和信号源井

敷设聚乙烯(PE)燃气管道时，一般沿管道走向在管顶铺设金属示踪带，并且沿着 PE

管道设置足够的信号源井，信号源井设置距离不能太远，一般为2~3km，对于小区内或管网密集地区，一般200~300m设置一处。铺设示踪装置是检测PE管是否遭受第三方破坏的有效措施。

八、城镇燃气输配工艺

(一) 城镇燃气调压

调压器是调压系统的重要工艺设备，以下主要介绍调压器的作用形式、配置方式及燃气各类站场中常用的调压单元配置。

1. 调压器的作用形式

燃气调压器通常分为直接作用式和间接作用式两种。

①直接作用式调压器

直接作用式调压器是由敏感元件(薄膜)所感受的出口压力变化直接进行压力调节的调压器。其最大优点是结构简单、操作方便。但是，由于弹簧负载系统在调压器运行中引起压降，导致出口压力的非线性，不适用在压降较小时获得较大流量。结构示意图如图7-20所示。

(2) 间接作用式调压器

间接作用式调压器是由燃气出口压力的变化使操纵机构动作接通能源(可为外部能源或被调介质)进行压力调节的调压器。其最大特点是将下游较小的压力变化放大并作为负载压力作用于调压器上。正是这种放大效应保证了间接作用式调压器能精确控制压力，满足更大流量和更高精度的要求。结构示意图如图7-21所示。

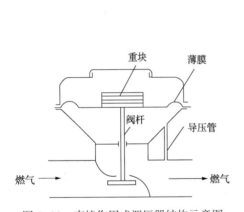

图7-20 直接作用式调压器结构示意图

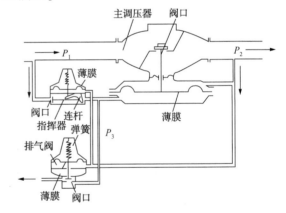

图7-21 间接作用式调压器结构示意图

2. 调压器配置方式

调压器之间的连接方式有串联、并联及并联+串联三种形式。

(1) 串联

将2台或2台以上的调压器串联安装，这种连接方式提高了调压器安全供应系数，在高压供应的天然气系统中经常采用，如图7-22所示。

(2) 并联

将2台或2台以上的调压器并联安装，这种连接方式的作用是当调压站进口压力与出口压力为一级调压时，调压器并联连接，以增加调压站的出站流量，使之满足用户要求，如图7-23所示。

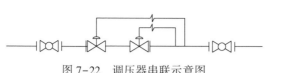

图 7-22 调压器串联示意图

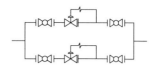

图 7-23 调压器并联示意图

（3）并联+串联

调压站上有 3 台或 3 台以上的调压器，调压器之间的连接方式是既有并联又有串联，如图 7-24 所示。这种连接方式既对天然气进行多级调压，又可增大调压站的供气量，同时便于管理和维修。

3. 站场中常用的调压单元配置

调压单元是燃气输配系统站场中保证安全及满足用户压力要求的重要环节，在不同的站场及应用场合，有不同的考虑因素。

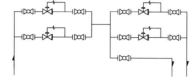

图 7-24 调压器并联+串联示意图

（1）在大型站场及重要用户工艺流程中，经常采用压力检测单元、压力调节单元、压力安全保护单元及相关的监视报警单元的调压单元配置。该方式设有两级安全装置，即除压力调节阀外，在其上游串联设置有独立的安全切断阀和监控调压阀以保证下游燃气输配管网和设备的安全。

调压单元工艺流程如图 7-25 所示。

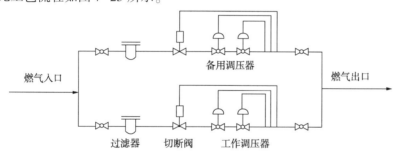

图 7-25 大型站场调压单元工艺流程图

（2）在区域调压站及专用调压柜（调压箱）中，经常采用安全切断阀+调压器联动模式，当调压后压力超过设定最高压力，安全切断阀自动切断。这种模式在不良通风及对压力要求较高的厂区、居民用户等调压用途中比较常见。

调压单元工艺流程图如图 7-26 所示。

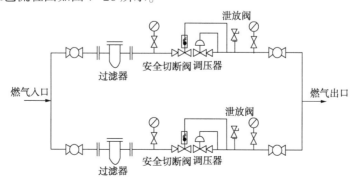

图 7-26 区域调压站调压单元工艺流程图

（二）城镇燃气计量

城镇燃气计量主要是进行贸易计量，其精度要求较高，常采用以下流量计。

1. 孔板流量计

孔板流量计适用于早期大流量计量的城镇门站、输配气场站，不足之处是前后直管段较长、压力损失较大。

2. 容积式流量计

国内燃气民用普遍应用的容积式流量计是皮膜式计量表和罗茨表。

皮膜表结构简单、不易损坏、价格低廉，但测量量程小，仅适用于使用低压燃气的公共服务设施及居民用户。罗茨表计量精度高、无前后直管段要求，适用于大型公共服务设施用户及小型工业企业用户。

3. 速度式流量计

城镇燃气系统中较为常用的速度式流量计有涡轮式流量计、旋进旋涡智能流量计。前者适用于中小型厂站、高、中低压调压站、工业企业用户计量使用，不足之处是国产化设备技术上有待完善提高；后者适用于中小型输配气场站、高、中压调压站及高、中压工业企业用户计量使用，不足之处是压力损失较大，用户在按照国家计量检定规程对流量计进行检定时较为不便。

4. 质量流量计

质量流量计采用热扩散原理，目前主要引进美国技术，无须温压补偿，直接测出流体的质量流量，它的特点是没有可动部件、压力损失小、流程比宽、精度高、可靠性高、安装简单、操作方便。

5. 能量计量

天然气能量计量是指测量天然气的发热量并以此为计价单位来进行结算，其建立在体积计量基础上，设计流量测量、组分分析和物性参数测定等方面。天然气的能量计量有直接测量和间接测量两种，并且我国在 2008 年已经出台的《天然气能量的测定》（GB 22723—2008）液位能量测定提供了规范依据。

（三）城镇燃气加臭

《城镇燃气设计规范》（GB 50028—2006）中明确规定："城镇燃气应具有可以察觉的臭味，无臭味或臭味不足的燃气应加臭"。目前常用的加臭剂是四氢噻吩（THT）。

加臭方法一般有滴入式和吸收式两种。目前国内城镇燃气多采用滴入式加臭，其又分为半自动加臭方式和全自动加臭方式。半自动加臭方式是由人工设置好，计量泵自动按设定值向燃气总管中注入加臭剂；全自动加臭方式是计算机根据流量检测信号，通过控制计量泵来调节加臭剂量的大小。滴入式加臭装置示意图如图 7-27 所示。

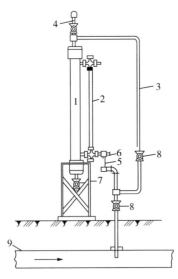

图 7-27　滴入式加臭装置示意图
1—加臭剂储槽；2—液位计；3—压力平衡管；
4—加臭剂充填管；5—观察管；6—针形阀；
7—泄压管；8—阀门；9—燃气管道

346

第三节 天然气分布式能源

根据《2018—2023年中国分布式能源行业商业模式创新与投资前景预测分析报告》，2016年全国天然气分布式发电累计装机容量1200×10⁴kW·h，不到全国总装机容量的2%。到2020年，在全国规模以上城市推广使用分布式能源系统，装机规模达到5000×10⁴kW，初步实现分布式能源装备产业化。

一、分布式能源的定义及政策环境

（一）分布式能源的定义

"分布式能源"是指安装在用户端的高效冷/热电联供系统，系统高效利用发电产生的废能生产热和电，实现综合利用。天然气分布式能源是指利用天然气为燃料，通过冷、热、电三联供等方式实现能源的梯级利用，综合能源利用效率在75%~90%，并在负荷中心就近实现现代能源供应方式。

分布式能源系统是相对传统的集中式供能的能源系统而言的。传统的集中式供能系统采用大容量设备、集中生产，然后通过专门的输送设施（大电网、大热网等）将各种能量输送给较大范围内的众多用户；而分布式能源系统则是直接面向用户，按用户的需求就地生产并供应能量，不仅发电效率高，减少了输配电中的能耗，而且把传统发电中浪费掉的系统余热加以回收利用，能源综合使用率大大提高。由于该系统规模小，只能满足中、小型能量转换利用系统。

按照规模划分，天然气分布式能源系统主要包括楼宇型和区域型两种类型。楼宇型一般适用于二次能源需求性质相近且用户相对集中的楼宇（群），包括宾馆、学校、医院、写字楼以及商场等，一般采用内燃机或小型燃气轮机作为动力设备。区域型一般适用于冷、热（包括蒸汽、热水）、电需求较大的工业园区、产业园区、大型商务区等，一般采用燃气轮机作为动力设备。

（二）天然气分布式能源的政策环境分析

1. 产业政策鼓励在经济发达地区发展天然气分布式能源

能源发展规划和大气污染防治行动计划鼓励发展天然气分布式能源。我国《能源发展"十三五"规划》等均提出，在京津冀、长三角、珠三角等大气污染重点防控区，鼓励发展天然气分布式冷热电联供项目，结合热负荷需求适度发展燃气热电联产项目。预计到2020年，我国新建天然气调峰电厂、热电联产电厂、分布式能源项目装机规模总计将达5000×10⁴kW，天然气发电总装机容量规模将达到约1.1×10⁸kW，占发电总装机容量的比例超过5%，天然气利用规模约730×10⁸m³。

2017年发布的《意见》中明确将"实施天然气发电工程"作为重点任务提出，并重点提出大力发展天然气分布式能源，在大中城市具有冷热电需求的能源负荷中心等地推广天然气分布式能源项目，非常明确指出了天然气分布式能源的发展定位，为分布式能源快速发展提供了政策依据。

2. 电力体制改革鼓励因地制宜发展天然气分布式能源

《关于进一步深化电力体制改革的若干意见》(中发〔2015〕9号)提出，未来分布式电源主要采用"自发自用、余量上网、电网调节"的运营模式，开放电网公平接入，建立分布式电源发展新机制，全面放开用户侧分布式电源市场，积极开展分布式电源项目的各类试点和示范；允许拥有分布式电源的用户或微网系统作为售电主体参与电力交易。

3. 上网电价政策和补贴机制逐步完善

国家初步规范了天然气分布式能源上网电价管理机制。《关于规范天然气发电上网电价管理有关问题的通知》(发改价格〔2014〕3009号)指出，天然气发电价格管理实行省级负责制，新投产天然气热电联产发电机组实行标杆电价政策和气电价格联动机制，最高上网电价不得超过当地煤电上网标杆电价或当地电网企业平均购电价格0.35元/kW·h；有条件的地方要积极采取财政补贴、气价优惠等措施疏导天然气发电价格矛盾。各省市天然气分布式能源上网电价与补贴机制见表7-10。

表7-10　各省市天然气分布式能源上网电价与补贴机制

省市	政策类型	政策要点
上海	上网电价 投资补贴	天然气分布式发电机组临时结算单一制电价为0.726元/kW·h。对分布式功能项目按照1000元/kW给予设备投资补贴，对年平均能源综合利用效率达到70%及以上且年利用小时在2000h及以上的项目再给予2000元/kW的补贴。每个项目享受的补贴金额最高不超过5000万元
江苏	上网电价	天然气发电上网电价采取与天然气门站价格联动方式，包括固定部分和气价联动部分。对单机容量不超过10MW的楼宇式分布式能源机组在热电联产上网电价的基础上加0.2元/kW·h
浙江	上网电价	实行容量电价和电量电价构成的两部制电价，并随气价变化适时调整上网电价，对不同等级机组实行不同的容量电价和电量电价。6B、6F机组容量电价分别为0.58/kW·h、0.52/kW·h
青岛	投资补贴	对天然气分布式能源项目，按照1000元/kW·h给予投资补贴，年平均能耗综合利用效率达到70%以上再给予1000元/kW的补贴，每个项目补贴金额最高不超过3000万元
长沙	投资补贴	每年安排支持天然气分布式能源发展预算资金3000万元，并提出特许经营、税收减免、财政奖励等优惠政策

4. 并网服务政策有待进一步落实

根据《能源发展"十三五"规划》，"十三五"期间，我国将实施"天然气消费提升计划"，以民用、发电、交通和工业等领域为着力点，鼓励提高天然气消费比重，预计"十三五"期间天然气消费年均增速13%，2020年达$3500×10^8m^3$。目前我国国产气、进口管道气、液化天然气的供应格局基本形成，预计2020年和2030年天然气供应能力将分别达到$3900×10^8m^3$和$6500×10^8m^3$，供需形势将相对宽松，为天然气分布式能源的发展提供较为充足的气源保障。

2017年2月10日，国家能源局发布了《2017年能源工作指导意见》中，重点提出需要大力推进天然气分布式能源发展、推动燃气轮机等关键技术攻关，提出逐步将天然气培育为我国现代能源体系的主体能源，并大力发展天然气分布式能源。

二、分布式能源系统

(一) 分布式能源的利用原理

由于大型电厂的选址受水源、交通和环境等诸多因素制约，一般远离城市和负荷中心，以相对单一的电能满足用户需求。然而，用户不仅需要电能，还需要其他形式能量，如空调和供暖需求等，但制冷介质、供热介质不宜远距离传输，继而中央电站不易实现热电联产。分布式能量系统一般在用户附近，克服了制冷介质、供热介质远距离传输的困难，灵活地通过不同循环整合用户需求，实现热电联产或冷电热多联供，通过能量的综合梯级利用，提高了能源利用率。分布式能源输配电管网示意图如图 7-28 所示。

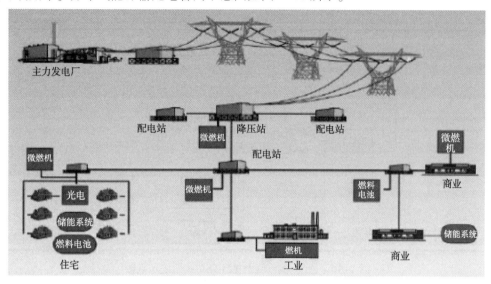

图 7-28　分布式能源输配电管网示意图

分布式能源系统采用总能系统梯级利用原理，借助系统工程的方法，对能量转化、传递和利用的全过程进行综合分析研究，按能量品位从高到低的顺序，通过联合循环发电或热电联产等形式，将不同温度的热能按应用要求进行合理分配，实现不同品位能量的梯级利用，使能源利用总效率达 75% ~ 90%，这就是能量梯级利用的概念，如图 7-29 所示。

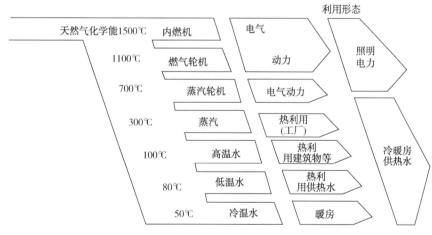

图 7-29　能量阶梯利用概念图

（二）分布式能源系统组成

1. 区域性分布式能源系统

区域性分布式能源系统主要为燃气-蒸汽联合循环发电（热电联产）系统，是指以燃气为高温工质、蒸汽为低温工质，由燃气轮机的排气作为蒸汽轮机循环的加热源，即能源经燃气轮机输出动力进行一级发电后，排出的较高温度的烟气在余热锅炉中产生蒸汽，再以此蒸汽送入蒸汽轮机进行二级发电，或者将部分发电做功后的排汽（乏汽）用于供热，故其效率较高。燃气–蒸汽联合循环分布式系统示意图如图7-30所示。

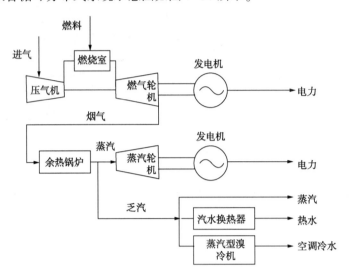

图 7-30　燃气–蒸汽联合循环分布式系统示意图

2. 楼宇型分布式能源系统

楼宇型分布式能源系统主要为燃气轮机冷热电联供系统，以燃气轮机为发电机组的冷热电联供系统，由燃气轮机的排气直接驱动烟气型溴冷机输出冷能和热能，减少该系统的设备配置，降低设备投资费用，提高系统能源的综合利用率。燃气轮机冷热电联供系统示意图如图7-31所示。

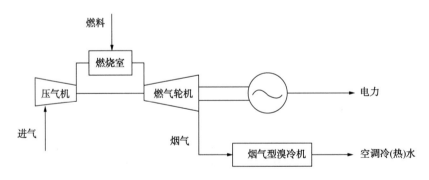

图 7-31　燃气轮机冷热电联供系统示意图

3. 分布式能源供应系统组成

分布式能源供应系统根据各阶段能源特点进行梯队利用，主要为天然气热电联产或冷热电联产，包括原动机、余热锅炉、汽轮机、制冷机、热交换器、控制系统和能源管理系统。

4. 分布式能源供应系统的技术优势

（1）发电效率高。分布式能源系统的联合循环发电比燃煤发电的效率高，目前为58%～60%；而燃煤发电目前为40%～45%。其发电效率对比见表7-11。

表 7-11　天然气联合循环发电和不同方法的燃煤蒸汽发电效率比较

电站类型	燃料	效率/%	应用状况
燃气轮机单循环发电	天然气(LPG、粗柴油)	35~40	实用
燃气轮机联合循环发电	天然气(LPG、粗柴油)	58~60	实用
亚临界蒸汽轮机发电	粉煤	40	实用
超临界蒸汽轮机发电	粉煤	42~44	实用
常压流化床燃煤发电	煤	37~40	实用

（2）调峰性能好。燃气轮机结构紧凑，起停性能好，整套联合循环机组无论热态、冷态起动，都可以在最短的时间内达到100%全负荷运行。例如，9E级燃气轮机从启动到并网发电一般不超过20min，整套联合循环发电机组热态启动时间一般为60min，冷态为120min；而常规的汽轮机发电机组热态启动至满负荷时间一般为90min，冷态则为300min。

国内外很多实例表明，当电网发生故障，甚至出现大面积停电等严重情况下，唯独燃气轮机发电机组运行正常，确保了该区域范围内的供电。因此，按目前电力部门的发展趋势来看，为了提高电网运行的机动性和安全性，用占电网总容量15%~20%的燃气轮机机组作为应急备用电源和负荷调峰机组是非常必要的。

（3）对环境的污染小。

① CO_2　当量发热量的化石燃料中，天然气含碳量最低，油次之，煤最高。在化石燃料电站排放气中，天然气电站1kW·h排放的CO_2约为燃油的60%~70%，为燃煤的50%。

② NO_x天然气中一般不含氮的化合物，只是在燃烧过程中产生高温NO_x，电站排放气中NO_x的量一般为0.3~1.5g/kW·h；而燃煤电站NO_x一般在2.5~9.5g/kW·h。

③ SO_2　管输的商品天然气含硫量很低，一般在20mg/m³以下，故天然气电站排放气中SO_2含量很低；而燃煤电站排放的SO_2一般在2.3~7.5g/kW·h，虽然可采用烟气脱硫技术使SO_2下降90%以上，但其最后排放尾气中SO_2含量仍在0.2~0.8g/kW·h。

④ 废渣、废水　天然气联合循环发电无灰渣排放，排放的废水量很小，也易处理达标排放。

（4）天然气联合循环发电厂与同容量火力发电厂相比，占地面积为火力电厂的30%~50%；用水量也只需同容量火力电厂的1/3左右。

（5）天然气联合循环发电耗水量少，仅为同等规模燃煤电站的30%~40%，适宜建在水价较高的或缺水的地区。

（6）天然气联合循环发电与燃煤发电相比，工程投资可节约30%~50%。

（7）天然气联合循环发电建设周期短，小型电站需5~6月，联合循环发电厂一般1年内可发电运行；而燃煤发电厂则需4~5年。

（8）天然气联合循环发电厂环境的相容性好，可以建在用户附近，减少输配站设施及线路损失。

天然气联合循环发电虽有以上优势，但必须建设在天然气资源丰富、长期供气有保证、管道输气设施完善的地方，而且其气价应可与其他化石燃料竞争。

（三）主要原动机类型

原动机包括重型燃气轮机、航改型燃气轮机、微型燃气轮机和燃气内燃机，重型燃气轮机主要用于燃气电厂，目前常用的燃气轮机(燃机)主要为"E"级燃机和"F"级燃机，"E"级和"F"级燃机分别指高温烟气进入燃机的温度为1150℃和1350℃的燃机。

"E"级燃机是100MW级燃气轮机的通称，单机容量为114.7~157MW。"F"级燃机是250MW级燃气轮机的通称。

中小型燃气轮机主要针对10~30MW级别的燃气轮机。

微型燃气轮机是功率范围在30~300kW的燃气轮机，以微燃机为核心的热电联产或冷热电联产的微燃机分布式能源系统目前受到国内的重视。

燃气内燃机、中小型燃气轮机和微型燃气轮机形式和特点见表7-12。

表7-12 燃气内燃机、中小型燃气轮机和微型燃气轮机形式和特点

项目	燃气内燃机	中小型燃气轮机	微型燃气轮机
功率	从数百千瓦至数千千瓦	从数千千瓦至数万千瓦	从数十千瓦至数百千瓦
发电效率	较高，大约35%~48%（一般中速机的效率高于高速机）	稍低，大约30%~43%（一般轻型机效率高于重型机）	较低，大约25%~35%
环境影响	温度和海拔对功率和效率的影响较小	温度和海拔对功率和效率的影响较大	温度和海拔对功率和效率的影响较大
部分负荷特性	部分负荷对效率的影响较小	部分负荷对效率的影响较大（相对来说，轻型机比重型机的影响要小）	部分负荷对效率的影响较大
余热回收方式	烟气余热回收+机体热水余热回收	烟气余热回收	烟气余热回收
余热利用特点	余热品位较低，烟气温度较低，部分余热为热水	余热品位较高，一般烟气温度较高（轻型燃机的烟气温度相对较低）	一般微型燃机多采用回热器，余热品位较低，烟气温度低。
启动特性	启动很快，启停对寿命无影响	启动相对较慢（轻型机相对重型机启动快），重型机启停对寿命有影响，轻型机启停对寿命无影响	启动较快
燃气压力要求	燃气压力要求较低，可直接采用市政管网	燃气压力要求高（轻型机的压力要求更高）；需专用管网或者设置增压机	燃气压力要求较低，可直接采用市政管网
尺寸和质量	外形尺寸大，结构笨重	外形尺寸相对小，结构较轻便（轻型燃机相对更轻便）	外形尺寸紧凑，结构非常轻便
运行维护	结构复杂，运行维护工作量大，且消耗润滑油	结构较简单，运行维护工作量较小，使用但不消耗润滑油	结构简单，运行维护工作量小，部分机组可不使用润滑油
可靠性	往复运动，运动部件多，可靠性较差	回转运动，运动部件少，可靠性较好	回转运动，运动部件少，可靠性好
振动和噪声	振动大，噪声大	振动小，噪声小	振动小，噪声小
氮氧化物排放	较高，需要设置脱硝装置	较低，采用低氮燃烧器可不设脱硝装置	较低，采用低氮燃烧器可不设脱硝装置
适用条件	适合于楼宇和较小的区域应用，特别是有采暖和热水需求的用户	适合于区域应用	适合于楼宇应用，用户的经济承受能力较高

三、工程实例

1. 长沙黄花国际机场冷热电多联供能源站

长沙黄花国际机场冷热电多联供能源站是以 2×1160kW 燃气内燃机为原动力机,供冷能力为 27MW,供热能力 18MW,为长沙黄花机场提供所需的冷、热、电能源供应,其多联供应能源站的工艺流程示意图如图 7-32 所示。

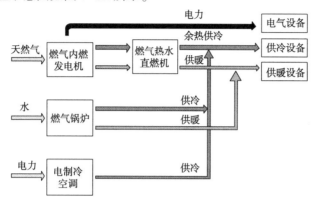

图 7-32　长沙黄花国际机场多联供应能源站工艺流程示意图

2. 广州鳌头分布式能源站

广州鳌头分布式能源站位于广州从化鳌头镇,采取 3×15MW 级燃气蒸汽联合循环热电联产机组(一期先布置 2×15MW 级燃气蒸汽联合循环热电联产机组),机组主要满足园区内工业用热负荷,同时兼顾制冷负荷及热水负荷。广州鳌头分布式能源站工艺流程示意图如图7-33 所示。

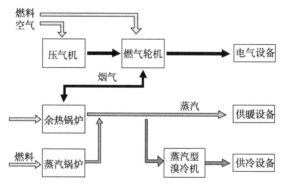

图 7-33　广州鳌头分布式能源站工艺流程示意图

3. 广州大学城分布式能源站

广州大学城分布式能源站是以 2×78MW 燃气-蒸汽联合循环发电为基础,以天然气为一次能源的冷热电联产系统。另外,还有 3 座采用离心式冷水机组与冰蓄冷系统结合的制冷站(用电的),向大学城 18km^2 的 300 座建筑物供应冷水、生活热水。与传统火力电厂供电、单体建筑设置传统中央空调系统供冷和锅炉供热相比,制冷装机总容量大约减少了 45% ~ 50%,电力装机容量减少了 50MW,与装分体空调比较减少了装机容量 120MW。与此同时,节约了占地面积,改善了环境,每年减排 CO_2 约 24×10^{4}t,减排 SO_2 约 0.6×10^{4}t,NO_x 排放比传统燃煤电厂减少 80%,比燃气电厂国家标准减少 36%,并极大地降低了噪声污染。

综上所述，除煤层气(煤矿瓦斯)可就近采用内燃机组发电供当地使用外，未来天然气发电主要考虑调峰电厂和热电联产电厂，调峰电厂主要承担电网调峰功能，热电联产电厂主要根据热负荷需求，以热定电。分布式能源站一般为中小型企业及住宅小区提供冷热电源，规模较小，由城市管网供气，在城镇燃气规划中考虑。

第四节 天然气化工利用

天然气化工是以天然气为原料生产化工产品的工业。经处理后的天然气通过蒸汽转化、裂解、氧化、氯化、硫化、硝化、脱氢等反应生产合成氨、甲醇及其加工产品(甲醛、醋酸等)、乙烯、乙炔、二氯甲烷、四氯化碳、二硫化碳、硝基甲烷等。

天然气化工利用可分为直接法和间接法两大类。目前利用天然气生产的大宗产品都是先将天然气转化或部分氧化制得合成气，再以合成气制合成氨、甲醇、乙二醇、低碳烯烃等重要基本化工原料，继而生产出几百种化工产品。天然气热裂解主要用于生产乙炔和炭黑；天然气经过氯化、硫化、硝化、氧化可制得甲烷的各种衍生物；湿天然气中的乙烷、丙烷、丁烷和天然气凝液等，经蒸汽裂解或热裂解可生产乙烯、丙烯和丁二烯；丁烷脱氢或氧化可生产丁二烯或醋酸、甲基乙基酮、顺丁烯二酸酐等。天然气化工产品链如图7-34所示。

目前，世界上年产$1000 \times 10^4 t$以上的天然气化工产品有合成氨、尿素、甲醇、甲醛和乙烯。其中，约80%的合成氨生产以天然气为原料。

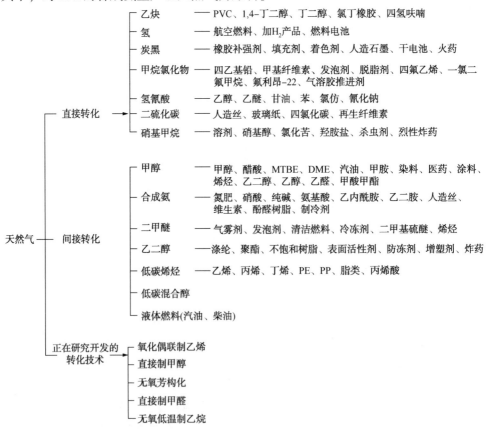

图7-34 天然气化工产品链

以天然气为原料的乙烯装置生产能力约占世界乙烯生产能力的三分之一，其乙烯收率比以石脑油等轻质石油馏分为原料的约高一倍。随着天然气产量的增加和乙烷、丙烷回收率的提高，以天然气为原料所占比例正在逐步增加。

我国的天然气化工始于 20 世纪 60 年代初，现已具备一定规模，并在我国天然气利用领域占有相当重要的地位，用气比例最高超过 40%，主要用于生产合成氨、尿素，其次是生产甲醇、甲醛、乙炔、二氯甲烷、四氯化碳、二硫化碳、硝基甲烷、氢氰酸和炭黑以及提取氦气。但是，进入 21 世纪以来，随着国家逐步理顺天然气价格和化工产品市场疲软，天然气化工的经济效益大幅滑坡，条件较好的大型天然气生产合成氨、尿素装置也主要依靠国家的优惠气价政策得以生存。

依据 2012 年《天然气利用政策》，天然气化工项目仅有天然气制氢项目还会有条件发展，其余全部以天然气为原料的化工项目，均被限制(包括已建的合成氨厂以天然气为原料的扩建项目、合成氨厂煤改气项目；以甲烷为原料，一次产品包括乙炔、氯甲烷等小宗碳一化工项目；新建以天然气为原料的氮肥项目)或禁止(包括新建或扩建以天然气为原料生产甲醇及甲醇生产下游产品项目；以天然气代煤制甲醇项目)，基本终结了我国天然气化工的发展。事实上，从市场和经济效益的角度，即使政策不禁止，天然气化工本身也不可能再有作为。

据此，本节仅重点介绍天然气制合成氨和制氢，其他天然气化工利用工艺技术见有关文献。

一、天然气制氨

(一) 氨的主要用途和性质

1. 主要用途

合成氨是天然气化工的主要产品。合成氨的主要用途是作为氮肥原料，其主要产品有尿素、硝酸铵、硫酸铵、碳酸铵、氯化铵和磷酸铵等。合成氨也是生产有机胺、苯胺、酰胺、氨基酸、有机腈和硝酸的原料，并广泛用于冶金、炼油、机械加工、矿山、造纸、制革等行业。此外，氨还是目前一种常用的制冷剂。氨的下游产品示意图如图 7-35 所示。

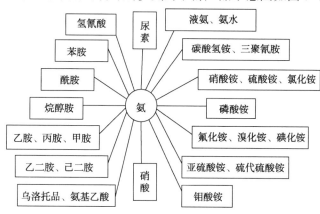

图 7-35　氨的下游产品示意图

据统计，2013 年我国合成氨产量为 $5745.3 \times 10^4 t$。总体上，我国合成氨工业能够满足氮肥工业生产需求，基本满足了农业生产需要。

我国合成氨产品主要分为农业用氨和工业用氨两大类。农业用氨主要用于生产尿素、硝铵、碳铵、硫酸铵、氯化铵、磷酸一铵、磷酸二铵、硝酸磷肥等多种含氮化肥产品。工业用氨主要用于生产硝酸、纯碱、丙烯腈、己内酰胺等多种化工产品。

目前，我国农业用氨主要用于生产尿素和碳铵，其消费量约占合成氨总消费量的75%，用于生产硝铵、氯化铵等其他肥料的合成氨约占合成氨总消费量的15%，工业用氨量约占合成氨总消费量的10%。

2. 氨的主要性质和液氨质量指标

氨在常温下为气体，无色、有毒、具有刺鼻气味及催泪性，溶于水呈碱性，也溶于许多有机溶剂。

《液体无水氨》(GB/T 536—2017)中规定的液氨质量指标见表7-13。

表7-13 液体无水氨质量指标

指标名称	指 标		
	优等品	一等品	合格品
氨含量/%	≥99.9	≥99.8	≥99.0
残留物含量/%	≤0.1(重量法)	≤0.2	≤1.0
水分/%	≤0.1	—	—
油含量/(mg/kg)	≤5(重量法) ≤2(红外光谱法)	—	—
铁含量/(mg/kg)	≤1	—	—

(二) 天然气制氨工艺

1. 合成氨生产工艺原理

生产氨的原料气为氮(N_2)和氢(H_2)，其合成反应式为

$$N_2 + 3H_2 \Longleftrightarrow 2NH_3 \qquad (7-8)$$

此反应需有催化剂存在，并在加压下才能顺利进行。由于氮在空气中大量存在，故其原料气的制备主要是制氢。通常，合成氨的生产过程包括原料气处理(脱硫)、转化(制合成气或转化气)、变换、脱碳、甲烷化、压缩、氨的合成与分离和驰放气的回收与利用等。

合成氨原料气的生产工艺因原料不同而异。早期的合成氨厂均采用煤(焦)为原料，之后逐步改为重油、石脑油和天然气。原料为天然气或石脑油时多采用蒸汽转化法，原料为重油时则采用部分氧化法，原料为煤时则有多种气化方法。以下仅介绍以天然气为原料生产合成氨的工艺。

传统的合成氨生产过程以Kellogg工艺为代表，采用两段天然气蒸汽转化，包括合成气制备(有机硫转化和ZnO脱硫+两段天然气蒸汽转化)、合成气净化(高温变换和低温变换+湿法脱碳+甲烷化)、氨合成(合成气压缩+氨合成+冷冻分离)。

由于合成氨生产是高能耗过程，故其技术进步重点是降低能耗。20世纪80年代以来，以天然气为原料的吨氨综合能耗已从传统的37.7~41.8GJ降至28.4~29.3GJ。国外以天然气为原料的几种生产合成氨的先进工艺能耗比较见表7-14。

目前，具有代表性的低能耗制氨工艺有Kellogg公司的低能耗工艺、Braun公司的低能耗深冷净化工艺、Uhde-ICI-AMV工艺和Topsoe工艺等。

表 7-14　国外合成氨工艺吨氨能耗比较

工艺	Braun	ICI-AMV	Topsoe	Kellogg
原料天然气/GJ	26.63	25.04	36.38	36.51
燃料天然气/GJ	9.21	10.68		
中压蒸汽①/GJ	-7.95	8.46	-8.21	-8.21
电/GJ	1.09	1.34	1.00	0.21
冷却水/GJ	0.46	0.42	0.46	0.46
合计/GJ	29.14	29.02	29.63	28.97

① 副产中压蒸汽。

与上述四种低能耗工艺同期开发成功的工艺还有：①以换热式转化工艺为核心的 ICI 公司 LCA 工艺、俄罗斯 GIAP 公司的 Tandem 工艺、Kellogg 公司的 KRES 工艺、Uhde 公司的 CAR 工艺；②基于"一段蒸汽转化+等温变换+PSA"制氢、"低温制氮"以及高效氨合成等工艺技术结合而成的德国 Linde 公司 LAC 工艺；③以"钌基催化剂"为核心的 Kellogg 公司的 KAAP 工艺。

目前，国外合成氨装置的规模越来越大，利用较大的产量带来规模经济效益。20 世纪 80 年代投产的合成氨装置的平均产量为 1120t/d，而最近投产的合成氨装置产量大多已达 2000t/d 或更高。例如，KBR、Topsoe、Lurgi 公司均推出了 2000t/d 的合成氨工艺技术，Uhde 公司已经推出了 3300t/d 合成氨工艺技术，合成气是以 CO 和 H_2 为主要组分的混合物。合成气不仅用来生产纯 H_2 和纯 CO，也可以衍生很多化工产品，例如合成氨、甲醇、二甲醚、液体燃料和低碳醇等。

合成气的原料范围很广，可由煤(焦)等固体燃料气化产生，也可由天然气和石脑油等轻质烃类经蒸汽转化制取，还可由重油经部分氧化法生产。这些原料含有不同的 H/C 摩尔比，对煤来说约为 1:1；石脑油约为 2.4:1；天然气最高，约为 4:1。由于合成气的原料范围广，生产方法多，故其组成[%(体积)]也有很大差别：H_2 32~67、CO 10~57、CO_2 2~28、CH_4 0.1~14、N_2 0.6~23。

不同的合成气衍生产品需要不同 H_2 和 CO 摩尔比(H_2/CO 比)的合成气。例如，生产合成氨的原料气，要求 H_2/N_2 = 3，需将空气中的氮引入合成气中；生产甲醇的合成气要求 H_2/CO ≈ 2；用羰基合成法生产醇类时，则要求 H_2/CO ≈ 1；生产甲酸、草酸、醋酸和光气等则仅需要 CO。为此，在生产合成氨的合成气制得后，尚需调整其组成，调整的主要方法是采用变换反应以降低 CO 含量，提高 H_2 含量。

2. 合成氨生产工序

生产合成氨的工艺很多，但其基本流程相差不大，主要有脱硫、转化、变换、脱碳、甲烷化、压缩和氨合成等工序，每个工序又有不同的工艺。其中，转化过程基本上有蒸汽转化和部分氧化两种工艺。不同的天然气转化工艺，可得到不同 H_2/CO 摩尔比的合成气(转化气)。目前获得合成气的最主要来源是通过天然气蒸汽转化法获得。天然气蒸汽转化法制氨的原理流程图如图 7-36 所示。

图中，天然气先经脱硫工序除去硫化物，然后与水蒸气混合预热，在一段转化炉的炉管内进行转化反应，生成 CO、H_2 和 CO_2，同时还有未转化的 CH_4 和水蒸气。一段转化气进入二段转化炉，在此加入空气，除了继续完成 CH_4 转化反应，同时又添加了氨合成所需的 N_2，转化气接着经高温变换和低温变换反应，使 CO 含量降低至 0.3%左右，再经过脱碳工序除

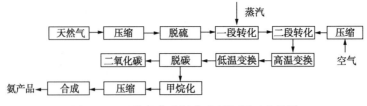

图 7-36　天然气蒸汽转化法制氨原理流程图

去 CO_2，气体中残余的 CO、CO_2 含量约为 0.5%，再去甲烷化工序进一步除去。然后，将含有少量 CH_4、Ar 的氢氮气压缩至高压，送入合成塔进行合成氨反应。

3. 蒸汽转化法制合成气

（1）工艺原理

来自输气管道的天然气中一般含有极少量的 H_2S 和有机硫，为防止转化催化剂中毒必须先脱硫。通常是在钴钼催化剂存在下加入少量的氢气使有机硫加氢成 H_2S，再采用 ZnO 干法脱硫。

天然气中的甲烷含量一般在 90% 以上，故天然气蒸汽转化主要是甲烷与蒸汽转化（甲烷与水蒸气重整），其主要反应如下：

$$CH_4 + H_2O \Longrightarrow CO + 3H_2 \tag{7-9}$$

$$CH_4 + 2H_2O \Longrightarrow CO_2 + 4H_2 \tag{7-10}$$

$$CO + H_2O \Longrightarrow CO_2 + H_2 \tag{7-11}$$

此外，也会发生其他一些反应，包括在一定条件下发生析炭反应。

天然气中的重烃蒸汽转化反应与甲烷蒸汽转化反应类似。

甲烷蒸汽转化总的反应过程是强吸热和体积增加的反应。为此，必须向转化过程供热，其方式有外部供热的管式加热炉，或添加一定量的空气使甲烷氧化放热以及间歇供热等。

影响烃类转化率的主要因素有压力、温度、水碳比（$H_2O：CH_4$ 摩尔比，下同）和催化剂。烃类的转化反应只有在催化剂存在，温度为 500~1000℃ 时才能获得满意的反应速度和转化率。例如，在温度 800~820℃、压力 2.5~3.5MPa、水碳比 3.5 时，转化气组成［%（体积分数）］为：CH_4 10、CO 10、CO_2 10、H_2 69、N_2 1。

提高反应压力虽会降低烃类平衡转化率，但由于天然气本身一般带压，转化得到的合成气（转化气）在后续处理及合成反应中也需要一定压力，转化前将天然气加压比转化后加压在经济上有利，而且提高压力有利于传热，节省压缩功和过量蒸汽冷凝热的回收，故可减少设备尺寸和投资。因此，目前天然气蒸汽转化工艺均在加压下进行。

由于这些反应是较强的吸热反应，提高温度可使平衡常数增大，反应趋于完全，因而提高反应温度有利于转化反应。但是，因受到一段转化炉炉管材质限制，故需要控制反应温度。为此，甲烷蒸汽转化采用两段转化。一段转化炉温度在 600~800℃，二段转化炉炉壁内衬耐火砖，反应温度可达 1000~1200℃，以保证甲烷有尽可能高的转化率。例如，二段转化炉出口温度在 1000℃ 时，出口气体中甲烷残余含量可控制在 0.3%（体积）以下。

一段转化炉的形式、结构各有特点，上、下集气管的结构和热补偿方式以及转化管的固定方式也不同。目前此转化炉按照其燃烧器（烧嘴）布置方式分为顶烧炉（燃烧器在辐射段顶部）和侧烧炉（燃烧器在辐射段侧部）两种。侧烧炉因其燃烧器多，温度可调，炉膛温度均匀，热强度大，但投资较多，故在大型转化炉中仍有采用。顶烧炉因其燃烧器少，结构紧凑，更适用于大型转化炉。

增加水碳比有利于转化反应，可提高甲烷转化率，同时也可防止催化剂上积炭。但是，增加水碳比也增加了系统阻力和燃料消耗，不利于节能。此外，水碳比也受到催化剂活性和转化炉材质限制，故节能流程的水碳比多为 2.5~2.7。

天然气蒸汽转化一般采用镍基催化剂。

（2）工艺流程

目前普遍采用的天然气蒸汽转化法有 Kellogg 法、英国的 ICI 法、丹麦的 Topsoe 法、美国的 Selas 法、Foster Wheller 法、法国的 ONIA-GEGI 法和日本的 TEC 法。这些方法除一段转化炉炉体及燃烧器结构、有原料预热和余热回收的对流段布置各具特点外，其工艺流程大同小异。

天然气蒸汽转化工艺流程框图如图 7-37 所示。

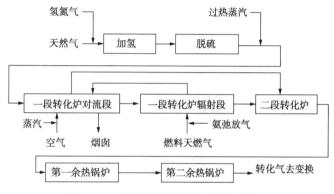

图 7-37　天然气蒸汽转化工艺流程框图

以典型日产千吨合成氨的 Kellogg 法流程为例，天然气在钴钼催化剂存在下经加氢(氢气来自合成工序的氢氮气)反应和氧化锌脱硫后，总硫含量小于 0.5mL/m³，然后在压力为 3.6MPa、温度为 380℃ 左右下掺入中压蒸汽使水碳比达到 3.5，进入一段转化炉对流段加热至 500~520℃，再经一段转化炉辐射段顶部分配进入各转化管，气体自上而下流经催化剂床层进行吸热的转化反应。离开转化管底部的转化气温度为 800~820℃，压力为 3.1MPa，甲烷含量为 9.5%，汇合于下集气管并沿集气管中间的上升管上升继续吸热，温度升至 850~860℃，再经输气总管去二段转化炉。

工艺空气经压缩机加压至 3.3~3.5MPa，掺入少量蒸汽后去一段转化炉对流段空气加热盘管，预热到 450℃ 左右进入二段转化炉顶部混合器与一段转化气混合，在顶部燃烧区燃烧，温度升至 1200℃ 左右，再通过催化剂床层继续进行吸热反应。离开二段转化炉的气体温度约为 1000℃，压力约 3.0MPa，残余甲烷含量约为 0.3%。

从二段转化炉出来的高温转化气作为热源依次进入第一和第二余热锅炉加热锅炉给水以产生高压蒸汽，离开第二余热锅炉的转化气温度约 370℃，再去后续的变换工序。

燃料气(天然气)在一段转化炉对流段中预热到 190℃，与合成驰放气混合后分为两路。一路进入一段转化炉(顶烧炉)辐射段顶部燃烧器燃烧，为转化反应提供热量，离开炉膛的烟气温度为 1050℃ 左右，再进入对流段依次流过混合原料气、工艺空气、蒸汽、原料天然气、锅炉给水、燃料气等预热器回收热量，温度降至 250℃，由排风机送入烟囱排至大气。另一路进入对流段入口燃烧器，燃烧产物与辐射段烟气混合。此处燃烧器的设置在于保证对流段各预热物流的温度指标。天然气蒸汽转化工艺流程如图 7-38 所示。

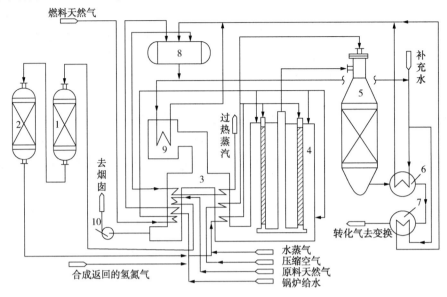

图 7-38　天然气蒸汽转化工艺流程图

1—钴钼加氢反应器；2—氧化锌脱硫槽；3—对流预热段；4——段转化炉；5—二段转化炉；6—第一余热锅炉；

7—第二余热锅炉；8—汽包；9—辅助锅炉；10—引风机

4. 部分氧化法制合成气

20 世纪 60 年代前此法曾在国外广泛应用，后逐渐为蒸汽转化法替代。近年来由于能源价格上涨，部分氧化法因其燃料消耗低故又有所发展。

天然气部分氧化制合成气是一个温和的放热反应。在 750~800℃ 下甲烷的平衡转化率可达 90% 以上，CO 和 H_2 的选择性高达 95%，合成气的 H_2 和 CO 摩尔比接近 2。

部分氧化法分为常压、加压、有催化剂和无催化剂几种工艺。美国多采用无催化剂部分氧化法，欧洲多采用有催化剂部分氧化法。

（1）工艺原理

催化部分氧化法实际上是部分烃类氧化和蒸汽转化相结合的方法，即一部分烃类进行氧化反应，放出的热量供给其余烃类进行蒸汽转化反应，其主要反应如下：

$$CH_4+1/2O_2 \Longrightarrow CO+2H_2 \qquad (7-12)$$

$$CH_4+H_2O \Longrightarrow CO+3H_2 \qquad (7-13)$$

$$CO+H_2O \Longrightarrow CO_2+H_2 \qquad (7-14)$$

$$CO_2+CH_4 \Longrightarrow 2CO+2H_2 \qquad (7-15)$$

影响部分氧化法的主要因素是氧碳比、水碳比和催化剂。甲烷部分氧化反应是一个自热过程。理论计算可知，约有 1/4 甲烷消耗在为反应过程提供热量上。

（2）催化部分氧化工艺流程

① 常压催化部分氧化法。经脱硫后其含硫量小于 $3×10^{-6}$（体积分数）的常压天然气与蒸汽一起加热到 300~400℃ 进入混合器。在混合器内天然气、蒸汽与氧（或富氧空气）混合后去转化炉反应。转化炉气体出口温度约为 850~1000℃，经喷水降温至 425℃ 以下去变换工序。此法采用热水饱和塔和余热锅炉回收热量。

主要工艺条件为：

蒸汽：天然气为 0.7~0.8；

氧：天然气约 0.6；

转化温度为 800~950℃；

空速（以甲烷计）为 300~350h^{-1}。

一般采用镍基催化剂。

典型的气体组成见表 7-15。

表 7-15 常压部分氧化法气体组成

气体名称		气体组成/%（体积分数）							
		CO_2	CO	H_2	CH_4	N_2	C_2H_6	C_3H_8	C_4H_{10}
氧	天然气				94.7	1.4	2.1	1.1	0.7
	转化气	6.5	25.2	66.5	0.5	1.3			
	变换气	22.4	3.8	72.4	0.4	1.0			
富氧空气	天然气				94.7	1.4	2.1	1.1	0.7
	转化气	5.7	19.4	51.2	0.5	23.2			
	变换气	20.1	4.0	56.6	0.4	18.9			

② 加压催化部分氧化法。含硫量小于 10×10^{-6}（体积分数）和烯烃含量小于 20% 的原料烃加压到 2.94MPa，与蒸汽混合并预热至 550℃；氧（或富氧空气）加压后也预热至 500℃。此两种气流进入自热转化炉顶部喷嘴充分混合后在炉内进行部分氧化反应并升温到 1100℃，再经镍基催化剂床层进行转化反应。从转化炉底部出来的转化气温度为 900~1000℃，甲烷含量小于 0.2%。为防止气体离开催化剂床层后在转化炉下部发生 CO 歧化反应而析炭，采用急冷水将其迅速冷却，产生的蒸汽供变换工序用。急冷后约 650℃ 的转化气作为热源再经余热锅炉产生高压蒸汽，而转化气则降温至约 360℃ 后去变换工序。

此法不能完全避免生成炭黑，其转化气的典型组成见表 7-16。

表 7-16 加压催化部分氧化法转化气组成

原料名称	转化气组成/%（体积分数）					
	H_2	CO	CO_2	CH_4	N_2	Ar
天然气	52.9	14.6	9.8	0.3	22.0	0.4
液化石油气	49.8	15.0	13.6	0.1	21.1	0.4
轻油	48.0	15.0	16.0	0.1	20.3	0.6

5. 变换

根据反应温度不同，变换有高温和低温之分。

从二段转化炉出来的转化气中含有大约 13% 的 CO，需要采用高温和低温两段变换将其转化为 H_2 和易于除去的 CO_2，以使气体中的 CO 含量（干基）小于 0.3%~0.5%，其反应式如下：

$$CO + H_2O \Longrightarrow CO_2 + H_2 \tag{7-16}$$

高温变换采用铁铬基催化剂，温度范围多在 370~485℃，水气比为 0.6~0.7（H_2O/CO 为 4.5~5.5），压力约 3MPa，空速约 2000~3000h^{-1}，出口气体中 CO 含量（干基）为 2%~4%。

低温变换采用铜锌铬基和铜锌铝基催化剂，以后者居多。温度范围在 230~250℃，水气比为 0.45~0.6，压力约 3MPa，空速约 2000~3000h^{-1}，出口气体中 CO 含量（干基）为 0.2%~0.5%。

工业上通常采用的流程是：CO 含量为 13%~15% 的二段转化气经余热锅炉降温，在压力为 3MPa 和温度为 370℃下进入高温变换炉，因气体中蒸汽含量较高，一般不需加入蒸汽。反应后的气体中 CO 含量降至 3% 左右，温度升至 425~440℃，作为热源经高温变换余热锅炉产生 10MPa 的饱和蒸汽，气体则冷却到 330℃。由于气体温度尚高，一般用来加热其他工艺气体，例如甲烷化炉进气，而高温变换气则冷却到 220℃后进入低温变换炉，其温升仅为 15~20℃，残余 CO 含量降至 0.2%~0.5%。经变换后的气体再去脱碳工序。

6. 脱碳

为了将变换气处理成纯净的氢氮气，必须将 CO$_2$ 从气体中除去。此外，回收到的 CO$_2$ 也是生产尿素、纯碱、碳酸氢铵、干冰等产品的原料。

脱碳的方法很多，有化学溶剂法、物理溶剂法、化学—物理溶剂法、直接转化法和其他类型方法等。天然气制合成氨的蒸汽转化法系在中压（2.5~3MPa）下操作，故通常采用 Benfield 法（改良的热钾碱法或活化热钾碱法），其反应如下：

$$CO_2 + K_2CO_3 + H_2O \Longrightarrow 2KHCO_3 \qquad (7-17)$$

Benfield 法的特点是在 K$_2$CO$_3$ 溶液中加有促进 CO$_2$ 吸收和反应的活化剂，而且吸收在比较高的温度（例如 110℃）下进行。该法有多种流程安排，如一段吸收和一段再生、两段吸收和一段再生、两段吸收和两段再生等。此法属于湿法脱碳。

大型合成氨厂多采用两段吸收、两段再生流程，其特点是：从变换工序来的气体由 CO$_2$ 吸收塔底部进入，离开塔顶的为脱碳后的净化气，其 CO$_2$ 含量小于 0.1%，经分液罐除去夹带的液滴后去甲烷化工序。

近年来我国新建的以煤或重油为原料的大型合成氨和甲醇装置，其变换气（主要为 CO、H$_2$）大多采用 Lurgi 和 Linde 公司的甲醇洗法脱硫脱碳（CO$_2$、H$_2$S、COS）

7. 甲烷化

经变换和脱碳后的气体（新鲜气）中尚含有少量残余的 CO 和 CO$_2$。为了防止对氨合成催化剂的毒害，要求进入合成工序的新鲜气中 CO 和 CO$_2$ 的总量要小于 10×10^{-6}（体积分数）。但是，一般的脱碳方法达不到这样高的净化度，故来自脱碳工序的气体还必须进一步净化。新鲜气中的 CH$_4$、Ar 对合成催化剂虽无毒害，但会影响合成反应速度，增加操作费用和新鲜气的耗量，故也需将其脱除或降低其含量。

目前工业上脱除残余 CO 的方法有铜氨液吸收法（铜洗法）、深冷分离法（主要为液氮洗涤法或氮洗法）和甲烷化法三种。铜氨液吸收法是采用乙酸铜氨溶液脱除合成气中的 CO，与此同时，也能吸收 CO$_2$、O$_2$ 与 H$_2$S。液氮洗涤法是在深度冷冻（<-100℃）条件下用液氮吸收少量 CO，而且也能脱除甲烷和大部分氩，这样可以获得只含有惰性气体小于 10×10^{-6}（体积分数）的氢氮混合气。甲烷化法是在催化剂存在下使少量 CO、CO$_2$ 与 H$_2$ 反应生成 CH$_4$ 和 H$_2$O 的一种净化工艺，要求入口原料气中碳的氧化物含量（体积分数）一般应小于 0.7%。甲烷化法可以将气体中碳的氧化物（CO+CO$_2$）含量脱除到小于 10×10^{-6}（体积分数），但是需要消耗有效成分 H$_2$，并且增加了惰性气体 CH$_4$ 的含量。

由于甲烷化法具有工艺简单、操作简便和费用低的特点，故目前以烃类为原料的蒸汽转化法制氨工艺多采用此法。

甲烷化法的基本原理是在 280~420℃ 的温度范围内，在催化剂的存在下使原料气中的 CO、CO_2 与 H_2 反应生成甲烷和易于除去的水，即

$$CO+3H_2 \Longleftrightarrow CH_4+H_2O \qquad (7\text{-}18)$$

$$CO_2+4H_2 \Longleftrightarrow CH_4+2H_2O \qquad (7\text{-}19)$$

虽然甲烷化反应使惰性气体甲烷含量有所增加，且消耗了部分氢气，但却可使出口气体中 CO 和 CO_2 的总量小于 10×10^{-6}（体积分数）。

甲烷化反应的压力适应范围很大，从常压到 98MPa，故只要其压力与前后工序匹配即可。但是，由于甲烷化反应是强放热反应，若原料气中有 1% 的 CO 进行甲烷化反应，气体温升可达 72℃；若有 1% 的 CO_2 发生反应，温升可达 60℃，所以，必须严格控制原料气中 CO 和 CO_2 的含量在规定的工艺指标内，否则会因超温而烧坏镍基催化剂甚至设备。因此，甲烷化反应对温度的控制较严，其低限应高于生成羰基镍的温度，高限应低于反应器材质允许的设计温度，一般在 280~420℃。

甲烷化的工艺流程是：由脱碳工序来的气体经换热和加热后升至所需温度，在甲烷化炉内和催化剂的存在下，CO 和 CO_2 几乎全部生成甲烷和水。由于此反应是强放热反应，故出甲烷化炉的气体必须经换热和回收热量后再去合成工序。

8. 合成与分离

合成工序是合成氨工艺中最后一道工序，也是比较复杂和关键的工序。氨的合成反应式见式（7-8）。

由反应式（7-8）可知合成氨是可逆反应，其合成转化率受化学平衡限制。为了获得更多的氨，只有将未反应的合成原料气（氢氮气）循环使用。但是，由于原料气中含有少量的 CH_4、Ar 等惰性气体，在循环中会有积累，必须将它们（驰放气）排除系统，而排除系统的驰放气中总会带有少量有用气体。因此，如何将它们回收，如何使部分产品与氢氮气分开，如何选择合适的压力和温度，使化学平衡向有利于氨合成的转化，这些就涉及催化剂性能和分氨、合成、压缩、氢氮气回收等工艺技术，故在流程设置上必须包括：①氢氮气的压缩并补入循环气（未反应气体）系统；②循环气预热和氨的合成；③氨的分离；④热量回收利用；⑤未反应气体增压并循环使用；⑥排放一部分循环气（驰放气）以保持循环气中惰性气体含量等。

目前，对于以天然气为原料的大型合成氨厂其合成工序流程虽有所不同，但都是以节能降耗为根本目的，从技术经济指标综合考虑。例如，Kellogg 及 Braun 氨合成及分离工艺流程如图 7-39 和图 7-40 所示。

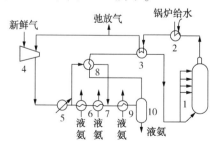

图 7-39 Kellogg 氨合成及分离工艺流程

1—合成塔；2—余热回收锅炉；3—气/气换热器；
4—循环压缩机；5—水冷器；6、7、9—氨冷却器；
8—换冷器；10—氨分离器

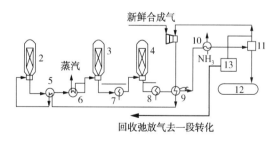

图 7-40 Braun 氨合成及分离工艺流程

1—合成气压缩机；2~4—合成塔；5、9—换热器；
6~8—余热回收锅炉；10—氨冷却器；
11—氨分离器；12—液氨槽；13—驰放气回收氨装置

由图可知，Kellogg工艺氨的合成在一个塔内进行，氨的分离回收在循环压缩机之后；Braun工艺氨的合成则顺次在3台反应器内进行，氨的分离回收则在循环压缩机之前。

直到20世纪80年代，氨合成均采用铁基催化剂。目前各国生产的催化剂种类繁多，性能也有较大差异。它们大多以精选的天然磁铁矿加助催化剂熔融、粉碎而成。常用的助催化剂有 Al_2O_3、K_2O、CaO、MgO 和 SiO_2 等。之后，Kellogg 与 BP 公司还共同开发出钌基和有石墨结构载体相互促进型的催化剂，其活性远高于铁基催化剂，且在低温低压下也能保持较高活性。Kellogg 公司推出的 KAAP 工艺，其核心即采用此钌基催化剂。此外，近年来其他公司也开发了一些新的催化剂。

二、天然气制氨工艺流程

近年来，许多国外公司在改进合成氨工艺条件、节能降耗、提高经济效益方面做了很多工作，形成了各自不同的生产工艺。几种合成氨工艺的能耗比较见表7-17。

表7-17　合成氨工艺的能耗比较

工艺	Kellogg 传统工艺	Kellogg 低能耗	Braun 深冷低能耗	ICI-AMV 新工艺	Topsoe 新工艺
吨氨能耗/(GJ/t)	37.7	27.27	28.02	28.69	30.14

（一）蒸汽转化法

几种应用较广的蒸汽转化法制氨工艺流程框图如图7-41~图7-43所示。

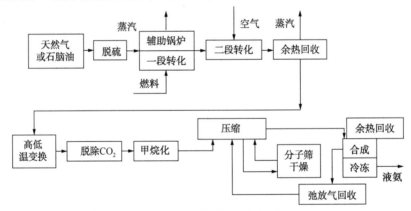

图7-41　Kellogg低能耗合成氨工艺流程框图

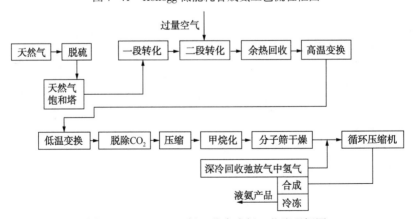

图7-42　ICI-AMV新工艺合成氨工艺流程框图

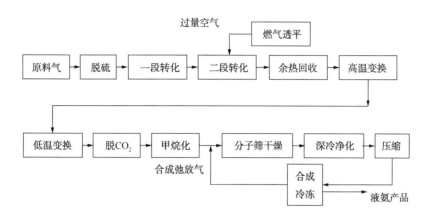

图 7-43 Braun 深冷净化低能耗合成氨工艺流程框图

Kellogg 工艺一段转化压力为 3.55MPa，原料气采用分子筛干燥，Selexol 法脱 CO_2，卧式径向合成塔，四级氨冷，驰放气提氢，副产蒸汽压力为 12.45MPa。Kellogg 低能耗合成氨工艺流程图如图 7-44 所示。

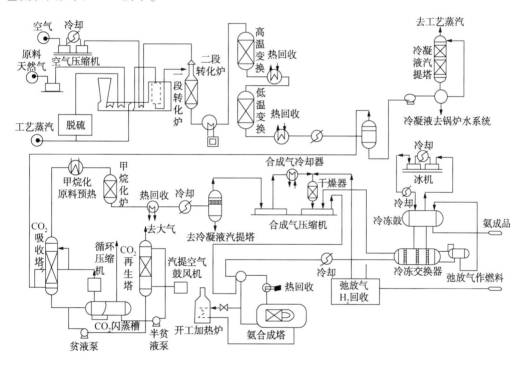

图 7-44 Kellogg 低能耗合成氨工艺流程图

ICI-AMV 新工艺采用天然气饱和塔，以冷凝液饱和天然气，可减少蒸汽耗量，降低转化炉负荷，使天然气耗量减少 3% ~ 5%。氨合成压力约为 8.5MPa，副产蒸汽压力为 12.45MPa。

Braun 工艺一段转化气中残余甲烷大于 20%，二段转化气出口温度较传统法低 100℃ 左右。由于二段转化炉热效率接近 100%，可减少一段转化炉的燃料消耗。此外，还采用了深冷法净化工艺和绝热合成塔。

（二）部分氧化法

20世纪60年代前，天然气部分氧化法制得的合成气再经变换、脱碳、压缩、合成等工序制氨工艺在国外曾广泛应用，之后逐渐被蒸汽转化法替代。但是，由于部分氧化法燃料消耗较蒸汽转化法低，故近10多年来部分氧化法又得到改进和应用，同时又开发了自热式转化等新工艺。天然气部分氧化法制氨工艺流程框图如图7-45所示。

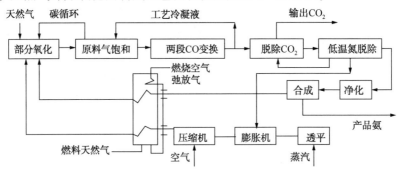

图7-45　天然气部分氧化法制氨工艺流程框图

三、天然气制氢

氢是重要的工业原料、工业气体和特种气体，在石油化工、航空航天、电子工业、冶金工业、食品加工、精细有机合成等都有广泛应用。

制氢的主要工艺方法有以烃类（天然气等）为原料的蒸汽转化（SRM）法、自热转化（ATR）法和目前主要以原油、重油为原料的部分氧化（POM）法等，还有利用制氨厂弛放气、甲烷化尾气、甲醇尾气、催化重整尾气等富氢气体用变压吸附、低温法或薄膜渗透等方法精制得到一定纯度的氢。在众多的制氢工艺路线中以烃类（天然气）为原料的蒸汽转化等工艺在工业上占有较大的优势。

天然气制氢由于其工艺流程短，建设投资少，其主要成分——甲烷转化为氢的效率高，故具有生产率高，总能耗低等优点，因而在目前和今后一段时间内仍有很大的竞争力。在天然气资源丰富的地区，天然气制氢是最好的选择。

世界上甲烷蒸汽转化法的主要工艺技术有Technip（KT1）、Uhde、Linde、Foster、Topsoe等。20世纪80年代经典的制氢工艺路线为：天然气→脱硫→转化→变换→脱碳→甲烷化→氢气。

近几十年来随着科学技术的发展，变压吸附（PSA）技术逐渐得到应用和完善，在制氢工艺中用能耗低的PSA净化分离系统（氢气提纯系统）代替了能耗高的脱碳和甲烷化单元，节能并简化了流程和操作。尤其是近年来由于炼油化工行业需要更多的氢气用于加氢处理油品，氢气用量快速增长，制氢装置的规模越来越大。据统计，目前采用Technip（KT1）、Uhde、Linde三家工艺技术建设的大型制氢装置最多，当今世界上天然气蒸汽转化法制氢装置的典型制氢工艺路线则为：天然气→脱硫→转化→变换→PSA制氢→氢气。

该工艺中蒸汽转化单元关键设备是转化炉，它包括辐射段和对流段，多年来改进的重点是辐射段转化系统的设计和对流段余热回收系统的优化。不断改进和优化节能设计使整个转化炉的总热效率可提高到91%～93%。CO变换技术包括高温变换、高温变换串低温（或中温）变换工艺。采用高温串低温变换工艺可提高CO变换率，从而节省原料气的消耗。但

PSA 尾气的发热量降低，燃料气用量增加，整个热效率提高不多，同时低温变换的催化剂价格高、设备增加，开车还需要催化剂升温还原设备，使工艺流程变得复杂，装置的投资也增加。因此只有当燃料气的价格比原料气的价格低得多时，选择高温变换串低温变换工艺才有意义。氢气提纯系统采用 PSA 工艺，可获得高纯度氢气产品，同时工艺操作简单，自动化程度高，操作弹性大，成本低，故是目前天然气蒸汽转化制氢工艺中的最佳选择，故本节以下仅介绍蒸汽转化(蒸汽重整)法制氢，部分氧化法和自热法制氢见有关文献。

1. 蒸汽转化法制氢工艺原理

天然气蒸汽转化制氢工艺由原料气处理、蒸汽转化、CO 变换和氢气提纯等单元组成。

(1) 原料气处理

主要是天然气脱硫。通常是在钴钼催化剂存在下加入少量的氢气使有机硫加氢成 H_2S，再采用干法脱硫。此外，有些单元还有原料气压缩等功能

脱硫是在一定的压力和温度下，将天然气通过 MnO 及 ZnO 干法脱硫剂，将其中的有机硫和无机硫脱至蒸汽转化催化剂所允许的 0.2×10^{-6} 以下。

(2) 蒸汽转化(甲烷–水蒸气重整)

采用水蒸气为氧化剂，在镍催化剂的作用下将天然气中烃类转化，得到富氢的转化气，其主要反应见式(7-9)~式(7-11)。

甲烷蒸汽转化总的反应过程是强吸热和体积增加的反应。为此，必须向转化过程供热，其方式有外部供热的管式转化炉，或添加一定量的空气使甲烷燃烧放热(自热式)等。

降低压力有利于提高甲烷的转化率，但为了满足变压吸附提纯的需要和纯氢产品的压力要求，以及考虑设备的经济性通常控制反应压力在 1.5MPa 以上。

蒸汽转化单元是制氢装置的核心部分，按照其工艺不同又可分为无预转化和有预转化两种流程。前者是转化反应全部在转化炉中完成，后者是原料气中的重烃先在预反应器中转化，再在转化炉中进一步转化。

目前蒸汽转化单元多由预转化反应器、转化炉(辐射段和对流段)、转化气余热锅炉等构成。在蒸汽转化前设预转化反应器，可降低转化炉负荷约 20%，同时可将天然气中 C_2 以上重烃转化，从而减少蒸汽转化积碳的风险，延长转化和变换催化剂寿命，以及降低水碳比及工艺蒸汽的消耗。此外，预转化催化剂还有脱硫作用，可脱除原料气中残余的硫化物。

未采用预转化反应器的水碳比国外一般为 2.7~3.0(摩尔比，下同)，采用预转化反应器后水碳比一般为 2.0~2.5。国内设计的蒸汽转化单元采用的水碳比略高一些。余热回收锅炉可按照要求生产所需蒸汽等级。

与天然气蒸汽转化制氨工艺相同，其转化炉形式、结构各有特点，上、下集气管的结构和热补偿方式以及转化管的固定方式也不同。转化炉按照其燃烧器布置在辐射段顶部或侧部也可分为顶烧炉和侧烧炉两种。

(3) CO 变换单元

转化气含一定量的 CO，变换的作用是使 CO 在催化剂存在的条件下，与水蒸气反应生成 CO_2 和 H_2，见反应式(7-16)。在此转化气中大部分的 CO 被变换为 H_2，变换后的气体中 H_2 含量可达 75%以上。

变换工艺按照变换温度可分为高温变换(350~400℃)和中温或低温变换(低于 300~350℃)。采用高温串低温变换工艺可提高 CO 变换率，从而节省原料气的消耗，但 PSA 尾气的发热量降低，燃料气用量增加，整个热效率提高不多，而且由于低温变换催化剂价格高、

增加低变设备，开车还需要催化剂升温还原设备，使工艺流程变得复杂，装置的投资也相应增加。因此，只有当燃料气的价格比原料气价格低得多时，方可选择高温串低温变换工艺。

（4）氢气提纯单元

目前，天然气制氢工艺中已普遍采用能耗较低的变压吸附（PSA）净化分离系统代替能耗高的脱碳净化系统和甲烷化工序，实现节能和简化流程的目标。通过 PSA 吸附床将变换后气体中的 CO、CO_2、N_2 吸附掉，在装置出口处可获得纯度高达99.9%的氢气。

PSA 装置一般由多个吸附床组成，在仪表或者设备出现故障的情况下，PSA 吸附床可以自动切换，将故障设备切换掉，可以在较少的吸附床下运转，不会影响产品流量和质量。

PSA 尾气是转化炉的主要燃料来源，通常情况下用天然气补充欠缺燃料，只有在开工和装置波动状况下，才单独使用天然气作为转化炉的燃料。

2. 蒸汽转化法制氢工艺流程

天然气中通常含一定量的有机硫是转化催化剂的毒物，通常需采用钴钼加氢催化剂和 ZnO 脱硫剂在高温下脱除总硫。因此，天然气首先经转化炉对流段加热后进入脱硫反应器，使总硫脱除至 0.2×10^{-6} 以下，脱硫后的原料气与预热后的蒸汽进入辐射段转化反应器，在镍催化剂存在下反应。转化管外用天然气或回收的 PSA 尾气加热，为反应提供所需的热量。

转化炉的烟气温度较高，在对流段为回收高位余热，设置有原料气预热器、锅炉给水预热器、原料气和蒸汽混合预热器等，以降低排气温度，提高转化炉的热效率。转化气组成为 H_2、CO、CO_2、CH_4，该气体经过余热锅炉回收热量产生蒸汽，然后进入变换炉。在此转化气中的大部分的 CO 被变换为 H_2。

变换后的气体中 H_2 含量可达75%以上，该气体进入 PSA 制氢单元进行分离提纯。变压吸附采用特定的吸附剂，利用吸附剂对气体的吸附容量随压力的变化而变化，吸附剂在选择吸附的条件下，加压吸附气体中的杂质组分，而氢作为弱吸附组分通过床层，同时采用减压脱附这些杂质组分。采用不同的均压、逆放、冲洗等步骤可连续得到一定要求的纯氢气产品。

有预转化的侧烧炉蒸汽转化制氢工艺流程如图7-46所示。

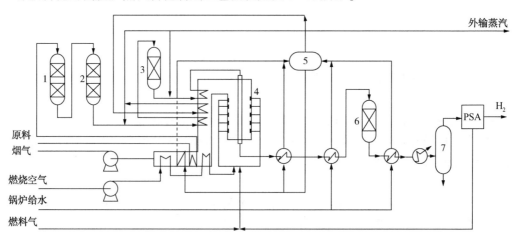

图7-46 有预转化的侧烧炉蒸汽转化制氢工艺流程
1—加氢反应器；2—脱硫反应器；3—预转化反应器；4—侧烧炉；5—中压余热锅炉；
6—中温变换器；7—工艺冷凝水分液罐

蒸汽转化工艺有以下特点：

① 一般蒸汽转化反应的操作压力为 1.5~3.5MPa，操作温度为 750~880℃，水碳比为 2.75~3.5。

② 甲烷平衡转化率与反应选择的操作压力、温度、水碳比等因素有关，选择操作条件要综合考虑各种因素，同时结合生产厂的实际情况来选择，使工厂达到最经济的效果。转化炉的类型有顶烧炉、侧烧炉等，常用的是顶烧炉。

③ 转化炉辐射段顶部和下部分别设置有上、下集气管，转化管与它们连接采用高合金材料的挠性管，可承受一定的温度压力下内部蠕变和补偿集气管和转化管的热膨胀。

④ 燃料气在辐射段放出的热量只有 50% 被转化管吸收，其余大量的热量进入对流段，设置各种用途的换热设备回收热量，使转化炉总热效率可提高到 90% 以上。

参 考 文 献

[1] 陈进殿. 对《加快推进天然气利用的意见》的解读与思考[J]. 天然气工业, 2017, 37(7): 139-144.

[2] 严铭卿, 等. 天然气输配技术[M]. 北京: 化学工业出版社, 2009.

[3] 贺永德, 等. 天然气应用技术手册[M]. 北京: 化学工业出版社, 2009.

[4] 王遇冬. 天然气开发与利用[M]. 北京: 中国石化出版社, 2011.

[5] 王遇冬, 郑欣. 天然气处理原理与工艺[M]. 第三版. 北京: 中国石化出版社, 2016; .

[6] 严铭卿. 燃气工程设计手册[M]. 北京: 中国建筑工业出版社, 2009.

[7] 杨光等. 天然气工程概论[M]. 北京: 中国石化出版社, 2013.

[8] 郭启稳. 天然气发电在中国的应用远景[J]. 城市燃气, 2006, 27(1): 21-23.

[9] 王红霞. 煤层气集输与处理[M]. 北京: 中国石化出版社, 2013.

[10] 傅博. 天然气发电前景[J]. 油气世界, 2008, (1): 31-37.

[11] 沈维道, 等. 工程热力学[M]. 第四版. 北京: 高等教育出版社, 2009.

[12] 魏顺安. 天然气化工工艺学[M]. 北京: 化学工业出版社, 2009.

[13] 汪寿建, 等. 天然气综合利用技术[M]. 北京: 化学工业出版社, 2003.

[14] 徐文渊, 蒋长安. 天然气利用手册[M]. 第二版. 北京: 中国石化出版社, 2006.

[15] 张云杰, 等. 天然气制氢工艺现状及发展[J]. 广州化工, 2013, 40(13): 41-42.

[16] 贾秀荣, 等. 天然气催化制氢气的研究进展[J]. 河南化工, 2010, 27(8): 17-21.

[17] 郭忠贵. 天然气知识与实用技术[M]. 北京: 石油工业出版社, 2012.

[18] 郭揆常. 液化天然气(LNG)工艺与工程[M]. 中国石化出版社, 2014.

[19] 王俊奇. 天然气化工与利用[M]. 中国石化出版社, 2011.

[20] 赵水根, 等. 特大型城市天然气储备与应急调峰[J]. 煤气与热力, 2013, 33(11): B08-B12.

[21] 宋伟明. 我国天然气分布式能源的发展现状及趋势[J]. 石油与天然气. 2016, 38(10): 41-45.

[22] 杨建红. 中国天然气市场可持续发展分析[J]. 天然气工业, 2018, 38(4): 144-151.

[23] 郑得文, 等. 中国天然气调峰保供的策略与建议[J]. 经济管理, 2018, 38(4): 153-160.

[24] 林玉波. 合成氨生产工艺[M]. 北京: 化学工业出版社, 2006.

第八章　仪表与自动控制

在天然气生产过程中，无论是集气、处理、输送还是商品天然气的应用，天然气泄漏、爆炸危险性环境和生产过程的安全运行始终伴随整个生产过程。特别是随着经济发展，安全环保责任进一步要求，对生产过程进行全面监控、减少人工干预的要求不断提高，生产过程的自动控制已成为天然气生产的基本要求。随着自控、通信技术的进步，自动化系统成本不断降低，生产过程自动化也越来越普遍地得到应用，也促进了安全生产和生产效率的提升。

第一节　SCADA 系统

20 世纪 90 年代中期，随着控制技术、计算机技术、通信技术的发展，国内在站场自动化的基础上，为实现油气田的现代化管理目标，广泛地采用监控与数据采集系统（Supervisory Control and Data Acquisition，SCADA）即 SCADA 系统，对油气生产的工艺过程参数进行监视、控制与数据采集，实现了远距离的集中监视、操作和管理。

一、SCADA 系统的构成与功能

1. SCADA 系统的构成

SCADA 系统一般由调度控制中心、站控系统（Station Control System，SCS）、远程终端装置（Remote Terminal Unit，RTU）和通信系统等组成。其典型的网络结构如图 8-1 所示。

SCADA 系统指挥中枢——控制中心的主服务器通常是按冗余（双机）配置的高性能计算机形式提供的，通常为管理信息系统提供数据，还设置 web（world wide web）服务器。利用已编制的程序，主服务器可与从调度控制中心的操作工作站到安装在现场的可编程控制器（Programmable Logic Controller，PLC）、RTU 的所有系统组成设备进行通信。系统一般采用冗余的局域网（Local Area Network，LAN）实现资源（数据库）共享，并实现服务器、工作站、高级应用软件微机和共享外部设备（如打印机、屏幕拷贝机等）数据互联。

控制中心的操作人员能够在安装有一台或几台作为人–机界面（Human Machine Interface，HMI）的工作站上，监视该系统运行的实时数据信息，并向 PLC/RTU 发出操作命令，实现远程控制。系统通常还安装有一台以微处理机为核心的工程师站，配有显示器、键盘、打印机，用于完成"多重任务"，如程序编制、修改和工程计算、管理等。

SCADA 系统主服务器监控站控 PLC/RTU 的数量，取决于控制中心主计算机服务器处理、存储能力和系统软件能力，一般一台主计算机能与上百台或更多 PLC/RTU 通信并对其控制。

现代的 SCADA 系统，采用微处理机为基础的通信控制器，通过如电话线、微波线路、光纤或卫星线路等来实现系统的通信。对于大型长输管道一般还设置备用通信链路和备用调度中心，在作业区还设置监控操作终端。

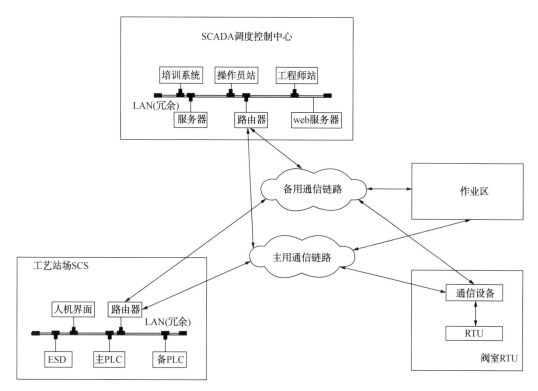

图 8-1　SCADA 系统网络结构图

SCADA 系统中，无论是控制中心的主计算机、操作站或是现场 PLC/RTU，通常采用不间断电源设备供电，以保证无论在电网正常供电或短期故障停电情况下，整个供电系统都能可靠地工作，从而确保 SCADA 系统的正常运转。

2. SCADA 系统的功能

（1）控制中心主计算机功能

控制中心主计算机按顺序对每一台 PLC/RTU 定期进行查询，其主要功能如下：

① 监视各站的工作状态及设备运行情况，采集各站主要运行数据和状态信息，包括过程检测量、报警信号、状态量等。

② 向 PLC/RTU 发布命令，通过 PLC/RTU 进行远程操作、控制，主要有机泵和压缩机启、停，阀门开启、关闭，加热炉远程停炉，紧急停车逻辑触发等。

③ 通过操作站提供工艺过程信息图形显示及历史资料的比较和趋势显示。

④ 记录、查询、打印系统所发生的重大事件的报警、操作指令等。

⑤ 系统诊断和网络监视及管理。

⑥ 系统时钟同步。

⑦ 气量监测及计划、管道泄漏检测、贸易结算及管理、全线过程优化及安全保护等。

⑧ 数据共享。

（2）PLC/RTU 功能

主要功能包括：

① 过程变量巡回检测和数据处理；

② 向控制中心报告经过选择的数据和报警；

③ 提供画面、图像显示；

④ 执行控制中心命令外，还可独立进行工作，实现 PID 及其他控制；

⑤ 实现流程切换；

⑥ 自诊断、操作记录和结果上报。

二、控制中心主计算机系统

(一) 服务器

1. 配置方式

SCADA 系统的控制中心通常由两台独立的计算机系统配置而成，以提高系统的可靠性。每台计算机各自运行 SCADA 软件，采集和记录数据，更新数据库。运行的方式为热备方式，即其中一台计算机在线监控(称为主计算机)，另一台处于热备状态。正常时，主计算机定时把数据送入备用计算机中，一旦检测到主计算机或其相关设备出现故障，传输即中断，使主计算机脱离在线控制，由备用计算机代之。这种传输中断通常由各主机内的实时时钟或一个单独的监视定时时钟控制。如果预定时间间隔内，操作程序未能使实时时钟或监视计时器复位，故障切换装置将把故障计算机从系统中移开。故障切换是自动进行的，不需要操作人员介入。这种切换也可以手动，为减少双机系统平时不工作部分出现未检测出的隐患的可能性，定期切换主计算机是一种可行的方案。

2. 服务器性能指标

对一个计算机监控系统来说，主机的性能往往决定整个系统的性能。一台计算机的主要技术指标有运算速度、字长、最大可能主存容量、指令系统及寻址方式。

计算机的运算速度可以用下述几种指标表示：执行一条指令的时间，访问存储器的时间或 CPU 时钟等。计算机字长从 8 位到 64 位不等，但 SCADA 系统应用以 32 位、64 位为多。PLC/RTU 常选用 32 位机。

(二) 存储器

存储器是计算机用来存储各种程序和数据的装置，主要分为主存储器和外存储器两种。主存储器设置在主机内，CPU 能直接访问，外存储器设置在计算机外，它一般不受 CPU 直接控制。SCADA 系统中常用的外存储有磁带、磁盘。

由于外存储单位存储容量的价格比内存低得多，一般，外存储的容量比内存大几倍到几十倍。内存储中只需要放最频繁的程序和数据，其余的存放在外存储中，需要时由操作系统调用。

(三) 常用输入/输出设备

输入设备一般有显示终端(带键盘)、打印机、便携式存储器等。操作人员一般使用显示终端或操作站计算机进行数据输入、程序开发、人机联系等操作。

输出设备有报告报警打印机、行式打印机、硬拷贝机等。报告、报警打印机一般采用网络打印机，进行共享打印。

三、站控计算机系统

目前，站控计算机系统常采用 PLC。对于小规模的站，也可以采用 RTU。

（一）系统

1. PLC 配置方式

对于重要的站场，为提高 PLC 系统运行的可靠性，大多采用双机冗余配置，热备用运行方式。主 CPU 与备用 CPU 的切换自动进行。与生产现场传感器、变送器、执行器及泵机组、加热炉的控制装置的输入/输出（input/output，I/O）接口也可采用冗余配置。站场配显示操作终端、打印机等设备。

2. 输入/输出通道

输入通道包括模拟量、数字量（开关量）及脉冲量通道；输出通道包括模拟量、数字量通道。

（1）输入通道

① 模拟量输入通道：模拟量输入通道的作用是把过程监测仪表输出的模拟量变换为相应的数字量，送入计算机。它主要由标度变换器、多路采样器、数据放大器、模/数转换器等组成。

② 数字量输入通道：数字量输入是指生产过程的电接点（通、断）信号或逻辑电平（"1" "0"）信号输入。数字量输入通道包括数字代码输入、开关量输入等部件。

③ 脉冲量输入通道：脉冲量输入是指某些流量仪表，如涡流流量计、腰轮流量计输出的脉冲信号输入。通常在 CPU 外设置脉冲计数器，专门接收这些仪表的脉冲信号，进行计数。

（2）输出通道

① 模拟量输出通道：模拟量输出通道的作用是把 CPU 运算的结果转换成对应的模拟量信号，去控制执行器，调节过程变量，从而实现闭环控制。它主要由输出回路控制部件和 D/A 转换器组成。

② 数字量输出通道：数字量输出包括：开关接点输出、报警输出等，控制现场两位执行机构、声光超限报警等。

（二）远程终端装置

RTU 是传统 SCADA 系统的基础。现代化的 RTU 都是以微处理机为基础的，功能齐全，PLC 也可作为 RTU。它既可作为 SCADA 系统的一组成部分，也可以独立操作。

目前生产的 RTU，每台 I/O 点达 2000 个，PID 控制回路达 32 个，内存储器（带备用电池）可达 128M 字节。

（三）可编程控制器

PLC 由 CPU、存储器和输入/输出通道、通信模块等部分组成。外部设备有编程器、打印机等。

PLC 执行动作的顺序是按事先编排好的程序来完成的。这些程序以二进制代码的形式存放在存储器中。执行程序时，从存储器中依次读出指令，判别操作类型，执行各种相应操作。

扫描周期是 PLC 完成扫描输入，执行指令，驱动输出这一个操作周期所要的时间，典型范围为 5~200ms。

在 PLC 中可用集中不同类型的存储器。主要有：随机存取存储器，用来保存生产过程控制程序和数据；只读存储器，常用于保存控制程序。存储器的容量是反映 PLC 处理能力大小的一个指标。

编程器的主要用途是来给 PLC 进行输入和修改程序，现代 PLC 一般采用工作站完成，也可设立移动编程器。

四、SCADA 系统网络

SCADA 系统网络包括控制中心主计算机网络、计算机对 PLC/RTU 网络（数据传输系统）和就地 PLC/RTU 网络，用于实现系统的通信。

1. 主计算机网络

控制中心主计算机网络常采用"以太"网，这是一个由美国 DEC、INTEL 和 XEROX 三家公司在 20 世纪 80 年代联合发布的一种通信技术协议，支持国际标准化组织制定的开放性数据通信网络互联七层分级网络结构最底层（物理层、数据链路层）的通信协议。由于它具有工作可靠及易于扩充等一系列优点，故得到了广泛的应用。后来出现的一些局域网在技术、配置和协议方面都尽量向它靠近。

它采用具有分接头的基带同轴电缆作为传输媒质，将有关计算机、存储器、打印机、显示终端互连起来进行通信。"以太"网是采用总线结构的局部计算机网络。信息在总线上的传输速度为 10/100Mbps，总线的分布范围为 500m 左右（最大距离达 2500m）。采用光纤时传输距离不受限制。

2. 数据传输系统

传统 SCADA 系统的数据传输系统主要由通信控制器、路由器以及通信线路组成。现代 SCADA 系统的数据传输一般采用以太网网络交换机，大型 SCADA 系统也设置独立的通信控制器。

（1）通信控制器

通信控制器是数据通信的枢纽，实现主计算机与通信线路、PLC/RTU 的连接。通信控制器的功能，应包括：

① 线路控制：进行数据信号的串行/并行转换，通信状态监视及对调制解制器的控制等；

② 差错控制：对误码和故障进行检测控制。

③ 传输控制：使发送端和接收端按数据传输控制规程进行数据通信。

④ 数据缓存：完成主计算机处理速度与通信线路传输速度的匹配。

⑤ 系统的同步：常用的有位同步、符号同步。

这些功能并不一定完全由通信控制器承担，可由主计算机和通信控制器分担执行，也可由硬件和软件合理分担。

通信服务器一般能够支持多种标准通信协议，例如 Modbus RTU，Modbus TCP/IP，IEC60870-5-104，DNP 3.0 TCP，CIP，Profibus 等。

（2）通信线路

在数据传输系统中，经常采用的传输媒质有双绞线、同轴电缆、光纤电缆、电话线、微波及卫星线路等。随着光纤成本的降低，现在主要通信线路一般选择光缆，通信速率快、带宽大、距离长。

（3）信道配置

通常分点对点式、多点式、分级式及冗余多点式。除了后者外，均没有冗余信道。对于冗余多点式，正常时只在一条信道上运行，发生故障时，可利用程序自动切换到备用信道上。备用信道自动切换时间大约需要 30s 或更短。

3. PLC/RTU 网络

现代 SCADA 系统的站控 PLC/RTU 网络主要由网络交换机、路由器及连接电缆和附件组成以太网，网络速率可达 10/100Mbps。与控制中心一般采用 Modbus TCP/IP，IEC60870-5-104 或 DNP 3.0 TCP，支持"逢变则报"通信方式，提供中断续传功能。

PLC/RTU 与底层设备采用的通信规程种类比较多，比较著名的有 MODICON 公司的 Modbus RTU 网络。该网络是一个可以用于数据传送、数据采集、人机联系和编程的数据通信系统。

五、软件

计算机控制系统必须有软件系统的支持才能进行工作。现代 SCADA 系统能否运行成功，取决于软件。SCADA 系统软件分为控制中心软件和站控系统软件。它们通常又可分为系统软件、过程软件和应用软件。

系统软件包括操作系统、诊断系统、程序设计系统以及与计算机密切相关的程序。它一般由计算机的主机制造厂家提供的，专门用来使用和管理计算机本身的程序，带有一定的通用性。一般服务器的操作系统采用 Windows 或 UNIX 实时多任务操作系统，客户机采用标准、可靠、先进、高稳定性版本的 Windows 操作系统。

过程软件一般由 SCADA 系统供应厂家提供的，用户有时可根据需要进行修改，通常是模块化，采用填空式或对话式进行编制，是 SCADA 系统的核心。常用的 SCADA 系统软件有 PKS、Citect、Intouch 等。

应用软件是在过程软件基础上编写的面向用户本身的程序。它由用户、咨询公司或系统供应厂家研制开发。应用软件是 SCADA 系统最重要的组成部分。

1. 控制中心软件

（1）系统软件

系统软件包括：操作系统软件、管理和监视主计算机系统实时多功能软件、系统安全保护软件、故障检测及恢复软件、主计算机网络软件、系统生成和初始化软件、用于维护和修改软件系统的实用程序软件、程序开发、编译用户编写的高级语言程序等。

（2）过程软件

过程软件包括：数据库管理软件、网络通信控制软件、信息采集系统软件、报警、显示生产、趋势显示软件、报告生成软件、系统重新启动软件等。

（3）应用软件

应用软件包括：在过程软件基础上编程组态完成的 HMI 软件，及其他应用软件等。

2. 站控系统软件

站控系统软件一般包括如下内容：操作系统软件，数据采集、记录、处理、显示、报警、监视、趋势显示 HMI 软件，编程组态软件，与控制中心和其他站的通信控制软件，其他控制及应用软件等。

第二节　安全仪表系统和火气系统

为了确保气田生产安全平稳、长周期地高效运行，需要可靠的安全保护手段。安全仪表系统（Safety Instrumented System，SIS）或紧急停车（Emergency Shutdown，ESD）系统应运而生。

一、安全仪表系统

（一）概述

1. SIS 的定义

SIS 是适用于高压、易燃、易爆等连续性生产装置的安全联锁仪表保护系统。SIS 对井口、集输、处理站厂生产装置可能发生的危险或不采取措施将继续恶化的状态进行及时响应和保护，使生产装置进入一个预定义的安全停车工况，从而使危险降低到可以接受的最低程度，以保证人员、设备、生产和装置的安全。

2. SIS 的安全完整性等级

SIS 的安全完整性等级（Safety Integrity Level，SIL）是设计的标准，应根据生产装置的SIL 等级选择合适的安全仪表系统技术和配置方式。

目前，我国 SIS 设计相关规范有《电气/电子/可编程电子安全相关系统的功能安全》（GB/T 20438）（等同采用 IEC 61508）、《过程工业领域安全仪表系统的功能安全》（GB/T 21109）（等同采用 IEC 61511）、《石油化工安全仪表系统设计规范》（GB/T 50770）、《输油气管道工程安全仪表系统设计规范》（SY/T 6966）、《油气田工程安全仪表系统设计规范》（SY/T 7351）等。

国际电工委员会标准 IEC 61508 将过程 SIL 等级定义为 4 级（SIL1～SIL4），德国标准DIN V19250 将过程危险定义为 8 级（AK1～AK8）。美国国家标准学会/美国仪表学 ANSI/ISA‐S80.01 将过程 SIL 等级定义为 3 级（SIL1～SIL3）。IEC 61508 定义的 SIL4 用于核工业，见表 8‐1～表 8‐3。

表 8‐1 各种规范 SIL 划分对照表

IEC 61508 SIL	ANSI/ISA‐S80.01 SIL	TUV AK	DIN V19250
1	1	AK2、AK3	1、2
2	2	AK4	3、4
3	3	AK5、AK6	5、6
4	—	AK7、AK8	7、8

表 8‐2 安全仪表功能的安全完整性等级性能要求（低要求操作模式）

安全完整性等级	平均失效概率	可用度
1	$10^{-2} \sim 10^{-1}$	90.00%～99.00%
2	$10^{-3} \sim 10^{-2}$	99.00%～99.90%
3	$10^{-4} \sim 10^{-3}$	99.90%～99.99%

表 8‐3 安全仪表功能的安全完整性等级性能要求（高要求操作模式）

安全完整性等级	危险失效频率	可用度
1	$10^{-6} \sim 10^{-5}$	90.9990000%～99.9999000%
2	$10^{-7} \sim 10^{-6}$	99.9999000%～99.9999900%
3	$10^{-8} \sim 10^{-7}$	99.9999900%～99.9999990%

安全完整性等级的定性确定见表8-4。

表8-4　SIL等级定义表

SIL1	装置很少发生事故。如发生事故，对装置和产品有轻微的影响，不会立即造成环境污染和人员伤亡，经济损失不大
SIL2	装置偶尔发生事故。如发生事故，对装置和产品有较大的影响，并有可能造成环境污染和人员伤亡，经济损失较大
SIL3	装置经常发生事故。如发生事故，对装置和产品将造成严重的影响，并造成严重的环境污染和人员伤亡，经济损失严重

在国外 SIL 等级通常是通过安全风险评估确定，国内目前还发展较慢，生产装置的安全完整性等级的确定是借鉴国内外石油天然气行业同类型装置已经采用的 SIS 系统的实际运行情况，同时结合气田开发和输气管道项目的生产情况进行的。根据应用经验，集输站场系统的安全度等级可以按 SIL2 级设置，天然气处理净化厂系统的安全度等级可以按 SIL3 级设置。

（二）SIS 的功能

SIS 狭义上主要是指 ESD 系统。在实际应用实践中也可包括火灾可燃气体泄漏报警功能，行业标准《输油气管道工程安全仪表系统》对此有明确的功能划分。

1. 系统基本功能

ESD 系统用于在事故情况下实施紧急停车和泄压措施，用于工艺装置的 ESD 系统具有以下功能：

① 检测任何异常操作条件或设备故障。

② 发现故障后停车或隔离站内的一些部分。

③ 自动或按操作员要求实施站场或装置的放空。

为确保人身安全及工艺装置正常运行，在装置的关键部位设置必要的安全仪表系统。ESD 系统一般为三个层次：

第一层是全站（厂）级，当装置事故将影响上下游装置的正常生产或关系到全站的安全时（包括出现有毒气体泄漏时），将通过有关联锁截断阀自动动作或 ESD 手动紧急按钮动作，对全站（厂）进行隔离保护。

第二层是装置级，当某套装置出现紧急情况将影响设备安全时，如压力超高，联锁系统紧急切断或开启相关阀门，保护装置安全。当事故解除后，经人工确认，装置恢复正常生产。

第三层是设备级，装置中某一设备出现故障，影响安全时，如液位超低，可能造成串压，ESD 系统截断阀门，确保设备安全。

2. 集气站

集气站 ESD 主要实施事故状态下的进出站管线的紧急关断和站内放空，气液分离器液位超低时关闭排液管道阀门，水套炉的火焰熄灭时截断燃料气管道，保证站场的安全。

3. 天然气处理厂

对于大型的天然气处理厂或原料气为高含硫的处理厂，SIS 的联锁保护主功能包括：

① 进装置原料天然气超压联锁保护系统。当原料天然气压力超过设定值时，联锁保护关闭入口阀门。

② 脱硫脱碳装置吸收塔等排液阀前后存在大压差的容器超低液位联锁保护，防止上游高压气体串入下游低压系统。

③ 大压差燃料气调压阀前设置阀后压力超高联锁截断阀。

④ 火管式重沸器等燃烧设备设置熄火联锁切断燃料气。

⑤ 硫黄回收装置主燃烧炉联锁保护：当酸气流量降为零时（酸气紧急放空），立即切断空气，以防止空气进入反应器造成系统积存的硫黄燃烧使催化剂损伤。当燃烧炉的余热锅炉液位超低时，为防止炉管烧坏，即时停止反应炉的进料。

⑥ 蒸汽锅炉液位超低联锁保护。

⑦ 当装置发生火灾时，联锁切断进、出口总管，按预定程序关停设备、停运装置，并将装置内可燃气体安全放空。

例如：在某一个天然气处理厂工程中，按照设计中的配置，使用保护层分析法（LOPA）确定了安全仪表系统最终所需的 SIL 等级，最终确认的每个安全仪表功能的 SIL 等级如表 8-5 所示。

表 8-5　处理厂主要安全仪表功能的 SIL 等级

序号	功能描述	SIL 等级
1	系统来含硫天然气入口压力高高，关闭入口管线截断阀，切断进气	SIL2
2	吸收塔液位低低，关闭液相管线截断阀以切断吸收塔贫胺液出料	SIL3
3	吸收塔贫胺液进料管线流量低低，关闭进站来气阀，吸收塔贫胺液入口阀，富胺液出口阀，关停贫液循环泵，再生塔顶回流泵，并打开贫液循环泵至空冷器阀门	SIL1
4	贫液循环泵 A 泵出口压力低低，关闭进站来气阀，吸收塔贫胺液入口阀，富胺液出口阀，关停贫液循环泵，再生塔顶回流泵	SIL1
5	贫胺液至闪蒸汽吸收塔进口压力高高，关闭贫胺液进口阀	SIL1
6	再生塔液位低低，关闭进站来气阀，富胺液出口阀	SIL1
7	再生塔顶回流罐液位低低，关停再生塔顶回流泵	SIL2
8	TEG 再生器火焰丢失，关闭脱水装置产品气出口阀，TEG 吸收塔富液出口阀和 TEG 再生器的燃料气进口阀	SIL1
9	吸收塔液位低低，关闭 TEG 吸收塔富液出口阀	SIL2
10	燃料气罐压力高高，关断燃料气罐进口阀门	SIL1
11	主燃烧炉温度高高，切断主燃烧炉，并用氮气吹扫	SIL2
12	总燃烧空气流量低低，切断主燃烧炉，并用氮气吹扫	SIL1
13	主燃烧炉燃烧空气压力高高，切断主燃烧炉，并用氮气吹扫	SIL3
14	进燃烧器酸气流量低低，切断主燃烧炉，并用氮气吹扫	SIL1
15	主燃料气流量低低，切断主燃烧炉，并用氮气吹扫	SIL2
16	燃料气压力高高，切断主燃烧炉，并用氮气吹扫	SIL2
17	主火焰熄灭，切断主燃烧炉，并用氮气吹扫	SIL2
18	引火器火焰熄灭，切断引火器燃料气供应	SIL2
19	主燃烧炉温度高，打开调温蒸汽截断阀	SIL1
20	余热锅炉水位低低，切断主燃烧炉，并用氮气吹扫	SIL2
21	酸气分离器液位高高，切断主燃烧炉，并用氮气吹扫	SIL2
22	焚烧炉主火焰丢失，切断尾气焚烧炉燃料气供应	SIL1

4. 天然气输送管道

输气管道站场 SIS 一般包括紧急停车功能、火灾及可燃气体检测报警功能。

（1）紧急停车

输气管道站场 ESD 功能的具体设置为：

第一级为站场 ESD：站场手动 ESD 按钮、调控中心 ESD 命令或压缩机房火灾报警确认触发，联锁关闭所有压缩机、进出站 ESD 阀，打开越站阀、自动放空阀，切断燃料气气源、开启厂房及站场声光报警，切断消防之外电源，同时启动消防系统(若有)。

第二级为区域 ESD：压缩机房 ESD 手动按钮、可燃气体浓度超限确认或第一级 ESD 触发，联锁压缩机组 ESD 保护停机、关闭压缩机组进出口截断阀并自动放空机组及其管路天然气、打开厂房备用通风系统、开启站场及厂房声光报警。

第三级为单体设备 ESD：主要是触发联锁单台压缩机的停车、关闭其进出口截断阀，放空机组及管路天然气。触发条件包括控制室或现场单台压缩机 ESD 按钮动作，压缩机组或燃气轮机轴承振动、轴承位移、轴承温度高高报警，燃料气压力或电源电压过低，润滑系统故障，电机定子温度、轴承振动轴承温度高高报警等。

（2）火灾及可燃气体泄漏检测报警

在封闭的压缩机厂房内设置火灾探测器和可燃气体探测器进行火灾和可燃气体泄漏报警。对于 2 个或 2 个以上火灾探测器报警应触发一级 ESD 逻辑，2 个或 2 个以上可燃气体探测器高高报警应触发二级 ESD 逻辑。

（三）SIS 的基本设置原则

（1）系统独立于基本过程控制系统(basic process control system，BPCS)，独立完成安全保护功能。

（2）根据对过程危险性及可操作性的分析，对人员、过程、设备及环境的保护要求，对 SIL 等级的评定来确定 SIS 的具体功能。

（3）系统应设计成故障安全型。

（4）系统应采用冗余或容错结构。

（5）系统中间环节最少。

（6）系统的传感器、最终执行元件宜单独设置。

（7）系统应具有硬件和软件诊断和测试功能。

（8）系统应能与过程控制系统、工厂管理系统进行通信，通信应冗余设置。

（9）系统宜提供独立于逻辑运算器的手动设施，直接操作最终执行元件，比如手动按钮或开关等。

（四）SIS 的设置

1. 系统配置

SIS 系统主要配置包括人机接口、过程接口单元、逻辑运算器、通信接口等。

（1）人机接口

人机接口包括操作站、工程师站和辅助操作台(盘)。操作站可利用过程控制系统的操作站。工程师站除完成 ESD 系统的组态，参数设定等功能外通常还可兼具操作员站功能，在处理厂上游或下游管道、设备故障时，可部分或全部地切断装置。

除自动实施 ESD 功能外，通常应在控制室设置 ESD 系统辅助操作台(盘)，辅助操作台

（盘）上设置有全厂紧急停车、泄压手动按钮、开关、紧急指示灯、音响装置等。当装置泄漏、火灾或地震等险情发生时，手动触发按钮，可关断相应装置或关闭全厂。

（2）过程接口

过程接口包括各种输入输出卡、与过程接口关联的设备，比如隔离器、安全栅、旁路维护开关、继电器等。输入输出卡应设计为故障安全型，带光电隔离或电磁隔离，每个通道之间互相隔离，并带故障诊断。

通常 ESD 系统不采用现场总线通信方式。

（3）逻辑运算器

ESD 系统的逻辑运算器通常采用具有 SIL 认证的 PLC。对于 SIL2 级 ESD 系统，逻辑运算器应与过程控制系统分开，其安全结构采用冗余或容错结构，其中中央处理单元、电源单元、通信系统等应冗余配置，输入/输出模块宜冗余配置。

（4）通信接口

SIS 应有与 BPCS、SCS 的通信接口，通信方式可采用工业以太网通信方式或 RS232、RS485/RS422 串行通信方式。

2. 现场仪表配置

（1）传感器

SIL2 级 ESD 系统的传感器宜独立。对天然气处理厂重要装置的关键部位检测元件，当重点考虑系统的安全性时，应采用二取一逻辑结构。当重点考虑系统的可用形式，应采用二取二逻辑结构。当需保障系统的安全性和可应用性时，通常采用三取二逻辑结构。

（2）最终执行元件

最终执行元件通常是 ESD 系统的切断阀，与过程控制系统共用的控制阀上带的电磁阀。SIL2 级 ESD 系统的阀门要求独立。

阀门上的电磁阀应采用单电控型、励磁。电磁阀应为低功耗隔爆型，电磁阀功耗低于 4W。

切断阀的执行机构应为故障安全型执行机构，通常选用气动单作用弹簧复位型执行机构，但是对于口径较大的切断阀，不适宜采用单作用弹簧复位执行机构时，可考虑采用双作用气缸式带事故储气罐的执行机构，以满足故障安全的要求。

（3）紧急停车按钮和报警指示灯

用于现场和控制室辅助操作台的紧急停车按钮，采用红色，设计成故障安全型（即正常时励磁），并且应防止误操作。报警指示灯采用闪光报警器。

（4）系统电源

SIS 系统的电源为冗余电源，从其外部电源到内部电源均保证高安全度和高可靠性，即外部电源为独立的并联不间断电源（Uninterruptible Power Supply，UPS），内部电源为带后备电池的自动切换双电源，尽可能降低系统 UPS 掉电的风险。

二、火气系统

火气系统（Fire Gas and Smoke Detection and Protection System，FGS）是在天然气集输、处理过程中用于监控火灾和可燃气、有毒气泄漏并具备报警和消防、保护功能的安全控制系统。

（一）概述

FGS 包括有毒气体与可燃气体检测报警系统、火灾检测报警系统。

天然气工程领域火气系统一般有三种组成形式：

① 所有火气设备接入 FGS 控制器，FGS 控制器与 SIS 系统通过硬线连接，与 BPCS 通过通信接口连接。

② 所有室外火气设备接入安全认证 PLC 系统组成的火气系统，室内火气探头进入室内火灾报警控制器。

③ 所有火气设备接入安全认证 PLC 组成的火气 PLC 系统。

具体采用哪种形式一般根据火气检测点数量、系统投资情况和消防要求来综合考虑。对于规模不大的小型集输站场，火气检测点较少的场合可采用第一种方式。对于规模较大的集输站场，火气监测点较多的场合可采用第二种方式。对于大型天然气处理厂一般采用第三种组合方式，方便整个处理厂系统的整合和资源利用。

（二）FGS 基本功能

1. 指示报警

包括控制室集中单点显示、分级报警、区域报警和现场声光报警。

2. 联锁设备

当压缩机机房、在线分析仪表间(分析小屋)、燃气发电机房或其他可能有可燃、有毒其他泄漏的厂房内可燃、有毒气体浓度高报警时，应启动压缩机机房、在线分析仪表间(分析小屋)、燃气发电机房内排风机，降低其可燃气体浓度。当压缩机房火灾时，联锁停风机，启动消防系统等。

3. SIS 联锁

为了避免因火气检测报警系统误报警导致站场不能稳定正常生产，SIS 系统联锁宜以人工确认后手动触发为主，也可在多组探测器同时发出报警的条件下自动触发 SIS 系统联锁。如压缩机房可燃气体探测器有 2 个或 2 个以上报警触发联锁区域紧急停车等。

（三）天然气处理厂 FGS 的设置

1. 系统配置

FGS 的首要功能是完成对处理厂全厂范围内可能发生的气体泄漏和火灾进行检测并报警。通过安装于现场危险区域的气体及火灾探测器探测现场险情，当发生气体泄漏或火灾时，通过中央控制室的操作员站和模拟报警盘发出有针对性的报警信号，提醒操作人员采取相应措施，同时，自动触发现场声光报警器，向装置区巡检人员发出报警。当有多个报警信号同时产生时，启动装置区扩音系统，并准备联锁停车。

FGS 的控制器应以 PLC 为核心，其安全等级不低于 SIL2 级。通常，天然气处理厂的 FGS 主要配置包括：人机接口、输入输出接口、控制器、通信接口、现场仪表、电源等。

（1）人机接口

人机接口包括操作站/工程师站和模拟报警盘。工程师站除完成 FGS 所有组态、观测所有逻辑功能图表和逻辑中间点的任务，还可完成操作站所有功能。操作站显示信息一般包括全厂平面图报警显示、分区平面图报警显示、系统诊断显示等。

模拟报警盘作为一种直观的报警形式，与操作员站一起放置在中央控制室操作室。提供声、光两种报警方式。

（2）输入输出接口

各种输入输出卡，I/O 点数一般有 20% 的备用量。卡件支持带电插拔。

（3）控制器

采用 PLC 构成，控制器 CPU 的负荷一般不超过 60%。

（4）通信接口

FGS 配置有与 BPCS 或 SIS 系统进行通信的接口，通常采用 MODBUS RTU 协议，借助冗余 RS-485 串行通信形式将相应报警信息传送至 BPCS 或 SIS 系统。

2. 现场仪表

FGS 现场仪表分为可燃、有毒气体检测器、火灾探测器、手动火灾报警按钮、声光报警器等。

（1）气体检测器

可燃气体检测器通常采用催化燃烧检测原理和红外检测原理，测量范围为 $0 \sim 100\% LEL$（爆炸下限，lower explosion limit）。有毒气体检测器采用电化学或金属氧化物等检测原理，测量范围为 $(0 \sim 50) \times 10^{-6}$（体积分数），三线制 4~20mA 输出。

可燃气体检测器探头的室外有效覆盖水平平面半径宜为 15m，室内有效覆盖半径为 7.5m。在现场设备密集布置时，检测器数量会适当增加。可燃气体检测器安装在高于释放源 1~2m 位置或可燃气体易于积聚位置。

有毒气体检测器与释放源的距离不大于 2m。检测比空气重的有毒气体检测器（比如 H_2S 或 SO_2），其安装高度距地坪 0.3~0.6m。检测比空气轻的有毒气体检测器，其安装高度高出释放源 0.5~2m。

（2）火灾探测器

火灾探测器根据发生火灾的烟雾、热量和火焰辐射等燃烧特点，分别选择烟感、温感和火焰探测器，在操作人员较少进入的场所通常设置工业电视监视。在天然气处理厂装置区内，通常采用火焰探测器作为火灾检测手段。

火灾探测器通常采用紫外/红外、三频红外以及紫外/频率双项确认原理，测量范围为 15~100m，角度不小于 80°，具有消防部门的认证。

火灾探测器保护面积和保护半径的确定根据室内房间高度、屋顶坡度、探测器自身灵敏度来考虑。

在控制室活动地板下通常设置有感温电缆。

（3）手动火灾报警按钮、声光报警器

手动火灾报警按钮一般设置在天然气处理厂公共活动场所的出入口处、明显的和便于操作的部位。每个工艺装置区至少设置一只手动火灾报警按钮，从工艺装置区内的任何位置到最邻近的一个手动火灾报警按钮的距离，不大于 30m。当安装在墙上时其底边距地高度一般为 1.3~1.5m，且有明显的标志。报警按钮具有短路和断路的自动诊断功能。

每个工艺装置区边界醒目位置至少设一个声光报警器，在环境噪声大于 60dB 的场所，其声光报警器的声压级应高于背景噪声 15dB。

（4）FGS 电源

FGS 采用 UPS 装置供电，火灾报警控制器还配备有直流备用电源，直流备用电源一般采用火灾报警控制器的专用蓄电池。

第三节　工程实例

一、气田 SCADA 系统

1. 长庆苏里格气田 SCADA 系统

苏里格气田 SCADA 系统是包括了气田生产指挥中心 SCADA 中心系统、3 个采气厂 SCADA 中心系统、10 个作业区 SCADA 系统、6 座处理厂综合控制系统（PCS/ESD/FGS）、135 座集气站站控系统、8000 多口气井 RTU 的大型数据采集与监控系统。以此为基础，在苏里格气田指挥中心搭建了本气田的数字化生产信息管理平台，对气田进行全方位监视，掌握生产信息，实施管理、调度和指挥。其系统架构如图 8-2 所示。

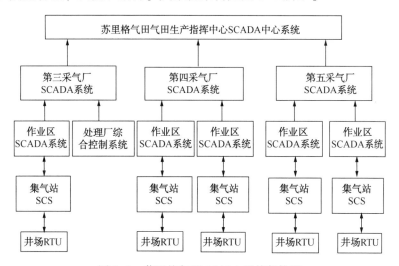

图 8-2　苏里格气田 SCADA 系统架构图

苏里格气田 SCADA 系统的构建有以下特点：

① 与生产管理层级充分融合。在气田开发过程中，SCADA 系统最初以集气站 SCS 为基础进行井站管理，随着气田规模的不断扩大逐步过渡到以中心站为基本生产单元进行"一拖四、一拖八"管理模式，后期逐渐形成以作业区为基本管理单元的井、站"无人值守、远程监控"数字化集中模式。SCADA 系统也形成了以作业区、采气厂、指挥中心三级管理模式。

② 各级 SCADA 服务器采用了分布式网络结构，并采用 DSA（Distributed Derver Architecture，DSA）技术，将多个服务器完全无缝地集成在一起，构成基于广域网的控制系统，减小上级 SCADA 中心数据库容量。

③ 井场与集气站之间的通信因地制宜采用无线数传电台，节约成本，满足基本数据传输要求。集气站至处理厂采用 24 芯光纤通信，保证主节点数据传输的可靠。

2. 长北气田一期 SCADA 系统

长北气田一期工程由中国石油与荷兰壳牌集团公司（SHELL）在中国陆上规模最大的合作开发项目。共建有 18 座井丛，1 座中央处理厂（Center Processing Facility，CPF），1 座集配气总站。

CPF 管理着整个长北气田的井丛、集气站和 CPF 本身。其中央控制室既是 CPF 的控制中心也是整个气田的调度中心。中央处理厂的DCS(Distributed Control System, DCS)、IPS (Instrument Protective System, IPS)、FGS系统, 集气站DCS、IPS及井丛RTU通过网络通信相互连接, 从而构成一个完整的管理、控制一体化的SCADA系统。其系统结构图如图8-3所示。

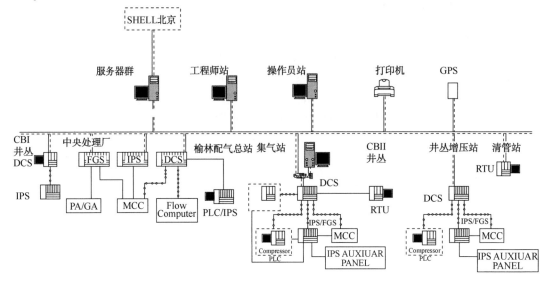

图8-3 长北气田一期SCADA系统结构图

该气田SCADA系统的一个显著特点就是从井丛RTU、集气站PLC/DCS到处理厂DCS, 所有节点均完整的采用了CSN(Control System Network, CSN)总线局域网, CPF中央处理厂DCS和SCADA中心服务器合并设置、完全融合, DCS工作站可直接操作井口。其水平达到了:

① 井丛装置无人值守、操作, 定期巡查;

② 中央处理厂各装置无人值守, 在控制室配备少量生产管理、操作人员对工艺过程进行全天候监视和控制;

③ 中央控制室能对整个气田进行集中监控、统一调度管理, 在北京总部可监视气田实时数据。

二、天然气管道SCADA系统

1. 西气东输一线管道工程SCADA系统

西气东输管道工程是我国距离最长、口径最大的输气管道。西气东输一线工程横贯我国东西, 起点为塔里木气区轮南首站, 终点为上海白鹤镇。管道干线全长约3900km, 设计输量$120×10^8 m^3/a$, 设计压力10.0MPa, 管径为$\phi1016mm$。管道干线共设工艺站场35座, 线路截断阀室137座。各压气站(哈密、红柳压气站为无人站)和分输站按有人值守, 无人操作设计。

管道全线采用以计算机为核心SCADA系统进行集中监控。干线和支干线的有人值守工艺站场(包括无人值守的压气站)设SCADA站控系统(SCS), 无人值守的输气干线、支干线远控线路截断阀室和清管站等设远程终端装置(RTU), 全线设调度控制中心和后备控制中心各1座。全线所有SCS和RTU的通信系统均具备双向传送功能, 可分别与西气东输管道

384

调度控制中心和后备调度控制中心进行数据通信。其系统结构图如图 8-4 所示。

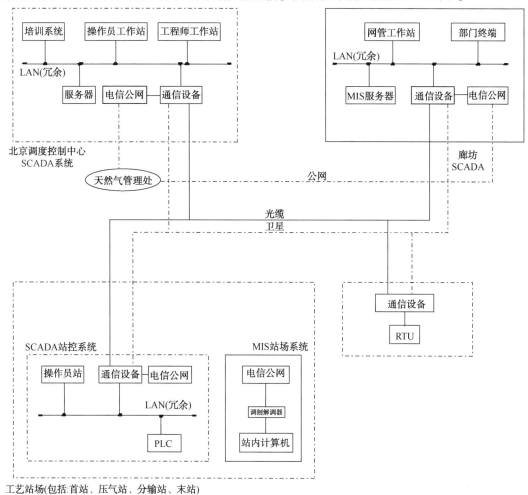

图 8-4　西气东输一线 SCADA 系统结构图

在西气东输管道所属的轮南、武威、临汾、郑州与南京 5 个操作区管理处设 SCADA 区域监视终端，以便于区域管理部门掌握本区域及全线的运行工况。

该管道自动化控制系统以下列操作模式工作：调度控制中心全线集中监视和控制；站控系统或 RTU 自动/手动控制；站场单体设备（如压缩机组）的自动/手动控制、站场子系统的自动/手动控制；就地手动操作控制。

在正常情况下，由主调度控制中心对全线进行监视和控制。操作人员在主调度控制中心通过 SCADA 系统完成对全线的监视、操作和管理。当主调度控制中心发生故障时，由后备控制中心接管其监视和控制任务。通常，沿线各站无须人工干预，各站控系统和 RTU 在调度控制中心的统一指挥下完成各自的操作。控制权限由调度控制中心确定，经调度控制中心授权后，才允许操作人员通过站控系统和 RTU 对各站进行授权范围内的工作。当数据通信系统发生故障或系统检修时，由站控系统或 RTU 自动完成对本站的监视控制。当进行设备检修或紧急停车时，可用就地控制。

2. 中缅天然气管道（国内段）SCADA 系统

中缅油气管道是我国实施能源战略的重点项目之一，是我国能源进口的西南通道。该管道从云南省瑞丽市进入中国境内，其中天然气管道干线全长约 1727km，管径 1016mm，设计压力 10MPa。天然气管道干线设置工艺站场 17 座（其中压气站 5 座），支线工艺站场 15 座，干线阀室 60 座，其中监控阀室 31 座，监视阀室 29 座，支线阀室共 30 座，其中监控阀室 10 座。

天然气管道国内段的自动化系统纳入中石油管道北京调控中心和廊坊备用调控中心天然气 SCADA 系统，它将完成对全线各工艺站场的监控和管理等任务。SCADA 系统由已建北京调控中心、廊坊备用调控中心和沿线各工艺站场及监控阀室的远程监控站——SCS 或 RTU 之间通过广域网连接，通信媒介采用光通信和 VSAT 卫星通信。

各站控制系统与北京主调控中心设一主一备的通信信道。通信介质为光缆和 VAST 卫星，光缆信道为主信道；采用 VSAT 卫星通信为备用信道，通信接口都为 RJ45。

各站控制系统与廊坊备用调控中心设一主一备的通信信道，主备通信信道均采用光缆信道，其中瑞丽站还设有一套公网通信作为备用信道，通信接口都为 RJ45。

干线监控阀室的 RTU 均设有通信接口，通过光通信将数据分别传输给与其相邻上游及下游站场，利用上/下游站控系统将数据传输给北京调控中心和廊坊备用调控中心。

在西南管道分公司、云南管理处、贵州管理处，设置远程监视终端，用于生产过程监视和设备的监视维护和抢修。

SCADA 系统以下列控制模式工作：调控中心远程监视、控制及调度管理；站控控制；就地手动控制。

在正常情况下，沿线各站场与北京主调度控制中心和廊坊备用控制中心通过光通信交换信息，由北京调控中心对全线的生产过程进行监视和控制。廊坊备用控制中心随时监视和跟踪北京主调度控制中心的运行状态，一旦发现异常，将沿线各站场的控制权切换到廊坊备用调度控制中心，由廊坊备用调度控制中心对全线的生产过程进行监视和控制。调控中心与站控系统互相发送监测命令，通过监测发出的检测命令与反馈的状态信号，可以判断通信是否中断。当通信中断时，SCADA 将产生报警信号，控制权将切换至各站站控系统，由站控制系统对所在站场的生产过程进行监视和控制。当调控中心故障排除或通信恢复正常后，报警自动复位，控制权将切换至调控中心。在站控系统故障或设备调试的状况下，可进行就地操作。

调控中心可以通过各站的站控制系统对该站工艺过程进行数据采集及控制、实现输送计划、贸易交接计量、设备运行优化等任务。调控中心的调度员和操作人员可以通过 SCADA 系统的操作员工作站提供的管道系统工艺过程的压力、温度、流量、设备运行状态等信息，完成对管道全线的运行管理。调度人员还可通过调度管理计算机完成输送计划、贸易结算等调度管理工作。其系统结构图如图 8-5 所示。

三、天然气处理厂综合计算机系统

长庆气田已建苏里格第一、二、三、四、五、六共计 6 座天然气处理厂。其中苏里格第一天然气处理厂处理规模为 $30×10^8 m^3/a$，其余 5 座处理厂规模均为 $50×10^8 m^3/a$。苏里格天然气处理厂按照集中监控、分散危险、提高紧急情况下安全保障能力的目标，计算机监控系统采用了相对独立并相互联系的过程控制系统 PCS、紧急停车系统 ESD、火气系统 FGS 组成，并建立统一的生产数据库，有效地对处理厂内各生产环节进行监控、管理。同时向厂级 SCADA 中心管理系统传送处理厂的重要生产数据（图 8-6）。

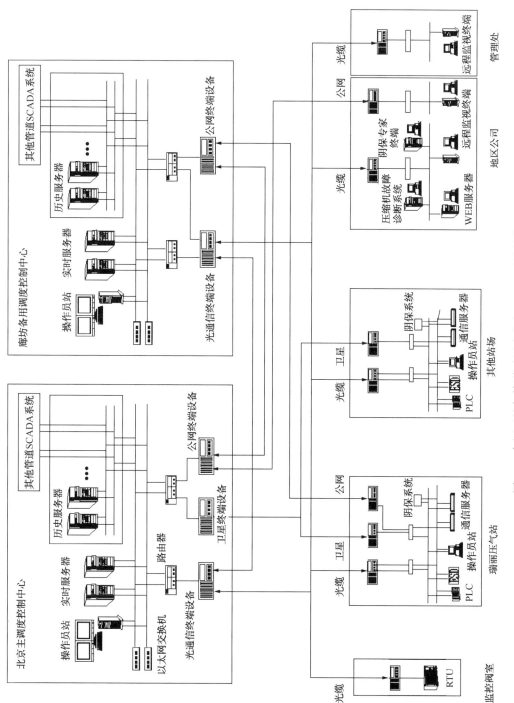

图8-5 中缅天然气管道（国内段）SCADA系统结构图

387

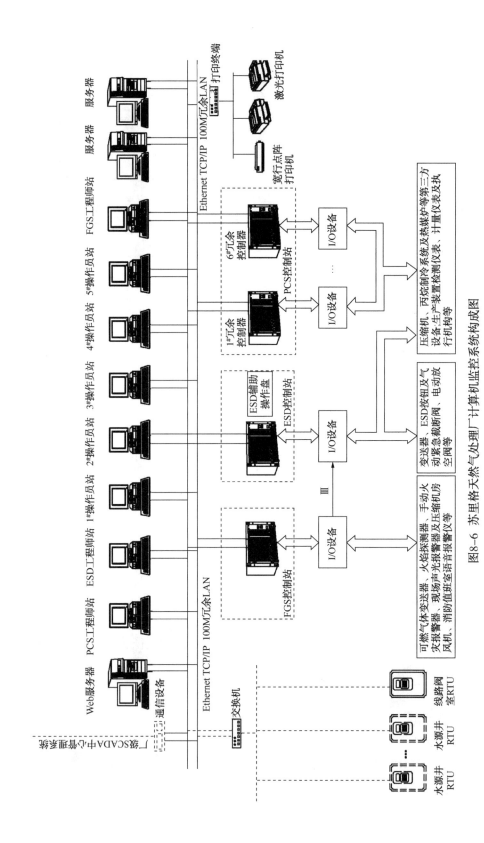

图8-6 苏里格格天然气处理厂计算机监控系统构成图

处理厂全厂设 1 座中心控制室，在中心控制室可实现整个处理厂的生产过程集中监控、联锁保护及紧急停车、火气监测报警。

（1）PCS 生产过程控制系统采用多个控制器组合，完成天然处理厂内各工艺装置、公用工程及辅助生产设施的生产过程控制，实现全厂集中监控；

（2）ESD 紧急停车系统独立设置，采用具有相应安全度等级 SIL2 认证的控制器，用于在紧急情况下实施紧急切断、停车和泄压等安全保护措施；

（3）FGS 完成全厂可燃气体泄漏监测，并接收火灾自动报警系统上传的各装置区火灾自动和手动报警信号，实现在中心控制室集中报警，并向 ESD 发送联锁保护信号；

（4）在中心控制室建立全厂各工艺系统综合生产数据库，实现全厂生产状况的集中监控，并自动生成生产日报、月报等各类生产报表。

第四节　天然气计量及实流检定

一、计量分级

1. 天然气输量计量分级

天然气输量计量一般分为三级：一级计量为油气田外输气的贸易计量；二级计量为油气田内部集气过程的生产计量；三级计量为油气田内部生活计量。

2. 天然气计量系统准确度要求

按照《天然气计量系统技术要求》（GB/T 18603）的要求，一级计量系统准确度根据天然气的输量范围不低于表 8-6 的规定，二级计量系统的最大允许误差应在 ±5.0% 以内，三级计量系统最大允许误差应在 ±7.0% 以内。

表 8-6　不同等级的计量系统

设计能力 $q_n/(m^3/h)$（标准参比条件[2]）	$q_n \leqslant 1000$	$1000 < q_n \leqslant 10000$	$10000 < q_n \leqslant 100000$	$q_n > 100000$
准确度等级	C（3%）	B（2%）	B（2%）或 A（1%）[1]	A（1%）

① 热值计算按赋值方法选择 A 级或 B 级计量系统。

② 标准参比条件为 20℃ 和 101.325kPa。

3. 天然气一级计量系统的流量计及配套仪表

按《天然气计量系统技术要求》（GB/T 18603）的规定配置，配套仪表的准确度应按表 8-7 确定。天然气二、三级计量系统配套的准确度，可分别参照 8-7 中 B 级和 C 级确定。

表 8-7　计量系统配套仪表准确度

参数测量	最大允许误差		
	A 级	B 级	C 级
温度	0.5℃[1]	0.5℃	1.0℃
压力	0.2%	0.5%	1.0%
密度	0.35%	0.7%	1.0%
压缩因子	0.3%	0.3%	0.5%

参数测量	最大允许误差		
	A 级	B 级	C 级
在线发热量	0.5%	1.0%	1.0%
离线或赋值发热量	0.6%	1.25%	2.0%
工作条件下体积流量	0.7%	1.2%	1.5%
计量结果	1.0%	2.0%	3.0%

① 当使用超声波流量计并计划开展使用中检验时，温度测量不确定度应优于 0.3℃。

二、生产过程计量

气井单井产量计量，包括在井口、集气站内单井计量，最大允许误差应在 ±10.0% 以内，低产井单井计量最大允许误差应在 ±15.0% 以内。

集气站外输、处理厂进出站生产计量一般采用孔板流量计，计量误差应在 ±5% 以内。

三、贸易交接计量

天然气贸易计量是一个企业经济核算的关键，计量的准确度直接关系到企业的经济效益，同时也关系到下游用户的经济利益，因此要选择合适的计量类型和检定方法。到目前为止，法定用于天然气贸易交接计量的流量计量仪表主要有孔板流量计、气体涡轮流量计和气体超声流量计等。

1. 计量系统设置原则

天然气贸易计量系统一般按照如下原则进行设置：

① 计量系统设计遵循国际通用标准，如美国气体协会的 AGA Report No. 9《用多声道气体超声流量计测量天然气流量》、国际标准化组织的 ISO 17089《封闭管道中液体流量的测量 气体超声流量计》等。

② 计量系统的准确度等级应按输量确定，并配备相应准确度等级的仪表。

③ 贸易交接计量的流量计口径选择应考虑其检定的条件需求。

④ 计量系统应避免脉动流和振动。

⑤ 流量计量系统计量支路不应有旁通。在一般的情况下流量计量支路应设为一用一备或多用一备。

⑥ 流量计上下游直管段内径与测量管段内径应相同。

⑦ 每条计量支路应至少需要安装 1 台上游截断阀和 1 台下游截断阀。

⑧ 计量系统任何外围设备的设计都不能影响计量过程。

⑨ 每台流量支路均设置流量计算机，进行瞬时流量和累计流量计算，也可根据气相色谱分析仪提供的组分计算发热量。

⑩ 计量管路按最大流速 20m/s 进行计算。

2. 流量计类型的选择

在流量计选型时，应根据各种流量计的优缺点以及流量计流量范围、操作压力、流动状态、介质洁净程度、物性参数、环境条件、检定条件和工程投资等综合因素考虑合适的流量计。可用于交接计量的流量计包括旋转容积式流量计、涡轮流量计、涡街流量计、超声流量计、科里奥利质量流量计、旋进涡轮流量计、孔板流量计、标准喷嘴流量计等。

高压大流量贸易计量常用的孔板流量计、气体涡轮流量计和气体超声流量计，主要技术性能指标比较见表8-8。

表8-8 孔板流量计、气体涡轮流量计和气体超声流量计的主要技术性能指标比较表

项目	孔板流量计	气体涡轮流量计	气体超声流量计
测量原理	根据节流差压与流量的开方关系	根据涡轮转动角速度与气体流速成正比的关系	根据超声脉冲在顺逆流条件下传播时间差与流量成正比的关系
可采用标准	AGA3、ISO 5167	AGA7、ISO 9951	AGA9、ISO 17089
准确度等级	1.0%~1.5%	≤0.5%	≤0.5%
在准确度范围内的量程比	3:1（若采用双差压测量元件，量程比可扩大）	（10~20）:1	（25~30）:1
附加误差	引起附加误差的因素较多，如计算、制造、安装条件、工艺条件、附属仪表的准确度和性能等	较少	较少
操作状态下气体密度	决定测量结果	最小流量随密度增加而减小	在规定的密度范围内无影响
含有固体颗粒的气体	可能被冲蚀和产生沉积物，需定期清洁和检查	可能产生沉积物，叶片可能受损、停止旋转，需要过滤器	通常不受影响，但传感器探头插孔处和测量管管壁附着或沉积杂质，将会影响仪表性能
含水气体	因腐蚀可造成流量误差，孔板表面与/或开孔处的沉淀，可能影响准确度	可能会产生腐蚀、结冰，润滑油被稀释，使转子失去平衡	可能使信噪比减弱，导致功能性问题。若传感器探头插孔处壁附着或沉积杂质，仪表功能会受到影响
压力和流量的波动	急速的压力波动，会导致其损坏	急速的压力波动，会导致其损坏	无影响
脉动流	测量精度取决于仪表的反应速度，因此影响准确度	旋涡流的迅速变化，导致测量结果误差大。影响程度取决于旋涡流流量的大小和频率、气体密度和涡轮的转动惯量（惯性矩）	只要脉动流的频率与超声检测频率不一致，就不会产生较大的影响
过流	取决于孔板允许的压差	允许在额定转速1.5倍的短时过流	允许过流
压力损失	较大	较小	无
使用寿命	较长（与介质洁净程度有关）	较长（与介质洁净程度和操作有关）	长
仪表结构	结构简单、无运动部件	结构复杂、有可动部件	结构简单、无运动部件
安装	要求严格，安装不好，易造成附加误差	法兰连接、安装简单	法兰连接、安装简单

项目	孔板流量计	气体涡轮流量计	气体超声流量计
前后直管	前30D以上，后5D以上	前10D以上，后5D以上	前10D以上，后5D以上
占地面积	大	较小	较小
维护性	噪声大、需定期检查清洁或更换孔板	需定期检查维护	维护量小
标定	干标、实流标定	实流标定	实流标定(干标有待研究)

通过流量计量仪表技术性能的比较，可以看出：

① 孔板流量计有价格比较低、结构简单、标准系统完善等优点。其缺点是：准确度较低，量程比小；在直接对用户进行分输计量时，因流量波动大，测量准确度随之降低；对气体清洁度要求高，需定期检查、维护、更换；直管段要求长，占地大；压力损失较大等。在近几年的气田建设工程中，孔板流量计的应用越来越少，在贸易交接计量场合也逐渐被涡轮、超声波流量计所取代。

② 气体涡轮流量计的应用历史较长，技术较为成熟，目前在国际天然气计量领域应用也较为普遍。特点是准确度较高(0.5级)，稳定性较好，量程比较宽，所需的直管段较短。由于涡轮流量计具有运动部件，旋转轴承会造成磨损，故障率较高，使用中、后期维护量可能较大(近年来各涡轮流量计生产厂的产品，在性能上均有很大程度的改进，使用得当其产品寿命可长达10~15年)。然而，气体涡轮流量计对被测介质的清洁度要求较高，投运操作上也有要求，同时流量计前要求安装过滤器。

③ 气体超声波流量计的特点是：准确度高(0.5级)，适用的流量范围大、无压力损失、节省能源、无运动部件、维护量小。

根据工程应用的技术与经济比较，流量计口径在DN100及以下时采用气体涡轮流量计，流量计口径在DN100以上时采用气体超声波流量计的设置方案比较合理。

四、天然气实流检定

进入21世纪以来，随着国内天然气骨架管网和四大油气战略通道的建设，在新建的计量站中，超声流量计、涡轮流量计几乎取代了孔板流量计，成为主要计量仪表，天然气流量计检定从干标逐步过渡到实流检定。根据《中华人民共和国计量法》规定，天然气贸易交接流量计是依法纳入强制检定的计量器具，必须进行周期检定。天然气流量标准装置是使整个天然气工业从生产、输配直至销售各环节气体流量量值达到统一和一致的重要设备，特别是贸易交接用中高压、大流量的天然气流量仪表的量值传递，实流检定已成为主要的手段。

(一)欧美主要天然气流量计量检定情况

20世纪90年代以后，欧美主要工业发达国家都依托高压输气管道，以管输的实际天然气介质在接近实际运行工况等条件下对流量的分参量，如温度、压力、组分和流量总量进行动态量值溯源，相继出现许多实流检定实验室，建立了规模大、压力高、流量宽、准确度高、量值体系完整、功能全、技术先进的中高压、大口径天然气流量标准装置，实现了涡轮、超声、速度式、容积式、质量流量计的全量程、高压实流检定或校准。如北美的美国科罗拉多工程实验室(CEESI)、美国西南研究院(SWRI)的气体研究所(GRI)、加拿大输气校准公司（TCC），欧洲的德国 Pigsar、荷兰国家计量研究院（NMi）、英国国家工程实验室（NEL）、法国燃气公司（GOF）等。目前，北美和欧洲的高压、大口径天然气流量标准装置和量值溯源传递体系，处于国际领先水平。欧美工业发达国家的主要天然气流量检定机构标准装置设置情况详见表 8-9。

表 8-9　欧美工业发达国家的天然气流量标准装置统计表

序号	检定机构名称	工作级标准					次级标准	原级标准	备注
		检定压力/MPa	流量上限/（m³/h）	检定管径/mm	测量不确定度/%	工作级标准种类			
		最小	最大								

序号	检定机构名称	最小	最大	流量上限/（m³/h）	检定管径/mm	测量不确定度/%	工作级标准种类	次级标准	原级标准	备注
1	美国 CEESI	7.0	7.0	34000	700	0.30	涡轮流量计	临界流喷嘴	mt 法、PVTt 法	美国 Colorado
2	美国 SwRI	1.0	8.0	2400	250	0.25	临界流喷嘴	—	mt 法	环道、实验用
3	加拿大 TCC	6.5	6.5	49000	750	0.25	涡轮流量计	旋转活塞流量计、在荷兰校准	—	—
4	荷兰 Euroloop	0.1	6.5	30000	650	0.15	涡轮流量计	旋转活塞流量计	液体活塞式体积管	荷兰 NMi
5	德国 Pigsar	1.6	5.0	6500	400	0.16	涡轮流量计	双涡轮流量计组件	气体活塞式体积管	德国 Ruhrgas
6	法国	1.0	6.0	1200	150	0.25	临界流喷嘴	—	PVTt 法	法国 GoF
7	英国 Bishop	3.8	7.0	20000	500	0.30	涡轮流量计	临界流喷嘴、在 Pigsar、NEL 校准	—	英国 BritishGas
8	挪威 K-lab	2.0	15.6	1750	150	0.40	临界流喷嘴、在 NEL、CEESI 校准	—	—	环道、挪威 Statoil

（二）国内主要天然气流量计量检定情况

目前国内能够开展天然气实流检定工作的主要有国家石油天然气大流量计量站（简称国家站）、国家站成都分站、国家站南京分站、国家站广州分站、国家站乌鲁木齐分站、国家站北京检定点等。

为了适应我国石油工业的快速发展，解决国内天然气贸易交接流量计周期检定的需求，2008 年国家站完成了《中国石油天然气集团公司天然气及原油、成品油流量量值溯源体系 2020 年发展规划》，该规划合理预测了近期及中长期国内天然气流量仪表的配备和分布情况，在充分考虑了现有天然气计量检定站点的检定能力的基础上，规划了国内天然气流量计量检定站点的布局，以满足国家天然气生产快速发展的需要。目前国家站天然气计量检定站点统计表见表 8-10。

表 8-10　天然气计量检定站点统计表

站点名称	建设地点	标准装置名称	标准装置配置	测量不确定度	工况流量范围/（m³/h）	设计或检定压力/MPa
1. 国家石油天然气大流量计量站国家站（简称国家站）	黑龙江省大庆市让胡路区	原级标准	钟罩式气体流量标准装置	0.10	10~2000	常压
		工作级标准	气体罗茨流量计	0.5	2.86~2200	常压
		工作级标准	临界流喷嘴法气体流量标准装置	0.3	10~6000	常压
		工作级标准	临界流喷嘴法气体流量标准装置	0.5	1~160	常压
		移动式工作级标准	16 只临界流音速喷嘴	0.33	1~4600	2.0
		移动式工作级标准	气体涡轮流量计、超声流量计组成工作标准和核查超声流量计	0.33	45~8000	10
2. 国家站成都分站	四川省成都市青白江区（成德线城厢站）	原级标准	mt 法气体流量标准装置	0.076	5~400	0.4~6.0
		次级标准	21 只临界流音速喷嘴	0.20	5~5115	1.2~5.0
		工作级标准	10 台气体涡轮流量计	0.33%	16~8000	1.2~5.5
		移动式工作级标准	2 台气体超声流量计	0.40	40~8000	6.3
		工作级标准（环道）	10 台气体涡轮流量计	0.29	32~4000	0.3~6.0
3. 国家站南京分站	西气东输一线龙潭分输站	原级标准	mt 法气体流量标准装置	0.10	8~443	4.5~9.6
		次级标准	12 只临界流音速喷嘴	0.22	8~3160	4.5~9.6
		工作级标准	11 台气体涡轮流量计	0.29	8~12000	4.5~9.6
		移动式工作级标准	2 台气体涡轮流量计	0.35	80~8000	4.5~9.6
4. 国家站北京检定点	陕京二线采育分输站即北京末站	工作级标准	5 台气体涡轮流量计	0.29	20~8000	5.0~7.5
5. 国家站长庆实验室	长庆油田分公司天然气计量站	移动式工作级标准	2 台气体涡轮流量计	0.33	50~4500	6.3
6. 国家站乌鲁木齐分站	新疆乌鲁木齐自治区昌吉三工镇（西二线昌吉分输站）	次级标准	12 只临界流音速喷嘴	0.22	7~2796	5.5~10
		工作标准级	8 台气体涡轮流量计	0.32	50~8000	4.0~10
7. 国家站广州分站	广州从化区鳌头镇（西二线广州末站）	次级标准	12 只临界流音速喷嘴	0.22	8~1784	4.5~9.8
		工作级标准	8 台气体涡轮流量计	0.28	16~12360	4.5~9.8

站点名称	建设地点	标准装置名称	标准装置配置	测量不确定度	工况流量范围/（m³/h）	设计或检定压力/MPa
8. 国家站塔里木检定点	新疆塔里木油田轮南工业园区（西气东输轮南集气站迪那管线）	工作级标准	6台气体涡轮流量计	0.33	25~8000	3.5~7.0
9. 国家站武汉检定点	湖北省武汉市江夏区（忠武线武汉东站旁）	工作级标准	利用南京分站移动式标准装置加2台小口径气体涡轮流量计作为工作级标准	0.33	25~8000	2.5~6.0
10. 国家站榆林检定点	陕西省榆林市榆阳区（榆林第二末站旁）	次级标准	15只临界流音速喷嘴	0.25	10~4000	进站5.6，出站4.2
		工作级标准	4台气体涡轮流量计、1台气体腰轮流量计	0.33	20~8000	4.2
11. 大庆油田天然气分公司天然气计量检定站	黑龙江省大庆市（大庆油田采气分公司红岗调压计量站）	工作级标准	4台气体涡轮流量计	0.33	32~7500	1.6或者3.5
12. 国家站武汉分站（中国石化天然气计量研究中心）	湖北省武汉市（川气东送管线武汉输气站）	原级标准	活塞体积管式气体流量标准装置	0.1	8~480	5.0
		工作级标准	11台气体涡轮流量计	0.33	20~9600	≥8.0
	山东省德州市齐河县（榆济管线末站）	移动式工作级标准及检定系统	3台气体涡轮流量计	0.33	20~8000	4.0~6.5
13. 国家站东北检定点	辽宁省或者吉林省	次级标准和工作级标准	临界流音速喷嘴和气体涡轮流量计	0.25和0.33	8/20~8000	5.0~8.5

第五节　现场仪表

一、常用仪表

（一）温度检测仪表

在操作温度为常温和低温时，当工艺管线没有剧烈振动的场合，多采用铂热电阻温度计，其分度号一般为Pt100。其他部位的测温一般选用热电偶、分度号一般选用E型和K型。

对于硫黄回收装置酸性气体燃烧炉，考虑到检测环境为还原性气体，一般选用吹气式热电偶、分度号为S型、吹气介质为氮气，当工厂没有氮气源时，也可选用二硅化钼保护套管的热电偶。硫黄回收装置反应器床层测温一般选用多点热电偶，沿床层的进出口之间均匀设置。

（二）压力检测仪表

测量稳定压力时，正常操作压力一般为量程的 1/2~2/3。在测量脉冲压力(如往复泵出口)和有振动的场合压力时(如离心泵出口)，正常操作压力应为所选压力表量程的 1/3~1/2。在测量气体介质压力超过 10MPa 的压力表，设置泄压安全设施。

在处理含硫天然气的处理厂，原料气和酸气管线、设备上的测压选用抗硫压力表。在原料气分离器和富液等液相管线上的测压，采用抗硫压力表。

锅炉汽包的压力表，为便于观察，通常选用表盘直径为 $\phi150mm$。一般情况下，压力表表盘直径为 $\phi100mm$。

（三）流量计量仪表

流量检测仪表习惯上称为流量计。按测量的单位分为体积流量计和质量流量计。按测量方式分有接触式和非接触式，如差压流量计、容积式流量计、速度式流量计等属于接触式；超声流量计等属于非接触式。

流量的数量用体积表示，则称体积流量，其单位用 m^3/h 表示。如果流体数量用质量表示，其单位用 t/h、kg/h 等表示。

1. 常用流量检测仪表分类

流量仪表的分类见表 8-11。

表 8-11 流量仪表的分类

	名称	测量范围	精确度等级	适用场合	特点	相对价格
面积式	玻璃管转子流量计	16~1×10³L/h(气) 1.0~4×10³L/h(液)	2.5	空气、氮气、水及与水相似的其他安全流体的小流量测量	结构简单，维修方便，精度低，不适用于有毒介质及不透明液体	较便宜
	金属管转子流量计	0.4~3000m³/h(气) 12~1×10²m³/h(液)	1.5 2.5	1. 流量大幅度变化的场合； 2. 富黏性腐蚀性流体； 3. 差压式导管易汽化的场合	1. 具有玻璃管转子流量计的主要特点； 2. 可远传； 3. 防腐性，可用于酸碱块等腐蚀性介质	贵
	冲塞式流量计	4~6m³/h	3.5	各种无渣滓，无结焦介质的就地指示、积算	1. 结构简单，安装使用方便； 2. 精度低，不能用于脉冲流量测量	便宜
差压式	节流装置流量计	0.6~250kPa(压差)	1	非强腐蚀的单向流体流量，允许有一定的压力损失	1. 结构简单，使用广泛； 2. 对标准节流装置不必个别标定可用	较便宜
	均速管流量计			大口径大流量的各种气体、液体的流量测量	1. 结构简单，安装、拆卸、维修方便； 2. 压损小，能耗小，但输出压差较低	较便宜

名称		测量范围	精确度等级	适用场合	特点	相对价格
流速式	旋翼式水表	$0.045 \sim 2800 \text{m}^3/\text{h}$	2	主要用于水的计量	1. 结构简单,安装使用方便; 2. 灵敏度高	便宜
	涡轮流量计	$0.04 \sim 6000 \text{m}^3/\text{h}$(液) $2.5 \sim 3500 \text{m}^3/\text{h}$(气)	$0.5 \sim 1$	适用于黏度较小的洁净流体	1. 精度高,适于计量; 2. 变送器体积小,维护容易; 3. 轴承易磨损,连续使用周期短	较贵
	旋涡流量计	$0 \sim 3 \text{m}^3/\text{h}$(水) $0 \sim 30 \text{m}^3/\text{h}$(气)	1.5	适用于各种气体和低黏度液体测量	1. 量程范围变化范围宽; 2. 压力损失较小,测量部分无可动件	贵
	电磁流量计	$2 \sim 500 \text{m}^3/\text{h}$	1	适用于导电率 $> 10^{-4} \text{s/cm}$ 的导电液体的流量测量	1. 只能测导电液体; 2. 测量精度不受介质黏度、密度、温度导电率变化的影响,几乎无压损; 3. 不适合测量铁磁性物质	贵
	分流旋翼式蒸汽流量计	$0.05 \sim 12 \text{t/h}$	2.5 4	较精确计量饱和水蒸气的质量流量	1. 安装方便; 2. 直读式,使用方便; 3. 可对饱和蒸汽的流量进行压力校正补偿	便宜
容积式	椭圆齿轮流量计	$0.05 \sim 120 \text{m}^3/\text{h}$	$0.2 \sim 0.5$	适用于高黏度介质的流量测量	1. 精度较高,计量稳定; 2. 不适用含有固体颗粒的物体	较贵
	腰轮流量计	$0.1 \sim 2250 \text{m}^3/\text{h}$	$0.2 \sim 0.5$	适用于高黏度介质的流量测量	1. 精度较高,计量稳定; 2. 适用于石油及油品的计量	贵
	刮板式流量计	$4 \sim 120 \text{m}^3/\text{h}$	$0.2 \sim 0.5$	适用于高黏度介质的流量测量	1. 精度高,计量稳定; 2. 适用于石油及油品的计量	贵

2. 常用流量检测仪表的技术特性

（1）标准孔板流量计

标准孔板配差压仪表,用于测量封闭管道中单相稳定流流体(液体、气体或蒸汽)的体积流量。

标准孔板系标准节流元件,基于伯努利方程和连续性原理。当管线流体流经标准孔板时,流通面积突然收缩引起孔板前后产生压差,通过环室或法兰取压传至差压仪表,输出与流量的平方成正比的电或气信号,也可直接进行显示与累积总量。标准孔板流量计的设计、安装、计算按照《用标准孔板流量计测量天然气流量》(GB/T 21446)进行。

高级阀式孔板节流装置,常简称为"高级孔板阀",是一种常用的天然气流量测量设备。使用高级孔板阀,可以在不截断流经流量计气流的情况下进行孔板清洗作业,操作管理简单。高级孔板阀具有以下特点:①计量准确;②密封可靠,操作简便;③明确的指示装置;

④可按流量更换孔板，以方便测量和计算；⑤可不停止介质输送而快速检修、更换孔板；⑥孔板导板可引导和保护孔板。

（2）涡轮流量计

涡轮流量传感器与接收电脉冲信号的显示仪表组成涡轮流量计，用来测量封闭管道中低黏度流体（液体或气体）的体积流量或总量。传感器由涡轮传感组件和放大器组成。两者组装在一起的结构为一体式；能测量正、反流量的结构为双向式；带插入杆能安装在大口径管道中测流体流量的结构为插入式。

（3）超声流量计

超声流量是一种非接触式流量测量仪表，用于测量能导声的流体流量，尤其适用于大口径圆形管道和矩形管道流量测量。

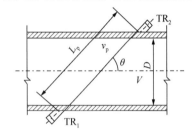

图 8-7　超声波流量计测量原理图
TR_1、TR_2—换能器

利用超声测量流量的方法有传播速度差法、多普勒法、波束偏移法等。最常用的方法是测量超声波在顺流与逆流中传播速度差。该方法按变量的不同，又分为时差法、相差法、频差法等。超声流量计测量原理图如图 8-7所示。

图中两个超声换能器（又称超声探头）TR_1、TR_2安装在上、下流管道外壁两侧，以一定的倾角对称布置，两个换能器交替作为超声信号发送器或接收器使用。换能器产生超声波以一定的入射角射入管壁，然后折射入流体，并以纵波的形式在流体内传播，最后透过介质，穿过管壁被另一个换能器所接收。由于受到介质流动的影响，超声信号从换能器 TR_1顺流传播到换能器 TR_2所需的时间 T_1、与从换能器 TR_2逆流传播到换能器 TR_1所需的时间 T_2是不同的。

$$T_1 = \frac{L_p}{C + v_p} \tag{8-1}$$

$$T_2 = \frac{L_p}{C - v_p} \tag{8-2}$$

式中　L_p——声波传播路径的长度，m；

　　　C——声波在静止流体中的传播速度，m/s；

　　　v_p——流体流速 v 在声波传送方向上的分量，m/s，$v_p = v\cos\theta$；

　　　T_1——声波从 TR_1 到 TR_2 的传播时间，s；

　　　T_2——声波从 TR_2 到 TR_1 的传播时间，s；

　　　θ——声波传播方向与管道轴线之间的夹角，rad。

设 $\Delta T = T_2 - T_1$

$$v = \frac{L_p \times \Delta T}{2T_1(T_1 + \Delta T)\cos\theta} \tag{8-3}$$

因此，测出 T_1 和时间差 ΔT，可获知流体速度，经计算得到流量。

超声流量计主要由换能器、转换器及壳体组成。换能器将接收的信号传输给转换器。转换器内装备有微处理机，基于上述原理测量经放大、运算、补偿、转换，输出其所需的信号。

根据用户的选择可以组成单声道、双声道或四声道、五声道、六声道各种超声波流量测量系统。

（4）涡街流量计

涡街流量计由传感单元和转换单元两部分组成，有普通型和防爆型两类产品。流量计基于"卡门涡街"原理制成。传感单元由壳体、旋涡发生体及检测体组成，流体流经旋涡发生体时，发生体两侧交替产生旋涡，并产生压力脉动，从而使检测体产生交变的应力。封装在检测体内的压电片在此交变应力作用下产生与旋涡同频率的交变的电荷信号，转换单元将这个信号进行处理，输出脉冲信号或标准模拟信号。在一定的雷诺数范围内，旋涡频率与流量成正比。

（5）智能型旋进旋涡流量计

智能型旋进旋涡流量计是近年来开发的一种速度式流量仪表，可适用于石油、蒸汽、天然气、水等多种介质的流量测量，并实现了压力、温度及压缩系数等动态参数的在线自动补偿。

（6）均速管流量计

均速管流量计由均速管和配套的差压变送器组成，其测量元件—均速管（国外称 Annubar，直译为阿牛巴），是基于早期皮托管测速原理发展起来的，是 20 世纪 60 年代后期开发的一种新型差压流量测量元件，并开始应用于我国的工业现场，70 年代中期已有 30 余家厂商进行了研制生产。均速管的优点是结构上较为简单，压力损失小，安装、拆卸方便，维护量小。

在输气管道上，常用均速管流量计进行流量检测，例如用于检测流经过滤分离器的流量。它一般不用于流量计量。

均速管流量计计算的基本公式为

$$q_v = \alpha \varepsilon A \sqrt{\frac{2}{\rho} \Delta p} \qquad (8-4)$$

式中　q_v——流体的体积流量，m^3/s；

α——工作状态下均速管的流量系数；

ε——工作状态下流体流过检测杆时的流束膨胀系数；

A——工作状态下管道内截面面积，m^2；

ρ——被测介质在标准状态下密度，kg/m^3；

Δp——压差，kPa。

对于不可压缩性流体：$\varepsilon = 1$；对于可压缩性流体：$\varepsilon < 1$。

（7）金属转子流量计

测量气体介质转子流量计是在标准状态（101.325kPa，20℃）空气标定出厂，对于非空气及不同于上述标准状态进行校正。

$$Q_0 = 0.5356 Q_1 \sqrt{\frac{T_1 \rho_1}{p_1}} \qquad (8-5)$$

式中　Q_0——仪表出厂按标准状态刻度的显示流量值，m^3/h；

Q_1——被测介质在标准状态下流量（101.325kPa，20℃）m^3/h；

T_1——被测介质热力学温度，K；

ρ_1——被测介质在标准状态下密度，kg/m^3；

p_1——被测介质绝压，kPa。

3. 流量检测仪表的选用

（1）天然气的流量测量仪表以标准的节流装置为基础，并辅助以其他测量方式作补充。当采用标准节流装置时，设计、制造和安装各环节应严格按照国家标准要求，保证计量系统总的不确定度为±（1.0~1.5）%。

（2）为确保节流装置的总体精度，对天然气处理厂进出厂的原料气和净化气宜采用不停气更换孔板的取压装置（高级阀式孔板节流装置），以便于在不停产的情况下，对节流装置定期进行检查。

（3）装置内部过程介质计量，当管线尺寸较大时，可选用简易阀式孔板节流装置。

（4）在以下情况下，应考虑计量装置的介质密度补偿措施：①进出厂的原料气和净化气流量；②全厂或分装置的燃料气流量；③参与硫黄回收装置的气/风比率控制的酸气流量和空气流量（当空气总管不设压力控制时）；④全厂总蒸汽的发生流量和消耗流量。

其介质密度补偿一般采用操作压力和温度补偿方式，在要求更高的场所或工程采用计算机时，可以采用全补偿方式。

（5）天然气处理厂常采用的其他计量仪表有：对大管线的新鲜水和循环水采用涡街流量计或电磁流量计。对个别需要消耗蒸汽的设备和工艺过程（如硫黄结片机、溶剂复活再生等）采用带压力补偿的蒸汽流量计或涡街流量计。对于测量管道直径和雷诺数不能满足标准要求时，采用旋进旋涡流量计或内藏孔板流量计。对仅需就地指示的流量，可采用金属管转子流量计。

（6）对需要引入联锁保护系统的流量信号，可采用1套节流装置附带2套独立的取压口连接2台差压变送器的方案，其中1台变送器的输出信号用于指示和控制，另1台用于联锁。也可以考虑将2台变送器的输出信号进行逻辑比较判断后送到联锁保护系统。另一种比较节省投资的方案是选用流量开关作联锁信号。

（7）当天然气处理厂有凝析油、液化石油气等产品时，一般液化石油气采用涡轮流量计计量，凝析油采用腰轮流量计计量。以上流量计应在上游安装过滤装置。凝析油、液化石油气也可采用质量流量计计量。

（四）液位检测仪表

（1）原料气过滤分离区，因过滤分离器的油水介质脏污且有腐蚀性，一般采用双法兰差压变送器测量液位，并选用高压磁浮子液位计作就地指示或用于高低液位报警。

（2）下列场所通常采用外浮筒式液位变送器：

① 脱硫脱碳、脱水装置吸收塔、闪蒸塔液位，酸气分离器液位等，其测量范围一般不超过1400mm。

② 三相分离器的油水界面测量，其油水介质密度差不小于0.2。

③ 仅需作就地指示调节的液位（一般选用气动外浮筒液位指示调节仪）。

④ 天然气凝液回收装置的低温分离器液位一般采用顶装式低温内浮筒液位计。

（3）在以下场合优先采用差压液位变送器：

① 锅炉和余热锅炉汽包、发生蒸汽的硫黄回收装置硫黄冷凝冷却器壳程的液位。

② 测量范围超过1400mm。

③ 污水处理场水池、硫黄池等，因常为常压地下或半地下式，液位测量一般采用吹气

式差压液位计、沉入式静压液位计或超声波液位计。

④ 对测量脏污介质，腐蚀性介质的塔器设备液位宜采用双法兰差压液位计。

⑤ 在采用差压法测量液位时，应采用负迁移装置，其迁移范围不应超过差压变送器的最大量程。

(4)测量范围较大的油罐、溶剂罐等的液位测量可采用雷达液位计。

（五）控制仪表

天然气过程控制通常采用气动调节阀，部分稳压系统可采用自力式调压阀。SIS 系统联锁切断、放空通常采用气动切断球阀。

1．调节阀

（1）天然气处理特定场合的调节阀选用

① 商品天然气出厂压力控制系统调节阀一般选用低噪声套筒调节阀。

② 脱硫脱碳装置富液液位控制调节阀，静压高、压降大，宜优先选用角形调节阀，采用底进侧出，其阀芯堆焊硬质合金。

③ 硫黄回收装置气/风比率控制系统调节阀，因调节范围大，一般选用偏心旋转调节阀。

④ 原料气和酸气放空至火炬压力控制系统调节阀，因正常操作时要求调节阀严密关闭，设计时可考虑调节阀和切断阀双重设置方案，切断阀可选用气动切断球阀。

⑤ 在要求泄漏量小，调节阀口径小于 $DN50$，调节阀允许压降满足要求时，可选用单座调节阀。

⑥ 硫黄回收装置和尾气处理装置过程气上的调节阀宜选用气动蝶阀。

⑦ 在其他场所，考虑到性能价格比，多选用精小型调节阀。

（2）调节阀流量特性的选用

调节阀固有流量特性在无特殊要求时，一般选用等百分比特性。口径为 3/4″调节阀选用直线特性。作二位调节时，如果要求响应快，可选用快开特性。

（3）在下列场所宜采用阀门定位器或电/气阀门定位器

① 需要利用定位器提高执行机构输出力，以满足高压降、克服长颈型或散热型阀盖的盘根摩擦力或使用调节阀严密关闭等场所。

② 需要利用定位器改变调节阀流量特性或改变气动信号范围以满足所选调节信号要求场所。

③ 利用定位器实现分程控制。

④ 对象的调节时间常数大，需要利用定位器克服被调介质带来的干扰。

⑤ 采用无弹簧执行机构的调节阀。

⑥ 采用纯比率调节，要求调节阀开度与调节器输出信号有严格的对应关系。

⑦ 调节阀的口径大（大于 $DN100$），要求加快调节阀的响应时间。

⑧ 当工厂设置 DCS 设备管理系统时，可选用智能电/气阀门定位器。

（4）调节阀手轮机构的选用

调节阀一般应设置上下游切断阀和旁路阀，当工艺管线管径偏大，设置切断阀和旁路阀价格偏高时，可考虑选用带手轮机构的调节阀。

（5）调节阀执行机构的选用

调节阀的执行机构一般采用气动薄膜执行机构，当要求执行机构有较大输出力且响应速度较快时（如风机挡板调节执行机构）应选用气动活塞式执行机构。

（6）调节阀作用方式的选择

调节阀气开、气关方式及流开、流关的选择应按工艺操作的安全要求及控制要求选择。

2. 气动切断球阀

天然气集输 SIS 系统联锁切断、放空通常采用气动切断球阀，部分两位式操作的过程控制阀门也可采用气动切断球阀。

（1）执行机构

活塞式执行机构输出力矩较大，响应速度快，通常用于开关两位式切断球阀。用于开关两位式的活塞式执行机构需要与电磁阀配套使用，活塞式执行机构分为单气缸式执行机构和双气缸式执行机构。对于气源故障、电源故障时，阀门需要处于全开或者全关位置时，采用单气缸式弹簧复位式执行机构。

（2）电磁阀

电磁阀通常与开关两位式控制阀配套使用，也可以用于过程介质的控制。其中二位三通电磁阀用于控制单作用气缸执行机构的气路控制，二位四（五）电磁阀用于控制双作用气缸执行机构的气路控制。

（3）手轮

对于未设置旁路的切断阀设置手轮执行机构。但对于工艺安全生产联锁用的紧急放空阀和安装在禁止人进入的危险区内的切断阀不设置手轮机构。

（4）故障开关状态

仪表供气系统发生故障或控制信号突然中断时，切断阀的故障开、故障关的位置应使工艺装置处于安全状态。

二、天然气分析测定

天然气作为清洁能源，人们普遍关注它的物性和组成。天然气的分析与测定是现场生产和科学研究取得这些数据不可缺少的手段，目前常用的天然气分析测定方法见表 8-12。

表 8-12　商品天然气分析测定方法一览表

分析测定项目	实验室分析	在线分析
天然气组成分析与发热量计算	气相色谱法 组成分析 GB/T 13610 发热量计算 GB/T 11062	气相色谱法 ISO 6974-4、ISO 6974-5 和 ISO 6974-6 天然气在线分析系统性能评价 GB/T 28766
硫化氢含量	碘量法 GB/T 11060.1 亚甲蓝法 GB/T 11060.2	醋酸铅反应速率法 GB/T 11060.3
		紫外线吸收法
		气相色谱法
		激光光谱法
总硫含量	氧化微库仑法 GB/T 11060.4 紫外荧光光度法 GB/T 11060.8	氢解-速率计比色法 GB/T 11060.5
		紫外荧光法
		气相色谱法

分析测定项目	实验室分析	在线分析
二氧化碳含量	气相色谱法 GB/T 13610	红外线吸收法
水露点或 水分含量	冷却镜面凝析湿度计法 GB/T 17283	电解法 SY/T 7507
		电容法
		石英晶体振荡法
		激光光谱法
		近红外漫反射法
烃露点	冷却镜面目测法 GB/T 27895	冷却镜面光电测量法

(一) 天然气组成分析方法

天然气的组成是指天然气中所含的组分及其在可检测范围内相应的含量。分析时，通常所指的组成是指天然气中甲烷、乙烷等烃类组分和氮、二氧化碳等常见的非烃组分的含量。进行天然气(高位)发热量计算时所使用的数据主要由烃类组成的常规分析得到。

商品天然气的组成按《天然气的组成分析气相色谱法》(GB/T 13610)进行分析，其发热量则按组成分析的结果，参照《天然气发热量、密度、相对密度和沃泊指数的计算方法》(GB/T 11062)进行计算。

1. 实验室分析

进行实验室分析时，按标准方法从天然气管道中取样，然后在实验室内用气相色谱仪按 GB/T 13610 规定的方法分析组成。根据商品天然气的质量要求可进行两种分析，一种是主要分析包括 H_2、He、O_2、N_2、CO_2 和 $C_1 \sim C_6^+$ 等组分的分析；另一种是 H_2、He、O_2、N_2、CO_2 和 $C_1 \sim C_8$ 等组分的分析。

GB/T 13610 对气相色谱仪的主要技术要求如下：

① 检测器：热导检测器(TCD)，其灵敏度对于正丁烷含量为 1%(摩尔分数)的气样，进样量为 0.25mL 时至少应产生 0.5mV 的信号；

② 测量范围：0.01% ~ 100%(摩尔分数)；

③ 精密度：对低浓度(0.01% ~ 1%)(摩尔分数)组分而言，重复性不大于 0.01%，再现性不大于 0.03%。

2. 在线分析

目前，欧美各国在天然气交接计量时已普遍采用能量计量的方式，因而在交接界面上应设置在线分析的气相色谱仪。在线分析仪直接从管道中取样并在无人管理的条件下自动分析，要求分析的组分数和数据处理方式以及色谱柱、检测器、色谱操作条件等都是预先设定的，并根据要求给出各组分的摩尔浓度、发热量、密度和压缩因子等。有关在线分析的气相色谱分析方法，国际标准化组织已发布了 ISO 6974-4、ISO 6974-5 和 ISO 6974-6 三个国际标准，但我国目前还未发布相应的方法标准。

在线色谱仪的主要技术要求如下：

① 检测器：精密的微型结构的热导检测器(TCD)，可提供高信噪比的信号；

② 测量范围：提供 $C_1 \sim C_9$ 的分析时，分组测到 C_6^+，浓度范围 0.01% ~ 100%(摩尔分数)，适用的发热量范围 0 ~ 74.5MJ/m^3；

③ 组分测定低限：$5 \times 10^{-6} \sim 10 \times 10^{-6}$；

④ 重复性：±0.05%；

⑤ 柱箱温度控制精度：可准确地控制在±0.01℃；

⑥ 分析时间：<12min。

（二）常用天然气气质在线分析仪

1. 醋酸铅反应速率法硫化氢分析仪

该法适用于天然气、天然气代用品、气体燃料和液化石油气中硫化氢含量的测定。直接测定范围为 $0 \sim 50 \times 10^{-6}$（体积分数），高于此范围的气体，可经稀释后测量，测量范围可达到 50×10^{-6}（体积分数）$\sim 100\%$。

该方法的原理为：被水饱和的含硫化氢气体以恒定流速通过用醋酸铅溶液饱和的纸带，硫化氢与醋酸铅反应生成硫化铅，并在纸带上形成灰色的色斑，反应速率和所引起的色度变化速率与样品中硫化氢含量成比例。利用比色法，通过比较已知硫化氢含量的标样和未知样品在分析器上的读数，即可测定未知样品中硫化氢含量。

醋酸铅反应速率法在线测量硫化氢仪器的主要技术指标如下：

① 测定范围：$0 \sim 50 \times 10^{-6}$（体积分数）；

② 准确度：±2%；（全量程的）；

③ 重复性：±2%；（全量程的）；

④ 线性误差：±2%（全量程的）；

⑤ 响应时间：3min；

⑥ 纸带寿命：4~8 周/每卷。

2. 紫外线吸收法硫化氢分析仪

根据紫外吸收光谱的原理，对天然气中含硫组分进行定量分析的方法。目前，我国天然气处理厂和输气管道中使用 AMETEK 公司紫外线 H_2S 分析仪较多，主要有 931、932、933 三种型号。其中 931、932 为高含量 H_2S 分析仪，用于脱硫前原料气分析，测量范围 931 为 $0.4\% \sim 20\%$（体积分数），932 为 $0.02\% \sim 20\%$（体积分数）。933 为微量 H_2S 分析仪，用于脱硫后天然气分析，测量范围分为多档，从最低 $(0 \sim 5) \times 10^{-6}$（体积分数）到最高 $(0 \sim 100) \times 10^{-6}$（体积分数）。

从脱硫后天然气组成成分来看，吸收紫外线的组分主要有五种：硫化氢（H_2S）、羰基硫（COS）、甲基硫醇（MeSH）、乙基硫醇（EtSH）、芳香烃。它们的吸收光谱呈带状分布，彼此重叠在一起，要想在这种情况下测量微量的 H_2S 是十分困难的。933 采用色谱分离技术，将被测样气中吸收紫外线的组分分离开来，只让 H_2S、COS、MeSH 三种组分通过色谱柱进入紫外分析器的测量气室加以分析，而将 EtSH、芳香烃两种组分从色谱柱反吹出去不再测量，以减轻紫外分析器的负担和难度。

933 微量 H_2S 分析仪主要技术指标如下：

① 测量组分：H_2S、COS、MeSH；

② 准确度：±2%［H_2S：$(0 \sim 25 \sim 100) \times 10^{-6}$（体积分数）］；

　　　　　±5%［H_2S：$(0 \sim 5 \sim 50) \times 10^{-6}$（体积分数）］；

③ 重复性误差：小于满量程的±1%；

④ 温度漂移：小于满量程的 2%/10℃；

⑤ 零点漂移：标准范围测量池 24h 内小于满量程的±2%，低范围测量池 24h 内小于满量程的±5%；

⑥ 响应时间：30s。

3. 电解法水含量分析仪

我国目前只有行业标准《天然气中水含量的测定 电解法》(SY/T 7507)规定的电解法适用于天然气中水含量的在线测定。方法原理是：气样以一定的恒速通过电解池，其中水分被电解池内作为吸湿剂的五氧化二磷(P_2O_5)膜层吸收，生成偏磷酸，然后被电解成氢气和氧气排出，而五氧化二磷得到再生。在一定温度、压力和流量条件下，产生的电解电流正比于气体中的水含量，因此可用电解电流来度量气样中的水含量。

这种仪器具有三个方面的显著优势：其一是其测量方法属于绝对测量法，电解电量与水分含量成正比，微安级的电流很容易由电路精确测出，测量精度高，绝对误差小；其二，由于是绝对测量法，测量探头一般不需要用其他方法进行校准；其三是这种仪器是目前唯一国产化的微量水分仪，具有价格上的显著优势，并可提供及时便捷的备件供应和技术服务。

其缺点是：不能测量会与 P_2O_5 起反应的气体，如不饱和烃(芳烃除外)等会在电解池内发生聚合反应，缩短电解池使用寿命；乙二醇等醇类气体会被 P_2O_5 分解产生 H_2O 分子，引起仪表读数偏高，也应在样品处理环节除去。

电解法水含量分析仪的主要技术指标如下：

① 测量范围：$(0 \sim 2000) \times 10^{-6}$(体积分数)；

② 测量下限：1×10^{-6}(体积分数)；

③ 最大允许误差：$\pm 5\%$ [小于 100×10^{-6}(体积分数)]；

　　　　　　　　　$\pm 2.5\%$ [大于 100×10^{-6}(体积分数)]；

④ 响应时间：不大于 60s。

测量结果水分含量与水露点之间的转换可按《天然气水含量与水露点之间的换算》(GB/T 22634)进行。

4. 电容法水含量分析仪

又称阻容法，其测量原理是：当电容器的几何尺寸——极板面积 S 和板间距 d 一定时，电容量 C 仅和极板间介质的相对介电常数有关。其中一般干燥气体的相对介电常数在 $1.0 \sim 5.0$ 之间，水的相对介电常数为 80(在 20℃ 时)，比干燥气体大得多。所以，样品的相对介电常数主要取决于样品中的水分含量，样品相对介电常数的变化也主要取决于样品中水分含量的变化。

电容法微量水分分析仪使用氧化铝湿敏传感器，其优点如下：体积小、灵敏度高(露点测量下限达-110℃)、响应速度快(一般在 $0.3 \sim 3s$ 之间)；样品流量波动和温度变化对测量的准确度影响不大；它不但可以测量气体中的微量水分，也可以测量液体中的微量水分。

其缺点是：氧化铝湿敏传感器探头存在"老化"现象，示值容易漂移，需要经常校准，给工作造成不便和麻烦；零点漂移会给应用带来一些困难和问题。传感器由于储存条件或环境条件不同会引起校正曲线位移，也就是说，传感器的校正曲线随条件(主要是湿度)而变；须防止极性气体、油污污染传感器，极性气体吸附性强，会在氧化铝膜吸附且难以脱附，影响对水分的吸附能力。

电容法水含量分析仪的主要技术指标如下：

① 测量范围：$-80 \sim 20℃$ 露点；

② 最大允许误差：$\pm 3℃$($-80 \sim 66℃$)；

　　　　　　　　　$\pm 2℃$($-65 \sim 20℃$)；

③ 响应时间：不大于 5s。

5. 石英晶体振荡法微量水分析仪

石英晶体振荡法测量原理是：晶体振荡式微量水分仪的敏感元件是水感性石英晶体，它是在石英晶体表面涂覆了一层对水敏感(容易吸湿也容易脱湿)的物质。当湿性样品气通过石英晶体时,石英表面的涂层吸收样品气中的水分,使晶体的质量增加,从而使石英晶体的振荡频率降低。然后通入干性样品气,干性样品气萃取石英涂层中的水分,使晶体的质量减少,从而使石英晶体的振动频率增高。在湿气、干气两种状态下振荡频率的差值,与被测气体中水分含量成比例。

石英晶体振荡法测量的优点如下:石英晶体传感器性能稳定可靠,灵敏度高,可达 $0.1×10^{-6}$(体积分数)。测量范围,重复性误差为仪表读数的 5%;反应速度快,水分含量变化后,能在几秒钟内做出反应;抗干扰性能较强。当被测气体中含有氢和氧时,对其无干扰,从而克服了电解式的弱点。当样气中含有乙二醇、压缩机油、高沸点烃等污染物时,仪器采用检测器保护定时模式,即通样品气 30s,通干燥气 3min,可在一定程度上降低污染,减少"死机"现象。

目前存在的主要问题是:当天然气中重烃蒸气含量较高时,石英晶体吸湿膜不但吸附水蒸气,也吸附重烃蒸气,致使水露点测量值偏低 10℃以上(与冷却镜面法比对测试结果)。根据我国使用经验,仍需配置完善的过滤除雾系统,并加强维护;部件如干燥器、水分发生器、传感器等价格昂贵,更换频繁,维护成本过高。

AMETEK 公司 3050-OLV 微量水分仪主要技术指标如下:

① 测量范围:$(0.1~2500)×10^{-6}$(体积分数);

② 最大允许误差:读数的±10%;

③ 灵敏度:$0.1×10^{-6}$(体积分数);

④ 重复性:读数的±5%;

⑤ 响应时间:不大于 5min。

6. 冷却镜面法烃露点分析仪

烃露点在线测定常采用冷却镜面电测量法。其测量原理为:让样气流经露点冷镜室的冷凝镜,通过等压制冷,使得样气达到饱和结露状态(冷凝镜上有液滴析出),测量冷凝镜此时的温度即是样气的露点温度。

目前,仅有少数公司生产冷却镜面光学自动检测法在线烃露点分析仪,如英国 Michell 公司的 CONDUMAX II 烃露点分析仪,德国 BARTEC 公司的 HYGROPHIL HCDT 烃露点分析仪等。

CONDUMAX II 烃露点分析仪主要技术指标如下:

① 测量范围:低于环境温度 55℃;

② 精度:±0.5℃;

③ 灵敏度:0.1℃;

④ 重复性:±0.1℃;

⑤ 响应时间:不大于 10min。

参 考 文 献

[1] 中国石化工程建设公司,等.石油化工安全仪表系统设计规范[M].北京:中国计划出版社,2013.
[2] 王遇冬,郑欣.天然气处理原理与工艺[M].第三版.北京:中国石化出版社,2016.
[3] 孟宪杰,等,天然气处理与加工手册[M].北京:中国石化出版社,2016.
[4] 陆德明.石油化工自动控制设计手册[M].第三版.北京:化学工业出版社,2000.
[5] 王森等.天然气工业在线分析技术[M].北京:化学工业出版社,2017.

第九章　防腐与绝热

天然气在集气、处理、输送等过程中，设备、管线会与腐蚀因素接触，对内外壁产生腐蚀，影响设备、管线使用寿命和运行安全。因此，防腐技术较好的应用，才能够为天然气设备、管线的安全性和质量提供保障，对天然气生产系统的可靠性和使用寿命起到关键作用。同时为了满足生产工艺及节能减排的要求，在设备与管线外壁装设绝热材料，保持设备和管线内介质温度稳定和经济运行。本章主要从腐蚀的基本知识、外腐蚀与控制、内腐蚀与控制、腐蚀监测与检测及绝热五个方面予以介绍。

第一节　腐蚀的基本知识

一、腐蚀的定义

腐蚀的定义是随着人类对材料与腐蚀环境的不断认识而深化和完善的，人类从不同角度曾对腐蚀下过不同的定义。

（一）广义上腐蚀的定义

广义上讲所有材料，包括金属和非金属材料都存在腐蚀，所以腐蚀的定义为：材料在环境作用下引起的破坏或变质。

（二）狭义上腐蚀的定义

我们常说的腐蚀是指对金属材料而言。目前，已被广泛接受的金属腐蚀的定义是：金属与周围环境（介质）之间发生化学或电化学作用而引起的破坏或变质。

二、腐蚀的分类

（一）按腐蚀机理分类

金属腐蚀可分为化学腐蚀和电化学腐蚀。

1. 化学腐蚀

化学腐蚀是指金属表面与非电解质直接发生纯化学作用而引起的，服从多相反应化学动力学的基本规律，例如金属及合金在高温气体中或非电解质溶液中的腐蚀。

化学腐蚀特点：

① 在腐蚀过程中没有电流产生；

② 腐蚀产物直接产生并覆盖在发生腐蚀的地方；

③ 化学腐蚀往往在高湿的气体介质中发生。

2. 电化学腐蚀

电化学腐蚀是指金属与电解质发生电化学反应所产生的腐蚀，按电化学腐蚀的过程和规律进行，通常的大气腐蚀、土壤腐蚀和海水腐蚀均为电化学腐蚀。电化学腐蚀的特点如下：

① 介质为离子导电的电解质；

② 金属/电解质界面反应过程是因电荷转移而引起的电化学过程，必须包括电子和离子在界面上的转移；

③ 界面上的电化学过程可以分为两个相互独立的氧化和还原过程，金属/电解质界面上伴随电荷转移发生的化学反应成为电极反应；

④ 电化学腐蚀过程伴随电流的流动，即电子的产生。

例如，铝合金的电化学腐蚀：含有铜的铝合金构件在潮湿的大气中，在其表面形成一层电解质溶液薄膜。这就构成了腐蚀电池，该电池的阳极为电位较低的基体铝(-1.66V)，阴极为电位较高的添加元素铜(+0.337V)，电子由铝流向铜，铝遭到溶解。

（二）按腐蚀的形态分类

金属腐蚀可分为均匀腐蚀、点蚀、缝隙腐蚀、电偶腐蚀、晶间腐蚀、应力腐蚀、氢腐蚀等。

1. 均匀腐蚀

均匀腐蚀是腐蚀作用均匀地发生在整个金属表面，宏观上，在与环境接触的整个金属表面上几乎以相同的速度进行腐蚀(图9-1)。

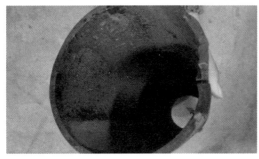

图9-1 均匀腐蚀形貌

2. 点蚀

表面生成钝化膜而具有耐蚀性的金属或合金，或有保护层的金属或合金，一旦表面钝化膜或保护层被局部破坏而露出局部表面后，这部分的金属就会迅速溶解而发生局部腐蚀，被称为点蚀。"点"是起因，"孔"是结果。

点蚀的形貌：孔或坑形，分散或密集分布在金属表面，孔口呈开放式或被腐蚀产物所覆盖(图9-2)。

图9-2 点蚀穿孔腐蚀形貌

3. 缝隙腐蚀

金属部件在介质中由于金属与金属或金属与非金属之间存在特别小的缝隙，使缝隙内介质处于滞留状态，引起缝内金属加速腐蚀，这种腐蚀称为缝隙腐蚀。

4. 电偶腐蚀

当两种具有不同电位的金属相互接触（或通过电子导体连接），并浸入电解质溶液时，电位较负的金属腐蚀速度变大，而电位较正的金属腐蚀速度减缓，这种腐蚀称为电偶腐蚀，亦称金属接触腐蚀。

5. 晶间腐蚀

金属材料在适宜的腐蚀性介质中沿晶间发生和发展的局部腐蚀、破坏形态。

6. 应力腐蚀

金属材料在腐蚀环境与拉伸应力的共同作用下引起金属的腐蚀破裂。

7. 氢腐蚀

钢材暴露在高温高压氢气环境中，因氢原子渗入钢中与碳化物反应生成甲烷气体，甲烷气体聚集在微小缺陷区，引起内压升高致使产生裂纹。

第二节　外腐蚀与控制

一、外腐蚀影响因素

天然气在集气、处理、输送等过程中，管线及设备的外腐蚀为电化学腐蚀。电化学腐蚀分为大气腐蚀、土壤腐蚀、电偶腐蚀和杂散电流腐蚀等类型。

（一）大气腐蚀

1. 大气腐蚀性等级划分

大气腐蚀性等级划分应符合表 9-1 的规定。当大气的年腐蚀速率难以获取时，应按 GB/T 19292.1《金属和合金的腐蚀大气腐蚀性分类》的有关规定划分大气腐蚀性等级。

表 9-1　大气腐蚀性分级

大气腐蚀性分级	很低	低	中等	高	很高
第一年的碳钢腐蚀速率 $v/(\mu m/a)$	$v \leqslant 1.3$	$1.3 < v \leqslant 25$	$25 < v \leqslant 50$	$50 < v \leqslant 80$	>80

2. 大气腐蚀的影响因素

大气腐蚀的影响因素有很多，其中最重要的是湿度、工业污染和盐分。

（1）湿度

空气中相对湿度（RH）的大小，决定大气中金属腐蚀的速度。当 RH>65% 时，金属表面上附着 $0.001 \sim 0.01\mu m$ 的水膜，如水膜中溶解有酸、碱、盐，则会加速大气腐蚀。空气中相对湿度越大，金属表面上的水膜越厚。一般在干湿交替的情况下腐蚀性最强。

（2）工业污染

工业大气中的工业废弃污染程度决定了它的腐蚀性，工业废气中大量含有 SO_2 和 CO_2 等，这些气体可形成酸雨。

（3）盐分

离海边越近，大气中氯化物含量越高。氯化物可加速点蚀、应力腐蚀、晶间腐蚀和缝隙腐蚀等局部腐蚀。

（二）土壤腐蚀

电化学腐蚀在土壤环境中主要是差异腐蚀。由于管线沿线所经地段土壤中的湿度（土壤含水率）、酸碱度和含细菌等的不同，从而造成不同土壤环境对金属的腐蚀性不同。某气田干线外壁受土壤环境腐蚀形貌如图9-3所示。

图9-3　某干线外壁腐蚀形貌

1. 土壤腐蚀性分级

土壤腐蚀性的测定可采用原位极化法和试片失重法，并按表9-2的规定划分等级。

表9-2　土壤腐蚀分级

等级	极轻	较轻	轻	中	强
电流密度（原位极化法）/（μA/cm²）	<0.1	0.1~3	3~6	6~9	>9
平均腐蚀速率（试片失重法）/[g/(dm²·a)]	<1	1~3	3~5	5~7	>7

一般地区也可采用工程勘察中常用的土壤电阻率对土壤腐蚀性分级，见表9-3。

表9-3　一般地区土壤腐蚀性分级

腐蚀性等级	强	中	弱
土壤电阻率/Ω·m	<20	20~50	>50

2. 土壤含水率与土壤腐蚀性

土壤的腐蚀性随湿度（即土壤含水率）的增加而增加，直至达到某一临界点时为止，再进一步提高湿度，土壤的腐蚀性将会降低。在低湿度的土壤中，其含水量少，透气性好，金属的离子化阻力高，因此腐蚀性较小；而在中等湿度的土壤中，金属表面形成薄液膜，其对氧的传输过程阻碍很小，同时由于土壤含水量增加，金属的离子化阻力变得很小，因此腐蚀性最强；在高湿度土壤中，金属表面形成厚的水膜，土壤孔隙也被水浸润，对氧的传输过程阻碍较大，进一步增加土壤含水量，腐蚀性反而减弱。具体关系见表9-4（适用于黏土类土壤）。

表9-4　土壤含水率与土壤腐蚀性

土壤含水率特征	含水率/%	腐蚀速率的特点
没有水分	0	没有
含水量增加到临界值	10~12	腐蚀速率增加到最大值
保持临界值的含水量	12~25	保持最大腐蚀速率
发生连续的水层	25~40	腐蚀速率降低
连续水层厚度继续增加	>40	较低的恒定的腐蚀速率

3. 土壤 pH 值与土壤腐蚀性

土壤的腐蚀性随土壤 pH 值的增加而降低；具体关系见表 9-5。

表 9-5　土壤 pH 值与土壤腐蚀性等级

	数值范围	腐蚀性等级
土壤 pH 值	<4.5	强
	>4.5~5.5	较强
	>5.5~8.5	中
	>8.5	弱

4. 土壤透气性与土壤腐蚀性

土壤的腐蚀性随土壤透气性的增加而增加，具体关系见表 9-6。

表 9-6　土壤透气性与土壤腐蚀性

	土壤类别	腐蚀性等级
土壤质地	砂土	强
	壤土	中
	黏土	弱

5. 含细菌的土壤腐蚀

根据 GB/T 21447《钢质管道外腐蚀控制规范》的规定，含细菌的土壤腐蚀程度的判定见表 9-7。

表 9-7　土壤细菌腐蚀性评价指标

腐蚀级别	强	较强	中	小
氧化还原电位/mV	<100	100~200	200~400	>400

（三）电偶腐蚀

连接的不同金属的电偶序不同，金属之间形成了电位差而造成的腐蚀。每种金属在给定的环境中都有一个腐蚀电位，当这些金属发生电性偶合时，腐蚀电位最正的金属要发生阴极极化，腐蚀速率降低；而腐蚀电位最负的金属要发生阳极极化，加速腐蚀。电偶腐蚀的 4 个必要组成条件是：①必须有 1 个阳极；②必须有 1 个阴极；③必须有使阳极和阴极电性连接的金属导体（一般就是管线本身）；④阳极和阴极都必须浸入电解质中（一般是湿润的土壤）。

在天然气集输系统中可能产生电偶腐蚀的主要是以下情况：异种钢连接、接地材料以及原料气或输水管道绝缘接头内壁两侧。

（四）交流或直流干扰腐蚀

由非指定回路上流动的电流所引起的外加电流腐蚀称为杂散电流腐蚀。干扰分为直流干扰和交流干扰。由直流杂散电流引起的腐蚀称为直流干扰腐蚀，由交流干扰源稳态状态下引起的腐蚀称为交流干扰腐蚀。

腐蚀是材料和周围环境间反应造成的损伤，发生于材料/环境界面。腐蚀理论指出，金属材料腐蚀的原因是表面形成了工作的腐蚀电池。金属腐蚀防护技术主要是破坏其条件，使腐蚀电池无法工作。目前工程上常用的外腐蚀防护技术有覆盖层和阴极保护两种。

二、覆盖层

管线及设备外部覆盖层，亦称防腐绝缘层（简称防腐层）。将防腐材料均匀致密地覆盖在经除锈的管线及设备外表面上，使其与腐蚀介质隔离，达到管线及设备外防腐的目的。

（一）覆盖层的作用和分类

金属表面覆盖层能起到装饰、耐磨损及防腐蚀等作用。对于埋地管线来说，防腐是主要目的。覆盖层使腐蚀电池的回路电阻增大，或保持金属表面钝化的状态，或使金属与外部介质隔离出来，从而减缓金属的腐蚀速度。

覆盖层防蚀要求覆盖层完整无针孔，与金属牢固结合，使基体金属不与介质接触，能抵抗加热、冷却或受力状态（如冲击、弯曲、土壤应力等）变化的影响。有的覆盖层具有导电的作用，如镀锌钢管的镀锌层是含有电位较负的金属镀锌层，当它与被保护的金属之间形成短路的原电池后，使金属成为阴极，起到阴极保护的作用。

（二）露空管线及设备外防腐层

露空管线及设备主要是大气腐蚀，影响因素复杂，主要受环境温度、湿度、大气污染物及腐蚀产物的影响。一般采用外防腐层技术，用于露空管线及设备的防腐涂料应具有与金属表面良好的黏结力、防水防大气腐蚀、耐紫外线老化、耐候性好，同时还应具有良好装饰性。

在选择涂料时，应根据露空管线及设备的运行温度、所处环境条件，以及涂料的性能特点、使用寿命和适应性、配套性进行综合考虑，选择合理的外防腐层。

（三）埋地管线外防腐层

1. 外防腐层特性

外防腐层是天然气管线腐蚀防护的第一道防线，能够起到避免土壤环境直接与天然气管道相互接触的作用。外防腐层应具备的性能有：

（1）与金属表面的黏结性

防腐层之所以能起到防腐效果，是因为防腐层有效地把腐蚀介质与金属表面隔离开来，防腐层与金属表面要形成完整的结合，黏结性是一项重要的综合指标。

（2）耐电性、电绝缘性

金属与土壤之间的电位差构成了电化学腐蚀的原电池，因此要求埋地管线防腐层有较好的绝缘性，防止电化学腐蚀；较好的绝缘性也是阴极保护经济性的必要条件。耐电性是指防腐层的表面电阻率、体积电阻率、介电损耗强度和击穿电压。

（3）抗阴极剥离性

抗阴极剥离能力是埋地管线防腐层的重要检测指标。埋地管线防腐层除防腐以外还要辅以阴极保护，当电位高于钢的氢超电势时，要求防腐层耐阴极剥离的性能十分稳定。

（4）机械强度特性

主要包括耐冲击性、抗弯曲性、耐磨性、抗压力性、耐土壤应力性。

（5）耐水性

水是促进管线腐蚀的重要因素。防腐层的吸水率和透水性是密切相关的，对防腐层的抗腐蚀能力有很大的影响，试验方法是干湿循环长期浸泡后测量水汽渗透性。

（6）耐土壤细菌性

埋地管线在湿热地区的土壤中，微生物侵蚀，尤其由硫化物产生的细菌腐蚀十分严重。通常认为，煤焦油磁漆具有良好的抗微生物侵蚀能力，而其他防腐层则需要添加抑菌剂。

（7）耐化学稳定性

检测防腐层在腐蚀介质中的稳定性和抗渗透能力，通常做法是在 10%的酸、碱或盐溶液中浸泡试验，待几个月或几年后进行评定，防腐层以不皱皮、不裂纹、不起泡、不脱落、色泽无明显变化为合格。

（8）耐热稳定性

耐热稳定性包括低温冷脆性、高温流淌性、变质性和热分解温度等。热分解温度对于高分子聚合物防腐层来说是一项重要指标。

（9）安全性

覆盖过程中不危害人体健康，不污染环境。

以上各项是综合评价防腐层的基本原则，是选择防腐层的基本准则，是防腐施工、防腐管理必须了解的基本特性。

2. 选择外防腐层时应考虑的因素

（1）土壤环境和地形地貌

土壤类型、含水量、含盐量、电阻率、酸度、孔隙度、细菌类型及含量都影响土壤的腐蚀性，在选择防腐层时应根据土壤腐蚀性选择不同的防腐层和不同的防腐层等级。同时还要考虑地形地貌，对丘陵、山地、江河、湖泊、石方段等不同条件，应选择不同防腐层。

（2）管线运行工况

选择的防腐层性能必须能够适用于管线运行温度和压力条件，对介质不产生危害。例如沥青类最高使用温度约 50℃，聚乙烯（PE）为 70~80℃，环氧粉末约 100℃。

（3）管线系统预期工作寿命

沥青类防腐层易吸水和老化，可靠使用期可达 20~30 年，PE 和熔结环氧防腐层使用期可达 40~50 年。

（4）管线施工环境和施工条件

施工环境和条件包括市区或野外、山谷、河道，以及是手工作业还是机械化施工等，对不同的施工环境和施工条件，应选择不同类型防腐材料。

（5）现场补口条件

不同的补口材料、补口工艺和难易度不同，因此选择时应考虑这些条件，并考虑对环境是否有污染等。

（6）防腐层及其与阴极保护兼容性

防腐层必须辅以阴极保护才能安全可靠，选择防腐层时也要考虑相互兼容性。

3. 几种常用的管线外防腐层性能比较

近几年我国管线外防腐技术发展很快，从 20 世纪 60 年代的石油沥青玻璃布防腐，发展到今天的三层结构聚乙烯（3LPE）、三层结构聚丙烯（3LPP）、双层环氧等外防腐层，其技术水平基本上赶上了国外先进水平（图 9-4、图 9-5）。近年来几种常用的外防腐材料的性能比较见表 9-8。

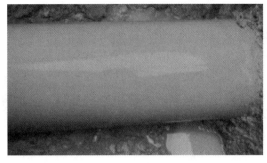

图 9-4　环氧粉末防腐层

图 9-5　3LPE 防腐层

表 9-8　常用管线外防腐层性能对比表

涂层	熔结环氧	聚乙烯胶粘带	2LPE	3LPE
防腐层厚度/mm	≥0.4	≥1	≥2.5	≥2.5
延伸率/%	≥4.8	≥150	≥600	≥600
剥离强度/N·cm⁻¹	1~2 级	≥18	≥35	≥70
抗冲击(25℃)/J	约 10		≥15	>15
耐化学介质浸泡	好	除 60℃以上芳香族外都好	除 60℃以上芳香族外都好	除 60℃以上芳香族外都好
防腐层电阻/Ω·m²	≥1×10⁵	≥1×10⁵	≥1×10⁵	≥1×10⁵
阴极剥离/mm	≤10	≤18	≤18	≤10
吸水率(60 天)%	>0.1	>0.1	<0.01	<0.01
耐候试验(63℃)	有漏点	无异常	无异常	无异常
补口和补伤难易程度	较难	容易	容易	容易
抗土壤应力量	好	中等	好	好
对环境影响	无毒	无毒	无毒	无毒
输送介质温度/℃	-30~100	≤70	≤70	≤70

聚乙烯胶粘带，具有较好的抗水性和较好的施工性能，使用期可达到 30 年以上，但是由于其胶层的黏结力较低，抗阴极剥离性能差。

环氧粉末(熔结环氧)防腐层是近几年发展较快的一种防腐层，它有很好的黏结力和抗腐蚀性，尤其是抗阴极剥离性能优良，因此该防腐层在美洲得到大量的发展和应用，但其缺点是防腐层较薄，容易被损伤。近几年双层环氧防腐层取得了进展，内层为防腐性粉末，外层为含有一定塑性的保护性粉末，总厚度为 600~800μm，有较好的抗机械损伤性能，广泛用在河流穿越工程和道路石方苛刻的地段。总之，熔结环氧也是一种环保型发展较快的防腐层。

二层 PE 防腐层即常说的夹克，在我国发展较快，其底层是热溶胶，剥离强度较低，但由于其外层聚乙烯是完整的一体，有较好的密封性和防水性，是较理想的防腐层。但其缺点是抗阴极剥离性能较差。

3LPE 防腐层(或者 PP)是综合了许多防腐层的优点而设计的，其内层为 120~150μm 厚的环氧涂料，中间层为 170μm 厚的共聚物底胶，对外层 PE 或 PP 以及环氧有较强的黏结力。大大地改善了整体性能，是当代最完美的防腐层，使用寿命可大于 50 年，尤其是 3LPP

防腐层不论其抗冲击还是抗阴极剥离都远远高于 3LPE 防腐层。3LPP 和 3LPE 的缺点是工艺复杂，成本稍高。

根据国内外各种防腐层综合性能价格对比，可以看出高质量防腐层价格并非成倍增长，长期使用的天然气集输管线选择高质量防腐层更为合适。对于城市燃气管网，处于人口密集的地区，管线的安装可靠性非常重要，在施工时要求对环境无污染，施工速度快，总体质量容易保证等。分析了目前我国各种管线防腐材料性能及工艺之后，对于集输管线和城市燃气管线来说，选择长寿命的熔结环氧和 3LPE 应是优先的选择。如果选择了落后的方案，可能过几年还要增加改造、维修等费用，反而会造成更大的损失。

（四）覆盖层的涂装技术

1. 常用涂装方法简介

涂料的施工方法很多，每种方法都有其特点和一定的适用范围，正确选用合适的涂装方法对保证防腐层质量是非常重要的。涂装方法有手工刷涂、机械喷涂、淋涂和滚涂等。机械喷涂是金属管线和储罐施工中常用的方法，可分为空气喷涂、高压无气喷涂、静电喷涂和粉末喷涂等。

2. 管线外防腐层施工方法简介

就涂装技术而言，管线外防腐层的施工大体上分为四种：

① 热浇涂同时缠绕内外缠带，主要用于沥青类防腐层；

② 静电或粉末喷涂，主要用于熔结环氧粉末和熔结聚乙烯粉末防腐层；

③ 纵向挤出或侧向挤出缠绕法，主要用于易成膜的聚烯烃类防腐层；

④ 冷缠，主要用于聚烯烃胶粘带或改性石油沥青缠带。

以上的涂敷技术均具备成熟的施工工艺和方法。

目前长距离埋地管线防腐层的施工多采用工厂预制化，即先建立起先进的、完全自动控制的、在线自动检测的连续性作业线。不同类型的防腐层，其钢管表面处理、预热、管子传递、管端覆带、冷却、厚度监测、针孔检漏及管端保护等工序都是相同的。不同的是各类防腐层的涂敷工艺不同，而涂敷工艺主要取决于所选涂料的特征。这种防腐层的作业线通常就设在钢管厂附近，或在集输管线沿线选择合适位置。

防腐层质量的好坏直接影响管线防护的经济价值。施工人员应按工艺规程的要求来选用涂料，精心操作。防腐层涂装的工艺规程包括：材料、防腐层的施工（工序、技术条件、使用的设备与工具）、质量检验、防腐管的标志、堆放与运输、补口及补伤、下沟及回填等。

三、阴极保护

阴极保护技术在我国的应用研究始于 1958 年。20 世纪 70 年代，我国的集输管线已广泛采用了阴极保护。

当金属达到平衡单位后，再施加阴极电流，金属的电极电位从原平衡电位向负偏移，使金属进入了免蚀区从而实现保护，因为施加的是阴极电流所以称为阴极保护。

（一）阴极保护方法

本部分主要介绍埋地金属管线的阴极保护。

实现阴极保护的方法通常有牺牲阳极法和强制电流法。由于杂散电流排除过程中，在管线上保留有一定的负电位，使管线得到了阴极保护，所以排流保护也是一种限定条件下的阴极保护方法。

1. 牺牲阳极法

牺牲阳极法是由一种比被保护金属电位更负的金属或合金与被保护的金属用导线连接来实现。在电解液中，牺牲阳极因较活泼而优先溶解，释放出电流供被保护金属阴极极化，从而实现保护(图9-6)。

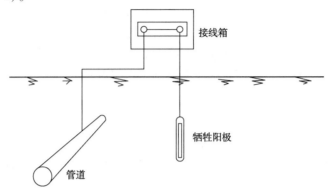

图9-6　牺牲阳极法阴极保护典型构成示意图

作为牺牲阳极材料，必须能满足以下要求：

① 要有足够负的稳定电位；

② 自腐蚀速率小且腐蚀均匀，要有高而稳定的电流效率；

③ 电化学当量高，即单位质量产生的电流量大；

④ 工作中阳极极化要小，溶解均匀，产物易脱落；

⑤ 腐蚀产物不污染环境，无公害；

⑥ 材料来源广，加工容易，价格低廉。

常用的牺牲阳极品种有镁基、锌基和铝基合金，这三类牺牲阳极已在国内外广泛应用。

2. 强制电流法

强制电流法是由外部的直流电源直接向被保护金属通以阴极电流，使之阴极极化，达到阴极保护的目的。它由辅助阳极、参比电极、直流电源和相关的连接电缆所组成(图9-7)。

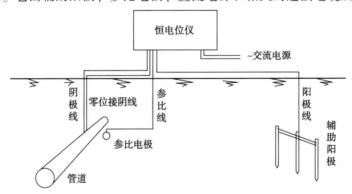

图9-7　强制电流阴极保护典型构成示意图

辅助阳极的功能是把保护电流送入电解质流到保护体上，阳极工作时处在电解状态下。

对辅助阳极的基本要求有：导电性能好；排流量大；耐腐蚀，消耗量小，寿命长；具有一定的机械强度、耐磨、耐冲击振动；容易加工、便于安装；材料易得、价格便宜。

按阳极的溶解性能，辅助阳极可分为：可溶性阳极(如钢、铝)、微溶性阳极(如高硅铸铁、石墨)、不溶性阳极(如铂、镀铂、金属氧化物)三大类。

直流电源是强制电流的动力源，它的基本要求是稳定可靠，能长期连续运行，适应各种环境条件。

常用的直流电源来自：整流器、恒电位仪、恒电流仪、太阳能电池、风力发电机、大容量蓄电池等。

3. 排流保护

在有杂散电流的环境中，利用排除杂散电流对被保护构筑物施加阴极保护称为排流保护，通常排流方法有三种：

(1) 直接排流

当杂散电流干扰电位极性稳定不变时，可以将保护体和干扰源直接用电缆相连，排除杂散电流。这种方法简单易行，但如选择不当，会造成引流，加大杂散电流。

(2) 极性排流

当杂散电流干扰电位极性正负交变时，可通过串入二极管把杂散电流排回干扰源，由于二极管具有单向导通性能，只允许杂散电流正向排出，负向保留作阴极保护用。此法是目前广泛使用的排流法。

(3) 强制排流

上述两种方法，只有在排流时才能对保护体施加保护，而不排流期间，保护体就处于自然腐蚀状态，因而又出现了第三种排流方法——强制排流。强制排流就是通过整流器进行排流。当有杂散电流存在时利用排流进行保护，当无杂散电流时用整流器供给保护电流，使保护体处于阴极保护状态。通常使用恒电位仪进行强制排流，在有排流保护时最好也留有保护电流输出。

4. 阴极保护方法的选择

阴极保护方法的选择主要考虑如下因素：

① 保护范围的大小。保护范围大者强制电流保护优越，保护范围小者牺牲阳极保护经济。

② 土壤电阻率的限制。电阻率太高不宜采用牺牲阳极保护法。

③ 周围邻近的金属构筑物。有时因干扰项限制了强制电流保护的应用。

④ 覆盖层的质量。对于覆盖层太差或裸露的金属表面，因其所需保护电流太大而使牺牲阳极保护不适用。

⑤ 可利用的电源因素。

⑥ 经济性。

常用阴极保护方法见表9-9。

表9-9　阴极保护方法比较

阴保方式	外加电流	牺牲阳极
优点	1. 输出电流、电压连续可调； 2. 保护范围大； 3. 不受环境电阻率的限制； 4. 工程量越大越经济； 5. 保护装置寿命长	1. 不需外部电源； 2. 对临近地下构筑物干扰小； 3. 管理工作量小； 4. 工程小时，经济性好； 5. 保护电流分布均匀，利用率高

阴保方式	外加电流	牺牲阳极
缺点	1. 需要外部电源； 2. 对临近构筑物干扰大； 3. 维护管理工作量大	1. 高电阻率环境不宜使用； 2. 覆盖层差时不适用； 3. 输出电流有限

牺牲阳极法保护的范围小，但其最大的优点是不需要外加电源；外加电流法保护的距离长且可调。在埋地管线的阴极保护方法选择上，根据实际条件选择其中一种方法，或者牺牲阳极保护可作为外加电流保护的补充。

（二）阴极保护条件

1. 适用范围

阴极保护技术，目前已成功应用于海船、海港码头、埋地管线、地下电缆及一些化工领域，重点是在土壤和海水两种环境中的金属构筑物。

采用阴极保护可以防止环境介质（土壤、海水、淡水）的电化学腐蚀，对点蚀、应力腐蚀、腐蚀疲劳、晶间腐蚀、杂散电流等腐蚀作用也有很好地防止作用。

2. 阴极保护应用条件

① 腐蚀介质必须是能导电的，以便能建立起连续的电路。如通常的土壤、海水、淡水及酸碱盐溶液等介质中都可进行阴极保护。

② 被保护的金属材料在所处的介质中要容易进行阴极极化，否则耗电量大，不宜于进行阴极保护。常用的钢铁、铜、铝、铅等都可采用阴极保护。在阴极保护中，阴极反应会使阴极附近溶液的碱性增加。对于两性金属如铝、铅等可能会加速腐蚀，产生负效应。因此，对两性金属采用阴极保护时，负电位一般要加以限制，防止阴极腐蚀的发生。

③ 对于复杂的金属设备或构筑物，要考虑其几何上的"屏蔽作用"，防止保护电流的不均匀性。例如对于大型储罐罐底的保护，采用周边浅埋阳极时，就会产生罐底边缘电位过负，而罐中心位置达不到最小保护电位的现象。

④ 电绝缘已成了阴极保护必不可少的条件，为了降低保护电流密度，要采用覆盖层绝缘；为防止电流的流失要将保护构筑物与非保护构筑物进行电绝缘，国外有人提出"没有电绝缘，就没有阴极保护"，可见电绝缘的重要性。

⑤ 被保护构筑物系统间的电连续性是阴极保护的又一条件。例如预应力混凝土管线的阴极保护，必须将各节管子的纵向钢筋进行首尾相连，否则保护系统难成回路；同样，凡是法兰连接的金属管线也必须通过焊接的电缆将其跨接，确保电流的畅通。

⑥ 一些不安全因素可能会限制阴极保护在特定领域中的应用。例如，罐内阴极保护，当析出的氢气逸放不出去时就会有爆炸危险；当有可燃气体时，因镁与金属碰撞会发生火花而禁用镁牺牲阳极。

四、工程实例

（一）西气东输二线

西气东输二线气源主要为土库曼斯坦、哈萨克斯坦等中亚天然气，以国内气源作为备用和补充，主要目标市场是长三角、珠三角地区，同时向沿线的中西部地区、华东、华南地区的大中型城市供气。管线外径为 $\phi1219mm$，管材为 X80 管线钢，为目前国内最长的大口径、高压力天然气长输管道。管道沿线经过沼泽、盐渍化土壤、石方山地、黄土梁峁沟壑、水网等多种多样复杂地形和土壤环境，多次采用隧道、定向钻穿越河流及铁路、等级公路。X80钢管在如此复杂多样的地形下大规模使用尚属首次。

西气东输管线介质中的水露点低于交接压力下最低环境温度5℃，在正常情况下，管线中无游离水析出。由于管线介质中酸性组分含量很少，而且管线中涂有内涂层，能够有效防止腐蚀性物质与管壁的接触，因此管线的内腐蚀很小。管线的腐蚀主要来自土壤环境中的电化学腐蚀、电干扰以及生物腐蚀。对外腐蚀的控制主要采用了外防腐涂层+阴极保护的方法。

1. 干线防腐层

西气东输二线管线外防腐采用3LPE。3LPE结构具有综合性能最好、性价比最高的特点。由于压气站介质出站温度>50℃，3LPE防腐层的外层全部采用耐高温型聚乙烯材料。在管线中大量采用冷弯与热煨弯管，同时存在大量的焊缝，对这些部位根据需要以及施工特点采取对应的防腐层。由于冷弯管可用带3LPE防腐层的直管经冷弯机弯制而成，故仍采用3LPE防腐层。而热煨弯管由于其形状特殊，在作业线上进行外防腐层的涂敷预制工艺控制复杂、生产速度较慢，而采用双层熔结环氧粉末防腐层可以在弯管防腐作业线进行预制。

二线干线工程的外防腐层有四种：普通固化型加强级3LPE、普通固化型普通级3LPE、低温固化型加强级3LPE、低温固化型普通级3LPE。

2. 管线补口

管线补口采用带配套环氧底漆的三层结构热收缩带。压气站出口(50±5)km范围内管线补口采用高温型热收缩带，其他管段的补口采用普通型热收缩带，定向钻穿越处采用专用热收缩带。

3. 水下隧道内管线补口

对于水下隧道内的穿越管线，由于管线长期处于水环境中，腐蚀环境苛刻，补口处的密封就显得极为重要。为总结西气东输二线延水关隧道穿越补口经验，二线东段工程要求所有水下隧道内的管线补口都采用粘弹体防腐胶带(绿色)补口。水下隧道固定墩的金属卡箍与螺栓拧紧固定后，用粘弹体防腐剂将各处螺栓的裸露部位全部密封，以防止缝隙腐蚀或电偶腐蚀。

4. 热煨弯管外防腐层

二线热煨弯管外防腐层采用双层熔结环氧粉末防腐层。双层熔结环氧粉末外防腐层应由内、外两层环氧粉末一次喷涂成膜而构成。防腐层厚度：内层厚度应≥300μm，外层厚度应≥500μm，总厚度应≥800μm。

5. 站场管线外防腐层

二线站场管线与金属设施采用如下防腐方案：

① 对站场内管径 $DN≥300$mm 以上的地下管线采用3LPE防腐层，其他无法采用3LPE的金属管线采用无溶剂型液体环氧防腐，实干后再外缠聚丙烯增强编织纤维防腐胶带加强防腐，以提高抗水汽渗透和保证防腐层的完整性，同时又不会屏蔽站场区域的阴极保护电流。

② 站内露空管线、设备及其他钢构筑物采用涂装防腐涂料的方案防腐，涂料具有与金属表面良好的黏结力、防水防大气腐蚀、耐紫外线老化、耐候性好，同时还应具有良好装饰性。为此，采用的涂层结构和配套方案为复合型防腐涂料，其组成与结构为环氧富锌底漆-环氧云铁防锈漆-氟碳面漆。

6. 干线阴极保护

二线干线共设 39 座阴极保护站。在人员检测困难而无线移动信号良好的位置，安装 GPRS 无线电位采集仪，这些采集单元的管理设在管道管理中心。

二线采用长输管道常用的强制电流系统。每隔 1km 设置 1 支电位测试桩，每隔 10km 设置一支电流测试桩（设电流桩处不再设电位桩），与其他管道交叉处设置 1 支电位测试桩，河流穿越段两侧设置两支电流桩，穿电气化铁路其中一侧设置 1 支电位测试桩。由于管线距离长、施工周期较长，管线下沟回填后距离强制电流阴极保护系统投入使用还有一段时间，为防止该时间内管线发生电化学腐蚀，在土壤电阻率低于 $20\Omega \cdot m$ 地段，采用以牺牲阳极方法作为临时性阴极保护。牺牲阳极采用带状锌阳极，并通过测试桩与管线连接。在河流段的穿越管线，在穿越段两侧各埋设一组锌牺牲阳极进行保护。待全线阴极保护系统运行后，纳入全线阴极保护系统，实施强制电流阴极保护，并以牺牲阳极组作为补充保护。

（二）陕京三线

干线管线外防腐层全部采用 3LPE，补口采用带配套环氧底漆的三层结构热收缩带；定向钻穿越处采用专用热收缩带；对于水下隧道内的穿越管线补口方式，与西气东输二线一样，都采用粘弹体防腐胶带补口。

陕京三线的站场管线和金属设施的防腐采用与西气东输二线一样的防腐方案；干线阴极保护也采用了强制电流阴极保护方式，特殊地段埋设锌牺牲阳极进行保护。

第三节　内腐蚀与控制

一、内腐蚀影响因素

影响腐蚀的因素很多。鉴于腐蚀体系由材料/环境组成，影响腐蚀的因素因而可基本分为与材料和介质环境，下面将分别加以介绍。

（一）介质环境因素

1. 硫化氢(H_2S)

H_2S 对集输系统的腐蚀主要表现为：电化学腐蚀、硫化物应力开裂(SSC)、应力腐蚀开裂(SCC)和氢致开裂(HIC)。

（1）电化学腐蚀

H_2S 溶于水会发生电离，生成的 H^+ 是强去极化剂，极易在阴极夺取电子，促进阳极铁发生氧化反应，加速金属表面的全面腐蚀。

室内研究，H_2S 浓度对不同管材腐蚀影响实验，变化趋势如图 9-8 所示。

H_2S 含量 $30000mg/m^3$ 时 X52 和 L360 两种材质的腐蚀程度等级为高；在 $0\sim67000mg/m^3$ 范围内的其他浓度下，三种钢材的腐蚀程度属于中等腐蚀。

三种钢材随 H_2S 浓度的变化而变化的趋势基本是一致的，腐蚀程度的变化都很大，即 H_2S 对三种钢材的腐蚀行为的影响比较大。

（2）硫化物应力开裂(SSC)和应力腐蚀开裂(SCC)

硫化物应力开裂(SSC)是指在有水和 H_2S 存在的情况下，与腐蚀和拉应力有关的一种金属开裂。它与在金属表面的因酸性腐蚀所产生的原子氢引起的金属脆性有关。

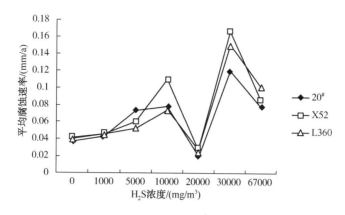

图 9-8 不同 H_2S 浓度对钢材腐蚀行为影响

（3）氢致开裂（HIC）

氢致开裂又称为氢诱发裂纹，为氢原子扩散进钢铁中并在陷阱处结合成氢分子时所引起的在碳钢和低合金钢中的平面裂纹。

2. 二氧化碳（CO_2）

CO_2 对集输系统的腐蚀主要表现为电化学腐蚀。CO_2 在水中的溶解度很高，一旦溶于水便形成碳酸，并离解出氢离子（H^+）。H^+ 是强去极化剂，极易夺取电子还原，促进阳极铁溶解而导致腐蚀。

室内研究，CO_2 含量对管材腐蚀程度的影响实验，变化趋势如图 9-9 所示。

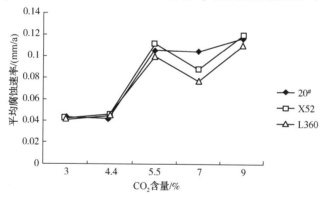

图 9-9 不同 CO_2 浓度对钢材腐蚀行为影响

随 CO_2 含量的增加，三种材质的腐蚀速率整体上是增加的。3%～5.5% 范围内腐蚀速率增加很快；5.5%～7% 范围内 X52 和 L360 两种材质的腐蚀速率有所下降；三种钢材均在 CO_2 含量在 9% 时，腐蚀速率达到最大，且腐蚀速率基本相等，且都属中等腐蚀程度。

从三种材质的腐蚀速率变化程度上观察，其波动远没有 H_2S 对材质的腐蚀速率影响大，即 CO_2 含量对材质腐蚀的敏感性影响没有 H_2S 的大。

3. 氯离子（Cl^-）

Cl^- 是极强的去钝化剂，能破坏金属表面钝化膜，使金属发生局部腐蚀。处于钝态的金属仍有一定的反应能力，即钝化膜的溶解和修复（再钝化）处于动平衡状态。当介质中含有活性阴离子（常见的如 Cl^-）时，平衡便受到破坏，溶解占优势。其原因是 Cl^- 能优先地有选择地吸附在钝化膜上,把氧原子排挤掉,然后和钝化膜中的阳离子结合成可溶性氯化物,结果在新露出的基底金属的特定点上生成小蚀坑(孔径多在 20~30μm),这些小蚀坑称为孔蚀核。Cl⁻不构成腐蚀产物,在腐蚀中也未被消耗,如此反复对腐蚀起催化作用。

室内研究,不同 Cl⁻浓度对不同管材腐蚀影响实验,变化趋势如图 9-10 所示。

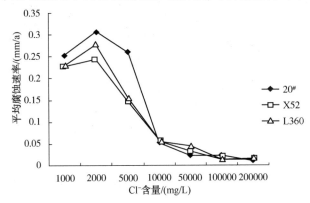

图 9-10 随 Cl⁻浓度变化三种钢材的腐蚀速率变化

随 Cl⁻浓度变化,材质的腐蚀速率先增大后减小,在 2000mg/L 时腐蚀速率达到最大值;腐蚀速率的变化范围极大,表明 Cl⁻浓度对材质的腐蚀影响很大。

对腐蚀后的试片做扫描电子显微镜观测,发现试片存在点蚀坑,表明 Cl⁻在一定的条件下容易引起钢材的局部腐蚀。

4. 温度

对腐蚀的影响较复杂,通常温度越高,电化学腐蚀越严重。室内研究,不同温度对钢材的腐蚀行为影响实验,变化趋势如图 9-11 所示。

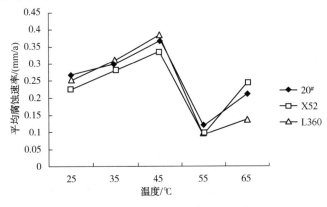

图 9-11 随温度变化三种钢材的腐蚀速率变化

温度条件下的腐蚀规律研究,表明了三种材质的腐蚀程度都处于高等腐蚀程度以上;就腐蚀速率变化的程度而言,材质的腐蚀速率波动较大,表明了随温度变化,温度对材质的腐蚀敏感性影响较大。

5. 地层水组成的影响

地层水中 HCO_3^- 的存在会抑制 $FeCO_3$ 的溶解,加速钝化膜的形成,从而降低碳钢的腐蚀速度。Ca^{2+} 和 Mg^{2+} 的存在,会降低全面腐蚀速率,但对局部腐蚀将增强。

6. 元素硫

高含 H_2S 天然气中，元素硫的存在会加速阳极反应过程，加速与集输管线接触部位材料的腐蚀。

7. 天然气处理装置内腐蚀

天然气处理装置上最主要的腐蚀是原料气中的 H_2S 和 CO_2，故随着 H_2S 和 CO_2 浓度（或分压）升高，装置的腐蚀也变得严重。此外，装置腐蚀程度还受温度、流速、溶液酸气负荷、溶液醇胺浓度、热稳定性以及降解产物等因素影响。

（1）醇胺类型

总体而言，使用 MEA 溶剂的装置腐蚀最严重，使用 DEA 溶剂的装置次之，使用 MDEA 溶剂的腐蚀比较轻微。

（2）酸气负荷

溶液酸气负荷是指酸气（如 H_2S 和 CO_2）与参与反应的醇胺的物质的量之比。一般情况下，装置腐蚀程度均随酸气负荷的上升而增加。

（3）醇胺溶液浓度

随着溶液胺浓度的增加，腐蚀速率上升。这主要是因为在相同的酸气负荷情况下，胺浓度越高，单位体积胺液中吸收的 H_2S 和 CO_2 的量就越多，从而使腐蚀加剧。

（4）溶液中的污染物

污染物的来源有两个途径：一是原料气带入（气田水、油田化学药剂、液烃等），二是溶剂降解或金属材料腐蚀而产生。

在天然气处理过程中，进入脱硫系统的氧或其他杂质会使醇胺降解生成不能再生的盐，称为热稳定性盐。溶液中的热稳定性盐不仅造成有效醇胺的损失，使溶液吸收能力下降，而且会造成与脱硫溶液接触的设备、管线以及塔盘等的腐蚀速率增加。

（5）降解产物

脱硫溶液的降解指在 CO_2、氧、某些有机化合物及高温等因素的作用下转化为失去活性的有害物质。研究表明，当脱硫溶液在长期运行后，腐蚀速率增加，说明溶液中降解产物的存在也是引起处理厂与脱硫溶液接触的设备和管线腐蚀的因素之一。

（6）装置不同部位的操作条件（温度与压力）

通常情况下，CO_2 和 H_2S 分压越高，腐蚀越严重。温度对腐蚀的影响较复杂，通常温度越高，电化学腐蚀越严重。

（7）流速

流速影响腐蚀一般有两种形式：一种是流速诱导腐蚀；另一种是磨损腐蚀。

碳钢和低合金钢的介质流速过高，一方面会对阀门等设备造成冲刷，发生磨损腐蚀；另一方面，金属表面的腐蚀产物膜受到冲刷而被破坏或黏附不牢固，加速电化学失重腐蚀或造成严重的磨损腐蚀，有时甚至引起空泡腐蚀。流速过低，易造成管线、设备底部积液和固体物质沉积，发生水线腐蚀、垢下腐蚀等导致局部腐蚀破坏。

（二）材料因素

1. 化学成分

材料化学成分中的合金元素可改变腐蚀过程阴极和阳极反应的极化程度、表面状态和腐蚀产物膜的稳定性，从而影响到材料的耐蚀性能。一般钢中 S、P、O、N、H、Ni 和 Mn 等对于 SSC 是有害元素。

2. 显微组织

均匀的细晶粒可将杂质弥散分布，点缺陷和线缺陷也相应分散，从而防止不均匀腐蚀。对碳钢和低合金钢而言，当其强度（硬度）相似时，各种显微组织对 SSC 敏感性由小到大的排列顺序为：铁素体中均匀分布的球状碳化物、完全淬火+回火组织、正火+回火组织、正火组织、贝氏体及马氏体组织。

3. 热处理

当合金成分一定时，不同热处理方式可获得不同的显微组织，其耐蚀性能也不同。铁素体上均匀分布细小球状碳化物组织的钢材，其抗 SSC 性能显著优于铁素体上均匀分布的片状碳化物组织的钢材。

4. 冶炼及制造工艺

在生产过程中，金属受到冷热加工而变形，会导致金相组织发生变化，并可能产生很大的内应力，引起点蚀、应力腐蚀等。各碳钢生产企业的冶炼和制管工艺技术是有差异的，其中最为重要的是纯净钢冶炼技术和热处理调质工艺技术的差异，直接关系到钢管材料抗 SSC性能和电化学腐蚀性能。纯净的钢材经适当热处理调质后可使钢管材料的显微金相组织均匀，晶粒度细小，抗 SSC、抗 HIC 性能和抗电化学腐蚀性能明显提高。

（三）内腐蚀破坏类型

1. 均匀腐蚀

均匀腐蚀是在整个金属表面几乎以相同速度进行的全面腐蚀。均匀腐蚀的危险性相对较小，可根据腐蚀速率推算材料的使用寿命，在设计进行考虑。

2. 点蚀

点蚀是集中于金属表面的局部区域范围内，并深入到金属内部的穴状腐蚀。点蚀虽然质量损失不大，但由于其局部腐蚀速率很高，发展速度快，严重时导致设备、管线腐蚀穿孔，容易酿成重大事故。在天然气集输系统中，当输送温度、CO_2 和 Cl^- 含量较高的情况下更易在管线和设备底部积液处发生。

3. 应力腐蚀开裂（SCC）

应力腐蚀开裂（SCC）是由腐蚀和拉伸应力（残余的或外加的）共同作用所引起的材料开裂。应力腐蚀开裂通常是在事先没有明显征兆、几乎没有宏观塑性变形的情况下突然发生材料的脆性开裂，危害极大。每种合金的应力腐蚀开裂只是对某些特定的介质敏感，对于天然气集输系统，典型的有 H_2S 存在下的硫化物应力腐蚀开裂，不锈钢在含 Cl^- 介质中的氯化物应力开裂。

4. 晶间腐蚀

晶间腐蚀是沿着或紧挨着金属的晶粒边界所发生的腐蚀。发生此类腐蚀，金属外观虽看不出什么变化，但机械性能却已大大降低，因此常会造成突发性破坏事故，危害很大。

5. 水线腐蚀

水线腐蚀是由于气-液界面的存在，沿着该界面发生的腐蚀。天然气管线中的冷凝液或液体沿着倾斜的管壁流向管线的低凹处，并积聚在该处，形成大面积腐蚀，在气液两相界面，腐蚀尤为严重。因此，应加强管线清管，防止积液。

6. 焊接腐蚀

焊接腐蚀指焊接接头的焊缝区及其近旁发生的腐蚀。主要由于焊缝金属组分和微观结构差异与母材金属形成电位差并在液体介质中构成原电池，导致焊缝区及其近旁发生加速腐蚀。管线焊接在保证焊接金属的机械性能与母材等强匹配、焊接接头耐蚀性能符合要求的前提条件下，焊接金属的化学成分应与母材相近，使焊接接头的电位与母材金属的电位接近，以减少管线焊接接头的电化学腐蚀。

7. 磨损腐蚀

磨损腐蚀在天然气集气、输送过程中一般表现为冲刷腐蚀。流体的速度越高，冲刷腐蚀速度越快。

集气、输气管线或管件几何形状的突然变化和压力的突然变化，会导致流速和流态的改变，因此常在井口节流后的管线、管件和阀门处发生严重的冲刷腐蚀。

二、内腐蚀控制

针对天然气在集气、处理、输送过程中的腐蚀影响因素，目前应用较多的内腐蚀防护技术有选材和材料表面改性、内防腐层、缓蚀剂以及采用相应的工艺措施进行腐蚀控制。

（一）合理选材和优化设计

1. 正确选用金属材料

在设计和制造产品或构件时，首先应选择对使用介质具有耐蚀性的材料。正确选材是一项十分重要而又相当复杂的工作，选材的合理与否直接影响产品的性能。选材时，除了注意耐蚀性外，还要考虑到机械性能、加工性能及材料本身的价格等综合因素，选材时应遵循如下原则。

① 应根据使用条件全面综合地考虑各种因素。

② 对初选材料应查明它们对哪些类型的腐蚀敏感；可能发生哪种腐蚀类型以及防护的可能性；与其接触的材料是否相容，能否发生接触腐蚀；以及承受应力的状态等。

③ 在容易产生腐蚀和不易维护的部位，应选择耐蚀性高的材料。

④ 选择腐蚀倾向小的材料和热处理状态。铝合金、不锈钢在一定的热处理状态或加热条件下，可产生晶间腐蚀，选材时应予以考虑。

⑤ 选用杂质含量低的材料，以提高耐蚀性。对高强度钢、铝合金、镁合金等强度高的材料，杂质的存在会直接影响其抗均匀腐蚀和应力腐蚀的能力。

2. 结构设计

金属结构设计是否合理，对均匀腐蚀、缝隙腐蚀、接触腐蚀、应力腐蚀的敏感性影响很大，为减少或防止这些腐蚀，应注意下列各点。

（1）避免死角

设备局部出现的液体残留或固体物质沉降堆积，会使介质由于局部浓度增加腐蚀性加强，引起腐蚀。为此，设计时结构形状应尽量简单、合理，从而避免出现死角。

（2）避免缝隙

许多金属（如碳钢、不锈钢等）都容易在有缝隙且液体流动不畅的地方形成缝隙腐蚀，并且缝隙腐蚀产生后又往往会引发点蚀和应力腐蚀，造成更大的破坏。良好的结构设计是防止缝隙腐蚀最好的方法。

最常出现问题的部位是密封面和连接部位。由于焊接能避免连接部位的缝隙，因此应尽量以焊接替代螺栓连接和铆接。焊接时，采用连续焊、密封焊，并应避免出现焊缝根部未焊透等焊接缺陷。

（3）妥善处理异种金属接触

异种金属接触会由于它们在腐蚀介质中的腐蚀电位不同而引起电偶腐蚀。由于在许多连接部位和设备中必须采用不同金属，故在设计中要加以妥善处理以减缓腐蚀速度，如果异种金属连接是靠焊接等方法连接，就不能采用常规的绝缘措施（如加合成橡胶、聚四氟乙烯等绝缘连接片）来防止电偶腐蚀。这时，就要注意以下问题。

① 尽量避免大阴极和小阳极的不利结构

不同金属连接时，应尽量采用大表面阳极和小表面阴极的有利结合，这样腐蚀电流分散在大的阳极表面上，电流密度小，腐蚀速度慢；反之，如果阳极面积小，阳极电流密度就大，腐蚀速度就快，会导致整个设备严重的局部腐蚀。解决的具体办法是在容易产生腐蚀的部位采用耐蚀性好的材料。

② 避免焊接腐蚀

就焊接接头而言，由于焊缝组织粗大、夹杂多，而且还会存在焊接残余应力，因而即使焊缝和母材化学成分相同，焊缝的电位也往往低于母材的电位，导致焊缝首先被腐蚀。而且，焊缝的表面积远小于母材，又构成大阴极和小阳极的不利结构，因此焊缝腐蚀速度加大。对于这种情况，可以选用较母材耐蚀性高的焊条，使实际焊缝由于含有合金（或合金量高）而具有较母材更高的电极电位。

③ 尽量减小两直接接触金属之间的电位差

同一结构中，不能采用相同材料时，尽量选用在电偶序中相近的材料。如果结构不允许，所用的两种材料腐蚀电位相差很大时，可以采取在连接处加入腐蚀电位介于两者之间的第三种金属的方法，使两种金属间的电位差下降。

④ 避免应力过分集中

应力集中，导致局部区域腐蚀加快以及增大产生应力腐蚀的可能性，所以应予以避免。

3. 强度设计

腐蚀的强度设计就是在设计结构以及校核强度时，考虑腐蚀对结构强度的影响，以避免结构产生早期破坏。力学因素和腐蚀因素是相互作用、相互促进的。首先，均匀腐蚀状态下强度因素既可以减缓腐蚀也可以加速腐蚀，从而改变设备的预期使用寿命；其次，一些局部腐蚀形态（如点蚀、缝隙腐蚀、晶间腐蚀等）往往会成为结构使用中表面的裂纹源或应力集中部位，从而对强度造成较大影响；再次，腐蚀介质和材料的联合作用会使结构发生应力腐蚀、氢脆等破坏，其危险性更大，设计时必须认真对待。

考虑到腐蚀与强度之间的关系，设计时需采取以下措施。

① 增加腐蚀裕量。如果材料在介质中只产生均匀腐蚀，那么常用的处理方法是设计时把腐蚀与强度的问题分开处理。首先根据强度选取构件的尺寸和厚度，然后再根据材料在介质中的平均腐蚀速率确定一个附加厚度（腐蚀速率乘以预期工作时间，称为"腐蚀裕量"），两者相加即为实际确定的构件厚度。

② 尽可能减小结构或焊接接头部位的应力集中，以免外加应力、焊接应力和应力集中区重叠后增大应力峰值。

（二）内防腐层

钢管经表面处理，如喷砂（丸）、化学除锈、高压水清垢、机械除锈等，然后涂衬涂层或薄膜材料，形成良好结合的内防腐层。

涂层防腐蚀所选用的涂层材料和涂装工艺技术应具备如下条件：①具有优良的与钢管界

面的附着力，尤其是涂层的湿膜附着能力；②为了降低防护成本，在不影响防腐质量前提下，对钢管表面处理要求尽可能低；③面层涂料具有优良的耐蚀、耐磨、耐温和抗介质渗透；④所选用的涂层工艺能确保防护层结构各界面之间具有良好的活性附着力，充分发挥涂层材料的性能，避免界面污染；⑤防护层的综合经济效益最佳。

1. 常用内防腐层材料

目前，常用的天然气管线内涂层防腐技术有涂塑钢管、环氧粉末涂料、玻璃鳞片漆、水泥砂浆内衬、玻璃钢管线内衬和水性带锈复合防锈涂料等。

钢管的内防腐层(内涂层)材料品种繁多，类似产品的质量差别也较大，用户在选用时往往根据实验室的各种检验参数对比和现场挂片性能对比来确定。对内涂层的防护性能指标，国内外目前尚没有统一的标准，用户根据需要向涂敷制造商提出要求。在实验室常规检验指标认可后，对内涂层产品的验收可以采取如下三项指标：

① 外观，采用内窥镜或闭路电视，没有流淌、皱纹、橘皮、起泡、鱼眼等缺陷；

② 厚度，采用磁性测厚仪，一般不小于 $250\mu m$，从湿态防腐蚀考虑，防腐层的厚度应不小于 $400\mu m$；

③ 涂层漏点检测，采用电火花击穿检测或电阻检测。

2. 内涂层涂装工艺技术

涂装工艺技术的设计或选用，对降低涂层成本，确保涂层质量有着重要作用。而不同的涂层材料、涂层材料结构的设计，就需采用相适应的工艺技术。涂装工艺技术通常可分为五种类型。

(1) 溶剂型旋喷式涂装工艺

该工艺适用于单根管材的工厂专用生产线上集中涂敷。所用涂料为溶剂型涂料，分底漆和面漆配套使用。一般是 1 道底漆和 2~3 道面漆。也有固体含量较高的又有良好触变性的涂料可采用一底一面结构。值得指出，涂装前的表面处理质量，直接影响涂层的界面附着力。

(2) 熔结环氧涂层涂敷工艺

我国的熔结环氧涂层的研制起始于 20 世纪 70 年代，发展于 80 年代。进入 90 年代，在扩大工程应用的同时，在涂料性能的开发，以美国 3M 公司 206N 为赶超目标，取得了可喜的进展。尤其是固化的时间降到($230\sim240℃$)/3min 以下，不仅使工艺流程大幅度简化，同时使涂层充分体现了硬质、薄层、高性能三大优点，引起管道工程界的重视。

(3) 连续涂敷工艺

现场连续涂敷工艺技术，也称挤涂工艺技术，是将防腐涂料装在两组挤涂器之间，利用空气压力推进挤涂器，涂料得以涂敷管壁上。

(三) 加注缓蚀剂

1. 概述

在腐蚀环境中，通过添加少量能阻止或减缓金属腐蚀速率的物质以保护金属的方法，称为缓蚀剂保护。缓蚀剂保护方法应用面广，与其他保护方法相比，有如下优点。

① 不改变金属构件的性质和生产工艺；

② 用量少，一般添加的质量分数在 0.1%~1.0% 之间可起到防蚀作用；

③ 方法简单，无须特殊的附加设备。

缓蚀剂保护的缺点是只能在腐蚀介质的体积量有限的条件下才能采用，因此一般用于有限的封闭或循环系统，以减少缓蚀剂的流失。同时，在应用中还应全面考虑缓蚀剂对产品质量有无影响，对生产过程有无堵塞、起泡等副作用，以及成本的高低等。缓蚀剂的保护效果与腐蚀介质的性质、浓度、温度、流动情况以及被保护金属材料的种类与性质等有密切关系。也就是说，缓蚀剂保护法有严格的选择性，对一种腐蚀介质和被保护金属能起缓蚀作用，但对另一种介质或另一种金属不一定有同样效果，甚至会加速腐蚀。

2. 缓蚀剂分类

缓蚀剂种类很多，缓蚀机理复杂，没有一种统一的方法将其合理分类并反映其分子结构和作用机理之间的关系。为了研究和使用方便，从多种角度对缓蚀剂进行分类。

（1）按化学组成分类

按通常对物质化学组成的划分，可以把缓蚀剂划分为无机缓蚀剂、有机缓蚀剂两大类。

（2）按电化学机理分类

按照缓蚀剂对电极过程的影响，把缓蚀剂分为阳极型、阴极型和混合型。

① 阳极型缓蚀剂：通常是缓蚀剂的阴离子移向金属阳极使金属钝化。它是应用广泛的一类缓蚀剂。但如果用量不足，不能充分覆盖阳极表面时，会形成了小阳极大阴极结构的腐蚀电池，反而会加剧金属的孔蚀。

② 阴极型缓蚀剂：通常是阳离子移向阴极表面，并形成化学或电化学的沉淀保护膜。这类缓蚀剂在用量不足时并不会加速腐蚀。

③ 混合型缓蚀剂：对阴极过程和阳极过程同时起抑制作用。

（3）按物理化学机理分类

按缓蚀剂对金属表面的物理化学作用，可将缓蚀剂分为氧化膜型、沉淀膜型和吸附膜型三类。这种分类方法在一定程度上可以反映金属表面膜和缓蚀剂分子结构的联系，还可以解释缓蚀剂对腐蚀电池电极过程的影响。

① 氧化膜型缓蚀剂直接或间接氧化金属，在其表面形成金属氧化物薄膜，阻止腐蚀反应的进行。一般对可钝化金属(铁族)具有良好保护作用，而对不钝化金属如铜、锌等，没有多大效果。

② 沉淀膜型缓蚀剂能与介质中的离子反应并在金属表面形成防腐蚀的沉淀膜。沉淀膜的厚度比一般钝化膜厚，而且致密性和附着力也比钝化膜差，所以效果比氧化膜要差一些。

③ 吸附膜型缓蚀剂能吸附在金属表面，改变金属表面性质，从而防止腐蚀。根据腐蚀机理不同，它又可分为物理吸附型和化学吸附型两类。为了能形成良好的吸附膜，金属必须有洁净的(即活性的)表面，所以在酸性介质中往往比在中性介质中更多地采用这类缓蚀剂。

3. 缓蚀剂选用原则

（1）腐蚀介质

不同的腐蚀介质应选用不同类型的缓蚀剂，以达到有效的金属保护。一般来说，中性水介质使用的缓蚀剂大多数为无机物，以钝化型和沉淀型为主；酸性水介质使用的缓蚀剂大多为有机物，以吸附型为主。但现代的复配型缓蚀剂，将根据需要，在用于中性水介质的缓蚀剂中添加有机物质；在用于酸性水介质的缓蚀剂中添加无机盐类。

不同介质中缓蚀剂的用量以及介质的温度、运动速度等因素都能影响缓蚀剂的功效。

（2）金属

不同金属的电子排布、电位序列、化学性质等很不相同，它们在不同介质中的吸附和成膜特性也不同。钢铁无疑是使用最广泛的金属，其缓蚀剂也是研究和使用得最多，但许多钢铁用的高效缓蚀剂往往对其他金属效果不好。因此，如果需要防护的系统是由多种金属构成，单一的缓蚀物质一般难以满足防护要求，此时应考虑多种缓蚀物质的复配使用问题。

（3）缓蚀剂的复配

由于金属腐蚀情况的复杂性，现代缓蚀剂很少是采用单种缓蚀物质的。多种缓蚀物质复配使用时的总缓蚀效率比单独使用时的缓蚀效率加和要高，这就是协同效应。产生协同效应的机理随所用缓蚀剂的性质而异。

（4）缓蚀剂的毒性

许多高效缓蚀剂往往带有毒性，致使它们的使用范围受到限制。所以，现代缓蚀剂的研制和应用都必须特别注意环境保护问题。

（5）缓蚀剂的配伍性

由于在天然气集输系统中，缓蚀剂与其他化学药剂一起使用，因此应当尽可能避免出现沉淀或发生"盐析"现象，各类药剂之间能够互溶，不产生沉淀和降效等不利影响。

（四）工艺措施

1. 流速控制

管输介质的流速应满足工艺设计要求并应控制在使腐蚀为最小的范围内。流速范围的下限值应使腐蚀性杂质悬浮在管输介质中，使管线内积存的腐蚀性杂质降至最少。流速范围的上限应使磨损腐蚀、空泡腐蚀等降至最小，使用缓蚀剂时应不影响缓蚀剂膜的稳定性。

2. 间歇流控制

输送时宜避免间歇流。如果无法避免，可控制管输介质的流速，使其能冲走不流动介质或低流速期间聚积在管内低洼处的积液和沉积物。

3. 清管

如果预计水、沉淀物或其他腐蚀产物会沉积在管线中时，可采用清管措施。清管频率应保证污物及时被清除，以避免对管线内壁产生腐蚀。

4. 含水量控制

管输介质在输送期间，当其含水量可导致腐蚀时，可采用分离、脱水工艺，降低其含水量。

5. 避免氧进入

氧的存在会加速腐蚀，应避免氧在管输过程中进入管线。如果有氧进入，应考虑脱氧。

6. 温度控制

尽量降低天然气运行温度，减缓腐蚀。

三、工程实例

（一）川东北高含硫气田

从 1995 年以来，川东北地区先后在渡口河、罗家寨、铁山坡构造发现了一批高产气田，其天然气为酸性气体，H_2S 含量 6.4%~17%，CO_2 含量 4%~12%。该气田酸性气体含量高于已开发的卧龙河、中坝气田，而且不含有对管材具有缓蚀作用的凝析油，其腐蚀环境更加恶劣。

川东北气田天然气在 H_2S 和 CO_2 共存条件下，影响腐蚀的主要因素是水中 Cl^- 含量、元素硫、H_2S 和 CO_2 分压及温度等。由于元素硫析出并可能沉淀在井筒、油管、处理设备和集气管线中加重腐蚀和堵塞，对腐蚀防护提出新的要求，需要进一步研究 H_2S、CO_2、Cl^- 和元素硫共存条件下的腐蚀行为及元素硫对缓蚀剂的影响等。

目前采用的防腐措施是含硫气井(H_2S 含量小于 8%）材质的选择，井下主要采用抗硫碳钢和低合金钢油套管，地面集输管线和设备主要采用 20# 碳钢等，同时加注缓蚀剂减缓电化学腐蚀；地面污水的输送管大量地应用了玻璃钢管。

（二）川西北某井管线

四川盆地西北部地区是超高压气藏，由于天然气中含水 H_2S 和 CO_2 等，对地面集输工艺的安全性要求极高，其中双探 1 井为川西北地区典型的超高压含硫气井，采取了一系列防腐措施防止管道腐蚀：①井口以及高压多级节流组橇中所有与介质接触的通道堆焊镍基材料和碳钢等耐腐蚀合金，提高通道的耐磨性和抗腐蚀性；②采用气液分离器对天然气中产出水进行捕获；③建立单井脱硫装置，并优选固体氧化铁干法工艺对天然气进行脱硫；④在高压节流橇后和脱硫装置后分别设置缓蚀剂加注口，采用连续加注工艺将缓蚀剂以雾状喷入管道内，使缓蚀剂雾滴均匀分散在气流中，并吸附在管道、设备内壁，起到防腐效果；⑤建立单井清管装置，定期进行清管作业。

（三）醇胺法脱硫脱碳装置

醇胺溶液本身对碳钢并无腐蚀性，只是酸气进入溶液后才产生的。酸性组分是最主要的腐蚀剂，其次是溶剂的降解产物。溶液中悬浮的固体颗粒（主要是腐蚀产物如硫化铁）对设备、管线的磨损，以及溶液在换热器和管线中流速过快，都会加速硫化铁膜脱落而使腐蚀加快。设备应力腐蚀是由 H_2S、CO_2 和设备焊接后的残余应力共同作用下发生的，在温度高于 90℃ 的部位更易发生（图 9-12）。

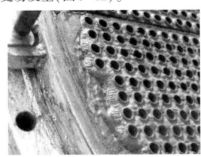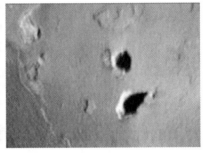

图 9-12　天然气净化厂重沸器板、壳程管腐蚀形貌

为防止或减缓腐蚀，在设计与操作中应考虑以下因素：

①尽可能维持最低的重沸器温度，重沸器中的管束或火管上方应保持足够的液位，例如管束浸埋深度最小为 150mm，以免管束局部加热加剧腐蚀。

②将酸气负荷和溶液浓度控制在满足净化要求的最低值。

③设置机械过滤器（固体过滤器）和活性炭过滤器，以除去溶液中的固体颗粒、烃类和降解产物。

④控制管线中溶液流速，减少溶液流动中的湍流和局部阻力。

⑤确保补充水的水质符合要求。如果允许，可以采用水蒸气作为补充水。

⑥合理选材，即一般部位采用碳钢，但贫富液换热器的富液侧（管程）、富液管线、重

沸器、再生塔的内部构件(例如顶部塔板)和酸气回流冷凝器等采用奥氏体不锈钢。管材表面温度超过 120℃，应考虑采用 1Cr18Ni9Ti 钢。

⑦ 对与酸性组分接触的碳钢设备和管线应进行焊接后热处理以消除应力，避免应力腐蚀开裂。

⑧ 其他。如采用原料气分离器和过滤器，防止地层水及气体所携带的杂质进入醇胺溶液中。

第四节　腐蚀监测与检测

由于工作环境非常恶劣，天然气管线及设备常因内外壁腐蚀破坏而导致天然气泄漏，造成严重的经济损失、能源浪费和环境污染。因此，天然气管线及设备的监测与检测对于有效评估其使用寿命，抑制天然气泄漏，保证其正常运行具有极其重要的意义。

一、腐蚀监测

腐蚀监测通常是指在线腐蚀监测，是对管线或设备内部的腐蚀速率进行连续测量或断续测量，以掌握腐蚀的过程和腐蚀控制的应用情况及控制效果。

腐蚀监测探头可以是机械的、电的、电化学的装置。腐蚀监测技术本身即可提供在管线或设备中天然气对金属损耗或腐蚀速度的直接和在线的监测结果。

腐蚀监测的目的主要是：①使设备在接近最佳状态下运行，提高生产能力，改善产品质量，延长设备使用寿命；②预报适时维修需要，减少投资费用，减少操作费用；③保证设备的安全运行，保证操作人员的安全，有益于降低环境污染；④有益于鉴定腐蚀原因，判断防腐蚀方法的效果；⑤为管理决策提供信息。

（一）腐蚀监测的要求及影响因素

1. 腐蚀监测的要求

由于腐蚀监测的目的是掌握腐蚀的过程，进而实现对腐蚀的控制，所以腐蚀监测应该满足以下几项要求：①必须使用可靠，可以长期进行测量，有适当的精度和测量重现性，以便能确切地判定腐蚀速率；②测量不需要停车，对于高温、高压和具有放射性等工艺特别重要；③有足够高的灵敏度和反应速率，测量过程要尽可能短，以满足自动报警和自动控制的要求；④操作维护简单。

2. 影响腐蚀监测的因素

天然气集输与处理中影响腐蚀的因素很多，例如物料的化学成分、微量物质或污染、温度、压力、流体的流速、相变、金属材料的化学组成、电偶效应、缝隙的存在、应力的大小和类型以及传热条件等，它们都对腐蚀的形态或速率产生影响，当然对一些腐蚀监测也会产生一定的影响。在选择腐蚀监测技术和分析数据时，应当对它们加以考虑。

（二）内腐蚀监测方法

目前对于腐蚀的现场试验主要是通过在线监测实现的。除了常用的挂片法外，现在还发展有其他类型的腐蚀监测方法，这些方法的基本原理、适用环境和优缺点等见表 9-10。

表 9-10　常用在线腐蚀监测技术

方法名称	主要原理	适用环境	得到信息	缺点	优点
挂片法	通过金属挂片损耗量除以时间来确定腐蚀速率	任何环境	1. 整个试验周期内的平均腐蚀速度； 2. 确定腐蚀类型（点蚀或其他局部腐蚀）	测量周期长	1. 费用少； 2. 测定腐蚀与结垢量，确定腐蚀类型； 3. 能鉴别局部腐蚀
电阻法（ER）	测量电阻探头的金属损耗量而测量腐蚀。探头腐蚀后面积减小，电阻增大	任何环境	1. 配上自控和数据处理技术，可以连续测量腐蚀速率的变化； 2. 同时可以测量介质温度	1. 不能鉴别局部腐蚀； 2. 腐蚀产物导电引起误差大； 3. 监测设备费用高	测定时间短
线性极化	用两电极或三电极测量极化电阻	电解质溶液	介质瞬时腐蚀速率	1. 只适用于导电介质； 2. 不能鉴别局部腐蚀； 3. 监测设备费用高	实现实时监测
MICROCOR 快速腐蚀速率测定	测量感抗式探头的金属损失量	任何环境	1. 腐蚀速率； 2. 与环境监测软件配合，加上其他探头，可同时给出腐蚀过程中其他变量：温度、压力、pH 值等	1. 不能鉴别局部腐蚀； 2. 监测设备费用高	测定时间短
氢探头	通过测量氢探头内压力的变化预测腐蚀的变化	在 H_2S 存在的场合或其他可能引起氢脆的介质	腐蚀环境的变化。如果积聚的压力以一定的速率持续增加，然后有一天突然以 10 倍的量增大，就表明腐蚀状况恶化	1. 不能反映腐蚀速率； 2. 监测设备费用高	测定氢通量，反映 H_2S 腐蚀变化

　　上表表明：电阻法、线性极化法、MICROCOR 快速腐蚀速率测定等方法只能测试腐蚀速率，不能反应腐蚀形态，腐蚀产物硫化铁对电阻法的测定有较大的影响；线性极化法只能用于导电介质中，这三种测定方法是通过软件及仪表的二次转换所得的腐蚀数据，受生产厂家生产水平影响大，同时这些仪器成本高、属于精密仪器在现场应用容易受到干扰，氢探头只测定氢通量，不能反应腐蚀速率的快慢。挂片失重法是室内进行腐蚀规律评价的经典方法，也是油气田现场腐蚀监测的标准方法。

二、内腐蚀检测

　　管线发生腐蚀后，通常表现为管壁变薄，出现局部的凹坑和麻点。管线内腐蚀检测主要针对管壁的变化来进行测量和分析。

（一）超声波检测

超声波法对缺陷管线的壁厚进行测量主要是利用脉冲反射时间间隔，检测时，探头依次接收由管外壁和管内壁传送过来的反射波，然后通过计算可以得出较为准确的管壁厚度，超声波法能够将天然气管线内、外壁的变形情况和腐蚀情况分辨出来，而且对管线壁厚和材料的敏感性小。

（二）漏磁检测

通过检测被磁化钢管表面逸出的漏磁，来判断缺陷是否存在。但是若要保证检测精度，就必须对其检测速度进行合理地控制；同时，漏磁通法的测试精度还与壁厚成反比，值得注意的是，天然气管线若采用漏磁通法检测，其壁厚应<12mm。

（三）智能清管检测

智能清管通过向管线内发射智能清管装置来完成，该装置附有传感系统，用以测量管壁缺陷，同时还有数据存储装置。通过对管路沿线内部腐蚀状态进行扫描，将相关信息记录下来，在管线末端，取出清管装置后，通过相应的处理软件即可判断管线内腐蚀的位置及程度。

三、外腐蚀检测

埋地管线的外腐蚀保护一般采用绝缘层和阴极保护组成的防护系统。其防腐层常因为施工质量、老化、外力破坏等多种原因造成破损，致使管线阴极保护所加的强制电流从破损处泄漏进入大地，导致保护距离变短，甚至无法建立保护电位，达不到防腐的目的。实践证明，90%以上的腐蚀穿孔发生在防腐层破损处。因此，通过检测管线防腐层的损坏程度，可以得出管线受腐蚀的情况。

因此，管线外腐蚀检测主要包括阴极保护效果检测和防腐层状况检测。

（一）阴极保护效果检测

因为腐蚀是电化学过程，所以阴极保护效果检测主要是测量三个参数：电压（电位）、电流及电阻。

1. 电位测量

（1）一般原则

管/地电位的测量有三种意义：未加阴极保护的管/地电位是衡量土壤腐蚀性的一个参数；施加阴极保护的管/地电位是判断阴极保护程度的一个重要参数；当有干扰时，管/地电位的变化是判断干扰程度的重要指标。

（2）测量方法

地表参比法；近参比法；滑动参比法；电位测量中的 IR 降及其消除。

2. 电流测量

与电位测量相反，电流测量中要求仪表的内阻尽可能地小，应在被测回路总电阻的 5%以内。电流表的灵敏阀应小于被测电流值的 5%。

牺牲阳极输出电流，可采用标准电阻法、双电流表法和直测法。

管线内电流的测量，可采用电压降法。此法的优点是测量精度高，不要求知道管道内电阻。此法测得的电流与实际管内电流方向相反。

保护电流密度的测定，对于带有防腐层的埋地管线，所需保护电流应采用馈电法。

3. 电阻测量

土壤电阻率测量，可采用土壤箱法和原位测量法。

接地电阻的测量通常采用三极法，测量电流是由被测接地体和辅助接地极馈入，在被测接地体和辅助探针之间进行电位测量，按欧姆定律换算成电阻。

绝缘接头的绝缘性能测试方法有：

① 安装前测试，一般采用兆欧表直接遥测其绝缘电阻值；

② 安装后测试，可采用电位差法、漏电率测试、电压电流法和套管短路的判断测试。

（二）防腐层检测

1. 交流电流衰减法

交流电流衰减法适用于远离高压交流输电线地区，处于钢套管、钢丝网加强的混凝土配重层（套管）外，任何交变磁场能穿透的管线外防腐层质量检测。对埋地管线的埋深、位置、分支、外部金属构筑物、严重的防腐层破损，均可给出准确的信息。根据电流衰减的斜率，可以定性确定各段管线防腐层质量的差异，为更准确地防腐层破损点详查提供依据。

2. 交流地电位梯度法

交流地电位梯度法采用埋地管线电流测绘系统（PCM）与交流地电位测量仪（A字架）配合使用，通过测量土壤中交流地电位梯度的变化，用于埋地管线防腐层破损点的查找和准确定位。对处于钢套管、钢丝网加强的混凝土配重层（套管）内管线此法不适用。

3. 直流电位梯度法

直流电位梯度法（DCVG）适用于确定埋地管线外防腐层破损点位置；对破损点腐蚀状态进行识别；结合密间隔地电位测量（CIPS），可对外防腐层破损点的大小及严重程度进行定性分类。

密间隔地电位测量（CIPS）适用于对管线阴极保护系统的有效性进行全面评价的测试。此法可测得管线沿线的通电电位和断电电位，对保护电流不能同步中断（多组牺牲阳极或其与管线直接相接，或存在不能中断的外部强制电流设备）的管线此法不适用。

（三）瞬变电磁检测

瞬变电磁（TEM）检测法是基于瞬变电磁原理，在地面（不需开挖）检测埋地管线金属损失的一种方法，简称TEM检测。此法也可用于地面以上各类金属管线剩余管壁厚度的检测。由于采用非接触式信号加载方式，最适用的检测对象是单根或可视为单根的金属管线。此法不适宜用于孔（点）蚀的检测。

四、工程实例

（一）西气东输一线

1. 阴极保护效果检测

西气东输一线东部管段（靖边至上海）阴极保护设施投运以后，采用密间隔地电位（CIPS）测试了阴极保护电位。测量步骤如下：

① 在测试之前，应确认阴极保护正常运行，管道已充分极化。

② 测试时，在所有电流能流入测试区间的阴极保护直流电源处安装电流中断设备，设置合理的通/断循环时间和断电时间，使管道在通/断循环状态下同步运行。典型的循环时间设置为：通电800ms，断电200ms或通电12s，断电3s。

③ 利用探管仪对管道定位，保证参比电极放置在管道的正上方。

④ 打开 CIPS/DCVG 测量主机，设置与同步断流器保持同步运行的相同的通/断循环时间和断电时间，并设置合理的断电电位测量延迟时间，典型的延迟时间设置为 100ms。

⑤ 将线轴一端与 CIPS/DCVG 测量主机连接，另一端与测试桩连接，将硫酸铜参比电极与 CIPS/DCVG 测量主机连接。

⑥ 从测试桩开始，沿管线管顶地表以密间隔(1~3m)逐次移动硫酸铜参比电极，每移动一次就采集并记录存储一组通电电位和一组断电电位，直至到达前方一个测试桩。按此完成全线管地电位沿管道的变化测量，数据采集间距可根据实际需要确定。

按上述步骤，对苏浙沪管段测试结果见表 9-11。

表 9-11　苏浙沪管段沿线部分保护电位测试结果表

测点桩号	B24-00	B24-05	B24-10	龙池站	B24-15	B24-20	126 阀室
电位/-V	0.88	0.79	1.41	0.99	0.94	0.88	0.83
测点桩号	B24-30	B24-35	青山站	龙潭站	B24-45	B24-50	127 阀室
电位/-V	1.01	1.05	1.02	1.20	1.446	1.36	1.073

由上述保护电位测试结果可以看出，部分管段保护电位偏低，有些局部管段没能达到最小-0.85V 的保护要求。

另外由于局部管段受到外界杂散电流地电场的影响，保护电位不是很稳，并造成个别阴极保护站恒电位仪输出电压和电流数值偏高并且有些波动。

西气东输一线东部管段(靖边至上海)投入运行以来，阴极保护设施也随即陆续投入了运行，采用密间隔地电位测试了阴极保护电位。但从初期的运行效果看，管线的保护效果并不十分理想，与设计的预期设想有一定的差距。部分管段保护电位偏低，有些局部管段保护效果不好，只有陕晋管段除个别点位外，没有连片电位偏低的情况，保护效果较为理想。

另外由于局部管段受到外界杂散电流地电场的影响，保护电位不是很稳，并造成个别阴极保护站恒电位仪输出电压和电流数值偏高并且有些波动。

2. 3LPE 防腐层绝缘性能综合检测评价

西气东输一线东部管段，3LPE 防腐层绝缘性能还算理想，实际保护平均电流密度核算为 2.09μA/m² 左右，与国外资料上介绍的数量级基本接近。同时验证了在设计阶段对最小保护电流密度为 3~5μA/m²，计算时取 4μA/m²(保留一定余量)的预计是正确、合理的。

（二）陕京一线

陕京一线输气管道西起陕西靖边，东至北京石景山衙门口，干线长 847km，支线长约 71km。该管道共设首站、末站各一座，分输站两座、中间清管站 7 座，根据阴极保护工艺计算和 11 座工艺站场的间距，除北京末站外的所有工艺站场，各建阴极保护站一座，共 10 座，所有监测点的管地电位，北京调控中心随时可以发出指令收集。

陕京一线管线的外防腐涂层与阴极保护都是按照 20 世纪 90 年代的世界先进水平设计，在我国第一次采用 3LPE 外防腐层；第一次将阴极保护系统与 SCAD 系统结合起来，实现调控中心对各重要点阴极保护参数的遥测，以及对各阴极保护站工作状态的遥控，第一次在技术上实现断电法消除电压降(IR)测试阴极保护电位。

（三）长庆气田集输系统腐蚀监测

1. 腐蚀监测点分布

G21-21 井至中 20 站管线（H_2S 含量为 31.2mg/m³、CO_2 含量为 3.9%）。

2. 挂片规格与现场试验方案

因采气管线均为 20# 钢，故监测所用试片选用 20# 钢材质，试片采用棒状，其尺寸为：32.2mm×5.70mm 和 28.9mm×3.62mm 两种规格。

监测周期：最低 28 天，根据现场情况，可以延长。

挂片腐蚀监测现场试验方案如图 9-13 所示。

3. 测试装置的安装调试

在进站高压采气管线到加热炉之间的管段，设计了专门的高压阀组，可实现电阻探针、失重挂片杆和 Micrro 磁阻探针等多个监测点同时运行。还可实现流程切换、压力温度监测和高压取样、探针拆装等功能。

现场安装图如图 9-14 所示。安装完成后，通过笔记本电脑对仪器参数进行设置，采样周期为 1h，然后启动采样进程。

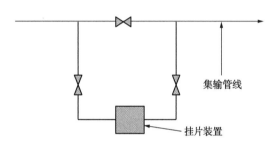

图 9-13　腐蚀监测现场试验方案

图 9-14　G31-12 井现场测试安装图

4. 试验结果与分析

现场试验累计 4 个月时间，在中 20 站 G21-21 井进行了腐蚀监测和比对试验结果分析。G21-21 井的 H_2S 含量为 31.2mg/m³、CO_2 含量为 3.888%。

G21-21 井安装了两套腐蚀监测阀组。该井的腐蚀速率检测数据如图 9-15 所示，可见在监测期间，腐蚀速率波动较大，短时间的腐蚀速率甚至超过 0.13mm/a，还出现了腐蚀速率为负的情况。在 2 个月内的监测时间内，其平均腐蚀速率为 0.011mm/a。

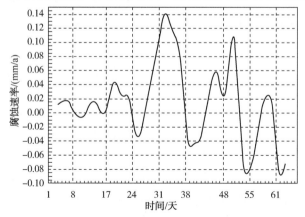

图 9-15　电阻探针传感器腐蚀速率(未加缓蚀剂)

上述结果是未添加缓蚀剂时的监测结果。随后不久 G21-21 井加注了缓蚀剂 90L。其腐蚀速率监测数据如图 9-16 所示。从数据图来看，电阻探针敏感元件的厚度在一个多月的时间反而增加了，这有两个方面的原因，一是可能是缓蚀剂加入后管内腐蚀被大大抑制，同时有腐蚀产物覆盖在探头表面，造成电阻值下降，导电率增加；二是测量前期可能出现了较大的偶然误差，导致初期的测量值过低。综合全部数据来看，其平均腐蚀速率：-0.054mm/a，这表明在这段时间内的腐蚀速率是很低的。

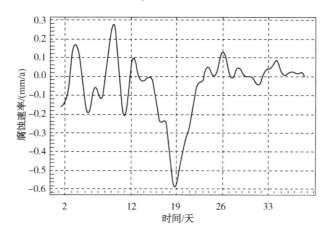

图 9-16　电阻探针腐蚀速率测量（加缓蚀剂后）

从图 9-15 和图 9-16 的测量结果可知，电阻探针所获得的腐蚀速率在加缓蚀剂前后均出现了较大的波动，并都出现了负值的情况，这一方面表明管道腐蚀速率本身可能有波动，另一方面也表明电阻探针所获得的瞬时腐蚀速率结果与实际情况的吻合程度较差，其结果受探针表面状况影响较大，在工程上的实用性较差。

以下是挂片失重法监测的结果。

① 第一批测试，共 62 天，结果见表 9-12。

表 9-12　挂片监测结果（62 天）

材　　质	20#钢			
编　　号	1#	2#	3#	4#
尺寸（长×直径）/mm	32.2×5.70（表面积 6.273cm²）			28.9×3.62
原质量/g	3.5038	3.4608	3.5720	3.5832
试验后重/g	3.4993	3.4544	3.5675	3.5788
失重/g	0.0045	0.0064	0.0045	0.0044
试验周期/h	1488			
腐蚀速率/（mm/a）	0.0054	0.0077	0.0054	0.0095

在该组挂片中，由于第 4#挂片的腐蚀速率与其余 3 个挂片的值相差较大，不符合平行试验的要求，故舍去，剩余 3 个挂片的平均腐蚀速率为 0.0062mm/a。

② 第二批测试，两套装置，各 67 天，结果见表 9-13 和表 9-14。4 个挂片的平均腐蚀速率为 0.0055mm/a。

表 9-13　1[#]装置挂片监测结果(67 天)

材　质	20[#]钢			
编　号	1[#]	2[#]	3[#]	4[#]
尺寸(长×直径)/mm	32.2×5.70(表面积 6.273cm^2)			28.9×3.62
原质量/g	7.5986	7.3820	7.4330	3.1793
试验后重/g	7.5941	7.3756	7.4287	3.1768
失重/g	0.0045	0.0064	0.0043	0.0025
试验周期/h	1608			
腐蚀速率/(mm/a)	0.0050	0.0071	0.0048	0.0050

表 9-14　2[#]装置挂片监测结果(67 天)

材　质	20[#]钢			
编　号	1[#]	2[#]	3[#]	4[#]
尺寸(长×直径)/mm	32.2×5.70(表面积 6.273cm^2)			28.9×3.62
原质量/g	7.3743	7.3132	7.5125	7.4027
试验后重/g	7.3695	7.3095	7.5097	7.4019
失重/g	0.0048	0.0037	0.0055	0.0008
试验周期/h	1608			
腐蚀速率/(mm/a)	0.0053	0.0041	0.0061	0.0016

在该组挂片中,由于第 4[#]挂片的腐蚀速率与其余 3 个挂片的值相差较大,不符合平行试验的要求,故舍去,剩余 3 个挂片的平均腐蚀速率为 0.0052mm/a。

从第二批挂片腐蚀监测结果可以看到,挂片法所获得的腐蚀速率较稳定,重现性好。而对比前后两批的结果可发现,在腐蚀的初期,腐蚀速率相对较高,随着时间的延长,腐蚀速率有所下降。这种变化趋势也和室内测试的结果相吻合。

从监测结果还可以看到,由于 G21-21 井 H$_2$S 含量较低,所以获得的腐蚀速率相对较低,属轻微腐蚀。

第五节　绝　热

一、绝热的基本知识

(一)绝热定义

绝热也称隔热,是在物体外部装设一层热阻大的材料以阻止或减缓热能散失的一种手段。

设备或管线内介质温度高于周围环境温度时,称为热设备和热管线。为阻止或减少其向周围环境散发热量,保持设备和管线内介质温度稳定和经济运行,在设备或管线外壁装设的绝热设施,称为保温。

设备或管线内介质温度低于环境,或介质温度≤0℃时,称为冷设备和冷管线。为阻止或减少周围环境向其浸入热量,保持设备和管线内介质温度稳定和经济运行,在设备和管线外壁装设的绝热设施，称为保冷。

按热量运动的形态来看，保温与保冷是有区别的，但人们习惯上统称为保温。

（二）绝热的作用

绝热的作用主要有如下几方面：①减少热损失，节约燃料；②保证生产工艺流程的需要，提高设备能力；③改善劳动条件，实现安全生产；④延长设备和管道的运行期限；⑤保持低温，减少冷量损失；⑥防止管线和设备内液体冻结。

二、绝热材料性能及选择

（一）绝热材料种类

1. 绝热材料定义

用于减少物体与环境热交换的一种功能材料，称为绝热材料。通常把室温下导热系数低于 0.20W/(m·K)的材料称为绝热材料。而对于设备及管线，当用于保温时，其绝热材料及制品在平均温度小于等于 623K(350℃)时，导热系数值不得大于 0.12W/(m·K)；当用于保冷时，其绝热材料及制品在平均温度小于等于 300K(27℃)时，导热系数值不得大于 0.064W/(m·K)。

2. 绝热材料分类

绝热材料种类很多，目前国家还没有统一的分类方法标准。一般可按材质、形态、结构和使用温度等分类。

按材质划分，可分为无机绝热材料、有机绝热材料和金属绝热材料三类。

按结构划分，可分为纤维类、多孔类、层状、粉末状。

按产品形态划分，有板、块、管壳、毡、毯、棉、绳以及散料等。

按密度分类，分为重质、轻质和超轻质三类。

按压缩性质分类，分为软质、半硬质、硬质三类。

按导热性质分类，可分为低导热性、中导热性和高导热性三类。

按使用温度划分，可分为高温绝热材料(适用于 700℃以上)、中温绝热材料(适用于100~700℃)、常温绝热材料(适用于 100℃以下)、保冷材料包括低温绝热材料和超低温绝热材料。实际上许多材料既可在高温下使用也可在中、低温下使用，并无严格的使用温度界限。

（二）绝热材料基本性能

1. 结构性能

（1）密度

绝热材料在不同温度、不同含水量时，其密度不同。一般规定绝热材料的密度是指材料试样在 105~110℃温度范围内干燥后，单位体积的质量。

密度是绝热材料的重要性能指标之一。通常密度小的材料必定有较多的气孔，由于气体的导热系数比固体的导热系数小得多，因此，绝热材料的密度越小，导热系数就越小。

（2）气孔率

绝热材料一般为多孔性材料，用来衡量材料体积被气体充实程度的指标称为气孔率或孔隙率。

材料的气孔率与材料的密度相关，气孔率增大时，材料的密度减小。通常，材料内部闭孔结构多且分布均匀时导热系数低。

（3）吸水率、吸湿率、含水率

吸水率表示材料对水的吸收能力。材料的吸湿率是材料从环境空气中吸收水蒸气的能力。一般材料吸收外来水分或湿气的性质可称为含水率。

绝热材料的含水率对材料的导热系数、机械强度、密度影响大。材料吸附水分后，材料气孔被水占据了相应的空气位置，由于常温下水的导热系数均为空气的 25 倍，而且水在蒸发时要吸收大量的热量，使材料的导热系数大大增加。

2．机械强度

（1）抗压强度

抗压强度是材料受到压力的作用而破损时每单位原始横截面积上的最大压力载荷。硬质绝热材料制品的抗压强度与加工工艺、材料气孔率等密切相关。如材料的气孔率大、存在较多的裂纹，抗压强度则降低。

对于软质、半硬质及松散状绝热材料，一般受到压力载荷时不会破坏，一般不规定抗压强度。

（2）抗折强度

抗折强度是材料受到使其弯曲的载荷作用下破坏时，单位面积上所受到的力偶矩。对软质、半硬质材料制品，一般没有抗折强度要求；对硬质材料制品有抗折强度要求。

（3）高温残余强度

在高温下使用的绝热材料，为了判断其在高温工况下的结构强度，还需提供常温下的抗压强度和高温残余强度。

3．热物理性能

（1）导热系数

导热系数是绝热材料的重要性能之一。它是对于均质、各向同性的物体，在稳态一维热流的情况下，每小时通过两面温差为 1K、厚度为 1m、表面积为 $1m^2$ 的热流量。

（2）比热容

绝热材料的比热容对于计算绝热结构在冷却与加热时所需要的冷量(或热量)有关。

4．燃烧性能

绝热材料的燃烧性能在设备和管线绝热设计中是重要的性能指标。按燃烧性能分为不燃类材料(A 级)、可燃类材料(B 级)、管线绝热用泡沫塑料。

5．化学性能

材料的化学性能，主要指材料的 pH 值和氯离子含量。金属的腐蚀程度与水溶液的 pH 值有关。因此应考虑绝热材料能否对绝热对象产生腐蚀，同时也要考虑绝热对象一旦泄漏出来能否产生化学反应或腐蚀，还须考虑环境介质对绝热材料的腐蚀。

（三）常用绝热材料

主要介绍泡沫、纤维和松散颗粒状和硬质无机绝热材料中较常用的绝热材料的组成与性质。

泡沫绝热材料又称多孔绝热材料，在材料生产的过程中，利用发泡剂等物质产生气泡，形成许多孔隙。这类材料中有泡沫塑料、泡沫橡胶、泡沫玻璃和泡沫混凝土等。

纤维绝热材料按材质可分成有机纤维、无机纤维、金属纤维和复合纤维等。通常使用最广泛的是无机纤维，如石棉、岩棉、玻璃棉、硅酸铝陶瓷纤维、晶质氧化铝纤维等。

粉状绝热材料的种类较多，有天然和人造之分。从材料上看有无机物、有机物和金属等。这类材料的每个颗粒本身就是一种多孔体，主要有膨胀珍珠岩、膨胀蛭石和硅藻土。

（四）绝热材料选择

绝热层材料性能要求应满足以下要求：

① 绝热层材料应选择能提供具有随温度变化的导热系数方程式或图表的产品。对于松散或压缩的绝热材料，应选择能提供在使用温度下的导热系数方程式或图表的产品，进行绝热计算时可采用《工业设备及管道绝热工程设计规范》（GB 50264）中附录 A 常用绝热材料性能规定的数据。

② 管线或设备内介质温度低于 350℃ 时，保温材料导热系数不得大于 0.12W/（m·℃），介质温度低于 27℃ 时，保冷材料导热系数不应大于 0.064W/（m·℃）。

③ 保温的硬质材料密度不得大于 300kg/m³；软质材料及半硬质制品密度不得大于 200kg/m³；保冷材料的密度不得大于 200kg/m³。

④ 用于保温的硬质材料抗压强度不得小于 0.4MPa；用于保冷的硬质材料抗压强度不得小于 0.15MPa。

⑤ 保温材料的含水率不得大于 7.5%（质量分数，下同）；保冷材料的含水率不得大于 1%。

⑥ 绝热层材料应选择能提供具有允许使用温度和不燃性、难燃性、可燃性性能检测证明的产品；对保冷材料，尚需提供吸水性、吸湿性、憎水性检测证明。对硬质绝热材料尚需提供材料的线膨胀或收缩率数据。

⑦ 用于与奥氏体不锈钢表面接触的绝热材料应符合《工业设备及管道绝热工程施工验收规范》（GB/T 50185）有关氯离子含量的规定。硬质绝热材料不宜用于有振动的管线。

⑧ 绝热层材料按照被绝热的工艺设备和管道外表面温度不同，其燃烧性能应符合《建筑材料燃烧性能分级方法》（GB 8624）规定的燃烧等级，并应符合下列规定：

a. 被绝热的设备与管道外表面温度大于 100℃ 时，绝热层材料应符合不燃类 A 级材料性能要求。

b. 被绝热的设备与管道外表面温度小于或等于 100℃ 时，绝热层材料不得低于难燃类 B1 级材料的性能要求。

c. 被绝热的设备与管道外表面温度小于或等于 50℃ 时，有保护层的泡沫塑料类绝热层材料不得低于一般可燃性 B2 级材料的性能要求。

（五）绝热结构保护层材料

绝热工程质量的好坏在很大程度上取决于外防护层材料质量的优劣。由于多数绝热材料都具有一定的吸水性，所以一旦外防护层破坏，水很容易侵入绝热层内部，此时绝热层就失去了干态时的优良性能，导致热损失增大，设备及管线加速腐蚀，运行就会偏离最佳工况。因此，国内外都很重视对防水、防护材料的开发和选用。

1. 防水材料

传统的防水材料对无机类是以硅酸盐水泥为基础，对有机类则是以沥青及其制品为基础。随着现代高分子化学的飞速发展，合成材料大量出现，防水材料的门类和品种更加丰富。

按制品形成和应用分类，防水材料可分为防水卷材、防水涂料、密封材料和胶粘剂四大类。

2. 外保护层材料

常用的绝热结构外保护层主要有金属保护层(镀锌铁皮、黑铁皮、薄铝板)、玻璃钢保护层、玻璃丝布保护层、聚氨酯保护层、聚烯烃保护层、抹面保护层。

三、设备及管线绝热结构

绝热结构由绝热层和保护层两部分构成。绝热层是绝热结构的核心;保护层可保证绝热结构具备必要的使用寿命,并使绝热结构整齐美观,因而也是必不可少的。绝热结构虽然并不复杂,但其绝热效果不易从外观判定,只有合理的设计和严格的施工才能保证其绝热效果。合理的绝热结构设计除能保证绝热效果外,还应具备施工工艺简单,便于维修或更换等特点,主要要求如下:

①保证热损失不超过允许值或保温结构表面温度不大于设计规定值。

②保证保温结构在有效使用年限内的完整性,运行中不允许有变质、腐蚀、剥落等现象产生。

③保温结构应有足够的机械强度,能承受自重和风雪等附加荷载不致破坏。埋地管线还应承受埋土、地面上堆积物所产生的荷载。

④室外和埋地设备、管线保温层外必须有防水措施,埋地管线保温还应选用低吸水率材料。

⑤设备、管线上的附件处(法兰、阀门、伸缩节等),应设计易于拆卸的保温盒,不宜采用固定式保温结构。

⑥在产生振动、热胀冷缩较大的部位,如在管线弯曲部位、方形伸缩节及转动设备的接管端,不宜采用硬质预制品,应采用毡绳软质品。

⑦保温结构中的接缝,必须用同等材质的保温涂料堵塞。多层保温结构,内外层缝隙,应彼此错开。

其他具体要求见参考文献。有关绝热结构的检验、验收及效果评价详见参考文献。

参 考 文 献

[1] 刘奇林,唐瑜,罗召钱,等.川西北地区超高压含硫气井安全地面集输工艺[J].天然气工业,2017, 37(7):101-105.

[2] 汤林,汤晓勇,刘永茜.天然气集输工程手册[M].北京:石油工业出版社,2016.

[3] 孟宪杰,常宏岗,颜廷昭.天然气处理与加工手册[M].北京:石油工业出版社,2016.

[4] 王遇冬,郑欣.天然气处理原理与工艺[M].北京:中国石化出版社,2016.

[5] 尹成先,付安庆,李时宣,等.石油天然气工业管道及装置腐蚀与控制[M].北京:科学出版社,2017.

[6] 张清玉.油气田工程实用防腐蚀技术[M].北京:中国石化出版社,2009.

[7] 寇杰,梁法春,陈婧.油气管道腐蚀与防护[M].北京:中国石化出版社,2015.

第十章　健康、安全与环境保护(HSE)

天然气是易燃、易爆危险品，天然气地面集输、处理、CNG 和 LNG 生产过程的特点是工艺流程复杂、生产环节连续性强，压力容器、压力管道、加热炉、塔器等特种设备集中，存在高温高压等复杂工况，因此健康、安全、环境保护(Health Safety and Environment, HSE)是天然气生产过程的重要工作内容之一。HSEMS(HSE 管理体系)是国内外天然气工业通行的管理体系，从事天然气生产和管理的员工必须要按照 HSEMS 的要求进行工作，要重视岗位风险、熟悉天然气生产过程及潜在的风险，做好生产过程的风险识别和管理，才能最大限度地避免火灾、爆炸、中毒等事故的发生，确保天然气地面工程各环节的持续安全和高效运行。本章主要对天然气地面生产过程的 HSE 因素及防护措施、重大危险源的辨识和管理，对各生产过程的典型事故案例进行介绍。

第一节　健　康

一、主要职业病危害因素

为了预防、控制和消除职业病危害，防治职业病，保护劳动者健康及其相关权益，促进经济社会发展，我国 2002 年 5 月 1 日开始实施《中华人民共和国职业病防治法》，2018 年，中华人民共和国主席令第二十四号第四次修正(自 2018 年 12 月 29 日起施行)。该法明确指出职业病，是指企业、事业单位和个体经济组织等用人单位的劳动者在职业活动中，因接触粉尘、放射性物质和其他有毒、有害因素而引起的疾病。对天然气工业而言，天然气生产过程职业病危害因素来源主要分为施工、生产过程、事故排放和检维修过程等。

1. 施工、生产过程主要职业病危害因素

(1) 粉尘

粉尘是指散发出来的较长时间悬浮于作业环境空气中的固体颗粒。它是污染生产作业环境，影响工人健康的有害因素之一，可引起多种职业性肺部疾病。

生产过程中可能存在的粉尘主要为机修、抢修过程中电焊作业产生的电焊烟尘、砂轮机产生的砂轮磨尘及水泥切割机使用过程中产生的水泥粉尘，同时，物质加热时产生的蒸气、有机物质的不完全燃烧所产生的烟都会产生粉尘，此外，粉末状物质在混合、过筛、包装和搬运等操作时也会产生粉尘，以及沉积的粉尘二次扬尘等。硫黄成型车间空气中硫黄粉尘很容易带上静电，且高达数千伏至上万伏，极易产生静电火花而导致硫黄粉尘爆炸，继而燃烧发生火灾，此外，撞击火花、摩擦等产生的高温高热以及明火等，均可能导致硫黄粉尘发生爆炸和火灾，吸入硫黄粉尘，易引起咳嗽喉痛等症状。

(2) 噪声

噪声来源于设备运转中可能出现的撞击和摩擦、流体在管道内的流动和撞击，压力突变的噪声，如天然气放空等，还有来自电机的电磁声等，如发电机变压器，长期在此环境工作易患噪声性耳聋。

噪声能引起听觉功能敏感度下降甚至造成噪声性耳聋，或引起神经衰弱、心血管疾病及消化系统等疾病的高发。当岗位工人长期在较强噪声环境条件下（超过90dB）作业时，可能产生头痛、头昏、失眠、多梦、记忆力下降等综合征，严重时可造成永久性听力损伤（表10-1、表10-2）。

表10-1 工作场所噪声等效声级接触限值

接触时间	接触限值/dB（A）	备 注
5d/w，=8h/d	85	非稳态噪声计算8h等效声级
5d/w，≠8h/d	85	计算8h等效声级
≠5d/w	85	计算40h等效声级

表10-2 非噪声工作地点噪声声级的设计要求

地点名称	卫生限值/dB（A）	工效限值/dB（A）
噪声车间办公室	75	
非噪声车间办公室	60	不得超过55
计算机室	70	

（3）化学因素

主要包括：烃类物质（甲烷、乙烷等）、硫化氢、二氧化硫、液硫、泡排剂、缓蚀剂、杀菌剂、阻垢剂、氮氧化物、一氧化碳、二氧化碳、甲醇、乙二醇、凝析油、MDEA、TEG、FeS、硫醇、硫醚、氮气、化学药剂、固体废物等（表10-3）。

表10-3 工作场所空气中部分化学有害因素职业接触限值

有害化学因素名称	MAC/（mg/m³）	PC-TWA/（mg/m³）	PC-STEL/（mg/m³）
非甲烷总烃	—	100	180
硫化氢	10	—	—
甲醇	—	25	50
一氧化碳（非高原）	—	20	30

注：1. 非甲烷总烃指除甲烷以外的碳氢化合物，其中主要是（$C_2 \sim C_8$）的总称。非甲烷总烃限值参考正己烷的职业卫生接触限值 PC-TWA 100，PC-STEL 180。

2. MAC 指最高容许浓度，PC-TWA 指时间加权平均容许浓度，PC-STEL 指短时间接触容许浓度。

（4）物理因素

主要包括：异常气象条件，如高温、高湿、低温等；异常气压，如高气压、低气压等；噪声；振动；非电离辐射和电离辐射。

高温、高湿、低温等主要存在冬夏季野外作业，巡检人员在露天巡检过程中，可能受到上述生产环境中有害因素的影响。脱硫装置重沸器、硫黄回收装置的主燃烧器、反应器、尾气焚烧炉等，以及过滤和各装置的管线多是在较高温度（大多高于100℃）下运行，这些部位易发生烫伤。大气高温可能造成中暑，介质及设备、管道等部位高温易造成人员烫伤危害。

低温物质是指能造成冻伤的低温气体、低温液体、低温固体和其他低温物质等。在LNG站中的制冷系统和低温分离装置内存在着低温的设施和部位，天然气集输站场内的天然气、天然气凝液在泄漏、排放和放空时节流降温形成低温，当作业人员接触到低温部位或低温作业时可能发生低温冻伤，钢材在低温也易发生脆裂。

振动主要发生在压缩机厂房及使用风动工具、电动工具、运输工具等。

非电离辐射一般发生在高频热处理时的高频电磁场，电焊、氩弧焊、等离子焊时产生的紫外线，加热金属产生的红外线；电离辐射一般发生在工业探伤的 X 射线，放射性同位素仪表等。

2. 事故排放和检维修过程的职业病危害因素

（1）事故排放

天然气生产过程最大的事故隐患是天然气泄漏导致的环境污染和火灾爆炸事故等。天然气管道发生泄漏事件、阀门泄漏或人为因素与自然灾害导致管道破裂；设备因阀门泄漏或人为因素与自然灾害导致泄漏等均可导致大量天然气外泄；分离器等排污阀门出现故障或人为因素导致排污管线窜气；此情况下，会有大量的天然气释放到环境中，可能造成人员中毒。

（2）检维修

存在的职业病危害因素主要来自设备和管线的维修，管道、设备防腐维修可能接触多种有机溶剂，如苯系物、丙酮、沥青烟雾等。

（3）电焊维修

对泄漏管道进行维修时需进行电焊作业，会产生电焊烟尘（总尘）、锰及其化合物、氮氧化物、臭氧、一氧化碳、电焊弧光等。

二、主要职业病防护对策措施

1. 工程选址

① 应依据我国现行的卫生、环境保护、城乡规划及土地利用等法规、标准和拟建工业企业建设项目生产过程的卫生特征、有害因素危害状况，结合建设地点的规划、水文、地质、气象等因素以及为保障和促进人群健康需要，进行综合分析而确定。

② 应避免在自然疫源地选择建设地点。

③ 天然气站场宜布置在城镇和居住区的全年最小频率风向的上风侧。在山区、丘陵地区建设站场，宜避开窝风地段。

④ 严重产生有害气体、恶臭、粉尘、噪声且目前尚无有效控制技术的天然气站场，不得在居住区、学校、医院和其他人口密集的被保护区域内建设。

⑤ 排放工业废水的天然气站场严禁在饮用水源上游建站，固体废弃物堆放和填埋场必须避免在废弃物扩散、流失的场所以及饮用水源的近旁建设。

⑥ 天然气站场和居住区之间必须设置足够宽度的卫生防护距离。

⑦ 天然气站场应选择在地势平缓、开阔，且避开山洪、滑坡、地震断裂带等不良工程地质地段。

2. 总平面布置

① 遵循规范要求。建构筑物之间的距离满足 GB 50016《建筑设计防火规范》的要求，主体工艺装置与周围设施的防火间距满足 GB 50183《石油天然气工程设计防火规范》的要求，有利于防火安全。放空火炬区与生产或辅助生产设施之间的距离要满足规范要求。

② 充分利用风向进行布置。可能散发可燃气体的场所位于人员集中场所的全年最小频率风向的上风侧，有利于安全。生产区、生活区、住宅小区、生活饮用水源、工业废水和生活污水排放点、废渣堆放场和废水处理厂，以及各类卫生防护、辅助用室等工程用地，应根据工业企业的性质、规模、生产流程、交通运输、环境保护等要求，结合场地自然条件，经技术经济比较后合理布局。

③ 站场总平面的分区应按照厂前区内设置行政办公用房、生活福利用房；生产区内布置生产车间和辅助用房的原则处理，产生有害物质的工业企业，在生产区内除值班室、更衣室、盥洗室外，不得设置非生产用房。

④ 总平面布置图应包括总平面布置的建（构）筑物现状、拟建建筑物位置、道路、卫生防护、绿化等内容，必须满足职业卫生评价要求。

⑤ 站场总平面布置，在满足主体工程需要的前提下，应将污染危害严重的设施远离非污染设施，产生高噪声的车间与低噪声的车间分开，热加工车间与冷加工车间分开，产生粉尘的车间与产生毒物的车间分开，并在产生业危害的车间与其他车间及生活区之间设有一定的卫生防护绿化带。

⑥ 厂区总平面布置应做到功能分区明确。生产区宜选在大气污染物浓度低和扩散条件好的地段，布置在当地最小频率风向的上风侧；散发有害物和产生有害因素的车间，应位于相邻车间全年最小频率风向的上风侧；厂前和生活区布置在当地最小频率风向的下风侧；将辅助生产区布置在二者之间。

⑦ 在布置产生剧毒物质、高温以及强放射性装置的车间时，同时考虑相应事故防范和应急、救援设施和设备的配套并留有应急通道。

⑧ 注重绿化，创造良好的生产环境。厂区内空地可全面绿化，工厂四周边坡可进行生态防护，种植抗、吸收 H_2S、SO_2 的植物，创造良好的生态环境。

3. 防粉尘

① 工程施工阶段，严格 HSE 现场管理制度，规定车辆行走路线，尽早搞好场地铺砌。

② 产生粉尘的生产过程和设备，应尽量考虑机械化和自动化，加强密闭，避免直接操作，并应结合生产工艺采取通风措施；放散粉尘的生产过程，应首先考虑采用湿式作业；有毒作业宜采用低毒原料代替高毒原料，因工艺要求必须使用高毒原料时，应强化通风排毒措施。

③ 产生粉尘的工作场所，其发生源的布置，应符合下列要求：放散不同有毒物质的生产过程布置在同一建筑物内时，毒性大与毒性小的应隔开；粉尘、毒物的发生源，应布置在工作地点的自然通风的下风侧；如布置在多层建筑物内时，放散有害气体的生产过程应布置在建筑物的上层。如必须布置在下层时，应采取有效措施，防止污染上层的空气。

④ 厂房内的设备和管道必须采取有效的密封措施，防止物料"跑、冒、滴、漏"，杜绝无组织排放。在维修车间设置机械通风设施，降低空气中电焊烟尘和砂轮磨尘的浓度，以避免粉尘对维修工人的危害。

⑤ 设置洗眼器、洗手池、呼吸器，并保证这些设施使用完好，以满足巡检职工的卫生要求。

4. 防化学毒物

（1）设置可燃、有毒气体探测系统

做好各种措施防止有毒气体的泄漏。整个工艺过程在密闭状态下进行，装置区内有毒气体浓度应符合规范要求。所有设备和管道的强度、严密性及耐腐蚀性应符合有关技术规范要求。在适当位置装设可燃气体、有毒气体检测报警仪等设施，以便发生可燃气体、有毒气体泄漏时可及时提供信息，及时处理。

（2）采取必要的安全措施

① 在污水处理装置和循环水装置加药间、分析化验室、泵房等可能存在有毒气体排放

的各类厂房根据要求采用机械通风，以排除易燃、易爆有害气体，保持室内空气的流通。在综合楼、中央控制室、分析化验室、值班室、食堂、门卫等设置空调机组以满足人员对热舒适度的需求。对于设置在防爆区域内的空调设备，应采用防爆型。

② 操作人员需要进入装置区时携带便携式有毒气体和可燃气体探测器，以保障人身安全。

③ 在厂内显著位置设置风向标，万一发生有毒气体泄漏时，便于人员安全撤离。

④ 在危险区域的边缘设置醒目的安全标志。

⑤ 对化学物品如 MDEA 溶剂、阻泡剂、缓蚀剂、混凝剂、除氧剂、杀菌剂等在装卸过程中，为操作人员配备个人劳动保护用品。

⑥ 产生粉尘、毒物或酸碱等强腐蚀性物质的工作场所，有冲洗地面、墙壁的设施。产生有毒物质的工作场所，其墙壁、顶棚和地面等内部结构和表面，采用不吸收、不吸附毒物的材料，必要时加设保护层，以便清洗。车间地面平整防滑，易于清扫。经常有积液的地面不透水，并坡向排水系统，其废水纳入工业废水处理系统。

⑦ 尽量选用低毒性、稳定、效果好且不会产生其他副作用的污水处理的消毒剂和除氧剂，并注意产品标识及操作中应注意的问题。设置单独的加药间，加药间设机械通风设施和报警装置。

⑧ 对可能发生急性职业损伤的有毒、有害作业场所，设置急救室或有毒气体防护中心，并配置现场急救用品、冲洗设备。

（3）设置一定防护设施

参加泄漏处理人员应对泄漏品的化学性质和反应特性有充分的了解，要于高处和上风处进行处理，并严禁单独行动。要根据泄漏品的性质和毒物接触形式，选择适当的防护用品，加强应急处理个人安全防护，防止处理过程中发生伤亡、中毒事故。

① 呼吸系统防护

为了防止有毒有害物质通过呼吸系统侵入人体，要根据不同场所选择不同的防护器具。

对于泄漏化学品毒性大，浓度较高，且缺氧情况下，可以采用氧气呼吸器，空气呼吸器，送风式长管面具等。对于泄漏环境中氧气浓度不低于18%，毒物浓度在一定范围内的场合，可以采用防毒面具(如毒物浓度在2%以下采用隔离式防毒面具，浓度在1%以下采用直接式防毒面具，在0.1%以下采用防毒口罩)。在粉尘环境中可采用防尘口罩等。

② 眼睛防护

为了防止眼睛受到伤害，可以采用化学安全防护眼镜，安全面罩，安全护目镜，安全防护罩等。

③ 身体防护

为了避免皮肤受到损伤，可以采用带面罩式胶布防毒衣，连衣式胶布防毒衣，橡胶工作服，防毒物渗透工作服，透气型防毒服等。

④ 手防护

为了保护手不受损伤，可以采用橡胶手套、乳胶手套、耐酸碱手套、防化学品手套等。如果在生产使用过程中发生泄漏，要在统一指导下，通过关闭有关阀门，切断与之相连的设备管道，停止作业或改变工艺流程等方法来控制化学品的泄漏。如果是容器发生泄漏，应根据实际情况，采取措施堵塞和修补裂口，制止进一步泄漏。

另外要防止泄漏物扩散，殃及周围的建筑物、车辆及人群，在万一控制不住泄漏口时，要及时处置泄漏物，严密监视，以防火灾爆炸。要及时将现场的泄漏物进行安全可靠的处置。

5. 防噪声

工厂环境声源主要有各类机械设备运转、振动、摩擦、碰撞而产生的噪声；主要有各类风机、压缩机、空冷器、泵产生的噪声；工厂装置内的排气、漏气而产生的噪声；还有厂区运输汽车及其他车辆行驶、鸣笛等噪声。可采取的主要防噪声措施有：

① 要优先选用低噪声设备，严格规定噪声水平，将噪声作为衡量产品性能的重要指标，同时采取必要的隔声、消音措施，使工作场所的声压级达到《工业企业厂界环境噪声排放标准》(GB 12348)的要求。

② 对声源强度较大的设备进行减噪处理，根据各种设备类型所产生噪声的特性，采用不同的控制手段。如：对机械噪声采用弹性材料以减轻噪声，对压缩机组、锅炉房安装消声器等；站场工艺管道设计尽量减少弯头、三通等管件，并考虑控制气流速度，降低站场气流噪声，在气体放空管上设置效果好的消音器。

③ 总平面布置时考虑各生产、辅助建筑物和生活、办公区的合理布局，保持适当距离，同时进行绿化设计，达到降噪、吸噪的目的；尽量将发声源集中统一布置，采用吸声、隔音、减振等措施，尽量减少对外环境和操作工人的噪声污染。

④ 噪声较大的设备应尽量将噪声源与操作人员隔开；工艺允许远距离控制的，可设置隔声操作(控制)室。噪声和振动的控制在发生源控制的基础上，对厂房的设计和设备的布局需采取噪声和减振措施。产生噪声、振动的建筑物墙体应加厚。噪声强度超过 GB/T 50087 要求的厂房，其内墙、顶棚应设计安装吸声层。

⑤ 配备便携式噪声测试仪，对噪声进行适时监测。

⑥ 噪声与振动强度较大的生产设备应安装在单层厂房或多层厂房的底层；对振幅、功率大的设备应设计减振基础。通风设备减振，使其噪声满足有关规范要求。

⑦ 对可能产生高分贝噪声的设备如减压装置、气体放空和发电机等安装降噪声设施，使其达到规范要求的范围。为减少气体超压放空时产生的噪声，在泄压阀处安装消音器。

⑧ 高噪声装置区采用巡检制度，尽量减少操作人员现场工作时间，对于在高分贝噪声空间进行维修操作的人员，要求佩戴防噪声耳塞、耳罩等防护用品。

6. 防振动

① 控制振动源。应在设计、制造生产工具和机械时采用减振措施，使振动降低到对人体无害水平。

② 创新工艺，采用减振和隔振等措施。如采用焊接等新工艺代替铆接工艺；工具的金属部件采用塑料或橡胶材料，减少撞击振动。

③ 限制作业时间和振动强度。

④ 改善作业环境，加强个体防护及健康监护。

7. 防电离辐射

主要是控制辐射源的质和量。电离辐射的防护分为外照射防护和内照射防护。外照射防护的基本方法有时间防护、距离防护和屏蔽防护，通称"外防护三原则"。内照射防护的基本防护方法有围封隔离、除污保洁和个人防护等综合性防护措施。

8. 防高温作业

① 合理设计工艺流程。通过改进生产设备和操作方法改善高温作业劳动条件。

② 采取有效的隔热措施。隔热是防止热辐射的重要措施，可利用隔热保温层进行防护。

③ 通风降温。

④ 供给饮料和补充营养。高温作业工人应该补充与出汗量相等的水分和盐分，饮料的含盐量以 0.15%～0.2% 为宜，饮水方式以少量多次为宜；适当增加高热量饮食和蛋白质、维生素、钙等。

⑤ 合理安排工作时间，避开最高气温，轮换作业、缩短作业时间。

9. 防职业性中毒

① 采用先进的生产工艺和生产设备，生产装置应密闭化、管道化，防止有毒物质泄漏、外逸。应采用现代化先进的控制系统，可使操作人员不接触或少接触有毒物质，防止误操作造成的职业中毒事故。

② 在有毒物质产生或使用的场所及工人接触毒物作业岗位的醒目位置设置警示标识。

③ 当有毒气体(如 H_2S)浓度达到或超过警戒要求时，装置区的固定或便携式 H_2S 报警仪应及时报警，以便及时采取紧急防护措施。

④ 受技术条件限制，仍然存在有毒物质逸散且自然通风不能满足要求时，应设置必要的机械通风排毒、净化装置，使工作场所有毒物质浓度控制到职业卫生标准限值以下。

⑤ 在进入有限空间作业前，必须进行空气置换，对氧含量进行测量，确保氧含量浓度符合要求时方可进入。进入有毒物的有限空间，检修人员还应配备防护用品，如防毒面具等。

⑥ 工作人员配备防护用品，如防毒器具、防化服、手套、呼吸器等。

⑦ 加强员工教育与培训，对可能产生毒物泄漏的工作场所，应悬挂安全警示标语，站内应配备急性中毒处理设备与设施，针对急性中毒危害应制定应急预案，并定期进行演练。

⑧ 定期对接触毒物作业的职工进行健康检查，将有中毒症状的劳动者及时调离工作岗位，使其脱离与毒物的接触，并及时予以治疗。如患有中枢神经系统疾病，明显的神经官能症，植物神经系统疾病，内分泌、呼吸系统疾病及眼结膜、眼角膜疾病患者，不易从事接触硫化氢的作业。

10. 焊接作业的防护措施

① 通过提高焊接机械化、自动化程度，使人与作业环境隔离，从根本上消除电焊作业对人体的危害；通过改进焊接工艺，减少封闭结构施工，对容器类设备采用单面焊，改善坡口设计等，以改善焊工的作业条件，减少电焊烟尘污染；改进焊条材料，选择无毒或低毒的焊条，降低焊接毒性危害。

② 改善作业场所的通风状况，在自然通风较差的场所、封闭或半封闭结构内焊接时，必须有机械通风措施。

③ 加强个人防护。焊接工人必须佩带防护眼镜、面罩、口罩、手套、防护服、绝缘鞋等。

11. 个人职业病防护用品

根据需要，可为操作人员配备以下个人职业病防护用品，并按照劳动防护用品的使用要求，在使用前对其防护功能进行必要的检查：

① 空气呼吸器、移动供气源、压缩空气充气泵；

② 洗眼器；

③ 耳罩、耳塞；

④ 防护服、防护面罩；

⑤ 安全帽、安全带；

⑥ 防尘口罩、护目镜；

⑦ 便携式 H_2S 气体检测仪；

⑧ 可燃气体检测仪。

第二节 安 全

一、危险有害因素的辨识

天然气生产、处理、储存、输送的天然气，属甲类火灾危险性物质，虽然各生产环节均为密闭处理，但由于设备或管道阀门、法兰、一次仪表接头等因腐蚀、老化、密闭不严、误操作等造成破裂或泄漏，将导致可燃物质释放，在空气中形成爆炸性气体，一旦遇到火源即可引发火灾爆炸事故。

在进行安全危险、有害因素的识别时，要全面、有序地进行识别，防止出现漏项，识别的过程实际上就是系统安全分析的过程，目前主要有两种分类方法，分别为按《生产过程危险和有害因素分类与代码》分类和按生产活动环节分类，两种分类说明详见表10-4 和表10-5。

表 10-4 按《生产过程危险和有害因素分类与代码》分类

序号	分类	主 要 内 容
1	物理性危险和 有害因素	1. 设备设施缺陷：①强度不够；②刚度不够；③稳定性差；④密封不良；⑤应力集中；⑥外形缺陷；⑦外露运动件；⑧设备设施其他缺陷。 2. 防护缺陷：①无防护、防护装置及设施缺陷和防护不当；②支撑不当。 3. 电危害：①带电部位裸露和漏电；②静电；③电火花。 4. 噪声：①机械性噪声；②电磁性噪声；③流体动力性噪声；④其他噪声等。 5. 振动危害。 6. 电磁辐射。 7. 运动物危害：①高空坠落物危害、物体打击；②车辆危害等运动物危害。 8. 明火。 9. 高温物质。 10. 低温物质。 11. 粉尘与气溶胶。 12. 作业环境不良：作业区环境不良、安全过道缺陷、采光照明不良、有害光照、缺氧、通风不良、空气质量不良、给排水不良、强迫体位、气温过高、气温过低、高温高湿和高处作业等作业环境不良。 13. 信号缺陷。 14. 标志缺陷：①安全标志；②安全色的标识；③防爆区域的标识；④紧急逃生通道的标识
2	化学性危险和 有害因素	1. 易燃易爆性气体：天然气。 2. 易燃易爆性液体：天然气凝液。 3. 自燃性物质。 4. 有毒气体：H_2S 和 CO_2。 5. 有毒液体：甲醇和乙二醇。 6. 腐蚀性物质：H_2S、CO_2 和 Cl^-、土壤、细菌和杂散电流等
3	生物性危险和 有害因素	致病微生物、传染病媒介物、致害动物、致害植物和其他生物性危险和有害因素
4	心理生理性危险 和有害因素	1. 负荷超限； 2. 健康状况异常； 3. 从事禁忌作业； 4. 心理异常

序号	分类	主 要 内 容
5	行为性危险和有害因素	1. 操作错误、忽视安全、忽视警告。 ①违章动火；②违章电操作；③违章开关阀门；④泵、压缩机组违章操作；⑤检修、抢修操作违章；⑥调度不当；⑦紧急状况下操作失误。 2. 造成安全装置失效。 3. 使用不安全设备。 4. 手代替工具操作。 5. 物体(指成品、半成品、材料、工具、切屑和生产用水等)存放不当等。 6. 冒险进入危险场所。 7. 攀坐不安全位置(如平台护栏、汽车挡板、吊车吊钩等)。 8. 在起吊物下作业。 9. 机器运转时加油、修理、检查、调整、焊接、清扫等工作。 10. 有分散注意力的行为。 11. 在必须使用个人防护用品用具的作业或场合中，忽视其使用。 12. 不安全装束。 13. 对易燃易爆危险品处理错误

表 10-5 按生产活动环节分类

分 类		主 要 内 容
介质危险有害因素		1. 易燃；2. 易爆；3. 毒性；4. 热膨胀性；5. 静电荷积聚性；6. 易沸溢性；7. 挥发性；8. 易扩散及流淌性；9. 腐蚀性
工艺危险有害因素	1. 设计不合理	1. 总体布局、管道走向、站址；2. 工艺流程；3. 管道及设备布置；4. 工艺计算；5. 材料选用；6. 设备选型；7. 结构设计；8. 防腐蚀设计；9. 防雷防静电；10. 防冻堵
	2. 制造及施工质量	1. 原材料；2. 检查控制；3. 强力组装；4. 焊接缺陷；5. 补口补伤、管沟管架、穿跨越质量；6. 技术水平与管理
	3. 腐蚀失效	1. 电化学腐蚀；2. 化学腐蚀；3. 微生物腐蚀；4. 应力腐蚀；5. 电流干扰腐蚀
	4. 疲劳失效	—
	5. 管道水击	
设备与设施危险有害因素		1. 管子管件；2. 阀门、法兰、垫片及紧固件；3. 分离、计量设备；4. 加压、节流设备；5. 紧急关闭、泄压、排污设施；6. 储存设施；7. 加热换热设施；8. 电气仪表设施；9. 防雷防静电设施；10. 防腐蚀及监测设施；11. 装卸设施；12. 安全附件。
人力与安全管理危险危害因素	1. 违章作业	(1)动火；(2)电操作；(3)阀门操作；(4)机泵操作；(5)检维修；(6)充装
	2. 安全管理不规范	(1)制度；(2)资料；(3)宣贯
	3. 定期检验困难	—
环境危险危害因素	1. 自然环境	(1)地质灾害；(2)气候灾害；(3)环境灾害
	2. 社会环境	(1)无意破坏；(2)有意破坏
产生火源因素		1. 明火；2. 静电；3. 雷击；4. 碰撞和摩擦；5. 电气火花；6. 自燃；7. 违规操作
职业有害因素		1. 毒物；2. 噪声；3. 振动；4. 高、低气温；5. 电气危害；6. 机械伤害；7. 高处坠落；8. 沙尘

二、危险有害因素的特性

1. 火灾危险性分类

根据《石油天然气工程设计防火规范》（GB 50183）的规定，石油天然气火灾危险性分类见表10-6，分类举例见表10-7。

表 10-6　石油天然气火灾危险性分类

类 别		特 征
甲	A	37.8℃时蒸气压力>200kPa 的液态烃
	B	1. 闪点<28℃的液体（甲 A 类和液化天然气除外）； 2. 爆炸下限<10%（体积百分比）的气体
乙	A	1. 28℃≤闪点<45℃的液体； 2. 爆炸下限≥10%的气体
	B	45℃≤闪点<60℃的液体
丙	A	60℃≤闪点≤120℃的液体
	B	闪点>120℃的液体

注：1. 操作温度超过其闪点的乙类液体应视为甲 B 类液体；

2. 操作温度超过其闪点的丙 A 类液体应视为乙 A 类液体；

3. 操作温度超过其闪点的丙 B 类液体应视为乙 B 类液体，操作温度超过其沸点的丙 B 类液体应视为乙 A 类液体；

4. 在原油储运系统中，闪点大于或等于60℃，且初馏点大于或等于180℃的原油，宜划为丙类；

5. 闪点小于60℃并且大于或等于55℃的轻柴油，如果储运设施的操作温度不超过40℃，其火灾危险性可视为丙 A 类。

表 10-7　石油天然气火灾危险性分类举例

火灾危险性类别		举 例
甲	A	液化石油气、天然气凝液、未稳定凝析油、液化天然气、液化天然气制冷剂
	B	原油、稳定轻烃、汽油、稳定凝析油、甲醇
乙	A	原油、煤油、液氨
	B	原油、轻柴油
丙	A	原油、轻柴油、乙醇胺、乙二醇
	B	二甘醇、三甘醇、液体硫黄

注：石油产品的火灾危险性分类应以产品标准中确定的闪点指标为依据。经过技术经济论证，有些炼厂生产的轻柴油闪点若大于或等于60℃，这种轻柴油在储运过程中的火灾危险性可视为丙类。闪点小于60℃并且大于或等于55℃的轻柴油，如果储运设施的操作温度不超过40℃，其火灾危险性可视为丙类。

2. 主要危害、有害性

（1）天然气

天然气为可燃性气体，主要是低分子量烷烃的混合物。天然气比空气轻，易燃、易爆，属甲类火灾危险品。

天然气与氧气混合可形成具有很大爆炸力的混合物，引燃温度为482~632℃，遇明火高热易引起爆炸，破坏力的大小取决于气体混合物的压力。随压力增加，爆炸范围也越大。遇明火燃烧后，一旦降到爆炸极限范围内就会引发爆炸。对人体的危害主要是火灾或爆炸引起的伤害及中毒和窒息事故。

天然气爆炸特性参数见表10-8，甲烷的性质及危害见表10-9。

表 10-8　易燃、易爆天然气火灾、爆炸特性参数

序号	特性参数	参数取值及说明
1	爆炸极限	5%~15%（体积分数）
2	自燃温度	482~632℃
3	火灾危险性分类	甲类可燃气体
4	燃烧热	5000kJ/kg

表 10-9　甲烷的性质及危害表

	中文名	甲烷	英文名	Methane
标识	化学式	CH_4	分子量	16.04
	外观与性状	无色无臭气体		
理化性质	溶解性	微溶于水，溶于乙醇、乙醚		
	主要用途	用作燃料和用于炭黑、氢、乙炔、甲醛等的制造		
	熔点/℃	-182.5	相对密度（水=1）	0.42/-164℃
	沸点/℃	-161.5	相对密度（空气=1）	0.55
	饱和蒸气压/kPa	53.32（-168.8℃）		
	临界温度/℃	-82.6	临界压力/MPa	4.59
	燃烧热/(kJ/mol)	889.5	最小引燃能量/mJ	0.28
燃烧爆炸危险性	燃烧性	易燃	建规火险等级	甲
	闪点/℃	-188	爆炸下限/%（体积分数）	5
	自燃温度/℃	538	爆炸上限/%（体积分数）	15
	危险特性	1. 甲烷与空气混合能形成爆炸性混合物，当在爆炸极限范围内遇明火、高热能时引起燃烧爆炸。 2. 甲烷与氟、氯等能发生剧烈的化学反应。 3. 甲烷若遇高热，容器内压增大，有开裂和爆炸的危险		
	稳定性	稳定		
	聚合危害	不会出现聚合危害		
	禁忌物	强氧化剂，如氟、氯等		
	灭火方法	1. 立即切断气源 2. 若不能立即切断气源，则不允许熄灭正在燃烧的气体 3. 喷水冷却容器，如果可能应将容器从火场移至空旷处 4. 采用雾状水、泡沫灭火器和二氧化碳灭火器等。		
	危险性类别	第2.1类（UN类别）易燃气体		

（2）硫化氢

硫化氢为无色有刺激性气味的气体，具有很强的毒性，为强烈的神经性毒物，对黏膜有强烈的刺激作用，其毒性较 CO 大 5~6 倍。此外 H_2S 还为爆炸性气体，其爆炸极限范围为4%~46%（体积分数）。

硫化氢的危害一方面是可能造成对设备和管道的腐蚀，另一方面硫化氢泄漏后人体吸入后在较短时间内可造成死亡，硫化氢的阈限值、安全临界浓度和危险临界浓度如下：

阈限值：我国规定几乎所有工作人员长期暴露都不会产生不利影响的最大硫化氢浓度为 $15mg/m^3$（10ppm）。

安全临界浓度：工作人员在露天安全工作 8h 可接受的 H_2S 最高浓度为 $30mg/m^3$（20ppm）。

危险临界浓度：对工作人员生命和健康产生不可逆转的或延迟性的影响的 H_2S 浓度为 $150mg/m^3$（100ppm）。

硫化氢的主要性质及危害特性见表 10-10，H_2S 对人的生理影响及危害见表 10-11。

（3）凝析油

凝析油分为稳定凝析油和未稳定凝析油。

稳定凝析油产品符合《稳定轻烃》（GB 9053）的 2 号稳定轻烃质量标准：饱和蒸气压（37.8℃）：夏季<74kPa，冬季<88kPa。未稳定凝析油为凝析气中分离出来的未经稳定的烃类液体，其饱和蒸气压为 74~200kPa，比稳定凝析油更易挥发和扩散，其他危险性基本相同。凝析油各组分火灾、爆炸特性参数见表 10-12。

表 10-10　H_2S 性质及危害表

标识	英文名	Hydrogen sulfide	分子式：H_2S		分子量：34.08
	中文名	硫化氢	危险性类别：第 2.1 类　易燃气体		
	危险货物包装标志：4；40		IMDG 规则页码：2151		
	危险货物编号：21006		UN 编号：1053		
理化性质	外观与性状		无色有恶臭的气体		
	相对密度（空气=1）：1.19		饱和蒸气压/kPa：2026.5/25.5℃		
	熔点/℃：-85.5		临界温度/℃：100.4		
	沸点/℃：-60.4		临界压力/MPa：9.01		
	主要用途		用于化学分析如鉴定金属离子		
	溶解性		溶于水、乙醇		
毒性及健康危害	车间卫生标准	中国 MAC/（mg/m³）：10	美国 TWA：OSHA 20×10^{-6}%（质量分数），$28mg/m^3$［上限值］ ACGIH10×10^{-6}%（质量分数），$14mg/m^3$		
		苏联 MAC/（mg/m³）：10	美国 STEL：ACGIH15×10^{-6}%（质量分数），$21mg/m^3$		
	侵入途径		吸入、经皮吸收		
	健康危害		本品是强烈的神经毒物，对黏膜有强烈的刺激作用。高浓度时可直接抑制呼吸中枢，引起迅速窒息而死亡。当浓度为 70~150mg/m³ 时，可引起眼结膜炎、鼻炎、咽炎、气管炎；浓度为 700mg/m³ 时，可引起急性支气管炎和肺炎；浓度为 1000mg/m³ 以上时，可引起呼吸麻痹，迅速窒息而死亡。长期接触低浓度的 H_2S，引起神衰症候群及植物神经紊乱等症状		

燃烧爆炸危险性	燃烧性：易燃		稳定性：稳定	聚合危害：不能出现	爆炸上（下）限/%（体积分数）：46.0(4.0)
	燃烧分解产物：氧化硫			禁忌物：强氧化剂、碱类	
	闪点/℃：<-50			自燃温度/℃：260	
	危险特性		与空气混合能形成爆炸性混合物，遇明灭、高热能引起燃烧爆炸。若遇高热容器内压增大，有开裂和爆炸的危险		
	灭火方法		切断气源。若不能立即切断气源，则不允许熄灭正在燃烧的气体，喷水冷却容器，可能的话将容器从火场移至空旷处。用雾状水、泡沫灭火器和二氧化碳灭火器等		

表 10-11　H₂S 对人的生理影响及危害

在空气中的浓度			暴露于硫化氢的典型特性
%（体积分数）	ppm	mg/m³	
0.000013	0.13	0.18	有明显和令人讨厌的气味，在大气中含量为 6.9mg/m³(4.6ppm)时就相当显而易见。随着浓度的增加，嗅觉就会疲劳，气体不再能通过气味来辨别
0.001	10	15	有令人讨厌的气味。眼睛可能承受刺激。美国政府工业卫生专家协会推荐的阈限值(8h 加权平均值)。我国规定几乎所有工作人员长期暴露都不会产生不利影响的最大硫化氢浓度
0.0015	15	21.61	美国政府工业卫生专家联合会推荐的 15min 短期暴露范围平均值
0.002	20	30	在暴露 1h 或更长时间后，眼睛有灼烧感，呼吸道受到刺激，美国职业安全和健康局的可接受上限值。工作人员在露天安全工作 8h 可接受的硫化氢最高浓度
0.005	50	72.07	暴露 15min 或 15min 以上的时间后嗅觉就会丧失。如果时间超过 1h，可能导致头痛、头晕和(或)摇晃。超过 75mg/m³(50ppm)将会出现肺浮肿，也会对人员的眼睛产生严重刺激或伤害
0.01	100	150	3~15min 就会出现咳嗽、眼睛受刺激和失去嗅觉。在 5~20min 过后，眼睛就疼痛并昏昏欲睡，在 1h 以后就会刺激喉道。延长暴露时间将逐渐加重这些症状。我国规定对工作人员生命和健康产生不可逆转的或延迟性的影响的硫化氢浓度
0.03	300	432.40	明显的结膜炎和呼吸道刺激。注：考虑此浓度定为立即危害生命或健康，参见(美国)国家职业安全和健康学会 DHHS NO 85-144《化学危险袖珍指南》。
0.05	500	720.49	短期暴露后就会不省人事，如不迅速处理就会停止呼吸。头晕、失去理智和平衡感。患者需要迅速进行人工呼吸和(或)心肺复苏技术
0.07	700	1008.55	意识快速丧失，如果不迅速营救，呼吸就会停止并导致死亡。必须立即采取人工呼吸和(或)心肺复苏技术
0.10+	1000+	1440.98+	立即丧失知觉，将会产生永久性的脑伤害或脑死亡。必须迅速进行营救，应用人工呼吸和(或)心肺复苏技术

表 10-12　凝析油各组分火灾、爆炸特性参数表

物质名称	化学式	闪点/℃	相对密度（空气=1）	着火温度/℃	爆炸下限/%（体积分数）	爆炸上限/%（体积分数）
丙烷	C_3H_6	–	1.56	466	2.2	9.5
丁烷	C_4H_{10}	–	2.05	405	1.9	8.5
戊烷	C_5H_{12}	-40	2.48	260	1.7	9.8

物质名称	化学式	闪点/℃	相对密度 (空气=1)	着火温度/℃	爆炸下限/% (体积分数)	爆炸上限/% (体积分数)
己烷	C_6H_{14}	−25.5	2.97	244	1.2	6.9
庚烷	C_7H_{16}	−4	3.45	204	1.1	6.7
辛烷	C_8H_{18}	12	3.86	206	0.8	6.5
壬烷	C_9H_{20}	31	4.4	205	0.7	5.6
癸烷	$C_{10}H_{22}$	46	4.9	205	0.6	5.5

（4）甲醇

在天然气生产过程中要注入甲醇，以防止生成水合物，造成管道设施等冻堵。甲醇属于易燃易爆液体，具有中等程度的毒性，可通过呼吸道、食道及皮肤侵入人体，甲醇对人中毒剂量为5~10mL，致死剂量为30mL。当空气中甲醇含量达到39~65mg/m³浓度时，人在30~60min内即会出现中毒现象。其性质及危害见表10-13。

表10-13　甲醇性质及危害表

标识	中文名	甲醇	英文名	methanol
	分子式	CH_4O	危规号	32058
理化特性	沸点	64.8℃	熔点	−97.8℃
	相对密度（水=1）	0.79	相对蒸气密度（空气=1）	1.11
	爆炸极限	5.5%~44%	闪点	11℃
	外观性状	无色澄清液体，有刺激性气味		
	溶解性	溶于水，可混溶于醇、醚等多数有机溶剂		
	主要用途	主要用于制甲醛、香精、染料、医药、火药、防冻剂等		
燃爆特性	火灾危险类别	甲B		
	危险特性	危险性类别：第3.2类中闪点易燃液体。 易燃，其蒸气与空气可形成爆炸性混合物，遇明火、高热能引起燃烧爆炸。与氧化剂接触发生化学反应或引起燃烧。在火场中，受热的容器有爆炸危险。其蒸气比空气重，能在较低处扩散到相当远的地方，遇火源会着火回燃		
	灭火剂种类	抗溶性泡沫、干粉、二氧化碳、砂土		
	健康危害	对中枢神经系统有麻醉作用；对视神经和视网膜有特殊选择作用，引起病变；可致代谢性酸中毒。 急性中毒：短时大量吸入出现轻度眼上呼吸道刺激症状（口服有胃肠道刺激症状）；经一段时间潜伏期后出现头痛、头晕、乏力、眩晕、酒醉感、意识蒙眬、谵妄，甚至昏迷。视神经及视网膜病变，可有视物模糊、复视等，重者失明。代谢性酸中毒时出现二氧化碳结合力下降、呼吸加速等。 慢性影响：神经衰弱综合征，主神经功能失调，黏膜刺激，视力减退等。皮肤出现脱脂、皮炎等		
	皮肤接触	脱去污染的衣着，用肥皂水和清水彻底冲洗皮肤		
	眼睛接触	提起眼睑，用流动清水或生理盐水冲洗。就医		
	吸入	迅速脱离现场至空气新鲜处。保持呼吸道通畅。如呼吸困难，给输氧。如呼吸停止，立即进行人工呼吸。就医		
	食入	饮足量温水，催吐。用清水或1%硫代硫酸钠溶液洗胃。就医		

（5）二氧化碳

二氧化碳，常温下是一种无色无味气体，密度比空气略大，能溶于水，化学性质稳定，没有可燃性。无毒。但空气中二氧化碳含量过高会使人缺氧而发生窒息。在空气中通常含量为 0.03%（体积），若含量达到 10% 时，就会使人呼吸逐渐停止，最后窒息死亡。其性质及危害见表 10-14。

表 10-14　CO_2 性质及危害表

标识	英文名	Carbon dioxide		分子式：CO_2		分子量：44.01
	中文名	二氧化碳；碳酸酐		危险性类别：第 2.2 类不燃气体		
	危险货物包装标志：5			IMDG 规则页码：2111		
	危险货物编号：22019			UN 编号：1013		
理化性质	外观与性状		无色无臭气体			
	相对密度（水=1）：1.56/-79℃ 相对密度（空气=1）：1.53			饱和蒸气压/kPa：1013.25/-39℃		
	熔点/℃：-56.6/527kPa			临界温度/℃：31		
	沸点/℃：-78.5（升华）			临界压力/MPa：7.39		
	主要用途		用于制糖工业、制碱工业、制铅白等，也用于冷饮、灭火及有机合成			
	溶解性		溶于水、烃类等多数有机溶剂			
毒性及健康危害	车间卫生标准		中国 MAC/(mg/m³)：未制定标准		美国 TWA：OSHA 5000×10^{-6}%（质量分数），9000mg/m³	
			苏联 MAC/(mg/m³)：未制定标准		美国 STEL：ACGIH3000×10^{-6}%（质量分数），54000mg/m³	
	侵入途径		吸入			
	健康危害		在低浓度时，引起对呼吸中枢兴奋；高浓度时则引起抑制作用，更高浓度时还兼有麻醉作用。中毒机制中还兼有缺氧的因素。 急性中毒：人进入高浓度 CO_2 环境，在几秒钟内迅速昏迷倒下，反射消失、瞳孔扩大或缩小、大小便失禁、呕吐等，更严重者出现呼吸停止及休克，甚至死亡。 慢性中毒：在生产中是否存在，目前无定论。固态（干冰）和液态 CO_2 在常压下迅速气化，造成局部低温，可引起皮肤和眼睛严重的低温灼伤			
燃烧爆炸危险性	燃烧性：不燃	稳定性：稳定	聚合危害：不能出现		爆炸上（下）限(v%)：无意义	
	燃烧分解产物：无			禁忌物：酸类、酸酐、强氧化剂、碱金属		
	闪点/℃：无意义			自燃温度/℃：无意义		
	危险特性		窒息性气体，在密闭容器内可将人窒息死亡。若遇高热，容器内压增大，有开裂和爆炸的危险			
	灭火方法		不燃。切断气源。喷水冷却容器，可能的话将容器从火场移至空旷处			

（6）二氧化硫

二氧化硫为无色气体，具有强烈辛辣刺激性气味，属中等毒类；在 -10℃ 以下及常压下

457

冷凝为无色液体，易溶于甲醇和乙醇，可溶于水、硫酸、醋酸、氯仿和乙醚等。

二氧化硫的中毒症状主要由于其在黏膜上生成亚硫酸和硫酸的强烈刺激作用所致，既可引起支气管和肺血管的反射性收缩，也可引起分泌增加局部炎症反应，甚至腐蚀组织引起坏死。其性质及危害见表 10-15，SO_2 对人的生理反应见表 10-16。

表 10-15　SO_2 性质及危害表

标识	
中文名：二氧化硫；亚硫酸酐	危规号：23013
英文名：sulfur dioxide	UN 编号：1079
简写：SO_2	危险性类别：第 2.3 类有毒气体
	外观与性状：无色气体具有窒息性特臭
理化性质	
闪点/℃：无意义	燃烧热/(kJ/mol)：无资料
引燃温度/℃：无意义	临界温度/℃：157.8
相对密度(水=1)：1.43	临界压力/MPa：7.87
相对密度(空气)：2.26	溶解性：溶于水、乙醇
燃烧爆炸危险性	
燃烧性：不燃	自燃温度/℃：
闪点/℃：无意义	引燃温度/℃：无意义
爆炸下限/%：无意义	最小点火能/mJ：0.077
爆炸上限/%：无意义	最大爆炸压力/MPa：0.490
危险特性：不燃。若遇高热，容器内压增大，有开裂和爆炸的危险	

表 10-16　SO_2 对人的生理反应

在空气中的浓度			暴露于二氧化硫的典型特性
%(体积分数)	ppm	mg/m³	
0.0001	1	2.71	具有刺激性气味，可能引起呼吸改变
0.0002	2	5.4	我国规定的阈限值
0.0005	5	13.50	灼伤眼睛，刺激呼吸，对嗓子有较小的刺激
0.0012	12	32.49	刺激嗓子咳嗽，胸腔收缩，流眼泪和恶心
0.010	100	271.00	立即对生命和健康产生危险的浓度
0.015	150	406.35	产生强烈的刺激，只能忍受几分钟
0.05	500	1354.5	即使吸入一口，就产生窒息感
0.10	1000	2708.99	如不立即救治会导致死亡

（7）硫黄及硫黄粉尘

硫黄是可燃物质，按固体的火灾危险性分类硫黄属乙类，空气中含一定浓度硫黄粉尘遇火会发生爆炸；另外，硫黄粉尘很容易带上静电，极易产生静电火花而导致硫黄粉尘爆炸（硫黄粉尘爆炸极限范围为 35~1400g/m³），继而引起硫黄燃烧，发生火灾。吸入硫黄粉尘将产生咳嗽、喉痛等症状。

天然气净化厂的副产品硫黄为可燃物质，在空气中达到一定温度（自燃温度为 232℃）即会自燃，这种自燃在有硫化铁存在时最易发生。

（8）一氧化碳

一氧化碳，是一种无色、无味的高毒气体。熔点-199.1℃、沸点-191.4℃、相对密度（水=1）0.79、相对密度（空气=1）0.97、闪点-50℃、爆炸极限12.5%~74.2%（体积分数）。微溶于水，溶于乙醇、苯等多数有机溶剂，易燃。

一氧化碳对人体的危害是引起人体缺氧。当空气中的一氧化碳浓度达到0.04%（体积）时，人会感到头痛；浓度达到0.08%时，人会感到头痛、出现呕吐甚至神经昏迷；浓度达到1.28%时，人在1~3min内会死亡。

（9）硫化铁

硫化铁是一种易自燃物质，从设备或管道中清扫出来的呈疏松状的硫化铁极易与空气中的氧气发生氧化反应而产生大量的热，若产生的热量不能及时散发，温度达到自燃点时就会燃烧继而引燃硫黄等可燃物发生火灾，或引发可燃气体爆炸。

（10）甲基二乙醇胺

脱硫用甲基二乙醇胺（MDEA）为碱性物质，吸入其蒸气易引发咳嗽，直接接触易刺激皮肤，并可能产生灼伤等危害。

（11）三甘醇

脱水用三甘醇（TEG）为可燃物质，吸入其蒸气易引发咳嗽，长时间或反复接触可引起皮肤刺激和神经系统损伤，并可能产生深度灼伤等。

（12）氮气

站场一般设有空气氮气站，在装置及压力容器检修时需用氮气置换。氮气本身无毒性，但有窒息性，氮气窒息死亡事故时有发生。

（13）乙二醇

在气田生产过程中有时候选择注入乙二醇代替甲醇，以防止生成水合物。乙二醇的毒性等级为中度危害，对中枢神经系统有麻醉作用；对视神经和视网膜有特殊选择作用，引起病变；可致代谢性酸中毒。

（14）一氧化氮

一氧化氮（NO）急性中毒可引起支气管哮喘、成人型呼吸窘迫综合征、慢性梗阻性肺病、冠状动脉粥样硬化性疾病、高血压、心力衰竭、休克、消化系统的溃疡病、中毒性肝病。长期接触可导致肺水肿，以及神经损伤、心肌受损。

（15）二氧化氮

二氧化氮（NO_2）急性中毒表现为在吸入几小时至72h潜伏期后，出现胸闷、咳嗽、咳痰等，伴有轻度头痛、头晕、无力、心悸、恶心、发热等症状；呼吸困难，胸部紧迫感，咳嗽加剧、咳痰或咳血丝痰，常伴有头晕、头痛、无力、心悸、恶心等症状，并有轻度发绀。发展为呼吸窘迫，咳嗽加剧、咳大量白色或粉红色泡沫痰，明显发绀。慢性中毒表现为迟发性阻塞性毛细支气管炎，支气管炎和肺气肿。

（16）噪声

长期接触工业噪声可引起操作工人耳鸣、耳痛、头晕、烦躁、失眠、记忆力减退等症状，之后可引起暂时性听阈位移、永久性位移、高频听力损伤、语频听力损失，严重者出现噪声聋。

（17）高温

人长时间在高温、热辐射环境下工作，可引起热辐射病、热痉挛、热衰竭等三种职业性中暑。

（18）工频电场

工频电场可能导致人体的中枢神经系统、心血管系统、血液系统、免疫系统和生殖系统等系统出现器质性或功能性改变。

（19）紫外线

电焊作业时能产生波长为 $250\sim320$nm 的紫外线，能大量被角膜和结膜上皮所吸收，引起急性角膜结膜炎即电光性眼炎。

（20）废催化剂

可能刺激眼睛和呼吸系统，接触皮肤后可能引起过敏反应（皮疹）；敏感体质的人吸入后会引发类似哮喘症的过敏反应。

三、天然气站场主要防护技术和措施

1. 厂址及总平面布置的安全措施

（1）区域布置应根据天然气集输站场、相邻企业和设施的特点及火灾危险性，结合地形与风向等因素，合理布置。

（2）站场宜布置在城镇和居住区的全年最小频率风向的上风侧，工艺装置区的可燃气体吹向人员集中的场所（厂前区）的概率最小，有利于安全。在山区、丘陵地区建设站场，宜避开窝风地段；站场应选择在地势平缓、开阔，且避开山洪、滑坡、地震断裂带等不良工程地质地段。

（3）站场总平面布置应符合《石油天然气工程设计防火规范》（GB 50183）和《建筑设计防火规范》（GB 50016）的要求。

（4）工厂功能分区明确。每个功能分区相对集中布置，有利于安全生产。

（5）合理布置道路，满足消防车在紧急情况下的使用、消防作业要求。

（6）合理布置站场的出入口，设置紧急出入口，每个出入口处设置风向标设置。在紧急情况下，方便人员撤离。

2. 工艺安全措施

（1）在气井井口设置高低压切断阀，集气站、压气站、处理厂等重要场站应设置 ESD系统，保证事故状态下可以切断气源。

（2）高压、含硫化氢及二氧化碳的气井应有自动关井装置。

（3）整个工艺过程在密闭状态下进行，正常生产时不会发生火灾、爆炸、硫化氢及甲醇中毒事件，装置区内有毒气体浓度符合《工业企业设计卫生标准》（GBZ 1）的规定。

（4）甲醇污水管道、设备，储罐安装保证其严密性，甲醇产品储罐，回流液储槽防腐处理，在生产中严格管理，防止"跑、冒、滴、漏"现象的发生。

（5）含硫化氢生产作业现场应安装硫化氢检测系统，进行硫化氢检测，符合以下要求：含硫化氢作业环境应配备固定式和携带式硫化氢检测仪；重点检测区应设置醒目的标志、硫化氢检测探头、报警器；硫化氢检测仪报警值设定：阈限值为 1 级报警值；安全临界浓度为 2级报警值；危险临界浓度为 3 级报警值；硫化氢检测仪应定期校验，并进行检定；应对天然气处理装置的腐蚀进行监测和控制，对可能的硫化氢泄漏进行检测，制定硫化氢防护措施。

（6）天然气增压。

① 压缩机的各级进口应设凝液分离器或机械杂质过滤器。分离器应有排液、液位控制和高液位报警及放空等设施。

② 压缩机应有完好的启动及事故停车安全联锁并有可靠的防静电装置。

③ 压缩机间宜采用敞开式建筑结构。当采用非敞开式结构时，应设可燃气体检测报警装置或超浓度紧急切断联锁装置。机房底部应设计安装防爆型强制通风装置，门窗外开，并有足够的通风和泄压面积。

④ 压缩机间电缆沟宜用砂砾埋实，并应与配电间的电缆沟严密隔开。

⑤ 压缩机间气管线宜地上铺设，并设有进行定期检测厚度的检测点。

⑥ 压缩机间应有醒目的安全警示标志和巡回检查点和检查卡。

⑦ 新安装或检修投运压缩机系统装置前，应对机泵、管道、容器、装置进行系统氮气置换，置换合格后方可投运，正常运行中应采取可靠的防空气进入系统的措施。

（7）天然气脱水。

① 天然气原料气进脱水之前应设置分离器。原料气进脱水器之前及天然气容积式压缩机和泵的出口管线上，截断阀前应设置安全阀。

② 天然气脱水装置中，气体应选用全启式安全阀，液体应选用微启式安全阀。安全阀弹簧应具有可靠的防腐蚀性能或必要的防腐保护措施。

（8）天然气脱硫及尾气处理。

① 酸性天然气应脱硫、脱水。对于距天然气处理厂较远的酸性天然气，管输产生游离水时应先脱水，后脱硫。

② 在天然气处理及输送过程中使用化学药剂时，应严格执行技术操作规程和措施要求，并落实防冻伤、防中毒和防化学伤害等措施。

③ 设备、容器和管线与高温硫化氢、硫蒸气直接接触时，应有防止高温硫化氢腐蚀的措施；与二氧化硫接触时，应合理控制金属壁温。

④ 脱硫溶液系统应设过滤器。进脱硫装置的原料气总管线和再生塔均应设安全阀。连接专门的卸压管线引入火炬放空燃烧。

⑤ 液硫储罐最高液位之上应设置灭火蒸汽管。储罐四周应设防火堤和相应的消防设施。

⑥ 含硫污水应预先进行汽提处理，混合含油污水应送入水处理装置进行处理。

⑦ 在含硫容器内作业，应进行有毒气体测试，并备有正压式空气呼吸器。

⑧ 天然气和尾气凝液应全部回收。

3. 安全保护设施

（1）对存在超压可能的承压设备，应设置安全阀。

（2）安全阀、调压阀、ESD 系统等安全保护设施及报警装置应完好，并应定期进行检测和调试。

（3）安全阀的定压应小于或等于承压设备、容器的设计压力。

（4）进出天然气站场的天然气管道应设置截断阀，进站截断阀的上游和出站截断阀的下游应设置泄压放空设施。

（5）每台压缩机组至少应设置下列安全保护：

① 进出口压力超限保护；

② 原动机转速超限保护；

③ 启动气和燃料气限流超压保护；

④ 振动及喘振超限保护；

⑤ 润滑保护系统；

⑥ 轴承位移超限保护；

⑦ 干气密封系统超限保护；

⑧ 机组温度保护。

（6）压缩机房的每一操作层及其高出地面 3m 以上的操作平台（不包括单独的发动机平台），应至少有两个安全出口通向地面。操作平台的任意点沿通道中心线与安全出口之间的最大距离不得大于 25m。安全出口和通往安全地带的通道，应保持畅通。

4. 自动控制安全措施

（1）天然气处理厂等大型站场应设 1 套监控系统，完成整个生产过程的监控、连锁保护及紧急停车、火气监测。监控系统由 PCS 控制站（过程控制、连锁保护）、FGS 控制站（火气监测）和 ESD（紧急停车）共同组成，数据上传至调度中心。将该区域内的所有生产数据，均传送至中心控制室，实现生产过程的实时监控，区域火灾、可燃气体浓度检测及截断阀紧急切断等。

（2）紧急停车系统：集输场站设紧急停车系统，在进出站管线、重要设备进出口设置 ESD 关断阀，并在控制室和现场设手动紧急切断按钮，当发生重大异常情况时，按照全厂紧急停车程序关断相关阀门。在干线来气总管上和重要装置的放空口设置电动放空旋塞阀，实现远程手动遥控放空或按照全厂紧急停车程序进行放空。

ESD 系统分级设置，分为厂级、装置级、设备级三级。

① 厂级为最高级。厂级 ESD 只有在全厂火灾、设备管道出现大量泄漏或其他不可预计的灾害时启动。设置带防误动作功能的按钮。全厂 ESD 启动时，关闭全厂，厂内各装置进行泄压及干线进行泄压；同时应关闭井口。

② 装置级。当多套或单套装置主要指标超限，或发生严重泄漏等故障情况时，使单套装置关闭。单套装置分别设置 1 个带防误动作功能的按钮。装置级 ESD 启动时，装置关闭，装置内部管道泄压。

③ 设备级。当单个设备参数超限时，实施单个设备进出口关闭，不影响装置的正常生产。

（3）火气系统：在可能发生可燃气体泄漏的工艺装置区附近，设置的可燃气体探测器，实时监视可燃气体泄漏情况。

站控系统采集各可燃气体检测探测器传来的信号，建立动态数据库。当有报警信号时，能准确地切换到相应画面，显示出报警部位、报警性质等，具有语音及图像提示功能。

（4）视频监控系统：在处理厂、集气站内压缩机房、分离器区等关键区域设工业电视监控系统，设备均采用防爆型，达到随时监控，消防联动等作用。该系统日常作为管理监控手段，事故状态下辅助上级指挥同时协助查明事故原因。

5. 通信安全措施

（1）用于调控中心与站控系统之间的数据传输通道、通信接口应采用两种通信介质，双通道互为备用运行。

（2）站场与调控中心应设立专用的调度电话。

（3）调度电话应与社会常用的服务、救援电话系统联网。

6. 防雷、防静电安全措施

（1）站场内建构筑物的防雷，应在调查地理、地质、土壤、气象、环境等条件和雷电活动规律及被保护物特点的基础上，制定防雷措施。

（2）装置内露天布置的塔、容器等，当顶板厚度等于或大于 4mm 时，可不设避雷针保护，但应设防雷接地。

（3）设备应按规定进行接地，接地电阻应符合要求并定期检测。

（4）工艺管网、设备、自动控制仪表系统应按标准安装防雷、防静电接地设施，并定期进行检查和检测。防雷接地装置接地电阻不应大于 10Ω，仅做防感应雷接地时，接地电阻不应大于 30Ω。每组专设的防静电接地装置的接地电阻不应大于 100Ω。

7. 消防站和消防系统安全措施

（1）消防设施的设置应根据其规模、油品性质、存储方式、储存温度、火灾危险性及所在区域外部协作条件等综合因素确定。

根据《中华人民共和国消防法》和国家四部委联合下发的《企业事业单位专职消防队组织条例》关于"生产、存储易燃易爆危险物品的大型企业，火灾危险性较大、距离当地公安消防队较远的其他大型企业，应设专职消防队，承担本单位的火灾扑救工作"，同时按照《石油天然气工程设计防火规范》相关要求，天然气集输系统应根据实际情况设置三级消防站，负责处理厂及气田区域的消防戒备任务。

依据《石油天然气工程设计防火规范》第 8.1.2 条规定，其他场站不设置消防给水设施，仅配置一定数量的小型移动式干粉灭火器。

（2）消防系统投运前应经当地消防主管部门验收合格。

（3）站场内建（构）筑物应配置灭火器，配置类型和数量应符合建筑灭火器配置相关规定。

（4）易燃、易爆场所应按规定设置可燃气体检测报警装置，并定期检定。

8. 动火作业管理安全措施

（1）基本要求

① 动火作业实行作业许可，除在规定的场所外，在任何时间、地点进行动火作业时，应办理动火作业许可证。

② 动火作业前，应辨识危害因素，进行风险评估，采取安全措施，必要时编制安全工作方案。

③ 凡是没有办理动火作业许可证，没有落实安全措施或安全工作方案，未设现场动火监护人以及安全工作方案有变动且未经批准的，禁止动火。

④ 动火作业许可证是动火现场操作依据，只限在同类介质、同一设备（管线）、指定的措施和时间范围内使用，不得涂改、代签。

⑤ 处于运行状态的生产作业区域内，凡能拆移的动火部件，应拆移到安全地点动火。

⑥ 在带有可燃、有毒介质的容器、设备和管线上不允许动火。确属生产需要应动火时，应制定可靠的安全工作方案及应急预案后方可动火。

⑦ 企业可结合实际情况，对动火作业实行分级管理。

（2）实施动火作业过程的安全措施

① 动火作业过程中应严格按照安全措施或安全工作方案的要求进行作业。

② 动火作业人员在动火点的上风作业，应位于避开油气流可能喷射和封堵物射出的方

位。特殊情况，应采取围隔作业并控制火花飞溅。

③ 用气焊（割）动火作业时，氧气瓶与乙炔气瓶的间隔不小于5m，且乙炔气瓶严禁卧放，二者与动火作业地点距离不得小于10m，并不准在烈日下曝晒。

④ 在动火作业过程中，应根据安全工作方案中规定的气体检测时间和频次进行检测，填写检测记录，注明检测的时间和检测结果。

⑤ 动火作业过程中，动火监护人应坚守作业现场。动火监护人发生变化需经批准。

（3）高处动火作业的安全措施

① 高处作业使用的安全带、救生索等防护装备应采用防火阻燃的材料，需要时使用自动锁定连接。

② 高处动火应采取防止火花溅落措施，并应在火花可能溅落的部位安排监护人。

③ 遇有五级以上（含五级）风不应进行室外高处动火作业，遇有六级以上（含六级）风应停止室外一切动火作业。

（4）进入受限空间动火作业

① 在将受限空间内部物料除净后，应采取蒸汽吹扫（或蒸煮）、氮气置换或用水冲洗等措施，并打开上、中、下部人孔，形成空气对流或采用机械强制通风换气。

② 受限空间的气体检测应包括可燃气体浓度、有毒有害气体浓度、氧气浓度等，其可燃介质（包括爆炸性粉尘）含量执行 Q/SY 1241《动火作业安全管理规范》5.2.3.2要求，氧含量19.5%~23.5%，有毒有害气体含量应符合国家相关标准的规定。

（5）挖掘作业中动火作业

① 采取安全措施，确保动火作业人员的安全和逃生。

② 在埋地管线操作坑内进行动火作业的人员应系阻燃或不燃材料的安全绳。

9. 运输风险防范措施

（1）CNG运输风险防范措施

运输车要远离火种、热源。防止阳光直射。应与氧气、压缩空气卤素（氟、氯、溴）等分开存放。切忌混储混运。配备相应品种和数量的消防器材。露天储罐夏季要有降温措施。禁止使用易产生火花的机械设备和工具。验收时要注意品名，注意验瓶日期，先进仓的先发用。搬运时轻装轻卸，防止钢瓶及附件破损。

针对有可能发生的环境风险，建设单位严格按照交通部颁发的《危险品运输管理规范》，认真做好运输、储存及使用中的管理工作，运输车辆必须使用专用运输车，使用专业的驾驶人员，在车体明显位置设置醒目的警告标牌；运输途中注意交通安全，选择最优、最安全的运输线路；操作工人要具备有关危险品的基础知识，严格遵守操作规程，严禁火源等，尽可能地避免环境风险事故的发生。一旦发生泄漏，应立即采取封闭、隔离等措施。

① 疏散现场人员，采取补救措施使泄漏液化石油气达到最低程度。

② 立即通知当地环保执法人员赶赴现场指导工作。

③ 对已遭受污染的地域应迅速圈定范围，保护现场并通知环保部门。

④ 严禁烟火。

⑤ 急救措施。

（2）LNG运输风险防范措施

① 行驶途中，驾驶员和押运员应检查车辆自备消防灭火器材是否随车，车辆行驶性能是否发生异常，严禁驾乘人员在气罐车行驶途中，吸烟等违章行为，一旦发生危情，立即采

取以下处理措施：交通事故，立即拨打 122 报警，保护现场并通知所属单位的应急指挥组，拦截过往车辆抢救伤员；途中天然气外漏，立即将气罐驶进紧急停车或远离人群地带，通知所属单位的应急指挥组，保护现场，设立有效的安全警戒区防止明火进入防护区；途中起火，立即将气罐车驶入紧急停车带或远离人群地带后，迅速使用随车灭火器扑救，并迅速拨打 119 报警，转移随车重要物品，并向所属公司应急指挥组报告，疏散周围群众，封闭现场。

② 罐车在停车场停放应整齐有序，以备疏散。停车场应备有足够有效的灭火器，严禁所有气罐车辆重载在停车场过夜停放。停车场严禁明火作业。严禁重载车进修理厂维护保养。值班室严禁使用电炉及存放汽柴油。值班人员应加强夜间巡视，以防偷盗及破坏行为发生。

③ 驾驶员应保证运输车辆安全技术性能完好。车辆的操纵、传动、制动和线路各总成性能安全可靠，罐体及附件、静电接地带、消防器材等完好有效。一经发现故障及隐患及时报修，整改到位。驾驶员应严格遵守交通法规及安全操作规程，熟练掌握消防知识和使用灭火器材。

10. **防止其他危险因素的措施**

（1）抗震设计

根据建、构筑物的重要性采取适当的抗震措施。在结构体系和构造处理上采取以下措施：对重点建、构筑物，首先选择符合抗震设防烈度要求的结构体系，建筑物平面和层间布置尽量避免和减少抗震薄弱环节等措施。

（2）钢结构耐火保护

根据 GB 50016《建筑设计防火规范》钢结构建(构)筑物耐火等级(二级)的要求，梁、柱均采用防火涂料，钢结构梁的耐火极限不低于 1.5h，钢结构柱与柱间支撑的耐火极限不低于 2h。

（3）高处坠落

工厂的楼梯、平台、坑池和孔洞等周围，设置栏杆或盖板。楼梯、平台采取防滑措施。装置中各设备平台及框架等构筑物的直梯在相应高度设置护圈，对高度超过 8m 的直梯，在直梯中间设置休息平台。

（4）机械伤害

各种转动机械设备设置必要的闭锁装置。站场内所有机泵和压缩机外露的旋转件设置防护罩。

（5）电气伤害

① 为防止意外触电伤害，采取直接接触电击防护和间接接触电击防护。

② 为防止人体与正常工作中的裸露带电部分直接接触(直接接触电击)而遭受的电击，采用以下措施：

a. 将裸露带电部分进行保护隔离；并满足配电装置最小安全净距的要求；

b. 裸线和塑料绝缘线不能够直接铺在地面上用作电线；

c. 分线盒应当防水防雨并且符合规格；

d. 电器操作者要穿绝缘鞋，戴绝缘手套并且检查相关的电器设备；

e. 手动电源或机械工具要安装合格的漏电保护。

（6）高温烫伤

对表面温度超过60℃的设备和管道，需保温的设备设置保温层，不需保温的在经常操作、维护部位均设防烫伤隔热层或隔热网。避免接触烫伤，并在显著位置设立警示标志。

四、天然气管道主要防护技术和措施

1. 管道线路走向选择

（1）线路走向应按规范要求避开城镇规划区和工矿区等人口、设备密集区域。管道两侧留有安全距离以减小人为活动的干扰、破坏因素，确保管道安全。

（2）选择有利地形，尽量避开施工困难段和不良工程地质地段（如陡坡、陡坎、滑坡地段等），确保管道安全运营。

（3）湿气输送管道应尽量避开高差大的地形和水网、湿地及淹没区，以避免低点积液和防止水合物的形成。

（4）对地震区进行深入的地震影响调查，必要时开展地震灾害评价。管道线路尽量避开高震级地区，采取措施降低地层断裂运动对埋地管道安全的影响，提高埋地管道对地层断裂运动的适应能力。

2. 工艺安全措施

（1）集输管道设计应考虑近、远期的各种极端工况、调峰工况、事故工况和保安供气工况等，合理确定管道的管径和运行参数，以增大管道的适应性。

（2）集输管道设计压力根据最高允许操作压力确定，需考虑到天然气产量的波动、气田水及凝液量的变化、长时间运行后摩阻增加、清管时压力上升、安全控制可操作范围以及软件模拟准确度等因素的综合影响，设计压力需有适当裕量。按不同地区等级选用适当的设计系数，确保管道保持安全的应力水平。

（3）为了避免输送介质对管道及设备的冲刷磨损，介质流速一般均远低于冲蚀速度。对于湿气或混输管道，过低的流速会增加管中持液量，压损增大，腐蚀加剧，一般不低于3m/s。添加缓蚀剂的集输管道，介质流速太高，缓蚀剂在管壁不易成膜，一般建议流速3~6m/s。

（4）管道安全保护系统动作先后顺序宜为：自动切换、超压紧急切断、超压安全泄放。

（5）压气站的布局和位置应结合气田总体工艺综合对比后确定。

（6）管段的最大允许工作压力应取决于以下各项的最低值：

① 管段最薄弱环节部件的设计压力；

② 根据人口密集和土地用途确定设计压力等级；

③ 根据管道的运行时间和腐蚀状况确定最大安全压力。

（7）管道材质

气田集输管道多为湿气输送，介质具有不同程度的腐蚀性。管道材料应具有相应的抗腐蚀性能，并选取一定腐蚀裕量。对中小管径尽量选用无缝管，大口径一般采用埋弧焊直缝管。

由于管材强度越高，硬度越高，韧性下降，气田湿气输送用管钢级一般不超过X60（L415）。对于含硫酸性天然气输送钢管，采用纯净度高的细晶粒结构镇静钢，严格控制非金属夹杂物和带状组织的数量及形态，具有合格的抗硫化物应力开裂（SSC）、应力腐蚀开裂（SCC）和氢致开裂（HIC）性能。

集输钢管在使用前凡有下列情况之一者应进行复验：

① 质量证明书与到货钢管的钢号标识不符或钢管上无标识者。

② 质量证明书数据不全或对其有怀疑者。

③ 在施工焊接时对钢管材质性能有怀疑者。

高压集输钢管的复验应按下列规定进行：

① 全部钢管逐根编号并检查硬度。

② 从每批钢管中选出硬度最高和最低的钢管各 1 根进行机械性能试验，包括拉力试验、冲击试验、压扁或冷弯试验，各试验均制备 2 个试样。

③ 从做机械性能试样的钢管或试样上取样进行化学成分分析。

对低温管道应提供低温冲击试验的质量证明文件。

（8）线路截断阀

输气管道应根据管道所经过地区的地形、人口稠密度及重要建构筑物等情况设置线路截断阀。必要时应设数据远传、控制及报警功能。

含硫的酸性天然气线路截断阀的设置，应根据管道内 H_2S 含量及人口密度确定，满足事故工况下管道泄放的 H_2S 含量小于规定值。线路截断阀室应配置感测压降速率控制的自动关闭装置。

（9）管道穿跨越

① 集输管道通过河流、峡谷时，在穿越方式合理可行的情况下，首选穿越方案，特殊情况下才选择跨越方案，以减小运营期间受外界破坏的风险。

② 穿越河流管段在采用现浇混凝土、加配重块、石笼等方案施工时，应对防腐层有可靠的保护措施。

③ 每年的汛期前后，管道运营单位应对穿跨越河流管段进行安全检查，对不满足防洪要求的管段应及时进行加固或敷设备用管段。

④ 汛期管道管理单位应及时了解穿跨越河流上游洪水情况，采取防洪措施。上游水利、水库单位如有泄洪，应及时告知管道管理单位。

⑤ 位于水库下游冲刷范围内的管道穿跨越工程防洪安全要求，应根据地形条件、水库容量等进行防洪设计。

⑥ 穿越河流的管道设施，由管道企业与河道、航道管理单位根据国家有关规定确定安全保护范围，并设置标志。在穿越河流的管道线路中心线两侧各 500m 地域范围内，禁止抛锚、拖锚、挖砂、挖泥、采石、水下爆破。但是，在保障管道安全的条件下，为防洪和航道通畅而进行的养护疏浚作业除外。

3. 管道防腐绝缘与阴极保护安全措施

（1）埋地管道应采取防腐绝缘与阴极保护措施。

（2）应定期检测管道防腐绝缘与阴极保护情况，及时修补损坏的防腐层，调整阴极保护参数。

（3）管道需要加保温层时，在钢管的表面应涂敷良好的防腐绝缘层。在保温层外应有良好的防水层。

（4）裸露或架空的管道应有良好的防腐绝缘层。带保温层的，应有良好的防水措施。

（5）管道应避开有地下杂散电流干扰大的区域。电气化铁路与输气管道平行时，应保持一定距离。管道因地下杂散电流干扰阴极保护时，应采取排流措施。

（6）管道阴极保护电位达不到规定要求的，经检测确认防腐层发生老化时，应及时安排防腐层大修。

（7）站场的进出站两端管道，应采取防雷击感应电流的措施。防雷击接地措施不应影响管道阴极保护效果。

（8）大型跨越管段有接地时穿跨越两端应采取绝缘措施。

4. 管道监控与通信安全措施

（1）天然气生产的重要工艺参数及状态，应连续监测和记录；大型管道宜设置计算机监控与数据采集（SCADA）系统，对输气工艺过程、设备及确保安全生产的压力、温度、流量、液位等参数设置联锁保护和声光报警功能。

（2）安全检测仪表和调节回路仪表信号应单独设置。

（3）SCADA 系统配置应采用双机热备用运行方式，网络采用冗余配置，且在一方出现故障时应能自动进行切换。

（4）重要场站的站控系统应采取安全可靠的冗余配置。

5. 管道辅助系统安全措施

（1）SCADA 系统以及重要的仪表检测控制回路应采用不间断电源供电。

（2）在下列情况下应加装电涌防护器：

① 室内重要电子设备总电源的输入侧；

② 室内通信电缆、模拟量仪表信号传输线的输入侧；

③ 重要或贵重测量仪表信号线的输入侧。

6. 管道与周边建构筑物间隔距离

（1）在管道线路中心线两侧各 5m 地域范围内，禁止下列危害管道安全行为：

① 种植乔木、灌木、藤类、芦苇、竹子或者其他根系深达管道埋设部位可能损坏管道防腐层的深根植物；

② 取土、采石、用火、堆放重物、排放腐蚀性物质、使用机械工具进行挖掘施工；

③ 挖塘、修渠、修晒场、修建水产养殖场、建温室、建家畜棚圈、建房以及修建其他建筑物、构筑物。

（2）在管道线路中心线两侧和管道附属设施周边修建下列建筑物、构筑物的，建筑物、构筑物与管道线路和管道附属设施的距离应当符合国家技术规范的强制性要求：

① 居民小区、学校、医院、娱乐场所、车站、商场等人口密集的建筑物；

② 变电站、加油站、加气站、储油罐、储气罐等易燃易爆物品的生产、经营、存储场所。

（3）未经管道企业同意，其他单位不得使用管道专用伴行道路、管道水工防护设施、管道专用隧道等管道附属设施。

（4）进行下列施工作业，施工单位应当向管道所在地县级人民政府主管管道保护工作的部门提出申请：

① 穿跨越管道的施工作业；

② 在管道线路中心线两侧各 5~50m 和管道附属设施周边 100m 地域范围内，新建、改建、扩建铁路、公路、河渠，架设电力线路，埋设地下电缆、光缆，设置安全接地体、避雷接地体；

③ 在管道线路中心线两侧各 200m 和管道附属设施周边 500m 地域范围内，进行爆破、

地震法勘探或者工程挖掘、工程钻探、采矿。

县级人民政府主管管道保护工作的部门接到申请后，应当组织施工单位与管道企业协商确定施工作业方案，并签订安全防护协议；协商不成的，主管管道保护工作的部门应当组织进行安全评审，作出是否批准作业的决定。

（5）在管道专用隧道中心线两侧各 1000m 地域范围内，除因修建公共工程经当地县级人民政府主管部门批准外，禁止采石、采矿、爆破。

（6）水域穿越管道段与桥梁间的最小距离根据穿越形式确定。

① 开挖管沟敷设时，管段距特大、大、中型桥不应小于 100m，距小桥不应小于 50m。爆破成沟时，应计算确定安全距离；

② 水平定向钻敷设时，管段距桥梁墩台冲刷坑边缘外不宜小于 10m，并不应影响桥梁墩台安全；

③ 隧道穿越时，隧道埋深及边缘至墩台距离不应影响桥梁墩台安全。

（7）水域穿越管段与港口、码头、水下建筑物或引水建筑物等之间的距离不宜小于 200m。

（8）天然气埋地集输管道同铁路平行敷设时，应距铁路用地范围边界 3m 以外。当必须通过铁路用地范围内时，应征得相关铁路部门的同意，并采取加强措施。对相邻电气化铁路的管道还应增加交流电干扰防护措施。

管道同公路平行敷设时，宜敷设在公路用地范围外。对于油田公路，集输管道可敷设在其路肩下。

（9）油田内部埋地敷设的 20℃时饱和蒸气压力小于 0.1MPa 的天然气凝液、压力小于或等于 0.6MPa 的油田气集输管道与居民区、村镇、公共福利设施、工矿企业等的距离不宜小于 10m。当管道局部管段不满足上述距离要求时，可降低设计系数，提高局部管道的设计强度，将距离缩短到 5m；地面敷设的上述管道与相应建（构）筑物的距离应增加 50%。

（10）20℃时饱和蒸气压力大于或等于 0.1MPa、管径小于或等于 $DN200$ 的埋地天然气凝液管道，应按《输油管道工程设计规范》（GB 50253）中的液态液化石油气管道确定强度设计系数。管道同地面建（构）筑物的最小间距应符合下列规定：

① 与居民区、村镇、重要公共建筑物不应小于 30m；一般建（构）筑物不应小于 10m。

② 与高速公路和一、二级公路平行敷设时，其管道中心线距公路用地范围边界不应小于 10m，三级及以下公路不宜小于 5m。

③ 与铁路平行敷设时，管道中心线距铁路中心线的距离不应小于 10m。

（11）强制电流阴极保护管道与其他埋地管道的敷设，应符合以下原则：

① 联合保护的平行管道可同沟敷设。均压线间距和规格，应根据管道电压降、管道间距、管道防腐层质量等因素综合考虑确定。非联合保护的平行管道，应防止干扰腐蚀。

② 被保护管道与其他地下管道交叉时，二者间的净垂直距离不应小于 0.3m。当小于 0.3m 时，两者间应设有坚固的绝缘隔离物，确保交叉两管道之间的电绝缘。同时两管道在交叉点两侧各延伸 10m 以上的管段上应确保后施工管道防腐层无缺陷。

（12）埋地管道与架空送电线路的距离符合下列要求：

① 埋地管道与架空送电线路平行敷设时控制的最小距离宜按表 10-17 的规定执行。

表 10-17　埋地管道与架空送电线路最小距离　　　　　　　　　　　　　　　m

地形	电力等级/kV					
	≤3	6~10	35~66	110~220	330	500
	最小距离/m					
开阔地区	最高杆(塔)高	最高杆(塔)高	最高杆(塔)高	最高杆(塔)高	最高杆(塔)高	最高杆(塔)高
路径受限地区	1.5	2.0	4.0	5.0	6.0	7.5

注：距离为边导线至管道任何部分的水平距离。

② 一般情况下，交流电力系统的各种接地装置与埋地管道之间的水平距离不宜小于表 10-18 的规定。

表 10-18　埋地管道与交流接地体的最小距离　　　　　　　　　　　　m

电压等级/kV	10	35	110	220	330	500
临时接地	0.5	1.0	3.0	5.0	6.0	7.5
铁塔或电杆接地	1	3.0	5.0	5.0	6.0	7.5

③ 在埋地管道与架空送电线路距离不能满足表 10-17 和表 10-18 的要求时或在路径受限地区，在采取隔离、屏蔽、接地等防护措施后，表 10-17 和表 10-18 的规定距离可适当减小，但最小水平距离应大于 0.5m。

(13) 埋地管道的正上方或下方，严禁有直埋敷设的电缆，埋地管道与直埋敷设电缆之间容许的最小距离应符合表 10-19 的要求。

表 10-19　埋地管道与直埋敷设电缆之间容许的最小距离　　　　　　　m

管道类别	平　行	交　叉
热力管沟	2①	0.5②
油管或易燃气管道	1	0.5②
其他管道	0.5	0.5②

① 特殊情况可酌减且最多减少一半值；

② 用隔板分隔或电缆穿管时可为 0.25m。

水下的电缆与管道之间的水平距离不宜小于 50m，受条件限制时不得小于 15m。

(14) 光缆(硅芯管)与埋地管道同沟敷设时，管道与光缆(硅芯管)间最小净距(指两断面垂直投影间的净距)不应小于 0.3m。光缆(硅芯管)与已有地下管道之间的最小净距见表10-20。

表 10-20　光缆(硅芯管)与已有地下管道之间的最小净距　　　　　　m

名　　称		光缆		硅芯管	
		平行时	交越时	平行时	交越时
给水管	管径小于 300mm	0.5		0.5	
	管径 300~500mm	1.0	0.5	1.0	0.15
	管径大于 500mm	1.5		1.5	

名　　称		光缆		硅芯管	
		平行时	交越时	平行时	交越时
热力管		1.0	0.5	1.0	0.15
排水管		1.0	0.5	1.0	0.25
燃气管	压力小于 300kPa	1.0	0.5	1.0	0.3
	压力 300~800kPa	2.0		2.0	
高压油管、天然气管		10.0	0.5	10.0	0.5

注：光缆采用钢管保护时，与水管、燃气管、石油管交叉跨越的净距可降为 0.15m。

7. 管道标志

集输管道沿线应设置里程桩、转角桩、标志桩和阴极保测试桩，在人口密集区、穿跨越处、线缆交叉处、挖沙取土处等位置均需设置警示牌，尽量杜绝第三方破坏。

8. 焊接检测

焊缝无损检测必须在外观质量检测合格后进行。天然气集输管道焊缝无损检测的方法、比例及合格等级要求应按设计规定执行；应符合《石油天然气钢质管道无损检测》（SY/T 4109）的有关规定。

穿越站场道路的管道焊缝、试压后连头的焊缝应进行 100% 射线照相检查。不能进行超声波或射线探伤的部位焊缝，应进行渗透或磁粉探伤，无缺陷为合格。

当射线检测复验不合格时，应对该焊工所焊的该类焊缝按不合格数量成倍进行扩探，并对原返修焊缝进行复验。若复验、扩探仍不合格，应停止该焊工对该类焊缝的焊接工作，并对该焊工所焊的该类焊缝全部进行射线复验。返修后的焊缝应按相关规定进行无损检测。

由于超声波和 X 射线对不同类型缺陷的敏感度有所不同，对高压集输管道或安全环境敏感区域内管段的现场焊接，考虑到输送环境及介质特点的影响，一般均要求对焊缝进行 100% 的超声波探伤和 100% 的 X 射线探伤。输送高含 H_2S 天然气的集输管道还需进行硬度检查以及焊后热处理。

9. 清管作业

加强清管可减少管道中存液量，降低水合物堵塞风险和摩阻损失。清管器收发装置还可适应智能清管器的收发，对集输管道进行智能清管，全面掌握管道内、外腐蚀情况。

10. 特殊动火作业管理

（1）带压不置换动火作业是特殊危险动火作业，应严格控制。严禁在生产不稳定以及设备、管道等腐蚀情况下进行带压不置换动火；严禁在含硫原料气管道等可能存在中毒危险环境下进行带压不置换动火。确需动火时，应采取可靠的安全措施，制定应急预案。

（2）带压不置换动火作业中，由管道内泄漏出的可燃气体遇明火后形成的火焰，如无特殊危险，不宜将其扑灭。

11. 巡检及宣传

集输管道管理单位应设专人定期对管道进行巡线检查，及时发现并处理管道沿线的异常情况。依据石油天然气管道保护的有关法律法规加大宣传力度，维护管道安全。管理单位还应制订详细周密全面的应急预案，协调地方社会力量，及时处理各种突发事故，降低管道事故带来的各种损失。

第三节　环境保护

一、主要污染源和污染物

（一）大气污染源和污染物

项目对大气环境的影响可分为两个阶段，即施工阶段和运行阶段。施工阶段主要是施工过程中使用的大功率柴油机排放的烟气、施工扬尘、车辆尾气等对大气造成的影响，生产阶段主要是站场内各类加热炉、采暖设备、火炬等燃烧产生的烟气对大气环境造成的影响。

1. 施工阶段

施工阶段的大气污染源主要有以下几方面：

① 管道、道路和站场建设施工扬尘；

② 器材堆放、开挖、运输活动、场地侵蚀和搅拌水泥；

③ 施工机械驱动设备（如柴油机等）排放的废气以及运输车辆尾气。

主要污染物有 NO_x、C_mH_n、CO 及颗粒物。

2. 运行阶段

运行阶段的污染源主要有以下几方面：

① 集气站、压气站、天然气处理厂（含天然气净化厂）的放空火炬、导热油炉、硫黄回收装置、尾气焚烧装置、采暖设备、燃气动力设备、燃气压缩机组以及发电机组等排放排放的废气；

② 井口、输气管道和天然气处理厂（含天然气净化厂）等系统在天然气集输、加工过程挥发排放的烃类气体；

③ 清管收球作业、分离器检修时，少量天然气通过火炬放空系统燃烧排放的废气、站内系统超压放空燃烧产生的废气等。

④ 天然气组分不同排放的污染物也不同，一般情况站场所排放废气中主要污染物为 SO_2、CO、NO_x，其次为 C_mH_n。运行期对大气环境的影响是持续的长期影响，根据天然气性质和处理工艺又分为含硫天然气处理厂和不含硫天然气处理厂，其大气污染物是不同的。

⑤ 含硫天然气处理厂大气污染物。含硫天然气处理厂的废气排放分为有组织排放和无组织排放。其中有组织排放包括工艺装置通过尾气烟囱排放的废气、锅炉烟囱排放的废气以及开停工放空和紧急事故放空时为瞬时排放，排放方式为有组织排放；无组织排放包括原料气放空和酸气放空。其中尾气烟囱、高压放空火炬、低压放空火炬的主要废气污染物是 SO_2，锅炉烟囱的主要废气污染物是 SO_2 和 NO_x。

⑥ 不含硫天然气处理厂大气污染物。不含硫天然气处理厂排放的废气主要是处理厂的加热炉、导热油炉和火炬等产生的燃烧烟气以及站场无组织挥发的烃类废气，废气中主要污染物为烃类和 NOE 等，其中以 NO_x，和烃类排放对环境的影响较大。

（二）水污染源和污染物

1. 施工阶段

施工阶段的水污染源主要为施工人员的生活污水及管道试压后排放的清洁废水。管道试压一般采用清洁水，试压后排放水中的污染物主要是悬浮物，生活污水的主要污染物是

BOD、COD、SS 等。

2. 运行阶段

运行阶段水污染源包括集气站、压气站、天然气处理厂（含天然气净化厂）及倒班生活基地排放的污水，各站场的水污染源主要有清洗设备、场地排放的生产废水；气田采出水，即伴随天然气采出的地层水以及天然气在脱硫、脱氢、脱水等预处理过程中产生的生产污水；工艺装置及罐区不定期排放的少量含油、含氢污水以及不定期检修排放的检修污水；寒冷地区气田冬季集气支线向干线交接时分离脱水产生的甲醇污水和天然气处理厂脱油脱水装置产生的甲醇污水；职工正常生活排放的生活污水。

生产污水、废水主要污染物为油类、醇类、COD、SS 等；生活污水的主要污染物是BOD、COD、SS 等。

天然气处理厂运行期间的水污染源主要为施工人员的生活污水及管道试压后排放的工程废水。管道试压一般采用清洁水试压，（水中的污染物主要是悬浮物，生活污水的主要污染物是 BOD（生物化学需氧量）和 SS（悬浮物）。运行期间的水污染源主要包括：工厂不定期检修、设备清洗及场地冲洗排放的工艺废水或清洗废水江厂工艺装置区及罐区不定期排放的少量的含油污水和有机废水，废水的主要污染物为石抽类，COD（化学需氧量）、BOD_s、氨氮等。

（1）含硫天然气处理厂水污染物

天然气处理厂生产污水特点是：来源点多、浓度波动大，既有有机物的污染，又有无机物的污染，污染物的毒性大，生物降解慢，不能排入天然水体中。

厂内污水包括正常生产污水，检修污水和生活污水。正常生产污水主要来自脱硫、脱水、硫黄回收尾气处理等工艺装置排出的生产污水和设备、场地冲洗水等；其次是火炬及放空系统、锅炉房、分析化验室等辅助生产装置排出的生产污水，污染物主要是机械杂质、硫化物、盐类及微量烃类等；检修污水主要来自脱硫、脱水及尾气处理装置等检修时排出的含硫污水和生活污水主要是厂区综合楼、中央控制室、循环水场、污水处理及锅炉房等处卫生间排出的污水。

（2）不含硫天然气处理厂水污染物

不含硫天然气处理厂内污水为生产污水和生活污水。生产污水主要为液-液分离器分离出的液体、凝析油稳定装置、轻烃回收装置、脱水装置、乙二醇回收或甲醇回收装置场地冲洗及设备检修期的检修污水、锅炉房、分析化验室排出污水等，污染物主要是机械杂质、乙二醇（甲醇）、烃类、盐类等；生活污水主要是厂区卫生间、洗手盆等处排水。

（三）噪声污染源

1. 施工阶段

施工作业过程中，要使用各种工程机械平整场地、开挖管沟，需要运输车辆运送材料，在岩石地段还需要采用炸药进行爆破等，由于这些施工机械、车辆的使用以及人员的活动会产生噪声，对附近居民的生活产生一定的影响，同时会惊扰附近的野生动物。

2. 运行阶段

运行阶段的噪声源主要来自集气站、压气站、天然气处理厂，各站场的污染源主要有以下两方面：

① 站内的汇管、调压阀、节流装置、分离器和火炬放空系统，这些装置在节流或流速改变时将产生空气动力噪声；

② 压缩机房、燃气发电机组、冷却风机、低温分离装置、空压站、各种机泵等均会发出不同强度的机械噪声或电磁噪声。

3. 固体废物

（1）施工阶段

施工过程中的固体废物主要来源于场站施工、管道敷设等废弃的焊条、建筑材料、保温材料、防腐材料和工人日常生活排放的生活垃圾等。

（2）运行阶段

运行阶段的固体废物主要有以下几方面：

① 站场油、气、水处理装置定期清理的污泥、油泥、渣料。

② 分离器检修(除尘)、清管收球作业时产生的废渣，主要成分为粉尘和氧化铁粉末。

③ 站场产生的生活垃圾及生活污水处理装置排出的污泥。

④ 含硫天然气处理厂固体废物。主要有硫黄回收装置和干法脱硫装置废弃的催化剂，以及污水处理装置产生的经脱水的污泥。

⑤ 不含硫天然气处理厂固体废物。固体废物主要有处理厂含油污水处理后的含油底泥；作业区工作人员的生活垃圾等。

二、环境保护

1. 大气污染防治措施

大气污染防治的具体措施如下：

（1）采用密闭不停气清管流程，减少天然气放空。

（2）施工时采用塑料编织布对料堆进行覆盖，工地应实施半封闭隔离施工，如防尘隔声板护围，以减轻施工扬尘对周围空气影响。

（3）对于清管作业及站场超压、事故排放的天然气，采用引至火炬燃烧排放，以降低有害物质排放量，利于污染物的扩散。

（4）线路截断阀室设放空装置，以备事故状态下有组织放空管段内余气，利于污染物的扩散，降低因火灾、爆炸引发次生环境灾害的危险。

（5）燃料气系统均利用天然气为燃料，以减少污染物排放。

（6）天然气中 H_2S 通过脱硫装置被脱除，并在硫黄回收装置转化为硫黄，尾气经尾气处理装置进一步处理后进焚烧炉焚烧后通过烟囱排入大气。

（7）含硫天然气处理厂大气污染控制。

① 正常排放。脱硫装置脱除的 H_2S 经硫黄回收装置和尾气处理装置处理后绝大部分转化为液硫，工厂总硫黄回收率一般达 99% 以上。尾气进焚烧炉焚烧后通过烟囱排入大气，液硫脱气含 H_2S 的废气也送至焚烧炉焚烧后通过烟囱排入大气。含硫天然气处理厂 SO_2 排放量应能满足国家最新标准的排放量限值要求。

脱水装置 TEG 富液再生产生的废气组分主要为水蒸气，同时含有少量的烃类，将废气引至尾气处理装置的尾气焚烧炉，焚烧后再排入大气，大大减少了对环境的污染。

② 停工排放。当工厂停工检修时，装置内残余气需外排，造成环境污染。脱硫装置、脱水装置内的残余气经放空阀逐步放空至火炬系统燃烧后排入大气。硫黄回收及尾气处理装置内的残余气用吹扫至焚烧炉焚烧后经烟囱排入大气，减少对环境的污染。

③ 非正常排放。由于工厂停电、设备故障或操作失误等原因，可能导致紧急放空，对

环境造成污染。

（8）不含硫天然气处理厂大气污染控制。选用有利于环保的设备，以减少大气污染。对于事故排放的天然气，引至火炬燃烧排放，以降低有害物质排放量，利于污染物的扩散。

2. 水污染防治措施与水资源的保护

（1）施工期水资源的保护。

施工期对水环境的影响主要是对地下水的影响，污染源主要是施工设备的泄漏、洗刷及垃圾的丢弃，不当排放会污染周边地区的地下水环境。但由于施工期较短，且废水排放量比较小，因此施工期水环境保护应以环境管理为主，采取以下几方面措施：

① 施工过程中，尽量选择先进的设备、机械，以有效减少"跑、冒、滴、漏"的数量及机械维修次数，从而减少含油污水的产生量；机械、设备及运输车辆的冲洗、维修、保养应尽量集中于固定的维修点，以方便含油废水的收集，加强施工机械维护，防止施工机械漏油。

② 施工人员的就餐和洗涤采用统一集中式的管理，白天在外施工，早晚集中食宿，尽量减少生活污水量，在施工区设置旱厕，施工营地附近设化粪池和蒸发池，将粪便和餐饮洗涤污水分别收集并定期清理，粪便等经消化后作为肥料使用，洗涤污水收集在蒸发池中蒸发；生活垃圾应装入垃圾桶并定时清运；施工结束后化粪池应用土填埋并恢复植被。

③ 含有害物质的建筑材料，如沥青、水泥等应设篷盖和围栏，防止雨水冲刷最后渗入地下水中，对地下水造成不良的影响。

④ 管道敷设及穿越作业过程产生的废弃土石方应在指定地点堆放，并应设篷盖和围栏，防止雨水冲刷造成不良的影响。

⑤ 工程施工期间，加强对施工人员的管理，包括进行环境保护教育，以培养施工人员的环境保护意识，并在施工活动时注意保护环境。

⑥ 施工结束后，应运走废弃物和多余的方土，保持原有地表高度，以保护地下水生态系统的完整性。

（2）运行期水污染防治措施。

① 气井在生产过程中，基本无污水污油产生，建成后的井场为无人站，不产生生活污水，场地少量冲洗废水就地散排，少量散排的废水应严格执行《污水综合排放标准》（GB 8978）的有关要求。

② 集气站、压气站、天然气处理厂等运行过程中产生的污水包括正常生产污水、检修污水和生活污水。运行过程中产生的污水根据站场分布情况分散或集中处置，生产污水处理达到相关标准后回用或回注地层；生活污水经过处理出水水质达到杂用水水质标准[《城市污水再生利用 城市杂用水水质》（GB/T 18920）]后作为浇洒道路、绿化用水。

（3）含硫天然气处理厂和不含硫天然气处理厂的污水应采用以下原则进行减排和综合治理。

① 采用的生产工艺、设备应不产生或少产生污染物，排放的污染物应符合有关标准规定的指标。

② 应控制新鲜水用量，尽量将一次性使用的水再供二次或多次使用，减少废水的排放量。如锅炉蒸汽系统和锅炉房水处理系统排放污水、循环冷却水系统排放污水可采用反渗透装置进行多级淡化处理，生成淡水用作装置区循环冷却水系统的补充水。酸水汽提塔正常情况下塔底排出的汽提水可作为装置区循环水系统补充水进行回用。经污水处理装置处理达

到中水回用标准的中水，可用于厂区绿化、冲洗场地和厕所等。

③ 厂内污水应按清污分流原则，根据排放废水的水质、水量、处理方法，通过技术经济比较合理布置排水系统。以保证不同的污染物质易于处理、回收，提高最终的处理效果，减少处理费用。

④ 气田采出水首先应考虑综合利用和回注，必须排放时，选用国内外先进成熟的处理技术，处理达标后排放。

⑤ 废水中所含的各种物质，如固体物质、重金属及其化合物、挥发性物质、酸或碱类、油类等，凡有利用价值的应考虑回收或综合利用。

⑥ 输送有毒、有害或含有腐蚀性物质废水的沟渠、地下管道检查井等，必须采取防渗和防腐蚀措施。

⑦ 水质处理应选用无毒、低毒、高效或污染较轻的水处理药剂。

⑧ 原(燃)料露天堆放，应防止雨水冲刷使物料流失。

3. 噪声污染防治措施

① 站场选址尽量远离居民区及其他对噪声敏感区域，以减轻站场施工及设备运行噪声对周围居民生活等造成的影响。

② 对于压缩机组、发电机等大型设备，应选择低噪声设备，以降低声源声级。

③ 对于压缩机、发电机等强声源设备采用室内安装、减振基础，压缩机厂房通过采用吸声建筑材料及建筑门窗吸收并屏蔽部分噪声，使场区噪声、厂界噪声达到现行国家标准要求。

④ 站场工艺确定合理的管道流速，管道以直埋敷设为主，尽量减少弯头、三通等管件，在满足工艺的前提下，控制气流速度，降低气流噪声。

⑤ 在燃气轮机的进气口、排气口及天然气发电机机组排气口设置消声装置，机组设置隔声机罩，减少噪声以满足《工业企业噪声控制设计规范》(GB/T 50087)的要求。

⑥ 站场周围栽种树木进行绿化，厂区内工艺装置周围、道路两旁种植花卉、树木。这样既可吸收部分噪声，又可吸收大气中一些有害气体，阻滞大气中颗粒物质扩散。

⑦ 对出入高噪声区的工作人员，采取佩戴防噪耳塞或耳罩等减轻噪声对工人健康造成的危害，安排好职工的劳动和休息。

⑧ 在总图布置上进行闹静分区，并保证噪声源与人员集聚的办公值班地点的防噪声距离，二者之间种植高低错落的绿化隔离带，并尽量将其布置在办公值班地点全年最小风向频率的上风向，使其对办公值班地点的噪声影响最小。合理布局，使各站场界噪声达到《工业企业厂界噪声标准》(GB 12348)中的Ⅱ类标准。

4. 固体废弃物处置措施

(1) 施工期固体废物污染防治措施

施工期产生的固体废物主要有生活垃圾和施工垃圾(废旧材料等)，主要控制措施如下：

① 将生活垃圾分类存放，外运至当地环卫部门指定的垃圾场。

② 站场建设存在取土场和土石方弃渣的问题，在设计阶段明确取土及弃土场所的具体地点和数量，必要时修建挡土墙和排水沟，防止水土流失。

③ 根据当地具体情况对施工场地超前作出规划，以确保停止使用即可采取措施恢复植被或作其他用途处置，最大限度地避免水土流失的发生。

④ 施工完成后，退场前承包商应清洁场地，包括移走所有不需要的设备和材料，清洁

后的标准应不低于施工前的状态。施工产生的废物不得留存、埋置或抛弃在施工场地的任何地方，废物应运到工程选定并经有关部门批准的地方。

（2）运行期固体废物污染防治措施

工程运行期的固体废物主要为职工的生活垃圾、清管维修时产生的少量凝液以及污水产生的污泥。主要处理措施如下：

① 生活垃圾分类集中收集，运送至当地生活垃圾处理厂处理。

② 在天然气输送过程中产生及天然气处理厂内分离设备形成的凝液集中回收利用，设置凝液回收罐。

③ 生产污水产生的污泥脱水后，送至焚烧炉焚烧，炉渣运往指定地点进行安全填埋处理。

④ 生活污泥定期清淘，作为农用肥。

5. 绿化

为净化美化环境，工程建成后尽可能恢复绿化植被，在道路两侧、站场内外、生活基地等根据当地的气候特点，选择适宜的树种、草皮，因地制宜栽种防污染能力强，有较好净化空气能力，适应力强，不妨碍环境卫生的植物。站场绿化率应大于 10%~20%，生活基地绿化率应大于 25%~30%。

消防道路与防火堤之间严禁栽种树木。

6. 生态保护措施

生态环境保护措施的重点在于避免、消减和补偿施工活动对生态环境的影响和破坏，以及施工结束后对生态环境的恢复。工程设计中应考虑采取一定的生态环境保护措施，例如合理选择厂址、线路走向，尽可能避开或减少占用林木集中地段，减少占用耕地，缩小破土、毁林面积等，有助于从总体上减轻工程建设对沿线生态环境的影响。为了最大限度地减少对生态系统的破坏，需要采取以下保护措施。

（1）自然生态保护与恢复措施

① 为了减轻对生态环境的影响，针对不同区段的环境特点，尽可能避开沿线动植物自然保护区、林区，尽可能不占或少占良田、多年种植经济作物区和优质牧场，尽量避绕水域、沼泽地。

② 为防止对水生生态环境的影响，在穿越河流时，尽量采用定向钻穿越的方式；在采用大开挖方式进行施工时，选择枯水期进行，且河床底面应砌干砌片石，两岸陡坡设浆砌块石护岸，以防止水土流失。

③ 对于临时占地和新开辟的临时便道等区域，竣工后要进行土地复垦和植被重建工作。具体要进行土地平整、耕翻疏松机械碾压后的土地，并在适当季节选择适合的乡土树种进行植树、种草工作。

④ 对于施工过程中破坏的乔木和灌丛，要制定补偿措施，损失多少必须补偿多少，原地补充或异地补充。

⑤ 在沙漠地区，施工之前应先剥去沙丘上至少半米厚的沙子及其中所有的根系与块茎，至少表面上 30cm 厚的土层应被视作表土。管沟填埋时，也应分层回填，即底土回填在下，表土回填在上，尽可能保持植物原有的生活环境。回填时，还应留足适宜的堆积层，防止因降水、径流造成地表下陷和水土流失。

⑥ 保护好沙地的建群种。沙地的建群种具有重要甚至决定性的作用，建群种的衰败和

477

破坏可能导致生态环境的剧烈恶化(如沙漠化),以至整个局域生态系统覆灭,生态系统过分依赖一种或少数几种植物支撑,其不稳定性是显而易见的。因此,在工程建设过程中,对于生长良好、大面积的建群种,不要轻易进行破坏。

⑦ 加强对施工人员生态环境保护意识的教育,严禁对周围林、灌木进行滥砍滥伐,尽可能使野生动物生存环境少受影响,教育施工人员按照我国野生动植物保护法的要求,保证不猎捕并保护野生动物。

⑧ 施工过程中,发现有野生动物的栖息地时,应尽量避开,不得干扰和破坏野生动物的栖息、活动场所。

⑨ 沙地植被恢复及防沙治沙措施。工程结束后,对所有主要的切割面要立即进行固定工作,根据生态恢复的经验,植被恢复应同时配以栅栏、草方格等工程措施,植被种植时间还应根据树种的生长季节和当地的气象条件进行合理选择。当工程结束时,恰逢雨季或播种季节,则应根据当地条件,立即种植适应当地环境的苗木或种子,随后再建草方格或沙障等进行固沙;若施工结束时为秋冬季,则首先应采用沙障等措施固沙,来年再种植苗木或种子。

(2)施工道路沿线生态保护

① 加强管理,强化施工人员的环保意识,严格限定施工行车路线,不随意开辟道路。

② 施工结束后,对于临时占用的土地应及时采取措施,恢复植被。

③ 对于道路永久占地,应采用路旁建绿化带或异地恢复的措施,即另选择相同面积的土地进行植被的恢复工作,实施异地生态补偿,以弥补因道路施工造成的生态损失。

(3)运行期生态保护与修复措施

① 应加强各种防护工程的维护、保养与管理,并对不足部分不断加强与完善。

② 加强对道路和集输管道沿线生态环境的监测与评估,及时发现隐患,提前采取防治措施。

③ 加强对职工及集输管道沿线居民的宣传教育,避免新种植被在恢复期间遭到破坏。

④ 完成管道铺设后,应在伴行道路两侧及管道所在地进行种植当地植被,实施以植被系统建设为核心的生态修复。

7. 文物保护措施

① 施工过程如发现文物,应要求承包商立即中止施工,等待专业的考古部门研究鉴定,经文物主管部门同意后方可继续施工。

② 要求施工单位接受有关文物古迹鉴别和保护基本知识以及施工中偶然发现文物古迹处理程序的培训。

第四节　事故案例

本节将从气田地面集输过程、处理过程、CNG/LNG、长输管道和城镇燃气等工程在运行过程的典型事故案例进行分析介绍,对事故原因和防范措施也进行了说明。

一、气田集输案例

(一)某气田集气支线弯头破裂事件

1. 事故经过

某气田某集气支线 2007 年 5 月建成投产,管道规格 φ273mm×7.5mm,长度 8.21km,

2009 年 1 月底，作业区值班室接到电话，反映集气支线下游集气站外输气量出现较大波动，气量下降。于是，集气支线上、下游集气站核查了本站所辖气井及站内设备，未发现井堵等情况，也未发现设备运行有异常情况，对外输计量装置进行了检查，均未发现异常，但外输气量持续下降，判断集气支线可能出现泄漏。两站随即停产并对集气支线进行紧急放空，现场检查后发现集气支线距起点约 4km 处有大量天然气泄漏。

由于发现及时，分析准确，处置得当，险情及时得到有效控制，未发生人员伤亡、环境污染等次生灾害，且破裂处处于荒山之巅，周围 3km 范围无人居住，未造成不良社会影响。

2. 原因分析

经现场勘查，发现集气支线泄漏处弯头发生破裂，将地面冲出约 5m 长、3m 宽、2m 深的坑。断裂弯头壁厚为 9mm，弯头两端断裂点距焊缝约 10cm，弯头腹部呈直线纵向开裂，裂口贯穿整个弯头，最宽处为 19cm，最窄处为 5.5cm。

事发现场位于荒山顶部，周围无施工、
山体滑坡和垮塌现象，没有公路，也未发
现人群活动情况，排除人为破坏及外部损
坏因素。综合分析弯头断裂情况，判断事
故是由管材材质和制造工艺缺陷因素所致
（图 10-1）。

图 10-1　现场照片

（二）某气矿作业区某站含硫天然气管道泄漏

1. 事故经过

2005 年 11 月 25 日 15 时 09 分，某气矿作业区某站当班班长及四名员工在值班室内准备交接班，突然听到一声巨响，发现该站某装置发生天然气爆炸，天然气大量泄漏，站内人员通过安全通道撤离到站外。班长同时向作业区和当地镇政府汇报事故情况。作业区迅速启动应急预案，组织全气田关井，同时向气矿调度中心汇报事故情况，向当地县级人民政府通报事故情况。气矿、作业区领导迅速组织人员、车辆及抢险器材赶赴现场。

从 11 月 25 日 15 时 20 分开始，按照与当地政府制定的应急预案的要求，有组织转移、疏散近 2 万余人。22 时群众安全返回。

2. 事故原因

（1）直接原因

对清管器接收筒旁通球阀进行整改时，清管装置的进气球阀内漏，在倒回正常生产流程过程中，作业人员未及时关闭分离器旋塞阀，造成生产排污管道与正常生产流程形成通道，排污管内压力超过设计压力，使排污管道与四通连接处脱落，天然气泄漏。

（2）间接原因

① 作业区编制的《某站排污系统适应性大修方案》，将玻璃钢管用于站内工艺排污管道，且将压力等级定为 10MPa，超出了公司对玻璃钢管道应用限制的规定。方案中也没有明确指出该段管道为带压工艺排污管道，没有明确输送介质。在对项目方案审查时，把关不严，开工前未组织施工现场交底。同时，在对清管器接收筒旁通球阀进行整改作业前，未制定维修方案和应急预案。在终止作业时，作业人员疏忽大意，未及时关闭进分离器旋塞阀，导致管道断裂后天然气持续泄漏。

② 设计单位没有对建设单位提供的设计委托和大修建议方案进行必要的计算和校核，完全照搬建设单位提供参考的管材选择方案，造成管材及管配件选型不当，与生产实际工况不符，不能满足带压生产排污的工艺技术要求。

③ 施工单位在未经甲方和设计单位认可的情况下，擅自将设计采用的三通改为四通，改变了管件的受力方向。在施工过程中，又存在着强力组对、强度不够等现象，导致在四通处局部应力集中。施工单位未遵循《高压玻璃钢管道地下安装验收规范》，在三通、四通、变向、转向和变径处均未安装止推座，施工质量存在严重缺陷，导致管道在推力、冲击、振动作用下发生位移破坏。

(三) 某气田外输管道天然气泄漏

2008 年 6 月，某气田处理厂建成投产，其外输管道规格为 φ1016mm，设计输气总规模为 $100 \times 10^8 m^3/a$，设计压力 6.0MPa，管道全线采用埋地敷设，管道最小埋深为 2.5m（管底），管道长 64.36km，一、二级地区管道选用螺旋缝双面埋弧焊钢管，三级地区选用直缝双面埋弧焊钢管，材质为 L450，全线设 2 座截断阀室。

外防腐采用三层 PE 加强级结构；阴极保护采用强制电流保护，全线设阴极保护站 2 座。

1. 事故经过

2008 年 7 月 8 日 19 时 20 分，该厂接到当地群众举报，发现 φ1016mm 外输管道某号桩附近有天然气泄漏，该厂立即对处理厂外输气量、压力与末站数据进行对比，详细数据见表 10-21。

表 10-21　详细数据表

时 间	处理厂		末站	
	压力/MPa	瞬时气量/$\times 10^4 m^3$	压力/MPa	瞬时气量/$\times 10^4 m^3$
14：00	3.94	605	3.94	595
15：00	3.95	608	3.94	584
16：00	3.96	604	3.95	595
17：00	3.95	615	3.93	599
18：00	3.97	604	3.95	570
19：00	4.01	607	4.00	536
20：00	4.03	577	4.50	618

以上数据表明该管线可能发生了泄漏事故，该厂即刻启动了天然气泄漏应急预案，立即成立现场应急小组，19 时 25 分，该厂消防中队、抢险维修大队、探井管理作业区等抢险队伍在接到应急启动令后立即赶赴现场；19 时 35 分向各井区管理部通报信息，并要求做好关井降产应急准备。

20 时 30 分应急人员到达，经过现场勘察确认 φ1016mm 管道泄漏，随即采取了封堵管道伴行路，划定安全警戒区域，阻止所有人员进入，维持现场抢险秩序。现场参加抢险车辆配置为：消防车 3 辆，工程抢险车 1 辆，清水罐车 4 辆，另有 3 辆消防车、3 辆清水罐车处于待命状态，同时配备了医疗救护人员 2 名。

在公司生产运行处的部署下紧急进行气量调配，组织相关井区降产关井，处理厂同时开展停厂工作；20 时 46 分紧急启动另一处理厂备用压缩机组并全负荷生产。21 时 10 分关闭 φ1016mm 管道 2# 阀室截断阀及末站进站阀门，从管道 2# 阀室及末站手动放空。

管道压力降至 0MPa 后开挖管沟，发现管道 6 点位置焊缝裂开约 200mm；现场制定动火措施，办理一级动火手续；派遣 1200m³/h 制氮车、300m³/h 制氮车各 2 辆进行氮气置换；检测合格后进行管道切割和焊接，探伤合格；7 月 10 日 16：30 处理厂启动，生产逐步恢复正常状态。

2. 事故原因

φ1016mm 管道某号桩在 6 点位置焊缝开裂，该处焊缝存在严重质量问题，施工单位和监理单位对施工质量把关不严，监督验收也未完全执行到位。

3. 经验和教训

（1）此次事件由于发现较早，处理及时果断，未造成大的社会影响，也未造成环境污染事故。

（2）在今后的各项施工中，还需不断加强施工过程中各个环节的监督作用，完善验收流程，确保施工质量。

（3）向管道周围村民深入宣传并广泛发放国务院 313 号令《石油天然气管道保护法》宣传单和《保护天然气管道安全》画册，使村民看在眼里，记在心上，加强企地联手，不断完善天然气管道的保护和预警机制，增强当地居民对保护气井和管道的法律意识。

（4）该次事故停止给下游用户供气长达 45h，规模 1125×10⁴m³，处理过程中放空气量约 50×10⁴m³。

二、天然气处理案例

（一）某气田天然气处理厂低温分离装置爆炸事故

2005 年国内某气田天然气处理厂第 6 套脱油脱水装置低温分离器在投产过程中发生爆炸，其爆炸裂片引发干气聚结过滤器连锁爆炸后引发火灾。事故造成 2 人死亡，直接损失近千万元，停止向某重要输气管道供气长达 126h，影响十分严重。

（1）事故经过

该天然气处理厂于 2004 年 12 月建成投产，共有 6 套采用低温分离法的脱油脱水装置。事故发生前，前 5 套脱油脱水装置已陆续投产，第 6 套脱油脱水装置也在 2004 年年底完成安装、试压，由所属地区质量技术监督管理部门确认后核发了压力容器使用证。

2005 年 6 月 3 日上午 9 时 30 分，第 6 套脱油脱水装置开始按照投产方案进气建压，同时采用肥皂水检漏。之后，低温分离器升压至 6.24MPa 时，开启装置干气外输阀，此时节流阀前压力为 9.4MPa，低温分离器压力为 6.2MPa，系统压力正常。中午 12 时后停运第 4 套脱油脱水装置，第 6 套脱油脱水装置低温分离器温度逐渐降至 -21℃（设计最低工作温度 -41℃）。13 时再次用肥皂水对各密封点检漏，没有发现漏点，装置运行正常。

15 时许，处理厂中心控制室值班人员听到强烈爆炸声，随后看到第 6 套脱油脱水装置附近的火光，立即启动全厂紧急停车程序，实施火灾爆炸应急预案。正在生产的 4 口气井全部自动关闭，切断进站气源。与此同时，启动消防喷淋系统，对凝析油储罐喷水降温。但是由于自动控制电缆在爆炸时严重损害，外输气出站截断阀已不能自动关闭，抢救人员曾多次试图对该截断阀实行手动关闭，但因火势太大，热辐射温度过高而无法靠近，只好驱车至距处理厂约 14km 的输气干线 1 号阀室，于 16 时关闭了该阀室截断阀，将输气干线气源切断。约 30 分后装置区火势逐步减弱，17 时抢险人员关闭了外输气出站截断阀，并打开现场消防干粉罐，对管廊架上的导热油管线等着火处进行灭火，17 时 50 分左右该装置火焰完全扑灭。

（2）事故原因

① 低温分离器是在正常条件下发生的物理爆炸，其爆炸裂片击穿附近的干气聚结过滤

器，导致干气聚结过滤器连锁爆炸后着火，裂片呈宏观脆断特征。

② 焊接缺陷是引起低温分离器开裂的主要原因。

③ 制造厂家焊接工艺不完善，制造工艺不成熟，造成焊接中产生裂纹和其他焊接缺陷，导致筒节冷卷和热校圆过程中材料脆化程度加剧，复层脆化及耐腐蚀性能降低，复合板基材无塑性转变温度升高和低温冲击功降低，使容器爆炸前存在较高的残余应力和较多的质量问题。

④ 监造人员未按《压力容器产品质量监督检验规则》要求对新型材料的焊接工艺进行评定确认，就发放了压力容器产品安全性能监督检验证书；检验人员没有认真履行职责，没有及时发现制造缺陷。

（3）事故教训

① 天然气处理厂一旦发生火灾爆炸事故，最有效的扑救方法就是迅速切断全部气源。因此，在高压气井设置井下、井口紧急截断阀，在进站集气管线和出站输气管线安装紧急截断阀和紧急放空阀都是非常必要的。

② 在大型天然气处理厂设置独立的安全仪表系统十分必要。这次事故中能够迅速切断4口生产气井和全部进站气源，安全仪表系统起到了重要作用。

③ 由于天然气处理厂的主要危险有害因素为火灾爆炸，故必须制定科学、合理且针对性强的应急预案，并应在平时加强应急预案的演练，以有效应对突发事故的发生。

④ 在大型天然气处理厂设置电视安全监视系统十分必要。由于该厂电视安全监视系统的9个电视摄像头几乎把全厂各个角落都监视到，因而尽管发生爆炸后现场一片狼藉，无法判断哪个容器先发生爆炸，但将中心控制室电视监控录像查看后，何时哪个容器发生先爆炸、爆炸后着火、爆炸产生的冲击波摧毁了电缆桥架、抢救人员何时到达现场以及何时撤离都很清楚，对事故调查起到了关键作用。

⑤ 必须使用成熟可靠的工艺、技术、设备和材料。该厂低温分离器采用的耐低温、耐腐蚀复合材料，国内尚无成功使用先例，因而不应在此重要工程项目中采用。

（二）某公司硫黄仓库爆炸事故

2008年1月13日，国内某公司硫黄仓库发生爆炸，造成7人死亡、32人受伤。

① 事故经过：1月13日2时45分，铁路运输装卸承包单位的53名工人在该公司硫黄仓库内开始从事火车硫黄卸车作业，即从火车卸下并拆开硫黄包装袋，将硫黄分别倒入平行于铁路、与地面平齐的34个料斗中，硫黄通过料斗落在地坑中输送机皮带上，用输送机传送皮带将硫黄送入硫黄库内作为该公司生产硫酸的原料。3时40分时地坑硫黄粉尘突然发生爆炸，爆炸冲击波将料斗、硫黄库的轻型屋顶、皮带输送机、斗式提升机等设备、设施毁坏，造成7人死亡、7人重伤、25人轻伤。

② 事故原因：事故发生的主要原因，一是天气干燥，空气湿度低，硫黄粉尘容易爆炸；二是作业时正值深夜，风速低，空气流动性差，造成局部空间内（皮带运输机地坑）硫黄粉尘浓度增大，达到爆炸极限，由现场产生的点火能量引发爆炸。

（三）某厂硫黄成型系统爆炸事故

国内某厂有两套硫黄回收装置，共用一台成型结片机，生产能力7500t/a。成型系统包括成型结片机（二楼）、包装间和成品库（一楼），包装间和成品库混用。

2001年6月23日14时10分，一搬运工将无防火帽的外运货车开进硫黄成品库，引起成品库内小范围闪爆，幸无人员伤亡。

2003年1月19日10时30分，一电工在拆修成型结片机顶部引风线上的轴流风机时，产生的电火花造成引风线内硫黄粉尘爆炸，爆炸产生的冲击波将现场一名作业人员推出

1.5m 远，所幸有护栏保护，未造成伤亡。

（四）硫化亚铁自燃事故案例

由于硫黄回收装置原料气（酸气）中的 H_2S 含量较高，故常出现设备、管线的硫腐蚀问题。在检修过程中的硫化亚铁（FeS）自燃现象最为常见，给作业人员和设备带来很大危害。

我国某公司硫黄回收装置曾发生过几起 FeS 自燃事故，现将其中一起事故介绍如下。

（1）FeS 自燃特点

FeS 自燃特点为：①发生地点事先不易确定；②燃烧系高度放热反应，如不及时散热，很易烧坏设备、管线；③燃烧时生成有毒气体 SO_2；④不宜使用水或水蒸气扑灭。

（2）FeS 自燃事故经过

该公司硫黄回收装置尾气吸收塔示意图如图 10-2 所示，2002 年 9 月 5 日此尾气吸收塔停工检修。退完塔内物料后，先水洗一次，再用 SD-DF1 型 FeS 钝化剂由溶剂入口进入塔内进行钝化处理，然后从溶剂出口出塔。钝化处理完毕又进行一次水洗后，将塔顶人孔打开，准备自然通风后检查塔顶情况。

塔顶打开后 1h，从人孔处冒出大量浓烟。发现此情况后立即关闭塔顶尾气出口阀 HV7309，向出口管线内注入低压蒸汽，并关闭该人孔。事后进入塔内发现塔顶除雾器钢丝网有多处烧穿、烧结。检查塔顶尾气出口管线温度记录，曾在 20min 内由 65℃升至 189℃，然后逐渐下降。

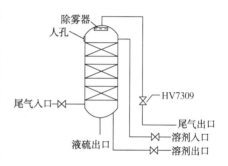

图 10-2 尾气吸收塔示意图

（3）FeS 自燃事故原因

① 尾气出口管线温度高：停工时尾气出口管线外的蒸汽伴热管蒸汽未停，致使该出口管线一直保持 65℃。

② 空气流通：由于塔顶尾气出口阀 HV7309 未关闭，人孔和尾气出口管线出口的位差较大，约为 30m，导致空气从尾气出口倒流至人孔处。这也是浓烟向外冒出的原因之一。

③ 钝化处理时钝化剂无法达到除雾器处，因而无法清除该处的 FeS。

④ 除雾器由多层钢丝网构成，内部积存大量针状硫黄结晶，FeS 自燃后引燃周围的硫黄结晶，致使浓烟生成并放出大量的热。

三、城镇燃气案例

（一）灶具安装不规范导致的爆炸事故

1. 事故经过

2012 年 5 月 28 日，王女士在某商场购买了一台燃气灶，安装完毕后，当天下午，她开启燃气灶做饭，没想到没多久就发生了爆炸。而她由于刚好站在燃气灶旁，受到波及，导致身上多处发红起疱，疼痛难忍。

经当地医院医生诊断，王女士面部、左上肢、双下肢烧伤面积为 4%。此外，王女士家的窗户、灶台以及楼下住户的窗顶均遭到不同程度的损伤。

2. 事故原因

（1）直接原因

厂方安装人员为了方便，把新的原配螺栓与旧的螺帽一起搭配使用，导致燃气与燃气灶接口紧密度不够而造成泄漏爆炸。

（2）间接原因

用户缺乏燃气安全使用常识，在使用前没有进行气密性检查。

3. 事故教训及防范措施

（1）事故教训

安装灶具时应监督安装人员是否规范安装，防止安装人员不负责任造成事故。应加强安全用气知识宣传。

（2）防范措施

① 要到正规、大型的商场里购买燃气灶，并选择由生产规模较大的厂家生产的、带有安全保护装置的燃气灶。

② 用户在使用燃气灶前要先闻有无刺激性气味，听有无漏气声音，确定一切正常后再点火。

③ 若是出现漏气应开窗通风，不要开抽油烟机、排风扇等电器，防止火花引燃燃气。

④ 用户要定期清洁自家燃气灶的小孔，并对燃气灶、软管等的气密性进行检查，以减少安全隐患。

（二）野蛮施工天然气管网遭破坏

1. 事故经过

2013 年 9 月 15 日 17 时 37 分，某施工队在河道清理施工时，挖掘机转臂将某燃气公司负责的中压 PE110 燃气管线损坏，导致管线弯头焊接处拉断。18 时 10 分，关闭此管段上下游阀门，721 户居民用户停气；20 时，完成焊点修复；20 时 55 分，完成复气。经查，前期燃气公司与此施工队签订了告知函，明确了管位并进行了现场确认，后来该施工队开工擅自在燃气管网附近挖掘，未通知燃气公司旁站监护，野蛮施工，造成管网破坏事件。

2. 事故原因

（1）直接原因

第三方野蛮施工，造成管线被破坏。

（2）间接原因

① 现场施工人员素质不高，图省事、减程序、赶进度，擅自野蛮施工。

② 管网巡护、监护施工作业工作不到位，没有做到盯死看牢。

③ 管道强制保护技术手段不足。

3. 事故教训及防范措施

（1）事故教训

地下管网施工作业时，施工单位应严格按照施工要求作业，开挖作业时应通知燃气公司旁站监护。燃气公司应严格施工现场管理，发现事故隐患时，要求施工单位立即整改。

（2）防范措施

① 现场设置防管网第三方挖断的安全标识。在设置警示标识、铺设警示带、签订隐患告知书及加密标志桩的基础上，确定施工现场附近的燃气管线的走向，重要部位必须监护施工单位采取人工挖掘，防止燃气管线被施工机械破坏。

② 依靠科技手段，实行远程监控。完善 GIS 地理信息系统，确保管线位置精确。加强调度值班工作，一旦发生流量异常立即进行核实。

③ 提高巡线质量，提升责任意识。对重要施工现场要盯紧看牢，重点盯住容易对管线造成影响的施工作业，24h 监控，充分调动监护人员的积极性。

④ 坚持"四不放过"的原则，深入分析事故原因，查找安全管理上的漏洞，做到早预防、

早发现、早处置。

（三）燃气表迸裂造成液化石油气泄漏爆炸事故

1. 事故经过

2014年12月19日8时10分，美食城中餐档口主厨孙某上班进入厨房后，打开了厨房灯，为中午120份盒饭备料。8时30分，二厨刘某上班后打开燃气瓶组间钢瓶阀门，发现瓶组间燃气管道漏气，随机关闭表后阀门，并通知主厨孙某。孙某查看后通知了老板娘，老板娘立即通知液化气站刘某，要求立即维修（刘某在发生爆炸前未赶到现场）。9时13分，燃气表迸裂，燃气迅速泄漏，主厨孙某最先发现，并往外跑，其他人听到后也分别向外跑，当他们刚跑到厨房门外两三米远的地方时，泄漏的燃气遇明火发生爆炸，美食城大厅南侧窗户因爆炸后产生的气流冲击掉落至室外人行道上，将此时刚好经过此地的一名老人击中，造成其当场死亡，另有10人受伤。

2. 事故原因

（1）直接原因

燃气泄漏的直接原因。由于燃气施工工艺和设备选型不合理，皮膜式燃气表长期超压运行，最终导致北侧中餐档口厨房内燃气表迸裂，燃气在0.2MPa压力下迅速大量泄漏。

燃气爆炸的直接原因。美食城北侧中餐档口厨房内泄漏的燃气浓度达到爆炸极限遇明火发生爆炸。

（2）间接原因

① 液化气站安全生产主体责任不落实，非法安装燃气钢瓶、气化器节能配套产品及敷设燃气管道。

② 施工过程中，液化气站违反《城镇燃气设计规范》，美食城燃气工程没有设计，没有制定施工方案。施工完成后，没有按所在城市燃气管理条例的规定组织验收合格即交付使用。特别是燃气表选型不合理，燃气表最大承受压力是0.05MPa，却在0.2MPa压力下长期超压运行，造成燃气表迸裂、燃气泄漏。

③ 液化气站未认真履行指导燃气用户（美食城）安全使用燃气、未及时消除美食城由于燃气管道压力大造成燃气表和管道分别两次发生损坏、泄漏的事故隐患，隐患排查治理不及时。

④ 美食城对燃气安装单位资质审验不严，使用无燃气安装资质单位敷设的，未经验收合格的燃气管线及设施。

⑤ 美食城对自身安全不重视，对燃气泄漏爆炸危险性认识不足，发现燃气表和燃气管道分别两次发生损坏、泄漏情况下，未采取相关措施彻底消除安全隐患，带病运行。

⑥ 美食城日常安全管理不到位。管理制度和操作规程不健全；未组织对员工进行燃气安全知识，操作技能的培训。员工缺乏燃气泄漏应急处置安全知识和安全操作技能，在发现管道泄漏后，没有按照合同约定关闭所有阀门，而是违规使用燃气设备点火，在燃气表超压发生迸裂后，大量燃气泄漏，使泄漏的燃气遇明火发生爆炸。

3. 事故教训和防范措施

（1）事故教训

事故既反映出供气单位重经营，轻安全；又反映出燃气用户对员工燃气安全教育培训的缺失等问题。

（2）防范措施

① 燃气经营单位和燃气使用单位要牢固树立法律意识、红线意识。切实落实管业务必须管安全、管生产必须管安全的原则，把安全责任落实到领导、部门和岗位，谁踩红线谁就

要承担后果和责任。

② 燃气经营单位和使用单位要切实落实企业主体责任。燃气经营单位一是在不具备燃气设备安装资质的情况下，不得违规为燃气用户敷设燃气管线。二是供气单位要认真做好用户安全用气知识的宣传教育工作，加强对用户安全用气的指导，提高用户安全用气管理水平和应急处置能力。三是用气单位要积极配合燃气供应单位对燃气设施进行定期的安全检查，燃气使用单位必须使用持有相应资质证书的施工单位敷设燃气管线。在发现燃气设施或者燃气具泄漏时，不得动用电气设备，应当采取关闭阀门、切断供气、自然通风、避免用明火等措施，并立即通知燃气经营单位。四是用气单位要加强对员工燃气安全知识和操作技能的培训，使员工熟知和掌握必要的安全知识和技能。建立和完善应急预案，组织员工定期演练，增强应急处置能力。

③ 加强政府监督管理力度，保障燃气设施安全运行。燃气管理部门应当建立和健全燃气安全监督管理制度，宣传普及燃气法律、法规和安全知识，提高全民的燃气安全意识。要加强燃气设施安全生产监督检查，督促、检查燃气经营、使用单位依法履行安全生产职责，消除燃气设施安全隐患。进一步完善燃气设施应急管理制度，进一步提高应急处置水平。

四、CNG/LNG 案例

（一）违规充装燃气爆炸事故

1. 事故经过

2009 年 3 月 14 日 14 时许，一辆正在天然气加气站内充装天然气的出租车发生爆炸，出租车尾部严重变形，2 人不同程度受伤。

据加气站工作人员介绍，这辆出租车来加气时，工作人员检查了该车有加气卡，便给车加气，在加气过程中突然发生爆炸。据查该车主在出租车原有一只气瓶基础上，私自改装家了一只家庭用的液化石油气钢瓶，这只钢瓶放在出租车尾部存放在汽车备胎位置。

2. 事故原因

（1）直接原因

出租车违规加装一只家用的液化石油气钢瓶，使用双气瓶，导致加气过程中爆炸。

（2）间接原因

① CNG 加气站气瓶充装前后检查不严格，致使私改车辆蒙混过关。

② 家用液化石油气钢瓶压力达不到 CNG 气瓶压力等级。

3. 事故教训及防范措施

（1）事故教训

CNG 汽车使用不合格或其他种类的气瓶，安全风险很大，容易发生事故，给没有手续的气瓶充装，会对加气站及站内人员、财产造成危害。

（2）防范措施

① 加强对车辆驾驶员的安全教育和宣传，严禁违规改造及使用气瓶。

② 规范加气站加气管理流程，严格气瓶充装前后检查，严禁对违规气瓶进行充装。

（二）储气罐发生泄漏引发火灾事故

1. 事故经过

2011 年 2 月 8 日 19 日 07 分，某市一加气站储气罐发生泄漏引发大火。消防支队先后出动 15 辆消防车、80 余名官兵赶往现场处置火情。19 时 50 分左右，20 余米高的火势被成功控制。

9 日 15 时 50 分左右，加气站周围沿铜沛路口、二环北路口、黄河北路口等地方拉起警戒线，数量消防车停在火场附近，数十名消防官兵在紧张地灭火。直到 16 时 30 分左右，气罐周围不时冒起的零星火苗被消防队员成功扑灭，排除了隐患。

2. 事故原因

（1）直接原因

外来火种点燃了储罐底部泄漏的天然气、引发大火。

（2）间接原因

① LNG 储罐区域天然气泄漏报警器安装位置不当或报警器灵敏度不够，在发生天然气泄漏的情况下，没有及时报警。

② LNG 储罐区域没有紧急切断的安全系统，LNG 储罐底部管道系统的液相管道上没有"紧急切断阀"，不能人为启动紧急切断系统。

③ LNG 储罐底部管路系统中有多组"法兰"连接件，它是 LNG 站中最大的泄漏点，尤其在火灾情况下，更容易发生泄漏，这是火灾中，有大量 LNG 流出助长火势的重要原因。

④ LNG 储罐的自增压器直接放在储罐下部，发生泄漏。

3. 事故教训及防范措施

（1）事故教训

① 在日常巡检过程中要对法兰连接处、阀门等易泄漏的部位进行测漏，确保泄漏及时发现。

② 要严格遵守罐区严禁烟火等规定，不得将易燃易爆、易产生静电火花的工具、设备带入罐区。

③ 严格按照设计规范及 LNG 的性质特点，正确安装可燃气体报警器、紧急切断阀及增压器。

（2）防范措施

① LNG 储罐区域应该按规范安装灵敏度高的天然气泄漏报警器，并加强监测设备和报警设备的维护。

② LNG 储罐区域安装紧急切断的安全系统，在 LNG 储罐底部管道系统的液相管道上安装紧急切断阀。

③ 管路系统采用焊接的连接方式。

④ 储罐的自增压器应当与储罐保持一定的距离，不要直接放在储罐下部。

⑤ 加强员工安全教育培训，规范运行巡检程序，提高员工发现问题、处理问题的能力。

五、美国 Carlsbad 天然气管道泄漏案例

（一）事故经过

2000 年 8 月 19 日下午 5 时 26 分，美国 ElPaso 天然气公司（ElPaso Natural Gas Company，EPNG）在新墨西哥州 Carlshad 附近的天然气管道断裂，释放出的气体被引燃并持续燃烧 55min，12 个在附近露营的人死亡，他们的 3 辆汽车也被烧毁，直接损失共计 9.98 万美元。

发生爆炸的管道建于 1950 年，符合管材标准 API 5LX（1948 年，第一版），管材强度等级 X52（规定的最低小屈服强度是 358MPa），管道直径 762mm，名义厚度是 8.5mm。事故发生时管道运行的压力约为最大允许运行压力的 80%。

（二）事故原因

1. 事故管道检查

管道断裂的力量和逸出气体发生的爆炸使地下大约 14.9m 的管道断裂成 3 部分，其中

两部分各自被抛出了 71.3m 和 87.5m。现场观察这 3 段管道的碎片，发现管道内底部严重腐蚀。这 3 段管道经实验室检查，没有发现明显的外部腐蚀，沿着上半部管道内表面也未发现腐蚀，但在管道底部的内表面观察到腐蚀造成的严重壁厚损失。

腐蚀损伤区域长约 6.5m。在管道下半部的环焊缝和轴向焊缝区域也显示了与管道底部内腐蚀类似的腐蚀损伤。管道底部腐蚀损伤的程度(金属损失和蚀坑数量)最为严重，腐蚀最严重区域的管壁厚度减少达管道原壁厚的 72%，如图 10-3 所示。显微镜下显示蚀坑壁上含有绕着蚀坑的条纹，如图 10-4 所示。

 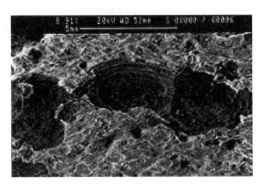

图 10-3　断裂附近管道内表面的蚀坑　　　　　图 10-4　蚀坑壁上的条纹

断口检查表明，断裂发生在腐蚀区域的剩余壁厚上，由于作用在剩余壁厚上的过量应力而断裂，没有疲劳裂纹或腐蚀退化的证据，在断裂处的腐蚀没有穿透管壁。对取自管道内部蚀坑、腐蚀损伤区域材料的 X 射线衍射光谱分析，发现金属中有高含量的氯和钠。除此以外，在这段腐蚀区域的管道上部有 5 个环状的褶皱。

2. EPNG 公司方面的原因

① 在事故管道中观察到管内有相连的凹坑。这些凹坑呈现条纹状和凹痕状，腐蚀损伤形态同水线腐蚀相似，这经常是与微生物腐蚀有关。事故发生后，在管道断裂处下游大约 634m 的管段内发现了内腐蚀，从两个凹坑收集的样品中，检测到总共有 4 种微生物(硫酸盐菌、酸性菌、普通的有氧菌和厌氧菌)。在腐蚀产物/沉淀物的样品中可以观察到有氯化物，凹坑处氯化物的浓度比凹坑外的浓度高得多。因而，可以得出结论：管道断裂处发现的腐蚀是由管道内的微生物和湿气、氯化物、O_2、CO_2 和 H_2S 等因素综合造成的。

断裂处管道顶部管壁上有 5 个褶皱，褶皱的原因是管道弯曲，弯曲是在施工期间布管或者管道运行后如土体移动等外力造成的。管道由于弯曲而形成褶皱时，正对着褶皱的管道底部就出现了低点位置。在断裂管道上观察到的内腐蚀就发生在这个低点处，液体可能在此处积聚成液面上下波动的液池。因为水的体积质量大于管中碳氢化合物，所以水在池子的底部，碳氢化合物液体在上面，给管道内腐蚀创造了良好的环境。

积水的原因是由于断裂处上游排液口局部堵塞，不能完全排出管道内的液体，经过分液管的液体通过管道并在管道弯曲造成的低点处积聚导致腐蚀。定期清管能清出管内的水和其他固、液沉聚物，按照 ENPG 公司内部的规定，每年应该至少进行 2 次清管。但由于管道设计上的原因以及管道后来的改造，使得事故发生处的这段管道不能清管，积聚的固、液体不可能完全排出。该管道的其他部分能定期清管，经事故后的线内检测，这些部分没有发现需要维修的内腐蚀区域。

② 事故的发生还与 EPNG 公司的内腐蚀控制程序有关：尽管公司的气体质量标准中考虑了 H_2O、H_2S、CO_2 和 O_2 在内的几种有害成分，但是没有规定这些污染物所允许的界限。

而且尽管 EPNG 与气体供应商有关于气体质量标准的合同，但是管道断裂处上游与气体供应商的大部分连接处没有设置污染物超标报警装置，其他部位也仅是对气体定期取样分析。所以，该公司没有采取必要措施，有效地监督和控制进入管道的气体性质。

3. 管道安全监管上的疏漏

1968 年的《天然气管道安全法案》(The Natural Gas Pipeline Safety Act, P. L. 90-481) 是美国国会通过的第一部与管道安全有关的立法，1979 年又通过了《危险液体管道法案》(Hazardous Liquid Pipeline Act, P. L. 96-129)，这两项法案是美国关于管道运输安全的基本法律，列入《美国法典》第 49 篇运输 (United States Code Title 49, Transportation)，这些法律已被重新授权和修改达十几次。Carlsbad 天然气管道事故也暴露出美国联邦管道安全的法规和安全监管方面也存在疏漏。

① 联邦安全规章

管道事故发生时，天然气管道的联邦规章中有两个部分涉及内腐蚀控制程序的要求，一部分要求内腐蚀控制程序的步骤应该写在管道公司的操作维修手册中。但该规章没有定义"腐蚀性气体"，只是指出如果没有调查这种气体对管道的影响，且没有采取措施使腐蚀影响降至最低，就不能用管道输送这样的气体。该规章也没有特别指出微生物能引起腐蚀或与管内水、污染物共同影响腐蚀过程，也没有特别指出以下问题的重要性：使管内的液体和液体积聚最少化、从管内清出液体、维修排液口和气体流速在腐蚀控制中的作用。因此，当时的联邦管道安全规章未能在减缓管道内腐蚀方面给管道运营商或工作人员提供适当的指南或强制措施。

② 管道安全办公室对该管道的检验

在管道发生事故之前，管道安全办公室 (OPS) 对该管道进行了数次安全检验，每一次检验中，检验员在关于内腐蚀控制方面遵守的联邦规章的情况的记录都是"满意"。

1998 年 12 月，OPS 发起了一个为期 3 年的名为"系统完整性检验试点程序"。在审查了 EPNG 的资质后，OPS 在 2000 年 4 月接受 EPNG 进入这个程序。作为"系统完整性检验试点程序"的一部分，OPS 让一组人员检查了 EPNG 的操作和维修程序。这些检验中也没有鉴别出该公司在内腐蚀控制程序方面的缺陷。因此，可以认为 OPS 没有对 EPNG 内腐蚀控制程序进行准确的评估。

4. 事故原因

① 由于严重的内腐蚀使得管壁厚度减薄到不能承受管内压力，导致管道发生断裂。管道断裂处的腐蚀可能是由管道内的微生物和湿气、氯化物、O_2、CO_2 和 H_2S 等因素的综合作用造成的。因此，如果能有效地监控进入管道的气体质量和管道的操作条件，并且定期取样分析管道清出的液体和固体，就能够判断出管道内部发生严重腐蚀的可能性，从而避免事故的发生。

② 由于管道断裂处上游分液管的局部堵塞，经过排液口的液体通过管道并在管道低点处积聚和导致腐蚀。如果管道的事故段能够周期性清管，管段中也可能不会产生如此严重的内腐蚀，但事故段管道恰恰无法进行清管操作，导致事故发生。

③ 事故发生前，管道公司没有充分的减缓管道内腐蚀的控制计划。

④ 现行的联邦管道安全法规不能在减缓管道内腐蚀方面给管道运营商或工作人员提供适当的指南或强制措施。管道安全办公室事故前没有对该管道内腐蚀控制计划进行准确评估，因而没有发现该计划存在的缺陷。

(三) 启示与建议

Carlsbad 天然气管道事故暴露出管道在设计、改造、维护、管理以及安全监管方面的系列问题，通过分析事故原因，从中应得到以下启示。

1. 天然气管道设计中必须考虑内腐蚀控制

此次事故源于管道上的一处不合理设计，使管道出现了低点位置积水并且不能清管，留下了安全隐患。需要注意的是，在对老管道进行改造时，要充分论证其原有结构设计中存在的问题是否会转移到新的管段上来，带来更大的隐患。此次事故中，原有分液管的设计是希望能够将液体杂质虹吸到地上储罐，然而在管道加装了清管设备后反而造成事故段无法清管，固、液杂质堵塞分液管，造成管道低点严重内腐蚀。

2. 重视进入管道内的天然气质量

ENPG 对管道内腐蚀的控制完全依赖于上游天然气的质量，没有警觉到有害的成分已经进入管道系统。因此，应该在气源处设计监控装置，监测进入管道的天然气质量，并采取措施监测管道的操作条件，取得天然气管道运行的第一手资料，以便有效地采取预防措施对管道内腐蚀情况加以控制。

3. 建立完善的管道安全监管体系

天然气集输管道系统不同于其他工业设备，一旦发生事故影响面广、后果严重，尤其是天然气管道。随着越来越多的天然气管道建成，我国也将形成复杂的天然气管网。

参 考 文 献

［1］昆仑能源有限公司．城镇燃气典型事故案例选编［M］．北京：石油工业出版社，2017.

［2］王遇冬，郑欣．天然气处理原理与工艺［M］．第三版．北京：中国石化出版社，2016.

［3］汤林，等．天然气集输工程手册［M］．北京：中国石化出版社，2016.

［4］孟宪杰，等．天然气处理与加工手册［M］．北京：中国石化出版社，2016.

［5］油气田地面建设标准化设计技术与管理编委会．油气田地面建设标准化设计技术与管理［M］．北京：中国石化出版社，2016.

［6］中国石油天然气集团公司安全环保与节能部［M］．HSE 管理经验汇编．北京：石油工业出版社，2015.

［7］李时宣．长庆低渗透气田地面工艺技术［M］．北京：石油工业出版社，2015.

［8］中国石油天然气集团公司安全环保与节能部．石油石化行业典型事故案例应急经验分享［M］．北京：石油工业出版社，2015.

［9］龚道永，等．塔里木油田高压气田地面设备典型失效案例分析［M］．北京：石油工业出版社，2014.

［10］穆剑．陆上油气田安全监督实用技术手册［M］．北京：石油工业出版社，2012.

［11］刘祎．天然气集输与安全［M］．北京：中国石化出版社，2010.

［12］刘铁岭，等．集输作业人员 HSE 培训教材［M］．北京：中国石化出版社，2009.

［13］中国石油天然气集团公司安全环保部．中国石油天然气集团公司 HSE 管理原则学习手册［M］．北京：石油工业出版社，2009.

［14］中国石油工程建设公司．国际石油工程建设 HSE 知识与操作实务［M］．北京：石油工业出版社，2008.

［15］粟镇宇．工艺安全管理与事故预防［M］．北京：中国石化出版社，2007.

［16］王来忠，等．油田生产安全技术［M］．第二版．北京：中国石化出版社，2007.

［17］郭建新．压缩天然气（CNG）应用与安全［M］．北京：中国石化出版社，2015.

［18］动火作业安全管理规范［S］Q/SY 1241—2009.

［19］邵云巧．油气管道投产技术与风险管理［M］．北京：石油工业出版社，2016.

［20］穆剑，等．油气田勘探开发常用 HSE 管理工具使用指南［M］．北京：石油工业出版社，2015.